高等院校药学与制药工程专业规划教材

Natural Drug Extraction and Isolation Technology

天然药物提取分离工艺学

主　编　金利泰

副主编　李校堃　华会明

　　　　叶发青　崔　健

主　审　裴月湖

ZHEJIANG UNIVERSITY PRESS
浙江大学出版社
·杭州·

内 容 简 介

　　随着化学药合成技术和生物制药技术的不断发展,我国的中药/天然药物的原料药(有效成分或有效部位)质量与数量备受关注,成为研究的热点。一是,当今临床应用药物的三分之一是由天然产物或以天然产物为先导化合物研制而来的;二是,2005年版及2010年版《中国药典》一部在提取物品种的数量上明显增加;三是,大量的洋中药返销国内占据了中成药的高价位市场。因此,我们感到迫切需要编写一本《天然药物提取分离工艺学》教材,力求为民族医药的振兴尽一份力。

　　天然药物提取分离工艺学是天然药物开发和生产过程中,研究和设计高效、安全、经济的天然药物提取分离工艺,研究提取分离工艺原理及设计提取分离工艺规程,实现天然药物制药生产过程优化的一门学科。天然药物制药工艺学主要研究提取分离工艺原理、操作过程、工艺条件等,解决天然药物在提取、分离与纯化、浓缩与干燥等工艺环节中,工艺路线的确定及工艺条件的优化等问题,为中药/天然药物规模化生产提供理论基础和应用技术。

　　本教材分两部分:总论部分介绍实用技术的基本概念、原理和特点,方法或设备的工艺过程及技术参数,深入浅出地简述了新技术、新方法在天然药物生产中的应用;各论部分选择糖类、苯丙素类、醌类、黄酮类、萜类与挥发油、三萜及其苷、甾体及其苷和生物碱类的典型有效成分(或部位)作为实例,系统阐述了基源、近代临床与药理、化学结构与理化性质、提取分离方法的原理、操作过程与工艺条件、工艺流程图以及工艺注释等内容。重在应用基础知识,探讨天然药物提取分离工艺,突出实用性、先进性,力求简洁明了,为天然药物的现代化研究奠定理论和实践基础。本书内容新颖、实用、深入、系统,在理论与实践的结合上,达到内容创新与形式创新的统一。

　　本书不仅可用作高等医药院校药学类相关专业的教材,也可供相关专业的科研工作者参考使用。

高等院校药学与制药工程专业规划教材

审稿专家委员会名单

（以姓氏拼音为序）

蔡宝昌（南京中医药大学）　　程　怡（广州中医药大学）

樊　君（西北大学）　　　　　傅　强（西安交通大学）

梁文权（浙江大学）　　　　　楼宜嘉（浙江大学）

沈永嘉（华东理工大学）　　　宋　航（四川大学）

孙铁民（沈阳药科大学）　　　温鸿亮（北京理工大学）

徐文方（山东大学）　　　　　徐　溢（重庆大学）

杨　悦（沈阳药科大学）　　　姚日生（合肥工业大学）

姚善泾（浙江大学）　　　　　尤启冬（中国药科大学）

于奕峰（河北科技大学）　　　虞心红（华东理工大学）

张　珩（武汉工程大学）　　　章亚东（郑州大学）

赵桂森（山东大学）　　　　　郑旭煦（重庆工商大学）

周　慧（吉林大学）　　　　　朱世斌（中国医药教育协会）

宗敏华（华南理工大学）

高等院校药学与制药工程专业规划教材

《天然药物提取分离工艺学》编委会

主　　编　金利泰

副 主 编　李校堃　华会明　叶发青　崔　健

主　　审　裴月湖

编　　委　（按姓氏笔画为序）

王颖莉（山西中医学院）

叶发青（温州医学院）

申允德（温州大学）

丛维涛（温州医学院）

华会明（沈阳药科大学）

关　枫（黑龙江中医药大学）

朱　英（浙江中医药大学）

刘岱琳（武警医学院）

李大伟（上海中医药大学）

李校堃（温州医学院）

杨　云（河南中医学院）

金利泰（温州医学院）

陈　新（长春中医药大学）

高晓霞（广东药学院）

陶正明（浙江省亚热带作物研究所）

崔　健（长春中医药大学）

序

我国制药产业的不断发展、新药的不断发现和临床治疗方法的巨大进步,促使医药工业发生了非常大的变化,对既具有制药知识,又具有其他相关知识的复合型人才的需求也日益旺盛,其中,较为突出的是对新型制药工程师的需求。

考虑到行业对新型制药工程师的强烈需求,教育部于1998年在本科专业目录上新增了"制药工程专业"。为规范国内制药工程专业教学,教育部委托教育部高等学校制药工程专业教学指导分委员会正在制订具有专业指导意义的制药工程专业规范,已经召开过多次研讨会,征求各方面的意见,以求客观把握制药工程专业的知识要点。

制药工程专业是一个化学、药学(中药学)和工程学交叉的工科专业,涵盖了化学制药、生物制药和现代中药制药等多个应用领域,以培养从事药品制造、新工艺、新设备、新品种的开发、放大和设计的人才为目标。这类人才必须掌握最新技术和交叉学科知识、具备制药过程和产品双向定位的知识及能力,同时了解密集的工业信息并熟悉全球和本国政策法规。

高等院校药学与制药工程专业发展很快,目前已经超过200所高等学校设置了制药工程专业,包括综合性大学、医药类院校、理工类院校、师范院校、农科院校等。专业建设是一个长期而艰巨的任务,尤其在强调培养复合型人才的情况下,既要符合专业规范要求,还必须体现各自的特色,其中教材建设是一项主要任务。由于制药工程专业还比较年轻,教材建设显得尤为重要,虽然经过近10年的努力已经出版了一些比较好的教材,但是与一些办学历史比较长的专业相比,无论在数量、质量,还是在系统性上都有比较大的差距。因此,编写一套既能紧扣专业知识要点、又能充分显示特色的教材,将会极大地丰富制药工程专业的教材库。

很欣慰,浙江大学出版社已经在做这方面的尝试。通过多次研讨,浙江大学出版社与国内多所理工类院校制药工程专业负责人及一线教师达成共识,编写了一套适合于理工类院校药学与制药工程专业学生的就业目标和培养模式的系列教材,以知识性、应用性、实践性为切入点,重在培养学生的创新能力和实践能力。目前,这套由全国二十几所高校的一线教师共同研究和编写的、名为"高等院校药学与制药工程专业规划教材"正式出版,非常令人鼓舞。这套教材体现了以下几个特点:

1. 依照高等学校制药工程专业教学指导分委员会制订的《高等学校制药工程专业指导性专业规范》(征求意见稿)的要求,系列教材品种主要以该规范下的专业培养体系的核心课程为基本构成。

2. 突出基础理论、基本知识、基本技能的介绍,融科学性、先进性、启发性和应用性于一体,深入浅出、循序渐进,与相关实例有机结合,便于学生理解、掌握和应用,有助于学生打下坚实的制药工程基础知识。

3. 注重学科新理论、新技术、新产品、新动态、新知识的介绍,注意反映学科发展和教学改革成果,有利于培养学生的创新思维和实践能力、有利于培养学生的工程开发能力和综合能力。

相信这套精心策划、认真组织编写和出版的系列教材会得到从事制药工程专业教学的广大教师的认可,对于推动制药工程专业的教学发展和教材建设起到积极的作用。同时这套教材也有助于学生对新药开发、药物制造、药品管理、药物营销等知识的了解,对培养具有不断创新、勇于探索的精神,具有适应市场激励竞争的能力,能够接轨国际市场、适应社会发展需要的复合型制药工程人才做出应有的贡献。

姚善泾

浙江大学教授

教育部高等学校制药工程专业教学指导分委员会副主任

前　言

随着人类健康意识的提升,"回归自然,重视天然药物"正成为国际医药产业发展的趋势。天然药物防病治病的物质基础是有效成分,因此,对于天然药物有效成分提取分离方法的探讨是制备天然药物制剂的重要前提。

《天然药物提取分离工艺学》分两部分:总论部分介绍实用技术的基本概念、原理和特点,方法或设备的工艺过程及技术参数,深入浅出地简述了新技术、新方法在天然药物生产中的应用;各论部分选择糖类、苯丙素类、醌类、黄酮类、萜类与挥发油类、三萜及其苷类、甾体及其苷类和生物碱类中典型有效成分或有效部位作为实例,阐述了基源、近代临床与药理、化学结构与理化性质、提取分离方法的原理、操作过程与工艺条件、工艺流程图、工艺注释等内容。具体剖析生产实例,前后呼应,完成从通性到个例的过渡。重点在于应用基础知识,深入探讨天然药物提取分离工艺,突出实用性、先进性,力求简洁明了。

本教材共 15 章,编写任务分别由金利泰(温州医学院,第 1 章)、刘岱琳(武警医学院,第 2 章)、陶正明(浙江省亚热带作物研究所,第 3 章)、王颖莉(山西中医学院,第 4 章、第 15 章)、李校堃(温州医学院,第 5 章)、崔健(长春中医药大学,第 6 章)、申允德(温州大学,第 7 章)、李大伟(上海中医药大学,第 8 章)、丛维涛(温州医学院,第 3 章、第 9 章)、关枫(黑龙江中医药大学,第 10 章)、华会明(沈阳药科大学,第 11 章)、高晓霞(广东药学院,第 12 章)、朱英(浙江中医药大学,第 13 章)、陈新(长春中医药大学,第 14 章)、杨云(河南中医学院,第 15 章)合作完成。

本书编写过程中,得到了各兄弟院校同行的热情支持和鼓励,提出了很多宝贵意见,再次表示衷心感谢!

由于科研和教学任务繁重,时间紧迫,尽管我们做出了努力,但因编者的学术水平及编写能力有限,不当之处在所难免,敬请广大师生给予批评指正。

编著者

2011 年 9 月

目　　录

第 1 章

绪　　论

▶ 本章要点

　　掌握天然药物提取分离工艺学的基本概念、主要研究内容以及本课程学习方法；熟悉天然药物提取分离工艺设计思路和方法；了解天然药物提取分离工业发展现状及趋势。

1.1　天然药物提取分离工艺学的内涵

　　天然药物提取分离工艺学是在天然药物开发和生产过程中研究和设计高效、安全、经济的天然药物提取分离工艺，研究提取分离工艺原理及设计提取分离工艺规程，实现天然药物提取分离生产过程最优化的一门学科。天然药物提取分离工艺学是一门综合性学科，是在天然药物化学的基础上衍生的分支学科。天然药物化学主要研究有效成分的结构、理化性质、提取分离方法及结构鉴定等内容。天然药物提取分离工艺学在此基础上主要研究天然药物有效成分的提取分离工艺原理、操作过程、工艺条件等内容，解决天然药物在提取、分离与纯化、浓缩与干燥等工艺环节中，工艺路线的确定以及工艺条件的优化等问题，为天然药物规模化生产提供理论基础和应用技术。

　　天然药物提取分离工艺学综合应用了有机化学、分析化学、天然药物化学，并结合制药化工原理、机械工程及设备等课程的专门知识，研究设计天然药物合理的、高效的提取分离工艺路线。天然药物提取分离技术是否合理运用直接关系到药材资源能否充分利用、制剂疗效能否充分发挥。在天然药物提取、分离及纯化的工艺过程中，常需通过浓缩、干燥等工艺过程，以达到作为制剂原料或半成品的要求。由于天然药物成分复杂，作用多样，工艺方法与技术繁多，以及新方法与新技术的不断涌现，不同的方法与技术所应考虑的重点、需进行研究的难点、要确定的技术参数均有可能不同，因此欲达到实现天然药物产业化生产的目的，需要进行大量的研究工作，天然药物提取分离工艺学正是为这些研究奠定基础。

　　在药物研究方面，据不完全统计，临床用药的三分之一以上源自天然有机产物，它们直接来自天然产物或是以天然产物的有效成分为先导进一步发展的衍生物、类似物或全合成物，而从天然产物中提取分离以获取天然药物是药物研究的第一步,因此解决提取分离过程的技术问题,尤其是药物研究和扩大生产的中间环节是规模化生产的关键。天然药物提取分离工艺研究可分为三个阶段,第一阶段为实验室工艺研究,第二阶段为中试放大研究,第三阶段为工业生产工艺研究。虽然每个阶段研究内容及解决的问题不同,但三个阶段是相互联系,缺一不可的:① 实验室工艺研究(小试工艺研究或小试)阶段,主要包括基本提取分离工艺路线的设计,同时选择合适的评价指标和方法,对影响因素进行考察,同时确定工艺参数并进行工艺验证;② 第二阶段的中试放大研究(中试放大或中试)是确定天然药物生产工艺的重要环节,即把实验室研究中所确定的工艺路线和工艺条件,进行工业化生产的考察、优化,为生产车间的设计、施工安装、"三废"处理、中间体质量控制、制定中间体和产物的质量要求和工艺操作规程等提供依据,并在车间试生产若干批号后,制定出生产工艺规程;③ 第三阶段的工业生产工艺研究是在中试研究基础上,进一步扩大生产规模。

1.2　天然药物提取分离工艺学的特点

1.2.1　多学科性

学科间的相互协作是科学技术发展的动力和源泉,天然药物提取分离工艺学由多学科交叉渗透,涉及的学科有:① 生物化学、分子生物学、植物学及细胞学等生物学科;② 有机化学、植物化学、天然药物化学等化学学科;③ 机械工程、化学工程及化工原理等工程学科。

天然药物提取分离是生物技术的一个重要领域。生物技术是目前最重要的高新技术领域之一,它是以生命科学(植物学、动物学、微生物学等)为基础,利用生物体(包括生物器官、组织、细胞)或其他组分(如遗传物质、酶、次生代谢产物或其他生物活性物质)的特征和功能,设计和构建具有预期性状的新物种和新品系以及利用与工程原理相结合的方法进行加工生产。生物技术是综合性技术体系,包括的主要技术范畴有发酵工程、酶工程、生化工程、基因工程、细胞工程、生物代谢及调控工程等。

1.2.2　多层次性

天然药物研究的多层次性包括:① 以提取优质高产提取物为主要目标的一级开发;② 以有效部位作为原料药进行加工为目的的二级开发;③ 以深度开发原料的单体有效成分为目的的三级开发。天然药物的多层次研究开发是相辅相成的,它们之间既相互促进,又相互制约。天然药物提取产业是生物技术与化学化工技术相互交叉而成的一个产业,它是以动、植物、微生物为加工原料,采用化学化工技术及手段,通过提取、分离、纯化以及半合成得到天然药物,还选用现代生物技术如微生物发酵、酶工程、细胞工程、基因工程等对传统化学化工技术进行创新改造,获得与天然产物等同的天然药物。

1.2.3　复杂性

1. 生物材料组成复杂

生物材料种类繁多,一个生物材料常包括数百种甚至数千种化合物。各种化合物的分子大小、相对分子质量和理化性质均不同,其中有不少化合物迄今还是未知物质,而且在这些化合物的提取分离过程中仍不断发生化学结构或功能活性的变化。

2. 天然产物具有不稳定性

许多具有生物活性的化合物一旦离开机体,很容易变性或被破坏。因此,在生产过程中要小心地保护化合物的生物活性,这是天然药物生产最困难的地方。故生产这类天然药物时常选择温和的条件,尽可能在较低温度、温和条件和洁净环境下进行。

天然药物产品的制备几乎都在溶液中进行,各种参数对溶液中各组分的综合影响常无法固定,以致许多生产工艺设计理论性不强,结果有很大的经验成分。

为了保护所提取物质的生物活性及结构上的完整,生产方法多采用温和的"多阶式",一个生物分子的分离制备常常少至几个步骤,多至十几个步骤,并选择适合的分离方法,才能达到分离纯化目的。因此,操作时间长或步骤繁杂,会给生产带来许多影响。

生物体中存在的天然药物含量较低,而且生物体是由上千种有机物组成,这就决定了必须使用现代高新技术提取天然药物,并进行分离纯化使之达到最终产品的要求。其有关方法包括:

(1) 物理方法:研磨、高压匀浆、超声波、过滤、离心、干燥等。

(2) 物理化学方法:冻溶(用于细胞破碎)透析、超滤反渗透、絮凝、萃取、吸附、色谱(吸附色谱法、分配色谱法、凝胶色谱法等)、蒸馏、电泳、等电点沉淀、盐析、结晶等。

(3) 化学方法:离子交换、化学沉淀、化学亲和、天然药物的结构修饰和化学合成等。

(4) 生物方法:生物亲和色谱、免疫色谱等。

(5) 近年发展的新技术:微波、超声波萃取、树脂吸附分离、微滤、超滤、纳滤、亲和膜分离、泡沫分离、超临界流体萃取、分子蒸馏、双水相分离、反胶束萃取等。

(6) 现代生物技术:天然产物次生代谢物的调控和生产技术,微生物工程和生物细胞组织培养工程技术生产某些次生代谢产物,如酶工程技术、基因工程技术的应用等。

1.3 天然药物提取分离工艺设计思路

1.3.1 生物原料生产与天然药物提取技术相结合

生物原料的生产是天然药物提取生产的"第一工厂"。植物细胞的大规模培养历史早于动物细胞,利用植物细胞培养可以产生某些珍贵植物次生代谢产物,如生物碱、甾体等化合物,有些已经产业化生产,而且能够培养高含量的天然产物原料。对原料的生产应该从整体出发,除了达到上述目标外,还应设法利用生物催化剂增加产物的产量,减少非目的产物的分泌(如色素、毒素、降解酶及其他干扰杂质等),以及赋予菌种或产物某种有益的性质以改善产物的分离特性,从而简化下游加工过程。培养基和发酵条件直接决定着输送给下游的发酵液质量,如采用液体培养基,而不用酵母膏等有色物质和杂蛋白为原料,使下游加工过程更为方便、经济,从而提高总的回收率。

材料的选择要求原料中有效成分含量高。优质材料的破碎方法和程度、选择合适的溶剂与提取参数,可以减少工艺操作的次数。产物可被直接转移至气相、液相或固相继续进行分离纯化。如挥发性成分的回收(产物转移到气相);萃取至液相的,如乳化液膜提取酶、有机酸和抗生素等;吸附至固相的,如吸附剂、离子交换树脂吸附生物碱、氨基酸、蛋白质,工业大孔树脂吸附剂直接选择性吸附酶和皂苷(如人参皂苷);搅拌吸附槽吸附易放大但分辨率低,而柱色谱难度大,但分辨率高,而高选择性吸附剂(如亲和吸附)以搅拌或流化床形式,操作仍有高的分辨率,有着工业化应用的潜力。

1.3.2　根据生物组织结构设计提取工艺

细胞是生物组成的基本结构单元,在天然药物提取中可利用细胞的结构组成设计天然药物提取分离工艺方法。生物化学成分也决定提取工艺的方法和参数,生物是一个统一的整体,组成的物质与成分之间互相影响,生物体中分子结构及分子间相互联系的作用力十分复杂,分子骨架各原子与基团之间都以共价键结合,分子间的连接主要通过非共价键,如氢键、盐键、金属键、范德华力、疏水力、碱基堆积力,键能较弱,性质差别较大,设计提取工艺时要采用不同的方法加以隔离。

1.3.3　根据天然药物的结构及理化性质设计提取工艺

天然产物的空间结构、官能团的种类、位置、数量、存在形式决定提取工艺所选用的方法,其中官能团的种类、位置、数量、存在形式是决定提取工艺的主要因素,天然产物分子是一个有机整体,所组成的各部分之间互相制约和影响,决定了提取工艺、方法、步骤。与提取工艺有关的性质主要有相对分子质量、溶解性、等电点、稳定性、相对密度、黏度、粒度、熔点、沸点等,还有官能团的解离性和化学反应的可能性。

1.3.4　根据不同分离技术耦合设计天然药物提取工艺

近年来,生物化学、分析化学、天然药物化学等学科的发展已促进了天然药物分离技术与生物特性的结合,天然药物研究生产过程由多种分离、纯化技术相结合,包括传统技术与新技术的相互交叉、渗透与融合,逐渐形成融合技术或子代技术。特别是亲和相互作用与其他分离技术的耦合,出现了亲和膜分离、亲和沉淀、亲和双水相萃取、亲和选择性絮凝沉淀及亲和吸附与亲和色谱等,例如亲和错流过滤或连续亲和循环提取系统,是在混合物(匀浆液)中加入大配体或吸附剂借微滤膜截留与大分子杂质分离,随后洗脱并微滤分离出大分子产物,配体再循环。这种耦合技术克服了传统亲和柱色谱间歇操作、进料需预纯化、难放大之缺点,也克服了现有切向流微滤分辨率不高的不足,不仅纯化倍数较高,可连续化,还适于处理含细胞、碎片及大分子杂质的材料。亲和沉淀是在提取液中加入双功能大配体,与活性蛋白质键合形成配体-产物沉淀,除去清液后洗脱产物,配体再循环。匀浆液在搅拌槽或流体床中迅速被吸附于选择性吸附剂上,利用排斥或空间位阻效应使降解酶与目的蛋白质迅速隔离并富集产物,从而把匀浆液分离转化为更简单的固-固分离。

萃取已与多种分离技术耦合衍生出新型的分离技术,如溶剂浸渍树脂、萃淋树脂、膜基萃取、微胶囊萃取、凝胶萃取、乳化液膜萃取、双水相分配色谱、胶团液相色谱等。类似的耦合分离技术尚有离子交换过滤、离子吸附沉淀、膜包裹吸附剂、碟片式离心萃取机、过滤干燥器、离心薄膜蒸发器、结晶-过滤-干燥处理机、中空纤维细胞培养装置及转子膜反应器等。

上述分离技术具有选择性好、分离效率高、使下游加工过程步骤简化、能耗低、生产过程水平高等优点,是今后的主要发展方向,随着基础研究的不断深入,尚需在生产应用环节加大研究力度。

1.3.5 合理有效地组合应用提取分离方法

在天然药物提取分离中应选择不同分离机理单元组成一套工艺,将含量多的杂质先分离除去,尽量采用高效分离手段,并将最昂贵费时的分离单元放在最后阶段。有些杂质引起的分离纯化困难可通过前后协调巧妙解决。如萃取时常产生乳化现象,本质上这是因表面活性剂引起,而提取液中蛋白质最可能导致乳化,故可在萃取前,通过加热、絮凝、金属离子沉淀、水解酶等预先除去蛋白。选择分离操作如絮凝、沉淀、萃取、双水相萃取时,既要考虑分离剂的回收,又要考虑对后续操作及质量的影响,如反复通过匀浆阀或长时间破碎虽可提供胞内物释放率,但产生很细的碎片粒子不利于碎片分离。在纵向工艺过程中要考虑不同操作单元所用方法和操作条件的耦合,如在提取中为了除去不同的杂蛋白,可以采用不同的 pH 作为工艺参数处理提取液,以除去酸性蛋白或碱性蛋白,还可以采用冷热处理构成一套工艺,或阳离子和阴离子交换树脂除去杂蛋白,以提高产品的纯度。

发酵与分离耦合过程的研究是当今生物工程领域里的研究热点之一。发酵-分离耦合过程的优点是可以将终产物的反馈进行抑制,提高转化率,同时可简化产物提取过程,缩短生产周期,增加产率,收到一举多得的效果。

1.3.6 从天然药物提取分离体系改性和流体流动特性设计提取工艺

天然药物提取的每一步操作主要目的是减少产品体积、提高产品纯度及增加后续操作效率。原料的选择和处理是为固液分离、初步纯化等服务的(如萃取),初步纯化是为高度纯化(如亲和色谱)提供合适的材料,减少提取分离步骤和增大单步效率是减少后期工艺难度乃至降低成本的关键。提取工艺过程的不同阶段通过各种参数存在密切的相互作用和协调、耦合来纯化天然药物,使天然药物的提取形成一套系统工艺,增加天然药物的纯度。

从天然药物提取的大系统角度探讨工艺的整体统一性,是天然药物研究的基本出发点,即以最优设计、最优控制和操作、最优规划和最优管理为出发点。若能将这些基本的方法应用到天然药物的提取分离过程中,选择适当的提取分离方法和工艺控制因素和参数,并同时考虑不同参数和操作单元的相互作用,将动态优化和静态优化相结合,高效提取分离纯化天然药物。

天然药物提取液是复杂流体,具有高黏度和依赖于生物流体的剪切力等流体力学行为,给传热和两相间的接触过程带来了特殊的问题;天然药物提取工艺的工业化需要将实验室技术进行放大,而某些专一性、高附加值的产品又需要进行过程缩小,这就需要借助化学工程中有关"放大效应",结合天然药物分离过程的特点,研究大型天然药物分离装置中的流变学特性、热量和质量传递规律,探明在设备中的浓度、酸度、含量、温度等条件的分布情况,制定合理的操作规范,改善设备结构,掌握放大方法,达到增强分离因子、减小"放大效应"及提高分离效果的目的。例如,依据固-液两相规律的研究改善大型离子交换柱的分离效率,用流体力学的基本原理来探讨超滤装置、电渗析过程中的浓差极化现象和预防措施,从大型搅拌釜中流体流动和传热规律的模拟来判断盐析、pH 调节、连续结晶和等电点沉淀等过程中有关组分的浓度和温度分布及其对过程结果的影响等。因此,从两相体系的流动特性研究来解决天然药物分离装置的设计与放大问题,经济、高效实施下游加工过程的产业化。

1.4 提取分离工艺设计具体方法

1.4.1 实验设计

在提取分离工艺研究过程中,工艺条件的筛选和确定,需要采用科学、客观、可量化比较的实验方法与评价指标。在具体的评价指标选择上,可结合天然药物的特点,采用多种具体实验方法,如单因素实验设计法、多因素实验设计法等,多因素实验设计法又包括了正交设计法、均匀设计法、球面对称设计法等。对于主要影响因素、水平取值的确定,一般可根据预试验结果确定。具体方法的选择应根据研究的情况、需要考察的因素等确定,但应考虑方法适用的范围、因素、水平设置的合理性,避免方法上的错误和避免各种方法的滥用和误用,例如因素、水平选择不当,样本量不符合要求,指标选择不合理,评价方法不合适,适用对象不符等,并应注意对试验结果的处理分析。对因素水平的设置,应注意结合被研究对象特点灵活选择。

由于工艺的多元性、复杂性以及研究中不可避免的实验误差,工艺优化的结果应通过重复和放大试验加以验证。在工艺的优化过程中建议尽可能有意识地引入数理实验设计的思想和方法,积极采用先进、科学的设计方法以及数据的统计分析方法等,并加强计算机辅助设计及分析手段的应用。

在提取、分离与纯化过程中,常需通过浓缩与干燥等工艺过程,达到作为制剂原料或半成品的要求。通过有针对性的试验,考察各步骤有关指标的情况,以评价各步骤工艺的合理性。对所应用方法可能的影响因素进行研究,选择合适的工艺条件,以确保工艺的可重复性和药品质量的稳定性。选择适宜的提取分离方法及合理的工艺条件与设备,对保证制剂的质量,提高提取效率与经济效益是十分重要的。为保证工艺的稳定性、减少批间质量差异,应固定工艺流程及其所用设备。评价指标的选择与提取分离工艺的合理性有很大关系,若有效成分或有效部位比较明确,评价指标应以有效成分或有效部位为主;而天然药物复方制剂较为复杂,在提取、分离与纯化方法及其指标的选择上,应考虑制剂多成分作用的特点。有效成分明确的,以有效成分为指标,但在有效成分不明确的情况下进行提取、分离与纯化,如何保证有效成分的保留、如何保证制剂的安全有效,应慎重考虑。既要重视传统用药经验,充分考虑基础研究比较薄弱、对天然药物作用的物质基础和机理不清楚的现状,不宜盲目纯化,又要尽力改善制剂状况,采用多指标综合评价,以满足临床用药要求,应对评价指标的选择作一定的探讨研究。在具体评价指标的选择上,应结合天然药物的特点和品种的具体情况,谨慎探讨能够对其安全、有效、可控作出科学合理、切合实际的评价指标,通常以多指标作为综合评价,以期得到工艺操作上既科学又合理可行,并能真正保证天然药物疗效的工艺。

1.4.2 工艺路线

天然药物提取、分离与纯化的工艺路线是以保证天然药物安全、有效为前提的,根据天然药物的临床用药及组方特点,以及制剂成型要求所制定的工艺、方法、条件和程序直接影响药物的安全性、有效性,决定着制剂质量的优劣,也关系到大生产的可行性和经济效益。工艺路线的设计应以使天然药物的生产工艺具有科学性、先进性及生产的可行性为原则。鉴于天然药物所含成分的复杂性,天然药物的提取、分离与纯化、浓缩与干燥等工艺的研究,在参考药材所含成分的理化性质和药理作用的研究基础上,根据与治疗作用相关的有效成分或有效部位的理化性质,结合制剂制备上的要求、大生产的实际情况、环境保护的要求,进行工艺路线的设计,工艺方法和条件的筛选,制定出方法简便、条件确定的稳定工艺。

1. 提取与分离工艺

天然药物的提取应尽可能多地提取出有效成分,或根据某一成分或某类成分的性质提取目标物。天然药物的纯化应依据传统用药经验或根据药物中已确定的一些有效成分的存在状态、极性、溶解性等设计科学、合理、稳定、可行的工艺,采用一系列分离纯化技术来完成。应在尽可能多地富集得到有效成分的前提下,除去无效成分。不同的提取分离方法均有其特点与使用范围,应根据与治疗作用相关的有效成分(或有效部位)的理化性质,或药效研究结果,通过试验对比,选择适宜工艺路线。

2. 浓缩与干燥工艺

浓缩与干燥工艺应依据制剂的要求,根据物料的性质和影响浓缩、干燥效果的因素,选择一定的方法,使提取物达到制剂原料或半成品的相对密度或含水量,以便于制剂成型,并确定主要工艺环节及其工艺条件,同时应注意在浓缩、干燥过程中可能受到的影响。如含有受热不稳定的成分,可作热稳定性考察,并对采用的工艺方法进行选择,对工艺条件进行优化。

1.4.3　工艺条件

工艺路线初步确定后,对采用的工艺方法,应进行科学、合理的试验设计,对工艺条件进行优化。工艺的优选应采用准确、简便、具有代表性、可量化的综合性评价指标与合理的方法。在多数情况下,影响工艺的因素不是单一的,需要对多因素、多水平同时进行考察。对于新建立的方法,还应进行方法的可行性、可靠性研究。必要时,应对所用材料的安全性进行考察,控制可能引入的残留物。应在保证其安全、可行的情况下,用于天然药物提取分离工艺的研究。

1. 提取与纯化工艺条件的优化

采用的提取方法不同,影响提取效率的因素有别,因此应根据所采用的提取方法与设备,考虑影响因素的选择和提取参数的确定。一般需要对溶媒、工艺条件进行选择,优化提取工艺条件。天然药物的纯化工艺,应根据纯化的目的、可采用方法的原理和影响因素,选择适宜的纯化方法。纯化方法的选择,一般应考虑拟制成的剂型与服用量、有效成分与去除成分的性质、后续制剂成型工艺的需要、生产的可行性、环保问题等。对应用方法的可能影响因素进行研究,选择合适的工艺条件,确定工艺参数,以确保工艺的可重复性和药品质量的稳定性。通过有针对性的试验,考察各步骤有关指标的情况,以评价各步骤工艺的合理性。如选择应用较多的水醇法来进行精制,建议考虑提取液经浓缩后的相对密度、加入乙醇的方法(如乙醇加入速度、搅拌速度)、加入乙醇的浓度、加入乙醇的量或加入乙醇后的溶液含醇量、操作的温度、醇沉的时间等影响因素。

2. 浓缩与干燥工艺条件的优化

在药物浓缩与干燥工艺过程中应注意保持药物成分的相对稳定。由于浓缩与干燥的方法、设备、程度及具体工艺参数等因素都直接影响着药液中有效成分的稳定,在工艺研究中宜结合制剂的要求对其进行研究和筛选。

1.4.4 评价指标

工艺研究过程中,选择对试验结果作出合理判断的评价指标十分重要。作为评价指标应该是客观、可量化的。在具体评价指标的选择上,应结合天然药物的特点,选择能够对具体品种的安全、有效、可控作出科学合理、切合实际评价的评价指标。需要注意的是,除了从化学成分、生物学指标方面考虑外,环保、经济问题也应该作为综合考虑的指标。

1. 提取与纯化工艺评价指标

(1) 单一有效成分制剂:单一有效成分制剂的提取、纯化目标物为单一化学成分,其评价指标的选择应围绕方法的可行性、稳定性及所得目标物的得率与纯度等。

(2) 有效部位制剂:有效部位制剂在选择提取、纯化方法及其评价指标时也应围绕方法的可行性与稳定性及所得有效部位的得率、纯度等,关注提取物组成成分的基本稳定。

(3) 单味或复方制剂(指非有效成分或有效部位的制剂):应考虑制剂的多成分作用特点。有效成分明确的,应以有效成分为指标;有效成分不明确的,应慎重选择评价指标。

2. 浓缩与干燥工艺评价指标

在研究过程中,应根据具体品种的情况,结合工艺、设备等特点,选择相应的评价指标。对有效成分为挥发性及热敏性成分的药物,在浓缩与干燥过程中考察其挥发性、热敏性成分的损失情况,确定相对温和的浓缩与干燥工艺。

1.5 天然药物开发利用概况及技术发展

1.5.1 天然药物开发利用概况

自从有了人类社会,人们就开始利用天然产物。至 18 世纪末,随着科学技术水平的提高,1769 年提取了有机酸,如从葡萄汁中提取得到酒石酸,柠檬汁中提取得到柠檬酸等,1773 年首次由尿中取得尿素,1805 年由鸦片中提取得到第一个生物碱——吗啡,这些工作吸引了成千上万有机化学家开展研究,相继阐明这些成分的化学性质、结构、功能、生物体代谢等,并通过合成加以证明。天然产物化学的研究使化学家发现了许多新的化学反应与方法,从而大大丰富了有机化学,促进了有机化学的发展。

天然产物提取分离涉及面广、行业多。据报道,20 世纪 90 年代,美国的天然药物提取企业有 1000 多家,西欧有 580 多家,日本有 300 多家。近年来,虽然由于行业竞争日趋激烈,企业大幅度减少,但天然药物提取行业依然火热。

传统的天然产物提取行业主要是指抗生素(如青霉素)、制药、食品等行业,而在目前,它几乎渗透到人民生活的各个方面,如医药、保健、农业、环境、能源、材料等。同时,天然产物提取产品也得到了极大的拓展,医药方面有各种新型抗生素、干扰素、丙氨酸、苏氨酸、脯氨酸等以及各种多肽;酶制剂有 160 多种,主要是糖化酶、淀粉酶、蛋白酶、脂肪酶、纤维素酶、青霉素酶、过氧化氢酶等;有机酸有柠檬酸、乳酸、苹果酸、衣康酸、脂肪酸、酮戊二酸、亚麻酸、透明质酸等。天然药物原料市场主要有单体化合物和提取物。

目前,全球天然药物提取年销售额在 400 亿美元左右,每年以 7%～8% 的速度增长。从产品结构来看,天然药物提取领域生产规模范围极广,市场年需求量仅为千克级的干扰素、促红细胞生长素等昂贵产品(价格可达数万美元/克)与年需求量逾万吨的抗生素、酶、食品与饲料添加剂、日用与农业生化制品等低价位产品几乎平分秋色。高价位的产品市场份额在50%～60%,低价位的产品市场份额在 40%～50%。根据近年来天然药物提取的发展趋势与人们对医药卫生的重视程度,高价位产品的发展速度高于低价位产品。

天然药物化学的研究成果已广泛应用于医药行业,为保障人类健康提供了许多天然药物,由于天然药物化学研究所提供的活性物质结构新颖、疗效高、副作用小,所以它们始终是制药行业中新药研发的主要源泉之一,它们所显示的结构乃是新药设计的主要模型。早在 20 世纪50 年代末我国科学家就巧妙地运用各种氧化降解方法完成了对莲子心碱与南瓜子氨基酸的化学结构的研究,并经全合成证明,又先后完成了对一叶萩碱、青风藤碱、山莨菪碱、樟柳碱、秦艽碱甲、补骨脂乙素与使君子氨酸等一批新化合物的结构研究。20 世纪 70 年代以来随着质谱与核磁共振仪的普及以及 X 射线单晶衍射仪的运用,各种色谱方法的灵活应用,发现的新结构愈来愈多。近年来以每年发现近 200 种新化合物的速度增长,发现了一批有生物活性的新型结构,其中许多具有广阔的应用前景。我国天然药物化学研究已逐步转向对微量的、有生物活性的与有应用前景的化合物研究,许多研究工作的水平达到或接近世界先进水平。

目前,国际上常用的分离难度较大的一些植物药,如治疗高血压的利血平、抗癌药物长春新碱、子宫收缩药麦角新碱、治疗小儿麻痹症的加兰他敏、强心药西地兰和狄戈辛等,都已批量生产。近年来国际上研究甚多的抗癌新药——紫杉醇,我国也有生产。我国科学家通过对天然药物的研究阐明了许多天然药物的有效成分,创制了一批我国特有的新药,如黄连素已成为常用的治疗胃肠道炎症的良药,延胡索的有效成分延胡索乙素(即四氢巴马汀)已成为止痛镇静药物。古代用作麻醉药的麻沸汤,含有对大脑有显著镇静作用的东莨菪碱而可用作麻醉给药;从栝楼根新鲜汁液中分离得到的结晶天花粉蛋白已用于中期孕妇引产,与前列腺素等合用可用于抗早孕。从民间引产药芫花根中分离到有效成分芫花甲酯。棉酚是我国科学家发现的新型男性不育化合物,而新型抗疟疾新药青蒿素及其类似物则已引起国际重视,其他如治疗冠心病常用药丹参的有效成分之一为丹参酮,将它转化成磺酸钠即成水溶性较强的药物,已制成针剂用于治疗心绞痛,改善心电图;还有治疗慢性迁延性肝炎的垂盆草苷、五味子素等等。

天然药物是有效治疗药物的一个重要来源,在销路最好的 20 个非蛋白质药物中,有 9 个是从天然产物衍生而获得的药物。它们不仅是药物的重要来源,而且被广泛地用作药物开发的分子骨架。例如,在 244 个原形化学结构中,有 83% 来自动物、植物、微生物和矿物,仅 17% 是来自化合物的意外生物作用或来自化学合成。

近年兴起的保健食品也是以天然产物为物质基础,不仅需要经过人体及动物试验证明该产品具有某种生理功能,而且需要查清具有该项保健功能的功能因子以及该因子的结构、含量、作用机制和在食品中的稳定性,以开发不同形态和功能的保健食品。

近年来,我国天然药物提取产品的生产得到了大力发展,如柠檬酸产量居世界前列,工艺和技术都位于世界先进水平,乳酸、苹果酸的新工艺也已开发成功;氨基酸中赖氨酸和谷氨酸的生产工艺和产品在世界上都有一定的优势;微生物法生产丙烯酰胺已成功地实现了工业化,已建成万吨级的工业化生产装置,且总体水平达到国际领先水平;黄原胶生产在发酵设备、分离及成本等产业化方面也取得了突破性的进展;酶制剂、单细胞蛋白、纤维素酶、胡萝卜素等产品的生产开发也日益成熟,取得了阶段性的成果。

天然药物提取物的复方组合有可能成为今后一段时间内天然药物进入国际市场的最佳表现形式。众所周知,目前传统中药进入西方药品主流市场仍然十分困难,由于文化背景的巨大差异,我国传统中药自身的一些特点,要通过世界各国的药品管理法规从而以药品的身份进入各国市场还有很长的路要走,国际化的进程十分艰难。我国中成药的出口多年来徘徊不前,目前中成药的出口低于我国天然药物提取物的出口。在这种情况下,以天然药物提取物组合的全新复方方式有可能是另一个较好的表达方式,可带动我国天然药物的出口。

1.5.2 天然药物提取分离技术发展现状

随着科学的发展,新技术的应用,天然药物有效成分的提取分离与应用获得了前所未有的发展,在世界范围内掀起了从天然产物特别是海洋生物等提取分离有效成分的热潮,一些天然药物有效成分的功效引起了人们的普遍兴趣,具有十分广阔的发展前景。

现代医药为人类的医药保健和生存繁衍做出了重要的贡献,但是,也面对越来越多的从理论到临床方面的问题。例如,人类疾病谱已经由过去的以传染性疾病为主转变为现代身心疾病为主,而且现代疾病对人类更具有威胁性;化学药物对多数此类疾病无能为力,其毒副作用和耐药性也常常难以克服;对于新出现的疾病,诸如艾滋病和其他一些世界疑难病症,化学药物显得力不从心;随着时代的发展,健康概念被赋予了新的内涵,亚健康及其危害引起了人们的广泛关注,而仅仅依靠化学药物解决这一问题是不够的。

现代科学技术的发展为天然药物的生产提供了更多更好的技术选择。天然药物提取分离的绿色化就是充分利用现代科学技术的理论、方法和手段,借鉴国际认可的医药标准和规范,研究、开发和生产出以“现代化”和“高新技术”为特征的“安全、高效、稳定、可控”的天然药物制剂原料,使天然药物产业实现“大品种”、“大企业”和“大市场”,成为具有强大国际竞争力的现代产业和国民经济新的增长点,扩大我国在国际市场上的份额。

天然药物原料药的现代化生产是一项复杂的系统工程,涉及许多行业和许多研究内容。采用现代科学技术,开展天然药物生产技术的现代化、工艺工程化和产业化研究,是实现天然药物制药绿色化的关键。众所周知,天然药物生产包括一系列重要操作,如提取、浓缩、分离、干燥、造粒等单元操作过程,其中,相对成熟而且比较常用的天然药物提取分离现代化生产关键技术主要有超临界流体萃取技术、超声波提取技术、微波技术等。色谱技术由常规的柱色谱发展到应用低压的快速色谱、液滴逆流色谱(DCCC)、高效液相色谱(HPLC)、分配色谱、离子色谱、亲和色谱、排阻色谱、离子交换色谱等。用于分离大分子化合物的各种凝胶,如葡聚糖凝胶(Sephadex)、聚丙烯酰胺凝胶(Bio-GelP)和琼脂糖凝胶(Bio-GelA)等;用于分离水溶性成分的有各种离子交换树脂、大孔吸附树脂等,从而使含量很低的化合物也能分离出来。如人参皂苷(ginsenoside)的分离,在早期主要采用溶剂分配法获得总皂苷,然后采用不同的溶剂系统反复柱色谱,再配合使用制备型薄层色谱获得皂苷单体,在这个技术层面上共分离到12个皂苷。近几年来在分离人参皂苷时用大孔吸附树脂、反相硅胶色谱、液相逆流色谱等分离方法,成功地分离得到几十个含量极微的皂苷成分。

传统提取方法存在提取效率低、提取时间长等问题,尤其是对微量化学成分的提取效果并不理想,而新理论、新材料、新方法给提取分离技术带来了巨大的发展,不仅提高了天然药物提取分离效率,而且可保护环境,提倡“绿色”天然药物的概念。高新技术工程化使传统天然药物产业升级为现代产业。

1.6　我国医药工业现状和发展前景

1.6.1　我国医药工业的现状

医药行业是我国国民经济的重要组成部分,主要包括化学原料药及制剂、中药材、中药饮片、中成药、天然药物提取物、原料及制剂、抗生素、生物制品、生化药品、放射性药品、医疗器械、卫生材料、制药器械、药用包装材料及医药商业。

改革开放以前,主要是通过仿制解决一些常用的大宗药品的国产化问题。改革开放以来,随着人民生活水平的提高和对医疗保健需求的不断增长,医药工业一直保持着较快的发展速度,生产技术和工艺水平也不断提高,医药工业产值以年均 16.6% 的速度持续增长,成为国民经济中发展最快的行业之一。医药外向型经济逐步形成,医药行业实现了效益增长快于总量增长的局面。

我国医药工业已基本形成以公有制经济为主体、多种所有制经济共同发展的工业体系。新技术、新工艺、新设备的应用使一批重大医药产品的技术水平有了明显提高,我国可以生产化学原料药近 2000 种,化学原料药产量仅次于美国,占世界第二位;医药制剂生产发展迅速,规格品种繁多,能生产几十个剂型数千个品种。我国已成为世界瞩目的制药大国。

1.6.2　我国医药工业存在的主要问题

目前我国仅是制药大国,而不是制药强国。我国医药工业存在的主要问题表现为:

1. 医药生产企业存在"一小、二多、三低"现象

"一小"是大多数生产企业规模小;"二多"是企业数量多,产品重复多;"三低"是大部分生产企业科技含量低、管理水平低、生产能力利用率低。全国现有医药工业企业几千家,其中大型企业不足 20%。大部分企业品种雷同,缺乏特色和名牌产品,低水平重复研究、重复生产、重复建设。我国医药工业总体竞争能力较低,实力不强。多数重大原料药生产技术水平不高,生产装备陈旧,劳动生产率低,产品质量和成本缺乏国际市场竞争力。

2. 我国尚无国际型的制药公司

我国制药企业现存的主要问题是技术力量和科研力量薄弱,新药研究开发能力很低,几乎没有能进入国际市场的名牌产品。在我国,最大的化学制药企业的年销售额仅为 50 亿元人民币,而世界排名前 10 位的制药公司的年销售额均在 100 亿美元以上。在生产规模不断扩大的同时,向少数企业集中是当前中国医药经济发展的必然,即在现有大型企业集团的基础上,通过股票上市、兼并、联合、重组等方式,培养年销售额在 100 亿元以上的大型医药企业集团,是企业结构调整的目标之一。

3. 新药的创制体系有待进一步加强

新药创新基础薄弱,新药研究开发和产业化尚未形成良性循环,以企业为中心的技术创新体系尚未形成,创新药物研究与开发费用投入不足。近年来我国生产的 873 种化学原料药中97.4% 的品种是"仿制"产品,缺少具有我国自主知识产权的新产品,产品更新慢、重复严重。加入世界贸易组织(World Trade Organization,WTO)后,形势更为严峻。天然药物在产品开发生产方面主要表现在拳头产品老化,技术含量低,单品种生产规模小,高质量有效部位、有效成分少,名优产品深层次开发力度不够,缺乏具有自主知识产权的产品。

4. 制剂品种单调,生产技术比较落后

我国已是原料药生产大国,但是对天然药物提取分离和药物制剂技术开发研究的水平低,大多数制剂产品质量低于国际同品种水平,难以进入国际市场。分离、纯化和制剂技术落后,新产品开发缺乏工程化研究,产业化进程缓慢。我国制药企业的 GMP 改造、建立环境保护与经济发展并重的医药生产新秩序尚待完善。医药产品结构不能满足医药产业发展和临床的需要,特别是缺少具有自主知识产权、安全、有效、质量稳定、国际市场畅销的新产品、新制剂。

医药行业是我国最早对外开放的行业之一,也是利用外资比较成功的行业,医药行业一直在挑战和机遇中寻求发展。我国制药企业大多是产品型企业,投资大,新产品形成的周期长。要提高我国制药企业的竞争力,应着眼于现有药品生产过程的优化与改造,研究探索消耗少、污染少的新型制药工艺;不断提高企业的应变能力,以适应医药市场品种多、更新快的特点和需求;向小剂量、毒副作用少、小批量等精良方向发展,适时推出新产品去引导市场。我国制药企业一定要依靠自身实力,通过自主创制新药、降低成本等措施,提高自身素质,只有这样才能与国际化制药企业进行竞争,并在激烈竞争中快速壮大。

1.6.3　我国医药工业的发展前景

21 世纪的世界经济形态正处于深刻转变之中,以消耗原料、能源和资本为主的工业经济,正在向以知识和信息的生产、分配、使用的知识经济转变。这也为医药产业的发展提供了良好的机遇和巨大的空间。在国民经济和社会发展承前启后、继往开来的重要历史时期,是完成以产业结构、企业组织结构和产品结构调整为主要内容的医药经济结构调整的关键阶段。贯彻"科教兴药"的伟大战略,运用自然科学基础研究的最新成就和世界技术革命丰硕成果,实施技术创新工程,支持自主创新药物的研究开发,发展医药高新技术及其产业,开拓医药经济发展的新的增长点,加强医药产业关键技术开发和应用,使一批重点医药产品生产技术接近或达到世界先进水平。

我国医药行业在加入 WTO 后,融入了全球经济一体化,面临着严峻的挑战和发展机遇。从长远来看,加入 WTO,有利于我国医药管理体制与国际接轨,有利于医药新产品的研究与开发及知识产权保护,有利于获得我国医药发展所需的国际资源,有利于我国比较具有优势的化学原料药、天然药物原料药、常规医疗器械进一步扩大国际市场份额,也有利于我国医药企业转化经营机制与创新体制,总之,有利于提高医药行业的整体素质和国际竞争力。综观当前世界制药业发展的新形势,我国医药行业的发展方向是:依靠创新,提高竞争力,加快由医药大国向医药强国的目标迈进。我国医药行业的发展与结构调整的指导思想是以发展为主题,以结构调整为主线,以市场为导向,以企业为主体,以技术进步为支撑,以特色发展为原则,以保护和增进人民健康、提高生活质量为目的,加快医药行业的发展。

天然药物作为直接源于自然界的"绿色药品"越来越受到世界各地消费者的青睐以及医药生产与研究机构的高度重视,已逐渐发展成为繁荣兴旺的医药新产业。天然药物包括治疗用药品和保健营养品两大类,但实际上许多畅销国际市场的植物制剂均为兼有药品与食品双重功能的产品。医药产业是国际公认的朝阳产业,天然药物产业作为我国医药经济的重要组成部分,既是独具特色和优势的我国传统产业,又是当今快速发展的新兴产业,随着我国社会主义市场经济新体制的逐步建立,知识产权监管力度的加强,随着《药品管理法》和《新药审批办法》的完善,随着国家基本医疗保险制度改革、卫生体制改革和医药流通体制改革的不断深化,我国医药经济将进一步与国际市场全面接轨和融合,我国医药行业面临着前所未有的严峻挑战和千载难逢的发展机遇。

1.7　学习本课程的要求和方法

　　根据专业培养目标,本门课程为药学类、中药类专业的专业课,要求学习者在学习有机化学、分析化学及天然药物化学等学科的基础上,进行本课程的学习。要求掌握天然药物提取分离工艺原理,熟悉天然药物生产工艺路线及工艺条件,熟悉天然药物生产工艺的一般规律,了解生产工艺规程的内容和作用。本课程是实践性较强的学科,应注重理论与实践相结合,注重多学科交叉渗透。通过本课程的学习,使学生提高设计天然药物提取分离工艺的能力,为我国医药工业培养实用性人才。

【思考题】

　　1. 简述天然药物提取分离工艺学基本概念和内容。
　　2. 简述天然药物提取分离工艺学基本设计思路和方法。
　　3. 请制订针对本课程的学习计划。

【参考资料】

　　[1] 姚新生. 天然药物化学(第 3 版)[M]. 北京:人民卫生出版社,2001
　　[2] 肖崇厚. 中药化学[M]. 上海:上海科学技术出版社,1997
　　[3] 吴立军. 实用天然有机产物化学[M]. 北京:人民卫生出版社,2007
　　[4] 王兰明. 创新药物研究的专利策略[J]. 中国医药工业杂志,1998,29(5):229-231
　　[5] 赵临襄. 化学制药工艺学[M]. 北京:中国医药科技出版社,2009
　　[6] 刘成梅,游海. 天然药物有效成分的分离与应用[M]. 北京:化学工业出版社,2003
　　[7] 匡海学. 中药化学[M]. 北京:中国中医药出版社,2003
　　[8] 张珩,杨艺虹. 绿色制药技术[M]. 北京:化学工业出版社,2006
　　[9] 张绪峤. 药物制剂设备与车间工艺设计[M]. 北京:中国医药科技出版社,2008
　　[10] 徐怀德. 天然药物提取工艺学[M]. 北京:中国轻工业出版社,2008
　　[11] 吴继洲,孔令义. 天然药物化学[M]. 北京:中国医药科技出版社,2008

第2章

天然药物的传统提取分离方法

 本章要点

　　掌握天然药物提取和分离方法的原理、操作和适用范围;熟悉原料药材的前处理方法;了解原料来源、原料的组织构造及细胞结构之间的密切关系。

2.1　原料与提取工艺特性

2.1.1　原料细胞结构与天然药物提取工艺特性

　　天然药物的原料来源主要分为植物来源、动物来源、海洋生物来源以及微生物来源四大类。根据其各自细胞组织构造的不同、有效成分的不同,确定不同的提取工艺。

1. 植物原料细胞组织构造与天然药物提取工艺特性

　　植物药是天然药物中最主要的组成部分。植物的根、茎、叶、花、果实等不同的器官均可入药,根据其组织构造的不同,采取不同的提取工艺。

　　(1) 以根为入药部位的天然药物及其提取工艺特性:根是植物体生长在地下的营养器官,同时也是植物体重要的贮藏器官,除贮藏大量的营养物质外,还有许多具有药用价值的有效成分,如人参根中的人参皂苷,甘草中的甘草酸、甘草素,粉防己的粉防己碱等。天然药物中的根类药材比较多,根据具体的药材入药部位又分为根类药材和根皮类药材,如桑白皮和牡丹皮。

　　根类原料其内部构造主要由表皮、皮层以及维管束构成,含有丰富的薄壁组织及大量的导管、筛管等输导组织。这些组织内部蕴含丰富的植物生长所需的营养物质(如淀粉、蛋白质)及具有药用价值的有效成分。其细胞壁和细胞膜易于被破坏,有效成分易于穿透细胞壁被浸出,同时淀粉、蛋白质也易于浸出。确定提取工艺时利用相似相溶原理,根据根类药材中有效成分类型,选择适宜的溶剂进行提取。如生物碱类成分,可以采用酸水溶液作为溶剂进行提取;皂苷类成分多数采用乙醇水溶液作为溶剂提取。在确定根类原料的提取工艺时,将药材粉碎成块状进行提取即可;对于淀粉含量高的根类药材尤其是块根药材如首乌、山药等应避免将药材粉碎过细,且避免用水作溶剂加热进行提取,否则原料粉末在水中加热会导致淀粉糊化而难以过滤,而用冷水浸提不能破坏细胞壁和细胞膜,提取效果非常不好,在这种情况下最好采用有机溶剂如乙醇等浸提。

(2) 以茎为入药部位的天然药物及其提取工艺特性:茎是植物体在地上的营养器官,是联系根、叶,输送水分和营养物质的轴状结构。茎由表皮、皮层和维管束构成。单子叶植物的茎通常只有初生构造,无形成层,只有韧皮部、木质部,中央无髓。双子叶植物的茎在初生构造的基础上形成了次生构造,维管束由韧皮部、形成层、木质部组成,中央含有大量的髓细胞。根据原料的来源将茎类药材原料又分为木质茎、根茎、块茎、球茎和鳞茎五类原料。

1) 木质茎原料:又分为树皮、木材和树枝三类:① 树皮类原料入药的药材通常来源于裸子植物或被子植物(主要是双子叶植物)茎的形成层以外的部分,组织构造由内向外分为次生和初生韧皮部、皮层和周皮,由木栓细胞、纤维、石细胞、薄壁细胞和分泌细胞构成,富含生物活性物质。常见的树皮类药材有肉桂、杜仲、合欢皮、黄柏和秦皮等。这些原料的表皮具有角质层,且木栓细胞、纤维和石细胞的壁多木化,提取有效成分时应将药材粉碎再浸提,利于有效成分的浸出。有些树皮类原料中含有大量的油细胞,其有效成分主要是挥发油类成分,例如肉桂,提取时应针对挥发油采用特定的提取设备。有些树皮构造中含有大量黏液细胞,从而成分中含有大量树胶类物质,用水加热浸提会遇到困难,这种原料应采用有机溶剂如乙醇浸出。② 木材类原料作为药材入药的并不多,可能与木材中纤维素、半纤维素、木栓组织含量高,而有效成分较少有关。这类药材主要有苏木、樟、降香等,由于细胞构造多木化,质地坚硬,细胞壁主要由纤维素组成,提取时将药材进行粉碎即可浸出有效成分。③ 树枝类和藤茎类原料较常见,如桑枝、钩藤、桂枝等。这些原料具有植物茎的各种组织构造。木质茎的枝条作为原料入药,其质地比较坚硬,虽然组织内部具有很多输导组织,但是原料的有效成分在不粉碎的情况下不易被浸出,必须通过粉碎扩大其提取的表面积。

2) 根茎类原料:根茎是植物地下茎的变态,又称根状茎,肉质膨大呈根状。根状茎具有与地上茎一样的特点:先端有顶芽、明显的节和节间之分、节上有腋芽,向下常生有不定根。根茎的形态因种类而异,有的细长,如甘草、白茅等;有的肉质粗壮,如姜、玉竹;有的短而直立,如人参、三七;有的呈团块状,如川芎、苍术;有的具有明显的茎痕,如黄精。根茎类药材都含有丰富的生物活性物质,可以采用水加热提取或者不同浓度的乙醇溶液进行加热提取,均可以大量浸提出生物活性物质。根茎类原料大多也含有淀粉、果胶,且来源于桔梗科、百合科和菊科的根茎类药材还含有菊淀粉,但含量并不高,用水加热提取并不会产生糊化情况。但个别原料淀粉含量过高,不适于采用水加热提取的方法。

3) 块茎类原料:块状茎是植物的地下贮藏器官,内部构造具有丰富的薄壁细胞,内含大量的淀粉物质。因此,块茎原料的提取方法与块根药材类似,不能采用热水提取。这类药材原料品种很多,如天南星、半夏、白附子、天麻、知母和元胡等,提取时根据原料中有效成分的性质采用相似相溶原理进行提取,一般均可采用一定浓度的乙醇溶液作为溶剂进行加热提取。此外,如元胡中用于止痛的功效成分主要是生物碱类成分,提取时可以采用酸提碱沉的方法;知母中的有效成分主要是甾体皂苷类成分,提取时常常采用水或者一定浓度的乙醇溶液作为提取溶剂。

4）鳞茎类和球茎类原料：鳞茎类原料的形状呈球状或扁球状，茎极度缩短成鳞茎盘，盘上生有许多肥厚的、贮藏丰富养料的鳞片叶，其顶端有顶芽，叶内生有腋芽。此类药材有贝母、百合、洋葱、大蒜等，这类原料都是百合科的植物。球茎类也是一种肉质肥大呈球状或者扁球状的地下茎，其与鳞茎不同，完全埋于地下，鳞叶稀少，为膜质状，如荸荠、慈菇等。鳞茎类和球茎类原料质地肥厚，含水量高达90%以上，且含有丰富的果胶类成分。此类原料干燥脱水后，细胞膜得以破坏，利于有效成分的浸出。但有的原料由于果胶的存在，加水浸提后形成树胶类成分，导致提取后的过滤难以进行，此时应考虑选择合适的溶剂。

（3）以叶为入药部位的天然药物及其提取工艺特性：叶由叶片、叶柄和托叶三部分组成，以叶为原料的天然药物进行提取时应根据叶子的结构和质地选择适用的提取工艺。叶子的质地分为膜质、纸质、草质、革质和肉质。其中革质叶原料如山茶、广玉兰叶等，质地坚韧而较厚，叶表面蜡质层较厚，提取时应采用亲脂性有机溶剂如苯或三氯甲烷进行处理，去除表面的蜡质，再用水或乙醇进行提取。

（4）以花为入药部位的天然药物及其提取工艺特性：花类药材的原料一般由花梗、花托、花萼、花冠、雄蕊群和雌蕊群等部分组成。常见的以完整的花入药的药材主要有洋金花、菊花、红花和旋复花等；以花蕾入药的主要有辛夷、丁香、金银花和槐米等。这些药材内部构造主要由薄壁细胞组成，结构中含有油室、腺体等分泌组织。新鲜的花类药材可以作为提取挥发油的原料，可以采用挥发油提取装置进行提取。一般的花类药材原料在进行风干或加热干燥过程中，其细胞壁和细胞膜都已经被破坏，因此提取有效成分并不困难，采用常规的乙醇、水等溶剂进行浸提即可。但是如松花粉、蒲黄、油菜花粉等以花粉为药用部位的原料，其花粉细胞壁上有坚固的角质层，还有增厚的纤维壁，主要由果胶质和纤维素组成，具有耐酸碱、耐压、耐温、保护其内容物不受外界侵害的特点，但同时也影响了花粉内容物的有效浸出，因此提取之前必须对花粉机械破壁或者采用酶解或发酵的方法进行预处理，从而提高花粉的提取率，增加花粉的生物利用度。

（5）以果实为入药部位的天然药物及其提取工艺特性：果实类药材包括完整的果实或者果实的一部分，果实由果皮和种子两部分组成。采用果皮或者其中一部分入药的药材特点是细胞中含有丰富的果胶质，可以直接采用有机溶剂进行提取；但用水作为溶剂提取时，果胶质对于有效成分的浸出有影响，若必须采用水作为提取溶剂，则需要利用果胶酶水解果胶质之后再进行浸提。采用果皮和种子一起入药时，如果种子很小，而且果皮已经萎缩，这类原料通常不粉碎，直接煎煮或者浸提。有些果实果皮非常坚硬不开裂，如小坚果、瘦果、翅果等原料种子紧紧被果皮包裹着，直接采用一般的有机溶剂浸提法很难将其有效成分提取出来。因此必须进行预处理，一般采用粉碎、加热、发酵或者加入化学物质进行处理。如亚麻籽种皮外层细胞高尔基体内能够分泌一种果胶类的多糖物质，这种物质在细胞表面常成固体状态，称为黏液质化，吸水膨胀后则成黏滞状态。黏液质附着在亚麻籽表面，而亚麻籽的有效成分是亚麻木酚素，提取时，黏液质的存在会影响亚麻籽种皮与提取液充分接触，从而影响亚麻木酚素的得率。通常利用压榨法获得亚麻油，然后向提取后得到的亚麻粕中加入一定浓度的碱液或者碱醇进行浸提，也可以直接利用机械方法将亚麻籽的外皮脱去再进行提取。

（6）以全草为入药部位的天然药物及其提取工艺特性：全草类生药材是指药用的草本植物或其地上部分。该类药材有的是带有根或者根茎的全株植物，如车前草、仙鹤草、细辛等；大多数药材为不带根的地上部分草本原料，如薄荷、淫羊藿、藿香、青蒿等；有的则是小灌木的草质幼枝，如麻黄；有的是地上部分草质茎，如石斛。这些原料都是草本植物，质地松软，易于粉碎、有效成分的浸出，一般不需要进行特殊处理。

2. 动物原料细胞组织构造与天然药物提取工艺特性

动物原料是由动物细胞构成，其基本结构和植物细胞是相似的，但也存在区别，如动物细胞没有细胞壁，只有细胞膜。动植物细胞的化学组成非常不同。植物细胞壁主要由碳水化合物组成，而动物细胞膜主要由蛋白质构成。动植物药材所含的有效成分区别很大，植物细胞中所含有的有效成分主要有生物碱、多酚、萜类及其苷类成分，而动物细胞中主要含有氨基酸、多肽、蛋白质、酶类、激素类以及固醇类。动植物原料在其结构组成和所含有效成分的区别上决定了两者的提取加工方法也是不同的。常见的动物原料有角类、皮类、骨类、蛇类、昆虫类及其代谢物。

（1）角类和骨类原料：生药中常用的角类药材有犀牛角、羚羊角、水牛角和鹿茸。目前犀牛角和羚羊角在入药时常常采用水牛角和山羊角作为替代品。骨类原料有虎骨、豹骨，国家明令天然药物中禁止使用虎骨，因此现在大多采用大型哺乳动物的肩胛骨作为替代品使用，如牛骨、猪骨等。角类实际就是动物裸露在外的骨，结构上与骨类没有太大的区别，都是由胶原蛋白以及胶原纤维所形成的结缔组织构成，基质成分主要是磷酸钙和碳酸钙，结构致密、坚硬。提取前应将原料尽量粉碎得细一些，便于有效成分最大限度地提出。

（2）皮类原料：常用的有驴皮、黄牛皮和猪皮等。皮类原料主要由胶原蛋白组成，多用于制备阿胶、黄明胶和新阿胶。阿胶提取工艺对成品阿胶质量的优劣至关重要。一般采用新鲜皮类原料，粉碎后用匀浆机类设备制成浆状物，再进行加热煮制，这样能够缩短煎煮时间，提高产品质量。

（3）蛇类、昆虫等原料：其有效成分主要是蛋白质、多肽、固醇类成分，药用的蛇类、昆虫类原料均为干燥制品，可以直接采用水浸或者有机溶剂提取。

3. 矿物原料构造与天然药物提取工艺特性

从药学观点出发，矿物原料中的阳离子通常对药效起重要作用，因而以阳离子为依据对矿物原料进行分类，常见的矿物生药有：钠化合物类，如芒硝、硼砂等；钙化合物类，如石膏、龙骨、钟乳石、紫石英等；钾化合物类，如硝石等；汞化合物类，如朱砂等；铜化合物类，如明矾、铜绿等；锌化合物类，如炉甘石等；铁化合物类，如磁石等；砷化合物类，如雄黄、雌黄等；硅化合物类，如玛瑙、滑石等。这些矿物原料大多以金属离子成盐的形式存在，因此在提取过程中往往采用水为溶剂进行煎煮提取。当石膏和其他生药材一起进行提取时，石膏多先煎久提。

4. 海洋生物原料细胞组织构造与天然药物提取工艺特性

海洋药物是天然药物的重要来源，主要包括海洋动物药、海洋植物药和海洋矿物药。报道较多的海洋生物活性物质的来源包括海绵、海鞘、软珊瑚、软体动物、苔藓虫、棘皮动物、海藻、微藻等。各种海洋生物原料中的主要有效成分及其生物活性见表 2-1 所示，可以根据选择原料中的目标有效成分，确定相应的提取方案。

表 2-1 不同种类的海洋生物中所含的生物活性物质及其作用

海洋生物原料	主要有效成分	主要生物活性
软体动物 （螺、贝、乌贼等）	多肽、多糖、糖肽、毒素等	抗病毒、抗肿瘤、抗菌、止血、镇痛、降血脂等
棘皮动物 （海星、海胆、海参等）	蛋白质、氨基酸、脂肪酸、皂苷、生物碱、大环内酯等	镇痛、神经毒作用、抗癌作用
爬行动物 （海龟、海蛇等）	蛋白质、胆碱酯酶、核糖核苷酸等	对中枢神经和胃肠道系统有活性作用
海洋哺乳动物 （海豚、鲸鱼等）	鲸油和江豚油等	抗癌、抗贫血、补充体内缺失的维生素等
节肢动物 （虾皮和蟹壳）	甲壳素	控油、排毒以及减肥等保健作用
海绵动物	多糖、多肽、萜类、生物碱、核苷类、大环内酯类、溴苯酚类	抗病毒、抗肿瘤、抗心血管系统疾病、抗炎、抑菌等
脊索动物 （海鞘）	多糖、多肽、萜类、生物碱、核苷类、大环内酯类、聚酮类、溴苯酚类	抗肿瘤、抗病毒、抗炎抑菌作用
腔肠动物 （珊瑚、海葵）	多糖、多肽、萜类、生物碱、核苷类、高不饱和脂肪酸、大环内酯类	抗肿瘤、抗心血管系统疾病
海藻类	褐藻酸、多糖、糖脂类、甘露酸等	抗肿瘤、防治心血管疾病、防治慢性支气管炎、驱虫、抗放射等
鱼类	鱼精蛋白、多不饱和脂肪酸类、软骨素、肽类、氨基酸类、鱼肝油类、卵磷脂、脑磷脂等	防治心脑血管疾病、补充人体所需的氨基酸、镇痛、神经毒性等

5. 微生物原料与天然药物提取工艺特性

微生物是肉眼看不到的微小生物的总称,包括原核生物的细菌、放线菌、支原体、立克次体、衣原体,真核生物的真菌(霉菌和酵母菌),此外还有属于非细胞类的病毒和类病毒等。

(1)细菌:是单核生物,根据其生长形态分为球菌、杆菌和螺旋菌。细菌的基本结构包括细胞壁、细胞质膜、细胞质,细菌没有细胞核结构,只有明显的核区,称为拟核,外面无核膜。此外与真核细胞相比,细胞壁的组成也有很大区别,细菌的细胞壁是由一类含有氨基酸的肽聚糖构成,具有固定外形和保护细胞等多种功能,而真核细胞壁主要由纤维素或甲壳素组成。

(2)酵母菌:是单细胞真核微生物。酵母菌细胞的形态通常有球形、卵圆形、腊肠形、椭圆形、柠檬形或藕节形等。比细菌的单细胞个体要大得多,一般为$(1\sim5)\mu m \times (5\sim20)\mu m$。酵母菌无鞭毛,不能游动。酵母菌具有典型的真核细胞结构,有细胞壁、细胞膜、细胞核、细胞质、液泡、线粒体等,有的还具有微体。由于酵母菌含有丰富的蛋白质、维生素和酶等生理活性物质,医药上将其制成酵母片,如食母生片,用于治疗因不合理饮食引起的消化不良症。体质衰弱的人服用后能起到一定程度的调整新陈代谢机能的作用。

(3)菌丝:是一种管状的细丝,是霉菌营养体的基本单位。把它放在显微镜下观察,很像一根透明胶管,它的直径一般为$3\sim10\mu m$,比细菌和放线菌的细胞约粗几倍到几十倍。

以微生物作为原料确定提取工艺时,如果天然活性物质存在微生物体内,则选择能够穿透细胞壁进入细胞内部将有效物质提取出来的溶剂进行浸提;如果天然活性物质存在于微生物的代谢产物中,即存在于微生物细胞外的培养环境中,则直接选择水或有机溶剂进行浸提即可。

2.1.2　原料细胞结构与天然药物成分的浸出

无论植物、动物还是微生物等药用原料,其天然活性物质都主要存在于细胞质中。细胞一般都由细胞壁、细胞膜、细胞质和细胞核几部分组成(动物细胞无细胞壁,原核生物无细胞核)。植物细胞壁是围绕在植物原生质体外的一种细胞结构,它对植物体的支撑、水分和养料的供给、植物形态建成和植物与环境的相互作用起着重要作用。多数细胞壁主要由纤维素、半纤维素和果胶物质组成,这种细胞壁上有许多小孔,称为孔壁,不影响水溶性物质的出入。细胞壁内部是细胞膜,类似于半透膜,具有超滤的分子筛作用,筛孔有一定的大小,较小的分子容易透过,但较大的分子不易透过。胞内物质因有细胞壁和细胞膜而不能无控制地渗透到细胞外,而细胞外的营养物质可以利用细胞膜上的载体进入细胞内。所以,一个活的植物体或植物的一个器官的某一部分浸入水中,水溶性物质并不能通过细胞组织或器官组织被提取出来,其主要原因之一是有细胞膜的存在。所以细胞膜对外界物质的进入或细胞内物质的外出具有决定作用。

在植物原料中存在着具有保护内部构造免受外界破环的各种组织。如双子叶植物的根类药材其次生构造中存在着木栓层,木栓层由多层木栓细胞组成,细胞排列整齐紧密,壁在成熟时栓质化,细胞内的原生质解体而死亡并充满空气。由于木栓细胞不透气、不透水,故可代替外皮层起保护作用。而叶、果实皮、茎皮等植物器官的外表面有起保护作用的蜡质层。这种蜡质层实际上是蜡浸入该器官的表皮细胞的纤维素壁中的。这种蜡质层由蜡醇和脂肪酸组成,它使细胞壁有很强的疏水性。经常可以看到一些革质的植物叶、果和茎的表面不沾水,就是由于在这些植物的表面有蜡浸细胞构成的表面组织。

植物地上器官(如茎、叶等)的表面有一层脂肪性物质称为角质层,在叶子的表面最明显;嫩枝、花、果实和幼根的表皮外层也常具有这种结构。其功能主要起保护作用,它不仅可以限制植物体内水分的散失,而且可以抵抗微生物的侵袭等各种不良影响。角质层由 5~10 层已经死亡的扁平角质细胞组成,其细胞核和细胞器已经完全消失。电镜下,角质层细胞内充满密集平行的角蛋白张力细丝,其主要为富含组氨酸的蛋白质。细胞膜内面附有一层厚约 12nm 的不溶性蛋白质,故细胞膜增厚而坚固。细胞膜表面褶皱不平,细胞相互嵌合,细胞间隙中充满角质小体颗粒释放的脂类物质。组成角质层的重要化学成分是角质,它是一种含 16~18 个碳的羟基脂肪酸。角质层常分两层,紧靠表皮细胞外壁,是由角质和纤维素组成的角化层;细胞壁外面是一层较薄的、由角质或与蜡质混合组成的角质层。

微生物组织构造相对简单,细胞壁都是刚性骨架,具有保护作用。细菌的细胞壁由坚固的骨架-肽聚糖(peptidoglycan)组成,它是聚糖链(glycan chain)借短肽交联而成,具有网状结构,包围在细胞周围,使细胞具有一定的形状和强度。聚糖链是由 N-乙酰葡萄糖胺和 N-乙酰胞壁酸交替地通过 β-(1→4)位连接而成。短肽一般由 4 或 5 个氨基酸组成,如 L-丙氨酸-D-谷氨酸-L-赖氨酸-D-丙氨酸,而且短肽中常有 D-氨基酸与二氨基庚二酸存在。短肽接在 N-乙酰胞壁酸上,相邻的短肽又交叉相联,形成了网状结构。

尽管细菌的细胞壁都含有肽聚糖的网状结构,但不同种类的细菌其细胞壁构造有很大不同,如革兰阳性菌的细胞壁较厚(15～50nm),肽聚糖占 40％～90％,其余是多糖和磷酸壁,而革兰阴性菌的肽聚糖层较薄(1.5～2.0nm),最外面还有一较厚的外壁层(8～10nm),外壁层主要由脂蛋白、脂多糖组成。

与细菌不同,酵母细胞壁的主要成分为葡聚糖、甘露聚糖以及蛋白质等。酵母细胞壁的最里层由葡聚糖的细纤维组成,它构成了细胞壁的刚性骨架,使细胞具有一定的形状,覆盖在细纤维上面的是一层糖蛋白,其外面是由 1,6-磷酸二酯键共价连接而成网状结构的甘露聚糖。其内部有甘露聚糖-酶的复合物,它可以共价键连接到网状结构上,也可以不连接。大多数真菌的细胞壁都是由多糖组成,其次还含有较少量的蛋白质和脂类。多糖主要为几丁质和葡聚糖构成。红面包霉菌(Neurospora crassa)的细胞壁主要含有三种聚合物,即葡聚糖[主要以 β-(1→4)键连接,某些以 β-(1→6)键连接]、几丁质(以微纤维状态存在)以及糖蛋白,构成了同心圆层状结构,最内层主要是几丁质,第二层主要是蛋白质,几丁质的微纤维嵌入蛋白质结构中,第三层是糖蛋白的网状结构,最外层是 α 和 β-葡聚糖的混合物。

由此可见,无论植物、动物还是微生物原料,要把其中的有效成分提取出来,都要设法破坏其外层的保护组织,对于细胞就是要设法破坏细胞膜,改变细胞膜的通透性,使浸出溶剂能够穿透细胞壁、细胞膜,畅通无阻地进入细胞内并能把有效成分提取出来;对于那些组织表面有蜡质保护的原料,首先要改变对蜡质起保护的细胞壁的通透性;对于组织表面具有角质层构造保护的原料,应首先破坏其角质层组织构造,然后再选择具有穿透细胞壁、细胞膜能够提取有效成分的溶剂进行浸提。

破碎细菌的主要阻力来自肽聚糖的网状结构,网状结构的致密程度和强度取决于聚糖链上所存在的肽键的数量和其交联的程度,如果交联程度大,则网状结构就致密。酵母细胞壁与细菌细胞壁一样,破碎其阻力主要决定于壁结构交联的紧密程度和它的厚度。真菌细胞壁的强度不仅与聚合物的网状结构有关,而且它还含有几丁质和纤维素的纤维状结构,所以强度高于酵母和细菌的细胞壁。

2.1.3 破坏细胞膜和细胞壁的方法

细胞破碎(cell rupture)技术是指利用外力破坏细胞膜和细胞壁,使细胞内物质包括目标成分释放出来的技术。

药材原料绝大部分来源于植物、动物和微生物,细胞是构成生物体最基本的结构单元,植物、微生物细胞外具有细胞壁,细胞壁主要由纤维素及多糖类物质组成,干燥植物体中纤维素占 1/3～1/2,其中纤维素形成微细纤维,木素和半纤维素作为微细纤维和纤维细胞间的填充剂或黏合剂,进而形成细胞壁的框架。动物细胞无细胞壁,细胞膜把细胞包裹起来,使细胞能够保持相对的稳定性,维持正常的生命活动。细胞膜由磷脂、膜蛋白、多糖以及糖蛋白构成。细胞膜不单是细胞的物理屏障,也是在细胞生命活动中有复杂功能的重要结构。细胞所必需的养分的吸收和代谢产物的排出都要通过细胞膜。细胞膜具有选择渗透性,这是细胞膜最基本的一种功能。如果细胞丧失了这种功能,细胞就会死亡。而药材中多数生物活性物质存在于细胞壁或者细胞膜内,只有少量存在于细胞间隙。因此,细胞壁和细胞膜是药材有效成分提取的主要屏障,只有针对不同的药材确定适宜的破坏细胞膜和细胞壁的方法才能有效提高药材有效成分的提取率。常用的破壁方法有干燥法、冻融法、机械破碎法、化学破壁法、生物酶解法和压差法等。

1. 干燥法

药材原料采收后要进行干燥,干燥也是原料提取前进行破壁的有效方法。药材原料在干燥过程中,细胞壁先失水,细胞液的浓度不断增高,胀压并逐渐萎蔫,终致细胞受到破坏而死亡。在这个干燥过程中由于细胞失水,失去胀压,但细胞质与细胞壁紧紧地黏附在一起进行收缩,虽不产生质壁分离,但形成大量褶皱。由于内外两个不同方向牵引力的作用,使细胞膜和细胞壁受到机械的伤害,改变了细胞膜的超滤性和渗透性,改变了材料的细胞组织,促使细胞内的物质易于被溶剂浸出。但干燥破壁的同时也要尽量避免原料中有效成分的损失,因此干燥的温度常因所含成分而异:一般含有糖苷类和含有生物碱的原料干燥温度为 50～60℃,这样可以破坏植物体内酶的活性而避免有效成分的分解;维生素含量高的果实类原料应迅速干燥,如果不能干燥则应进行冷藏;富含挥发油的药材原料干燥温度不宜超过 35℃,以免挥发油散失。

药材原料干燥的方法,通常有阳干法、阴干法和直接加热烘干法。阳干法是直接利用日光晒干,可将原料置于搭架的竹帘、竹席上,在日光下晒干,也可以铺于河滨沙砾地,其干燥时间可显著缩短,适用于肉质根类;但主要含有挥发油的药材或者有效成分日晒后易变色变质的药材如大黄、黄连,烈日下晒后易开裂的药材如郁金、白芍等均不宜采用阳干法干燥。阴干法是将药材置于通风良好不见直射阳光的地方,使水分自然散发。阴干法适用于芳香性花类、叶类、全草和某些根皮类原料。阴干法的特点是温度比较低,蛋白质和细胞质没有变性,细胞膜和细胞壁所受到的损害较少,而且这种方法对有效成分的损害较小。阴干法干燥时间长,对于肉质根类和果实类原料,水分含量高,散失慢则易于引起发霉变质。这种原料药材则可以采用直接加热干燥法。直接加热干燥是将新鲜原料切片后加热干燥,在干燥时水分急剧蒸发,细胞内原生质和蛋白质凝固、变性、细胞萎缩,使细胞膜和细胞壁破坏,改变细胞组织的渗透性;但是这种方法不适合用于对热不稳定的物质。

2. 冻融法

冻融法就是将细胞冻结后再融化。冻结的作用是破坏细胞膜的疏水键,增加其亲水性和通透性,并因为细胞内的水在低温下结冰而易于刺破细胞壁,从而达到破壁的目的,如果再加其他外力的作用更会促进破壁率的增加,从而提高天然药物成分的溶出。

3. 机械破碎法

采用这种方法,药材细胞受到高压产生的高剪切力,与玻璃球一起高速搅拌,破碎速度快、效果好,且处理药材量大。但对大多数热敏物质要采取冷却措施,以除去由于高速搅拌而产生的过多热量,避免生物活性物质的破坏。

（1）球磨法:研磨是一种常用的方法,使用设备是球磨机,如图 2-1 所示。该方法将细胞组织悬浮液与玻璃小珠、石英砂或氧化铝一起搅拌或研磨,珠子之间以及珠子和细胞之间互相剪切、碰撞,促使细胞壁破碎,释出内容物。在珠液分离器的协助下,珠子被滞留在破碎室内,浆液流出,从而实现连续操作。破碎中产生的热量由夹套中的冷却液带走。

图 2-1　WSK 卧式高效全能球磨机

破碎作用与球体的直径、进入球磨机的细胞浓度、料液的流速、搅拌器的转速以及温度等有关。这些参数不仅影响破碎程度,也影响所需能量。球体的大小应根据细胞大小和浓度以及在连续流动的操作过程中不使球体带出来选择,球体在磨室中的装量对破碎程度和所需能量有影响。增加搅拌速度能提高破碎效率,但过高的速度反而会使破碎率降低,能量消耗增大,所以搅拌速度应适当。操作温度在 5~40℃ 范围内对破碎物影响较小,但在操作过程中,磨室的温度很容易升高,较小的设备可考虑采用冷水冷却来调节磨室温度,大型设备中热量的除去是必须考虑的一个重要问题。因此,球磨法存在的问题是操作参数多,破壁后球体之间残留的液体较多,原料损失较大。

(2) 高压匀浆:高压匀浆是大规模破碎细胞的常用方法,高压匀浆机如图 2-2 所示。利用高压迫使细胞悬浮液通过针形阀(图 2-3),细胞悬浮液自高压室针形阀喷出时,每秒速度高达几百米,高速喷出的浆液又射到静止的撞击环上,被迫改变方向从出口管流出。细胞在这一系列高速运动过程中经历了高速剪切、碰撞及压力骤降,造成细胞破碎。影响破碎的主要因素是压力、温度和通过匀浆阀的次数。升高压力有利于破碎,减少细胞的循环次数,甚至一次通过匀浆阀就可达到几乎完全的破碎,这样就可避免细胞碎片不至过小,但是也有实验表明压力增加超过一定值,破碎率增长反而很慢。工业生产中,通常采用的压强为 55~70MPa。在工业规模的细胞破碎中,对于酵母等难破碎的及浓度高或处于生长静止期的细胞,常采用多次循环的操作方法。

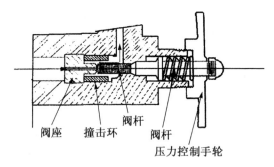

阀座　撞击环　阀杆

压力控制手轮

图 2-2　高压匀浆机　　　　　　图 2-3　APV Manton Gaulin 高压匀浆器针形阀结构简图

(3) X-press 法:另一种改进的高压方法是将浓缩的菌体悬浮液冷却至 -30~-25℃ 形成冰晶体,利用 500MPa 以上的高压冲击,冷冻细胞从高压阀小孔中挤出。细胞破碎是由于冰晶体在受压时发生相变,包埋在冰中的细胞变形引起的。此法称为 X-press 法或 Hughes press 法,主要用于实验室中,高浓度的细胞、低温、高的平均压力能促进破碎。该法的优点是适用的范围广、破碎率高、细胞碎片的粉碎程度低以及活性率高,但是对冷冻-融解敏感的天然活性物质不适用。

(4) 超声波法:超声波破碎也是应用较多的一种破碎方法。超声波产生空化现象,空泡在液体中产生、长大、压缩、闭合、崩溃、快速重复的运动过程,产生瞬时高温和高压,并伴随强烈的冲击波和高速射流,使药材细胞振荡而发生高速碰撞。微射流和冲击波对边界层和固液界面的清洗、冲击、侵蚀和剥离作用,使边界层变薄,甚至使边界层产生空洞,破坏细胞壁结构,从而提高得率,缩短提取时间。另一方面,局部所产生的高温、高压,断裂了溶出组分分子与原有固体分子间的结合键,也加速了溶出进程,从而提高了液相体积效能。利用显微镜观察发现超声提取可使杜仲叶中细胞壁破裂,加速细胞中总黄酮类物质直接向溶剂中溶解,杜仲叶中总黄酮类物质的提出率可达 25.43%。

（5）微波法：微波是频率介于 300MHz 和 300GHz 之间的电磁波，微波作用于药用原料溶剂提取体系，基质材料吸收微波能量而升温。伴随升温的热应力作用，液态水气化产生的压力将细胞膜和细胞壁冲破，形成微小的孔洞，进一步加热，导致细胞内部和细胞壁的水分减少，细胞收缩，表面出现裂纹。孔洞或裂纹的存在使得胞外溶剂容易进入细胞内，溶解并释放出胞内产物。采用透射电镜观察，发现在微波强度为 300W、预处理时间达到 5 分钟或微波功率为 600W、预处理时间为 2 分钟时，细胞壁开始出现褶皱并有部分破裂，随着功率的加大以及微波预处理时间的延长，细胞壁破裂的情况越来越明显，从而使细胞内有效成分的提取分离变得容易。

（6）超微粉碎法：该粉碎方法是以破坏药材细胞壁为目的的粉碎过程。药材原料进行超微粉碎后，一方面细胞的破壁率高，使有效成分溶出阻力减小，另一方面物料粉碎后导致表面积和孔隙率增加。超微粉碎后的物料具有很强的表面吸附力、亲和力、分散性、溶解性，从而提高了有效成分的溶出速度及溶出率。实验证明，使用细胞超微粉碎技术能明显提高天然药物有效成分的提取率，特别对提取大分子成分，提取率提高效果更为显著。对黄芪药材进行纳米级粉碎后经显微特征观察，发现纳米黄芪悬浮液中固体颗粒平均粒径为 81.7nm，大部分细胞壁被破碎，黄芪皂苷和多糖直接进入水中。

4. 酶解法

酶解法是研究较广泛的一种破壁方法，它利用细胞破壁酶的反应分解破坏细胞壁上特殊的键，打破细胞结构，使内容物从细胞壁释放出来，从而达到提取有效成分的目的。常用的酶有纤维素酶、半纤维素酶、蛋白酶、果胶酶、溶菌酶、蜗牛酶、几丁质酶、复合酶等。酶解的优点是专一性强，发生酶解的条件温和。溶菌酶是应用最多的酶，它能专一地分解细胞壁上糖蛋白分子的 $\beta-1,4-$糖苷键，使脂多糖解离，经溶菌酶处理后的细胞移至低渗溶液中使细胞破裂。酶法破壁设备简单易行，破壁率高，但时间长，速度慢，不宜长时间保存和长途运输。

自溶作用是酶解的另一种方法，利用生物体自身产生的酶来溶胞，而不需外加其他的酶。此法在微生物原料破壁过程中应用较多。在微生物代谢过程中，大多数都能产生一种能水解细胞壁上聚合物结构的酶，以促进其生长过程。微生物的自溶作用就是改变其生长环境（温度、pH 值、缓冲液浓度、细胞代谢途径等），可以诱发产生过剩的水解酶或激发产生其他的自溶酶，以达到自溶目的。酵母菌需在 45～50℃下保持 12～24 小时可以自溶。自溶法在一定程度上能用于工业生产，但是对热不稳定的微生物容易引起蛋白质变性，自溶后细胞培养液黏度增大，降低过滤速度。

5. 压差法

压差法也称渗透压冲击法，该方法是较温和的一种破碎方法，将细胞置于高渗透压的介质（如一定浓度的甘油或蔗糖溶液）中，达到平衡后突然迅速减压引起压差变化，如突然稀释介质，或者将细胞转入水或缓冲液中，由于渗透压的突然变化，水迅速进入细胞内引起细胞壁的破裂。

6. 化学破壁法

化学破壁法是利用某些化学试剂，如有机溶剂、变性剂、表面活性剂、抗生素、金属螯合剂等，可以改变细胞壁或膜的通透性（渗透性），从而使胞内物质有选择地渗透出来。例如酸碱处理，酸处理可以使蛋白质水解成氨基酸，通常采用 6mol/L HCl 溶液进行。碱能溶解细胞壁上脂类物质或使某些组分从细胞内渗漏出来。对于胞内的异淀粉酶，可加入 0.1% 十二烷基磺酸钠或 0.4% Triton X-100 于酶液中作为表面活性剂,30℃振荡 30 小时,异淀粉酶就能较完全地被提取出来,所得有效成分较机械破碎得率高。也可以利用有机溶剂如丁醇、丙酮、三氯甲烷及尿素等进行化学处理。但是,这些试剂常引起生化物质破坏,还会带来溶剂分离回收的后续问题。

选择合适的破碎方法需要考虑下列因素:① 需要破壁的原料的数量,所需要提取的产物对破碎条件(如温度、试剂和酶等)的敏感性以及要达到破碎程度所需的速度等;② 在能够达到预期破碎程度的同时尽可能采用最温和的方法;③ 同时对于具有大规模应用潜力的天然药物原料还应选择适合于工业化生产的破碎技术。

2.1.4 原料的前处理

为保证天然药物提取分离产物的安全性、有效性和质量可控性,在提取前进行必要的原料前处理。原料的前处理包括鉴定与检验、炮制与加工。

1. 鉴定与检验

药材品种繁多,来源复杂,即使同一品种,由于产地、生态环境、栽培技术、加工方法等的不同,其质量也会有差别。为了保证提取物及其后续制剂产品的质量,应对原料进行鉴定和检验,合格方可投料提取。

原料的鉴定与检验应依据国家法定标准,药材和饮片的法定标准为国家药品标准和地方标准或炮制规范,如依据《中华人民共和国药典》规定的鉴定和检验方法与标准药材进行对比。无法定标准的原料,应自行制定质量标准并进行鉴定与检验。

多来源的药材除必须符合质量标准要求外,一般应固定品种。由于产地生长环境的不同,品种之间质量差异较大的药材,必须固定品种,以免后续产品的质量浮动过大。如药材质量受产地影响较大时,应固定产地。药材中的有效成分随采收期不同而明显变化时,应注意采收期。

药材原料在进行品种鉴别的基础上,还应测定有效成分的含量,并注意含量限度,从而保证药材原料的质量。但要注意所定限度应尽量符合原料的实际情况,完善后的标准可作为企业的内控标准。

对于列入国务院颁布的《医疗用毒性药品管理办法》中的 28 种药材,应提供自检报告。涉及濒危物种的药材应符合国家的有关规定,并特别注意来源的合法性。

2. 炮制与加工

炮制与加工对天然药物提取的终端制剂关系密切,大部分药材需经过炮制才能进行投料用于提取、分离及制剂的生产。在完成原料药材的鉴定与检验之后,应根据处方对药材的要求以及药材质地、特性的不同和提取工艺的需要,对药材进行必要的炮制与加工,即净制、切制、炮炙、粉碎等。

(1)净制:即净选加工,是药材的初步加工过程。原料药材采收后会含有泥沙、灰屑、非药用部位等杂质,甚至会混有虫蛀品、霉烂品,必须通过净制除去,以符合药用要求。净制后的药材称为"净药材"。净制常用的方法有挑选、风选、水选、筛选、剪、切、刮、削、剔除、刷、擦、碾、撞、抽、压榨等。原料处理要严格按照生产工艺的要求,制定规范除杂方法。净制必须在原料干燥前进行。原料需要在新鲜状态进行除杂和洗涤,因为在新鲜状态材料组织完好,在除杂和洗涤时不易损失。干燥后许多木质性根类材料比较坚硬,用传统的手工切割方法往往比较困难。

（2）切制：是指将净药材切成适于生产的片、段、块等，其类型和规格应综合考虑药材质地、炮炙加工方法、制剂提取工艺等。除少数药材必须鲜切、干切外，一般需经过软化处理，使药材易于切制。软化时，需控制时间、吸水量、温度等影响因素，以避免有效成分损失或破坏。可以用粉碎后的原料投入生产的不必切片。坚硬的原料可在干燥后再用粉碎机粉碎投料。

（3）炮炙：是指将净制、切制后的药材进行水制、火制或水火共制等加工处理。常用的方法有炒、炙、煨、煅、蒸、煮、烫、炖、水飞等。炮炙方法应符合国家标准或各省、直辖市、自治区制定的炮制规范。如炮炙方法未被上述标准或规范所收载，应自行制定规范的炮炙方法和炮炙品的规格检测标准。制定的炮炙方法应具有科学性和可行性。有些含有苷类的原料其细胞组织中存在能水解苷类化合物的酶，采用阴干法干燥时，由于细胞组织的缓慢破坏使苷和酶相互接触，使苷水解而疗效降低。如苦杏仁原料中含有苦杏仁苷和能水解苦杏仁苷的苦杏仁酶和樱苷酶，这种原料必须用加热的方法使酶灭活后再干燥，炮制中规定苦杏仁"在沸水中浸泡片刻"，实际上就起着酶灭活的作用。

（4）干燥：原料在净制、切制后无需炮炙则直接进行干燥，需要炮炙加工的原料在炮炙处理后再进行干燥。干燥的目的是为了便于贮藏和运输，同时还有破坏细胞膜和细胞壁的作用，有利于浸出的顺利进行。不同的原料应该采取不同的干燥方法：有的富含黏液质和淀粉，需用开水稍烫或蒸透后干燥，如延胡索、百部、天麻；有的质地坚硬或较粗，需趁鲜进行切割加工后干燥；有的皮类药材需要在采摘后修切成一定形状再进行干燥。

现在药材采集后多用阳干法，其优点是干燥速度快，药材的细胞膜破坏也较好。而含有对热不稳定的有效成分的原料，如粉防己、小檗根、千金藤和唐松草等含有双苄基异喹啉生物碱的药材，这类物质对光不稳定，应采取阴干法。同时富含挥发油的药材也不适用于阳干法。

（5）粉碎：在天然药物提取加工过程中，如果使用药材饮片直接投料进行生产加工，则因为药材饮片较大，组织没有彻底破碎，有效成分很难提取完全。粉碎就是指将药材加工成一定粒度的粉粒，其目的是为了增加原料的表面积，提高浸出速度。加工的粒度大小应根据原料的种类、性质和提取分离的生产需求确定。木质类原料如某些质地坚硬的根类、根茎类和果实以及种子类原料，溶剂很难渗透到组织内部，因此要粉碎得细一些。而草质类原料质地没有木质类原料坚硬，可以粉碎得粗一些，同时这类原料水分含量高，组织比较松软，干燥过程中失去大量水分导致细胞组织和器官组织破坏比较严重，浸提时溶剂容易渗透。

贵重药材常粉碎成细粉直接入药，以避免损失，兼有赋形剂的作用；含挥发性成分的药材应注意粉碎温度；含糖或胶质较多且质地柔软的药材应注意粉碎方法；毒性药材应单独粉碎。

（6）特殊处理方法

1）发酵和水解处理法：近年来发酵法在天然药物的提取过程中应用越来越多。由于天然药物有效成分存在于细胞内，发酵法可以使难于破坏的细胞膜或细胞壁被破壁，利于有效成分的浸出。发酵法可以用于花粉细胞壁的破壁和有效成分的提取。此外，若从果肉类或果浆类原料中提取有效成分，有效成分常与果胶质包裹在一起，过滤和提取都非常困难，则需要加入果胶酶使果胶水解后才能使浸出正常进行。对于含糖苷类有效成分的药材原料，如含有强心苷、三萜皂苷等药材，多糖苷的生物效价低于单糖苷，为了提高单糖苷的提取效率，常常采用发酵法先将多糖苷转化为单糖苷，再进行提取。例如从紫花洋地黄叶中提取洋地黄毒苷时，植物自身含有洋地黄强心苷水解酶，通过自然发酵，将紫花洋地黄苷 A 转化为洋地黄毒苷，再进行提取，提高提取效率。发酵法不仅可以将多糖苷转化成单糖苷进行提取，也可以将糖苷类化合物转化成苷元再进行提取。如天然药物白藜芦醇由于具有很好的抗氧化、提高机体免疫力的作用,市场对其需求日益增加,但是原料中该化合物含量较低。而虎杖中虎杖苷即白藜芦醇 3-O-β-D-葡萄糖苷含量非常丰富,该植物中自身存在虎杖苷水解酶,通过自然发酵后再进行提取可以将虎杖苷定向转化成白藜芦醇,转化率达到 90% 以上。目前该方法已经成功应用于生产高含量白藜芦醇的工业化提取工艺中。

从药材原料中提取苷元不仅可以采用发酵法,也可以采用水解处理法。如从甘草中加酸水解后提取甘草次酸,又如对穿山龙进行酸水解后提取薯蓣皂苷元等。但是采用酸水解处理药材要注意使用适宜的酸度,酸度过大会破坏有效成分的结构、失去生物活性。

2) 脱脂处理:对于富含油、脂或蜡的药材原料,直接采用溶剂浸提较困难。如叶类革质药材其表皮细胞壁中有蜡浸层,阻止浸出溶剂的渗入,使提取较难进行,在提取之前需要进行脱脂处理。此外还有一些富含油脂的种子类原料,如使君子、马钱子、女贞子、补骨脂等,也应在提取前进行脱脂处理。动物器官作为原料提取其水溶性成分时,必须先经脱脂处理,再选用极性溶剂提取。

3) 富含挥发油的原料处理:富含挥发油的原料应在新鲜状态直接进行粉碎、蒸馏、浸出加工,避免有效成分损失或破坏。

4) 以酶和蛋白质为有效成分的原料处理:酶和蛋白质都是一类非常不稳定、易变性的化合物,因此应该在新鲜状态,通过匀浆破壁法使有效成分分离出来。如果在鲜品状态下不能及时处理,经过干燥或经放置,酶和蛋白质就会发生变性和失活,将影响原料的质量和产品质量。以酶为主要有效成分的药材原料有麦芽、地龙、木瓜等,以蛋白质为主要有效成分的药材有天花粉、胎盘和许多动物原料。

2.2　提取方法

药材原料品种繁多,由于其所含的化学成分不同,就需要根据原料中化学成分的特性选用不同的方法将其提取出来。从药材中提取天然有效成分的方法有溶剂法、水蒸气蒸馏法及升华法等,水蒸气蒸馏法及升华法的应用范围十分有限,大多数情况下是采取溶剂提取法。

2.2.1　溶剂提取法

溶剂提取法即选择适宜的溶剂将药材中的化学成分从原料中提取出来的方法,应选取对有效成分溶解度大、对杂质成分溶解度小的溶剂,将天然有效成分从药材组织内溶解出来。

1. 提取溶剂的选择

溶剂提取法的关键是选择适当的溶剂。只有溶剂选择适当,才可能顺利地将需要的化学成分提取出来。常用的溶剂有水、有机溶剂、酸性/碱性有机溶剂等。依据“相似相溶”原理,根据待分离药材原料中化合物的极性选取适宜的亲水性或亲脂性溶剂进行提取,就会有较大的溶解度,这是选择提取溶剂的重要依据。如天然药物原料中富含萜类、甾体等脂环类及芳香类化合物等极性小化合物,应采用亲脂性有机溶剂如三氯甲烷、乙醚等进行提取;而糖苷、氨基酸等大极性类成分,应采用亲水性溶剂如水及含水醇等进行提取;至于生物碱、有机酸等碱性、酸性或两性化合物,由于存在状态(结合型或游离型)随溶液 pH 不同而异,故溶解度将随 pH 的变化而改变,宜采用酸性/碱性有机溶剂提取。一般可将药材原料根据提取的目标成分,按照提取溶剂的极性递增方式选用不同溶剂,如石油醚、汽油或者环己烷(可提出油脂、蜡、叶绿素、挥发油、游离甾体及萜类等小极性化合物)、苯、三氯甲烷或乙酸乙酯(可提出三萜苷元、游离生物碱、有机酸及黄酮、香豆素的苷元等中等极性化合物)、丙酮或乙醇、甲醇(可提出糖苷类、生物碱盐、木脂素以及类黄酮的多酚类等极性化合物)及水(可提出氨基酸、糖类、无机盐等水溶性成分)进行提取。此外,根据某些天然药物成分的酸碱化学性质,为了增加其溶解度,也可采用酸水及碱水作为提取溶剂。酸水提取可使生物碱等含氮的碱性化合物与酸水反应生成盐而溶出,同样碱水提取可使有机酸、黄酮、蒽醌、香豆素和内酯以及酚酸类成分成盐而溶出。常见溶剂的亲水性或亲脂性强弱见表 2-2。

表 2-2　常见溶剂的极性顺序

溶　剂	石油醚、环己烷、苯、三氯甲烷、乙醚、乙酸乙酯、丙酮、乙醇、甲醇、水
亲脂性	强→　→　→　→　→　→　→　→　→　→弱
亲水性	弱→　→　→　→　→　→　→　→　→　→强

物质的极性用偶极矩 μ 来表示,溶剂的极性常以介电常数 ε 来表示,因为 μ 与 ε 之间呈正比例关系,可以用 ε 的大小表示溶剂极性的大小,ε 大的溶剂极性强,ε 小的溶剂极性弱。常见溶剂的性质见表 2-3。在选择提取溶剂时,要充分比较有效成分的分子结构、理化性质和溶剂的分子结构、理化性质。如果有效成分结构中的功能基团以及极性与某一种溶剂分子的功能团、极性或介电常数有相似之处,这种溶剂就有可能作为该种有效成分的提取溶剂。例如含羟基化合物易溶于乙醇、甲醇中,含羰基化合物易溶于丙酮中。

表 2-3　某些溶剂的物理性质及介电常数

溶剂	沸点/℃	相对密度 $d_4^{20℃}$	介电常数 ε (15~20℃)	溶剂	沸点/℃	相对密度 $d_4^{20℃}$	介电常数 ε (15~20℃)
甲醛	211	1.134	84	喹啉	238	1.095	9.0
水	100	0.988	81	碘乙烷	72	1.933	7.4
甲酸	101	1.211	58	苯胺	184	1.022	7.3
甘油	290	1.260	56	碘甲烷	42	2.279	7.1
乙二醇	197	1.115	41	醋酸	118	1.049	7.1
乙腈	82	0.783	39	乙酸乙酯	77	0.901	6.1
硝基苯	211	1.203	36	溴代烷	156	1.490	5.2
甲醇	65	0.793	31	三氯甲烷	61	1.486	5.2
乙醇	78	0.789	26	乙酸戊酯	148	0.877	4.8
异丙醇	82	0.789	26	溴仿	149	2.890	4.5
正丙醇	97	0.804	22	乙醚	35	0.713	4.3
丙酮	57	0.792	21	丙酸	141	0.992	3.2
溴乙烷	38	1.430	9.5	醋酐	140	1.082	20

续　表

溶剂	沸点/℃	相对密度 $d_4^{20℃}$	介电常数 ε (15~20℃)	溶剂	沸点/℃	相对密度 $d_4^{20℃}$	介电常数 ε (15~20℃)
正丁醇	118	0.801	19	二硫化碳	46	1.263	2.63
甲乙酮	80	0.805	18	间二甲苯	139	0.864	2.38
苯乙酮	202	1.026	18	甲苯	111	0.866	2.37
苯甲醇	205	1.042	13	苯	80	0.879	2.29
吡啶	115	0.982	12	四氯化碳	77	0.594	2.24
氯代苯	132	1.107	11	乙烷	69	0.660	1.87
二氯乙烷	84	1.252	10.4	石油醚	40~60	0.60~0.63	1.80

　　值得注意的是,从药材中提取有效成分时,多种成分之间相互影响,存在相互助溶作用,情况要复杂得多。例如,自古以来多采用水煎煮提取,除能提取水溶性成分,也能从中提取出很多水不溶性成分。因此,从药材中提取有效成分很难有一个固定的模式,需要根据提取要求、目标成分、杂质的性质差异以及溶剂的溶解能力来确定。工业化生产中选取提取溶剂应依据浸出速度快、目标成分纯度高、杂质少、成本低的原则进行。但是在实际生产中经常会遇到相互矛盾的情况,如浸出速度快,但是目标产物纯度低,或者目标产物纯度高,但浸提速度非常慢等状况,因此提取工艺中溶剂的选择需从全局考虑。有时选取某一浸提速度快的提取溶剂,仅从提取工序上考虑成本低、周期短,但是从整个生产工艺来看,提取后目标产物含量低,杂质较多,从而带来了繁琐的后续纯化工序,使整体提取工艺成本并不低、生产周期长。如果先期选择一种浸提速度慢,但是目标产物含量高的提取溶剂,尽管提取工序生产周期延长,成本相应增加,但是会大幅度简化后续的纯化工艺,结果降低了整个提取分离工艺的生产成本,生产周期与前者相比相对缩短。所以衡量或评价某一提取溶剂的优劣不能单纯从提取工序考虑,还要综合考虑和评价整个提取工艺流程。例如从铃兰(*Convallaria keiskei*)中提取铃兰毒苷,水和稀乙醇提取强心苷的速度较快,特别是以水作提取溶剂时生产成本最低,但提取物强心苷含量低,后续处理工序长,最终生产成本很高。如果使用9:1或8:2的苯-乙醇溶剂进行提取,单纯从提取这一工序来看成本较高,但是所得提取物强心苷纯度高、质量好,后续纯化工序少、工艺简单,反而最终降低了成本。所以我国采用苯-乙醇(9:1)的混合溶剂提取强心苷。

　　近年随着环保意识的不断增强,保护环境的呼声不断提高,天然药物的提取工作在选取溶剂时还要考虑到是否会对环境带来污染,是否会排放废弃溶剂污染环境。同时利用有机溶剂进行天然药物有效成分的提取时还要考虑到最终提取物或者终端制剂产品中是否会有溶剂残留的问题。因此浸出溶剂的选择对有效成分的整个生产工艺有决定性的影响,但有时难以进行选择。需要把浸出溶剂的选择和生产工艺路线的选择交叉进行,往往需要将多个生产工艺路线进行比较,反复多次实验才能作出正确结论。

2. 传统的溶剂提取法

　　传统的溶剂提取法主要有浸渍法、渗漉法、煎煮法、简单回流提取法及连续回流提取法等。其中浸渍法、渗漉法属于常温提取,提取温度较低,适用于热不稳定原料成分的提取,提取物中所含杂质较少。煎煮法、简单回流提取法及连续回流提取法均属于加热提取,提取温度相对较高,提取物中所含杂质较多。此外,连续回流提取具有操作简单、节省溶剂的优点。根据药材原料中有效成分的稳定性选择适宜的溶剂提取方法。在不了解原材料中所含成分是否稳定的情况下,一般应避免高温提取,以防有效成分发生变化。

(1)浸渍法:浸渍法属于静态提取方法,是将粉碎后药材原料在适宜的溶剂(如三氯甲烷、乙醇、稀醇或水)中浸渍,以溶出其中化学成分的方法。本法操作简便易行,但所需时间长,溶剂用量大,提取率较低。本法广泛用于酊剂、酒剂的生产。适于新鲜、易于膨胀的药材,尤其适用于热敏性药材物料的提取,不适用于贵重药材和毒性药材的提取。

(2)渗漉法:渗漉法是将药材粉碎后装入渗漉罐中,新的溶剂不断自上而下渗透过药材,穿过药材细胞,使药材中的化学成分溶于渗漉液而流出的提取方法。渗漉法是目前国内外普遍采用的方法,提取效率比浸渍法高,且可用以提取较大量的药材原料样品。根据需要可以采用单一溶剂进行渗漉,也可使用几种溶剂依次进行渗漉。在渗漉过程中不断补充渗漉溶剂至药材的有效成分充分浸出,或当流出液颜色极浅或渗漉液的体积相当于药材质量的 10 倍时,可认为基本上已提取完全。在大生产中可将收集的稀渗漉液作为另一批新原料的溶剂使用。渗漉法适用于提取热敏性、易挥发或剧毒性的药材成分,也适用于提取有效成分含量较低或希望获得高浸出液浓度的药材原料。渗漉法的主要设备是渗漉筒或渗漉罐,一般为圆柱形和圆锥形,如图 2-4 所示。根据所渗漉药材的膨胀性选择渗漉装置的形状,一般都选择圆柱形,如果是膨胀性强的药材则多采用圆锥形。渗漉筒的材料有玻璃、搪瓷、陶瓷和不锈钢等。工业化生产时采用的渗漉装置流程如图 2-5 所示,可以长时间、大规模批量渗漉式生产,渗漉结束,通过蒸气加热浓缩使药渣中残留浸提溶剂得以回收,减少溶剂消耗,降低生产成本。

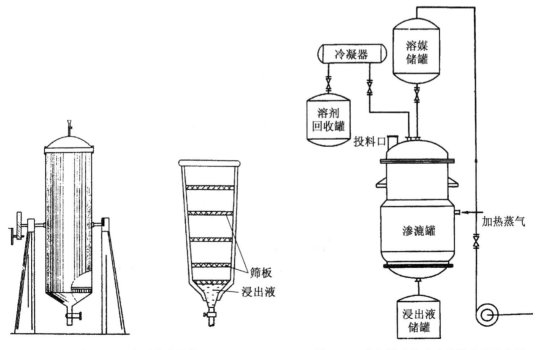

图 2-4 小型渗漉设备   图 2-5 大规模连续渗漉装置流程示意图

（3）煎煮法：煎煮法是我国最早使用的传统浸提方法，至今仍是药材提取最常用的方法。煎煮法就是将药材加水煎煮过滤取汁的方法。所用容器一般为陶器、砂罐或铜制器皿，不宜用铁制器皿，以免药液变色。用蒸气加热设备的药厂，多采用反应釜、大铜锅或水泥砌的池子中通入蒸气加热。还可将数个煎煮器通过管道互相连接，从而进行连续煎提。如图 2-6 所示为可倾式夹层煎煮锅。

图 2-6　可倾式夹层煎煮锅

（4）简单回流提取法及连续回流提取法：简单回流提取法及连续回流提取法是选取适宜的有机溶剂通过加热回流的方式浸提原料中有效成分的方法。简单回流提取法及连续回流提取法具有操作简单、节省溶剂、提取效率高等特点。但是该方法是在较高温度下对药材成分进行提取，因此提取物中杂质也相对较多，且不适用于受热易破坏的有效成分提取。

简单回流提取在工业生产中常常使用的设备就是多功能提取罐，如图 2-7 所示。该提取罐根据提取溶剂的不同选择相应的加热方式。如果用水作为溶剂进行提取，当药材和水均加入罐中，立即向罐内通入蒸汽进行直接加热，当加热温度达到所需温度时，停止进汽加热，改向罐体夹层通蒸汽进行间接加热，以维持罐内温度稳定在规定范围内；如果用醇为提

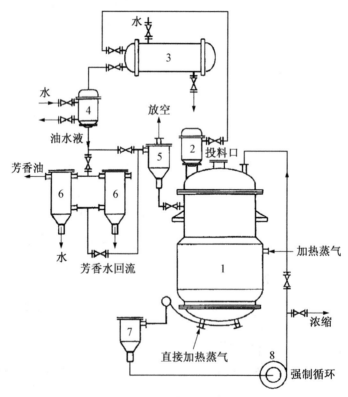

图 2-7　多功能提取罐示意图

1. 提取罐；2. 泡沫捕集器；3. 换热器；4. 冷却器；5. 气液分离器；
6. 油水分离器；7. 过滤器；8. 循环泵

取溶剂时,则始终通过向罐内夹层通入蒸气进行间接加热。在提取过程中,罐内产生大量蒸气,经过泡沫捕集器收集进入冷凝器冷凝,冷却塔冷却,通过气液分离器分离,废气排出,液体回流到提取罐内,实现回流提取直到提取结束。回流提取同时可以用泵对药液进行强制性循环,以提高提取效率,但是对于淀粉含量高的药材不适用于强制循环方式提取。所谓强制循环,是指药液自罐体下部排液口流出,经过过滤器过滤,用泵输送回提取罐内,往往在罐的上部有口流入罐内。提取完毕后,提取液从罐的下方经过过滤器从排液口流出,再继续输送到相应的浓缩装置。

3. 影响提取的因素

药材原料提取成功与否,关键在选择合适的溶剂和提取方法。当确定了适宜的提取溶剂和提取方法后,在提取过程中,原料的粉碎度、提取温度、提取时间、设备条件等因素也会影响提取效率,必须加以考虑。

(1)粉碎度:药材原料粉碎成细颗粒,表面积增大,加快了浸出过程。但粉碎度过高,样品颗粒表面积过大,反而增强了吸附作用,影响过滤速度。另外,对于富含蛋白质、多糖类成分较多的样品如果粉碎过细,采用水为溶剂提取时,蛋白质、多糖的溶出过多,促使提取液黏度增大,甚至变为胶体,影响其他成分的溶出。原料的粉碎要考虑提取原料的部位和所选用的提取溶剂。用水作溶剂提取时,可采用粗粉(20目)或薄片,用有机溶剂提取时粉碎颗粒可略细点,以过 60 目为宜。根与茎类可切成薄片或粗粉,全草、叶类、花类、果实类以过 20~40 目为宜。

(2)提取温度:一般来说,冷浸杂质少,但效率低,热提杂质多,效率高。随着温度的升高,分子运动速度加快,促使渗透、溶解、扩散速度提高,所以提取效果较好。但加热温度也不宜过高,若温度过高某些化学成分易破坏,而且杂质含量也增多,为后续的分离精制带来困难,一般加热在 60℃ 左右为宜,最高不超过 100℃。

(3)浓度差:溶剂穿过细胞壁和细胞膜进入细胞内,溶解成分后,因细胞内外存在浓度差,就向外扩散,提取一段时间后,胞内外浓度一定时,达到扩散的动态平衡,成分不再浸出。此时通过更换溶剂,破坏平衡,就开始了新的扩散,反复多次才能实现提取完全。从这一角度分析回流提取法最好,浸渍法最差。

(4)提取时间:随着提取时间的延长,各种化学成分的提取率也相应增大,但是杂质成分的提取率也在增加,因此提取时间不宜过长。如果用水作为溶剂提取,一般以 0.5~2 小时为宜,最长不应超过 3 小时,如果用乙醇作为溶剂,提取时间以每次 1~2 小时为宜,其他有机溶剂可适当延长一点时间。

2.2.2 水蒸气提取法

水蒸气提取法适用于提取能随水蒸气蒸馏而不被破坏的药材成分。这些化学成分微溶或不溶于水溶液中,且在约 100℃ 时具有一定的蒸气压。当水加热沸腾形成蒸气时,能将该物质一并带出。水蒸气提取法主要应用于提取植物中挥发油或植物精油等挥发性成分,如当归、苍术、丁香等;还可用于提取其他含有挥发油的物质,如麻黄碱、菸碱、槟榔碱等小分子生物碱,以及某些小分子的酸性物质如丹皮酚等。而对一些在水中溶解度较大的挥发性成分,可采用低沸点非极性溶剂如石油醚、乙醚将其回流提取出来。水蒸气蒸馏的工业化提取设备可以使用多功能提取罐,也可以使用挥发油提取罐。当采用多功能提取罐进行水蒸气蒸馏提取时,打开油水分离阀门,蒸气通过冷凝器冷凝、冷却装置冷却后,不进入气液分离装置,而是进入油水分离器分离,挥发油从油水分离器的油出口放出,液体从回流水管经气液分离器进入气液分离,再进入提取罐内。而挥发油提取罐设备由提取罐体、冷凝器、油水分离器等部件组成(图2-8),根据挥发油提取的工艺要求而设计,具有提取速度快、提取彻底、挥发油收集率高等优点。

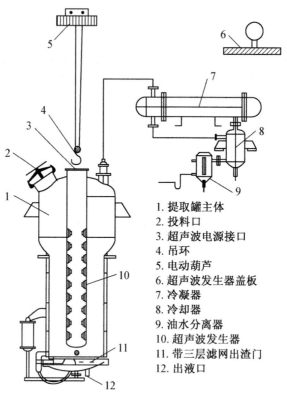

1. 提取罐主体
2. 投料口
3. 超声波电源接口
4. 吊环
5. 电动葫芦
6. 超声波发生器盖板
7. 冷凝器
8. 冷却器
9. 油水分离器
10. 超声波发生器
11. 带三层滤网出渣门
12. 出液口

图2-8 挥发油提取罐

2.2.3 升华法

许多化合物具有升华的现象,可以通过加热,直接由固态变成气态,再遇冷凝结。例如在《本草纲目》中记载应用升华法从樟木中提取樟脑(camphor),这是世界上升华法的最早应用实例。另外有些生物碱类、蒽醌类、香豆素类和有机酸类成分也具有升华性质,如提取咖啡碱、七叶内酯和有机酸等。升华法虽然简便易行,但在实际提取时很少被采用,这是因为升华法需要温度较高,天然药物原材料易于炭化,导致升华后的产品上黏附有炭化杂质,此外升华法提取不完全,产率低,成分易于出现分解现象。

总之,如果选取适当的提取方法,后续的操作就可大大简化。但如果最初选择了不适宜的提取溶剂,为了除去大量的杂质而使操作繁琐,进而造成有效成分的损失、提取分离的成本增加。

2.3　分离纯化方法

2.3.1　结晶法

天然药物化学成分在常温下一般都以固体状态存在,大多数具有晶体的特性,可以通过改变溶剂中溶质的溶解度析出结晶达到分离制备纯品的目的。一旦获得晶体,就能有效地进一步精制成为单体纯品。纯化合物晶体具有一定的熔点和晶体学特征,有利于进行结构鉴定。因此,得到晶体并制备成纯品单体化合物,就成为生产高纯度天然药物以及鉴定天然药物分子结构的重要步骤。

溶液中的某种化学成分达到过饱和浓度,在一定的条件下,就会以晶体析出,通过过滤等手段将晶体和母液分开,达到分离纯化的目的。晶体一般是纯度较好的单体化合物,但也有以共结晶形式析出的混合物,即使这样,也可以与不结晶的母液部分分开。此外,有些物质即使达到了很纯的程度,还不能结晶,而呈现不定形粉末状态。天然药物中有些游离生物碱、皂苷、多糖、蛋白质经常不能结晶或不容易结晶,这时可以通过制备结晶性的衍生物或盐的方法得到晶体。

初次析出的晶体往往带有一些杂质,需要通过反复结晶,才能得到纯粹单一的晶体。结晶是指从饱和溶液中析出具有一定几何形状的固体的过程;而将不纯的晶体利用溶剂溶解、过滤、脱色、除杂,再析出结晶得到较纯晶体的精制过程,称为重结晶。

1. 结晶的条件

(1) 目标成分的含量:一般认为物质在溶液中达到一定纯度才能析出结晶,其在溶剂中含量愈高愈容易获得晶体。某些化合物需要纯度比较高时才能得到晶体;有些化合物含量并不高,但如果选择条件得当,也可获得晶体。如喜树根的三氯甲烷提取部分中喜树碱含量很低,选择三氯甲烷甲醇混合溶剂进行处理可以获得喜树碱粗晶体。大多数的天然药物分子第一次得到晶体后,可以通过反复重结晶,使其纯度得到提高,直到恒定为止。

(2) 合适的溶剂条件:选择合适的溶剂是获得结晶至关重要的条件。有时有效成分在待分离部位中含量很高,由于溶剂选择不当,不能得到结晶;反之,有时其含量并不高,但选择了合适的溶剂,也可以获得结晶。此外同一化合物在几种不同溶剂中都能析出结晶,其晶形也不相同,这时应根据获得晶体的形状、质地,晶体的纯度等多方面进行综合评价选择。

(3) 有效成分在所选择的溶剂中的浓度:一般来讲,浓度高些容易结晶;但浓度过高时,在溶液的黏度增大的同时杂质的浓度也相应增高,反而阻止晶体的析出。实际工作中常常将较稀的溶液放置,待溶剂自然挥发到适当的浓度和黏度,即能析出晶体。

(4) 合适的温度和时间:温度低时利于析晶。如果在室温久置不析出晶体,可以放置在冰箱或阴凉处。而且结晶的形成需要放置较长时间,有时甚至需要放置 3~5 天或者更久才能析出晶体。

(5) 制备盐类和衍生物:某些化合物由于其结构特性即使纯度很好也不结晶,而其盐或乙酰化衍生物(如含—OH 等基团化合物)等却易于结晶。如生物碱可与各种有机酸或无机酸结合成盐;有机酸可形成钾、钙、钠、铵等盐而析出晶体。制备衍生物主要根据有效成分的活性基团,羟基化合物可以转化成乙酰衍生物或苯甲酰衍生物、羰基化合物可以制成肼类化合物、内酯可以开环成盐而析出晶体。制备何种衍生物主要应考虑它是否能够容易地恢复成原来的化合物。

2. 结晶溶剂的选择

溶剂选择的原则：① 该溶剂对待结晶化合物的溶解能力随温度有很大变化,当温度高时对化合物具有很好的溶解能力,随着温度的降低,溶解能力大大减弱;② 该溶剂对杂质冷热都不溶解或冷热全能溶解;③ 沸点不宜过高,利于挥尽,避免在晶体表面存在残留;④ 要考虑所用溶剂的安全性,如对人体的毒害程度、是否易燃等;⑤ 还要考虑溶剂的成本核算等问题,尽可能不用或少用混合溶剂。

结合"相似相溶"规则以及结晶化合物的极性大小,确定合适的结晶溶剂:① 游离生物碱易溶于苯、乙醚、三氯甲烷、乙酸乙酯及丙酮等亲脂性溶剂;② 生物碱盐类则不溶于上述亲脂性溶剂,大多数能溶于乙醇、甲醇或水;③ 苷类化合物可溶于各种醇(从甲醇到戊醇)、丙酮、乙酸乙酯、三氯甲烷等,难溶于乙醚和苯(各类型的苷类化合物,由于苷元部分不一样,其溶解性能差别较大);④ 氨基酸在水中溶解度很大,可考虑在甲醇或乙醇中结晶;⑤ 其他大部分中性物质由于基本结构不同,溶解度没有规律,需要先查阅同类型化合物的相关文献,了解同类化合物的极性、溶解性质和结晶溶剂条件,再通过小量摸索实验加以确定结晶溶剂。

常用溶剂有石油醚、苯、乙醚、四氯化碳、三氯甲烷、二氯甲烷、乙酸乙酯、丙酮、乙醇、甲醇、水等。具体选择时将欲结晶的物质在上述各种有机溶剂中测试溶解度,包括冷时和热时的溶解度。选择溶剂时常选用在加热时能全溶,放冷时能析出的溶剂。由于乙醇结构中具有脂溶性和水溶性基团,还具有经济安全的特点,因此一般首选乙醇进行结晶实验。如果常用溶剂不能析晶,再考虑如二氧六环、二甲基亚砜、乙腈、甲酰胺、二甲基甲酰胺及其他酯类等不常用的有机溶剂,或再考虑选择混合溶剂。混合溶剂一般是由易溶的溶剂和难溶的溶剂组成。将欲结晶的化合物先溶于易溶的溶剂中,在加热的情况下滴加难溶的溶剂直至出现浑浊,再加热溶解或滴加易溶的溶剂使其全部溶解后放冷静置析晶。例如,甲醇或乙醇对生物碱的盐类化合物溶解性较好,在结晶时往往加入乙醚等溶剂促进其结晶析出。在选择混合溶剂时,最好选择易溶的溶剂沸点低,难溶的溶剂沸点高,两者混合放置后,先塞紧瓶塞看其是否能结晶,如不结晶,可打开塞子,随着低沸点溶剂的挥发比例逐渐减少,沸点高的溶剂溶解效果不好,慢慢析出结晶,达到很好的析晶效果。

除选择有机溶剂外,有些天然产物也可使用水或酸水进行结晶。如小檗碱可在水中结晶;石蒜碱可在5%盐酸溶液中成盐析出结晶,这是最经济、方便的析晶溶剂。

重结晶用的溶剂一般可参照结晶时使用的溶剂,也可以改变,因为结晶后样品纯度发生变化,与原来混有杂质时溶解度也发生了变化。必要时仍需进行小量试验确定溶剂。有时需利用两种不同的溶剂分别进行重结晶,如利用甲溶剂重结晶去除一种杂质,再利用乙溶剂重结晶去除另一类杂质,才能得到纯品晶体。例如,石蒜科植物中所含有的一种生物碱多花水仙碱(tazettine)需要分别在甲醇和丙酮中进行两次重结晶才能得到纯品晶体。

在结晶或重结晶过程中切记避免有效成分与溶剂结合成加成物或形成含有溶剂的晶体。如汉防己乙素在丙酮溶剂中形成加成物的晶体;千金藤素(cepharanthine)能与苯形成加成物晶体。此外,由于重结晶所用溶剂的不同,析出结晶的晶形不同,导致熔点产生很大差异。如血根碱(sanguinarine)游离碱在乙醇、三氯甲烷和乙醚三种溶剂中分别析出的晶体熔点差异很大,分别为195~197℃(乙醇)、242~243℃(三氯甲烷)和266℃(乙醚)。

在结晶过程中还存在分步结晶,即将结晶后所得母液再经处理又可以分别析出第二批、第三批晶体,这种方法称为分步结晶法或分级结晶法。值得注意的是,分步结晶法各部分所得到的晶体,其纯度往往有很大的差异,常常可以获得一种以上的晶体成分,例如从蛇床子中通过分步结晶法可以分别获得蛇床子素(osthole)和欧前胡素(imperatorin)两种化合物,因此在检查前切不可贸然将所得各部分晶体合并在一起。

3. 工业结晶方法

工业化生产中常常利用形成过饱和溶液的方式进行结晶操作。因此根据形成过饱和溶液的方法将结晶方法和结晶设备分为三类:

(1) 直接冷却法:是利用单纯的冷却方式形成过饱和溶液进行结晶操作的方法。这种方法操作过程中无明显溶剂蒸发过程,使用的设备是冷却式结晶器。

(2) 蒸发浓缩法:是利用蒸发的方式浓缩溶剂使其达到过饱和溶液进行结晶的操作方法。所用设备是蒸发式结晶器。

(3) 绝热蒸发法:绝热蒸发法又称真空结晶法,是在真空状态下进行闪式蒸发溶剂,在绝热状态下冷却进行结晶的方法。该方法结合了溶剂蒸发和冷却两种操作达到过饱和溶剂状态。所用设备是真空式结晶器。

此外还有其他的分类方式,如分批结晶和连续结晶;搅拌式和非搅拌式结晶方式。

进行结晶操作时,必须注意以下几方面问题:① 若蒸发或冷却过快,溶液的过饱和程度过高,析出结晶速度过快,会导致溶液中晶核过多,析出大量的小晶体;如果放慢蒸发或冷却的速度,溶液处于过饱和程度较低的状态,晶体缓慢生长,会得到少量的大晶体;② 若希望获得均匀的晶体,需要不断进行搅拌,保持溶液的温度以及流体动力学均匀性,这是析出均匀晶体的必需条件;③ 为了保持晶体均匀,冷却降温时保持稳定的降温过程,使液体整体处于均匀降温过程,从而保持溶液的过饱和程度不发生变化。

2.3.2　溶剂萃取法

1. 萃取原理

萃取法是常用的系统溶剂分离法,即利用提取物中各成分在两种互不相溶的溶剂中分配系数的不同进行分离的方法。萃取时,分离效率的高低取决于各成分在两相溶剂之间的分配系数。液-液萃取法一般都在常温下进行,无需加热,特别适宜于对热不稳定成分的分离。常用的萃取溶剂有石油醚、三氯甲烷、乙醚、乙酸乙酯、正丁醇或戊醇等溶剂。如果药材的水提取液中所需分离的样品亲脂性强,可以选择石油醚、三氯甲烷、乙醚等亲脂性溶剂进行萃取;如果待分离样品亲脂性弱,则可以选择乙酸乙酯、正丁醇等溶剂进行萃取。如果有机溶剂亲水性强,则与水相进行液-液萃取的效果就不好。

(1) 分配系数:在一定温度、一定压强下,溶质在两相溶剂中的分配比为一常数,称为分配系数,用式(2-1)表示。

$$K = C_U / C_L \qquad (2-1)$$

式中,K—分配系数;C_U—溶质在上相溶剂中的浓度;C_L—溶质在下相溶剂中的浓度。

假定 A、B 两种溶质分别用乙酸乙酯和水进行分配萃取。如果 A 和 B 均为 1g,$K_A = 10$,$K_B = 0.1$,两相溶剂体积相同,用分液漏斗进行一次振摇分配达到平衡后,则有大于 90% 的 A 溶质分配到上相的乙酸乙酯层中,在下相的水层中分配不到 10% 的 A 溶质;同样,通过一次振摇分配平衡后,B 溶质刚好和 A 溶质相反,留在上相乙酸乙酯层中不到 10%,而 90% 以上分配到下相水中。因此在这样的条件下,A、B 两种溶质在乙酸乙酯和水中进行一次分配就可以实现 90% 的分离。

(2) 分离难易与分离因子 β:通过对溶质 A、B 在两相溶剂之间的分配系数的差异,可以将两种溶质进行分离,因此我们采用分离因子 β 来表示分离的难易。

分离因子 β 定义为 A、B 两种溶质在同一溶剂系统中的分配系数的比值,即:

$$\beta = K_A/K_B (\text{注}:K_A > K_B) \tag{2-2}$$

根据式(2-2),上例中的两种溶质的分离因子 $\beta = K_A/K_B = 10/0.1 = 100$。

一般情况下,$\beta \geqslant 100$,仅进行一次简单萃取即可实现基本分离;$100 \geqslant \beta \geqslant 10$,必须进行 $10 \sim 12$ 次萃取;$\beta \leqslant 2$ 时,要想达到基本分离,必须进行 100 次以上的萃取才能完成;$\beta \approx 1$ 时,即 $K_A \approx K_B$,说明两种溶质的性质非常相近,通过此两相溶剂萃取无法实现分离。在实际工作中,如果两溶质的分离因子 β 值越大,两溶质的分离效率就越高。因此我们尽量选取分离因子 β 值大的溶剂系统进行萃取分离,期望简化分离过程,调高分离效率。

(3) 分配系数与溶剂系统的 pH 值:对于酸性、碱性和两性化合物而言,分配比还受溶剂系统 pH 值的影响,因为 pH 值的变化直接影响化合物在溶剂中的存在状态,是游离型还是结合型,从而影响其在溶剂系统中的分配系数。

以酸性成分(HA)为例,其在水溶液中会发生解离,解离平衡用下式表示:

$$HA + H_2O \rightleftharpoons A^- + H_3O^+$$

解离常数用下式表示:

$$K_a = \frac{[A^-][H_3O^+]}{[HA]} \tag{2-3}$$

两侧各取负对数:

$$pK_a = pH - \lg\frac{[A^-]}{[HA]} \tag{2-4}$$

K_a 和 pK_a 都可以表示酸性物质的酸性强弱,酸性越强,K_a 值越大,pK_a 值越小,说明该酸性成分完全解离。如果 HA 完全解离成 A^-,则:

$$pH = pK_a + \lg\frac{[A^-]}{[HA]} \approx pK_a + \lg\left(\frac{100}{1}\right) \tag{2-5}$$

$$pH \approx pK_a + 2 \tag{2-6}$$

如果使该酸性物质完全游离,即 A^- 完全转变成 HA,则所需的 pH 值按以下公式计算:

$$pH \approx pK_a - 2 \tag{2-7}$$

酚类成分的 pK_a 值范围一般为 $9.2 \sim 10.8$,羧酸类成分的 pK_a 值约为 5,根据上式计算,在 $pH \leqslant 3$ 的时候,大部分酚酸类成分均为游离型(HA)存在,易于分配在有机相溶剂中;而 $pH \geqslant 12$ 的时候,则以解离型(A^-)存在,易于分配在水相溶剂中。

同样,碱性成分 B 的碱性强弱可用 K_b 或 pK_b 来表示:

$$B + H_2O \rightleftharpoons BH^+ + OH^- \tag{2-8}$$
$$\text{(共轭酸)}$$

$$K_b = [BH^+][OH^-]/[B]$$
$$pK_b = -\lg K_b \tag{2-9}$$

为了便于与酸性物质的比对,碱性成分的碱性强弱更多以其共轭酸的解离常数来表示,如下所示:

$$BH^+ \quad + \quad H_2O \quad \rightleftharpoons \quad B \quad + \quad H_3O^+$$
$$\text{(共轭酸)} \qquad\qquad\qquad \text{(共轭酸)}$$

$$K_a = \frac{[B][H_3O^+]}{[BH^+]} \tag{2-10}$$

$$pK_a = pH - \lg \frac{[B]}{[BH^+]} \tag{2-11}$$

显然,碱性成分的碱性越强,则其共轭酸的酸度越弱,即 K_a 越小,pK_a 值越大。因此可以根据文献给出的酸性、碱性成分的 pK_a 值结合上述公式计算出不同 pH 值情况下,物质在溶剂中的存在形式,从而确定萃取溶剂。

一般当 pH<3 时,酸性物质多呈游离型(非解离状态)存在,碱性成分则以结合型(解离状态)存在;当 pH>12 时,酸性物质多以结合型(解离状态)存在,碱性物质则以游离型(非解离状态)存在。图 2-9 是通过改变 pH 值再利用有机溶剂进行萃取、分离酸性、碱性和两性化合物的流程图。

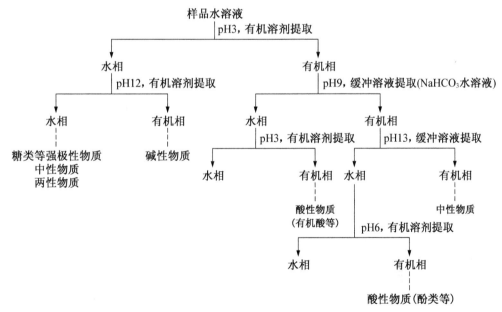

图 2-9　通过改变 pH 值再利用有机溶剂萃取、分离酸性、碱性和两性化合物的流程

2. 萃取的操作

天然药物的水提取液,可依次用石油醚、苯、乙醚、三氯甲烷、乙酸乙酯和正丁醇分别进行萃取,或选择其中三种不同极性的溶剂。控制水提取液的浓度,使其相对密度在 1.1～1.2 之间,若浓度过高导致萃取不完全,浓度过稀时,萃取溶剂用量过多。

当水提取液中各组成成分的分配系数差异较大时,采取分次萃取能达到充分分离的效果。实际萃取操作中,往往选取等量多次萃取。多次萃取效率高于一次萃取效率,具体操作次数应结合待分离成分的分离因子加以确定。

工业化生产中为了节约溶剂,溶剂与水溶液要保持一定量的比例,第一次萃取时,溶剂相对多一些,一般为水提取液的 1/3～1/2,以后的用量相对减少,一般为 1/6～1/4。萃取操作3～4次即可,或通过实验条件优选确定。

液-液萃取中常遇到乳化问题,影响提取分离操作的进行。乳化主要是由于提取成分中含有表面活性物质(如皂苷、蛋白质、植物胶等)在外力的强烈振摇下,促使互不相溶的两相溶剂在混合分散过程中形成一层牢固的带有电荷的膜,因而阻碍液滴的重新聚结分层。乳化层具有高的分散度,表面积大,表面自由能高,是一个热力学不稳定体系,它有重新聚结分层、降低体系能量的趋势。破乳就是要破坏它的膜和双电层,常用的方法有:① 物理法:加热或者长时间放置是常使用的破乳方法;② 反应法:如已知乳化层中主要成分,可加入能与之反应的试剂,使之破坏而沉淀,如皂苷类成分可加入酸或者钠盐等,但是要注意尽量避免破坏萃取的有效成分;③ 离心法:主要是利用相对密度差异促使分层,离心和抽滤中不可忽视一个个液滴压在一起的重力效应,它足以克服双电层的斥力,促进凝聚;④ 超声法:通过超声方打破形成乳化层的短暂平衡,使其重新进行聚结,从而达到破乳的效果。

3. 萃取设备

实验室的萃取大多在分液漏斗、下口瓶中进行。工业生产中大量萃取可在不锈钢制的萃取罐中进行。将提取液与另一不相溶的溶剂放入密闭的萃取罐内,用搅拌机搅拌一定时间,使两相充分混合,再放置后令其分层。也可采用将两相溶液喷雾混合,以增大接触面积、提高萃取效率,也可采用二相溶剂逆流连续萃取装置。

新近采用的微分萃取就是在一个柱式或塔式容器中,两项液体分别从顶部和底部进入,并相向流过萃取设备,目标产物则从一相传递到另一相,从而实现产物萃取分离的目的。其特点是两相液体连续相向流过设备,萃取操作速度快,但是没有充分的沉降分离时间,因而目标产物在两相溶剂间未达平衡状态。因此微分萃取操作只适用于两相溶剂存在较大密度差异的情况。图 2-10 为常见的三种典型微分萃取设备结构示意图。此外,文丘里混合器、螺旋输送混合器也常用于萃取操作。

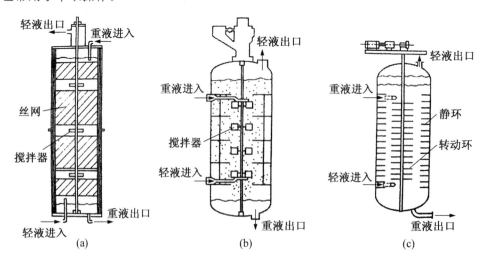

图 2-10　三种常见的微分萃取塔

(a) 多层填料萃取塔　(b) 多级搅拌萃取塔　(c) 转盘萃取塔

2.3.3　沉淀法

沉淀法是在天然药物提取液中加入某些试剂,使某种或某类成分,或者其中杂质,以沉淀形式析出,从而获得有效成分或除去杂质的方法。沉淀法可以实现提取液中组成成分的初步分离,对所分离成分而言,这种沉淀反应应是可逆的。沉淀法主要包括醇沉法、酸碱沉淀法、铅盐沉淀法等。常用的几种沉淀剂见表 2-4 所示。

表 2-4　几种实验室常用的沉淀剂

常用沉淀剂	化合物
中性醋酸铅	邻位酚羟基化合物、有机酸、蛋白质、黏液质、鞣质、树脂、酸性皂苷、部分黄酮苷
碱式醋酸铅	除上述物质外,还可沉淀某些苷类、生物碱等碱性物质
明矾	黄芩苷
雷式铵盐 $NH_4[Cr(NH_3)_2(SCN)_4] \cdot H_2O$	生物碱
碘化钾	季铵生物碱
咖啡碱、明胶、蛋白质	鞣质
胆固醇	皂苷
苦味酸、苦酮酸	生物碱
氯化钙、石灰	有机酸

1. 醇沉法

药材原料的水提液中常常含有大量的蛋白质、淀粉、黏液质,通过加入一定量乙醇,促使这些不溶于乙醇的成分以沉淀形式从溶液中析出,达到去除杂质的目的。天然药物水提液中也常含有多糖、多肽等有效成分,此时也可以采用乙醇、丙酮等沉淀剂,促使该类成分沉淀析出,从而与其他类成分分离的目的。例如,在枸杞子的水提液中加入乙醇或丙酮促使枸杞多糖以沉淀形式析出。

2. 酸碱沉淀法

该方法是利用某些天然药物能够在酸性或碱性溶液中溶解,通过调节溶液的 pH 值改变化合物的存在形式,从而改变其溶解性,以沉淀形式析出。此方法主要针对酸性、碱性或者两性化合物。

3. 铅盐沉淀法

铅盐沉淀法是分离某些天然产物的经典方法之一。由于中性醋酸铅或碱式醋酸铅在水或稀醇溶液中能与许多天然药物生成难溶性的铅盐或络盐沉淀,利用这种性质可使所需成分与杂质分离。中性醋酸铅能与酚酸类成分结合成不溶性铅盐,故常用于沉淀有机酸、氨基酸、蛋白质、黏液质、鞣质、酸性皂苷、黄酮等。能与碱式醋酸铅产生不溶性铅盐或络合物的范围更广。

脱铅方法常采用通入硫化氢气体,使沉淀分解并转为不溶性硫化铅沉淀而除去。脱铅的方法也可用硫酸、磷酸、硫酸钠、磷酸钠等,但生成的硫酸铅及磷酸铅,在水中有一定的溶解度,所以脱铅不彻底。

2.3.4　色谱法

色谱法所用的固定相和流动相是互不相溶的。固定相只能是液体和固体,流动相只能是液体和气体。当流动相为液体时称为液相色谱;当流动相为气体时则称为气相色谱。

色谱法根据其分离机理的不同进行分类。利用吸附剂表面对不同化合物的吸附性能差异达到分离目的,称为吸附色谱;利用不同化合物在流动相和固定相之间的分配系数不同而达到分离目的,称为分配色谱;利用分子大小不同、阻滞作用不同而实现分离的,称为排阻色谱;利用不同化合物对离子交换剂亲和力不同而进行分离的,称为离子交换色谱。此外,色谱法还根据进行分离的流动相和固定相之间极性的大小,分为正相色谱和反相色谱。

1. 吸附色谱

吸附色谱(adsorption chromatography)的原理就是利用混合物中的各化合物对固定相吸附剂的吸附能力不同而达到分离的色谱方法。吸附色谱是在天然药物分离中应用最多的一种色谱方法,特别适用于脂溶性成分的分离,不适于蛋白质、多糖或者离子型亲水性化合物的分离。吸附色谱的分离效果取决于吸附剂的选择、洗脱剂的选择、待分离化合物的性质以及吸附色谱分离的操作过程。

(1)吸附剂的选择:吸附剂是吸附色谱在分离过程中使用的固定相。一般是多孔物质,具有很大的比表面积,表面上具有多孔吸附中心。吸附中心的多少和吸附能力的强弱直接影响吸附剂的性能。常用的吸附剂有硅胶、氧化铝、活性炭和硅藻土等。

1)硅胶:硅胶是吸附色谱最常用的吸附剂,约 90% 的分离工作都可以采用硅胶作为吸附剂。硅胶通常用 $SiO_2 \cdot xH_2O$ 表示,硅胶是由硅氧烷(siloxane)及—Si—O—Si—的交联结构组成,表面带有许多硅醇基的多孔性微粒。硅醇基是硅胶具有吸附能力的活性基团,它能与极性化合物或不饱和化合物形成氢键或发生其他形式的相互作用。被分离物质由于极性和不饱和程度不同,与硅醇基相互作用的程度不同而得到分离。

硅胶的吸附性能不仅与其含有硅醇基的数目有关,还与其含水量密切相关。水能与硅胶表面羟基结合成水合硅醇基而使其失去活性。因此随着水分的增加,硅胶的吸附能力降低。但将硅胶加热到 100℃ 左右,水能可逆地被除去。若硅胶中含水量达 12% 以上,则吸附性能极弱,不能进行吸附色谱,只能进行分配色谱。若将硅胶在 105～110℃ 加热 30 分钟,降低硅胶含水量,增强硅胶吸附力,这一过程称为活化。

硅胶是一种微酸性吸附剂,适于分离酸性和中性物质,同时硅胶表面的硅醇基能释放弱酸性的氢离子,当遇到较强的碱性化合物时,可通过交换离子分离碱性化合物。因此硅胶在酚类、醛类、生物碱、氨基酸、甾体及萜类等天然产物的分离过程中都有广泛的应用。硅胶的分离效率与其孔径、体积、粒度及表面积等几何结构有关。硅胶粒度较小,均匀性越好,分离效率越高;硅胶表面积越大,则与样品之间的相互作用越强,吸附力越强。硅胶的优点在于不像氧化铝有时与分离样品发生副反应,但硅胶的吸附性能和分离效率有时不如氧化铝好。

硅胶吸附色谱分离中,可选择的洗脱剂种类较多,为了达到好的分离效果,可以选择一定比例多种溶剂的混合物作为流动相。可以借助分析型硅胶薄层色谱摸索分离条件,实际色谱分离过程中经常采用从低极性溶剂逐渐递增极性的梯度洗脱方式进行。

2)氧化铝:氧化铝是最常用的吸附剂之一,是由氢氧化铝直接在高温下(400～600℃)脱水制得,因制备方法和处理方法的差异有碱性、中性和酸性三种:① 碱性氧化铝(pH9～10),

适用于一些碱性(如生物碱)和中性化合物的分离,由于有时碱性氧化铝能够与某些醛、酮、内酯类成分发生氧化、皂化、消除以及异构化反应,因此不适用于醛、酮、内酯类成分分离;② 中性氧化铝(pH7.5),应用最多,适用于生物碱、挥发油、萜类、甾体以及在酸、碱中不稳定的苷类、内酯类化合物;③ 酸性氧化铝(pH4～5),适用于酸性物质如酸性色素、某些氨基酸等的分离。柱色谱氧化铝的粒度一般在100～160 目之间,低于100 目,分离效果差,高于160 目,柱色谱流速太慢,导致分离样品易于扩散,分离效果降低。样品与氧化铝的用量一般在1∶(20～50)之间,色谱柱的内径与柱长比例在1∶(10～20)之间。柱色谱分离时,流速不宜过快,一般以每30～60 分钟内流出液体的体积等同于所用吸附剂的量为宜。

　　3) 活性炭:活性炭是使用较多的非极性吸附剂,主要用于分离水溶性成分。其特点是具有非极性的表面,能够吸附疏水性和亲脂性有机物质,吸附容量大,耐酸耐碱,化学稳定性好。色谱用活性炭主要有粉末状活性炭、颗粒状活性炭和锦纶活性炭,其具体特点见表 2-5。

表 2-5　色谱用活性炭的类型和特点

类　型	特　　点	注意事项
粉末状活性炭	极细粉末状,比表面积极大,吸附能力和吸附量很大,是活性炭中吸附力最强的一类	颗粒太细,色谱分离过程中流速极慢,需加压或减压操作,不适宜工业化柱色谱分离
颗粒状活性炭	颗粒大于粉末状活性炭,比表面积则相对较小,吸附力和吸附量也相对较弱	色谱分离过程中流速易于控制,无需加压或减压操作。广泛应用于工业化柱色谱分离
锦纶活性炭	粉末状活性炭以锦纶为黏合剂制成颗粒型。比表面积介于颗粒状活性炭和粉末状活性炭之间,但其吸附力较两者皆弱	此类活性炭由于锦纶的存在,有脱吸附能力,用于分离因吸附力太强难以洗脱的化合物,用于分离酸、碱性氨基酸效果很好

　　活性炭主要用于分离水溶性物质如氨基酸、糖类及某些苷类。活性炭的吸附作用与所选择的溶剂极性密切相关,在极性强的水溶液中吸附能力最强,洗脱能力最弱,在有机溶剂中吸附能力较弱,洗脱能力就增强。如以乙醇-水为例进行洗脱时,随着乙醇浓度的递增而洗脱力增加,有时亦用稀甲醇、稀丙酮、稀醋酸溶液洗脱。活性炭对极性基团多的化合物的吸附力强于极性基团少的化合物,对芳香族化合物的吸附力大于脂肪族化合物;对大分子化合物的吸附力大于小分子化合物。因此可以利用这些吸附性能的差别,将水溶性芳香族化合物与脂肪族化合物、氨基酸与肽、单糖与多糖分开。

　　使用前应先将活性炭于 120℃加热 4～5 小时,使所吸附的气体除去。使用过的活性炭可用稀酸、稀碱交替处理,然后水洗,加热活化。由于活性炭的生产原料、制备方法及规格不统一,其对天然产物的吸附能力无法准确测定和控制,从而使其应用受到一定限制。

　　(2) 待分离物质的性质:待分离的物质、固定相和洗脱剂共同构成了吸附色谱的三个要素。固定相即吸附剂的选择对于成功地进行色谱分离至关重要。选择适合的吸附剂作为固定相主要依据待分离对象的性质、分离的目的和吸附剂的性质进行决定。

　　对于被分离对象,考虑的主要因素有以下三方面:① 化合物的极性:化合物的极性与分子结构及分子中所含官能团极性密切相关。一般来说,饱和碳氢化合物为非极性化合物,不被吸附剂吸附;随着化合物极性增加,吸附能力也增强,如分子中双键越多,吸附力越强,共轭双键延长,吸附力随之增加。值得注意的是,化合物结构中如果含有较多易于被吸附的基团,可能在硅胶或氧化铝上吸附得太牢而得不到分离。② 化合物的酸碱性:硅胶由于含有硅醇羟基略带酸性,适用于分离微酸性和中性物质,而碱性物质易于被硅胶吸附发生相互作用,分离效果较差。而氧化铝略带碱性,适用于碱性和中性物质的分离,酸性物质因能与其发生反应,难以得到较好的分离效果,可以选用中性或酸性氧化铝进行分离。③ 化合物的溶解性:绝大部分的有机化合物都可以采用硅胶和氧化铝作为固定相进行分离,水溶性样品如糖苷类化合物、氨基酸类化合物等可以采用活性炭来分离。

(3) 吸附色谱洗脱剂的选择:吸附色谱分离过程中洗脱剂的选择对组分分离效果影响极大。色谱分离过程实际上是组分分子与洗脱剂分子竞争占据吸附剂表面活性中心的过程,选择洗脱剂应同时考虑被分离物质的性质、吸附剂的活性及洗脱溶液的极性三个因素。分离强极性组分时,要选用吸附活性弱的吸附剂,以强极性洗脱剂洗脱。分离弱极性组分时,要选用吸附活性强的吸附剂,以弱极性洗脱剂洗脱。常用的单一溶剂洗脱剂的极性顺序为:石油醚<环己烷<二硫化碳<四氯化碳<三氯乙烷<苯<甲苯<二氯甲烷<三氯甲烷<乙醚<乙酸乙酯<丙酮<正丙醇<乙醇<甲醇<吡啶<水。洗脱剂由单一或混合溶剂构成:① 以单一溶剂为洗脱剂时,溶剂组成简单,分离重现性好,但其极性固定不变,因而洗脱能力有限,分离效果不佳;② 实际操作中常采用二元、三元甚至多元溶剂组分,有时为了提高分离度,在洗脱剂中还需加入少许酸、碱,促使某些极性物质的斑点集中。

(4) 吸附色谱操作技术:吸附色谱按其操作方式可分为薄层色谱和柱色谱。薄层色谱适用于分析或少量样品的分离制备;经典的柱色谱法由于样品容量大,适用于天然产物的制备分离。

1) 吸附薄层色谱:吸附薄层色谱是一种简便、快速、微量的色谱方法,其分离原理与柱色谱基本相似,故常作为选择色谱分离条件的参考。薄层色谱就是将超细吸附剂涂布到玻璃片或铝箔等平面载体上,形成固定相,将样品点样于薄层上,放置在一个用展开剂饱和的密闭容器内,展开剂依靠固定相的毛细作用和固定相做相对移动,使物质发生分离。

比移值(R_f)是薄层色谱中用于表示物质移动的相对距离。

$$R_f = \frac{展开后点样线至斑点中心的距离}{展开后点样线至溶剂前沿的距离} \tag{2-12}$$

R_f 值随分离化合物的结构、固定相、流动相的性质、温度等多种因素的不同而变化。当各种因素固定时,R_f 就是一个特定的常数,因此可以作为物质定性鉴别的依据。但有时由于影响因素较多,实验数据会出现和文献报道数据不完全一致的情况,因此在鉴别时应采用与对照品同步展开分析。

薄层色谱在天然药物中常用于柱色谱分离的条件摸索、药材成分的定性鉴定、分离化合物的纯度检验以及分析提取物中化合物的组成、有效(或主要)成分的鉴别等。鉴定药材主要成分时,将药材提取液、对照药材提取液和单体对照品同时点样于同一薄层板上,色谱展开后,若样品液与对照药材提取液在同一位置上显相同颜色斑点,说明该药材与对照药材为同一药材。当然,两者应与单体对照品相对应。鉴别化合物的真伪就是将化合物和标准品分别点在同一块薄层上,用选定溶剂展开后,观察两者在薄层色谱中的 R_f 值。若用三个不同展开溶剂进行色谱分析,两者 R_f 都相等,初步推测化合物和标准品为同一物质。若鉴别化合物纯度时,采用三种不同溶剂系统进行薄层分析,结果在三个薄层色谱板上都为单一斑点者,可以推测该化合物为单一化合物。此外在薄层色谱中可以采用特异性显色剂对展开完成的薄层板进行显色反应,不仅可以确定植物中可能存在的化合物种类,也可以对色谱行为中 R_f 值相同的化合物与对照品进行有效鉴定。

在确定药材进行柱色谱分离前,往往需要借助薄层色谱确定吸附剂和洗脱剂的选择;在柱色谱分离过程中,则需要利用薄层色谱分析洗脱下来的组分中化合物的组成和相对含量。通过薄层色谱摸索得到比较满意的分离条件,即可将此条件用于柱色谱。用薄层色谱进行某一组分的分离摸索条件,若两个样品的 R_f 值之差大于 0.2 时,可达到分离目的。同样的溶剂系统条件下,经柱色谱能得到较好的分离。

此外,薄层色谱法在天然药物品种、药材及其制剂真伪的检查、质量控制和资源调查,对控制化学反应的进程,反应副产品产物的检查,中间体分析,化学药品及制剂杂质的检查,临床和生化检验以及毒物分析等领域也都得到了广泛的应用。

2) 吸附柱色谱:目前最常用的色谱类型是各种柱色谱,经典的柱色谱是将作为固定相的吸附剂装在色谱柱中,从上端加入洗脱剂,使洗脱剂由上往下洗脱,使各种成分根据其在吸附剂上的吸附效果不同而依次流出色谱柱。在洗脱时,可在柱的下端依次收集洗脱液并进行检查。柱色谱的基本装置示意图如图 2-11 所示。

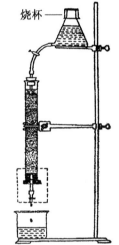

图 2-11　柱色谱基本装置示意图

柱色谱的基本操作包括以下步骤:

① 装柱:装柱质量的好坏,是柱色谱法能否成功分离纯化物质的关键之一。一般分为干法装柱和湿法装柱两种。干法装柱就是将吸附剂通过漏斗慢慢加入到柱中,吸附剂一定要压实,或者上端小心用平物将其压紧,操作时用力均匀。吸附剂一定要填装松紧一致。吸附剂填充完毕后,打开下端活塞,由上端缓慢加入初始洗脱剂,除尽柱子中的气泡,平衡色谱柱。湿法装柱则是取适量吸附剂与洗脱用的初始溶剂充分混合、搅拌或浆糊状,使其具有一定的流动性,除去气泡,沿色谱柱内壁徐徐倒入柱中,同时打开下端活塞,让洗脱液呈滴流出。填装要均匀,不能分层,柱子中也不能有气泡。还要注意在装柱和洗脱过程中不能让洗脱剂流完、干柱,应在吸附剂填料的柱平面上端始终保有一定液面。

② 加样:加样量的多少直接影响分离的效果。一般来讲,加样量少些,分离效果比较好。通常加样量应少于 20% 的操作容量,体积应低于 5% 的柱床体积。最大加样量必须在具体条件下多次试验后才能决定。

加样的方式也可以选用干法和湿法两种加样方式。干法加样在待分离样品在初始洗脱溶剂中溶解不好时采用,选用溶解性好、易挥发的溶剂将样品溶解,按照样品和吸附剂的比例为 1:(2~3),根据样品的溶剂的体积,可以一次性或分次均匀加入到吸附剂中,挥干溶剂后,将吸附有样品的吸附剂均匀添加到色谱柱的吸附剂上面。干法拌样时切勿因样品溶解体积过大而一次性加入吸附剂,导致样品未被吸附剂吸附而在溶剂挥干过程中重新形成固体,混在吸附剂中直接进行加样,将影响后续的色谱分离工作。湿法加样时应缓慢小心地将样品溶液加到固定相表面,尽量避免冲击柱床表面,以保持基质表面平坦。如果样品能够溶解在初始的洗脱液中,则溶解后小心滴加到色谱柱的吸附剂表面,动作轻,不要扰动柱床表面。要求样品溶液体积尽量小、浓度高,才能够形成谱带狭窄的原始带,利于分离。

③ 洗脱:选定洗脱液后,洗脱的方式可分为简单洗脱和梯度洗脱两种。简单洗脱就是采用单一溶剂进行洗脱,直至色谱分离过程结束。如果不能得到满意的分离效果则可以采用梯

度洗脱或者分步洗脱。梯度洗脱就是通过增加洗脱剂的极性,逐渐提高洗脱能力,让各组分得到更好的分离效果。分离过程中注意洗脱剂的极性应该缓慢增大,才有利于混合物的分离。

④ 收集、鉴定:收集的组分进行薄层色谱鉴别,根据鉴别结果进行组分合并。

吸附柱色谱的具体操作方法见表2-6所示。

表2-6　吸附色谱常用固定相的选择及使用方法

吸附剂	装柱方法	洗脱剂	适用范围
氧化铝	一般先准确量取一定体积的溶剂加入柱中,同时将氧化铝慢慢加入,保持边沉降边添加的状态,直至完全加入,用量一般为样品量的20~50倍	洗脱所用溶剂的极性逐步增加,不宜跳跃过大,混合洗脱剂的极性顺序:石油醚<苯<苯-乙醚<苯-乙酸乙酯<三氯甲烷-乙醚<三氯甲烷-丙酮<三氯甲烷-甲醇<甲醇-水	碱性氧化铝适合分离碱性和中性化合物;酸性氧化铝适合分离酸性成分;中性氧化铝用途最广
硅胶	硅胶多采用湿法装柱,即将硅胶混悬于装柱溶剂中,不断搅拌待气泡除去后,连同溶剂一起倾入色谱柱中,最好一次倾入,否则由于粒度大小不同的硅胶沉降速度不一,硅胶柱将有明显的分段,从而影响分离效果。用量一般是样品量的30~60倍		适于分离酸性和中性成分,如酚类、醛类、生物碱、氨基酸、甾体及萜类等
活性炭	因活性炭在水中的吸附力最强,一般在水中装柱,色谱柱内先加入少量蒸馏水,将在蒸馏水中浸泡过一段时间的活性炭倒入柱中,让其自然沉降,装至所需体积	按极性递减顺序洗脱,在水中或亲水溶剂中形成的吸附作用最强,故水的洗脱能力最弱	主要用于分离水溶性成分,如氨基酸、糖类以及某些苷类化合物

2. 分配色谱

分配色谱是基于混合物各组分在固定相与流动相之间的分配系数不同而实施分离的一种色谱方法。

(1)基本原理:分配色谱中将作为固定相的溶剂牢固吸附或以化学键形式结合在惰性固体物质表面,这些惰性固体物质起到支持固定相溶剂的作用称为支持剂。分配色谱分离原理就是不同的化合物在互不相溶的两相溶剂中分配系数不同,导致色谱过程中迁移速度各异,分配系数小的溶质在流动相中分配的数量多,移动快,分配系数大的溶质在固定相中分配的数量多,移动慢,因此可彼此分开。

(2)分配色谱的分类:① 按照支持剂的不同可分为:纸色谱、硅胶分配色谱等;② 按照支持剂的装填方式可分为:柱色谱、薄层色谱;③ 按照流动相的状态可分为:液-液分配色谱、气-液分配色谱;④ 按照流动相和固定相极性的大小分为:正相分配色谱和反相分配色谱。

(3)纸色谱:以滤纸作为支持物的分配色谱。固定相为滤纸上吸附的水,滤纸是支持剂,流动相由有机溶剂和水组成。滤纸纤维与水有较强的亲和力,能够吸取22%左右的水,其中6%~7%的水是以氢键的形式与纤维素的羟基结合。将样品点样于滤纸上,当流动相(展开剂)在滤纸上展开时,样品就在流动相和水相之间进行反复分配,最终由于各组分在两相中分配系数不同,迁移速度不同,从而使样品在滤纸上实现分离。纸色谱的展开剂常由有机溶剂和水组成,如常用的有水饱和正丁醇或正丁醇-醋酸-水(4∶1∶5)。展开剂的选择应在参考文献的基础上,对于待分离组分在该系统中有很好的溶解能力,不与样品发生化学反应,且各组分在该溶剂系统中的 R_f 值差异也较大。

色谱展开过程中,当样品中所含溶质较多、样品之间的 R_f 值比较接近,单向色谱过程不易明显分离时,可采用双向纸色谱法。该法是点样后将滤纸在某种展开剂中按一个方向展开以后即予以干燥,再转向 $90°$,在另一种展开剂中展开,待溶剂到达所要求的距离后取出滤纸,干燥显色,从而获得双向色谱。应用这种方法,如果溶质在第一种溶剂中不能完全分开,而经过第二种溶剂的色谱能得以完全分开,大大地提高了分离的效果。纸色谱还可以与区带电泳法结合,能获得更有效的分离方法,这种方法称为指纹谱法。

在纸色谱过程中特别需要注意的是点好样的滤纸放入层析缸中,先不要浸入展开剂,使滤纸及层析缸中空气被溶剂蒸气饱和后,再使滤纸进入展开剂开始展开,分离效果更好。

(4) 反相色谱技术

1) 正相色谱和反相色谱的定义:通常把固定相极性大于流动相极性,化合物流出色谱柱的极性顺序是从小到大的色谱过程称为正相色谱。将固定相极性小于流动相极性,化合物流出色谱柱的极性顺序是从大到小的色谱过程称为反相色谱。

2) 反相色谱的固定相:反相色谱分离中固定相吸附剂是由键合相硅胶构成的。利用硅胶表面的硅醇基能够与各种不同极性基团形成化学键合相,如其与氰乙醇、正辛醇以及聚乙二醇等在一定温度下加热脱水生成单分子键合固定相(Si—O—C 型),与十八烷基三氯硅烷生成烷基化学键合相(Si—O—Si—C 型),还可以利用化学试剂如 $SOCl_2$ 将硅胶表面氯化后,再与各种有机胺反应生成具有 Si—O—Si≡N 键的各种不同极性基团的化学键合相。这些键合相针对不同结构类型的天然产物具有不同吸附选择性,从而达到分离目的。键合相硅胶在高效液相色谱中应用最多,常用的是带有十八烷基主链的硅胶填料,一般称为 ODS 或 C_{18} 硅胶,目前已经商品化的反相填料还有 C_4、C_8、苯基、氨基、氰基等。这些固定相具有可以反复使用,不可逆吸附少,待分离样品破坏少、损失少等优点。

3) 反相色谱的使用:利用键合相硅胶进行反相色谱分离时,流动相大多选择甲醇-水、乙腈-水、乙醇-水等组合作为洗脱剂。

当待分离组分吸附到固定相上之后,通过改变流动相的极性来改变待分离组分与固定相之间的作用,达到洗脱的目的。随着流动相极性的减小,其洗脱能力逐渐增强,具体实践中可以通过反相薄层色谱和分析型高效液相色谱摸索分离制备的条件。

【思考题】

　　1. 药材原料的内部构造、主要化学组成与天然药物提取工艺之间的关系是什么?
　　2. 以植物的不同器官部位作为原料设计提取工艺时应注意什么?
　　3. 药材原料在提取之前常规破壁的方法有哪些?
　　4. 天然药物的传统提取分离方法有哪些?基本原理是什么?适用于哪些成分的分离?
　　5. 有哪些常用的吸附剂?在分离上有哪些区别?
　　6. 正相色谱和反相色谱的区别是什么?
　　7. 任选一类天然药物,采用传统的提取分离方法设计一个提取分离工艺流程。

【参考资料】

[1] 郑汉臣,蔡少青. 药用植物与生药学(第4版)[M]. 北京：人民卫生出版社,2003：9-94

[2] 郑俊华. 生药学(第3版)[M]. 北京：人民卫生出版社,2003：139-325

[3] 徐怀德. 天然药物提取工艺学[M]. 北京：中国轻工业出版社,2008：22-68,151-178

[4] 吴立军. 天然药物化学(第5版)[M]. 北京：人民卫生出版社,2007：18-35

[5] 卢晓江. 中药提取工艺与设备[M]. 北京：化学工业出版社,2004：37-55

[6] 卢艳花. 中药有效成分提取分离技术[M]. 北京：化学工业出版社,2005：2-8,12-20,24-42

[7] 徐任生,叶阳,赵维民. 天然药物化学导论[M]. 北京：科学出版社,2006：4-24

[8] 吴立军. 实用天然有机产物化学[M]. 北京：人民卫生出版社,2007：6-38

第 3 章

新技术在天然药物提取
分离中的应用

> **本章要点**
>
> 掌握提取分离新技术的原理、影响因素以及在天然药物提取分离中的应用；熟悉提取分离设备、工作流程以及各种色谱技术在天然药物分离中的应用；了解提取分离新技术在制药工业中的应用概况。

3.1　提取新技术

3.1.1　超声波提取技术

超声波提取技术(ultrasound extraction)是利用超声波具有的空化效应、机械效应及热效应,增大物质分子运动频率和速度,增加溶剂穿透力,以提取天然药物有效成分的方法。用超声波技术提取天然药物有效成分是一种非常有效的方法和手段,具有广泛的应用前景。

1. 超声波提取的原理

超声波是指频率约为 20~50kHz 的电磁波,它是一种机械波,需要能量载体(介质)来进行传播。天然药物的有效成分大多存在于细胞壁内,细胞壁的结构和组成成为提取的主要障碍,普通的机械方法或化学方法有时难以取得理想的破碎效果。超声波的提取原理与其物理效应密切相关。

(1) 空化效应：空化效应(cavitation effect)是超声波提取的主动力,是液体中气泡在超声波场作用下所发生的一系列动力学过程。当足够强度的超声波通过液体时,如果声波负压半周期的声压幅值超过液体内部的静压强,存在于液体中的微小气泡(称作空腔或空化核)就会迅速增大,在相继而来的声波正压相中,气泡会突然绝热压缩,当压缩时,空腔的尺寸变小,同时它所产生的巨大压力可能使空腔完全消失，即可能使它们完全闭合。闭合之前的瞬间空腔及其周围微小的空间内出现热点，形成高温高压区（压强可达几百兆帕，温度超过 5000℃），并伴有强大的冲击波和时速达 400km 的射流。在空腔完全闭合的瞬间，由于出现这种极端的物理环境，致使药材的细胞随溶剂中瞬时产生的空化泡的崩溃而破裂，以便溶剂渗透到细胞内部，从而使细胞中的化学成分溶解于溶剂中，加强了细胞内物质的释放、扩散及溶解。当液体发出"嘶嘶"的空化噪声时，表明空化开始了。产生空化所需的最低声强或声压幅值称为空化阈或临界声压。在通常情况下，介质内部或多或少溶解了一些微气泡，这些微气泡在超声波的作用下产生振动，当声压达到一定值时，气泡由于定向扩散而增大，形成共振腔，然后突然闭合，这种增大的气泡在闭合时会在其周围产生高达几千个大气压的瞬间压强，形成微激波，它可造成植物细胞壁及整个生物体瞬间破裂，有利于天然药物有效成分的溶出。超声波破碎过程是一个物理过程，浸提过程中无化学反应发生，被浸提化学成分结构和性质不会发生变化。

（2）机械效应：超声波在介质中传播时可以使介质质点在传播空间内产生振动作用，从而强化介质的扩散、传质，这就是超声波的机械效应。超声波在传播过程中产生一种辐射压强，沿声波方向传播：① 对物料有很强的破坏作用，可使细胞组织变形，蛋白质变性；② 给予介质和悬浮体以不同的加速度。由于介质分子的运动速度远大于悬浮体分子的运动速度，从而在两者之间产生摩擦，这种摩擦力可使生物分子解聚，使细胞壁内的有效成分更快地溶解于溶剂之中。

（3）热效应：超声波在介质的传播过程中，其声能可以不断被介质吸收，介质将所吸收的声能全部或大部分变成热能，从而导致介质本身和药材组织的温度升高，增大了天然药物有效成分的溶解度，加快了有效成分的溶解速度。由于这种声能引起的药物组织内部温度升高是瞬间的，因此被提取成分的结构和生物活性可以保持不变。

（4）次级效应：除上述主要效应外，超声波还能产生一些次级效应，如乳化、扩散、击碎、化学效应等，这些作用有助于植物体中有效成分的溶解，促使天然药物有效成分进入介质，并与介质充分混合，加快了提取进程，并提高了天然药物有效成分的提取率。

2. 超声波提取装置与工艺流程

超声波提取装置的关键设备是超声提取罐。超声波发射头通常安装在罐底和侧面，并装有保护罩。由于提取过程不需加热，故罐体结构较常规提取罐大大简化。提取罐可按常温常压设计，单层结构，既能满足提取工艺要求，又可节约制造和使用成本。超声循环提取机的监控参数有压力、温度、流量、液位、真空度等，可实现工艺过程参数调整、系统故障报警等诸多功能。

提取罐的容积一般在 $0.25 \sim 3m^3$，直径在 $400 \sim 1500mm$，其生产工艺流程见图 3-1 所示。

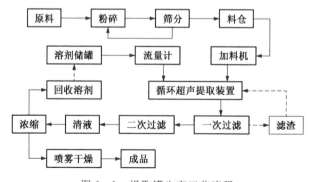

图 3-1 提取罐生产工艺流程

3. 超声提取的影响因素

（1）超声波的频率：超声波频率是影响有效成分提取率的主要原因之一。超声频率不同，提取效果也不同：在其他条件一致的情况下，指标成分的提取率随频率的升高而降低，如大黄中蒽醌类、黄连中小檗碱和黄芩中黄芩苷等成分的提取；但有时，超声频率越高，有效成分提取率也越高，如益母草总碱、薯蓣皂苷和绞股蓝总皂苷等成分的提取。以上说明不同药材的不同指标成分有其适宜提取频率，应针对具体药材品种进行筛选。由于介质受超声波作用所产生的气泡尺寸不是单一的，存在一定的分布范围，因此提取时超声波频率也应有一个变化的范围。

（2）时间：包括浸泡时间和提取时间。

1）浸泡时间：浸泡时间对提取率的影响即药材润湿程度对提取率的影响。应将药材浸泡透心，这样有利于溶剂进入药材组织内部，将有效成分提取出来；但是浸泡时间不宜过长，否则由于药材组织内的糖类、黏液质等扩散出来黏附于药材表面，阻碍溶剂进入，使提取率反而下降。

2）提取时间：超声提取时间一般为 10～100 分钟，在 20～45 分钟以内即可得到较好的提取效果，比常规方法提取时间短。超声波作用时间与提取率关系分三种情况：① 有效成分的提取率随超声作用时间增加而升高，如绞股蓝总皂苷和黄连中小檗碱的提取；② 提取率随超声作用时间增加而逐渐增高，一定时间后，超声时间再延长，提取率增加缓慢，如槐米中芦丁、大黄中蒽醌、穿山龙中薯蓣皂苷的提取；③ 提取率随超声作用时间增加，在某一时刻达到一个极限值后，提取率逐渐减小，如益母草总生物碱和黄芩苷的提取。在超声作用一定时间后，有效成分的提取率不再增加反而降低的原因可能有两个：一是在长时间超声作用下，有效成分发生降解；二是超声作用时间太长，使提取粗品中杂质含量增加，有效成分含量相对降低。

（3）温度：超声波具有较强的热效应，提取时一般不需要加热。实验证明，温度对实验结果有影响。在超声波频率、提取溶剂和时间一定的情况下，改变提取温度，考察提取温度与水溶性成分得率的关系，结果显示随着温度的升高得率随之升高，达到 60℃ 后如果温度继续升高，得率则呈下降的趋势。可以用空化作用原理加以解释，当以水为介质时，温度升高，水中的小气泡（空化核）增多，对水产生空化作用有利，但温度过高时，气泡中蒸气压太高，从而使气泡在闭合时增加了缓冲作用而空化作用减弱。

（4）药材组织结构：从提取时间和超声波频率对提取率的影响中可以看出，对于不同的药材，超声提取时间和频率的变化对提取率的影响都是不一样的，这可能与药材的组织结构及所含成分的性质有关。此外，药材的颗粒度、溶剂、超声波占空比和凝聚机制等因素都对提取率产生不同程度的影响，因此应该针对不同的中药材及天然药物，采用不同的超声参数（主要包括超声波频率、超声波强度、超声波作用时间和浸渍时间等），通过实验筛选出合适的超声提取工艺参数。

4. 超声波提取的特点

（1）优点：超声提取技术适用于天然药物有效成分的提取，具有如下突出特点：

1）无需高温：通常在 20～50℃ 水温下超声波强化提取。提取温度低，避免了煎煮法和回流提取法长时间加热对天然药物有效成分的不良影响，尤其适合热敏性物质的提取。

2）安全节能：常压下提取，安全性好；又由于超声提取无需加热或加热温度低，提取时间短，减少能耗，降低成本，提高经济效益。

3）溶剂用量少：超声提取溶剂用量少，提取物中有效成分的含量高，有利于进一步分离纯化。

4）节省时间：超声波强化提取 20～40 分钟即可获最佳提取率，提取时间仅为煎煮法、回流提取法的 1/3 或更少。

5）广谱性：超声波提取法对溶剂种类没有特殊限制，故可供选择的提取溶剂种类多，绝大多数天然药物成分可采用超声提取。

6）杀菌作用：超声波具有一定的杀菌作用，可保证提取液不易变质。

（2）缺点

1）酶解现象：无论在水溶液中还是在有机溶剂中，适当的超声辐射可以增强酶活力，使酶促反应速度提高；而高强度的超声波则会抑制酶的活性，甚至使酶失活。由于天然产物中含有苷类及多糖的水解酶，因此在提取时应引起注意。

2）产生自由基：由于超声波作用能断开两碳原子之间的键，所以在超声提取过程中会产生很多具有较强活性的自由基，能与许多抗氧化性物质反应，因而超声提取物的稳定性相对较差。

5. 超声波提取在天然药物提取中的应用

（1）黄芩苷的提取：采用超声波法对黄芩的提取工艺进行了对比研究，结果表明，超声波提取法与传统的煎煮法相比，提取时间明显缩短，黄芩苷的提取率升高；提取时间相同时，超声波频率不同，黄芩苷的提取率也不同；超声波提取时间 10、20、40、60、80、100 分钟的提取率均高于煎煮法 3 小时的提取率。

（2）芦丁的提取：应用超声波法对槐米中有效成分芦丁的提取进行研究，结果表明，超声波（20kHz）处理 30 分钟内，芦丁的提取率随提取时间的延长而提高，再延长时间，提取率基本相同，当超声处理 1 小时时，提取率再无增加。对槐米超声处理 30 分钟所得芦丁的提取率比热碱法提取率高 47.56%，且工艺简单、快速。与浸渍法相比，超声波提取 40 分钟，芦丁得率 22.53%，而浸渍 48 小时得率只有 12.23%，表明超声波法提取天然药物中的苷类成分是一种有效的方法，可节省原料 30%～40%。

（3）水芹总黄酮的提取：利用超声波法提取水芹中的总黄酮类成分时，用 40 倍于样品质量的 80% 乙醇浸泡，超声波提取 30 分钟，重复提取一次，总黄酮的提取率可达 94.6%；而用乙醇提取的总黄酮提取率仅为 73%。

（4）大黄中总蒽醌的提取：应用超声波法从大黄中提取蒽醌类成分的研究结果表明：超声提取 20 分钟，提取率可达 99%，而煎煮 3 小时总提取率仅为 63%。

（5）黄连中小檗碱的提取：利用超声波法从黄连中提取小檗碱，处理 30 分钟，所得小檗碱提取率比碱水浸泡 24 小时的提取率高 50%。

（6）多糖类成分：以 NaOH 溶液作为提取溶剂，比较传统方法和超声提取法提取玉米芯中的水溶性木聚糖，结果用超声提取法可在较短时间内、较低的碱质量浓度和提取温度下获得较高的提取效率，并且超声法获得的木聚糖的生物活性高于常规方法。

（7）有机酸类成分：用超声波法提取新鲜杜仲叶中绿原酸的最佳条件为：体积分数 70% 的甲醇溶液，料液比 1:20，提取时间 30 分钟，提取 3 次，结果新鲜的杜仲叶、新鲜的杜仲皮、杜仲皮饮片和其他 4 种天然药物中绿原酸的得率均高于传统提取方法。

3.1.2　微波提取技术

微波提取技术（microwave extraction）是利用微波能提高提取率的一种新技术。在微波场中分子会发生极化，将其在电磁场中所吸收的能量转化为热能。天然药物中不同组分的介电常数、比热、含水量不同,吸收微波能的程度不同,因此在微波的作用下,某些组分被选择性地加热,使之与基体分离,进入到介电常数较小、微波吸收能力较差的溶剂中,从而达到提取的目的。由于微波提取具有投资少、设备简单、适用范围广、重现性好、选择性高、操作时间短、溶剂耗量少、有效成分得率高、不产生噪声、不产生污染、适于热不稳定性物质等优点,故成为植物有效成分提取的有力工具,受到广泛关注,表现出良好的发展前景和应用潜力。

1. 微波提取的原理

微波是指频率在 $300\mathrm{MHz}\sim300\mathrm{kMHz}$ 之间的电磁波,具有波动性、高频性、热特性和耐热特性四大基本特性。微波的热效应是基于物质的介电性质和物质内部不同电荷极化不具备跟上交变电场的能力来实现的。微波的频率与分子转动的频率相关联,所以微波能是一种由离子迁移和偶极子转动引起分子运动的非离子化辐射能。当它作用于分子上时,促进了分子的转动运动,分子若此时具有一定的极性,便在微波电磁场作用下产生瞬时极化,当频率为 $2450\mathrm{MHz}$ 时,分子就以 24.5 亿次/秒的速度做极性变换运动,从而产生键的振动、撕裂和粒子之间的相互摩擦、碰撞,促进分子活性部分(极性部分)更好地接触和反应,同时迅速生成大量的热能,引起温度升高。物质的介电常数 ε 越大,分子中的净分子偶极距越大,产热越大。物质的介电常数 ε 小于 28 时,物质在微波场中产热很小,当 ε＝0 时,自热现象完全消失。微波的这种热效应使微波在穿透到介质内部(其深入距离与微波波长同数量级)的同时,将微波能量转换成热能对介质加热,形成独特的介质受热方式——介质整体被加热,即所谓无温度梯度加热。

在微波提取过程中,微波辐射导致植物细胞内的极性物质吸收微波能,产生热量,使细胞内温度迅速上升,液态水气化产生的压力将细胞膜和细胞壁冲破,形成微小的孔洞。继续加热导致细胞内部和细胞壁水分减少,细胞收缩,表面出现裂纹。孔洞和裂纹的存在使细胞外的溶剂容易进入细胞内,溶解并释放出细胞内的产物。当样品与溶剂的混合物被微波辐射时,在短时间内溶剂被加热至沸腾,由于沸腾发生于密闭容器,温度高于溶剂常压沸点,而且溶剂内外层都达到这一温度,促使成分很快被提取出来。

因为微波能对提取体系中的不同组分进行选择性加热,所以可使目标组分直接从基体分离,具有较好的选择性;微波提取由于受溶剂亲和力的限制较小,可供选择的溶剂较多;微波利用分子极化或离子导电效应直接对物质进行加热,由于空气及容器对微波基本不吸收和不反射,保证了能量的快速传递和充分利用,因此热效率高、升温快速均匀,大大缩短了提取时间,提高了提取效率。

2. 微波提取装置

用于微波提取的装置包括微波炉装置和提取容器两部分。在反应物料少的情况下,微波显著促进有机化学反应。目前,利用微波技术进行提取多是在商业化的家用微波炉(商业生产的微波炉一般采用 12.2cm 作为固定波长)内完成的。这种微波炉造价低、体积小,适合于在实验室应用,但很难进行回流提取。在商品家用微波炉内进行提取,反应容器只能采取封闭或敞口放置两种方法。对于非水溶剂或一些易挥发、易燃烧的物质,敞口反应非常危险,需对微波炉进行改造,从而设计出可以进行回流操作的微波装置。这种家用微波炉的改造,系在家用微波炉的侧面或顶部打孔,插入玻璃管同反应器连接,在反应器上插上外露的冷凝管。为了防止微波泄漏,要在微波炉外的打孔处连接一定直径和长度的金属管进行保护,使得常压下溶剂回流提取非常安全。

由于反应物料多,微波提取效果明显降低,所以需要连续微波反应器进行微波提取。目前,专门用于微波提取的商品化设备有功率选择、控温、控压和控时装置;由聚四氟乙烯(PTFE)材料制成专用密闭容器作为提取罐,提取罐能允许微波自由透过,耐高温、高压,且不与溶剂反应;由于每个系统可容纳 9~12 个提取罐,因此样品的单次提取量大大提高。

3. 微波提取的影响因素

在微波提取过程中,溶剂种类、微波剂量、物料含水量、固液比、温度、提取时间及 pH 值等都对提取效果产生不同程度的影响,其中,溶剂种类、微波作用时间和温度对萃取效果影响较大。

(1)溶剂的选择:在微波提取中,提取溶剂的选择直接影响到有效成分的提取率。选择的提取溶剂首先应对微波透明或部分透明,介电常数在 28~80 范围内。溶剂必须有一定的极性以吸收微波能进行内部加热;其次所选溶剂对目标物必须具有较强的溶解能力,这样微波便可完全或部分透过溶剂,达到提取的目的。常用于微波提取的溶剂有水、甲醇、乙醇、异丙醇、丙酮、醋酸、二氯甲烷、三氯乙酸、己烷等。水是介电常数较大的溶剂,可以有效地吸收微波能并转化为热能。物料含水分程度越高,吸收能量越多,物料加热蒸发就越剧烈,这是因为水分子在高频电磁场的作用下发生高频取向振动,分子间产生剧烈摩擦,宏观表现为温度上升,从而完成高频电磁场能向热能的转换。由于植物物料中含水量的多少对提取率的影响很大,对含水量较少的物料,一般先用溶剂湿润,然后再用微波处理,使之有效地吸收所需的微波能。提取物料中的挥发性或不稳定成分,宜选择对微波射线高度透明的提取溶剂,如正己烷,药材浸没于溶剂后置于微波场中,其中的挥发性成分因显著自热而急剧气化,使细胞壁破裂,冲出植物组织,此时包围在植物组织四周的溶剂因没有自热便可捕获、冷却并溶解逸出的挥发性成分。由于非极性溶剂不能吸收微波能,所以可在其中加入一定量的极性溶剂,达到快速提取的目的。如果不需要这类挥发性或不稳定成分,则选择对微波部分透明的溶剂。对水溶性成分和极性大的成分,可用含水溶剂进行提取。如果用水作为溶剂细胞内外同时加热,反而使细胞破壁不理想,大部分微波能被溶剂消耗。对于干燥药材,可进行二次微波处理:先用水润湿药材,进行第一次微波破壁处理,再加水或有机溶剂浸提有效成分,这样既可节省能源,又可进行连续的工业化生产,而且使微波提取装置简化,能在敞开体系中进行。

(2)辐射时间:一般微波提取的辐射时间在 10~100 分钟之间。对于不同的物质,最佳提取时间不同,当时间一定时,功率越高,提取的效率越高,即提取越完全;但是连续辐射时间不宜过长,否则容易引起溶剂沸腾,不仅造成溶剂的极大浪费,而且还会使提取率下降。由于水可有效地吸收微波能,因此较干的物料需要较长的辐射时间。

(3)微波功率的影响:微波功率分为低、中、高等几个档次。在微波提取过程中,所需微波功率的确定应以最有效地提取出目标成分为原则。当用微波提取银杏叶中黄酮苷时,微波功率为中档,黄酮苷提取率较高,可达 53%。微波一般选用的功率为 200~1000W,频率为 300MHz~300kMHz。

(4)药材的性质:药材的性质对提取的效率以及溶剂回收也有不同程度的影响,如果有效成分不在富含水的部位,那么用微波辅助就难以奏效。例如微波处理银杏叶,溶剂中银杏黄酮的量并不多,而叶绿素大量释放,说明银杏黄酮可能处在较难破壁的叶肉细胞内。因此,最佳条件的选择应根据处理物料的不同而有所不同。物料在提取前要经过粉碎等预处理,以增大提取溶剂与物料的接触面积,提高微波提取效率。

(5)固液比:虽然固液比的提高会有利于提高传质推动力,但相对于温度的影响,其影响要小得多。微波提取溶剂的用量与物料之比(L/kg),一般在(1~20):1 范围内。

4. 微波提取的特点

（1）主要优点：微波萃取技术在天然药物有效成分提取中具有设备简单、适用范围广、萃取效率高、重现性好、节省时间和溶剂、污染小、生产线整体造价和运行成本低等优点。

1）选择性好：微波提取过程中由于可以对不同组分进行选择性加热，因而能使目标物质直接从基体分离，有利于改善产品的质量。而且是里外同时加热，没有高温热源，消除了热梯度，有效地保护天然药物中的有效成分。

2）穿透力极强：微波能使天然药物的细胞壁和细胞膜快速破碎，使萃取剂容易进入细胞内，有效地缩短了提取时间。常规的多功能萃取罐 8 小时完成的工作，用同样大小的微波动态提取设备只需几十分钟便可完成，大大节省了时间。

3）微波能有超常的提取能力，同样的原料用常规方法需 2～3 次提取完全，在微波场下可 1 次提取完全，简化了工艺流程。

4）提取温度低：可以避免长时间高温引起样品的分解，微波有利于提取热不稳定物质。对富含淀粉的物料不易糊化，分离容易，后续处理方便。

5）可选择溶剂范围广：可进行水提、醇提、油提，适用溶剂广泛。

6）溶剂用量少：可较常规方法少 50%～90%，有利于环境改善和降低成本。

7）易普及：仪器设备简单、低廉，适应面广。

（2）缺点：微波提取仅适用于对热稳定的成分，如生物碱、黄酮、苷类等，而对于热敏感的成分如蛋白质、多肽等，微波加热可能导致这些成分的变性甚至失活。此外，微波对不同的植物细胞或组织有不同的作用，细胞内成分的释放也有一定的选择性。因此应根据目标成分的特性及其在细胞内所处位置的不同，选择不同的处理方式。

5. 操作注意事项

因为微波泄漏对人体造成损害，故我国对高功率微波设备规定，出厂时距设备外壳 5cm 处漏能不能超过 $1mW/cm^2$。尽管实验证明，低于 $10mW/cm^2$ 的功率密度不会超过动物体温调节的代偿能力而导致明显的体温升高，但是基于安全，使用微波提取时应注意如下事项：

（1）保持微波炉门和门框清洁，更不要在门和门框之间夹带异物的情况下使炉子启动工作，以免造成微波泄漏。

（2）不要随意启动微波炉，以免空载运行损害仪器。

（3）微波炉内不得使用金属容器，否则会减弱加热效果，甚至引起炉内放电或损坏磁控管。

（4）进出排气孔要保持畅通，以免炉子过热，引起热保护装置启动，关闭炉子。微波加热的时间不宜过长，要注意观察，防止过热起火，尤其是对易燃的溶剂。

（5）万一炉内起火，请勿打开炉门，应立即切断电源，即可自然熄灭。

6. 微波提取的应用

（1）薄荷挥发油的提取：将薄荷叶粉置烧杯中，加入正己烷，经微波短时间处理后，薄荷油释放到正己烷中。用显微镜观察到薄荷叶面上的脉管和腺体破碎，说明微波处理具有一定的选择性，因为新鲜薄荷叶的脉管和腺体中包含水分，富含水分的部位优先破碎。20 秒的微波诱导提取与 2 小时的水蒸气蒸馏、6 小时的连续回流提取的提取率接近，而且提取物的质量优于传统方法。

（2）重楼皂苷的提取：采用微波提取重楼皂苷，与简单回流提取法进行比较（考察指标：时间、次数、含量），结果两种方法提取的皂苷完全一致，说明微波没有破坏皂苷的化学结构。

微波辐射 2 分钟的提取效果与常规加热提取 2 小时的效果相近,而且微波提取的杂质含量少。

(3) 板蓝根多糖的提取:应用微波技术水提后进行醇沉处理制备板蓝根多糖,实验结果表明,板蓝根多糖提取率由原来的 0.81% 提高到 3.47%,反应时间缩短了 12 倍,说明微波提取板蓝根多糖成分效果显著,但有关板蓝根多糖的结构组成和生物活性等有待进一步研究。

(4) 红景天苷的提取:从高山红景天根茎中提取红景天苷,与传统的乙醇回流提取法进行比较,用微波预处理 1.5 分钟,再以水为溶剂微波提取 10 分钟所得到的红景天苷含量与70% 乙醇加热回流提取 2 小时的结果相近,而且杂蛋白的含量后者是前者的 1.6 倍,说明微波提取法在保持了较高提取率的同时,有效地缩短了提取时间。

3.1.3 超临界流体萃取技术

超临界流体萃取技术(supercritical fluid extraction,SFE)是以超临界流体(supercritical fluid,SCF),即温度和压强略超过或接近超临界温度(T_c)和临界压强(p_c),介于气体和液体之间的流体作为萃取剂,利用超临界流体的独特溶解能力和物质在超临界流体中的溶解度对压强、温度的变化非常敏感的特性,通过升温、降压手段(或两者兼用)从固体或液体中萃取出某种高沸点或热敏性成分,以达到分离和纯化目的的一种分离技术。超临界流体萃取过程介于蒸馏和液-液萃取过程之间,这一分离过程是基于一种溶剂对固体或液体的萃取能力在超临界状态下较之在常温、常压条件下可获得几十倍甚至几百倍的提高。在某种程度上综合了蒸馏和液-液萃取的优点,是一种高效节能的分离技术;尤其是最常用的超临界流体,如 CO_2 具有无毒、无味、不燃、不腐蚀、价廉易得、易回收等优点,被认为是有害溶剂的理想替代溶剂。由于超临界流体技术具有适合天然热敏性物质的提取、产品无有机溶剂残留、产品质量稳定、流程简单、操作方便、萃取效率高、能耗少等特点,被视为高效提取分离天然药物有效成分的一种全新技术。

1. 超临界流体萃取的原理

超临界流体萃取分离过程是利用压强和温度对超临界流体溶解能力的影响而进行的。当气体处于超临界状态时,具有与液体相近的密度,黏度虽高于气体但明显低于液体,扩散系数为液体的 $10\sim100$ 倍,因此对物料有较好的穿透性和较强的溶解能力,使其有选择性地依次把极性大小、沸点高低和相对分子质量大小的成分萃取出来,然后借助减压、升温的方法使超临界流体变成普通气体,被萃取物质则自动完全或基本析出,从而达到分离提纯的目的。

(1) 临界点的概念可用临界温度和临界压强来解释:纯物质的临界温度(T_c)是指高于此温度时,该物质处于无论多高压强下均不能被液化时的最高温度,与该温度相对应的压强称为临界压强(p_c)。高于临界温度和临界压强的区域称为超临界区,当流体被加热或被压缩至高于其临界点时,该流体即成为超临界流体,如图 3-2所示,超临界点时的流体密度称为超临界密度(ρ_c),其倒数称为超临界比体积(v_c)。

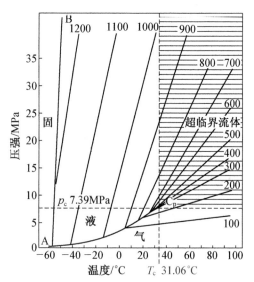

图 3-2 CO_2 压强与温度和密度关系
(各直线上数值为 CO_2 密度,g/L)

（2）超临界流体的性质：超临界流体是处在高于其临界温度和压强条件下的流体（气体或液体），用它作为萃取剂时常表现出十几倍甚至几十倍于通常条件下的萃取能力和良好的选择性。

1）超临界流体的溶解能力：① 溶解性与密度：超临界流体的溶解能力与密度有很大关系，在临界区附近，操作压强和温度的微小变化会引起流体密度的显著变化，故影响其溶解能力；② 溶剂与溶质：溶质在溶剂中的溶解度与溶质-溶剂之间的相互作用成正比关系，随着分子的靠近而显著增加，即流体密度越大，两者越易于接近，互溶性越大，因此超临界流体在高于或类似液体密度状态下是"优良"的溶剂，而在低于或类似气体密度状态下是"不好"的溶剂；③ 温度与压强：在保持温度不变的条件下，通过调节压强来控制超临界流体的萃取能力或保持密度不变、改变温度来提高其萃取能力；④ 溶剂和溶质的分离：萃取物的释放可通过超临界相的等温减压膨胀来实现，因为在低压下溶质的溶解度是非常小的。超临界流体萃取技术正是利用这些特性来进行化学成分的分离的。

2）超临界流体的传递性质：超临界流体显示出在传递性质上的独特性，产生了异常的质量传递性能。作为传递性质，必须对热和质量传递提供推动力。黏度、热传导性和质量扩散度等都对超临界流体特征有很大的影响，见表 3－1 所示。

表 3－1　超临界流体与其他流体的传递性质

流体状态	密度/(kg/m³)	黏度/(Pa·s)	扩散系数/(mg²/s)	热导率/[W/(m·K)]
气体	$1\sim100$	$10^{-5}\sim10^{-4}$	$10^{-4}\sim10^{-5}$	$2\times10^{-2}\sim5\times10^{-2}$
超临界流体	$250\sim800$	$10^{-4}\sim10^{-3}$	$10^{-7}\sim10^{-8}$	$5\times10^{-2}\sim10^{-1}$
液体	$800\sim1200$	$10^{-3}\sim10^{-2}$	$10^{-8}\sim10^{-9}$	$\sim10^{-1}$

由表 3－1 可知：① 超临界流体的密度近似于液体的密度，溶解能力也基本上相同；② 黏度接近普通气体，在超临界流体中的扩散系数比在液体中要高出 10～100 倍，比在气体中小 10～100 倍；③ 扩散能力明显小于气体，但比液体大约 100 倍；④ 超临界流体的热传导性与液体基本上在同一数量级，超过了浓缩气体的热传导性，传递值的范围在气体和液体之间。超临界流体是一种低黏度、高扩散系数易流动的相，所以能又快又深地渗透到包含有被萃取物质的固相中，极易扩散传递、减少泵送能量。同时，超临界流体能溶于液相，从而降低了与之相平衡的液相黏度和表面张力，提高了平衡液相的扩散系数，有利于传质。

（3）超临界流体的选择：作为萃取溶剂的超临界流体必须具备以下条件：① 萃取剂具有化学稳定性，对设备无腐蚀性；② 临界温度不能太高或太低，最好在室温附近或操作温度附近；③ 操作温度应低于被萃取溶质的分解温度或变质温度；④ 临界压强不能太高，以节约压缩动力费；⑤ 选择性要好，容易得到高纯度制品；⑥ 溶解度要高，以减少溶剂的循环量；⑦ 萃取溶剂要容易获得，价格要便宜。

最广泛应用的萃取剂 CO_2 超临界流体具有以下特点：① CO_2 临界温度为 31.1℃，临界压强为 7.2MPa，临界条件容易达到。该操作温度范围适合于分离热敏性物质，可防止热敏性物质的氧化和逸散，使高沸点、低挥发度、易热解的物质远在其沸点之下萃取出来；② CO_2 化学性质不活泼，无色、无味、无毒、不燃、不腐蚀、安全性好，属于环境无害工艺，适用于天然产品的提取和纯化；③ 价格便宜，纯度高，易于精制，易于回收，故成为目前最常用的萃取剂；④ 具有抗氧化灭菌作用,有利于保证和提高天然药物的质量。

(4) 超临界流体萃取中夹带剂的使用:单一组分的超临界流体对有些物质的溶解度很低,如只能有效地萃取亲脂性物质,而对糖、氨基酸等极性物质,在通常的温度与压强下几乎不能萃取或选择性不高,导致分离效果不好。如果在纯流体中加入少量与被萃取物亲和力强的物质,可提高其对被萃取物的选择性和溶解度,添加的这类物质称为夹带剂,也称改性剂或共溶剂。超临界流体的极性可以改变,在一定温度条件下,只要改变压强或加入适宜的夹带剂即可提取不同极性的物质,可选择范围广。

1) 夹带剂的作用:一是可有效增加被分离组分在超临界流体中的溶解度;二是加入适宜的夹带剂,可使超临界流体的选择性明显提高。

2) 夹带剂的选择:一是在萃取阶段,使夹带剂与溶质的相互作用能改善溶质的溶解度和选择性;二是在分离阶段,夹带剂与超临界溶剂和被萃取物较易分离;三是在医药工业中,应考虑夹带剂的毒性等问题。

3) 常用夹带剂:一般具有较好溶解性能的溶剂可以作为较理想的夹带剂,如甲醇、乙醇、丙酮、乙酸乙酯、乙腈等。

2. 超临界流体萃取装置及萃取过程

(1) 萃取装置类型:超临界萃取装置分两种类型,一是研究分析型,主要应用于少量物质的分析,或为生产提供数据;二是制备生产型,主要应用于批量或大量生产。

(2) 萃取装置组成:超临界萃取装置从功能上大体可分为八部分:萃取剂供应系统、低温系统、高压系统、萃取系统、分离系统、改性剂供应系统、循环系统和计算机控制系统。具体包括 CO_2 注入泵、萃取器、分离器、压缩机、CO_2 储罐、冷水机等设备。由于萃取过程在高压下进行,所以对设备以及整个管路系统的耐压性能要求较高,生产过程实现微机自动监控,可以大大提高系统的安全可靠性,并降低运行成本。

(3) 萃取过程:最常见的 CO_2 超临界流体的提取过程如图 3-3 所示。在萃取阶段,将

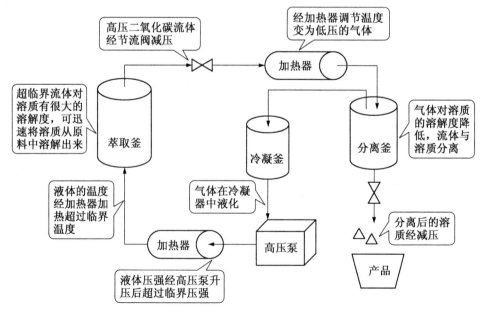

图 3-3 CO_2 超临界流体的提取过程

CO_2 超临界流体的温度、压强调节到超过临界状态的某一点上,使其对原料中的某些特定溶质具有足够高的溶解度,在 CO_2 超临界流体通过这些特定的溶质时,特定溶质迅速地溶解于 CO_2 超临界流体中;在分离阶段,对溶解有该溶质的 CO_2 超临界流体经节流减压,在热交换器中调节温度变为气体,使其对特定溶质的溶解度大大降低,此时溶质处于微溶或不溶而达到过饱和状态,溶质就会析出,当析出的溶质和气体一同进入分离釜后,溶质与气体彻底分离而沉降于分离釜底部。循环流动着的基本不含溶质的气体进入冷凝器冷凝液化,然后经高压泵压缩升压(使其压强超过临界压强),在流经加热器时被加热(使其温度超过临界温度),而重新达到具有良好溶解性能的超临界状态,该流体进入萃取釜中再次进行提取。

3. 影响超临界流体萃取的因素

在天然药物提取过程中,CO_2 超临界流体萃取操作的工艺参数主要包括萃取压强、温度、萃取时间、CO_2 超临界流速等;分离操作参数包括分离压强、温度、相分离要求及过程的 CO_2 回收和处理等;当使用夹带剂时,还需考虑加入夹带剂的速度、夹带剂与萃取产物的分离方式及回收方式等。

(1) 压强:在 CO_2 超临界流体萃取过程中,萃取压强的选择至关重要。萃取压强对超临界萃取的影响包括萃取过程和解析过程。在固定萃取温度的条件下,萃取压强越高,流体的密度越大,对溶质的溶解能力越强,萃取所需时间越短,萃取越完全。但并非所有药材都如此,且过高的萃取压强对萃取操作和设备的使用寿命均不利。

1) 不同的物质,所需适宜的萃取压强不同:① 对于碳氢化合物和低相对分子质量的酯类等弱极性物质,如挥发油、烃、酯、醚、内酯类,萃取可在较低的压强(7～10MPa)下进行;② 对于含有—OH、—COOH 这类强极性基团的物质,萃取压强要求高些,一般要到 20MPa 左右;③ 而对于含—OH 和—COOH 较多的物质或强极性配糖体以及氨基酸和蛋白质类物质,萃取压强一般在 50MPa 以上。

2) 萃取压强不仅决定萃取能力,还显著地影响产物的选择性:如在 50℃、6MPa 压强条件下,乳香萃取物中的主要成分是乙酸辛酯和辛醇;而当压强升至 20MPa 时,产物的主要成分是乳香醇和乙酸乳香醇酯,而乙酸辛酯仅占 3% 左右。

3) 解析压强的影响在本质上与萃取压强的影响是一致的:为了使产物完全析出,解析压强越低越好。在实际生产中,要综合考虑各种因素,选择最有利的解析压强。

(2) 温度:萃取温度是超临界流体萃取的另一个重要参数。

1) 双重影响:温度对超临界流体溶解能力的影响比较复杂,主要有两方面的影响:一方面,在一定的压强下,升高温度,物质的蒸气压、挥发性增大,扩散速度也提高,从而有利于提取成分的萃取;但另一方面,温度升高,超临界流体的密度减小,从而导致流体溶解能力的降低,对萃取不利。因此,萃取温度对萃取效果的影响常常有一个最佳值。

2) 最佳值:在实际操作过程中应通过对不同温度下萃取效果的考察,尽可能地找到最佳萃取温度。35～40℃ 是 CO_2 超临界流体的最佳萃取温度:① 在这个温度下,改变压强可有效地改变其密度和溶解特性;② 高于此温度,改变压强其密度和溶解特性的变化幅度小,萃取效果差;③ 低于此温度,易低于临界温度,导致失去超临界流体特性。

3) 解析温度:温度对解析的影响与对萃取的影响一般是相反的。多数情况下,升高解析温度对产物的完全析出有利。对于使用精馏柱的情况,柱子上下各段的温度及其温度梯度是非常重要的影响因素。

（3）CO_2流量：CO_2超临界流体萃取过程即被萃取成分在流体中溶解、扩散等的平衡过程。CO_2流量对萃取效果有两方面的影响：一方面，CO_2流量增加、流速增大，使其与物料的接触时间缩短，被萃取成分不能很好地达到溶解、扩散平衡，从而降低萃取效率，尤其是对溶解度较小或从原料中扩散出来速度较慢的成分，如皂苷类、多糖类等；另一方面，随着CO_2流量的增加，被萃取成分的推动力加大，传递系数增加，有利于萃取，特别是被萃取成分溶解度大（如挥发油）、原料中被萃取成分含量较高的情况下，适当加大流量能大大提高生产效率。

（4）萃取时间：萃取时间越长，萃取效率越高。但当萃取达到平衡时，延长萃取时间不再提高萃取率，在增加操作成本的同时，可能会使其他本来溶解度较小的杂质也随之被萃取出来，反而降低产品质量。因此，在研究萃取工艺参数时，应把萃取时间作为影响因素之一加以考察。

（5）夹带剂：最常用的CO_2超临界流体对亲脂性物质的溶解度大，而对较大极性的物质溶解度小，故在纯的CO_2超临界流体中加入一定量的夹带剂，可显著地改善CO_2超临界流体的极性，拓宽其使用范围。加入夹带剂对CO_2超临界流体的主要影响有：① 增加溶解度，相应地可降低萃取过程的操作压强；② 通过选择合适的夹带剂，有可能增加萃取过程的分离因素。

（6）药材粉碎度：对于大多数天然产物都应进行适当的粉碎，才能得到较好的萃取效率，特别是种子类药材。原料的粒度越小，萃取速度越快，萃取越完全。但粒度过小，易堵塞气路，甚至无法再进行操作，而且还会造成原料结块，出现所谓的沟流。沟流不但使原料的局部受热不均匀，而且使沟流处流体的线速度增大，摩擦生热，严重时还会使某些生物有效成分遭受破坏。

4. 超临界流体萃取的特点

（1）优点

1）CO_2为无色、无味、无毒、惰性和不燃性气体，故无溶剂残留，萃取过程不发生化学反应，安全性好，对环境保护极为有利。

2）CO_2价格便宜，纯度高，容易获得。其临界温度和临界压强低，操作上易于实现，在生产过程中可循环使用，从而降低成本。

3）CO_2超临界流体的萃取温度接近室温（35～40℃），整个提取分离过程在暗场中进行，因此特别适合对湿、热、光等敏感的物质和芳香性物质的提取。

4）CO_2超临界流体的萃取能力取决于流体的密度，可通过改变压强和温度来实现选择性提取，操作条件易于控制，有效成分及产品质量稳定。对于极性较大的成分的提取，可加入夹带剂进行高选择性的提取。

5）CO_2超临界流体提取完全，能充分利用天然药物资源。由于CO_2超临界流体的溶解能力和渗透能力强、扩散速度快，且是在连续动态条件下进行，使萃取出的产物不断地被带走，因而提取完全。

6）可将萃取、分离和去除溶剂等多个单元过程合为一体，有效地简化了工艺流程，操作方便，提高了生产效率。

7）高压下CO_2超临界流体可有效地杀灭各种细菌。

8）可以和其他色谱技术和分析技术联用，能够实现天然药物有效成分的高效、快速、准确地分析。

(2) 缺点：超临界流体萃取设备属高压设备，一次性投资较大，运行成本高，因此这一技术目前在工业生产中较难普及。但随着国产化、工业化超临界二氧化碳萃取设备的开发，超临界流体萃取技术将在天然药物提取领域发挥巨大的作用。

5. 超临界流体萃取的应用

(1) 挥发油的提取：挥发油类成分极性较小，沸点较低，易溶于 CO_2 超临界流体；又由于大多数挥发油性质不稳定，在常规的水蒸气蒸馏条件下易造成挥发油的分解或氧化等，且收率较低。而 CO_2 超临界流体可以克服上述缺点，所得产品收率高、品质好，故对挥发油的提取效果具有其他技术不可替代的优势：① 采用 CO_2 超临界流体萃取法提取月见草种子中的月见草油，在 50℃、25MPa 时萃取率为 20%，油中 γ-亚麻酸含量高达 10.6%，且月见草油的色泽与透明度、γ-亚麻酸含量均优于溶剂法和水蒸气蒸馏法；② 姜黄油萃取工艺的最佳条件为萃取温度 38℃、压强 25MPa、CO_2 流量为 9kg/(L·h)、萃取时间 2 小时，姜黄油收率为 4%；③ 薄荷挥发油的最佳工艺为萃取温度 55℃、压强 23MPa，加 7% 夹带剂，结果薄荷醇的收率为 0.16%，比水蒸气蒸馏法高 3 倍，比有机溶剂法高 60%。

(2) 醌类及其衍生物的提取：主要包括苯醌、萘醌、菲醌、蒽醌等，极性较大。在应用 CO_2 超临界流体萃取时，要求操作压强大，且需加入一定量的夹带剂。如采用 CO_2 超临界流体萃取法对丹参中脂溶性成分提取工艺的研究结果为：在 CO_2 超临界流体温度 40℃，压强为 20MPa，以乙醇为夹带剂的条件下，产物中丹参酮 II$_A$ 的质量分数一般在 20% 左右，最高可达 80%，明显优于乙醇回流提取工艺。

(3) 香豆素和木脂素的提取：CO_2 超临界流体萃取可以提取游离状态的香豆素和木脂素，极性较强的可加入夹带剂。如茵陈蒿中滨蒿内酯的 CO_2 超临界流体萃取条件：CO_2 超临界流体温度为 40℃，压强 40MPa，以乙醇为夹带剂。五味子中脂溶性成分的 CO_2 超临界流体萃取条件：CO_2 超临界流体温度为 37℃，压强为 21MPa。

(4) 黄酮类成分的提取：银杏叶的 CO_2 超临界流体萃取，在 CO_2 超临界流体温度为 38℃，压强 20MPa 的萃取条件下，得到深黄色膏状银杏叶提取物，经 GC 和 GC-MS 分析，鉴定出 15 种化合物，主要为酚类和酸性化合物；经 HPLC 分析表明，萃取物中极性较大的黄酮类化合物的含量较低。

(5) 生物碱的提取：生物碱类成分在天然药物中多以盐的形式存在，少数碱性极弱的生物碱以游离态存在。根据超临界流体萃取原理，用 CO_2 超临界流体很难萃取出以盐和苷的形式存在的生物碱。解决方法：① 可采用转化的方法，使生物碱盐或苷转化为游离的生物碱，降低极性。② 使用夹带剂，增强溶解能力，可以减少酸、碱的用量，且提取效率较高。如秋水仙中秋水仙碱的最佳提取条件为：CO_2 超临界流体温度为 45℃，压强为 10MPa，以 76% 乙醇为夹带剂，提取时间 9 小时。

(6) 皂苷及多糖的提取：由于皂苷和多糖的极性较大，单独使用 CO_2 超临界流体不能提取皂苷和多糖类成分，须使用夹带剂，必要时进行梯度洗脱。例如用 CO_2 超临界流体萃取藏药雪灵芝中的皂苷和多糖成分，并对四种萃取方法进行比较：① 传统溶剂萃取法；② 无夹带剂的 CO_2 超临界流体萃取法；③ 加不同极性夹带剂的非梯度萃取；④ 加不同极性夹带剂的梯度萃取。结果表明，无夹带剂的 CO_2 超临界流体萃取法，在 45℃、30MPa 条件下不能萃取皂苷和多糖；加不同极性夹带剂的非梯度 CO_2 超临界流体在相同条件下，萃取物中多糖的收率逐渐增大(0.53%～0.85%),而总皂苷粗品收率由 3.45% 降至 1.23%;加不同极性夹带剂的梯度萃取,总皂苷收率可达 2.46%,为传统萃取法(0.13%)的 18.9 倍,而多糖收率达 2.06%,为传统萃取法(1.27%)的 1.62 倍。

3.2　分离纯化新技术

3.2.1　膜分离技术

1. 定义

膜分离技术是用膜作为选择障碍层,以外界能量或化学位差为推动力,在分子水平上,不同粒径、不同性质的混合物在通过膜时允许某些组分透过而保留混合物中其他组分,从而达到分离的技术。

2. 膜的分类

(1) 按分离机理分类:① 具有所需孔径的膜:膜的孔径大小虽有差别,但分离原理与筛网、滤纸的分离相同;② 无孔膜:分离原理类似于萃取,由于被分离物与高分子膜的亲和性强,进入膜分子间隙的粒子经溶解-扩散后,可从膜的另一侧被分离出来;③ 具有反应性官能团作用的膜:例如离子交换膜,当电荷相同时就互相排除。

(2) 按分离的推动力分类:① 压力差:其膜过程包括反渗透、超过滤、微滤等;② 电压差:其膜过程为电渗析;③ 浓度差:其膜过程包括渗析、控制释放、渗透蒸发、膜蒸馏等。

(3) 按膜的孔径大小分类:依据其孔径(或称为截留相对分子质量)的不同,可将膜分为微滤膜、超滤膜、纳滤膜和反渗透膜等,如图 3-4 所示。

(4) 根据膜的材料分类:膜分为无机膜和有机膜。无机膜主要是微滤级别的膜,有陶瓷膜和金属膜;有机膜是由高分子材料制成的,如

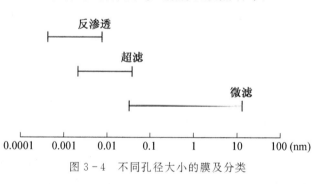

图 3-4　不同孔径大小的膜及分类

纤维素类、聚酰胺类、芳香杂环类、聚砜类、聚烯烃类、硅橡胶类、含氟高分子类等。其中无机膜因其具有高热稳定性、耐化学腐蚀、无老化问题、使用寿命长、可反向冲洗等特性,受到越来越多的重视,已在工业生产中应用。膜的分类及分离作用见表 3-2 所示。

表 3-2　膜的分类及分离作用

膜的种类	膜的功能	驱动力	透过物质	被截留物质
微滤	多孔膜、溶液的微滤、脱微粒子	压力差	水、溶剂和溶解物	悬浮物、细菌类、微粒子
超滤	脱除溶液中的胶体、各类大分子	压力差	溶剂、离子和小分子	蛋白质、酶、病毒、乳胶微粒子

续　表

膜的种类	膜的功能	驱动力	透过物质	被截留物质
纳滤和反渗透	脱除溶液中的盐类及低分子物质	压力差	水、溶剂	无机盐、糖类、氨基酸、BOD、COD 等
透析	脱除溶液中的盐类及低分子物质	浓度差	离子、低分子物、酸、碱	
电渗析	脱除溶液中的离子	电位差	离子	无机离子、有机离子
渗透气化	溶液中的低分子及溶液间的分离	压力差、浓度差	蒸气	无机盐、乙醇溶液
气体分离	气体与气体、气体与蒸气分离	浓度差	易透过气体	不易透过气体

3. 膜分离原理

膜分离技术是用筛分原理或溶解扩散对匀相或非匀相体系进行选择性分离的一种先进的分离技术。根据所分离物质的相对分子质量大小或被分离物质的颗粒大小分为微滤、超滤、纳滤和反渗透等不同的技术。可选择性分离从微米级、亚微米级直到大分子、小分子、离子和原子级的不同物质,根据不同需要达到灭菌、分离、净化或浓缩等目的,即根据目标产物的不同,让某些物质通过,同时让另一些物质留下。膜可以在分子范围内进行分离,并且膜滤过程是一种物理过程,与常规过滤不同的错流过滤(又称切向流方式过滤)被公认为是一种有效的流体处理技术。

(1)主要的膜分离过程:错流膜工艺中各种膜的分离与截留性能以膜的孔径和截留相对分子质量来加以区别。图 3-5 简单示意了四种不同的膜分离过程,箭头反射表示该物质无法透过膜而被截留。

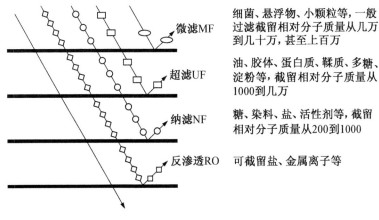

图 3-5　膜分离示意图

(2)常规过滤与错流过滤的比较:在一般的常规过滤中,不能通过的物质沉积后留在了滤材上,随着过滤的继续进行,压差会逐渐增大,通量明显降低,即大家俗称的"死端过滤"。具体方式是:料液在压力驱动下进入系统,并在膜管内高速流动,方向不是直接压向膜的表面,而是切向流过膜面形成所谓的切向流。小分子物质透过膜,大分子物质(或固体颗粒)被膜截留,从而达到分离、浓缩、纯化的目的。这时过滤系统中存在着两股流出的液体:一股是渗透液(或称滤液),图3-6中为V_1;另一股是用于提供膜表面冲刷作用的循环流体(即上文所提到的切向流),图3-6中为V_2。它们之间的关系是:渗透液是切向流中通过了膜过滤后的部分;而切向流在流出膜后,由于一次通过只有部分小分子等清液透出,所以要求剩下的料液再经过循环系统,再次进入膜进行过滤。

(3)错流过滤的特点:错流过滤如图3-6、图3-7所示:① 流与滤膜表面平行,流动速度增加,沉积层厚度变薄,渗透通量高;② 料液中固体浓度没有很严格的限制,滤液清纯(无固体);③ 可以连续分离(反冲洗或清洗膜时例外);④ 无需加助滤剂或絮凝剂;⑤ 可以进行液-液过滤;⑥ 分离不受分散相细度的影响。

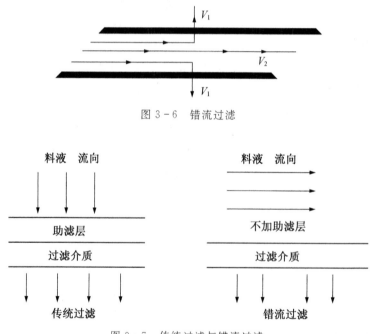

图3-6 错流过滤

图3-7 传统过滤与错流过滤

4. 膜分离技术特点

膜分离过程是一个高效、环保的分离过程,是多学科交叉的高新技术,在物理、化学和生物性质上呈现出各种各样的特性,具有较多的优势。与传统的分离技术如蒸馏、吸附、吸收、萃取、深冷分离等相比,膜分离技术具有:① 可常温操作,适于热敏物质的分离、浓缩和纯化;② 分离过程不发生相变化(除渗透汽化外);③ 能耗低;④ 分离系数较大等优点。所以,膜分离技术是现代分离技术中一种效率较高的分离手段,可以部分取代传统的过滤、吸附、冷凝、重结晶、蒸馏和萃取等分离技术,在分离工程中具有重要作用。

(1)微滤(microfiltration,MF):又称微孔过滤,原理是筛孔分离过程。微滤膜的材质分为有机和无机两大类:① 有机聚合物有乙酸纤维素、聚丙烯、聚碳酸酯、聚砜、聚酰胺等;② 无机膜材料有陶瓷和金属等。微滤的应用范围主要是从气相和液相中截留微粒、细菌以及其他污染物,以达到净化、分离、浓缩的目的。对于微滤而言,膜的截留特性是以膜的孔径来表征,通

常孔径范围在 $0.1 \sim 1\mu m$,故微滤膜能对大直径的菌体、悬浮固体等进行分离,可作为一般料液的澄清、过滤、空气除菌。

(2) 超滤(ultrafiltration,UF):是介于微滤和纳滤之间的一种膜分离过程,膜孔径在 $0.05 \sim 1000\mu m$ 之间。超滤是一种能够将溶液进行净化、分离、浓缩的膜分离技术,通常可以理解成与膜孔径大小相关的筛分过程。以膜两侧的压力差为驱动力,以超滤膜为过滤介质,在一定的压力下,当水流过膜表面时,只允许水及比膜孔径小的小分子物质通过,达到溶液的净化、分离、浓缩的目的。对于超滤而言,膜的截留特性是以对标准有机物的截留相对分子质量来表征,通常截留相对分子质量范围在 $1000 \sim 300000$ 之间,故超滤膜能对大分子有机物(如蛋白质、细菌)、胶体、悬浮固体等进行分离,广泛应用于料液的澄清、大分子有机物的分离纯化、除热原。

(3) 纳滤(nanofiltration,NF):是介于超滤与反渗透之间的一种膜分离技术,孔径为几纳米,因此称纳滤。基于纳滤分离技术的优越性,其在制药工业等诸多领域显示出广阔的应用前景。对于纳滤而言,膜的截留特性是以对标准 NaCl、$MgSO_4$、$CaCl_2$ 溶液的截留率来表征,通常截留率范围在 $60\% \sim 90\%$,相应截留相对分子质量范围在 $100 \sim 1000$ 之间,故纳滤膜能对小分子有机物等与水、无机盐进行分离,实现脱盐与浓缩的同时进行。

(4) 反渗透(reverse osmosis,RO):是利用反渗透膜只能透过溶剂(通常是水)而截留离子物质或小分子物质的选择透过性,以膜两侧静压为推动力而实现的对液体混合物分离的膜过程。反渗透是膜分离技术的一个重要组成部分,因具有产水水质高、运行成本低、无污染、操作方便、运行可靠等诸多优点,已成为现代工业中首选的水处理技术。反渗透的截留对象是所有的离子,仅让水透过膜,对 NaCl 的截留率在 98% 以上,出水为无离子水。反渗透法能够去除可溶性的金属盐、有机物、细菌、胶体粒子、发热物质,也能截留所有的离子,已经广泛应用在生产纯净水、软化水、无离子水、产品浓缩、废水处理方面。

5. 膜的选择、分离装置及工艺设计方案

(1) 膜的选择:膜是过滤系统装置的核心部分,选择适宜的膜是影响过滤质量的关键。首先,要看生产的剂型,一般说来,固体制剂、口服液、针剂等膜的选择是不同的,同一剂型的不同工艺环节,膜的选择也不相同;其次,要看料液的性质,即料液温度、黏度、固含量、pH 值、主要成分等等;再次,要达到的目的是除杂、除菌、除热原,还是要分离提取相对分子质量在某一范围内的目标产物;最后,综合各方面情况决定选择什么材质的膜,是陶瓷膜还是高分子有机膜,然后再选择膜的孔径。一般情况下陶瓷膜远优于有机膜,但陶瓷膜造价高。

(2) 膜分离技术的核心——"分离膜":当膜分离技术在工业上应用时要使单位体积内装下最大的膜面积,装得愈多,它的处理量就愈大,设备费用就越小,占地、生产成本均减小了,经济效益就可得到提高。其次要尽量减少浓差极化。此外,原料液(或气)的预处理和膜的清洗也是膜分离技术在应用中需要注意的问题。

各种膜分离装置主要包括膜分离器、泵、过滤器、阀、仪表及管路等。膜分离器是将膜以某种形式组装在一个基本单元设备内,然后在外界驱动力作用下能实现对混合物中各组分分离的器件,它又被称为膜组件或简称组件(module)。在膜分离的工业装置中,根据生产需要,一般可设置数个至数千个膜组件。

工业上常用的膜组件形式主要有:① 板框式;② 圆管式;③ 螺旋卷式;④ 中空纤维式等 4 种类型(表 3-3)。

表 3-3   各种膜组件的优缺点比较

类型	优点	缺点	使用情况
板框式	① 结构紧凑、简单、牢固、能承受高压 ② 可使用强度较高的平板膜 ③ 性能稳定、工艺简单	① 装置成本高,流动状态不良,浓差极化严重;死体积大 ② 易堵塞,不易清洗,膜的堆积密度较小	① 适于小容量规模 ② 已商业化
圆管式	① 膜容易清洗和更换 ② 原水流动性状态好、压强损失较小、耐较高压强 ③ 能处理含有悬浮物的、黏度高的,或者能析出固体等易堵塞流水通道的溶液体系 ④ 单根管子可以更换	① 装置成本高 ② 管口密封较困难 ③ 膜的堆积密度小 ④ 压强降低大	① 适于中小容量规模 ② 已商业化
螺旋卷式	① 膜堆积密度大,结构紧凑 ② 可使用强度好的平板膜 ③ 单位体积中所含过滤面积大,换新膜容易 ④ 价格低廉	① 制作工艺和技术较复杂,密封较困难 ② 料液需要预处理,易堵塞,不易清洗 ③ 压强降低大 ④ 不宜在高压下操作	① 适于大容量规模 ② 已商业化
中空纤维式	① 膜的堆积密度大;不需外加支撑材料 ② 单位体积中所含过滤面积大,可以逆洗,操作压强较低 ③ 浓差极化可忽略 ④ 动力消耗较低,价格低廉	① 制作工艺和技术复杂 ② 易堵塞,清洗不易 ③ 单根纤维损坏时,需调换整个模件 ④ 料液需预处理	① 适于大容量规模 ② 已商业化

一种性能良好的膜组件应具备以下条件:① 对膜能提供足够的机械支撑并可使高压原料液(气)和低压透过液(气)严格分开;② 在能耗最小的条件下,使原料液(气)在膜面上的流动状态均匀合理,以减少浓差极化;③ 具有尽可能高的装填密度(即单位体积的膜组件中填充较多的有效膜面积),并使膜的安装和更换方便;④ 装置牢固、安全可靠、价格低廉和容易维护。

（3）膜工艺设计方案（图 3-8）

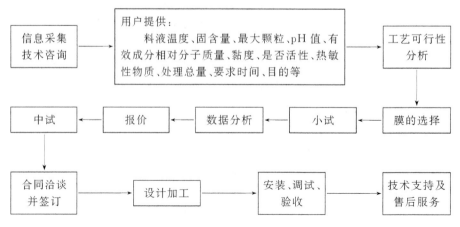

图 3-8   膜工艺设计方案

6. 无机陶瓷膜及其性能指标

（1）陶瓷膜性能指标：多通道陶瓷膜元件中的渗透液透过途径如图 3-9 所示。

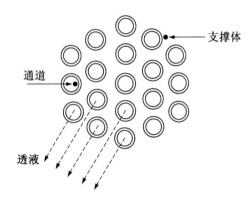

图 3-9 多通道陶瓷膜元件中的渗透液透过途径示意图

陶瓷膜性能指标见表 3-4 所示。

表 3-4 陶瓷膜性能指标

膜元件通道数	单通道	19 通道	19 通道	37 通道
外径	10mm	30mm	41mm	41mm
通道内径	7mm	4.0mm	6.0mm	3.6mm
有效膜面积	0.023m²	0.24m²	0.36m²	0.42m²
孔径（截留相对分子质量）	1000D、5000D、20nm、50nm、0.1μm、0.2μm、0.5μm、0.8μm、1.2μm、1.4μm			
膜材料	氧化铝　氧化锆　氧化钛			
强度	耐内压 0.8MPa,外压 1.0MPa			
适用温度	0～400℃			
适用 pH 值	1～14			
公称长度	10～16mm			

（2）陶瓷膜过滤系统的优越性：① 耐高温（300℃）、耐强酸强碱、耐有机溶剂；② 仅需消耗水、空气、电和清洁剂；③ 无相变,可在低温下操作,保证产品活性；④ 可减少后续工艺中有机溶剂的使用量；⑤ 滤孔呈不对称分布,可实现反向冲洗,恢复性能好；⑥ 对菌体及固形物可100%截留,最大限度地减少离子交换等工艺中的污染；⑦ 与传统工艺相比,可提高产品收率（2%～10%）；⑧ 简化工艺,缩短工时 1/2,降低劳动强度和维修费用,降低生产成本；⑨ 设备系统占地面积小,操作简单,易于清洗和消毒。

（3）影响无机陶瓷膜分离性能的主要因素：膜的结构参数、操作参数、料液性质等是影响无机陶瓷膜分离性能的主要因素。

1）膜结构参数对分离性能的影响：陶瓷膜的结构参数主要包括平均孔径、孔径分布、膜厚度、孔隙率、孔形状等；膜材料性质则包括膜的化学稳定性、热稳定性、表面性质及机械强度等。它们不但影响膜的渗透分离性能,更与膜的使用寿命密切相关：① 膜孔径的影响：膜孔径是影响膜通量和截留率等分离性能的主要因素,一般来说孔径越小,对粒子或溶质的截留率越高,而相应的通量往往越低。但在实际料液分离过程中,由于吸附、堵塞等膜污染现象的影响,还会出现孔径大而通量小的情况。因而只有合适的孔径与料液粒子大小相匹配时,膜才会有较高的通量。② 膜厚度的影响:膜的厚度越大,则液体透过的阻力越大,导致通量下降。③ 膜孔隙率的影响:膜孔隙率越高,膜通量就越大。

2) 操作参数对分离性能的影响:① 操作压差:对于压力推动的膜滤过程,操作压差将直接影响膜通量。无机膜滤过程中存在一个临界压力,在临界压力之下,操作压差与膜通量呈正比关系;而在临界压力之上,由于浓差极化等因素的影响,过滤压差与膜通量不再呈线性关系,而操作压差对通量的影响不大,此临界压力对应的膜通量称为极限通量。确定临界压力有助于选择合适的操作压力,这对降低能耗,获得较高的膜通量,避免过滤操作的条件恶化具有非常重要的意义。② 错流速度:错流速度是影响膜渗透通量的重要因素之一。错流速度的大小主要取决于原料液的性质(黏度、颗粒含量等)和膜材料机械强度,在绝大多数的操作过程中,错流速度的范围一般在 $2\sim8\mathrm{m/s}$ 之间。因为较高的剪切速度有利于带走沉积于膜表面的颗粒、溶质等,减轻膜污染,提高膜通量,所以有利于减轻浓差极化的影响;但是错流速度过高也会带来一些弊端。总之,错流速度与膜通量的关系比较重要,对工业生产的能量消耗等也有着非常重要的影响。③ 温度:通常是温度升高,黏度下降,悬浮颗粒的溶解度增加,传质扩散系数增大,可以促进膜表面溶质向主体运动,使浓差极化层变薄,从而提高过滤速度,增加膜通量。

3) 料液性质对分离性能的影响:影响膜分离性能的因素主要包括两方面:一是黏度、成分、pH 值等溶液性质;二是所含溶质或颗粒的大小、含量、荷电性质、分散状态等。其中,溶质或颗粒的性质直接关系到其对膜的污染方式、程度等,从而影响膜的分离性能。由于陶瓷膜都带有电荷,易受溶液性质影响,因此溶液性质改变往往改变膜的表面荷电性质,使得膜与溶质或颗粒、膜与溶剂的相互作用发生变化,进而对膜分离性能产生影响。例如,溶液中的无机离子会对膜过滤(特别在蛋白质过滤中)产生重要影响:一方面,一些无机盐复合物会在膜表面或膜孔内直接吸附与沉积,或使膜对蛋白质的吸附增强而污染膜;另一方面,无机盐改变了溶液离子强度,影响到蛋白质溶解性、构型与悬浮状态,使形成的沉积层疏密程度改变,从而对膜过滤性能产生影响。目前,体系性质对膜过程的影响并没有统一的规律,亦说明了体系的复杂性。

(4) 无机陶瓷膜与有机膜的比较:① 无机陶瓷膜耐高温性能优于有机膜,在生产过程中可直接用蒸气或加热灭菌消毒;② 无机陶瓷膜耐化学腐蚀性好,可使用各种不同的清洗剂进行彻底清洗,膜通量可完全恢复,使用寿命长,最长可达 10 年;③ 无机膜的膜孔分级精细,因而能准确有效地将原液中的某种成分分离,从而达到去除或提取的目的。

7. 膜分离技术的应用

膜分离技术在天然药物提取分离工艺上的应用以超滤技术为主。超滤技术可将溶液中的化学成分按相对分子质量大小进行分离,天然药物的有效成分,如生物碱、黄酮类、苷类等相对分子质量均较小(多在 1000 左右),而无效成分(通常指蛋白质、鞣质、树脂、淀粉等可溶性大分子杂质)的结构复杂,相对分子质量较大,多在 10000 以上。通过选择适宜相对分子质量截留值的超滤膜,可达到选择性地去除无效成分、保留有效成分的目的,从而减少天然药物的服用量,也可增加中药制剂的稳定性。将水提醇沉改成超滤后避免了乙醇的消耗和大量稀乙醇的回收,在降低生产成本上也有着很大的优势。

（1）黄芩苷的分离纯化：采用超滤法提取黄芩中有效成分黄芩苷，其中最主要的是选择适宜孔径（截留相对分子质量为 6000～10000）的超滤膜，其次是升高药液温度或降低浓度、严格控制 pH 值（酸化时 pH1.5，碱溶时 pH7），结果表明超滤法在黄芩苷收率和纯度方面均优于常法，且一次超滤即可达到注射剂要求，工艺简单，生产周期可缩短 1～2 倍。

（2）甜菊糖苷的分离纯化：采用超薄型板式超滤器和截留相对分子质量为 10000 的乙酸纤维素膜（CA 膜）对甜菊糖苷进行净化实验。结果显示，膜的脱色性能和除杂质效果良好，超滤器性能稳定，可较好地解决甜菊糖苷生产中常常出现的沉淀和灌封时起泡问题，工艺流程合理可行。

（3）绿原酸的分离纯化：超滤法（截留相对分子质量为 10000 的膜）及醇沉法对金银花中绿原酸影响的研究表明，超滤体积为 1.25 倍时，绿原酸收率为 95.37%，而 70% 醇沉法的绿原酸收率仅为 67.82%，说明超滤法能更有效地保留有效成分。

（4）马钱苷的分离纯化：比较研究水醇法与超滤法对山茱萸制剂澄清度的影响，结果证明，截留相对分子质量为 1000 的膜使马钱苷（相对分子质量为 384）损失 50% 左右，而截留相对分子质量为 10000 的超滤膜对马钱苷无明显影响，但能够有效地去除药液中糖类杂质，提高了山茱萸制剂澄清度。

（5）人参精口服液的分离纯化：将超滤工艺用于人参精口服液的生产中，进行中试研究（膜材料为聚丙烯腈、磺化聚砜、聚砜酰胺膜，截留相对分子质量分别为 5000、20000、30000、70000），结果选用截留相对分子质量为 70000 左右的聚砜酰胺膜（PSA）或聚丙烯腈膜（PNA），浓缩倍数控制在 20 倍左右，超滤所得产品符合一等品的质量标准，生产成本相当于原工艺的 1/2。

（6）小檗碱的分离纯化：分别应用超滤法（聚砜膜，截留相对分子质量 20000）和醇沉法对黄连水提取液进行纯化，评价指标为有效成分小檗碱的含量以及残渣去除率。实验结果表明，当超滤液体积达到原体积的 1.25 倍时，小檗碱收率达 95%，而醇沉法的收率为 73%；超滤法去除残渣率为 48%，而醇沉法为 38%，因此超滤法比醇沉法能更多地去除料液中的杂质、保留有效成分，同时超滤法能节省乙醇、简化工序、缩短生产周期。

3.2.2　吸附澄清技术

吸附澄清技术主要是指运用吸附澄清剂将固液快速分离的技术。天然药物水提液中的杂质主要有淀粉、蛋白质、黏液质、鞣质、色素、树胶、无机盐类等复杂成分，这些物质共同形成一种胶体分散体系，具有动力学上稳定性高、热力学上不稳定的特点。吸附澄清技术只除去水提液中颗粒度较大者以及具有沉淀趋势的悬浮颗粒，在提高有效成分的含量、选择性地除去无效成分方面起到了很好的作用，能够保证产品有效性和质量的稳定性。因此，吸附澄清技术在天然药物的提取分离上是一项应用前景广阔、值得推广的现代除杂提纯的重要技术之一。

1. 吸附澄清剂的作用原理

凝聚作用和絮凝作用都是微小的胶体颗粒和悬浮物颗粒在极性物质或者电解质的作用下中和颗粒表面电荷，降低或消除颗粒之间的排斥力，使颗粒结合在一起，体积不断变大，当颗粒聚集使体积达到一定程度时（粒径大约为 10^5 nm～10^{-2} cm 时），即从水中分离出来，这就是肉眼所观察到的絮状沉淀物——絮凝体。凝聚作用是颗粒由小到大的量变过程；而絮凝作用是量变过程达到一定程度时的质变过程。絮凝作用是由若干个凝聚作用组成的，是凝聚作用的结果;而凝聚作用是絮凝作用的原因。

(1) 稳定的天然药物悬浮液:天然药物的水煎液多为悬浮混浊液,有些久置仍不澄清。悬浮液是由于所含的固体微粒太细、带有同性电荷而形成布朗运动。同时,溶液中还有一种亲水性胶体,如蛋白质、淀粉等,它们的分子上都有亲水的极性基因,如—OH、—NH₂ 等,对水具有很强的亲和力,能发生膨胀,有形成真溶液的倾向。悬浮液能形成分散体系就是依靠细微粒度、同性电荷以及在水中的溶解作用而形成稳定状态的。

天然药物水提液中含有大量微细粒子、黏液质、蛋白质、果胶、淀粉等复杂成分,这些物质共同形成 1~100nm 的胶体分散体系。胶体分散体系是一种动力学上稳定性高、热力学上不稳定的体系,即从动力学观点看,当胶体粒子很小时,布朗运动极为强烈,建立沉降平衡需要很长时间,平衡建立后,胶粒的浓度梯度很小,使胶体溶液在很长时间内保持稳定;从热力学观点看,胶体分散体系自身存在巨大的界面能,易聚集,聚集后质点的大小超出了胶体分散体系的范围,使质点本身的布朗运动不足以克服重力作用,而从分散介质中析出沉淀,只有当分散度极高或有高分子化合物等保护剂保护时,才能相对稳定。吸附澄清剂则是通过絮凝剂高分子的电中和、吸附架桥、网捕和卷扫作用,使体系中粒度较大的颗粒絮凝沉淀,而保留绝大多数天然药物的有效成分。

(2) 凝聚作用与絮凝作用:在固液分离过程中可通过凝聚和絮凝的方法来破坏分散体系的稳定性,从而加快沉降速度并提高滤过效率。凝聚作用是加入无机电解质,通过电性中和作用来解除布朗运动,使微粒能够靠近而聚集在一起。

天然药物水提液中的微粒可因本身解离或吸附分散介质中的离子而带电,具有双电层结构。由于微粒表面带电,水分子可在微粒周围形成水化膜,这种水化作用的强弱与双电层厚度有关。微粒电荷使微粒间产生排斥作用,加上水化膜的作用,阻止了微粒间的相互聚集,使药液稳定。但是这一稳定状态由于受空气、光线、pH 值、温度等条件的影响,微粒的凝聚加速,形成大粒子产生沉淀而被破坏;另外,在其放置过程中,常会发生陈化现象,自发地凝聚而沉淀。无机凝聚剂的吸附澄清作用就是通过带电荷的无机盐电解质中和微粒表面电荷,破坏其水化膜,使微粒间相互聚集而沉淀。

当使用高分子化合物作为絮凝剂时,胶体颗粒和悬浮物颗粒与高分子化合物的极性基团或带电荷基团作用,颗粒与高分子化合物结合,形成体积庞大的絮状沉淀物。因为高分子化合物的极性基团或带电荷的基团很多,能够在短时间内同许多个颗粒结合,使体积增大的速度加快,所以形成絮凝体的速度快,絮凝作用明显。絮凝作用是加入带有许多能吸附微粒的有效官能团的线状高分子化合物,它像一条长绳将许多微粒吸附在一起,形成一个絮团,从而加速了沉降。长链的高分子化合物在微粒之间起的桥梁作用称为"架桥"作用。同时,还发生物理变化,中和胶体微粒及悬浮物表面的电荷,降低胶团的电位。因而胶体粒子由原来的相斥变成相吸,破坏胶团的稳定性,使胶体和微粒相互碰撞,形成沉淀,达到除杂的目的。

2. 吸附澄清剂的分类

(1) 无机凝聚剂:此类澄清剂多为盐类,带有正、负电荷,能中和药液中的带电粒子,破坏其水化膜,促使微粒间相互聚集而沉淀。常用的无机凝聚剂分为阳离子凝聚剂和阴离子凝聚剂:① 无机阳离子凝聚剂:三氯化铝、硫酸铝、明矾(已被硫酸铝代替)、硫酸亚铁、硫酸铁、三氯化铁等;② 无机阴离子凝聚剂:氧化钙、氢氧化钙(石灰水)、氢氧化钠、碳酸钠等。

（2）有机絮凝剂：有机絮凝剂的主要成分为碳氢化合物，分为天然絮凝剂和人工合成絮凝剂：① 天然絮凝剂通过电中和、吸附、架桥等作用，使药液中的悬浮颗粒絮凝而沉淀。由于天然高分子絮凝剂无毒，所以广泛应用于食品与药物的纯化。天然高分子絮凝剂主要有动物胶、纤维素、乙酸纤维素、淀粉、阳离子改性淀粉、淀粉醚、磺化交联淀粉、丙烯酰胺-淀粉接枝共聚物、环糊精、植物树胶、果胶、多糖、木质素的双环氧化物、聚乙二醇交联的木质素、蜡、藻类、蛋白质等。② 阳离子有机高分子絮凝剂是合成品，既能够中和胶体颗粒的电荷，降低 ξ 电位，又能够进行桥连，形成絮凝沉淀。常用絮凝剂及使用方法如下：

1）明胶（gelatin）：别名白明胶，是由动物的皮、白色连结组织和骨所获得胶原经部分水解而得，是氨基酸与肽交联形成的直链聚合物，通常平均相对分子质量在 15000～25000 之间。因制备时水解方法不同，明胶可分为酸法明胶和碱法明胶。

明胶在冷水中不溶，在水中膨胀变软，可吸收本身重量 5～10 倍的水，能溶于热水，形成澄明溶液，冷后则成为凝胶，可溶于醋酸、甘油和水的混合液，不溶于乙醇。明胶用作澄清剂的最佳用量为 0.15g/100ml，最佳 pH 值为 6，温度为 50℃，一般需静置 40 分钟以上，有时明胶与鞣质混合作澄清剂，明胶、鞣质的混合比例为（1～2）∶1。

2）海藻酸钠（sodium alginate）：海藻酸钠单独用作澄清剂时用量为 1%，混悬液 pH4 最佳，常与鞣质混合使用，混合澄清剂的用量为 3%，海藻酸钠与鞣质的混合比例根据不同的混悬液而不同。

3）鞣质（tannin）：常与明胶混合使用。原理是鞣质与明胶形成明胶鞣质酸盐络合物，随着络合物的沉淀，混悬液的悬浮颗粒被包裹和缠绕而随之沉降。混悬液的 pH 值会影响明胶的沉淀能力。明胶的用量视明胶和混悬液的种类而定，一般必须对每一种混悬液进行预试验，以确定合适的明胶与鞣质的使用量。

4）枸橼酸（citric acid）：枸橼酸澄清剂的澄清原理是利用枸橼酸在溶液中水解电离出的正电荷，与混悬液中带负电荷的果胶、纤维素、鞣质、多糖等发生中和，从而使溶液澄清。根据其澄清原理应划归为凝聚剂，作用的 pH 值以 3～3.5 为佳，如同时加入 2% 的硅藻土，混合均匀、在低温下处理则效果会更好。

5）琼脂（agar）：在沸水中溶解，在冷水中不溶，并能膨胀 20 倍，即使浓度很低（0.5%）也能形成坚实的凝胶，但浓度在 0.1% 以下，则不能形成黏稠液体。通常与明胶混合使用，混合澄清剂的最佳用量为 3%。

6）蛋清：主要用于药酒和口服液的澄清。可除去影响药酒和口服液澄明度的鞣质，其用量为 3%～5%，有时将蛋清配制成 5% 的水溶液，以 6% 的用量加入药液。

7）T101 果汁澄清剂：广泛用于天然药物水煎液的澄清。其方法为：将 T101 果汁澄清剂临用前配制成 5% 的水溶液，用量为 3%～5%，如再加 0.5% 滑石粉，可加快沉淀速度，提高溶液澄明度。

8）交联聚维酮（crospovidone）：别名交联聚乙烯基吡咯烷酮（PVPP），作为澄清剂其用量一般为 0.05%～0.3%。

9）聚丙烯酸钠（sodium polyacrylate）：分子式为 $(C_3H_3NO_2)_n$，n 为 1 万至数万，是由丙烯酸钠聚合而成的。

3. 影响絮凝作用的因素

在絮凝过程中影响絮凝作用的因素有很多，如悬浮液的浓度、pH 值、温度、絮凝剂的使用浓度、絮凝过程中搅拌速度等都直接影响絮凝效果。

（1）分散体系中微粒的影响

1）微粒的表面电荷：在絮凝过程中首要的条件是微粒必须与絮凝剂发生吸附作用。根据电性吸附原理，若微粒表面荷负电，则应使用阳离子型絮凝剂，如壳聚糖等；若微粒表面荷正电，则应使用阴离子型絮凝剂。有时还应考虑微粒的等电点，然后再选择絮凝剂，如以人参、甘草、黄芪等药材制作的某药酒，以蛋清为絮凝剂，调至等电点后再加入絮凝剂进行澄清。

2）微粒的粒径：分散体系中微粒能否自由沉降不仅与粒度有关，同时与固体微粒的比重和液体介质的比重差有关。根据斯托克斯定律，微粒的粒径与沉降速度成正比，对于长时间放置能逐渐沉降的悬浮液，使用阴离子型或非离子型高分子絮凝剂可促进其絮凝速度。对于不能自然沉降的胶体溶液，使用阳离子型高分子絮凝剂可取得较佳的絮凝效果。

（2）悬浮液的影响

1）悬浮液的浓度：悬浮液的固体含量越高，在絮凝过程中絮凝剂的用量也越大。

2）悬浮液的 pH 值：与无机凝聚剂比较，一般高分子絮凝剂不易受悬浮液 pH 值影响，但严格地说，含不同官能团的高分子絮凝剂在不同 pH 介质中的絮凝效果也不相同。

（3）絮凝剂的影响

1）絮凝剂的配制：由于絮凝剂是很长的线状高分子结构，只有在水溶液中充分伸展，才能与微粒充分接触，获得最佳的絮凝效果。絮凝剂的相对分子质量极大，虽然可以完全溶于水，但溶解速度极慢，而且是否溶解完全用肉眼不易观察。

2）絮凝剂的浓度：絮凝剂的浓度过高絮凝速度慢，难滤过，有效成分损失大，这是因为高浓度的高分子溶液对胶体杂质起到保护作用所致；若浓度过低，则絮凝剂不能完全去除无效成分。一般配成 0.02%～0.1%浓度的溶液。

3）配制絮凝剂时的搅拌方法：搅拌可促进絮凝剂的溶解，但是搅拌器有剪切作用，尤其是高速搅拌会切断高分子，造成相对分子质量降低，影响絮凝效果。因此，配制絮凝剂时搅拌不宜过快。

4）絮凝过程中的搅拌速度：搅拌的目的是增加微粒与絮凝剂的接触碰撞机会，获得最快絮凝和最大絮团。在絮凝剂添加过程中，一般先用较快速度进行搅拌，使絮凝剂与微粒能充分混合接触。一旦絮凝作用产生，搅拌速度就应该降低，避免破坏已形成的絮团。

5）使用絮凝剂的温度：温度对絮凝作用产生直接的影响：① 温度高，则絮凝剂的流动性好，易于在药液中充分分散；② 温度低，则使絮凝作用缺乏所需的活化条件；③ 温度过高，则使絮凝作用过快，絮状沉淀细小，沉降慢或无法沉降。例如，当用壳聚糖对黄芪水煎液进行澄清时，低于 30℃或高于 50℃时，絮凝效果都不理想，35～40℃是最佳絮凝温度。

6）使用絮凝剂的最佳 pH 值：每种絮凝剂都有澄清的最佳 pH 值，为了尽可能地保留有效成分，以有效成分含量为指标作为 pH 选择的依据。例如，在用壳聚糖澄清黄芪水煎液时，当 pH=8 时，絮状沉淀出现最快、最明显、收率最高，这是由于药液呈弱碱性时，黄芪中的多羟基黄酮苷类在药液中充分溶解，有利于提高收率；当 pH>8 时，对阳离子絮凝剂本身不利；当 pH<8 时，不利于黄芪苷类溶出，且易沉淀，因此收率降低，药液不澄清，所以 pH=8 时，从收率及絮凝效果两方面来看都是最适宜条件。

7）絮凝剂加入量对絮凝效果的影响：根据絮凝理论，胶体表面的 50%被高分子链包裹时，絮凝效果最好，即絮凝剂的最佳加入量。在悬浮液中，随着絮凝剂加入量的增加，高分子物质与体系中胶体粒子接触的概率亦随之增加,电中和、吸附架桥作用充分、絮凝彻底,体系中的胶体粒子基本去除,澄明度随之提高。但当絮凝剂加入量过大时,高分子链将体系中的胶体粒子完全包裹,由于高分子链之间的静电排斥作用,反而使胶体粒子稳定悬浮于体系中,这种现象称絮凝恶化现象。

4. 吸附澄清技术的优缺点

(1) 优点

1) 操作简便,耗时少,成本低:多数澄清剂采取直接或简单配制后加入药物提取液的方法,趁热加入后搅拌数分钟即可。静置时间短,对所需设备及工艺条件要求不高,可操作性强,与水提醇沉法比较,经济效益极为可观。

2) 澄清效率高,有效成分损失少:在适宜的 pH 值、药液浓度等条件下,药液中微粒及大分子杂质可迅速絮凝沉降,滤液吸光度变小,澄明度提高,长期保持稳定状态。有效成分损失少,与水提醇沉法相比,因后者系通过改变胶体物质溶解度使其脱水产生絮凝沉降,往往破坏了原药液的自然胶体稳定体系,且因存在包裹现象,使总固体物、极性成分、微量元素和多糖类成分损失严重,影响疗效。

3) 安全无毒,无污染:目前常用的几种吸附澄清剂多为天然絮凝剂,属食品添加剂,完全随絮团沉降,并能够自然降解,不会产生二次污染。

(2) 缺点:与水提醇沉法相比,某些极性较低的成分在吸附澄清中可能损失较多,因此在对这部分药液进行吸附澄清处理时,应注意对损失程度的考察,或者考虑对药液进行预处理,如通过调节 pH 值使游离生物碱成盐,可减少游离生物碱的损失,必要时可考虑对沉淀物做进一步处理。目前,吸附澄清剂在不同条件下对不同天然药物成分影响的研究不够充分,需通过实验不断积累资料,为工业化生产提供依据。

5. 常用吸附澄清剂的应用

(1) 101 果汁澄清剂:是一种新型食品级的果汁澄清剂。主要是去除药液中蛋白质、鞣质、色素及果胶等大分子不稳定性杂质而达到澄清目的。具有无味无毒、安全,澄清处理中不会引入新的杂质等优点,可随处理后形成的絮状沉淀物一并滤去。101 果汁澄清剂为水溶性胶状物质,因其在水中分散速度较慢,通常配制成 5% 水溶液后使用。用量为提取液的 2%～20%。

101 果汁澄清剂澄清黄芪、茯苓药液,可使混悬杂质基本沉淀完全,通过对树脂酸、有机酸的检识以及总酸、氨基酸态氮的含量测定,结果证明,101 果汁澄清剂可完整地保留药液成分及口味。

用 101 果汁澄清剂对玉屏风口服液进行澄清处理,与水提醇沉法比较,结果前者能有效地保留氨基酸、多糖和黄芪甲苷,同时还降低了生产成本和周期。

(2) 甲壳素类吸附澄清剂:甲壳素是自然界中甲壳类生物的外壳所含的氨基多糖经稀酸处理后得到的物质。甲壳素为白色或灰白色半透明的固体,不溶于水、稀酸、稀碱,可溶于浓无机酸。壳聚糖是脱乙酰甲壳素,为白色或灰白色,不溶于水和稀碱溶液,可溶于大多数稀酸、醋酸、苯甲酸等溶剂。

壳聚糖作为制备口服液的絮凝剂,原理是与药液中蛋白质、果胶等发生分子间吸附架桥和电荷中和的作用。由于壳聚糖在稀酸中会缓慢水解,故最好随用随配。

在风湿药酒中加入壳聚糖溶液,可有效除去带负电荷的纤维素、鞣质以及细菌。用甲壳素澄清白芍提取液,结果表明,对芍药苷含量没有影响,成品成本低,稳定性好,无二次污染。

3.2.3　分子蒸馏技术

分子蒸馏技术（molecular distillation technology）又称为短程蒸馏，是指在高真空（0.133～1Pa）条件下，蒸发面与冷凝面的间距小于或等于被分离物料蒸气分子的平均自由程，由蒸发面逸出的分子，既不与残留空气分子碰撞，自身也不相互碰撞，而是毫无阻碍地到达并凝集在冷凝面上，实现液液分离精制的连续蒸馏过程。分子蒸馏适合于高沸点、热敏性、易氧化物料的分离，可有效地去除液体中的低分子物质，如有机溶剂、臭味等。

1. 分子蒸馏技术的原理

蒸馏是将固体与液体混合物或液体与液体混合物进行分离的最基本方法。常规蒸馏的基本过程是当分子离开液面后所形成的蒸气分子，会在运动中互相碰撞，一部分进入冷凝器中，另一部分则返回液体内。若将液面与冷凝器的冷凝面距离拉近，当分子离开液面后，在它们的运动自由程内就不会相互碰撞，而是直接到达冷凝面，不再返回液体内。分子蒸馏技术的原理不同于常规蒸馏，它突破了常规蒸馏依靠沸点差分离物质的原理，而是依靠不同物质分子运动平均自由程的差别实现物质的分离，因此，它具有常规蒸馏不可比拟的优点，如蒸馏压强低、受热时间短、操作温度低和分离程度高等。

（1）分子运动自由程：分子与分子之间存在着相互作用力，当两分子离得较远时，分子之间的作用力表现为吸引力，但当两分子接近到一定程度后，分子之间的作用力会改变为排斥力，并随其接近距离的减小，排斥力迅速增加。当两分子接近到一定程度时，排斥力的作用使两分子分开。这种由接近而至排斥分离的过程，就是分子的碰撞过程。分子在碰撞过程中，两分子质心的最短距离（即发生相互排斥的质心距离）称为分子有效直径。一个分子在相邻两次分子碰撞之间所经过的路程称为分子运动自由程。任一分子在运动过程中都在不断变化自由程，而在一定的外界条件下，不同物质的分子其自由程各不相同。分子运动自由程的分布规律用概率公式表示：$F=1-e^{-\lambda/\lambda_m}$（$F$ 表示自由程小于或等于 λ_m 的概率，λ_m 表示分子运动自由程）。在某时间间隔内自由程的平均值称为平均自由程。平均自由程的公式为：$\lambda_m=\dfrac{k}{2\pi}\cdot\dfrac{T}{d^2 p}$（$d$ 表示分子有效直径，p 表示所处空间压强，T 表示分子所处环境温度，k 表示玻尔兹曼常数），即温度、压强及分子有效直径是影响分子平均自由程的主要因素。

（2）影响分子运动平均自由程的因素：因为温度、压强及分子有效直径是影响分子平均自由程的主要因素，故当压强一定时，一定物质的分子运动平均自由程随温度升高而增加；当温度一定时，平均自由程 λ_m 与压强 p 成反比，压强越小（真空度越高），λ_m 越大，即分子间碰撞机会越小。不同物质的有效直径不同，因而分子平均自由程不同。以空气为例，有效直径 $d_{空气}$ 取 3.11×10^{-10} m，则可得出如表 3－5 所示关系。

表 3－5　平均自由程 λ_m 与压强 p 的关系

p/mmHg	1.0	10^{-1}	10^{-2}	10^{-3}	10^{-4}
λ_m/cm	0.0056	0.056	0.56	5.6	56

注：1mmHg＝133.322Pa

（3）分子蒸馏基本原理：根据分子运动理论，液体混合物受热后分子运动加剧，当得到足够能量时，从液面逸出成为气相分子。随着液面上方气相分子的增加，有一部分气相分子就会返回液相,在外界条件保持恒定的情况下,最终会达到分子运动的动态平衡。根据分子运动平均自由程公式,不同的分子,由于其分子有效直径不同,故其平均自由程也不同,即从统计学观点看,不同种类分子逸出液面后不与其他分子碰撞的飞行距离是不同的。

分子蒸馏的分离作用就是依据液体分子受热从液面逸出,而不同种类分子逸出后,在气相中其运动平均自由程不同这一性质来实现的。如图 3-10 所示为分子蒸馏的分离原理。

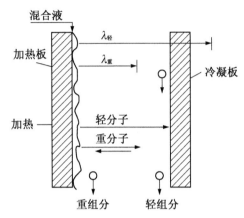

图 3-10　分子蒸馏分离原理示意图

液体混合物沿加热板自上而下流动,被加热后获得足够能量的分子逸出液面,轻分子的分子运动平均自由程大,重分子的分子运动平均自由程小。若在离液面距离小于轻分子的分子运动平均自由程而大于重分子的分子运动平均自由程处设置一冷凝板,则气体中的轻分子能够到达冷凝板,由于在冷凝板上不断被冷凝,从而破坏了体系中轻分子的动态平衡,使混合液中的轻分子不断逸出;相反,气相中重分子因不能到达冷凝板,很快与液相中重分子趋于动态平衡,表观上重分子不再从液相中逸出,这样液体混合物便达到了分离的目的。因此,轻、重分子的平均自由程必须有差异,且差异越大越好。

短程蒸馏(short-path distillation)一般泛指分子蒸馏和无阻碍蒸馏。分子蒸馏通常在 0.4~40Pa 压强下操作,分子蒸馏的板间距较小;无阻碍蒸馏(unobstructed-path distillation)通常在 2.7~66.7Pa 下操作,无阻碍蒸馏的板间距较大。

2. 分子蒸馏的装置

完整的分子蒸馏设备主要包括分子蒸发器、脱气系统、进料系统、加热系统、冷却真空系统和控制系统。分子蒸馏装置的核心部分是分子蒸发器,包括:① 降膜式:为早期形式,结构简单,但由于液膜厚,效率差,很少采用;② 刮膜式:形成的液膜薄,分离效率高,但较降膜式结构复杂;③ 离心式:离心成薄膜,蒸发效率高,但结构复杂,真空密封较难,设备的制造成本高。在实际生产中为提高分离效率,往往需要采用多级串联使用而实现不同物质的多级分离。

(1) 分子蒸馏装置的组成单元:分子蒸馏的分离过程是一个复杂的系统工程,其分离的效率取决于许多组成单元的共同作用,如图 3-11 所示。

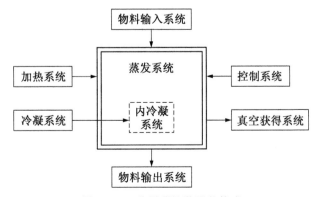

图 3-11　分子蒸馏装置的构成

1）蒸发系统：以分子蒸馏蒸发器为核心，可以是单级，也可以是两级或多级。该系统中除蒸发器外，往往还设置一级或多级冷阱。

2）物料输入、输出系统：由计量泵、级间输料泵和物料输出泵等组成，主要完成系统的连续减料与排料功能。

3）加热系统：根据热源不同而设置不同的加热系统，目前有电加热、导热油加热及微波加热等。

4）真空获得系统：分子蒸馏是在极高真空下进行操作，因此该系统也是全套装置的关键之一。真空系统的组合方式多种多样，具体的选择需要根据物料特点而定。

5）控制系统：通过自动控制或电脑控制。

（2）分子蒸馏设备及分离流程

图 3-12 为分子蒸馏系统图，物料由原料罐经计量泵进入一级薄膜蒸馏器中，主要完成脱气处理；脱气后的物料再经输送泵打入二级分子蒸馏分离柱中，蒸出物在此进入贮罐，蒸余物经输送泵进入三级分子蒸馏分离柱中，蒸出物进入贮罐，蒸余物经输送泵进入四级分离柱。流程中每一级都设有独立的真空系统、加热系统、冷却系统，并统一由中央控制柜（或电脑）控制。生产中，原料通过进料泵打入原料罐，再由泵将物料经预热器后打入分子蒸馏器，分离后蒸出物分别进入馏出物罐及蒸余物罐，蒸余物可以循环再分离。为了完成工业上多组分分离的目的，离心式分子蒸馏器也往往由多级蒸馏器并联或串联使用。

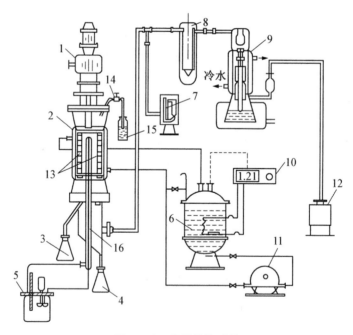

图 3-12　分子蒸馏系统

1. 变速机组；2. 刷膜蒸发器缸；3. 重组分接收瓶；4. 轻组分接收瓶；5. 恒温水泵；6. 导热油炉；7. 旋转真空计；8. 液氮冷阱；9. 油扩散泵；10. 导热油控温计；11. 热油泵；2. 前级真空泵；13. 刮膜转子；14. 进料阀；15. 原料瓶；16. 冷凝柱

（3）分子蒸馏的蒸发器：分子蒸发器可分为自由降膜式、旋转刮膜式及机械离心式等结构形式。

1) 自由降膜式分子蒸馏器：该装置冷凝面和蒸发面为两个同心圆筒，物料靠重力作用向下流经蒸发面，形成连续更新的液膜，并在几秒钟内加热，蒸发面在相对方向的冷凝面上冷凝，蒸发效率较高。降膜式装置结构简单，液膜受流量和黏度影响，厚度不均匀，不能完全覆盖蒸发面。自由降膜式结构如图 3-13 所示，其特点是蒸发器设在内部。混合物由上部加入，经液体分布器使液体均匀分布在蒸发面上，易挥发物（轻分子）到达与蒸发面距离很短的冷凝面上而被冷凝分离，蒸出物与蒸余物分别由排出口排出。该分子蒸馏器还设置了蒸余物循环系统，可更有效地分离有效成分，提高产品收率。

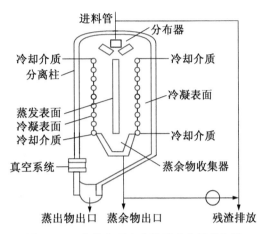

图 3-13　内蒸发面自由降膜式分子蒸馏器

2) 旋转刮膜式分子蒸馏器：该装置改进了降膜式分子蒸馏器的不足，在自由降膜的基础上增加了刮膜装置。图 3-14 为旋转刮膜式分子蒸馏器示意图。混合液沿进料口进入，经导向盘将液体均匀分布在塔壁上，由于设置了刮膜装置，因而在塔壁上形成了薄而均匀、连续更新的液膜。低沸点组分首先从薄膜表面挥发，径直飞向中间冷凝器，冷凝成液相，并流向蒸发器的底部，经流出口流出；不挥发组分从残留口流出；不凝性气体从真空口排出。通过刮板转速还可控制物料停留时间，使蒸发效率明显提高，热分解降低，可用于蒸发中度热敏性物质。其结构比较简单，易于制造，操作参数容易控制，维修方便，是目前适应范围最广、性能较完整的一种分子蒸馏器。

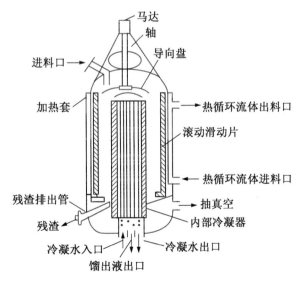

图 3-14　旋转刮膜式分子蒸馏器

3) 机械离心式分子蒸馏器：该装置的蒸发器为高速旋转的锥形容器，物料从底部进入高速旋转的转盘中央，在离心力的作用下旋转面形成覆盖型蒸发面、持续更新、厚度均匀的液膜。蒸发物蒸发停留很短的时间(0.05～1.5 秒)，在对面的冷凝面上凝缩，流出物从锥形

冷凝底部抽出,残留物从蒸发面顶部外缘通道收集。该装置蒸发面与冷凝面的距离可调,
形成的液膜很薄(一般在 0.01～0.1mm),蒸馏效率很高,分离效果好,物料的处理量更大,
更适合工业上的连续生产,是现代最有效的分子蒸馏器,适于各种物料的蒸馏,特别适用于
极热敏性物料的蒸馏。但其结构复杂,有高速度的运转结构,维修困难,成本很高,图 3-15
为离心式分子蒸馏器。

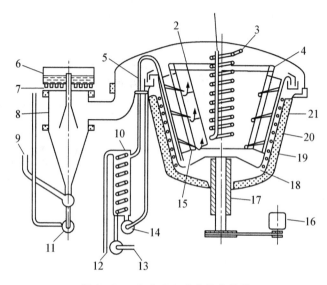

图 3-15 立式离心式分子蒸馏器

1. 冷却水入口;2. 蒸出物出口;3,4. 冷却水出口;5. 蒸余物贮槽;6. 喷射泵炉;
7. 喷射泵加热器;8. 喷射泵;9. 泵连接管;10. 热交换器;11. 喷射泵炉加料泵;
12. 蒸余物出口;13. 进料泵;14. 蒸余液泵;15. 冷却水入口;16. 电机;17. 轴;
18. 旋转盘;19. 冷凝器片;20. 加热器;21. 导热层

装置由进料泵将混合液打入热交换器,物料经热交换器被预热后进入分子蒸馏器旋转盘,
旋转盘由电机带动旋转。旋转盘中混合液经加热器加热后,液相蒸发,易挥发组分遇冷凝器片
被冷凝。冷凝器由三层叶片组成,每层都有独立的冷凝液出口。蒸余物经泵打入热交换器,被
冷却后由蒸余物出口流出。该分离器直接与真空喷射系统相连。

3. 分子蒸馏的影响因素

(1)压强:压强是分子蒸馏的重要参数。根据分子运动平均自由程公式可知,平均自由
程与压强成反比,可通过降低蒸馏压强,获得足够大的平均自由程。分子蒸馏装置的内部结构
形式独特,压强极小,可获得很高的真空度;而常规真空蒸馏的内部结构(特别是填料塔或板式
塔)的制约,其阻力较分子蒸馏装置大得多,故难以达到较高的真空度。一般常规真空蒸馏其
真空度仅达 5kPa,而分子蒸馏真空度可达 0.1～100Pa,即分子蒸馏是在极高真空度下操作,
又远离物质的沸点,因此分子蒸馏的实际操作温度比常规真空蒸馏低得多,一般可低
50～100℃。

(2)温度:温度对分子蒸馏的效果也有重要影响。影响分子蒸馏效率的温度包括蒸馏操
作温度、蒸发面与冷凝面之间的温度差。最适蒸馏操作温度是指能使轻分子获得能量落在冷
凝面上,而重分子则达不到冷凝面的温度。因不同成分的最适蒸发温度不同,需通过试验确定
最适温度。蒸发面与冷凝面之间的温度差理论上应在 50～100℃,实际操作中在馏出物保持

流动性的前提下,温差越大越好,可以加快分离速度。在分子蒸馏分离过程中,蒸气分子一旦由液面中逸出(挥发)就可实现分离,而并非达到沸腾状态。因此,分子蒸馏是在远离沸点下进行操作的。

(3)待分离组分性质:混合物料中待分离的轻组分、重组分分子的蒸气分压之比(p_1/p_2)和相对分子质量之比(M_2/M_1)越大,则两者越易分离。因此待分离组分的物理性质及化学性质影响分离效果。蒸馏之前应了解待分离混合组分中主要成分的种类、结构及性质,必要时可通过适当处理方法,增大待分离物与其他混合物的相对分子质量或蒸气分压的差别,以提高分离效果。

(4)蒸发液膜的覆盖面积、厚薄、均匀度:蒸发液膜越薄,越均匀,覆盖面积越大,蒸馏效果越好。不同的分子蒸馏器所形成的蒸发液膜的覆盖面积、厚薄、均匀度均不同,以刮膜式分子蒸馏器和离心式分子蒸馏器所形成的液膜为好。刮膜式分子蒸馏器的刮膜转子主轴转速影响物料涂膜状态,转速太快或太慢均会造成物料不成薄膜或膜不均匀,一般刮膜转速宜调节在300r/min。

(5)进料速度:进料时物料流速太快,待分离组分还未蒸发就流到蒸发面底部,起不到分离作用;物料流速太慢,影响分离效率。一般实验用刮膜式分子蒸馏器的流速应控制在1滴/秒,当物料黏度较大时应以低流速进行蒸馏。物料流速与刮膜转速应协调一致,在较低温度下,以低流速、延长物料在蒸发器上的停留时间,可以提高蒸馏效率。

(6)携带剂的使用:在进行分子蒸馏时,如果待分离组分相对分子质量较大、熔点高、沸点高且黏度较大时,物料的流动性降低,使物料长时间滞留在蒸发面上,在较高温度下极易固化、焦化,使刮膜转子失去作用,甚至损坏。通过加入携带剂,改善物料的流动性,使分离顺利进行。要求携带剂沸点高,对物料有较好的溶解性,不与物料发生化学反应,并且易于分离除去。

4. 分子蒸馏技术的特点

分子蒸馏是一种非平衡状态下的蒸馏,具备常规蒸馏无法比拟的优点。

(1)操作温度低:常规蒸馏是靠不同物质的沸点差进行分离的;而分子蒸馏是靠不同物质的分子运动平均自由程的差别进行分离的,即后者在分离过程中,蒸气分子一旦由液相中逸出(挥发)就可实现分离,而并非达到沸腾状态。因此,分子蒸馏是在远离沸点下进行操作的。

(2)蒸馏压强低:当蒸馏温度一定时,压强越小(真空度越高),物料的沸点越低,分子平均自由程越大,轻分子从蒸发面到冷凝面的阻力越小,分离效果越好。因此提高真空度,相对降低温度,达到分离目的。尤其适用于高沸点、热敏性、高温易氧化物料的分离。

(3)受热时间短:由于分子蒸馏是根据不同物质的分子运动平均自由程的差别实现分离的,故分子蒸馏装置中加热面与冷凝面的间距要小于轻分子运动的平均自由程(即间距很小),由液面逸出的轻分子几乎未发生碰撞即到达冷凝面,所以受热时间很短。若使混合物的液面形成薄膜状,则液面与加热面的面积几乎相等,物料在设备中的停留时间很短,因此蒸余物料的受热时间也很短。如果常规真空蒸馏的受热时间为数十分钟,那么分子蒸馏的受热时间仅为几秒或几十秒。

(4)分离程度及产品收率高:分子蒸馏常常用来分离常规蒸馏难以分离的物质,而且就两种方法均能分离的物质而言,分子蒸馏的分离程度更高。

(5)不可逆性:常规蒸馏是蒸发与冷凝的可逆过程,液相与气相间形成互相平衡状态。而分子蒸馏过程中,从蒸发表面逸出的分子直接飞射到冷凝面上,中间不与其他分子发生碰撞,理论上没有返回蒸发面的可能性,所以分子蒸馏是不可逆的。

(6) 没有沸腾、鼓泡现象:常规蒸馏有鼓泡、沸腾现象,分子蒸馏是液层表面上的自由蒸发,在低压强下进行,液体中无溶解的空气,因此在蒸馏过程中不能使整个液体沸腾,没有鼓泡现象。

(7) 可进行多级分子蒸馏:对于较为复杂的混合物的分离提纯,可进行多级分子蒸馏,产率较高。

(8) 分子蒸馏物料呈液态,可连续进出料,利于产业化大生产,且工艺简单、操作简便、运作安全。

(9) 环境友好:分子蒸馏的分离过程是物理过程,与溶剂萃取法相比,可节省大量有机溶剂,同时减少对环境的污染,不仅提高了有效成分的含量,而且不会引入新的杂质和有毒物质。

(10) 与其他新技术联用:分子蒸馏设备可与超临界流体萃取技术和膜分离技术联合应用。

5. 分子蒸馏技术的应用范围

分子蒸馏技术在本质上是一种液-液分离技术,不适宜于分离含固量大的液-固体系,但对溶液中存在微量固体粒子的体系也有很好的分离作用。分子蒸馏工业化的适用范围可归纳为如下原则:

(1) 相对分子质量差异:分子蒸馏适用于不同物质相对分子质量差别较大的液体混合物的分离,特别是同系物的分离,相对分子质量必须有一定的差别,两种物质的相对分子质量之差一般应大于 50。这与对分离程度的要求、所设计的分离器结构形式及操作条件的优化等因素有关。

(2) 物理性质差异:分子蒸馏可用于相对分子质量接近但性质差别较大的混合物的分离,如沸点差较大,因为两种物质的沸点差越大越易分离。尽管两种物质的相对分子质量接近,但由于其分子结构不同,其分子有效直径也不同,其分子运动平均自由程也不同,因而也适于用分子蒸馏分离。

(3) 分离条件温和:分子蒸馏特别适用于高沸点、热敏性、易氧化(或易聚合)物质的分离。由分子蒸馏的特点可知,因其操作温度远离沸点(操作温度低)、被加热时间短,所以对许多高沸点、热敏性物质而言,可避免在高温下长时间的热损伤,对某些在高温下易氧化、分解或聚合的物质的分离尤为适用。

(4) 高附加值:由于分子蒸馏全套装置除了分子蒸馏器外,还有整套的真空系统及加热、冷却系统等,一次性投入大,故适宜用于附加值较高或社会效益较大的物质的分离。但由于分子蒸馏在日常的连续化运转过程中,操作费用低,而且产品得率高,其一次性投资大的缺点并不一定影响产品的经济性。

6. 分子蒸馏的应用

(1) 紫苏子油中 α-亚麻酸的提取:紫苏子的含油率为 $29.8\% \sim 47.0\%$,紫苏子油能增强智力,提高记忆力和视力。紫苏子油中 α-亚麻酸含量一般为 $50\% \sim 75\%$,α-亚麻酸(18:3)是人体必需脂肪酸。用分子蒸馏技术可从紫苏子油中提取高品质 α-亚麻酸。该工艺流程中,分子蒸馏的主要作用为脱臭和脱色。

(2) 从鱼油中提取二十碳五烯酸(EPA)和二十二碳六烯酸(DHA):EPA 和 DHA 为多不饱和脂肪酸,具有促进脑细胞发育,提高智力,防止心血管疾病及抑制肿瘤等重要作用。由于 EPA(20:5)和 DHA(22:6)是分别含有 5 个、6 个不饱和双键的脂肪酸,因此性质极不稳定,在高温下容易聚合。采用多级分子蒸馏技术从鱼油中制取 EPA 和 DHA,其中一级分子蒸馏、二级分子蒸馏用于脱色、脱臭,三级分子蒸馏、四级分子蒸馏、五级分子蒸馏精制得到不同 EPA、DHA 含量的鱼油产品。经多级分子蒸馏后,鱼油中低分子饱和脂肪酸和低分子易氧化成腥味成分的组分被有效去除,品质有了很大改善。操作流程如图 3-16 所示。

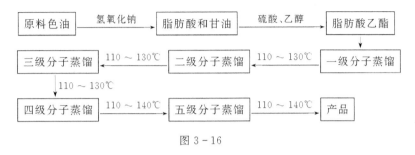

图 3-16

(3) 姜油的纯化:采用分子蒸馏技术对经 CO_2 超临界流体萃取所得干姜油进行了分离纯化,成功分离了萜类和姜辣素类组分。其分子蒸馏工艺如下:

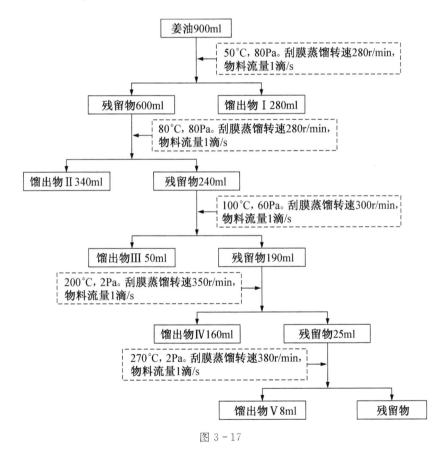

图 3-17

其中姜辣素类中姜烯酚类化合物的含量达到了 86% 以上,6-姜烯酚的含量达到了 60% 左右;萜类中的(一)-姜烯和丁香烯的含量分别达到了 55% 和 20% 以上。对姜油的分子蒸馏提纯,所得馏出物 I、II、III 与馏出物 IV、V 的化学组成完全不同,前三者的组成为萜类化合物,而后两者的组成主要为姜烯酚类化合物。这说明分子蒸馏技术能较好地将姜油中的萜类与姜烯酚类化合物分离。

3.2.4　色谱技术

1. 大孔吸附树脂

大孔吸附树脂是利用化合物与大孔吸附树脂吸附力的不同及化合物相对分子质量大小的不同进行分离的方法。它不仅适用于离子型化合物如生物碱类、有机酸类、氨基酸类等的分离和纯化,而且也适用于非离子型化合物如黄酮类、萜类、苯丙素类、皂苷类等的分离和纯化。从分离机理上来讲,它既有物理吸附,又有半化学吸附(氢键吸附),还兼具有分子筛的作用(即排阻色谱)。近年来,大孔吸附树脂色谱被广泛应用于天然药物有效部位及化学成分的分离和纯化,有些已经应用到工业化生产中去,并取得了良好的效果。

(1) 大孔吸附树脂的性质及分离原理:大孔吸附树脂是一类不含离子交换基团,具有大孔结构的高分子吸附剂。主要以苯乙烯、α-甲基苯乙烯、二乙烯苯、甲基丙烯酸甲酯、丙腈等为原料,在 0.5% 的明胶水混悬液中加入一定量致孔剂聚合而成,多为球状颗粒,直径一般在 0.3~1.25mm 之间。通常分为非极性、中极性、极性和强极性:① 非极性大孔吸附树脂是由偶极距很小的单体聚合而得,不含任何功能基团,孔表的疏水性较强,可通过与小分子内的疏水部分的作用吸附溶液中的有机物,最适用于从极性溶剂(如水)中吸附非极性物质,如由二乙烯苯聚合而成的大孔吸附树脂 Amberlite XAD-1~4(美国)、XAD-2、Daion HP-20、ADS-5(中国)等均属于这类树脂。② 中极性大孔吸附树脂含有酯基,其表面兼有疏水和亲水部分,既可从极性溶剂中吸附非极性物质,也可以从非极性溶剂中吸附极性物质,如 XAD-6~8(美国)、ADS-8(中国)。③ 极性大孔吸附树脂含有酰胺基、亚砜基、氰基、酚羟基等含 N、O、S 极性功能基,它们通过静电相互作用吸附极性物质,如 XAD-9~10(美国)、ADS-16(中国)。④ 强极性大孔吸附树脂的结构中存在着吡啶基、氨基等极性很大的基团,如 XAD-11~12(美国)、ADS-7(中国)。

理化性质稳定,不溶于酸、碱及有机溶剂,对有机物有浓缩、分离作用,且不受无机盐类及强离子、低分子化合物的干扰,在溶剂中可溶胀,室温下对稀酸、稀碱稳定。从显微结构上看,大孔吸附树脂含有许多具有微观小球的网状孔穴结构,颗粒的总表面积很大(大孔吸附树脂是依靠它和被吸附物质之间的范德华引力,通过它巨大的比表面进行物理吸附而工作),具有一定的极性基团,使大孔树脂具有较大的吸附能力;另一方面,这些网状孔穴的孔径有一定的范围,使得它们对通过孔径的化合物根据其相对分子质量的不同而具有一定的选择性。通过吸附性和分子筛原理,有机化合物根据吸附力的不同及相对分子质量的大小,在大孔吸附树脂上经一定的溶剂洗脱而达到分离的目的。

(2) 大孔吸附树脂的吸附及解吸附的影响因素

1) 被分离物极性大小的影响:大孔吸附树脂的吸附性能主要取决于吸附剂的表面性质,即树脂的极性(功能基)和空间结构(孔径、比表面积、孔容)。根据相似相吸附原理,非极性树脂易于吸附非极性化合物,极性树脂易于吸附极性物质,因此,选择树脂是否得当直接影响分离效果。通常树脂的极性和被分离物的极性既不能相似,也不能相差过大,极性相似可造成吸附力过强致使被吸附物不能被洗脱下来;极性相差过大,会造成树脂对被分离物吸附力太小,无法达到分离的目的。实际上,极性大小是一个相对的概念,要根据分子中极性基团与非极性基团的数目和大小来综合判断。对于未知化合物可通过一定的预实验和薄层色谱、纸色谱的色谱行为来判断,总之要进行综合分析。例如,皂苷类化合物是由非极性的三萜皂苷元和极性的糖基组成的,整个分子显示强极性,在水溶液中皂苷的苷元可通过疏水作用与树脂的疏水表面相吸附,其吸附行为类似于酚、胺类化合物,因此皂苷类既可以被非极性树脂吸附,也可以被中等极性的吸附。

2）被分离物相对分子质量的影响:一般来说,被吸附化合物的相对分子质量大小和极性的强弱直接影响到吸附效果。大孔吸附树脂具有多孔立体结构就是一种分子筛,可按相对分子质量的大小将物质分离。分子体积较大的化合物选择较大孔径的树脂,否则将影响分离效果。例如,银杏总黄酮的平均相对分子质量为760,其分子体积较大,使用孔径较大的树脂S-8(孔径为28~30nm)进行吸附,吸附量为126.7mg/g,而使用孔径较小的树脂 D-4006(孔径为6.5~7.5nm)进行吸附时,吸附量为19mg/g。

3）溶剂的影响:溶剂对吸附力的影响主要有两个方面,一是对被分离物解离度的影响,二是对被分离物溶解度的影响。可以使被分离物解离度增加的溶剂或通过诱导可以使被分离物极性增大的溶剂均可降低树脂对被分离物的吸附力。被分离物在溶剂中的溶解度越大,树脂对它的吸附力越小。如有机酸盐、生物碱盐在水中的溶解度都很大,故大孔吸附树脂对它们的吸附力就较弱。对于非极性树脂,洗脱剂的极性越小,其洗脱力就越大。对于中等极性的树脂和极性较大的化合物,常用极性较大的溶剂如水、含水醇、甲醇、乙醇、丙酮等洗脱。一般先用水洗脱,再用浓度逐渐增高的乙醇或甲醇洗脱。多糖、蛋白质、鞣质等水溶性杂质会随着水流下,极性小的物质后下。对于有些具有酸碱性的物质还可以用不同浓度的酸、碱液结合有机溶剂进行洗脱。

4）pH 值的影响:天然药物中的许多成分具有一定的酸碱性,在 pH 值不同的溶液中溶解性不同,在应用大孔吸附树脂处理这一类成分时 pH 值的影响显得至关重要。对于碱性物质一般在碱液中吸附,在酸液中解吸附;酸性物质一般在酸液中吸附,在碱液中解吸附。中性化合物虽然在酸性、碱性溶液中均不解离,酸碱性对分子的极性影响小,但最好还是在中性溶液中进行,以防止酸碱性对化合物结构造成破坏。

5）温度的影响:大孔吸附树脂的吸附作用主要是由于它具有巨大的表面积,是一种物理吸附,低温不利于吸附,但在吸附过程中又会放出一定的热量,所以操作温度对其吸附也有一定的影响。

6）原液浓度的影响:原液浓度也是影响吸附的重要因素,如果原液浓度过低,则提纯时间增加,效率降低;而如果原液浓度过高则泄漏早,处理量小,树脂的再生周期短。

7）其他影响因素:药液在上柱之前一般要经过预处理,预处理不好则会使大孔吸附树脂吸附的杂质过多,从而降低其对有效成分的吸附。洗脱液的流速、树脂的粒径、树脂柱的高度也会产生一定的影响,通常较高的洗脱液流速、较小的树脂粒径和较低的树脂高度有利于增大吸附速度,但同时也使单柱的吸附量有所降低。玻璃柱的粗细也会影响分离效果,若柱子太细,则在洗脱时树脂易结块,壁上易产生气泡,流速会逐渐降为零。

（3）大孔吸附树脂的特点

1）优点:大孔吸附树脂之所以能得到广泛应用,主要是它能解决其他常用吸附剂难以解决的问题:① 具有吸附容量大、吸附速度快、易解吸、易再生的优点;② 物理与化学稳定性高,不溶于酸、碱及有机溶剂;③ 对有机物选择性好,不受无机盐类及其他强离子、低分子存在的影响,且反而有利于吸附;④ 品种多,不同品种可吸附多种有机化合物;⑤ 流体阻力较小;⑥ 脱色能力强等优点。

2）缺点:由于大孔吸附树脂应用时间较短,其应用和性能研究中尚存在一些不足:① 国产大孔吸附树脂吸附剂质量存在着刚性不强、易破碎,以及致孔剂等合成原料或溶剂去除不净有残留,易流入药液造成二次污染;② 大孔吸附树脂在生产应用中缺乏规范化的技术要求,对其预处理、再生纯化工艺条件缺乏规范化评价指标。因此,制定大孔吸附树脂的质量标准及其在天然药物分离纯化中应用的技术规范,使大孔吸附树脂的生产应用达到标准化和规范化,将有利于提高天然药物产品质量和推动传统剂型的改革,提高整个制药行业的水平,促进制药行业的高技术产业化、现代化。

(4) 大孔吸附树脂的使用及注意事项

1) 贮存运输:① 应贮存在密封容器内,避免受冷或曝晒;② 贮存温度:4~40℃之间;③ 树脂贮存期为 2 年,超过 2 年复检合格方可使用。若发现树脂失水,不能直接向树脂中加水,应先加入适量浓食盐水,使树脂恢复湿润。

2) 预处理:预处理的目的是为了防止树脂中含有残留的未聚合单体、致孔剂、分散剂和防腐剂对人体造成危害,保证用药安全。故大孔吸附树脂在使用前要进行预处理。

预处理的方法:乙醇浸泡 24 小时→用乙醇洗至流出液与水 1∶1 混合后不浑浊→用水洗至无醇味,备用。

3) 上样:将样品溶于少量水中,以一定的流速加到柱的上端进行吸附。上样液以澄清为好,上样前要配合一定的处理工作,如上样液的预先沉淀、滤过处理、调节 pH 值,使部分杂质在处理过程中除去,以免堵塞树脂床或在洗脱中混入成品。

4) 洗脱:先用水清洗以除去树脂表面或内部还残留的水溶性大的强极性杂质(如多糖或无机盐),然后用所选洗脱剂在一定的温度下以一定的流速进行洗脱。

5) 再生:再生的目的是除去树脂上残留的强吸附性杂质,以免影响下一次使用过程中树脂对被分离成分的吸附,再生后树脂可反复进行使用。

再生的方法:乙醇洗脱至无色→5% HCl 水溶液浸泡 2~4 小时→水洗至中性→2% NaOH 溶液浸泡 2~4 小时→水洗至中性,备用。

(5) 大孔吸附树脂的应用

大孔吸附树脂广泛应用于天然药物中有效成分如皂苷、黄酮、内酯、生物碱等化合物的分离和纯化。对人参皂苷、三七皂苷、绞股蓝皂苷、薯蓣皂苷、甘草皂苷、黄芪皂苷、橙皮苷、银杏黄酮内酯、山楂总黄酮、淫羊藿黄酮、大豆异黄酮、茶多酚、红豆杉生物碱、多种天然色素等的分离纯化都有良好的效果。

1) 黄酮(苷)类:具有代表性的是银杏叶提取物,应用大孔吸附树脂分离银杏叶提取物,既达到其质量标准,又降低了成本。比较 ADS-17、ADS-21、ADS-F8 等不同型号的大孔吸附树脂,其中 ADS-17 对黄酮类化合物具有很好的选择性,可得到黄酮苷含量较高的银杏叶提取物。选择 6 种大孔吸附树脂,比较对竹叶黄酮的吸附性能及吸附动力学过程,发现 AB-8 树脂适于竹叶黄酮的纯化,经 AB-8 树脂吸附分离后,提取物中黄酮含量提高 1 倍以上。

2) 皂苷和其他苷类:大孔吸附树脂在苷类的分离纯化工艺中应用很多。对 D101 型大孔吸附树脂富集人参总皂苷的吸附性能与洗脱参数进行了研究,结果表明依次以水、10% 和50% 乙醇洗脱,人参总皂苷洗脱率在 90% 以上,干燥后总固形物中人参总皂苷纯度达 60.1%。通过对 7 种吸附树脂进行筛选实验,对树脂孔径和比表面积的比较发现,AASI-2 树脂对绞股蓝皂苷的吸附量大、速度快,且易于洗脱,回收率高。研究考察大孔吸附树脂提纯刺五加中刺五加苷最好的提取方法是以水为溶剂,常温超声波提取,浓缩后,用 HPLC 检测刺五加苷含量,按照刺五加苷与干树脂质量比为 1∶0.021 的量向浓缩液中加入树脂,缓慢搅拌吸附 1 小时,吸附平衡时间约 1 小时,离心,滤出树脂,装柱,用体积分数为 20％的乙醇-二氯甲烷混合溶剂洗脱,收集洗脱液,再经冷冻干燥处理,得刺五加苷。

　　3）生物碱类:采用大孔吸附树脂对黄连药材及其制剂中的小檗碱进行富集,研究表明含 0.5％硫酸的 50％甲醇解吸能力好,平均回收率达 100.03％,符合药材及其制剂中有效成分定量分析要求,故大孔吸附树脂可用于黄连药材及其制剂中小檗碱的富集及除杂。考察了 7 种大孔吸附树脂发现 AB-8 吸附及解吸效果较好,是一种较适宜的吸附剂,并对其工艺进行考察,结果 27℃、1mol/L 盐离子浓度、pH8 的水相为最佳上样条件,洗脱剂为 pH3 的三氯甲烷-乙醇(1∶1)混合溶剂。应用 DF01 型树脂能直接从苦豆籽浸取液中吸附分离生物碱,在室温、吸附液 pH 为 10、NaCl 浓度为 1.0mol/L、吸附流速为 5BV/h 条件下,对总生物碱的吸附量可达到 17mg/ml 以上。在室温、2.5BV/h 的解吸流速下,以 pH 为 3、乙醇-水(80∶20)为解吸液,可使解吸率达到 96％以上。

　　4）其他:采用明胶沉淀法、调 pH 值法、聚酰胺法以及大孔吸附树脂法对大黄提取液中总蒽醌进行纯化,研究表明 4 种纯化方法所得纯化液的固体量明显降低,而对总蒽醌的保留率存在显著的差异,以两种大孔吸附树脂法的保留率最高(93.21％、95.63％)。选用 NKA-9 树脂从杜仲叶提取物中分离富集绿原酸,研究表明 NKA-9 树脂对提取液中绿原酸的最佳分离条件为:当样品液浓度低于 0.3mg/ml、pH3、流速 2mg/ml 时,用 50％乙醇洗脱,得到粗产品纯度为 25.12％,收率为 78.5％。将川芎醇提物减压浓缩后,上大孔吸附树脂柱,先用水洗至还原糖反应呈阴性,再用 30％乙醇洗脱,收集 30％乙醇洗脱液,减压浓缩得川芎总提物,其中川芎嗪和阿魏酸的含量约占本品的 25％和 29％。

2. 聚酰胺色谱

　　聚酰胺(polyamide)系由酰胺聚合而成的一类高分子物质。聚酰胺中除含有极性的酰胺基团外,还含有非极性的脂肪链,故既可用于分离水溶性成分,又可用于分离脂溶性成分。可用于分离黄酮类、醌类、酚酸类、木脂素类、生物碱类、萜类、甾体类、糖类以及氨基酸类等各种极性、非极性化合物。既有氢键吸附(半化学吸附)色谱的性质,又有分配色谱的性质,属于双重色谱吸附剂。

　　(1) 聚酰胺吸附原理及吸附力与结构的关系

　　1）氢键吸附:① 吸附原理:在聚酰胺分子中有许多酰胺基—CONH—,其羰基可与羧基、酚羟基等形成分子间氢键,胺基可与化合物中的羰基等形成分子间氢键,因而对这些物质具有吸附作用。化合物不同,与聚酰胺中的酰胺基形成分子间氢键的能力就不同,聚酰胺对它的吸附力也就不同,故可利用该类化合物的这一性质用聚酰胺色谱方法将它们分离,这就是所谓的"氢键吸附"学说。② 被吸附物质结构与吸附力的关系:被吸附物质与聚酰胺形成分子间氢键的能力与被吸附物质中含有能形成分子间氢键官能团的数目及位置(能形成分子间氢键的官能团越多,聚酰胺对其吸附力就越强)、官能团形成分子间氢键能力的大小、是否可形成分子内氢键(能形成分子内氢键者,吸附力下降)、被吸附物质的芳香性大小及共轭系统的长短(芳香性越强或共轭链越长,聚酰胺对它的吸附力就越强)、被吸附物质的水溶性大小等有关。③ 洗脱溶剂与洗脱力的关系:被吸附物质是否易被洗脱下来与洗脱剂对被吸附物质的溶解度以及吸附剂与洗脱剂共同争夺被吸附物质的能力等有关。醇羟基、水与聚酰胺形成氢键能力十分弱,尤其是水分子与聚酰胺形成氢键能力最弱,故聚酰胺与被分离物质形成氢键能力在水溶液中最强。在聚酰胺柱色谱分离时,通常用水装柱,试样也尽可能制成水溶液上柱,有利于聚酰胺对溶质的充分吸附。然后用不同浓度的含水醇洗脱,并不断提高醇的浓度,逐步增强从柱上洗脱物质的能力。甲酰胺、二甲基甲酰胺、尿素水溶液因分子中均有酰胺键,可以同时与聚酰胺及酚类等化合物形成氢键缔合,故有很强的洗脱能力。此外,碱、酸水溶液均能破坏聚酰胺与溶质之间的氢键缔合,也有很强的洗脱能力,可用于聚酰胺的再生处理。洗脱剂的顺序依次为:水→稀乙醇(30%~50%)→浓乙醇(70%~90%)→无水乙醇→丙酮→氢氧化钠水溶液→甲酰胺→二甲基甲酰胺→尿素水溶液。

2) 分配色谱:聚酰胺"双重色谱"性能学说可以解释那些难以与聚酰胺形成分子间氢键或形成氢键能力不太强的化合物,如萜类、甾体、生物碱、强心苷等类化合物很难与聚酰胺形成分子间氢键,但它们也可以用聚酰胺色谱分离。在聚酰胺分子中既有非极性的脂肪链,又有极性的酰胺基团,而且酰胺基还可通过氢键吸附大量的水分子。聚酰胺的双重色谱:① 当用极性洗脱剂(如水、含水乙醇系统等)洗脱时,聚酰胺中的非极性脂肪链可作为非极性固定相,其色谱行为类似于反相分配色谱;② 当用极性较小的溶剂(如乙酸乙酯、乙酸乙酯-甲醇、三氯甲烷、三氯甲烷-甲醇、三氯甲烷-丙酮等)进行洗脱时,聚酰胺中的酰胺基以及酰胺基吸附的水分子可作为极性固定相,其色谱行为类似于正相分配色谱行为。

(2) 聚酰胺柱色谱的一般操作

1) 预处理:聚酰胺中通常含有两类杂质,一种是锦纶的聚合原料单体(己内酰胺)以及小分子聚合物,另一种是由锦纶带来的蜡质(锦纶丝在制成后,表面涂过一层蜡)。这些杂质能与酚类等化合物形成复合物,蜡质能被有机溶剂洗脱下来,导致污染被分离的化合物。去除方法:① 除去聚合原料单体及小分子聚合物可用二甲基甲酰胺(dimethyl formamide,DMF)或二甲基甲酰胺-醋酸-水-乙醇(5:10:30:20)的混合溶液进行洗涤。② 除去蜡状物质可用甲醇-二氯乙烷(1:1)的混合溶液进行洗涤。③ 采用同时去除的方法,具体操作方法:取聚酰胺颗粒,加入90%~95%乙醇溶液浸泡,不断搅拌,除去气泡后湿法装入色谱柱中;用3~4倍量的90%~95%乙醇溶液洗涤,洗至洗液澄明并蒸干后不留残渣或残渣量极少为止;再用2~3倍量的5%NaOH水溶液、1倍量的蒸馏水、2~3倍量的10%醋酸水溶液依次洗涤;最后用水洗至中性即可使用。

2) 装柱:除去细粉的聚酰胺用乙醇浸泡脱除聚酰胺中的小分子聚合物和蜡状物质:① 如果待分离的是酚类等化合物,所用的洗脱剂多为水和含水乙醇,则通常以水为溶剂装柱;② 如果所要分离的是萜类、皂苷类、甾体类、生物碱类等化合物时,所用的洗脱剂是极性较小的有机溶剂,装柱所用的溶剂则要用柱色谱的起始洗脱剂。因预处理时的最后溶剂是水,故不能用极性较小的有机溶剂直接更替水溶液,应该先用乙醇将色谱柱中的水洗去;再用一个中等极性的溶剂如乙酸乙酯等将乙醇洗去;最后再用装柱所用溶剂将乙酸乙酯洗去。因为在聚酰胺处理过程中,聚酰胺颗粒内部已充满水或其他溶剂,故在用各类溶剂洗脱更替水或乙酸乙酯等溶剂时,要经过一个充分的浸泡时间,以便让聚酰胺颗粒内部的溶剂能充分地被更替掉。如果所用的装柱溶剂是比重较大的三氯甲烷或二氯甲烷,会使聚酰胺颗粒漂浮在溶剂上,因此注意处理方法:① 加入溶剂和聚酰胺颗粒;② 逐渐将柱上端多余的溶剂放出;③ 在柱上端放一个扎有许多小孔的滤纸;④ 再在滤纸片上加一些玻璃小球。

3) 加样:① 聚酰胺的载样量较大,通常每100ml聚酰胺颗粒可上1.5~2.5g样品。具体上样方法,与硅胶、氧化铝、活性炭等大体相同,可参考有关内容。上样后需在色谱柱的上端加适量的空白聚酰胺、滤纸以及玻璃球等。② 样品常用起始洗脱剂溶解,其浓度通常为20％～30％。如果样品在起始洗脱剂中不溶解,可用甲醇、乙醇、丙酮、乙醚等易挥发的有机溶剂溶解,加入聚酰胺颗粒适量,拌匀后将溶剂减压蒸去,然后用洗脱剂浸泡装入柱中。③ 如果是利用聚酰胺柱色谱除去天然药物中的鞣质,样品上柱量则可大大增加。通常可通过观察鞣质在色谱柱上形成橙红色色带的移动情况来确定加入样品量,当样品加至橙红色色带移至柱的近底端时停止加样。

4）洗脱:聚酰胺色谱柱用的洗脱剂分为氢键吸附色谱用洗脱剂和分配色谱用洗脱剂。① 当主要为氢键吸附色谱时,常用的洗脱剂是水和不同浓度的乙醇水溶液,先用水洗脱,然后依次用不同浓度的乙醇进行洗脱(乙醇的浓度由低到高,如 10％、20％、30％、50％、70％、95％等),如仍有物质未被洗脱下来,则可采用35％的氨水洗脱;② 当主要为分配色谱时,常用的洗脱剂与硅胶、氧化铝柱色谱大体相同,即均为常用的有机溶剂;③ 一般根据洗脱液的颜色或蒸干后的残留物确定是否更换洗脱剂,当洗脱液的颜色很淡或蒸干后留有的残渣很少时可更换下一种溶剂;④ 以适当体积分瓶收集(通常是每一个柱保留体积为一份,如果样品较易分离,则可适当增加每份的体积);⑤ 减压浓缩(在以水或含水醇为洗脱剂时,因为这些溶剂的沸点较高)以防止在较高温度下长时间加热,引起某些成分发生化学变化;⑥ 分别进行薄层检查(最好使用聚酰胺薄膜),相同者合并。

5）再生:反复使用后的聚酰胺:① 一般用 5％NaOH 的水溶液洗涤,即可把被吸附的物质洗脱除去;② 有时因鞣质等多元酚类与聚酰胺有不可逆吸附,用氢氧化钠水溶液很难洗脱,此时可用 5％NaOH 的水溶液浸泡,每天更换一次,一周后,鞣质即可基本被除去;③ 然后用蒸馏水洗至 pH8～9,再用 2 倍量的 10％醋酸洗涤,最后用蒸馏水洗至中性即可。

（3）聚酰胺柱色谱的特点

1）优点:聚酰胺具有稳定的物理化学性质,吸附选择性独特,应用广泛,操作方便,重复使用周期长,节省费用,且不产生二次污染等特点,是一种环境友好的分离树脂,在制药工业等领域有很大的优势,应用前景广阔。

2）缺点:① 冲洗速度慢,克服办法为预先筛去细粉、与硅藻土(1∶2)混合物装柱或加压或减压冲洗等;② 含甲醇的溶剂可洗脱低相对分子质量的聚酰胺,克服办法为采用50％甲醇水溶液预先洗涤。

（4）聚酰胺柱色谱的应用

1）染料木素和染料木素-4′-葡萄糖苷的分离:① 取槐角(Sophora japonica)2kg,用乙醇回流提取 3 次,回收溶剂;② 提取物用酸水解,放置,析出沉淀物,过滤;③ 沉淀物依次用乙醚和甲醇提取;④ 取甲醇提取物 28g,用甲醇溶解,加入聚酰胺颗粒 60g,拌匀,减压抽干磨细,备用;⑤ 取一根内径为 5.3cm、长为 80cm 的玻璃柱,以水为溶剂,湿法装柱,然后将拌有样品的聚酰胺颗粒装入聚酰胺色谱柱柱顶;⑥ 依次用水、30％乙醇水溶液、50％乙醇水溶液洗脱,每份 300ml,分步收集,减压回收溶剂,用聚酰胺薄膜检查,相同者合并,每种溶剂洗至有很少物质残留时更换下一种溶剂;⑦ 在 30％乙醇水溶液洗脱的流分中析出白色晶体,该晶体用二甲基甲酰胺重结晶获得染料木素-4′-葡萄糖苷晶体(genistein-4′-glucoside,sophoricoside,熔点为 257℃);⑧ 在 50％乙醇水溶液洗脱的流分中析出黄色晶体,用甲醇-水混合溶剂重结晶获得染料木素晶体(genistein,熔点为 294～296℃)。

2）补骨脂中黄酮的分离:① 将补骨脂(Psoralea corylifolia)的种子磨碎,用苯加热回流提取 3 次,合并提取液;② 用 5％碳酸钠水溶液振摇提取 3～4 次,使黄酮类化合物成盐转溶于碱液中,合并提取液;③ 加盐酸酸化,用三氯甲烷提取 3～4 次,合并提取液并浓缩至小体积即析出黄色固体;④ 黄色固体经干燥后用少量乙醚溶解,加入适量聚酰胺颗粒,拌匀,挥发除去乙醚;⑤ 将拌有聚酰胺颗粒的黄色固体加于聚酰胺色谱柱的上端,先用水洗脱,然后用 50％甲醇水溶液、70％甲醇水溶液依次洗脱;⑥ 取 50％甲醇水溶液的洗脱液,回收溶剂,浓缩,得到白色针状晶体补骨脂甲素(熔点为 212℃);⑦ 取 70％甲醇水溶液的洗脱液,回收溶剂,得到黄色针状晶体补骨脂乙素(熔点为 165℃)。

3. 凝胶色谱

凝胶色谱是指待分离物质随流动相经过固定相时,待分离物质中的各组分按相对分子质量大小不同被分离的一种液相色谱方法。固定相凝胶是一种不带电荷的具有三维空间的多孔网状结构的物质,即凝胶颗粒的细微结构如同一个筛子,小的分子可以进入凝胶网孔,大的分子则被排阻于凝胶颗粒之外,因而具有分子筛的性质,故又称为分子筛过滤(molecular sieve filtration)色谱。因整个色谱过程中一般不更换洗脱剂,好像过滤一样,故又可将其称为凝胶过滤(gel filtration)色谱。在天然药物化学研究中,凝胶色谱主要用于蛋白质、酶、多肽、氨基酸、多糖、苷类、甾体以及部分黄酮、生物碱的分离。

(1) 凝胶的性质及类型:凝胶的种类很多,不同种类凝胶的性质和应用范围有所不同,常用的有葡聚糖凝胶(Sephadex G)和羟丙基葡聚糖凝胶(Sephadex LH-20)。

1) 葡聚糖凝胶:葡聚糖凝胶是由葡聚糖和甘油基通过醚键相互交联形成的三维空间网状结构的大分子物质。由于其分子内含有大量羟基而具亲水性,在水中溶胀,故 Sephadex G 系列的凝胶只适合在水中应用,不同型号的凝胶适合分离不同相对分子质量物质。凝胶颗粒的网孔大小可以通过调节葡聚糖和交联剂的比例及反应条件来控制,交联度越大,网孔结构越紧密,孔隙越小,吸水膨胀就越少;反之,交联度越小,网孔结构越疏松,孔隙越大,吸水膨胀就越大。商品型号即按凝胶的交联度大小分类,并以吸水量来表示:英文字母 G 代表葡聚糖凝胶,后面的阿拉伯数字表示该凝胶的 10 倍吸水量,如 Sephadex G-25 的吸水量为 2.5ml/g。

2) 羟丙基葡聚糖凝胶:羟丙基葡聚糖凝胶是在 Sephadex G-25 分子中的羟基上引入羟丙基而成醚键结合的多孔性网状结构物质。虽然 Sephadex LH-20 分子中羟基总数未改变,但非极性烃基部分所占比例相对增加,因此这种凝胶既有亲水性又有亲脂性,不仅可在水中应用,也可在多种有机溶剂中溶胀后使用。如三氯甲烷、丁醇、四氢呋喃、二氧六环等,但是甲苯、乙酸乙酯中溶胀的不多,其溶胀的性质与原凝胶的交联度、羟基的取代程度、溶剂的性质等有关。Sephadex LH-20 的使用方法与葡聚糖凝胶类似:① 用低级醇为溶剂时,芳香族、杂环化合物在凝胶上有阻滞作用;② 用三氯甲烷为溶剂时,芳香族、杂环化合物不受阻滞;而对含羟基和含羰基的化合物有阻滞作用。

3) 其他:在葡聚糖凝胶分子上引入各种离子基团,使凝胶具有离子交换剂的性能,同时保留凝胶的特点。如羧甲基交联葡聚糖凝胶(CM-Sephadex)、二乙氨基乙基交联葡聚糖凝胶(DEAE-Sephadex)、磺丙基交联葡聚糖凝胶(SP-Sephadex)、苯胺乙基交联葡聚糖凝胶(QAE-Sephadex)。此外,商品凝胶还有聚丙烯酰胺凝胶(sephacrylose,商品名:Bio-GelP)、琼脂糖凝胶(sepharose,商品名:Bio-GelA)。

(2) 凝胶色谱的分离原理:凝胶的分离原理随凝胶种类的差异而不同,包括分子筛作用、离子交换作用和氢键作用等,其中,最主要的是分子筛作用。当待分离物质加入色谱柱后,待分离物质会随洗脱液的流动而移动,因不同体积分子的移动速度不同,体积大的物质沿凝胶颗粒间的空隙随洗脱液移动,阻滞作用小,流程短,移动速度快,先被洗出色谱柱;体积小的物质能够进入凝胶颗粒的网孔内部,然后再随洗脱液扩散出来,阻滞作用大,所以其流程长,移动速度慢,后被洗脱出柱,即体积大的先出柱,体积小的后出柱。当两种以上不同体积的物质均能进入凝胶颗粒内部时,由于它们被排阻和扩散的程度不同,在色谱柱内所经过的时间和路程也就不同,所以可以得到分离。

(3) 凝胶色谱的一般操作

1) 凝胶的选择:根据待分离物质相对分子质量的大小选择不同型号的凝胶,如分离蛋白质采用 100～200 号筛目的 Sephadex G-200 效果好,脱盐用 Sephadex G-25、G-50,用粗粒、短柱、流速快。凝胶粒度也能影响分离效果,通常凝胶的粒度越细,分离效果越好,但流速慢,因此要根据实际情况选择合适的粒度和合适的流速。如分离相对分子质量相差悬殊的物质时,使用较粗的颗粒如 100～150 目,采用慢速洗脱,即可达到要求。

2) 预处理:商品凝胶通常为干燥的颗粒,在装柱前,凝胶必须经过充分溶胀(为了加快溶胀,缩短溶胀时间,可在水浴上进行),否则由于凝胶继续溶胀,会逐渐降低流速,影响色谱柱的均一性,甚至会造成色谱柱的胀裂。根据所需凝胶体积估计干胶的量,一般葡聚糖凝胶吸水后的凝胶体积约为其吸水量的 2 倍,例如 Sephadex G-200 的吸水量为 20,1g 的 Sephadex G-200吸水后形成的凝胶体积约为 40ml。

3) 装柱:色谱柱的直径大小不影响分离度,样品用量大,可加大柱的直径;分离度取决于柱高。粗分时可选用较短的色谱柱,如果要提高分离效果则可适当增加柱的长度,但柱太长会大大降低流速,分级分离时柱高与直径之比为(20～100)∶1。装柱操作:① 先安装色谱柱呈竖直位置,在柱顶部连接一个长颈漏斗(长约 100cm,直径约为柱径的一半),并在漏斗中安装搅拌器;② 在色谱柱和漏斗中加满水或洗脱剂,在搅拌下缓缓加入凝胶悬浮液,色谱柱出口的流速维持在 5～10ml/min;③ 凝胶颗粒沉积色谱柱底后关闭色谱柱,使其自然沉降达 1～2cm 时再打开色谱柱,直至所需高度为止;④ 拆除漏斗,用滤纸片盖住凝胶柱床表面;⑤ 用大量的水或洗脱液洗涤,备用。

4) 上样:具体的加样量与凝胶的吸水量有关,吸水量越大,可加入样品的量就越大。如对于高吸水量的凝胶(如 Sephadex G-200),可加样品量为总床体积的 0.3～0.5mg/ml,样品溶液的体积则为总床体积的 2% 为宜;对于吸水量较低的凝胶(如 Sephadex G-75),可加样品量为总床体积的 0.2mg/ml,样品溶液的体积则为总床体积的 1% 为宜。上样操作:① 装好的色谱柱至少要用相当于 3 倍量床体积的洗脱液平衡,待平衡液流至床表面以下 1～2mm 时,关闭出口;② 用滴管吸取样品溶液,在床表面上约 1ml 高度,沿色谱柱柱壁圆周缓缓加入样品溶液;③ 加完样品溶液后打开出口,使样品完全渗入色谱床,再关闭出口;④ 用少量洗脱液将管壁残留的样品洗下,再打开出口,使渗入柱内,再关闭出口;⑤ 在柱床上面覆以薄层脱脂棉,以保护柱床表面;⑥ 加入洗脱液进行洗脱。

5) 洗脱:对于水溶性物质的洗脱,常以水或不同离子强度的酸、碱、盐的水溶液或缓冲溶液作为洗脱剂,洗脱剂的 pH 与被分离物质的酸碱性有关。洗脱规律:① 通常在酸性洗脱剂中碱性物质容易洗脱,在碱性洗脱剂中酸性物质容易洗脱;② 多糖类物质以水溶液洗脱最佳;③ 有时为了增加样品的溶解度,可使用含盐的洗脱剂,在洗脱剂中加入盐类的另一个作用是盐类可以抑制交联葡聚糖和琼脂糖凝胶的吸附性质；④ 对于水溶性较小或水不溶的物质可选用有机溶剂作为洗脱剂；⑤ 对于阻滞较强的成分，也可使用水与有机溶剂的混合洗脱剂，如水-甲醇、水-乙醇、水-丙酮等；⑥ 芳香类化合物在高交联度的凝胶上有阻滞作用，这种阻滞作用与洗脱剂有关，即有些洗脱剂可降低或消除这种阻滞作用。例如用 Sephadex G-25 测定肽的相对分子质量时，以苯酚-醋酸-水（1：1：1）为洗脱剂时，含芳香基团的肽不被阻滞。

6) 收集和检出：凝胶色谱的流速较慢，每份的体积较小，收集的流分较多，最好能与分步收集器相连。如果样品为蛋白质、核苷酸或多肽类，可采用紫外检测器进行检测，各自的检测波长分别是 280nm、260nm 和 230nm。

7) 凝胶的再生：凝胶色谱的载体不会与被分离物发生任何作用，因此使用过的凝胶无需特殊处理：① 常规：只要在色谱柱用完之后，用缓冲溶液处理，稍加平衡即可进行下一次色谱；② 有微量污染时：可用 0.8% 氢氧化钠（含 0.5mol/L 氯化钠）溶液处理；③ 再生：用 50℃ 左右的 2% 氢氧化钠和 0.5mol/L 氯化钠的混合液浸泡后，再用水洗净即可。

8) 凝胶柱的保养：葡聚糖凝胶和琼脂糖凝胶都是糖类物质，极易染菌。常用方法是在凝胶中加入一些抑菌剂，如叠氮钠（0.02%）、三氯丁醇（0.01%～0.02%）、乙基汞代巯基水杨酸钠（0.005%～0.01%）、苯基汞代盐（0.001%～0.01%）等。长期不用时，最好以干燥状态保存，储存之前要进行净化处理：① 用水洗净；② 用含乙醇的水洗，逐渐加大乙醇用量；③ 最后用 95% 的乙醇洗，可全部去水；④ 再用乙烯去除乙醇；⑤ 抽干后于 60～80℃ 干燥保存。

（4）凝胶色谱的应用

1) 天花粉蛋白的凝胶色谱分离：天花粉系植物栝楼块茎，其中除含有能使核糖体失活的毒蛋白外，还含有天花粉凝集素等蛋白质。其分离过程如下：Sephadex G-50 柱（1.8cm×100cm），用 50mmol/L Tris-HCl、pH7.8 缓冲液平衡，一定量的天花粉硫酸铵糊（90% 饱和度的沉淀）溶于 2ml 缓冲平衡液中，除去不溶物，上样洗脱，流速为 1ml/min，每一流分体积为 5ml。在外水体积前后出现一个蛋白质峰Ⅰ，接着的蛋白质峰Ⅱ即为天花粉毒蛋白。所得蛋白质经 SDS-PAGE 电泳和圆盘电泳鉴定都是单一条带。

2) 西洋参多糖的分离纯化：西洋参（*Panax quiquefolium*）系五加科人参属多年生草本植物，其中的西洋参多糖具有较好的抑制 S_{180} 肉瘤生长的作用。采用体外细胞因子刺激活性的指标跟踪有效成分指导提取分离，经分离纯化得到 4 个西洋参活性多糖 PPQI-1～4。操作流程：① 取西洋参根茎粗粉，经水提取乙醇沉淀；② 沉淀用乙醇、丙酮、乙醚依次洗脱，得到西洋参粗多糖；③ 经 Sevage 法洗脱蛋白；④ 唾液淀粉酶除淀粉；⑤ 用 Sephadex DEAE-A$_{50}$ 凝聚色谱柱进行分离，以 0～0.8ml/L NH$_4$HCO$_3$ 溶液梯度洗脱得到西洋参多糖 PPQ；⑥ 经 Sephadex G-200 纯化，以 0.1ml/L 磷酸盐缓冲液洗脱，得到 4 个西洋参活性多糖 PPQI-1～4；⑦ 经聚丙烯酰胺凝聚电泳检测 4 个多糖均为纯多糖。

4. 离子交换色谱

离子交换色谱（ion exchange chromatography，IEC）是以离子交换剂为固定相，依据流动相中的组分离子与交换剂上的平衡离子进行可逆交换时结合力大小的差别而进行分离的一种色谱方法。目前，离子交换色谱法大部分采用合成离子交换剂，一种是单体在聚合前本身就含有交换离子，另一种是首先形成聚合物，然后引进交换基团。另外，也有在纤维素或多聚糖上人工引入交换基团所成的离子交换剂，大多用于天然药物大分子蛋白质、多肽、多糖的分离纯化。因此,离子交换色谱被分为离子交换树脂、离子交换纤维素和离子交换凝胶三种。利用离子交换树脂对各种离子的亲和力不同,从而使能离子化的化合物得到分离的方法称为离子交换树脂色谱法,用途最广。

(1) 离子交换色谱的分离原理:离子交换色谱的固定相是离子交换剂,它是一种不溶于水的惰性球状固体,表面积大,能吸收大量的水。在离子交换剂的分子中含有可离解的酸性基团或碱性基团,这些可离解基团在水溶液中能离解出本身的离子,并与溶液中的其他阳离子或阴离子交换。这种交换反应是可逆的,并遵守化学平衡定律。虽然离子交换反应是可逆的,但在色谱柱上进行分离时,因连续不断地添加新的交换溶液,使交换反应的平衡不断向正方向进行,直到交换完全,故将交换剂上的离子全部洗脱下来。当一定量的溶液通过离子交换剂时,由于溶液中的离子会不断地被交换到色谱柱上,其浓度会不断下降,所以溶液中的物质也可以完全被交换到色谱柱上。根据这一原理,可以将天然药物的提取物通过离子交换剂,将酸性成分或碱性成分或酸碱两性成分交换到色谱柱上,然后再用适当的溶剂将其洗脱下来,从而达到与其他成分分离的目的。

如果有两种以上的成分被交换到离子交换剂上,当用另一种洗脱液进行洗脱时,其洗脱能力与各成分洗脱反应的平衡常数有关,化合物的结构不同,其洗脱反应的平衡常数就有可能不同,从色谱柱上被洗脱的难易程度就不同,故可以利用离子交换树脂色谱使具有不同化学结构的化合物得到分离。

蛋白质、多肽的两性特征使其可以根据 pH 不同而呈阳离子或阴离子状态存在。其等电点决定了所用流动相的 pH 和所用离子交换剂的类型。蛋白质、多肽与离子交换剂之间的结合强度取决于蛋白质和多肽结构上共同发挥作用的离子交换基团数目、离子交换剂上的电荷密度以及流动相的离子强度等。因此,蛋白质和多肽的洗脱可用离子强度递增的方式进行,也可用 pH 梯度洗脱方式进行或两者联合使用。

(2) 离子交换剂的种类:离子交换剂指含有解离性离子交换基团的高分子物质,由两部分组成:一部分是大分子聚合物基质主体结构,另一部分是具有电荷活性的功能基团。离子交换剂的大分子聚合物基质可以由多种材料制成,聚苯乙烯离子交换剂(又称聚苯乙烯树脂)是以苯乙烯和二乙烯苯合成的具有多孔网状结构的聚苯乙烯基质。聚苯乙烯离子交换剂机械强度大、流速快,但与水的亲和力较小,具有较强的疏水性,容易引起蛋白质的变性,故一般常用于小分子物质的分离,如有机酸、生物碱、氨基酸等。以纤维素、球状纤维素、葡聚糖、琼脂糖为基质的离子交换剂都与水有较强的亲和力,适用于分离蛋白质等大分子物质,葡聚糖离子交换剂一般以 Sephadex G-25 和 G-50 为基质,琼脂糖离子交换剂一般以 Sepharose CL-6B 为基质。

根据与基质共价结合的电荷基团的性质,可以将离子交换剂分为阳离子交换剂和阴离子交换剂。① 阳离子交换剂的电荷基团带负电,可以交换阳离子物质。根据电荷基团的解离度不同,又分为强酸型(磺酸基,$—SO_3H$)、中等酸型(磷酸基,$—PO_3H_2$)和弱酸型(羧基,$—COOH$)三类。② 阴离子交换剂的电荷基团带正电,可以交换阴离子物质。根据电荷基团的解离度不同,又分为强碱型[季铵基,$—N(CH_3)_3^+$]、中等碱型(胺基)和弱碱型(二乙基胺基乙基)三类。

离子交换色谱一般有很高的载样量,其载样量取决于树脂的交换能力,最高可达 5mg/g,因而离子交换色谱常作为生物大分子最初的分离手段。

离子交换色谱担体上的最常见官能团：① 强碱性，pH＞13，TMAE(三甲基胺基乙基)，—CH$_2$CH$_2$N(CH$_3$)$_3^+$；② 弱碱性，pH9.5～11，DMAE(二甲基胺基乙基)—CH$_2$CH$_2$N(CH$_3$)$_2$，DEAE(二乙基胺基乙基)—CH$_2$CH$_2$N(CH$_2$CH$_3$)$_2$；③ 弱酸性，pH4.5，羧基，—CH$_2$COOH；④ 强酸性，pH＜1，磺酸基，—CH$_2$CH$_2$SO$_3$H。

（3）离子交换树脂的性能

1）粒度：色谱用离子交换树脂一般为60～120目或更细一些。颗粒越细，达到交换平衡的速度就越快。但颗粒过细，在色谱过程中流速太慢，需要加压或减压来调节流速。颗粒的细度可根据被分离物质的性质和实际情况来决定。

2）交联度：合成强酸性阳离子交换树脂的二乙烯苯就是交联剂。所谓交联度就是二乙烯苯在苯乙烯和二乙烯苯的混合物中所占的质量分数。交联度越大的树脂表示二乙烯苯的含量越高，网状结构越密，吸水膨胀越小，树脂越不容易破碎。一般应用时阳离子交换树脂以8交联度为宜，阴离子交换树脂以4％交联度为宜。在分离大体积离子时如生物碱，可选用2％交联度的树脂，生物碱在这种树脂中不但交换速度快，而且交换后容易被洗脱下来。

3）交换量：离子交换树脂的交换量与树脂内所含的酸、碱性基团数目的多少有关。通常每1g树脂所含基团的毫克当量数称为交换当量，指总交换容量。一般树脂的交换当量为3～6毫克当量/g。在实际实验中，色谱柱与样品中各个待分离组分进行交换时的交换容量，不仅与离子交换剂有关，还与实验条件有关，一般又称为有效交换容量。

交联度越大的树脂，对大体积离子的交换量就越小。通常阳离子交换树脂，样品可加到理论交换量的1/2；而阴离子交换树脂，则样品只能加到理论交换量的1/4～1/3。

4）溶胀：每1g干燥的树脂能吸收50％左右的水，吸水后树脂的体积增大。当外界溶液的离子浓度增大时，吸水量降低，树脂会发生收缩。弱酸性和弱碱性树脂在转型时体积会发生显著变化，使用时需要注意。

（4）影响离子交换的因素

1）溶液的pH值：实际上离子交换剂就像一个高分子的不溶性的酸或碱，因此溶液的pH值对离子交换产生很大的影响。由于同离子效应，当溶液中的氢离子浓度显著增大时，必然会抑制阳离子交换剂中酸性基团的解离，所以此时离子交换反应就会大大降低，甚至不能进行。一般强酸型阳离子交换剂的pH值不应小于2，弱酸型交换液的pH值应在6以上。同样在阴离子交换剂中，当溶液pH值增大时，亦会发生同样的情况，所以强碱性阴离子交换树脂交换液的pH值应在12以下，弱碱性的则应在7以下。同时pH也影响样品组分的带电性，尤其对于蛋白质、多肽等两性物质。

2）被交换物质在溶液中的浓度：由于离子交换操作通常是在水溶液或含有水的极性溶液中进行的，有利于被分离交换化合物的解离和交换。但是溶液浓度也有影响：① 低浓度时离子交换剂对被分离物质交换的选择性较大；② 高浓度时不仅被分离物质的解离度会降低，而且也会影响到离子交换剂对被分离物交换的选择性和交换顺序；③ 如果浓度过高，亦会引起离子交换剂表面及内部交联网孔的收缩，影响离子进入网孔。所以，在进行离子交换色谱时所用的溶液浓度应较稀，这样有利于被分离物质的提取分离。

3）被交换的离子：离子交换剂对被分离物质的交换能力主要与被分离物质的解离度、溶液的酸碱性、解离离子的半径和解离离子的电荷等有关。解离度越大，酸碱性越强，越容易被离子交换剂交换,但洗脱起来也越难。解离离子的化合价越高,电荷越大,离子交换剂对它的交换力就越强。

4)温度的影响:低浓度时温度对离子交换剂的交换性能影响不大。但当浓度在 0.1 当量以上时,温度升高会使水合倾向大的离子的交换能力增强,同时亦会增加离子的活性系数,影响弱酸、弱碱离子交换剂的交换率。通常温度升高离子交换速度加快,在洗脱时亦可提高洗脱能力。但对于不耐热的离子交换剂应注意调节温度,以免造成离子交换剂的破坏。

5)溶剂的影响:因为溶剂的极性对被分离物的解离度有影响,故在水溶液或含水的极性溶剂中离子交换都能进行;但在极性小的溶剂中不仅难以进行交换或不进行交换,而且还会使选择性减少或消失。

6)其他影响因素:树脂的交联度越大,结构中的网眼就越小,大离子就越不容易进入,反之亦然。交联度的大小可以影响离子交换剂对被分离物质的选择性。树脂颗粒的大小也会影响交换速度,颗粒越小,表面积就越大,就越有利于交换剂与溶液中离子的接触,从而增加交换速度。此外,因为强酸型、强碱型离子交换剂的交换基团的离解能力强,故它们容易与溶液中的离子交换。

(5)离子交换柱色谱的一般操作:在色谱柱中的待分离物会随流而下相继与新树脂接触,不会产生逆交换。如果有两种以上的离子,还可以利用离子交换能力的差异将各成分分别洗脱,从而达到分离的目的,所以离子交换色谱一般都在柱中进行。具体包括如下内容:

1)离子交换树脂的预选:普通的树脂颗粒都较大,一般在 20～35 目,亦有 50 目的可直接进行天然药物成分的粗提和初步分离。离子交换色谱一般需要更细一些的树脂,所以需要将它干燥、粉碎、过筛或利用浮选法进行选择。

2)装柱:① 将离子交换树脂置于烧杯中,加水后充分搅拌,赶尽气泡,放置,待大部分树脂沉降后,倾去上面的泥状微粒;② 重复上述操作至上层液透明为止;③ 在色谱柱的底部放一些玻璃丝,厚度 1～2cm 即可;④ 在树脂中加入少量水,搅拌后倒入保持竖直的色谱柱中,使树脂沉降,让水流出;⑤ 最后在色谱柱的顶部加一层干净的玻璃丝,以免加液时把树脂冲散。

3)离子交换树脂的预处理:新树脂中含有合成时混入的小分子有机物和铁、钙等杂质,以 Na 型或 Cl 型存在,所以在使用前都要进行预处理。预处理的目的:一是除去杂质,二是将 Na 型或 Cl 型转为 H 型或 OH 型。首先用蒸馏水将新树脂浸泡 1～2 天,充分溶胀后,将其装在色谱柱中并根据树脂型号不同依法处理:① 强酸型阳离子交换树脂的预处理:先用树脂体积 20 倍量的 7%～10%盐酸(这类新树脂通常是 Na 型)以 $1ml/(min \cdot cm^2)$(色谱柱横截面积)的流速进行交换,树脂转为 H 型后,用水洗至洗脱液呈中性;然后再用树脂体积 10 倍量的 4%氢氧化钠(或食盐)进行交换,转为 Na 型后,用水洗至洗脱液中不含钠离子;重复上述操作(Na 型转为 H 型,H 型再转为 Na 型,反复操作的目的,一是除去树脂中的杂质,二是活化树脂,提高交换能力),最后以树脂体积 10 倍量的 4%盐酸将其转为 H 型,并用蒸馏水洗至流出液呈中性。② 强碱性阴离子交换树脂的预处理:先用树脂体积 20 倍量的 4%氢氧化钠水溶液(这类新树脂通常是 Cl 型)将其转变成 OH 型,并用树脂体积 10 倍量的水进行洗涤,然后再用 10 倍量的 4%盐酸将其转变为 Cl 型,并用蒸馏水洗至流出液呈中性;重复上述操作(Cl 型转为 OH 型,OH 型再转为 Cl 型),最后再用以树脂 10 倍量的 4%氢氧化钠将其转成 OH 型。因 OH 型树脂在放置过程中易吸收空气中的二氧化碳,故保存时要注意;多数是临用时才将其从 Cl 型转变成 OH 型。

4) 样品的交换：① 将一定浓度的天然药物提取液以适当的流速通过离子交换树脂柱（亦可将样品溶液反复通过离子交换色谱柱，直到被分离的成分全部被交换到树脂上为止）；② 然后用水洗涤，除去附在树脂柱上的杂质。在这一过程中，当样品溶液通过离子交换树脂柱时，亲和力强的离子先被交换而被吸附在色谱柱的上部，亲和力弱的离子后被交换而被吸附在色谱柱的下部，不被交换的物质通过树脂而从柱中流出。

5) 样品的洗脱：当用一种洗脱剂进行洗脱时，亲和力弱的（被交换在色谱柱下部的离子）离子先被洗脱下来。常用的洗脱剂有酸、碱、盐及不同 pH 的缓冲溶液、有机溶剂等，既可以是单一浓度，也可以是浓度梯度（浓度由低到高）。对于总碱性物质（如生物碱）的洗脱，可用氢氧化钠、氨水等先进行碱化，使生物碱转变为游离型，然后再用有机溶剂进行回流洗脱或从色谱柱中直接进行洗脱；对于总酸性物质（如有机酸）的洗脱，则先可用酸先进行酸化，使有机酸转变为游离型，然后再用有机溶剂进行洗脱。

6) 离子交换树脂的再生：离子交换树脂是一类可反复使用的大分子吸附剂。使用过的树脂，如果还要继续交换同一个样品，可把盐型转换为游离型即可继续使用。如果要交换其他样品，则需用预处理的方法进行再生，然后再继续使用。如果一段时间不用，则可加水后将其保存在广口瓶中。

（6）离子交换柱色谱的应用：在天然药物有效成分研究中，离子交换色谱主要是用于氨基酸类、肽类、生物碱类、有机酸类、酚类及蛋白质等化合物的分离纯化。

1) 混合物的初分：将天然药物的水提液依次通过阳离子交换树脂和阴离子交换树脂，然后再分别洗脱，即可获得碱性（阳离子交换树脂的洗脱物）、酸性（阴离子交换树脂的洗脱物）和中性（阳离子树脂和阴离子树脂均不吸附的物质）三部分提取物。

2) 酸、碱或氨基酸的分离：将天然药物的酸水提取液直接通过阳离子交换树脂，然后碱化，用有机溶剂洗脱，可获得总生物碱或总碱性物。将天然药物的碱水提取物直接通过阴离子交换树脂，然后酸化，用有机溶剂洗脱，可获得总有机酸或总酸性物。此外，离子交换色谱对于氨基酸的分离也是一个很有效的方法，通常可用不同 pH 的缓冲溶液梯度洗脱从而达到分离的目的。

3) 蛋白质、多肽的分离：当待分离的肽或蛋白质为碱性时，可选用阳离子交换色谱。阳离子交换色谱的流动相通常采用磷酸盐（$pK_a = 2.1$）、甲酸盐（$pK_a = 3.7$）和醋酸盐（$pK_a = 4.8$）的缓冲溶液。当待分离的蛋白质在一定条件下以负电荷为主时，应采用阴离子交换色谱进行分离，可选用浓度递增的盐（如 NaCl）溶液将蛋白质从色谱柱上洗脱下来。被分离分子的电荷密度越大，要求洗脱液的离子强度越大。

4) 黄精属植物中氨基酸的分离：① 取黄精属（*Polygonatum*）植物的新鲜根 4kg；② 用水提取，水提取液浓缩至 1000ml，过滤；③ 滤液通过 Zeo Karb 215 强酸型阳离子交换树脂（H 型），用 3000ml 水洗涤离子交换树脂；④ 继用 1200ml 0.5mol/L 氨水进行洗脱，合并含有氨基酸（用茚三酮试剂检测）的洗脱液；⑤ 洗脱液浓缩至 1000ml，调 pH5；⑥ 将此溶液再次通过 Zeo Karb 215 强酸型阳离子交换树脂；⑦ 然后依次用 1500ml 水、0.5mol/L 氨水洗脱，氨基酸开始出柱后（用茚三酮试剂检测）进行分步收集，每份 2ml；⑧ 以纸色谱进行检查，合并相同组分，在 1～30 份中获得天门冬氨酸，31～459 份中获得氮杂环丁二烯-2-羧酸，460～505 份中获得丝氨酸和苏氨酸，506～534 份中获得高丝氨酸，615～667 份中获得天门冬酰胺、γ-氨基

丁酸,668～750 份中获得赖氨酸和精氨酸。具体结构如下:

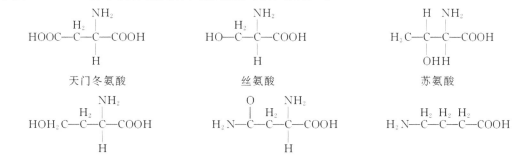

5. 高速逆流色谱

高速逆流色谱(high-speed countercurrent chromatography,HSCCC)是一种连续高效的液-液分配色谱分离技术。该技术依靠聚氟乙烯的蛇形分离管的方向性和特定的高速行星式旋转所产生的离心场作用,使无载体支持的固定相稳定地保留在分离管中,并使样品和流动相单向、低速通过固定相,实现了充分的混合,混合物中各组分由于在两相溶剂中的分配系数的不同而逐渐分离。在天然药物化学中主要用于皂苷、生物碱、酸性化合物、蛋白质和糖类等分离纯化。

(1)高速逆流色谱的分离原理:基于样品在旋转螺旋管内的互不混溶的两相溶剂间分配系数的不同而实现分离。HSCCC 利用了一种特殊的流体动力学(单向流体动力学平衡)现象,即在一根 100 多米长的螺旋空管,注入互不混溶的两相溶剂中的一相作为固定相,然后做行星运动,同时不断注入作为流动相的另一相,由于行星运动产生的离心力场使固定相保留在螺旋管内,而流动相则不断穿透固定相,因此在螺旋管中两相溶剂实现了高效的接触、混合、分配和传递。由于样品中各组分在两相溶剂中分配系数的不同,因而能使样品中各组分得到分离。

(2)高速逆流色谱中的溶剂选择:正确地选择溶剂系统是 HSCCC 成功分离的关键,但至今溶剂系统的选择还没有充分的理论依据。根据被分离物质的类型参照文献记载选择极性适合的溶剂系统,也可参照 TLC、HPLC 结果,调节各种溶剂的相对比例,测定被分离组分的分配系数,最终选择合适的溶剂系统。所用的溶剂系统分三类:① 水体系,由极性小的非水相与水相组成,两相极性相差很大;② 亲油体系,由高极性的非水相与水相组成,两相极性相差不大;③ 中间体系,是处于前两者之间的。溶剂体系的选择原则:① 溶剂体系的分层时间小于 30 秒;② 目标样品的分配系数 K 在 0.2～0.5 范围内;③ 容量因子接近于 1;④ 分离因子大于 1.5。常用溶剂体系:① 正己烷-乙酸乙酯-正丁醇-甲醇-水(5∶1∶1∶1∶1)和正庚醇-乙酸乙酯-甲醇-水(6∶1∶6∶1)适于分离弱极性和非极性物质;② 三氯甲烷-甲醇-水(6∶3∶3)和正丁醇-乙酸乙酯-水(3∶2∶5)适于分离极性大的物质。可根据被分离组分的分配系数调整溶剂组成:① 可用乙醇代替甲醇增加体系的疏水性;② 加入盐(醋酸铵等)或酸(三氟乙酸或醋酸)增加体系亲水性。

（3）高速逆流色谱仪与操作：作为一种色谱分离方法，HSCCC 与高效液相色谱（HPLC）的最大不同在于其柱分离系统。如果将一套制备 HPLC 系统的色谱柱部分换成一台 HSCCC 的螺旋管式离心分离仪，即可构成一套 HSCCC 色谱分离系统，包括储液罐、泵、螺旋管分离柱、检测器、色谱工作站以及流分收集器等。在实际分离时：① 首先选择预先平衡好的互不混溶的两相溶剂中的一相作为固定相，将其充满螺旋管柱；② 使螺旋管柱在一定的转速下高速旋转（做行星运动）；③ 以一定的流速将流动相泵入柱内；④ 在体系达到流体动力学平衡后（即开始有流动相流出时），将待分离的样品注入体系；⑤ 混合组分将依据各自在两相溶剂中分配系数的不同实现分离。分离效果与所选择的溶剂系统（固定相和流动相）、洗脱方式、流动相的流速、仪器的旋转方向和转速、样品浓度和进样方式以及柱温等都有密切关系。常用的检测器有紫外-可见光检测器（UV-Vis）、蒸发光散射检测器（ELSD）以及质谱检测器等。较大的制备型 HSCCC 柱容积可达 530ml，一次最多进样可达 20g 粗品；较小的分析型 HSCCC 柱容积为 8ml，进样量为几十微克，最大转速可达 4000r/min，分析能力接近于高效液相色谱。

（4）高速逆流色谱的优点

1）适应性好，应用范围广：因为可选择溶剂系统的组成与配比无限多，理论上 HSCCC 适用于任何极性范围的样品分离，所以尤其适用于天然药物成分的分离。又因不需固体载体，从而消除了气液色谱中由于使用载体所带来的吸附现象，特别适用于分离极性物质。

2）操作简便，容易掌握：分离过程中对样品的前处理要求低，一般的粗提物即可进行 HSCCC 的制备分离或分析。

3）回收率高：由于没有固体载体，不存在吸附、降解和污染，样品的理论回收率可达 100%。在实验中只要调整好分离条件，一般都有很高的回收率。

4）重现性好：如果样品的表面活性作用不强，酸碱性也不强，则分离过程稳定，重现性好。

5）分离效率高，分离量较大：HSCCC 能实现梯度操作和反相操作，亦能进行重复进样，使其特别适用于制备性分离，且产品纯度高。一台普通的高速逆流色谱仪一次进样可达几十毫升，一次可分离近 10g 的样品。

（5）高速逆流色谱法的应用：HSCCC 可采用不同物化特性的溶剂体系和多样性的操作条件，具有较强的适应性，为从复杂的天然药物粗提物中分离不同特性（如不同极性）的有效成分提供了有利条件。因此，HSCCC 被广泛用于天然药物化学成分的分析和制备分离，并积累了宝贵的经验。例如：① 粉防己粗提物的分离选用正己烷-乙酸乙酯-甲醇-水（3：7：5：5）溶剂系统；② 红豆杉粗提物的分离选用正己烷-乙酸乙酯-乙醇-水（6：3：2：5）或正己烷-乙酸乙酯-甲醇-水（1：1：1：1）溶剂系统；③ 紫杉醇的制备分离采用石油醚（30～60℃）-乙酸乙酯-甲醇-水（50：70：80：65）溶剂系统；④ 肉桂酸、阿魏酸、咖啡酸混合物的分离采用正己烷-乙酸乙酯-甲醇-水（3：7：5：5）溶剂系统；⑤ 马钱子碱和番木鳖碱的分离选用三氯甲烷-0.07mol/L 磷酸钠-0.04mol/L 柠檬酸缓冲液体系（pH5.8）（1：1）；⑥ 黄连生物碱的制备分离选用三氯甲烷-甲醇-0.1mol/L 盐酸（4：1.5：2），下相作流动相；⑦ 银杏叶提取物的分离选用三氯甲烷-甲醇-水（4：3：2）溶剂系统，得到 4′,5,7 -三羟基黄酮醇、异鼠李糖、槲皮苷纯品。

6. 快速色谱

快速色谱（flash chromatography，FC）是一种价格低廉、操作简便、易得的常规方法。采用快速色谱可以有效地缩短常压柱色谱的操作时间（FC 的压强约 2.02×10^5 Pa），尽量避免了化合物的死吸附。

（1）快速色谱装置组成主要包括：① 色谱柱，长度 7～15cm，直径 3～10cm，采用干法或湿法装柱；② 溶剂贮瓶；③ 针式阀门，在气体入口处控制压缩气体的流速。加样后，可施加高于 1bar 的压强，加速样品的洗脱。利用不同规格的色谱柱对 0.01～10g 样品进行分离，所用时间通常不超过 15 分钟。

（2）快速色谱的固定相：快速色谱中使用最广泛的固定相是硅胶，其粒度范围较窄。主要商品有：Baker 公司、Aldrich 公司、Tokyo Rikakikai 公司等的系列色谱柱；Biotage 径向柱压缩系统每次可分离 1～250g 的样品，最大流速可达 250ml/min（压强可达 7bar），有两种型号：① Flash75型为直径 7.5cm 的色谱柱（可装 200g，400g 或 800g，KP-Sil 32～63μm 60A 硅胶）；② Flash150型为一直径 15cm 的色谱柱（可装 2.5kg 或 5kg，KP-Sil 32～63μm 60A 硅胶）。

（3）快速色谱的应用

1）海绵中 Cheilanthane 型二倍半萜类化合物的分离：海绵（*Ircinia* 属）中含有蛋白激酶抑制剂——Cheilanthane 型二倍半萜类化合物。① 海绵 *Ircinia* sp. 经冷冻干燥，研成细粉；② 用二氯甲烷提取得 274g 浸膏；③ 经正己烷和含水甲醇（9∶1）依次捏溶，分别回收溶剂，得到混合物 I 和 II；④ 混合物 II 经反相 C_{18}-快速柱色谱（15×5cm，Davisil 30～40μm），依次用水-甲醇洗脱和甲醇-乙酸乙酯梯度洗脱；⑤ 经检测，甲醇-乙酸乙酯（1∶1）为活性部分；⑥ 经半制备型 HPLC 分离得到 Cheilanthane 型二倍半萜类化合物。

2）Cycloartane 型三萜及其氢过氧化合物的分离：凤梨科植物 *Tillandsia recurvata* 中含有 Cycloartane 型三萜及其氢过氧化合物。① 用硅胶干柱快速色谱分离，依次用己烷、己烷-二氯甲烷及二氯甲烷洗脱；② 对二氯甲烷洗脱部分进行 C_{18} 反相硅胶干柱快速色谱分离，用甲醇-水洗脱得到氢过氧化合物；③ 经半制备型 HPLC 分离得到氢过氧化合物。

7. 中压液相色谱

中压液相色谱（medium-pressure liquid chromatography，MPLC）可采用更长、具有更大内径的色谱柱，可以一次性分离更多的样品。中压液相色谱比低压液相色谱使用的填料颗粒度更小，需使用更大的压强[MPLC 的压强约（5.05～20.2）$\times 10^5$ Pa]来维持适当的流速，所以要求柱承受的压强较高，通常色谱柱的表面涂有一层耐压的材料。中压液相色谱与常规的柱色谱、快速色谱相比，具有更高的分辨率和更短的分离时间。

（1）中压液相色谱的装置组成主要包括：① 各种规格的中压色谱柱，柱体积 130～1880ml，可用于分离 0.1～100g 的样品，色谱柱由带有塑料保护膜的强化玻璃制成，可以观测到分离的进展情况；② 活塞泵及可替换泵头，中压液相色谱所需压强由压缩空气或往复泵提供，在最大压强为 40bar 时，可使流速在 3～160ml/min 之间调节；③ 溶剂梯度形成装置；④ 各种紫外检测仪检测。常用的中压液相色谱系统有 Büchi B～680A 系统、Labomatic 装置、C.I.G色谱柱系统、Kronlab/Stagroma 系统等。

（2）中压液相色谱柱：固定相颗粒一般在 25～200μm（最常用的填料尺寸是 15～20μm、25～40μm 或 40～63μm），可采用湿法或干法装柱。① 应用键合固定相时，常采用湿法装柱；② 在进行中压硅胶柱色谱分离时，用干法装柱可使固定相填充密度比湿法装柱提高 20%。干法装柱：① 装填时，先将固定相加入连于柱顶的容器内，当固定相装完后，应使容器内多出的固定相体积足以装填 10%体积的色谱柱；② 将该装置与氮气钢瓶相连；③ 打开色谱柱出口，施加 10bar 的氮气压强直至填料的高度维持恒定；④ 关闭氮气阀门，先使柱内的压强降至与柱外相同，再对色谱柱进行调节。在制备型色谱柱前连一前置柱，在每次分离后将被污染的填料除去，利用甲醇→乙酸乙酯→己烷的顺序冲洗对硅胶固定相进行再生。

可用注射器将样品直接加到色谱柱上或使用进样器进样。中压液相色谱的溶剂系统选择可参考 TLC 和 HPLC 的溶剂条件。虽然该类色谱柱的最大承受压强只有 40bar，但使用颗粒度为 15μm 的固定相可以获得同 HPLC 柱类似的分离效果。

（3）中压液相色谱的应用

1）Eudesmane 型倍半萜类化合物的分离：中国民间草药乌药（*Lindera strychnifolia*）的根中含有 Eudesmane 型倍半萜类化合物。通过硅胶柱色谱分离，中压柱色谱（prepacked Si - 5柱，22mm × 100mm id.），正己烷-三氯甲烷（2：3）为洗脱剂分离得到三个新的 Eudesmane 型倍半萜类化合物。

2）裂环环烯醚萜类成分的分离：植物 *Chironia krebsii* 的干燥根中含有裂环环烯醚萜类成分。提取分离过程：① 甲醇提取；② 葡聚糖凝胶 Sephadex LH - 20，甲醇洗脱得到 10 个流分；③ 流分再经中压液相色谱（LiChroprep R_P - 8，15～25μm，46cm×2.5cm id，流速 10ml/min，压强 30bar），甲醇-水（18：82→50：50）梯度洗脱得到两个化合物。

8. 高压液相色谱

高压液相色谱（high pressure liquid chromatography）即高效液相色谱（high performance liquid chromatography，HPLC），通常是指所用色谱柱的理论塔板数大于 2000，在 2000～20000 范围内。其色谱柱内填装的固定相是粒度范围较窄的微小颗粒，需采用较高的压强（压强大于 20 个大气压）保证流动相的流出。在制备型高压液相色谱系统中使用较小颗粒（5～30μm）的固定相，系统的复杂性及成本增大，分辨率得到较大的提高。在天然产物纯化的最后阶段，常使用 10μm 或更小颗粒的高效填料。适用于高沸点不易挥发、相对分子质量大、不同极性的天然药物化学成分的分离和分析。

（1）高效液相色谱主要由储液器、泵、进样器、色谱柱、检测器、记录仪等几部分组成。HPLC 的输液泵要求输液量恒定平稳；进样系统要求进样便利、切换严密；由于液体流动相黏度远远高于气体，为了减低柱压，高效液相色谱的色谱柱一般比较粗，长度也远小于气相色谱柱。半制备型分离是指色谱柱直径在 8～10mm，内装颗粒度为 10μm 的固定相，可用于 1～100mg 混合物样品的分离，对于更大量样品的分离可通过反复进样实现分离。Waters 公司的 Symmetry C_8 和 C_{18} 色谱柱，分别内装 3.5、5 和 7μm 三种颗粒度的固定相，三种颗粒度的固定相对样品具有相同的选择性。如 Symmetry C_{18} 色谱柱（3.5μm，3.9mm×100mm）的洗脱剂条件可以直接转换应用于 Symmetry C_{18} 色谱柱（7μm，19mm×150mm）样品分离，两者之间只需适当调整洗脱剂的流速。

（2）高效液相色谱的工作原理：高效液相色谱从原理上与经典的液相色谱没有本质的差别。使用高压液相色谱时，样品溶液被注入色谱柱，通过压力在固定相中移动，由于样品溶液中的不同物质与固定相的相互作用不同，按不同的顺序离开色谱柱，通过检测器得到不同的峰信号，达到彼此分离的目的。操作步骤如下：① 储液器中的流动相由高压泵打入系统；② 样品溶液经进样器进入流动相，被流动相载入色谱柱（固定相）内，由于样品溶液中的各组分在两相中的分配系数不同,在两相中做相对运动时,经过反复多次的吸附-解吸的分配过程,各组分在移动速度上产生较大的差别,被分离成单个组分依次从柱内流出;③ 通过检测器时,样品浓度被转换成电信号传送到记录仪,数据以图谱形式打印出来。

(3) 高效液相色谱的主要特点:① 高压输液泵,压强可达 $150\sim300\mathrm{kg/cm^2}$;② 高效微粒固定相,理论塔板数可达 $5000/\mathrm{m}$,在一根柱中同时分离可达 100 种成分;③ 高灵敏度检测器,紫外检测器灵敏度可达 $0.01\mathrm{ng}$,荧光和电化学检测器可达 $0.1\mathrm{pg}$;④ 实现了高速分离,流速为 $0.1\sim10\mathrm{ml/min}$,通常分析一个样品在 $15\sim30\mathrm{min}$,有些样品甚至在 5 分钟内即可完成。制备型高压液相色谱分离大多采用恒定的洗脱剂条件,对难分离的样品采取梯度洗脱。与中压液相色谱的洗脱剂选择条件一样,半制备型高压液相色谱的洗脱剂条件也可由分析型高压液相色谱的洗脱剂条件确定。

(4) 高效液相色谱的应用

1) 乌檀(*Nauclea orientalis*)中吲哚类生物碱的分离:Phenomenex Prodigy ODS($10\mu\mathrm{m}$)色谱柱,规格 $20\mathrm{mm}\times250\mathrm{mm}$,流动相为甲醇-水(88:12)。

2) 蒙桑(*Morus mongolica*)中细胞毒黄酮类化合物的分离:Pegasil Si60($5\mu\mathrm{m}$)色谱柱,规格 $10\mathrm{mm}\times250\mathrm{mm}$,流动相为正己烷-乙醚(1:11)。

3) 香石竹(*Dianthus caryophyllus*)中环状结构的花青素的分离:Wakosil-Ⅱ5 $\mathrm{C_{18}AR}$($5\mu\mathrm{m}$)色谱柱,规格 $20\mathrm{mm}\times250\mathrm{mm}$,流动相为甲酸-水-乙腈(10:50:40)。

4) *Rothmannia macrophylla* 中环烯醚萜类的分离:Prep ODSⅡ色谱柱,规格 $20\mathrm{mm}\times250\mathrm{mm}$,流动相为甲醇-水。

5) 枇杷(*Eviobotrya deflexa*)中三萜酸类化合物的分离:① Hyperprep ODS 色谱柱,规格 $10\mathrm{mm}\times250\mathrm{mm}$,流动相为乙腈-水(60:40);② Hyperprep HS Silica 色谱柱,规格 $10\mathrm{mm}\times250\mathrm{mm}$,流动相为二氯甲烷-乙酸乙酯(3:7)。

【思考题】

1. 超声提取的原理和特点是什么?
2. 微波有哪些特性? 影响微波提取的因素有哪些?
3. 何谓超临界流体萃取技术? 原理是什么?
4. 夹带剂的加入对超临界流体萃取有哪些影响?
5. 简述膜分离技术的原理及应用。
6. 简述吸附澄清剂的分类及主要吸附澄清剂的实际应用。
7. 简述分子蒸馏的原理及特点。
8. 简述各种色谱技术的原理及应用。

【参考资料】

[1] 吴立军. 实用天然有机产物化学[M]. 北京:人民卫生出版社,2007:984,1024

[2] 吴立军. 天然药物化学(第 5 版)[M]. 北京:人民卫生出版社,2007:215-263

［3］安建忠．许志惠．新技术新方法在天然药物提取方面的应用［J］．时珍国医国药,2001,12(5)：465－467

［4］徐怀德．天然药物提取工艺学［M］．北京：中国轻工业出版社,2008

［5］朱艳丽．高速逆流色谱技术在天然药物分离中的应用分析［J］．社区医学杂志,2009,7(23)：15－16

［6］孙彦．生物分离工程［M］．北京：化学工业出版社,1998

［7］刘小平．中药分离工程［M］．北京：化学工业出版社,2005

［8］国家药典委员会．中华人民共和国药典,2010年版(二部)［S］．北京：中国医药科技出版社,2010：420,619,1007－1008

［9］钟玲．尹蓉莉．张仲林．超声提取技术在中药提取中的研究进展［J］．西南军医,2007,9(6)：84－87

［10］葛发欢．再论中药现代化与超临界二氧化碳萃取技术［J］．中药材,2003,26(5)：373－375

［11］李卫民．金波．冯毅凡．中药现代化与超临界流体萃取技术［M］．北京：中国医药科技出版社,2004：93－129

［12］刘辉琳．唐明林．安莲英．天然药物化学成分提取新技术［J］．广州化学,2003,28(2)：58－63

［13］任建新．膜分离技术及应用［M］．北京：化学工业出版社,2003：1

［14］赵晓娟．闫勇．蔡跃明．天然药物领域中膜分离的应用［J］．中国实验方剂学杂志,2004,10(5)：64－65

［15］刘茉娥．膜分离技术［M］．北京：化学工业出版社,1998

［16］陈浩．田景振．赵海霞．吸附澄清技术［J］．山东中医杂志,2000,19(3)：177

［17］陈文伟．陈钢．高荫榆．分子蒸馏的应用研究进展［J］．西部粮油科技,2003,(5)：35－37

［18］刘红梅．分子蒸馏技术在天然药物分离与提纯方面的应用［J］．河南化工,2003(4)：10－12

［19］胡军．周跃华．大孔吸附树脂在中药成分精制纯化中的应用［J］．中成药,2002,24(2)：127－130

［20］屠鹏飞．贾存勤．张洪全．大孔吸附树脂在中药新药研究和生产中的应用［J］．药品技术审评论坛,2003,(2)：31－37

［21］谢秀琼．中药新制剂开发与应用(第2版)［M］．北京：人民卫生出版社,2000：177－181

［22］黄先丽．王晓静．聚酰胺在药物提取分离中的应用［J］．齐鲁药事,2008,27(6)：359－361

［23］张嘉捷．离子交换色谱保留机理的研究［D］．中国博士学位论文全文数据库,2008.11

［24］张天佑．逆流色谱技术［M］．北京：北京科学技术出版社,1991：290

第 4 章

固液分离工艺

➤ **本章要点**

　　掌握过滤法、离心法和沉降法三种固液分离方法的原理、特点及适用范围；熟悉天然药物的粉碎度、物理性质等对固液分离的影响；了解压滤机、离心机的工作流程。

　　开发天然药物新药已成为世界新药开发的潮流，采用现代方法从天然药物中分离出有效成分是其中的关键技术之一，分离工艺密切关系着药品的安全性、稳定性和有效性。天然药物的有效成分经常分布在固液混合体系的不同相中，需要通过固液分离得到有效成分。固液分离是天然药物提取分离过程中常见的操作，是将分散的难溶固体颗粒从液体中分离出来的一种机械方法。

4.1　常用固液分离方法

　　固液体系为非均相物系，其中液相为连续相，固相为分散相，依据固液相的密度、粒径等物理性质的差异，采用过滤、离心和沉降等机械方法可将分散相和连续相分离。

4.1.1　过滤法

1. 过滤的基本概念

　　过滤是在外力作用下，使溶液通过多孔物质的孔道，而固体颗粒被截留在介质上，从而实现固液分离的操作。用于截留固体颗粒的多孔物质称为过滤介质或滤材，被过滤介质截留的固体物质称为滤饼，通过过滤介质得到的澄清液体称为滤液。

　　当对滤饼施加压力时固体颗粒不变形，则称为不可压缩性滤饼。若在加压时颗粒会发生较大的形变，则称为可压缩性滤饼。天然药物提取分离的固液分离体系中，大多数固体颗粒是由有机物构成的絮状悬浮颗粒，比较黏软，属于可压缩性滤饼。

　　过滤介质起着使滤液通过，截留固体颗粒并支撑滤饼的作用。性能优异的过滤介质应具有化学惰性、低吸附性、多孔性、耐腐蚀性和足够的机械强度。常用的过滤介质有织物介质、多孔介质、粒状介质、各种膜等。① 织物介质一般可截留粒径 $5\mu m$ 以上的固体颗粒,如石棉纤维有较强的吸附力,可除去注射液中的微生物和热原,亦可吸附药液中的有效成分而造成药液浓度下降,适用于酸、碱及其他有腐蚀性药液的过滤;② 多孔介质一般可截留粒径 $1\sim3\mu m$ 的微细粒子,如垂熔玻璃漏斗、滤球等垂熔玻璃容器,多用于注射液、口服液、眼用溶液的过滤;③ 粒状介质如硅藻土、澎润土、活性炭等,常用于过滤含固量较少的悬浮液,如水和药酒的初滤;④ 各种性能的膜,包括微孔膜、超滤膜、半透膜等。过滤介质的种类很多,需经过试验进行合理的选择。

按照过滤介质截留粒子方式的不同,过滤可分为滤饼过滤和深层过滤。固体堆积在滤材上并架桥形成饼层的过滤方式称为滤饼过滤,如图 4-1 所示。滤饼过滤的推动力是压强差,其过滤的阻力来自滤饼层,适用于处理固体含量较高,一般固相体积分数约在 1% 以上的混悬液。

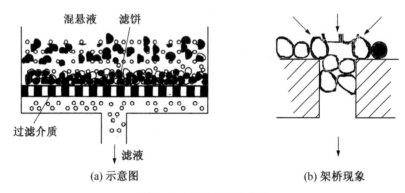

(a) 示意图   (b) 架桥现象

图 4-1   滤饼过滤示意图

如果颗粒沉积在床层内部的孔道壁上但并不形成滤饼,这种过滤方式叫深层过滤,如图 4-2 所示。深层过滤适用于分离处理量大,粒径小或是黏软的絮状物,一般固相体积分数在 0.1% 以下的悬浮液。如天然药物提取分离中常用的滤芯式过滤就是一种深层过滤,用于处理低浓度的悬浮液,以实现透明和除菌的目的。

2. 过滤的基本原理

液体通过滤饼的流速较低,属黏流,常用下式表示过滤的流速:

图 4-2   深层过滤示意图

$$u = \frac{dq}{dt} = \frac{\Delta p}{\mu r_B X_B q} = \frac{推动力}{阻力} \qquad (4-1)$$

式中:u—过滤速度,m/s;q—单位过滤面积所得的滤液量,m³/m²;t—过滤时间,s;Δp—压强差,Pa;μ—滤液黏度,Pa·s;r_B—滤饼的比阻,m/kg;X_B—每立方米滤液对应的固体质量,kg/m³。

过滤速度方程表明,任一瞬间过滤速度与过滤压差、滤液量、液体黏度、滤饼阻力、过滤介质阻力有关。衡量过滤特性的主要指标是滤饼的比阻 r_B,与滤饼的空隙率、滤饼中固体颗粒的比表面积、固体的真实密度等固体颗粒及滤饼的结构参量有关,单位为 m/kg。对于不可压缩性滤饼,比阻值为常数,但对于可压缩性滤饼,比阻值 r_B 是操作压差的函数,一般可用下式表示:

$$r_B = r(\Delta p)^m \tag{4-2}$$

式中:r——不可压缩性滤饼的比阻,对于一定的料液,其值为常数,m/kg;m——压缩性指数,一般取 0.5~0.8,对不可压缩性滤饼,m 为 0。

m 值越大表示滤饼愈易压缩,即滤饼的比阻值 r_B 受压差的影响愈大。恒压下,可压缩性滤饼的比阻值应为常数。如过滤介质的阻力相对较小可以忽略不计,恒压下的过滤方程式如下:

$$r_B = \frac{2M\Delta p}{\mu X_B} \tag{4-3}$$

比阻值 r_B 可根据式(4-3),利用图解法求得。以 t/q 为纵轴,以 q 为横轴所得的直线斜率为 M,则 r_B 可按下式计算:

$$q^2 = \frac{2\Delta p t}{\mu r_B X_B} \tag{4-4}$$

根据滤饼的比阻值,可衡量过滤的难易程度。

3. 常用的过滤设备

天然药物固液分离工艺中,可利用的过滤设备种类很多,按推动力不同可以分为四类:重力过滤、加压过滤、真空过滤和离心过滤。最早的过滤大多为重力过滤,采用加压过滤提高了过滤速度,进而又出现了真空过滤。重力过滤应用不多且设备简单,在这里不作介绍,离心过滤在离心法中介绍。在此主要介绍加压、真空过滤设备。

加压过滤设备具有以下三个方面的优势:① 过滤速度快,每单位过滤面积所占的安装面积小;② 多数是间歇式,过滤装置具有一定的通用性;③ 过滤装置的价格便宜。其不足之处表现在:① 多数是间歇式,故很难用作连续操作系统的过滤装置,人工费用高;② 也有连续式的装置,但连续式多半缺少通用性,且价格昂贵。

真空过滤设备易于连续化,是常用的连续过滤设备,在使用时要根据情况进行选择。

选择过滤设备,需要考虑被过滤液体的过滤特性、生产规模、操作工艺条件、工艺要求及 GMP 要求等几个方面。其中被过滤液体的过滤特性,如黏度、密度、温度等是决定所选设备和过滤介质的主要依据。

常用的过滤机械设备有板框式压滤机、转鼓真空过滤机等。

(1)板框式压滤机的主要组成和工作流程:板框式压滤机是一种传统的过滤设备,在天然药物提取的固液分离过程中常用作初滤设备。一般用于分离某些含固形物较少的、难以过滤的悬浮液或胶体悬浮液,对固形物含量高的悬浮液也能适用。与其他设备比较,板框式压滤机结构简单,具有造价低、装配紧凑、过滤面积大,允许采用较大的操作压强(1.6MPa),辅助设备及动力消耗少,滤饼的含水率低,可洗涤、维修方便,可用不同材料以适应具有腐蚀性的物料,过滤和洗涤的质量好等优点。板框式压滤机的缺点是设备笨重,不能连续操作,劳动强度大,占地面积多,装拆、卸渣、清洗等辅助时间长,生产效率低。

板框式压滤机主要由滤板(包括动板、定板、中间滤板)、滤板压紧机构、拉开卸料装置、进料泵、机架梁等部分组成。

如图 4 - 3 所示为板框式压滤机工作流程示意图。在流程图中可看到,板框式压滤机的主要部件是板和框。在板和框的四角都钻有垂直于板和框平面的圆孔,每个圆孔的编号与端板上孔的编号相同。按照滤板、滤布及滤框组装后,4 个角的各部件的孔便构成 4 条通道,其中 1 号是待过滤料浆的通道,2、3、4 号是过滤液流出的通道,3 号通道也是注进洗涤水的通道。其工作流程包括如下 4 个步骤:① 压紧滤板:压紧油缸(或其他的压紧机构)工作,使动板向定板方向移动,把两者之间的滤板压紧,在相邻的滤板间构成封闭的滤室;② 压滤过程:离心泵(隔膜泵)将物料输送到滤室里,充满后压滤开始,借助压力泵,进行固液分离(离心泵将料浆送入 1 号通道,料浆从框的 1 号暗道流进框内,滤液透过滤布进入板的凹槽流道,顺着与垂直相通的暗道流过滤液通道而排出滤液;滤渣则留在框中。当框内积累一定量的滤渣后,停止输送料浆,关闭连接 1 号通道的 5 号阀门,用清水泵从 3 号通道输入清水,对框内滤渣进行洗涤);③ 松开滤板:利用拉开装置将滤板按设定的方式、设定的次序拉开;④ 滤板卸料:拉开装置相继拉开滤板后,滤饼借助自重脱落,由下部的运输机运走。上述 4 个步骤不断循环,完成压滤操作。

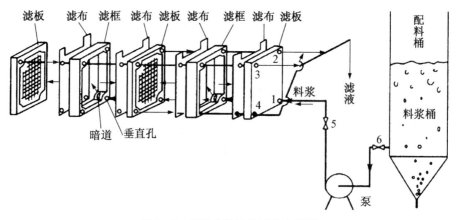

图 4 - 3 板框式压滤机过滤流程图
1. 料浆通道 2,3,4. 滤液通道

国产板框式压滤机有 BAS、BMS 和 BMY 等型号,型号的含义为:B 表示板框式压滤机,A 表示暗流式,M 表示明流式,S 表示手动压紧,Y 表示液压压紧,型号后面的数字表示过滤面积(m²)-滤框尺寸(mm)/滤框厚度(mm)。例如:BAY40 - 635/25 表示暗流式液压压紧板框式压滤机,其过滤面积为 40m²,框内尺寸为 635mm×635mm,滤框厚度 25mm;滤框块＝40/(0.635×0.635×2)＝50 块;滤板为 50-1＝49 块;框内总容积＝0.635×0.635×0.025×50＝0.5m³。

近年来出现的全自动板式加压过滤机、高分子精密微孔过滤机具有过滤面积大、密闭操作避免药液污染、整个过程自动化操作等优异的性能。

(2)真空转鼓过滤机主要组成和工作流程:真空转鼓过滤机是使用最广、最典型的连续式过滤设备,具有自动连续操作、处理量大、生产效率高、产品质量好、滤布再生容易、滤渣能洗涤等优点。

真空转鼓过滤机主要由转鼓、液槽、抽真空装置和喷气喷水装置组成。转鼓外形是带有隔板、筋条及孔道的一个长圆筒,其内部顺圆筒轴心线用金属板隔成了扇形小区,如 $\varnothing 2250$ 真空过滤机转鼓分 24 格, $\varnothing 1840$ 真空过滤机转鼓分 18 格,每个小区就是一个过滤室,每个过滤室都有一个通道与转鼓轴颈端面连通,轴颈端面紧密地接触在气体分布器上。外表面各格分别盛放滤箅,两端孔道与空心轴相连,为过滤机主体部分,起支撑滤箅并将其分成若干滤室的作用。分布器控制着连续操作的各个工序,分布器的气密性和耐用性非常重要,它直接影响整个过滤操作的效果,因此分布器技术参数是进行设备选型的一个重要指标。真空转鼓过滤机在减压条件下工作,它的型式和变型很多,最典型和最常用的是外滤式真空转鼓过滤机。常用的外滤式真空转鼓过滤机的工作流程如图 4-4 所示。

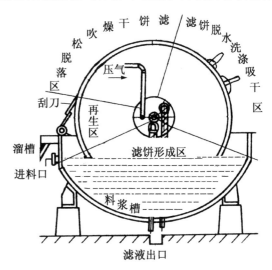

图 4-4　外滤式真空转鼓过滤机工作流程

过滤面有四个工作区:① 滤饼形成区:当转鼓上的过滤室转到料浆槽,浸没在料浆液中时,过滤室经分配器与真空相连,在真空抽吸下转鼓表面上形成滤饼层;② 洗涤吸干区:随着转鼓转动,滤饼离开料浆液进入滤饼脱水区,由于抽吸的作用,滤饼脱水,进而又被清水淋洗,且被抽吸干燥,进一步降低了滤饼中溶质的含量;③ 吹松脱落区:当淋洗干燥的滤饼转到此区时,过滤室经分布器与压缩空气相通,转鼓表面上的滤饼层被吹松,并脱落下来,随后刮刀开始清除剩余的滤饼;④ 再生区:在此区,压缩空气通过分布器进入再生区的过滤室,吹落滤布上的微细颗粒,使滤布再生,以备进行下一轮过滤操作。

转鼓在不断地转动,每个过滤室相继通过上述四个过滤区域,就构成了一个连续进行的操作循环,这种循环将周而复始地进行,直至过滤操作结束。

如果忽略过滤介质阻力,则真空转鼓过滤机的生产能力可按下式计算:

$$G = \sqrt{nA^2 K \Psi} \qquad (4-5)$$

式中:G—生产能力,m^3/s;n—转鼓转速,s^{-1};A—转鼓过滤面积,m^2;K—过滤常数,m^2/s;Ψ—浸没度。

由上式可知,转速 n 越高,生产能力越大。在实际生产中,若转速过高,过滤时间很短,滤饼太薄难以卸除,不利于吸干和洗涤,且能量消耗增大。选择转速是否合适,一般需经过实验确定。

[例]　某悬浮液拟用真空转鼓过滤机进行过滤。真空转鼓过滤机规格:转鼓直径 2.6m,转鼓宽 2.6m,过滤面积 $20m^2$。操作参量:转速 0.35r/min,浸没部分圆心角 $\alpha = 115°$,操作真空度 60.7kPa (0.50atm)。该悬浮液在此真空条件下,过滤小试得 $K = 6.87 \times 10^{-5} m^2/s$。求以此真空转鼓过滤机过滤该悬浮液的生产能力。(注:过滤介质阻力可以忽略)

解：该鼓宽过滤面积＝$\pi \times 2.6 \times 2.6 = 21.2 m^2$，但产品说明书指明过滤面积为20$m^2$，为安全起见按 $A = 20 m^2$ 计算。

$$\Psi - a/360 = 115/360 - 0.319$$

$$n = 0.35/60 = 5.83 \times 10^{-3} s^{-1}$$

生产能力 $G = \sqrt{nA^2 K \Psi} = \sqrt{5.83 \times 10^{-3} \times 20^2 \times 6.87 \times 10^{-5} \times 0.319}$

$$= 7.15 \times 10^{-3} m^3/s = 25.7 m^3/h$$

　　国产真空转鼓过滤机的型号有 GP 型和 GP-X 型，GP 型为外滤面刮刀卸料多室式真空转鼓式过滤机，GP-X 型为外滤面绳索卸料真空转鼓式过滤机。例如，GP2-1 型过滤机的代号指过滤面积为 2m^2，转鼓直径为 1m。目前过滤面积有 1、2、5、20m^2 等数种，转鼓直径有 1、1.75 及 2.6m 等数种。

4.1.2　离心法

　　固液分离时，固体浓度和颗粒粒径的变化范围很宽，浓度变化范围在每单位体积 0.1%～60%，粒径变化从 1μm～1mm。对于粒径小、溶液黏度大的体系，采用过滤难以实现固液分离，此时需采用离心法实现固液分离。与过滤法相比，该法分离速度快、效率高、操作环境好、占地面积小，可实现自动化、连续化和程序化控制。

1. 离心法基本原理

　　固液离心法是基于固体与液体密度存在差异，在离心力的作用下实现固液分离。固体物质在液体中的沉降，还伴随着扩散现象，扩散是无条件的、绝对的，扩散与物质的质量成反比，颗粒质量越小扩散越严重。沉降与固体物质的质量成正比，颗粒质量越大，沉降越快，对于粒径小于几微米的固体物质，仅利用重力的作用无法满足工业化分离的要求，需要利用离心机产生强大的离心力，才能产生沉降运动，实现分离目的。

　　将待分离的药液置于离心机中，借助于离心机的高速旋转，使其中的固体和液体产生大小不同的离心力，从而达到分离目的。离心过程一般可分为离心过滤、离心沉降和离心分离。

　　离心法进行固液分离时，颗粒离心沉降速度为：

$$u = \frac{dr}{dt} = \frac{d^2 (\rho_s - \rho) r \omega^2}{18 \mu} \tag{4-6}$$

式中：u—颗粒沉降速度，m/s；d—颗粒粒径，m；ρ_s、ρ—分别为颗粒与液相的密度，kg/m^3；μ—滤液黏度，Pa·s；r—转鼓中心轴与微粒间距离，m；ω—角速度，r/s。

　　离心机中离心力的大小与物料的密度有关，且随着颗粒旋转速度和半径的大小而变化，颗粒的直径越大、转鼓半径越大、转速越高，则离心力越大。物料在离心机中所受的离心力与重力大小之比称为离心机的分离因数 a，分离因数与转鼓的转速和直径有关：

$$a = \left(\frac{2\pi}{60}\right)^2 \left(\frac{rn^2}{g}\right) \tag{4-7}$$

式中：a—分离因数；n—转鼓角速度，r/min；r—转鼓半径，m；g—重力加速度，m/s^2。

　　影响天然药物固液离心分离效果的因素有固液相的密度、离心温度和离心时间等，由于离心机所应用的场合、工艺、介质的物理和化学性质不同，对离心机也有不同的要求，比如防腐要求、防爆要求、介质温度、车间净化等级等。

在离心力场下的强制分离,分离因数可达到 600,甚至 10000 以上,分离效果较好,生产能力大,并可实现自动控制。因此,离心机在制药工业中有着较为广泛的应用,是当前提取分离生产工艺中的主要分离设备。

2. 离心沉降设备

在天然药物分离中常用的离心沉降设备有三足式离心机、碟片式离心机、高速管式离心机、高速冷冻离心机,现分述如下:

(1) 三足式沉降离心机:三足式沉降离心机在制药行业用的最多。整机由外壳、转鼓、传动主轴、底盘等部件组成,机体悬挂在机座的三根支杆上(如图 4-5 所示)。

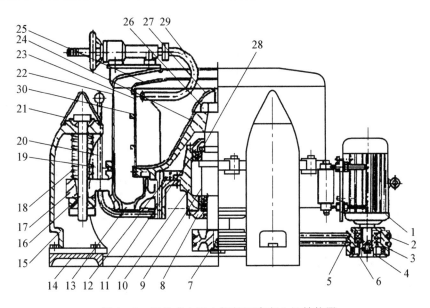

图 4-5　三足式人工上卸料沉降离心机结构图

1. 电动机　2. 三角带　3. 主动轮　4. 起步轮　5. 闷盖　6. 离心块　7. 被动轮
8. 下轴承盖　9. 主轴　10. 轴承座　11. 上轴承盖　12. 制动环　13. 出水口
14. 三角底座　15. 柱脚　16. 摆杆　17. 底盘　18. 缓冲弹簧　19. 密封圈
20. 制动手柄　21. 柱脚罩　22. 外壳　23. 转鼓筒体　24. 转鼓底　25. 拦液板
26. 主轴螺母　27. 主轴罩　28. 轴承　29. 撇液装置　30. 筋板

电动机通过离合器带动转鼓高速旋转,物料由上部加入无孔转鼓,在离心力作用下物料中的液固相开始分层,固相紧贴转鼓壁,液相形成内层液环,该澄清液可翻过拦液板溢出转鼓,也可用撇液管在运转中引出转鼓,固相则在停机后由人工从转鼓中卸除。有从上部卸料和从下部卸料两种方式,从上部卸料的称为人工上部卸料三足式离心机,从下部卸料的称为人工下部卸料三足式离心机。

人工卸料三足式离心机对物料适应性强,操作方便,结构简单,制造成本低,是目前广泛采用的离心分离设备。其缺点是需间歇或周期性循环操作,卸料阶段需减速或停机,不能连续生产。又因转鼓体积大,分离因数小,对微细颗粒分离不完全,需要用高分离因数的离心机配合使用才能达到分离目的。

(2) 碟片式离心机:碟片式离心机为沉降式离心机,广泛应用于各种生物物质的分离。

整机由转轴、转鼓及几十到一百多倒锥形碟片等主要部件组成,如图4-6所示。碟片直径一般为0.2～0.6m,其上有沿圆周分布垂直贯通的孔,碟片之间的间距为0.5～1.25m。碟片的作用是缩短固体颗粒(或液滴)沉降距离,扩大转鼓的沉降面积,提高离心分离能力。

当启动离心机并转动平稳后,从进料口进料,进入的料液分布在碟片之间,随着转鼓连同碟片高速旋转时,碟片间悬浮液中的颗粒因有较大的质量,先沉降于碟片内腹面,然后向转鼓壁方向移动,形成重液,随后被挤压至转鼓颈部,从重液出口排出。需要注意的是,在分离含固体颗粒的混悬液时,要求固体颗粒要小,浓度要低。

碟片式离心机也可用来分离两种不同密度的液体,即进行液液分离,其分离原理和过程与固液分离过程一致。

碟片式离心机的转速一般为4000～7000r/min,分离因数可达4000～10000,特别适用于一般离心机难于处理的两相密度差较小的体系,其分离效率高,可连续性操作。

(3)高速管式离心机:高速管式离心机属于高转速的沉降式离心机,是一种能产生强离心力场的机械设备。其整机由细长的管状机壳和转鼓等部件构成,如图4-7所示。

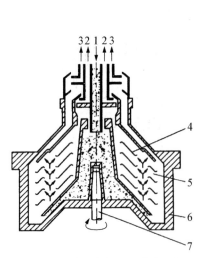

图4-6 碟片式离心机碟片组件

1.进料口 2.轻液出口 3.重液出口 4.碟片
5.颗粒沉降区 6.转鼓 7.转轴

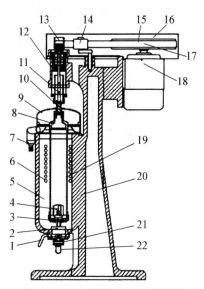

图4-7 高速管式离心机结构图

1.手柄 2.滑动轴承组 3.底盖 4.翅片
5.积液管 6.冷却盘管 7.出料口 8.上盖
9.积液盘 10.连接螺母 11.主轴 12.缓冲橡
皮块 13.皮带轮 14.压带轮 15.皮带轮
16.皮带罩 17.皮带 18.电动机 19.转鼓
20.机身 21.进料喷咀 22.进料口

物料进入进料口后,经喷咀和底盖的空心轴进入转鼓;进入转鼓的液体很快地达到转鼓的转动角速度;被澄清的液体从转鼓上端出液口排出,进入积液盘再流入槽、罐等容器内;固体则留在转鼓上,待停机后再清除。

常见高速管式离心机的转鼓直径为0.1～0.15m,其转速一般可达10000～50000r/min,分离因数可达15000～65000。高速管式离心机分离因数大,分离效率高,能分离一般离心机难以分离的物料,适于处理0.1～100μm的固体颗粒,要求固液两相密度差不小于10kg/m³,

处理的固相浓度小于 1%。

高速管式离心机的机身、转鼓等全部使用不锈钢制作,其外部美观简洁,内部清洗方便,适用于按 GMP 要求的天然药物生产。

(4) 高速冷冻离心机:冷冻离心机属于实验室用瓶式离心机,其结构与前面三种离心机不同,整机主要由驱动电机、制冷系统、显示系统、自动保护系统和速度控制系统组成,主要配件是离心转头。离心机的转头安装在离心机的离心室内,由制冷机输送出的制冷剂对离心室降温,离心室安装有热电偶温度检测器,其作用是进行温度控制,在设定的温度范围内,离心机高速工作时料液温度始终不会高于 4℃,可保护药物的生物活性。高速冷冻离心机转速可达25000r/min,分离因数 89000,分离效果好,是目前生物制药工业广为使用的分离设备。

离心机的类型较多,每一类型又有不同的规格,选用原则:选择离心机须根据固体颗粒的大小和浓度、固体与液体的密度差、液体黏度、滤渣的特性,以及分离要求等进行综合分析,满足对滤渣含湿量和滤液澄清度的要求,初步选择采用哪一类离心分离机。然后按处理量和对操作的自动化要求,确定离心机的类型和规格,最后经试验验证。

通常,对于含有粒度大于 0.01mm 颗粒的悬浮液,可选用过滤离心机;对于悬浮液中颗粒细小或可压缩变形的,则宜选用沉降离心机;对于悬浮液含固体量低、颗粒微小和对液体澄清度要求高时,应选用离心分离机。

4.1.3　沉降法

分散于流体中的颗粒在重力或离心力作用下相对流体流动的现象称为沉降。沉降是用机械的方法分离固液混合物的一种方法,其中在重力场中的颗粒沉降叫重力沉降,在离心力场中的颗粒沉降叫离心沉降。如果颗粒在重力沉降过程中不受周围颗粒和器壁的影响,称为自由沉降。而固体颗粒因相互之间影响而使颗粒不能正常沉降的过程称为干扰沉降。这里只对重力沉降进行讨论。当颗粒沉降处于层流区,即雷诺准数 $Re = dv\rho/\mu < 1$ 时,沉降速度方程为:

$$u = \frac{d^2(\rho_s - \rho)g}{18\mu} \qquad (4-8)$$

式中:u—颗粒沉降速度,m/s;d—颗粒粒径,m;ρ_s、ρ—分别为颗粒与流体的密度,kg/m³;g—重力加速度,m/s²;μ—滤液黏度,Pa·s。

从上式可知,沉降速度与颗粒直径的平方、颗粒与流体的密度差成正比,与流体的黏度成反比。流体的密度越大,沉降速度越小,颗粒的密度越小,沉降速度越小。颗粒形状也是影响沉降的一个因素,对于同一性质的固体颗粒,由于非球形颗粒的沉降阻力比球形颗粒的大得多,因此其沉降速度较球形颗粒的要小一些。当颗粒的体积浓度>0.2%时,干扰沉降不容忽视。当容器较小时,容器的壁面和底面均能增加颗粒沉降时的曳力,使颗粒的实际沉降速度较自由沉降速度低。

固液混合物料在进行重力沉降之前一般要进行混凝、絮凝处理,以提高分离效率。天然药物分离中常用沉降槽,以提高悬浮液浓度,并同时得到澄清液体。需要处理的悬浮料浆在槽内静置足够长时间后,增浓的沉渣由槽底排出,清液则由槽上部排出管抽出。

间歇式沉降槽是底部稍呈锥形且有出渣口的大直径贮罐,需静置澄清的药液装入罐内静置一定时间后,用泵或虹吸管将上清液抽出,沉渣由底部放出。天然药物提取分离工艺中的水提醇沉工艺或醇提水沉工艺可选用间歇式沉降槽。

　　沉降槽适于处理颗粒较大、浓度不太高、处理量较大的悬浮液的分离,这种设备的优点是结构简单、制造容易且运行成本和能耗低,增稠物浓度较均匀;缺点是设备庞大,占地面积大,分离效率较低,沉降时间长,有 $15\%\sim20\%$ 的料液无法回收。

　　天然药物分离中还使用沉降罐,为缩短沉降距离、增加沉降面积可采用斜板沉降器。

4.1.4　固液分离在天然药物生产中的应用

　　在天然药物的生产中,采用合理的工艺技术及配套的集成工艺,可提高固液分离的效率。如采用预过滤,包括加热与冷冻,加速分离;或采用加入添加物,使可能聚合的大分子分解为小分子不再析出;或对不同相对分子质量的物质用符合卫生要求的一定孔径的滤芯或膜进行精密膜滤,使过滤加快,收率提高。

　　固液分离在水针、大容量注射剂、口服液生产中应用非常广泛。注射剂的一般生产工艺流程包括:原辅料和容器的前处理、称量、配制、过滤、灌封、灭菌、质量检查、包装等步骤。过滤(粗滤、精滤)操作,对保证注射液达到标准要求至关重要。注射液需采用各种不同的过滤方法,除去不溶性杂质,使药液澄明,并通过精滤除去肉眼看不见的微粒、细菌、热原等,从而达到注射剂的标准要求。

1. 注射液生产中常用过滤介质

　　注射液生产中常用过滤介质有:① 脱脂棉(口服液体过滤);② 织物(精滤前的预滤,或注射剂脱炭过滤);③ 烧结金属(注射剂初滤);④ 多孔塑料(1、5、$7\mu m$,其中 $1\mu m$ 可用于注射剂过滤);⑤ 垂熔玻璃(广泛用于注射剂过滤);⑥ 多孔陶瓷(主要用于注射剂精滤);⑦ 微孔滤膜(主要用于注射剂精滤和除菌过滤)。

2. 注射液生产中常用助滤剂

　　助滤剂是质地坚硬的、能形成疏松滤渣层的一种固体颗粒。常加入滤浆中或制成糊状物铺于过滤介质表面,作用是减少过滤的阻力。常用的助滤剂有:① 硅藻土(主要成分二氧化硅);② 活性炭(有较强的吸附热原和微生物的能力,能吸附生物碱类药物);③ 滑石粉(吸附性小,能吸附溶液中过量不溶性的挥发油和色素,适用于含黏液、树胶较多的液体);④ 纸浆(有助滤和脱色作用,中药注射剂中应用较多)。

3. 注射液生产中的过滤装置

　　注射液生产中的过滤装置:① 普通漏斗,有玻璃漏斗和布氏漏斗。② 垂熔玻璃滤器(如图 $4-8$ 所示,垂熔玻璃漏斗、滤器和滤棒),常作为注射液的精滤或膜滤器的预滤,3 号和 G2 号用于常压过滤,4 号和 G3 号用于减压或加压过滤,6 号以及 G5,G6 号用于无菌过滤。其特点是化学性质稳定,除强碱和氢氟酸外,几乎不受一般化学药品的腐蚀,对药物无吸附作用,耐较高温度,滤过时无脱落、裂漏现象,但易碎。垂熔玻璃滤器使用完毕用水抽洗,并以 $1\%\sim$ 2% 硝酸钠硫酸液浸泡处理。③ 砂滤棒,常用硅藻土

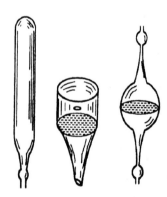

图 $4-8$　垂熔玻璃滤器

滤棒和多孔素瓷滤棒。适用于黏度高、浓度大的药液粗过滤。易脱砂,对药液吸附强,能改变药液 pH,难清洗。新的砂滤棒须经检验合格后方可使用。④ 板框式压滤机,滤过面积大,截

留固体量多,多用于注射剂预滤。⑤ 微孔滤膜过滤器(图 4-9),使用的膜材质有纤维酯膜、尼龙膜、聚四氟乙烯膜,用于注射剂精滤和除菌过滤,其优点是孔径小、截留能力强;孔径大小均匀,不易泄漏;滤速快;滤膜无介质的迁移;无交叉污染。缺点:易堵塞,有些滤膜化学性质不理想。⑥ 压滤器(图 4-10)。⑦ 其他,如超滤装置、钛滤器、多孔聚乙烯烧管过滤器等。

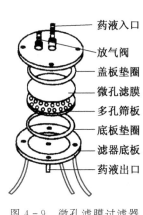

图 4-9　微孔滤膜过滤器

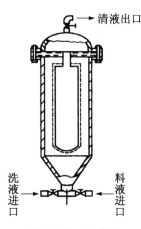

图 4-10　压滤器

在注射液生产中,一般采用二级过滤,生产中常采用板框式压滤机、砂滤棒或垂熔玻璃滤器进行粗滤,也可用转速为 2000～4000r/min 的离心机进行粗滤,除去沉淀物。再用薄膜滤器进行精滤,常用聚砜膜或乙酸纤维膜,滤膜的孔径为 0.45μm 或 0.65μm,也可用双层滤膜过滤。经过滤处理且质量达到控制指标合格的注射液即可进行灌封。

在天然药物提取分离生产中,采用多级过滤,以提高药液的澄明度,满足卫生要求。

4.2　影响固液分离的因素

天然药物是指动物、植物和矿物等自然界中存在的有生物活性的天然产物。现代天然药物提取分离工艺中,绝大多数均需对提取液进行固液分离。提取液中含动物蛋白、多糖等胶状体物质,同时,药源固体形成的滤饼阻力大,具有较高的可压缩性,进行固液分离较困难,如操作不当,会使药液的澄清度下降或出现收率低等问题。

4.2.1　药材的粉碎度

天然药物,特别是动物和植物性天然药物,其细胞组织非常紧密,细胞壁非常厚,在提取其生物活性成分前一般先根据药材、溶剂的特点和生产工艺要求粉碎成不同粒度的粉末。粉碎是天然药物提取的基本操作。采用切药机与切草机等设备,把药材切成 1cm,常用现代方法提取;采用辊式破碎机、振动磨、气流粉碎机等,将药物粉碎成 20 目左右的粗粉或 100 目左右的细粉。

1. 粉碎度及其意义

粉碎是将大块固体药物物料借助机械力破碎成适宜大小的颗粒或细粉的操作。粉碎的主要目的在于减小粒径,增加比表面积(m²/m³ 或 m²/kg)。通常把粉碎前的粒径 D_1 与粉碎后

的粒径 D_2 之比称为粉碎度或粉碎比(n)。

$$n = \frac{D_1}{D_2}$$ (4-9)

粉碎度反映了物料的粉碎程度,是确定粉碎工艺的重要参数。工业上常用"目"表示粒度,以每英寸(24.5mm)长度上的筛孔数目表示,100 个孔即为 100 目。

粉碎操作有利于提高难溶性药物的溶出速度以及生物利用度,从而有利于提高临床疗效,在保证疗效基础上,减少原有服用剂量;有利于各成分混合均匀;有利于提高固体药物在液体、半固体、气体中的分散度,有助于从天然药物中提取有效成分等。显然,粉碎对药品质量的影响很大。但必须注意粉碎过程可能带来的不良作用,如晶型转变、热分解、黏附与团聚性的增大、堆密度的减小、粉末表面吸附的空气对润湿性的影响、粉尘飞扬、爆炸等。

天然药物的粉碎度要根据以下因素确定:① 药物粉碎到何种程度与药物的种类有关,对草类、花类药材,因其组织在新鲜状态下含水量比较高,在干燥脱水时细胞壁被破坏严重,提取溶剂易于渗透浸润,这类药材细胞中的化学成分比较容易浸出,可以粉碎得粗一些。对于木质类的根类药材,由于其器官组织比较坚硬、致密,在干燥时细胞壁被破坏较轻,必须粉碎得细一些。② 药物的粉碎度与药材的组成成分有关,如被提取的药物是以纤维素为主,其中的毛细输导组织较丰富,药材组织比较松软,可粉碎得较粗些,例如益母草、金钱草等。质地较硬的根、茎、皮类的药材,则粉碎得要细一些,如以有机溶剂浸出的葛根等。③ 药物粉碎度与所用的提取溶剂有关,如果用水做溶剂,药材粉碎得太细,因许多药材有亲水胶体物质,如果胶、树胶、淀粉等,遇水膨胀或加热稠化,会大幅度降低提取液的通透性,影响过滤,所以用水浸出时不能粉碎得太细。对极性较小的溶剂,如酒精、汽油等有机溶剂,没有亲水胶体的膨胀问题,可以粉碎得较细些。④ 药物的粉碎度与提取的方法及设备有关,粉碎过细,粒子的间距过小,会降低浸出液的流动通透性,降低浸出的速度,特别是在渗滤浸出时不能正常进行,同时会对后续的过滤操作产生影响。

2. 粉碎度对固液分离的影响

药物的粉碎度越大,颗粒越小,越利于溶质的提取,分离液中溶质含量增加,导致液体黏度增加,同时,其滤饼的孔径小,透气性差,降低了过滤速度。另一方面,药物颗粒小,利于有效成分的提取,可减少溶剂用量,降低过滤负荷,简化分离操作过程。因此,需将药物粉碎到适宜的粒度。

粉碎度大,药物的颗粒度小,沉降速度慢,从而导致固液分离的效率降低。粉碎度越大,药物的颗粒度小,离心力小,离心速度慢,导致离心效率降低。

4.2.2　天然药物成分的理化性质

天然药物的有效成分皂苷、黄酮、生物碱类等,有时存在于滤液中,有时也存在于滤饼中,这些物质具有不同的黏度、密度等理化性质,呈现以下特点:① 天然药物以动植物为药源,常采用液体浸取,其中含有动植物蛋白、多糖等胶体与胶状物质,黏度较大;② 药源固体形成的滤饼比阻大,具有较高的可压缩性,在进行固液分离时负载大,若加大过滤压力,更易使滤饼比阻加大;③ 药液中存在的某些可溶性蛋白质会自然聚合成大分子,呈胶体状的物质是一种非常难过滤和分离的物质,有时还会析出,使已澄清的液体又出现一些絮状物,导致药液澄清度下降,影响产品质量;④ 过滤介质的选用有一定的难度,采用普通滤布为过滤介质,会导致滤液澄清度不符合要求；⑤ 如果固相含量高，固液相密度差小，选用高速管式离心机排渣与清洗不理想，采用沉降式离心机只能排出湿的滤渣，设备的选取有一定的难度。以上这些特性，对固液分离的效率造成一定的影响。

1. 天然药物成分的理化性质对过滤法的影响

提取液的黏度对过滤性能有较大的影响，黏度大，使得过滤阻力增加，过滤效率下降；黏度小，过滤阻力小，过滤效率较高。

为降低黏度，增加过滤速度，常采用调节 pH 值、升温等方法降低黏度，也可在体系中加入助滤剂等物质。助滤剂是有一定刚性的颗粒状或纤维状固体，其化学性质稳定，不与混合体系发生任何化学反应，不溶解于液相中，在过滤操作的压力范围内是不可压缩的固体。常用的助滤剂有硅藻土、活性炭、纤维粉、珍珠岩粉等。珍珠岩助滤剂是由极细的颗粒状微粒、无毒、无味的膨胀珍珠岩组成，形成滤饼孔隙率可达到 70%～80%，具有微连接能力，形成许多毛细管状通道，使过滤速度更快，微米以下的超细粒子也可滤掉。

天然药物的有效成分有时存在于滤液中，有时存在于滤饼中，此时影响过滤速度的因素与固体颗粒本身的物理性质，如颗粒坚硬程度有关。不可压缩性滤饼颗粒之间的空隙不受压力影响，因而不会产生过滤速度减慢的现象；可压缩性滤饼受压时空隙减小，阻碍滤液的通过，使过滤速度减慢甚至停止过滤。

2. 天然药物成分的理化性质对离心法的影响

离心分离时，离心力的大小影响离心分离效果，离心力与液相的密度相关。液相密度的大小是影响分离、除杂的因素之一，若密度太大，黏度大，容易堵塞管道，分离效果差；液相密度过小，分离后成品料液澄清，但液相过多，分离时间延长，分离效率下降。

对含有机溶剂的液相，在进行高速离心分离时会产生一定的热量，引起有机溶剂的挥发，药液中某些成分便随着析出，同时，热量增加，温度升高，加之含有机溶剂，对密闭状态下的离心操作危险性也随之增加，因此有时需使用冷冻高速离心机。

3. 天然药物成分的理化性质对沉降法的影响

沉降速度与流体的密度成正比，与流体的黏度成反比。流体的密度越大，沉降速度越快，流体的黏度越小，沉降速度越快。

4.2.3　固液分离方法的选择

主要根据滤饼形成特性、固形物的沉淀性和含量选取过滤设备。被过滤体系可大致分成五类：① 固形物含量＞20%、能在数秒内形成滤饼厚度在 50mm 以上的料液，此类料液沉淀速度快，在大规模生产中可以采用内部给料式的真空转鼓过滤机，如果由于滤饼的多孔性不能保持在过滤面上的料液，可以采用翻斗式或带式过滤机。水平式过滤机的洗涤效果要比转鼓式过滤机好。小型生产可采用吸滤式过滤机，但采用离心过滤则更为经济。② 固形物含量 10%～20%、能在 30 秒内形成 50mm 厚的滤饼或至少能在 1～2 分钟内形成 13mm 以上的、能在转鼓过滤机上被真空吸住并保持一定形状的滤饼的料液。大规模生产中普遍采用连续真空式转鼓过滤机，也可用水平翻盘式进行更好的洗涤。加压过滤机可采用圆盘式或叶片式。小规模生产时可采用吸滤槽式或间歇式加压过滤机。③ 当固形物含量为 1%～10%、真空度为 500mmHg 时，在 5 分钟内能形成 3mm 厚的滤饼。这种料液是采用连续式过滤机的极限情况，一般可采用单室式转鼓过滤机；对于有腐蚀或洗涤要求较严格的场合可采用间歇式真空叶片过滤槽过滤机(清洗时可将叶片外移)。加压过滤时可采用板框式压滤机。④ 固形物含量 0.1％～1％、难以连续排出滤饼的料液。在大生产中普遍采用预涂助滤剂的方法并采用间歇式过滤设备。⑤ 固形物含量<0.1％,这是属于澄清过滤的范围,这类料液的黏度、颗粒大小对澄清影响很大。

宫瘀净胶囊由黄芪、当归、益母草、炮姜组成,研究表明,在成型工艺研究中采用板框式压滤机和高速离心机除去提取液中的杂质,对比研究结果表明,采用高速离心法,得到的浸膏黏性降低,便于干燥;得到的干浸膏质地松脆、易于粉碎、流动性好,同时,制得的宫瘀净胶囊干浸膏有效成分黄芪甲苷含量较高,即高速离心法在保留有效成分上具有优势。因此,采用不同的分离方法,对药物质量、操作条件等有显著的影响。

总之,对大规模生产,采用连续式较有利;对于小规模生产则一般采用间歇式;对于中试,为了提供进行大生产的数据需要采用连续式操作进行试验。处理有挥发性、爆炸性或有毒的物料,需采用全密闭式过滤机(如气密式连续过滤机或间歇式过滤机)。此外,如在过滤时需保持一定的蒸气压或较高的温度,则不能采用真空过滤而只能采用加压过滤,也就是说,操作条件限制过滤机的选型。滤饼含水率、滤出液的澄清度和洗滤要求以及滤饼的排出方法(如可以用水冲出或者在干的状态下排出)等都在一定程度上会影响过滤机的选型。对具有腐蚀性的料液,要求采用合适而价格较低的材料。通常真空过滤机的耐蚀问题比加压过滤机更难处理且加工制造复杂;另外,考虑材料的毒性及对生物物质的影响,在医药工业中可以考虑用聚丙烯或聚酯作为设备材料。

【思考题】

1. 影响过滤的因素有哪些?
2. 影响离心分离效果的因素有哪些?
3. 简述沉降法的原理及适用范围。
4. 离心法的特点有哪些?
5. 简述固液分离方法的选择依据。

【参考资料】

[1] 管国峰,赵汝溥. 化工原理(第2版).北京:化学工业出版社,2003:91-118

[2] 俞俊棠,唐孝宣. 生物工艺学. 上海:华东理工大学出版社,2002:258-262

[3] 欧阳平凯,胡永红. 生物分离原理及技术. 北京:化学工业出版社,2003:5

[4] 刘落宪. 中药制药工程原理与设备. 北京:中国中医药出版社,2003:182-183

[5] 闫希军,张立国,黄靓. 醇沉降速度对中药质量的影响. 中成药.2003,25(4):266-270

[6] 元英进,刘明言,董岸杰. 中药现代化生产关键技术. 北京:化学工业出版社,2002:127

[7] 张素萍. 中药制药工艺与设备. 北京:化学工业出版社,2005:116-124

[8] 卢晓江. 中药提取工艺与设备. 北京:化学工业出版社,2000:16-17

[9] 崔毅军,斯景萍,曹晓丽. 过滤法取代离心法分离血浆探讨. 西北药学杂志.2000,15(1):45-48

[10] 秦雪梅,漆小梅,王知平. 宫瘀净胶囊成型工艺研究. 中药与天然药物.2001,18(1):38-41

第5章

浓　　缩

➤ **本章要点**

掌握影响药液浓缩的主要因素、浓缩分类及其选用依据;熟悉天然药物提取液浓缩的常用设备及使用方法;了解浓缩设备存在的问题及发展趋势。

5.1　概　　述

浓缩是天然药物提取分离生产过程中常用的基本操作。制备天然药物制剂原料药时,为了尽可能多地提取出有效成分、有效部位及辅助成分,充分利用药材资源,通常在加入 6～10 倍药材量的溶剂进行提取时,由于得到的提取液体积大、浓度低,不能直接应用,亦不便于制成合适的制剂,因此对提取液进行浓缩是十分必要的。

在浓缩过程中,通常采用蒸发的手段来达到浓缩的目的。蒸发可分为在沸点温度下的沸腾蒸发和低于沸点温度下的自然蒸发。自然蒸发中的溶剂气化只能在溶液表面进行,溶剂蒸气压低,蒸发速度慢;而沸腾蒸发中的溶剂气化不仅在溶液表面,而且在溶液的各个部分同时发生,蒸发速度远远超过自然蒸发,因此在生产中多采用沸腾蒸发。进行浓缩操作的设备为蒸发器。

在实际生产中,浓缩与蒸馏常常是通用的,因为生产时除以水为溶剂提取药材有效成分外,还经常使用不同浓度的乙醇或其他有机溶剂,故必须通过蒸馏回收溶剂,以免造成环境污染和溶剂浪费,甚至造成危险,同时达到浓缩的目的。浓缩可通过蒸发或蒸馏完成,蒸馏与蒸发的区别在于溶液进行浓缩的同时,是否回收溶剂。

蒸发是浓缩药液的重要手段,此外,药液浓缩还可以采用反渗透法、超滤法。

5.2　影响浓缩的因素

在蒸发浓缩操作中,为了提高蒸发效率,降低产品成本,可采用加大液体的蒸发面积、进行减压蒸发等方法强化浓缩。在实际生产中蒸发浓缩多是在沸腾状态下进行的,故不能用自然状态下蒸发公式来解释影响浓缩效率的因素。

沸腾蒸发的效率常以蒸发器的生产强度来表示,即单位时间、单位传热面积上所蒸发的溶剂或水量,可用下式表示:

$$U = \frac{W}{A} = \frac{K \cdot \Delta t_{\mathrm{m}}}{r'}$$

式中:U—蒸发器的生产强度,$\mathrm{kg/(m^2 \cdot h)}$;$W$—蒸发量,$\mathrm{kg/h}$;$A$—蒸发器的传热面积,$\mathrm{m^2}$;$K$—蒸发器传热总系数,$\mathrm{kJ/(m^2 \cdot h \cdot ℃)}$;$r'$—二次蒸气的气化潜能,$\mathrm{kJ/kg}$;$\Delta t_{\mathrm{m}}$—加热蒸气的饱和温度与溶液沸点之差,℃。

由此可知,生产强度与传热温度差及传热系数成正比,与二次蒸气的气化潜能成反比。

5.2.1　传热温度差(Δt_{m})的影响

传热温度差(Δt_{m})指加热热源与溶液之间的温度差。气化是由于分子受热后,分子振动能力超过分子间的内聚力而产生的。因此,蒸发过程中必须不断向溶液供给热能,同时良好的传导传热也必须有一定的温度差(一般不低于 20℃),才能使溶剂分子获得足够的能量气化。所以,在蒸发过程中,Δt_{m} 是推动力,Δt_{m} 越大,蒸发强度越大。

5.2.2　传热系数(K)的影响

传热系数(K)是影响蒸发效率的主要因素,其大小取决于制作蒸发器的材料及蒸发器内各部分热阻。减少热阻是增大传热系数的主要途径,即及时排除受热蒸气侧不凝性气体和溶液侧污垢层。其中,溶液侧污垢层热阻在多数情况下是主要影响因素,为了减少垢层或结晶以减少污垢热阻,除了要加强搅拌和定期除垢外,还可以在设备上改进。此外,在浓缩过程中还必须注意下列因素对蒸发效率的影响:

1. 表面结膜

液体的气化在液面总是最大的,由于热量损失,液面的温度下降最快,随着液体挥发,液面浓度增加也较快,液面黏度增加,易产生结膜。水溶液表面结膜能阻碍溶液中水分子溢出,不利于传热和蒸发,可采用搅拌的方法来避免结膜。

2. 蓄积热

在蒸发后期,由于液体黏度增大或部分沉积物附着换热面,使局部温度过热而导致天然药物成分变化。这可采用搅拌方法克服,或不停地除去沉积物将液体的蓄积热移除。

3. 沸点升高

蒸发过程中,溶液的沸点随其浓度增加而逐渐升高,致使 Δt_{m} 逐渐变小。预防的办法是减压蒸发或加入稀液体后再继续蒸发。

4. 液体静压

液体的静压对液体的沸点和对流有一定的影响,液层越厚,静压越大,所需促进对流的热量也越大,因此,液体的对流不能很好地进行,底部液体因受较大液柱静压力而沸点也较上层为高,蒸发不易进行。克服的办法是加大液面及采用沸腾蒸发以改善静压的影响。

5. 压强

蒸发量与大气压成反比关系。采用减压蒸发可降低溶液的沸点和提高温度差 Δt_m,防止有效成分受热破坏。而且,蒸发速度与液面上蒸气浓度成反比,减压还可及时移去蒸发室中的蒸气,促使热传导,加速蒸发。

5.3　浓缩分类与设备

在选择浓缩设备时应根据待浓缩液的物性,如溶液的黏度、热敏性、发泡性以及是否容易结垢或析出晶体等诸多因素来考虑,并结合蒸发浓缩的要求,选择适宜的蒸发浓缩方法与设备,使之符合工艺生产要求,保证产品质量,并具有较大的生产强度和经济上的合理性。

5.3.1　根据蒸发器的操作压力分类

1. 常压蒸发

常压蒸发是料液在一个大气压下进行蒸发的操作,又称常压浓缩。适用于待浓缩液中有效成分为耐热性成分,且溶剂无燃烧性、无毒、无经济价值时的浓缩过程。常压蒸发可分为无限空间(敞口式)蒸发和有限空间(封闭式)蒸发两种。

若是实验室的小量液体的蒸发,常采用蒸发皿。蒸发皿一般为瓷质的,以水浴加热蒸发,优点是能避免有效成分受热过高而分解;缺点是这种蒸发速度较慢。

工业生产中,若是以水为溶剂的提取液,常用的蒸发设备为蒸发锅,多为不锈钢和搪瓷制的夹层锅,有的还可旋转(如图 5-1 所示),方便出料。这些蒸发一般都在敞口蒸发器中进行,蒸发面上的二次蒸气能在空间自由扩散以保持蒸气压,有利于蒸发,但蒸发速度慢,且产生的蒸气弥漫操作场所,故应注意生产环境的通风和排气。

若是乙醇等有机溶剂的提取液,应在有限空间内,采用蒸馏装置,先回收溶剂制成流浸膏,再重复利用,以减少乙醇的损失,还可降低生产成本,保证制品质量。制药企业常用中央循环式、外加热式、强制循环等蒸发器。这些设备将在根据蒸发器中溶液循环的原理分类中具体介绍。

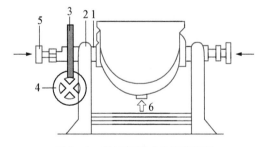

图 5-1　敞口倾倒式夹层蒸发锅
1. 空心轴;2. 有轴承的支柱;
3. 蜗轮;4. 舵轮;5、6. 连接管

2. 减压蒸发

减压蒸发是在密闭的容器内,抽真空降低内部压强,使料液的沸点降低而进行蒸发的方法,又称减压浓缩。减压蒸发适用于待浓缩液中有效成分为不耐热性成分的蒸发。减压蒸发具有蒸发温度低、速度快等优点;缺点是由于料液沸点降低,其气化潜热亦随之增大,

即减压蒸发消耗的加热蒸气的量比常压蒸发要多。尽管如此,减压蒸发仍被广泛地应用于天然药物提取液的浓缩过程中。

在工业生产中,减压浓缩与减压蒸馏所用设备往往是通用的,如图5-2所示为减压蒸馏装置,又称减压浓缩装置。

使用时先开启真空泵将蒸发锅内部分空气抽空,将待浓缩液自原料入口吸入,自蒸气阀门通入蒸气加热,以保持锅内料液适度沸腾为宜;同时开启排气阀,并放出夹层内冷凝水,当排气阀有蒸气外逸时,关闭排气阀;待浓缩液产生的蒸气(如乙醇蒸气等)经气液分离器分离后,进入冷凝器,最后流入接受器中。蒸馏完毕,先关闭真空泵,再打开排气阀,待恢复常压后,即可放出浓缩液。

对于以水为溶剂提取的药液,目前许多药厂使用真空浓缩罐进行浓缩,如图5-3所示。使用时先进行罐内消毒和排空。开启水流抽气泵,当真空

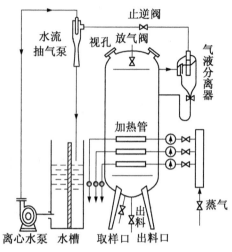

图5-2　减压浓缩装置

度达0.08MPa左右时,抽入料液至浸没加热管后,通入蒸气加热。料液受热后产生的二次蒸气进入气液分离器,其中夹带的液体又流回罐内,而蒸气经水流抽气泵抽入冷却水池中,这样就形成了减压浓缩。需要注意的是,真空度不能太高,否则料液会随二次蒸气进入水流抽气泵,造成损失。

组合式真空浓缩锅(如图5-4所示)是以外加热式浓缩锅为主体经改造而成,可用于相对密度为1.35~1.40天然药物浸膏的生产。操作时使流浸膏集中至双夹套浓缩锅内,为避免料液结焦,多用下蒸气夹套进行加热浓缩。

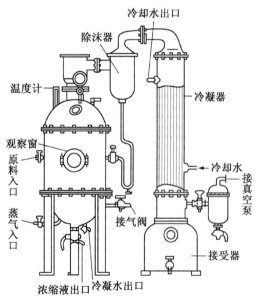

图5-3　真空浓缩罐

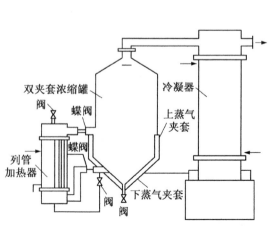

图5-4　组合式真空浓缩锅

5.3.2　根据蒸发器中溶液循环的原理分类

1. 自然循环蒸发器

自然循环蒸发器指在加热时由于被加热的溶液内各部分的密度不同而产生的溶液循环。上文中所涉及的敞口夹套蒸发锅和夹套式真空浓缩釜均属于此类。常用的循环型蒸发器有：中央循环管式蒸发器、带搅拌的夹套釜式蒸发器、外加热式蒸发器等。此外，还有悬筐式蒸发器、管外沸腾式蒸发器等。

（1）中央循环管式蒸发器：又称标准式蒸发器（如图5-5所示），是在常压下由中央循环管产生的自然循环。具有构造简单、制造方便、投资较少、可操作性强等优点，适用于黏度较大及易结垢的料液浓缩。缺点是检修麻烦、溶液循环速度较低、传热系数较小，为了提高传热系数，宜用带搅拌的标准式蒸发器（如图5-6所示）。

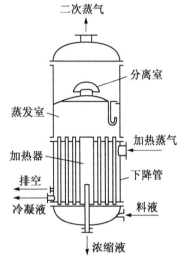

图5-5　标准式蒸发器

（2）带搅拌的夹套釜式蒸发器：如图5-7所示为密闭间歇式蒸发器，可在常压或真空下操作，适用于浓物料和黏度大的料液浓缩，但传热面有限，料液受热时间较长，不适合热敏性物料的浓缩。

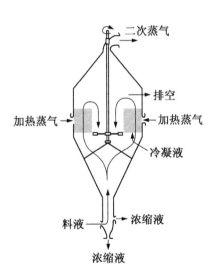

图5-6　带搅拌的标准式蒸发器

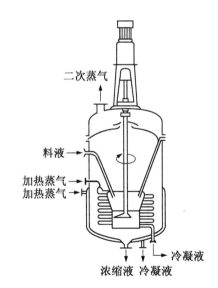

图5-7　带搅拌的夹套釜式蒸发器

（3）加热式自然循环式蒸发器：根据加热室与蒸发室的位置关系，加热式蒸发器（图5-8）可分为同轴内热式、双程加热式、外加热式蒸发器。其中，同轴内热式和双程加热式由于加热室在蒸发室内，浓缩效果不理想，且不易检修与清洗，不适用于天然药物提取液的浓缩。外加热式的加热室位于蒸发室外，便于清洗和更换，适用于易起泡、易结垢及热敏性物料的浓缩。

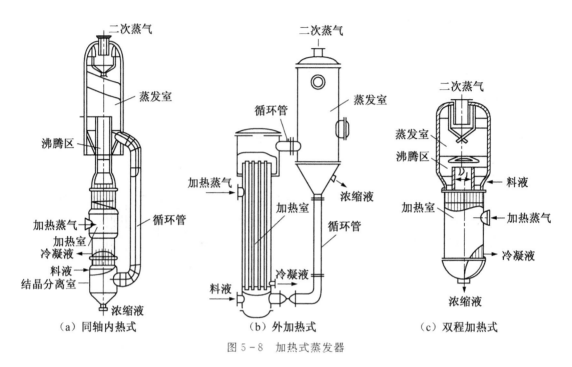

图 5-8　加热式蒸发器

2. 强制循环蒸发器

强制循环蒸发器主要依靠泵的外力作用,迫使溶液沿着一定的方向循环,以此来提高传热系数,加快循环速度。根据加热器的形式可分为立式单程、立式双程和卧式双程。主要用于黏度大、易结垢、易结晶或易产生气泡的料液浓缩。由于强制循环蒸发器的传热系数大于自然循环蒸发器的传热系数,一般多在真空条件下操作。

强制循环蒸发器(图 5-9)的主要结构为加热室、蒸发室、泵、分离室、下降口等。操作时先抽真空,然后进料,启动泵,同时通入加热蒸气,料液在泵的作用下,快速流经蒸发室被气化,产生的二次蒸气在分离室分离,经冷凝除去。在这种蒸发器中,循环速度的大小可用调节泵的流量来控制,一般应控制在 25m/s 以上。缺点是能量消耗大,每 $1m^2$ 加热面积约需耗能 $0.4 \sim 0.8kW$。

3. 不循环蒸发器

不循环蒸发器主要指膜式蒸发器。薄膜蒸发是使料液在蒸发时形成薄膜,增加气化表面进行蒸发的方法,又称薄膜浓缩。其特点是:① 溶液仅通过加热面一次,溶液不作循环;② 溶液在加热管中呈薄膜形式,蒸发速度快,受热时间短,传热效率高;③ 不受料液静压和过热影响,有效成分不易被破坏;④ 溶剂能回收重复利用。

薄膜蒸发的进行方式有两种:一是使液膜快速流过加热面进行蒸发,可在短暂的时间内达到最大蒸发量,但蒸发速度与热量供应间的平衡不稳定,料液黏度增大,易黏附在加热面上,热阻变大,影响蒸发速度,如降膜式蒸发器、刮板式薄膜蒸发器。二是使药液剧烈地沸腾,产生大量泡沫,以泡沫的内外表面为蒸发面进行蒸发,如升膜式蒸发器。

根据料液在蒸发器内的流动方向和成膜方式不同,薄膜蒸发器可分为以下几种。

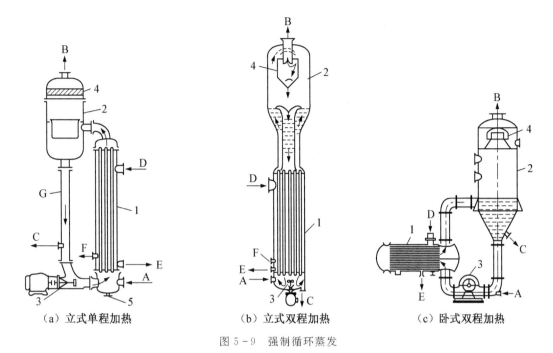

图 5－9 强制循环蒸发

（a）立式单程加热   （b）立式双程加热   （c）卧式双程加热

A. 料液；B. 二次蒸气；C. 浓缩液；D. 加热蒸气；E. 冷凝液；F. 不凝气体
1. 加热室；2. 蒸发室；3. 泵；4. 分离室；5. 排泄口；6. 下降口

（1）升膜式蒸发器：如图 5－10 所示，类似于一台立式管壳换热器，其加热室的管束很长，约
3～10m，而加热室中的液面维持较低，适用于蒸发量较大、有热敏性、黏度不大于 0.05Pa·s，以
及易产生泡沫的料液。料液气化，蒸气上升过程中，由于料液粘贴内壁拉拽成薄膜，除了要克服
自身重量外，还要克服液膜运动的阻力，因此，不适合高黏度、有结晶析出或易结垢的料液的浓
缩。可采用常压蒸发或减压蒸发，要有足够的传热温度差和传热强度，以保证料液在管壁上形成
连续不断的爬膜，但不能过高，否则会出现"干壁"现象。经此种薄膜蒸发器处理后，料液一般可
浓缩至相对密度 1.05～1.10 左右。

操作时，待浓缩液经输液管、流量计先进入预热器，预热后自预热器上部流出，经列管蒸发
器底部进入蒸发室，加热气化后生成的泡沫及二次蒸气沿加热管高速上升，速度一般为20～
50m/s，减压下可达 100～160m/s 或更高。在此过程中：① 料液以泡沫的内外表面为蒸发面
迅速蒸发；② 泡沫与二次蒸气的混合物在气液分离器中分离，浓缩液经导管流入接受器中收
集；③ 二次蒸气自导管进入预热器的夹层中预热料液；④ 多余的废气则进入混合冷凝器冷凝
后，自冷凝水出口流出，未经冷凝的废气自废气出口排出。

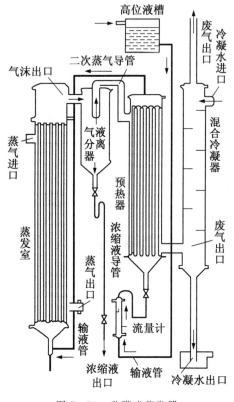

图 5-10 升膜式蒸发器

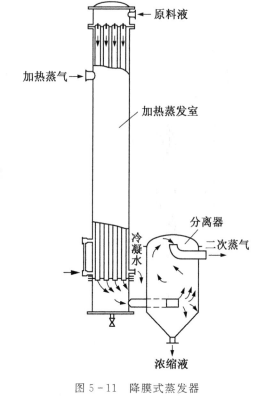

图 5-11 降膜式蒸发器

（2）降膜式蒸发器：如图 5-11 所示，结构与升膜式蒸发器相似，不同之处是料液由蒸发器的顶部加入。料液在重力作用及蒸气的拉拽作用下，沿管内壁呈膜状下降，在此过程中被蒸发浓缩，气液混合物在分离器中进行分离，浓缩液由分离器底部放出。为保证料液呈膜状沿加热管内壁下降，在每根加热管顶部必须装设降膜分布器（如图 5-12 所示）。降膜式蒸发器适于浓度较高、黏度较大的料液，不适于易结晶或易结垢的料液。由于其没有静压强效应，沸腾传热系数与温度差无关，故更有利于热敏性料液的蒸发。此外，降膜式适用于蒸发量较小的生产，如某些二次蒸发设备，第一次采用升膜式，第二次采用降膜式。

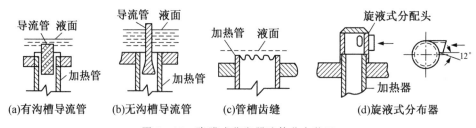

(a)有沟槽导流管   (b)无沟槽导流管   (c)管槽齿缝   (d)旋液式分布器

图 5-12 降膜式蒸发器液体分布装置

（3）刮板式薄膜蒸发器：如图 5-13 所示，是通过高速旋转的刮板转子，将料液分布成均匀的薄膜而进行蒸发的一种高效浓缩设备。其结构主要是蒸发器的外壳装有加热夹套，蒸发器内安装有快速旋转的刮板，转速一般为 300r/min 以上。刮板可分为固定式刮板（刮板固定于旋转轴上）及滑动式刮板（轴旋转时产生的离心力使刮板与加热面内壁接触）两种。

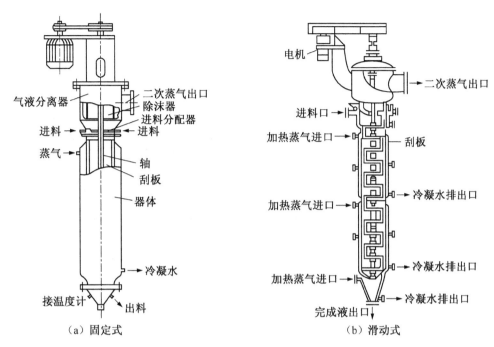

图 5-13　刮板式薄膜蒸发器

刮板式薄膜蒸发器在真空条件下操作,具有传热系数高、料液停留时间短等优点,故适用于高黏度的热敏性物料蒸发浓缩。有的还采用了离心式滑动沟槽转子,故亦适用于易起泡沫、易结垢料液的浓缩。与升膜式或降膜式蒸发器同用,可使较稀的天然药物提取液浓缩至 100Pa·s 以上。其缺点是结构复杂,制造与安装要求高,动力消耗较大,单位体积的传热面小。

操作时:① 料液由蒸发器上部流入器内;② 在离心力、重力及旋转刮板刮动下,料液在筒体内壁形成旋转下降的薄膜,在下降过程中同时被蒸发浓缩;③ 浓缩液由底部排出收集;④ 二次蒸气经上部分离器排出。

(4) 离心式薄膜蒸发器:如图 5-14 所示,是借高速旋转的离心力将料液分散成厚度为

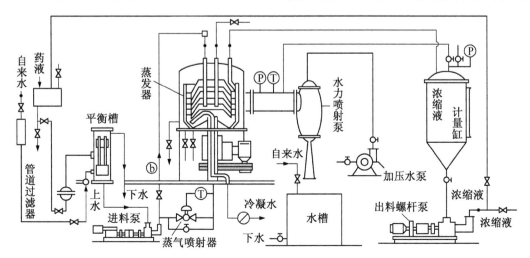

图 5-14　离心式薄膜蒸发器

0.05~1mm 的薄膜进行蒸发的一种综合了离心分离和薄膜蒸发两种原理的新型高效蒸发设备。其特点是液膜厚度薄,传热系数高,蒸发强度大,浓缩比高,物料受热时间短(约 1 秒),设备体积小,蒸发室便于拆洗等。适用于热敏性物料的蒸发浓缩,如天然药物提取液、脏器生化制品及食品等。其缺点是结构复杂,价格较高。不适宜黏度大、易结晶及易结垢的料液的蒸发浓缩。

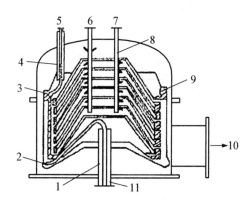

图 5-15   离心式薄膜蒸发器原理图

1. 冷凝水管;2. 冷凝水槽;3. 浓缩液汇集管;4. 出料管;5. 浓缩液出口;6. 清洗水进口;7. 物料进口;8. 分配管;9. 转鼓;10. 二次蒸气出口;11. 蒸气进口。

如图 5-15 所示为离心薄膜蒸发器原理图,操作时,用泵将料液经进料管输送到锥形盘(定于转鼓并随空心轴旋转)的中央,利用离心力的作用,使料液由锥形盘的中心均匀地流至外沿,加热蒸发后的浓缩液经出料管排出。加热蒸气由底部进入蒸发器,经边缘的小孔进入锥形盘,冷凝水经边缘的小孔流出。二次蒸气在蒸发器的中部用水流喷射泵抽真空引入。

5.3.3   根据蒸发器的效能分类

1. 单效蒸发

单效蒸发指料液在蒸发器内被加热气化,产生的二次蒸气由蒸发器引出后排空或冷凝,不再利用。

2. 多效蒸发

多效蒸发是根据能量守恒定律决定的低温低压(真空)蒸气含有的热能与高温高压蒸气含有的热能相差很小,而气化热反而高的原理设计的。将多个蒸发器连接起来,后一效的操作压力和溶液沸点均较前一效低,仅在压力最高的第一效加入新鲜的加热蒸气,在第一效产生的二次蒸气作为第二效的加热蒸气,依次类推,也就是后一效的加热室成为前一效二次蒸气的冷凝器。最末效往往是在真空下操作,只有末效的二次蒸气才用冷却介质冷凝。

在多效蒸发操作中,根据加热蒸气与料液的流向关系,可分为顺流式、逆流式、平流式、错流式四种加料方式。

(1)顺流式:又称并流式,料液与加热蒸气流向相同,都是由第一效顺序流到最后一效。这种流程是多效蒸发操作中最常见的流程。顺流式的优点是料液在各效间的流动不需要用泵来输送;缺点是随着浓缩液稠度逐渐增大,蒸气温度逐渐降低,故适用于随温度的降低黏度增加不太大,或热敏性随浓度增大而增加,温度高溶解度反而变小的料液,如图 5-16 所示。

(2)逆流式:料液与加热蒸气流向相反,料液由最后一效进入,依次用泵送入前一效,最后的浓缩液由第一效排出;而蒸气则由第一效依次送至最后一效。随着加热蒸气温度的逐渐升高,浓缩液稠度逐渐增大,故适用于黏度随温度和浓度变化较大的料液的浓缩,不适用于热敏性料液的浓缩,如图 5-17 所示。

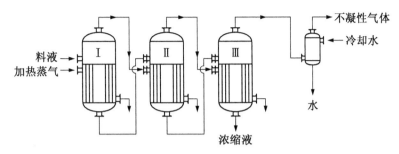

图 5-16 顺流加料三效蒸发工艺流程示意图

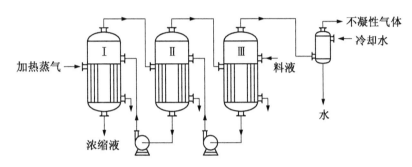

图 5-17 逆流加料三效蒸发工艺流程示意图

（3）平流式：料液与加热蒸气流向相同，均由第一效至最后一效依次流动，料液分别通过各效。平流式适用于饱和溶液的浓缩，各效都可有结晶析出，又可及时分离结晶，如图 5-18 所示。

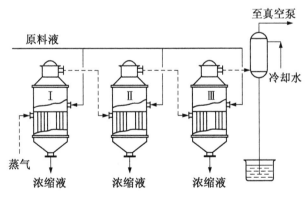

图 5-18 平流加料三效蒸发工艺流程示意图

（4）错流式：亦称混流式，兼具顺流与逆流的特点，蒸气依次流动，而料液的供料方式是先进入二效，流向三效，再反向流入一效，如图 5-19 所示。错流式由于操作复杂，故较少采用。

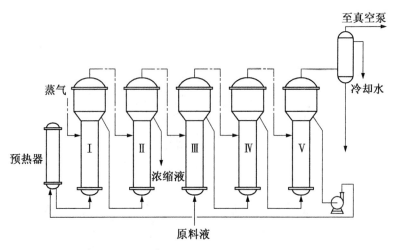

图 5-19 错流加料三效蒸发工艺流程示意图

总之,在选择多效蒸发操作时,应根据料液在蒸发过程中的具体情况来确定合适的加料方式。对溶液多效蒸发中最终浓缩效浓缩方法及装置进行改进的"溶液蒸发浓缩装置",已获得国家专利。

5.4 浓缩设备存在的问题及发展趋势

5.4.1 浓缩设备存在的主要问题

随着工业技术的快速发展,生产规模日益扩大,浓缩设备亦不断地改进与创新,以保证生产的技术需求。目前,浓缩设备主要存在以下两个问题。

1. 能耗问题

浓缩过程是一个耗能的过程,蒸发器本身就是大的能量消耗装置。在能源价格不断提高的今天,如何合理利用热能,合理分配热能,提高热能的使用效率,有效地利用各种余热则是一项十分重要的系统工程。由于多效蒸发的效数、温差、浓缩比、总传热面积、设备的投资和操作费用都是重要的影响因素,可通过试验获得最优化的重要参数,所以采用多效蒸发能在一定程度上解决能源消耗问题,有进一步深入研究的应用价值。通过对动态规划、经济参数的相对值和操作费用最小值等的研究,可以提出一些最佳化的设计。此外,近年来新兴的低温浓缩和冷冻浓缩技术,亦在一定程度上解决了热能的消耗问题。

2. 结垢问题

在浓缩过程中,由于料液被浓缩后的黏度增大,悬浮的微粒沉积、无机盐的晶析以及局部过热焦化等原因,物料很容易在传热面上产生结垢。垢层的产生导致传热系数变小,导热性变差,严重影响了浓缩效果,甚至造成堵塞,致使浓缩操作无法进行。因此,对于十分容易结垢的物料,应首先考虑选择容易清洗和清除结垢的浓缩设备,如外加热式蒸发器、强制循环式蒸发器等;对于能有效控制出料浓度、料液黏度小、固含量少的物料,也可选择管内沸腾的蒸发器,如升膜式蒸发器。但是无论溶液的性质如何,长期使用后的蒸发器传热面上总有不同程度的结垢。如何合理地使蒸发器运行,使沉积在加热面上的污垢热阻增长为最小,且比较容易从加热面上去除,这是解决蒸发器结垢问题的关键所在。

5.4.2 浓缩设备的发展趋势

1. 设备的大型化

随着生产规模的不断扩大,现有的浓缩设备已不能满足生产需求,但又不能无限度地增加浓缩设备的数量。从材料耗量、安装空间和能量消耗等方面考虑,浓缩装置的大型化、控制过程的自动化已被认为是最有效的方法之一。无论是结构的改进,还是操作方式的选择,都是为了适应装置的大型化,增大传热系数和改善物料的流动状态,强化传热过程,提高浓缩效率。

2. 设备结构的最优化

为了提高效率,优化设备结构,可以改进装置,如在浓缩的基础上,可将蒸发干燥、蒸发蒸馏、蒸发造粒等多种操作集于一个装置内,这样可以节约工时,提高生产效率。此外,在设备优化设计时,还需对增加液膜湍动、防止结垢、减少接触时间等问题进行研究,以改进蒸发浓缩设备的结构和创制新结构的蒸发浓缩设备。

5.4.3 浓缩新设备

1. 多室板式自由流降膜蒸发器

多室板式自由流降膜蒸发器又称外流板式降膜蒸发器、异型竖板降膜蒸发器,是一种新型的高效节能蒸发设备。它具有传热快、浓缩效率高、装置紧凑、挂料少、不易结垢、可在线清洗等特点,适用于热敏性料液以及高浓度料液的浓缩。

多室板式自由流降膜蒸发器是利用搁板将板式自由流降膜蒸发器分割成多个相互串联的液相室,各室可用同一热源或采用不同热源加热。操作时,将料液分别泵入各室加热板上部的料液分配槽,通过槽上的小孔流至加热板顶部,料液沿板片外表面均匀流下,被板腔内蒸气加热而完成蒸发浓缩过程。

如图 5-20 所示为 A、B、C 三室板式自由流降膜蒸发器,浓缩过程中有两室作为工作室进行料液浓缩,另一室作为洗涤室,以稀液清洗该室板片上的结垢。由程序控制工作室与洗涤室间的切换,这样可使加热板片在线交替清洗除垢,保证设备连续运行、高效浓缩。此外,由于其具有多个液相工作室,各室的料液的单位周边分布液量增加了,从而避免了“干壁”现象。

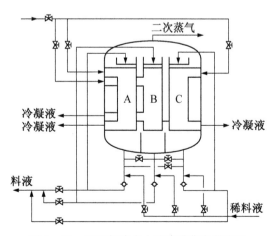

图 5-20 三室板式自由流降膜蒸发器流程

2. 滚筒刮膜式天然药物浓缩器

滚筒刮膜式天然药物浓缩器(如图 5-21 所示)是一种利用高速旋转的滚筒将料液分布成均匀薄膜而进行蒸发的高效浓缩设备。

滚筒刮膜式天然药物浓缩器与传统的刮板薄膜蒸发器相比较,具有如下特点:① 料液通过滚筒均匀地分布在加热面上,受热时间短且均匀,即使少量料液也能在全部加热面上呈膜状浓缩,不会变性焦糊,适用于浓缩后期料液较少的情况;② 一般在真空条件下循环浓缩,蒸发温度低、料液停留时间短,适用于热敏性、高黏度料液的浓缩;③ 旋转的滚筒表面也是蒸发面,蒸发面大于换热面,便于强化蒸发过程;④ 滚筒设计减少了污染点和真空泄露点,成膜装置稳定可靠、换热效果好,设备结构设计有利于气液分离、不易产生液膜夹带,设备机械磨损小、噪声低,外形紧凑,便于清洗和拆装,操作保养极其方便,符合 GMP要求。

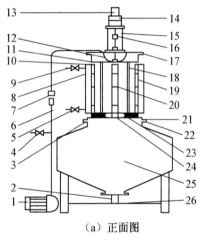
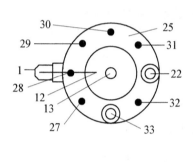

（a）正面图   （b）俯视图

图 5 - 21　滚筒刮膜式中药浓缩器

1. 料液循环泵;2. 罐底阀;3. 定位滑套;4. 出料阀;5. 凝水阀;6. 流量调节阀;7. 流量计;8. 加热夹套;9. 加热蒸气阀;10. 蒸发室筒体;11. 料液分布盘;12. 料液循环管;13. 电机;14. 减速机;15. 机架;16. 联轴器;17. 机械密封;18. 固定杆;19. 滚筒转轴;20. 刮膜滚筒;21. 滑动轴;22. 二次蒸气排出口;23. 弹簧;24. 丝网除沫器;25. 浓缩液受器;26. 放净阀;27. 真空表接口;28. 放气阀;29. 进料口;30. 灯孔;31. 备用口;32. 温度计接口;33. 视镜手孔

3. 浸取液三相流化浓缩新技术

天然药物提取分离过程中的除垢和传热过程中的强化问题一直是困扰天然药物制造业的两大难题。中药现代化生产示范工程项目"中药浸取液三相流化床高效防垢浓缩技术及装置"能有效解决以上问题。

这套实验装置根据中药浸取液的物理化学性质,向中药浓缩器中加入不与中药浸取液发生化学作用的生理惰性固体颗粒,形成气、液、固三相流,成为解决中药挂壁问题的有效措施之一。三相流的基本原理是:在蒸发器中加入一种惰性固体颗粒,形成气、液、固三相流,通过处于流化状态的固体颗粒不断冲刷蒸发器的壁面,破坏流动及传热边界层,达到在线除垢和强化沸腾换热目的。在实验中建立了温度、压力等参数的测试系统,考察了加热功率、颗粒性质等对气-液-固三相流化床浓缩器内流动、传热和防垢性能的影响,获得了优化的操作条件和方法。

这是一套中试蒸发浓缩示范装置,完成了中药浸取液的蒸发浓缩工业运行试验。试验表明:采用这一技术及装置后,生产能耗明显降低,总传热系数较原工业生产装置提高近 1/2,装置稳定运行 15 天后,蒸发浓缩器内没有发生壁面结垢现象。中药浸提液色谱分析表明,通过该技术浓缩的药液有效成分含量稳定,质量达到要求。采用该技术,在中药生产中可节约工时,减少废水排放量,对环境污染小,大大提高了经济效益。

4. 冷冻浓缩技术

冷冻浓缩是将水溶液中的一部分以冰的形式析出,并将其从液相中分离出去,从而使溶液浓缩的方法。在低温下操作,可阻止不良化学变化和生物化学变化,特别适用于浓缩热敏性液体、生物制药及中药汤剂等。

冷冻浓缩的原理是利用冰与水溶液之间的固液相平衡原理,将水以固态方式从溶液中去除的一种浓缩方法。冷冻浓缩过程可分为冷却过程、冰结晶生成与长大的结晶过程及冰和浓缩液的分离过程。依结晶方式的不同可分为悬浮结晶冷冻浓缩法和渐进冷冻浓缩法。

由于冷冻设备投资与日常操作费用高及操作复杂不易控制等缺点,冷冻浓缩技术早期很少应用到工业生产中。近年来众多学者的深入研究及实验设备的不断改进,在制药工业上也有很大的发展。例如,用冷冻浓缩工艺对中药水提取液进行中试规模的浓缩试验制取口服液,试验表明用冷冻浓缩工艺代替真空蒸发浓缩可免去某些口服液制造过程中的醇沉工序,从而改善口服液的口感。

【思考题】

1. 影响浓缩的因素有哪些?
2. 常见的浓缩分类方法有哪些? 各有什么特点?
3. 进行浓缩操作时,为什么要不断移走沸腾液体上方产生的二次蒸气?
4. 自然循环蒸发器有哪些? 适用范围各是什么? 各自具有哪些特点?
5. 比较升膜式蒸发器与降膜式蒸发器的异同点。
6. 什么是多效蒸发,有几种加料方式,各有什么特点?
7. 简述浓缩设备存在的主要问题及其发展趋势。

【参考资料】

[1] 於传福. 药剂学[M]. 北京:人民卫生出版社,1986:135-140

[2] 邹立家. 药剂学[M]. 北京:中国医药科技出版社,2003:99-104

[3] 崔福德. 药剂学[M]. 北京:中国医药科技出版社,2006:427-429

[4] 张素萍. 药剂学[M]. 北京:化学工业出版社,2005:142-158

[5] 张汝华. 工业药剂学[M]. 北京:中国医药科技出版社,2004:228-230

[6] 龙晓英. 流程中药药剂学[M]. 北京:中国医药科技出版社,2006:48-53

[7] 徐莲英,侯世祥. 中药制药工艺技术解析[M]. 北京:人民卫生出版社,2004:103-118

[8] 张兆旺. 中药药剂学[M]. 北京:中国中医药出版社,2003:131-138

[9] 郭维图. 略议中药提取液的分离与浓缩技术[J]. 机电信息,2004,24:6-13

[10] 娄如梅. 中成药生产中离心薄膜浓缩技术的初步研究[J]. 中成药,1993,15(1):4-5

[11] Huige NJJ, Thijssen HAC. Production of large crystals by continuous ripening in a stirred tank[J]. Crystal Growth,1972(13/14):483-487

［12］Osato Miyawaki，Ling Liu，Yoshito Shirai，Shigeru Sakashita，Kazuo Kagitani. Tubular ice system for scale-up of progressive freeze-concentration ［J］. Journal of Food Engineering，2005，69：107 -113

［13］Durward Smith，Carol Ringenberg，Erik Olson. Freeze concentration of fruit juice ［R］. Food&Nutrition Safety，2006

［14］冯毅，史森直，宁方芹. 中药水提取液冷冻浓缩的研究［J］. 制冷，2005，24(1)：5 - 8

［15］江华，余世袁. 低聚木糖溶液冷冻浓缩时冰晶生长动力学研究［J］. 林产化学与工业，2007，27(3)：53 - 56

第6章

干　燥

→ **本章要点**

　　掌握干燥的基本原理和主要影响因素;熟悉真空干燥法、沸腾干燥法、喷雾干燥法和冷冻干燥技术的特点、工艺过程以及在天然药物生产中的应用;了解干燥新技术的发展动态。

6.1　概　　述

　　干燥是指通过气化而使湿物料中水分去除的方法。干燥过程是指水分从湿物料内部借助扩散作用达到表面,并从物料表面受热气化的过程。带走气化水分的气体叫干燥介质,通常为空气。

　　干燥方法和干燥设备(drying equipment)的选择应根据产品的特点、产量、经济性等综合考虑。目前产品的干燥较广泛采用空气干燥法。产品的空气干燥设备按工作原理分为:气流干燥(airflow desiccation)、沸腾干燥(explosive desiccation)和喷雾干燥(spray desiccation)。此外,对于热敏性物质常采用冷冻干燥(freeze-drying)技术。

6.1.1　干燥的基本原理

1. 物料中所含水分的性质

　　(1) 结晶水:结晶水是化学结合水,一般用风化方法去除,通常不视为干燥过程。如芒硝($Na_2SO_4 \cdot 10H_2O$)经风化,失去结晶水而成玄明粉(Na_2SO_4)。

　　(2) 结合水:是指存在于细小毛细管中的水分和渗透到物料细胞中的水分。此种水分难以从物料中去除,这是因为毛细管内水分所产生的蒸气压较同温度时水的蒸气压低;物料细胞中的水分被细胞膜包围和封闭,如不扩散到膜外,则不易蒸发去除。

　　(3) 非结合水:是指存在于物料表面润湿水分、粗大毛细管中水分和物料孔隙中水分。此种水分与物料结合力弱,易于去除,因为它所产生的蒸气压等于同温度时水的蒸气压。

（4）平衡水分与自由水分：某物料与一定湿度、温度的空气相接触时，将会发生排除水分或吸收水分的过程，直到物料表面所产生的蒸气压与空气中的水蒸气压相等为止，物料中的水分与空气中水分处于动态平衡状态，此时物料中所含的水分称为该空气状态下物料的平衡水分。平衡水分与物料的种类、空气的状态有关。物料不同，在同一空气状态下的平衡水分不同；同一种物料，在不同的空气状态下的平衡水分也不同。物料中所含的总水分为自由水分与平衡水分之和，在干燥过程中可以去除的水分只能是自由水分（包括全部非结合水和部分结合水），不能去除平衡水分，如图 6-1 所示。干燥效率不仅与物料中所含水分的性质有关，而且还决定于干燥速度。

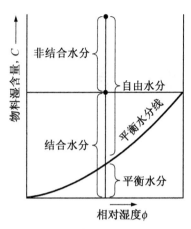

图 6-1 固体物料中所含水分
相互关系示意图

2. 干燥速度与干燥速度曲线

干燥速度是指在单位时间内，在单位干燥面积上被干燥物料中水分的气化量，可用微分形式表示：

$$u = \frac{\mathrm{d}w'}{S\mathrm{d}t}$$

式中：u—干燥速度，kg/(m² · s)；S—干燥面积；w'—气化水分量；t—干燥时间，s。

干燥过程是被气化的水分连续进行内部扩散和表面气化的过程。所以，干燥速度取决于内部扩散和表面气化速度，可以用干燥速度曲线来说明。图 6-2 为干燥介质状态恒定时典型的干燥速度曲线，其横坐标为物料的湿含量 C，纵坐标为干燥速度 u。从干燥曲线可以看出，干燥过程明显地分成两个阶段，即等速阶段和降速阶段。在等速阶段，干燥速度与物料湿含量有关。在降速阶段，干燥速度近似地与物料湿含量成正比。干燥曲线的折点所示的物料湿含量是临界湿含量

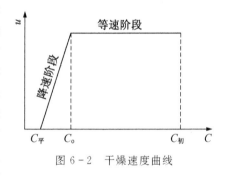

图 6-2 干燥速度曲线

C_0，与横轴交点所示的物料湿含量是平衡水平量 C_Ψ，因此，当物料湿含量大于 C_0 时，干燥过程属于等速阶段；当物料湿含量小于 C_0 时，干燥过程属于降速阶段。

干燥过程出现两个阶段的原因为：在干燥的初期，由于水分从物料内部扩散速度大于表面气化速度，物料表面停留有一层非结合水。此时水分的蒸气压恒定，表面气化的推动力保持不变，因而干燥速度主要取决于表面气化速度，所以出现等速阶段，此阶段又称为表面气化控制阶段。当干燥进行到一定程度（C_0），由于物料内部水分的扩散速度小于表面气化速度，物料表面没有足够的水分满足表面气化的需要，所以干燥速度逐渐降低了，出现降速阶段，此阶段又称为内部迁移控制阶段。

在等速阶段，凡能影响表面气化速度的因素都可以影响等速阶段的干燥，例如，干燥介质的温度、湿度、空气流动情况等。试验证明，空气流速增大，则干燥速度加快。在降速阶段，干燥速度主要与内部扩散有关，因此，物料的厚度、干燥的温度等可能影响降速阶段的干燥。此时热空气的流速、相对湿度等已不是主要因素。某些物料在降速阶段，由于内部扩散速度太小，物料表面

就会迅速干燥,从而引起表面呈现假干现象或龟裂现象,不利于继续干燥。为了防止此种现象的发生,必须采取降低表面气化速度的措施。如利用"废气循环",使部分潮湿空气回到干燥室中。

6.1.2 影响干燥的因素

1. 被干燥物料的性质

被干燥物料的性质是影响干燥速度的最主要因素。湿物料的形状、大小、料层的厚薄、水分的结合方式都会影响干燥速度。一般说来,物料呈结晶状、堆积薄者,比粉末状、膏状、堆积厚者干燥速度快。

2. 干燥介质的温度、湿度与流速

(1) 温度:在适当范围内,提高空气的温度,可使物料表面的温度也相应提高,会加快蒸发速度,有利于干燥。但应根据物料的性质选择适宜的干燥温度,以防止热敏性成分被破坏。

(2) 湿度:空气的相对湿度越低,干燥速度越大。降低有限空间相对湿度可提高干燥效率。常采用生石灰、硅胶等吸湿剂吸除空间水蒸气,或采用排风、鼓风装置等更新空间气流。

(3) 流速:空气的流速越大,干燥速度越快。这是因为提高空气的流速,可以减小气膜厚度,降低表面气化的阻力,从而提高等速阶段的干燥速度。而空气流速对内部扩散无影响,故与降速阶段的干燥速度无关。

3. 干燥速度与干燥方法

在干燥过程中,首先是物料表面液体的蒸发,紧接着是内部液体逐渐扩散到表面继续蒸发,直至干燥完全。

(1) 干燥速度:当干燥速度过快时,物料表面的蒸发速度大大超过内部液体扩散到物料表面的速度,致使表面粉粒黏着,甚至熔化结壳,从而阻碍了内部水分的扩散和蒸发,形成假干现象。假干燥的物料不能很好地保存,也不利于继续制备操作。

(2) 干燥方法:干燥方式与干燥速度也有较大关系。若采用静态干燥法,则温度只能逐渐升高,以使物料内部液体慢慢向表面扩散,源源不断地蒸发;否则,物料易出现结壳,形成假干现象。动态干燥中颗粒处于跳动、悬浮状态,可大大增加其暴露面积,有利于提高干燥效率;但必须及时供给足够的热能,以满足蒸发和降低干燥空间相对湿度的需要。沸腾干燥、喷雾干燥是采用了流态化技术,且先将气流本身进行干燥或预热,使空间相对湿度降低,温度升高,故干燥效率显著提高。

4. 压力

压力与蒸发量成反比,因而减压是改善蒸发,加快干燥的有效措施。真空干燥能降低干燥温度,加快蒸发速度,提高干燥效率,且产品疏松易碎,质量稳定。

6.2 真空干燥

真空干燥(又称减压干燥、负压干燥)适用于需要干燥但又不耐高温的药物。真空干燥器由干燥柜、冷凝器与冷凝液收集器、真空泵三部分组成。真空干燥的温度低,干燥速度较快,被干燥后的物料呈疏松海绵状,易于粉碎,整个干燥过程系密闭操作,减少了药物与空气接触的机会,可避免污染和变质分解。图6-3为真空干燥器图解。

操作时加热蒸气由蒸气入口引进,通入夹层搁板内,冷凝水自干燥箱下部出口流出。冷凝液收集器分为上、下两部分,上部与冷凝器连接,并通过侧口与真空泵相连接,上部与下部之间用导管与阀相通。当蒸发干燥进行时,将阀门开启,冷凝液可直接流入收集器的下部,收集满时,关闭阀门使上部与下部隔离,并开启阀门放入空气,冷凝液则可经下口龙头放出,从而使操作连续进行。

在使用真空干燥时应当适当控制被干燥物料的量,以免因装量过多导致起泡溢出盘外,污染干燥器,亦浪费药物。

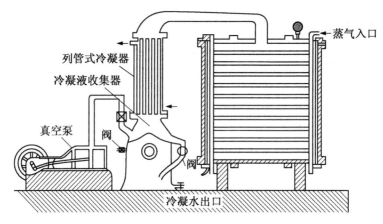

图6-3 真空干燥器图解

6.3 沸腾干燥

沸腾干燥是利用流态化技术,即利用热的空气使孔板上的粒状物料呈流化沸腾状态,水分迅速气化达到干燥目的。沸腾造粒干燥是利用流化介质(空气)与料液间很高的相对气流速度,使溶液进入流化床就迅速雾化,这时液滴与原来在沸腾床内的晶体结合,进行沸腾干燥,故也可看作是喷雾干燥与沸腾干燥的结合。

6.3.1 沸腾干燥的原理和过程

在干燥时,使气流速度与颗粒的沉降速度相等,当压力降至与流动层单位面积的质量达到平衡时(此时压力损失变成恒定),粒子就在气体中呈悬浮状态,并在流动层中自由地转动,流动层犹如正在沸腾,这种状态是比较稳定的流态化。压缩空气通过喷嘴将液体雾化同时喷入沸腾床进行干燥。在沸腾床中由于高速的气流与颗粒的湍动,使悬浮在床中的液滴与颗粒具有很大的蒸发表面积,增加了水分由物料表面扩散到气流中的速度,并增加物料内部水分由中央扩散到表面的速度。因此当液滴喷入沸腾床后,在接触种子之前,水分已完全蒸发,自己形成一个较小的固体颗粒,即"自我成粒";或者附在种子的表面,然后水分才完全蒸发,在种子表面形成一层薄膜,从而使种子颗粒长大,犹如滚雪球一样,即"涂布成粒"。如果雾滴附着在种子表面还未完全干燥即与其他种子碰撞时,有一部分可能与其他种子粘在一起而成为大颗粒,即"粘结成粒"。生产上要求第二种情况占主要组分为好。

6.3.2　沸腾干燥的特点

1. 传热传质效率高

由于是利用流态化技术,使气体与固体两相密切接触,虽然气固两相传热系数不大,但由于颗粒度较小、接触表面积大,故容积干燥强度为所有干燥器中最大的一种,这样需要的床层体积就大大减少,无论在传热、传质、容积干燥强度、热效率等方面都较气流干燥优良。

2. 温度均匀易控

干燥、冷却可连续进行,干燥与分级可同时进行,有利于连续化和自动化。由于容积干燥强度较大,所以设备紧凑、占地面积小、结构简单、设备生产能力高,而动力消耗少。

3. 对结晶物料有磨损

当连续操作时,物料在干燥器内停留时间不同,干燥程度不够均匀,故对结晶物料有一定程度的磨损。

6.3.3　沸腾干燥器

沸腾干燥器有单层和多层两种。单层的沸腾干燥器又分单室、多室和有干燥室、冷却室的二段沸腾干燥,其次还有沸腾造粒干燥等,现介绍单层卧式多室的沸腾干燥器。

1. 单层卧式多室的沸腾干燥设备构造

单层卧式多室沸腾干燥器将沸腾床分为若干部分,并单独设有风门,可根据干燥的要求调节风量。这种设备广泛应用于颗粒状物料的干燥。这种干燥器的构造如图 6-4 所示。

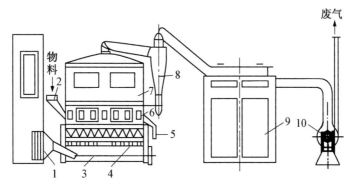

图 6-4　单层卧式多室的沸腾干燥器

1. 空气加热器;2. 料斗;3. 风道;4. 风门;5. 成品出口;6. 视镜;
7. 干燥室;8. 旋风分离器;9. 细粉回收器;10. 离心通风机

2. 单层卧式多室的沸腾干燥设备的操作过程

干燥箱内平放有一块多孔金属网板,开孔率一般在 4% ~ 13%,在板上面的加料口不断加入待干燥的物料,金属网板下方有热空气通道,不断送入热空气,每个通道均有阀门控制,送入的热空气通过网板上的小孔使固体颗粒悬浮起来,并激烈地形成均匀的混合状态,犹如沸腾一样。控制的干燥温度一般比室温高 3~4℃,热空气与固体颗粒均匀地接触,进行传热,使固体颗粒所含的水分得到蒸发,吸湿后的废气从干燥箱上部经旋风分离器排出,废气中所夹带的微小颗粒在旋风分离器底部收集,被干燥的物料在箱内沿水平方向移动。在金属网板上垂直地安装数块分隔板,干燥箱被分为多室,使物料在箱内平均停留时间延长,同时借助物料与分隔板的撞击作用,使其获得在垂直方向的运动,从而改善物料与热空气的混合效果。热空气是通过散热器的蒸气加热的。

6.4　喷雾干燥

　　喷雾干燥是指将药液或浸膏通过高速离心或施加压力,使其雾化成微小的液滴,在高温的气流中,将这些微细的液滴进行瞬间干燥的方法,即用喷雾器将稀料液(含水量 75%~80% 以上的溶液、悬浮液、乳浊液、糊状物或熔融液等)喷成雾滴分散在热气流之中,将水分迅速蒸发达到干燥的目的,是一种先进的干燥方法,广泛应用于医药工业、化学工业等领域。

　　喷雾干燥设备一般由干燥室、喷头、空气滤过器、预热器、气粉分离室、收集桶、鼓风机组成。喷雾干燥工艺流程如图 6-5 所示。

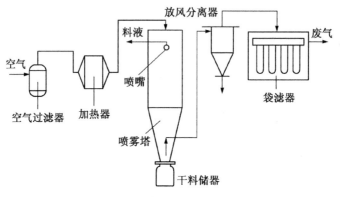

图 6-5　喷雾干燥工艺流程

　　压缩空气经过滤器滤过除菌,再经加热器加热至所需温度,热空气经复滤后进入喷雾塔顶。料液由储槽进入喷雾塔,经喷嘴利用压缩空气喷洒成细小的雾粒后与热空气接触进行干燥;在液滴到达器壁前料液已干燥成粉末,沿壁落入塔底干料储器中。废气经旋风分离器、袋滤器二级捕集细粉后放空。

6.4.1　喷雾干燥工艺流程

　　喷雾干燥工艺流程包括四个阶段:第一阶段雾化,第二阶段料雾与空气接触(混合流动),第三阶段料雾干燥(水分及挥发性物质蒸发),第四阶段干燥产品从空气中分离。喷雾干燥工艺流程如图 6-6 所示。

　　雾化是将大量的液体分裂为千百万细小的液滴或雾滴,形成料雾。$1m^3$ 的液体可分成约 $2×10^{12}$ 个均匀的约 $100\mu m$ 的液滴。这一过程所需能量可通过离心力、压力、动力或声波作用提供。料雾与空气接触后,雾滴与热空气相遇,水分从雾滴表面蒸发。蒸发速度是很快的,由于料雾中雾滴的表面积很大,以直径为 $100\mu m$ 的 $2×10^{12}$ 雾滴计算总表面积约为 $60000m^2$。如果喷雾干燥车间设计正确,则获得的干料悬浮在干燥空气中,从空气中有效地回收干料就成为主要的问题。热量是由热空气供给的,将物料喷成雾状进入热空气中而使水分加速蒸发。通过调节气流速度及温度进行控制雾化后料雾的均匀性以及水分的高速度蒸发(料雾与空气混合流动),使干燥产品的温度比离开干燥室的干燥气体的温度低得多。因此,分离出来的干燥产品完全未受高温作用。

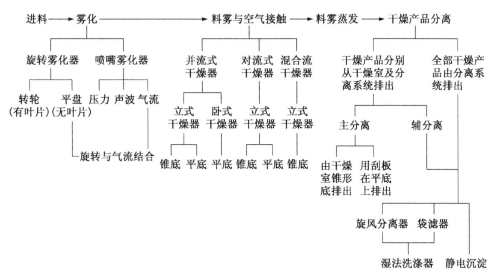

图 6-6　喷雾干燥工艺流程

6.4.2　干燥器总体结构

开式循环干燥器包括旋转式雾化器、蒸气加热的空气加热器、旋风分离器及产品的风送装置。设备见图 6-7 所示。

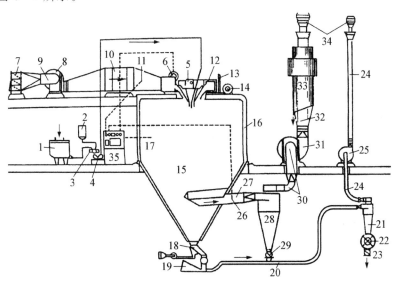

图 6-7　开式循环并流喷雾干燥器

供料系统：1. 贮料槽；2. 水槽(开、停机时使用)；3. 三通阀及滤过器；4. 供料泵
雾化系统：5. 旋转叶轮雾化器；6. 雾化器驱动电动机
供气及料雾与空气接触系统：7. 干空气吸入滤过器；8. 供气风机；9. 气流阀；10. 空气加热器(蒸气加热)；11. 进气气温测定仪；12. 空气分布器；13. 冷却空气排出口(空气分布器冷却用)；14. 空气分布器冷却风机；15. 喷雾干燥室；16. 隔热的干燥室壁；17. 干燥室压力计
干燥产品收集系统：18. 室底排料系统；19. 风送用空气滤过器；20. 风送气管；21. 送料旋风分离器；22. 粉料送料斗；23. 旋转阀；24. 风送系统排气管；25. 风送系统风机；26. 排气温度测定仪；27. 排气管道；28. 干料回收旋风分离器；29. 旋转阀；30. 旋风分离器的排气管道及阀；31. 排气风机；32. 文丘里管；33. 湿洗涤器；34. 空气罩；35. 喷雾干燥器控制箱

1. 雾化

雾化阶段必须提供具有最佳蒸发条件的料雾,才能生产出质量符合要求的干燥产品。旋转式雾化器及喷嘴雾化器都可用来喷雾。旋转式雾化器使用的是离心力。有两种类型的旋转式雾化器:① 雾化轮;② 雾化盘。轮式结构可用来处理高达每小时 200 吨的进料量。喷嘴雾化器使用的是压力、动能或(不常用)声能。喷嘴大小可在很大范围内变动,以满足喷雾干燥的要求。每个喷嘴的进料量较旋转式喷雾器低,为了满足较大量的进料要求可在干燥室中多用几个喷嘴。

2. 料雾与空气接触(混合及流动)

料雾与干燥用的空气接触方式是喷雾干燥设计中的一个重要因素,因为它对干粉料的性质以及雾滴在干燥过程中的变化情况有很大的影响。料雾与空气的接触由雾化器与干燥用空气入口的相对位置决定。料雾可以直接进入刚引进干燥室的热空气中,其状态如图 6 - 8 所示。

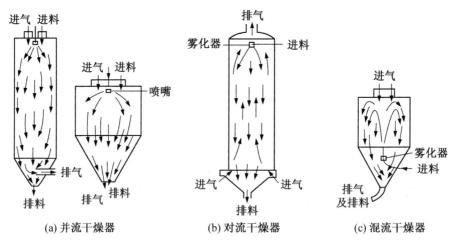

图 6 - 8　喷雾干燥器中物料与空气的流动情况

物料和空气以并流的形式通过干燥室,即它们沿同一方向通过干燥室(虽然它们的运行常常并非并流,例如在料雾与空气开始接触点以及干燥器中产生回流混合的地方),这种方式被广泛采用,特别是热敏性物料。料雾的水分很快蒸发,空气接着冷却,干燥时间很短,物料不至于受热变质。料雾的大量水分蒸发时,物料的温度比较低。雾滴的温度接近湿球温度。当含水量达到要求时,干粉颗粒所接触的是较冷的空气,温度不会再显著升高。实际上虽然进入干燥室的是热空气,但整个干燥室则受低温条件控制,即"蒸发致冷"现象。

3. 料雾的干燥(水分或挥发物的蒸发)

当料雾中的雾滴与干燥介质的空气接触时,雾滴表面立即形成饱和蒸气膜,蒸发就从这里开始。雾滴表面温度相当于空气的湿球温度,雾滴中的水分主要是在雾滴的表面处于饱和及不太热的情况下蒸发。干燥室的结构及气流速度要使雾滴在干燥器中有足够的停留时间以除去预定的雾滴水分。物料在离开干燥器时的温度不可能达到干燥室排出气体的温度,因此由于受热而变质的情况是不大可能的。各种物料具有不同的蒸发特性,有的膨胀、散开、破裂而粉碎成带气孔的不规则形状的粉料,有的则保持球形,甚至收缩而变得更致密。物料形状产生的变化程度、产品的特性都与干燥速度紧密联系着。

4. 干燥产品从空气中分离

在干燥步骤完成以后,如果干燥产品悬浮在空气中,接着就要将它们从空气中分离出来,有两个系统可用于收集物料。图 6-9 为并流干燥器带旋转雾化器及旋风分离器的物料分离系统。系统(a)干物料主要从干燥室的底部排出(图 6-9a)。干燥过程中,大部分干物料落到干燥室的底部,只有小部分随着空气进入分离设备中回收。这种设备一般先用旋风分离器作干法回收,再用湿洗涤器作最后的湿法回收。收集器也可选用袋滤器或静电沉淀器,设备的选择取决于空气离开干燥室时的带粉量和允许的回收效率。这一系统还可以对干粉料起分级作用。粗物料从干燥室底部收集,而细物料则从分离设备中回收,这种分级方法固然可取,但通常还是将两种料放在一起输送到同一个排料地点。系统(b)全部干物料都在分离系统中收集(图 6-9b),这一系统将设备的分离效率放在重要位置上,因为它不需要另装物料输送系统而较受欢迎。

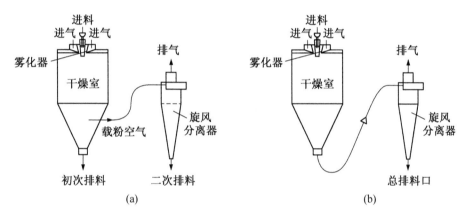

图 6-9　并流干燥器的物料分离系统

(物料从并流式带旋转雾化器的喷雾干燥中排出)

6.4.3　喷雾器的类型

喷雾器在喷雾干燥中是关键部分,它关系到产品的质量和能量消耗。因此要求雾化器的结构简单,操作方便,能量消耗小,产量大,料液雾化后雾粒大小均匀,并能控制其大小和产量。雾化器有三种类型:气流式、离心式、压力式。

1. 气流式喷雾器

气流式喷雾器结构简单,适用于任何黏度或稍带固体的药液。气流式喷雾器的工作原理是利用高速气流对液膜产生摩擦分裂作用,把液滴拉成细雾状。高速气流一般用 $150\sim500$ kPa 的压缩空气,速度可达 $200\sim300$ m/s,从喷嘴喷出,而溶液的流出速度一般小于 10m/s,因此气流与液流之间的相对速度很大而产生摩擦,液体就被拉成很多丝状体,又迅速断裂成小雾滴。

2. 离心式喷雾器

离心式喷雾器适用于高黏度或带固体颗粒料液的干燥。该方法能直接将溶液、乳状液、混悬液干燥成粉末或颗粒,省去进一步蒸发、粉碎等操作。离心式喷雾器的主要部件是高速旋转的转盘,转盘的形式有平板型、碟盘型、多翼型和喷嘴型等。其直径一般为 $0.1\sim0.3$ m,圆周速度一般为 $100\sim160$ m/s。当料液送入高速旋转的圆盘时,由于受到离心力作用而加速,到达圆盘周边时高速甩出拉成细丝,继而断裂成雾滴状洒出。在这种离心盘中,由于滑动较大,所以进料量不能太大。

3. 压力式喷雾器

压力式喷雾器应用较多,它适用于黏性药液,动力消耗最小。压力式喷雾器也称机械式喷雾器。料液经高压泵加压以 20～200 个大气压的压强从切向小孔进入喷嘴的旋涡室或经过斜槽进入旋转室。此时,料液的部分静压能转化为动能,使液体形成旋转运动,当旋转液从喷嘴喷出时,因其压强急剧下降,速度大大增加,结果使料液形成一空心锥形旋转液膜,液膜伸长形成细丝,最后成雾滴。喷嘴口径约 0.3～2mm,喷液量可达 15～180dm³/h。孔径越大,喷液量越大,雾粒越大;压强越大,喷液量越大,雾滴越细。

6.4.4 喷雾干燥技术的特点

1. 药液经喷雾干燥,直接获得粒度较小的浸膏粉

一般来说,高速离心喷雾干燥可得到 120～250 目的浸膏粉;压力喷雾干燥器可得到 60～120 目的浸膏粉。

2. 瞬间干燥

喷雾干燥时间很短,一般仅需 5～40 秒。喷雾干燥时形成的液滴体积很小,在与热气流充分接触时能在零点几秒至十几秒内迅速地蒸发掉 95%～98% 的水分。

3. 适合热敏性物质的干燥

雾化后料雾的均匀性以及水分的高速度蒸发,使干燥产品的温度比离开干燥室的干燥气体的温度低得多,药物实际受热较低,且受热时间短,因此热敏成分破坏少,适合热敏性物料的干燥。

4. 成品均匀度好

喷雾干燥是一种动态干燥方法,在喷雾干燥时,药液是在不断搅拌状态下喷成雾化分散,瞬间完成干燥,因此均匀度较好。

5. 成品流动性、疏松性、溶解性较好

在喷雾干燥过程中,由于水分迅速气化,成品成为疏松的细小颗粒,产品基本保持与液滴近似的球状,流动性好,有利于分装。

6. 简化生产工艺

喷雾干燥可使浓缩、烘干一步完成,使工艺大大简化。在制备需加辅料的浸膏粉时,也可将适量的辅料直接混入药液中,使之成溶解或混悬状态后喷雾干燥。

7. 生产中染菌或污染环境的机会减少

这是由于喷雾干燥是一种连续的密闭式的生产装置,杜绝了暴露在生产环境中及与操作者接触的机会。

由于喷雾干燥的这些特点,使喷雾干燥在医药行业中的应用日趋扩大,该法与其他方法相比具有可连续操作、省时及容易批量生产等优点,是目前天然药物行业中较先进的干燥技术,克服了烘箱和减压干燥的缺点,不需粉碎,直接得到浸膏粉,因此较广泛应用于食品、化工、医药等领域,被国内许多药厂所采用。

6.4.5 影响喷雾干燥的主要因素

1. 浓缩液的相对密度

天然药物浓缩液喷雾干燥时,必须找出最佳浓缩液相对密度,因为相对密度过低,就会造成喷雾干燥速度慢,产量少,达不到生产省时、省力的目的;若相对密度过高,天然药物浓缩液的黏性过强,在喷雾干燥过程中造成黏壁,达不到喷雾干燥的目的。一般来说,天然药物浓缩液的相对密度约为 1.10(1.05～1.15)(80℃测)时,能较好地进行喷雾干燥。天然药物品种不同,其浓缩液进行喷雾干燥的适宜相对密度也会有所不同。

2. 浓缩液的温度

天然药物浓缩液在室温(25℃)进行喷雾干燥,达到稳定状态后,如果提高浓缩液的温度,就会发现喷雾干燥雾化速度加快,需增加浓缩液的流量才能保持喷雾干燥稳定状态。因此,在生产允许的范围内,天然药物浓缩液的温度越高,喷雾干燥的速度就越快,产量就越大。

3. 浓缩液的黏度

当天然药物浓缩液的相对密度、温度相同时,由于浓缩液的黏度不同,有的容易,有的困难,有的甚至得不到干燥产品,原因是浓缩液的含糖量高,容易造成黏壁,例如生地、熟地黄、麦冬、大枣、枸杞子、黄精等浓缩液进行喷雾干燥,产品黏壁,达不到干燥效果。对于易产生黏壁现象的天然药物浓缩液、离心液、醇沉液,可采用加入适量环糊精、可溶性淀粉等,制成混悬液,或采用升温的办法,降低黏度,消除黏壁现象。

4. 浓缩液、离心液、醇沉液对喷雾干燥的影响

天然药物浓缩液采用高速离心机离心,分离效率高,净化度也高,得率在 90% 左右;有的产品采用 70% 的乙醇除去泥沙、淀粉、蛋白质等杂质,得率在 70% 左右。同一天然药物品种,在相同密度、温度时,其浓缩液最容易喷雾干燥,离心液次之,70% 醇沉液最难喷雾干燥,容易黏壁。

5. 测定 CRH 以决定加辅料量及包装材料选择

临界相对湿度(CRH)是水溶性药物吸湿与否的临界值,各种水溶性药物各有其固有的CRH。多用 CRH 作为吸湿性大小的指标,CRH 越小,越易吸湿,反之亦然。

天然药物喷雾干燥产品,由于比表面积大,容易吸潮,而含糖高的喷雾干燥产品更易吸潮,其 CRH 多低于 50%,故通过加入环糊精、淀粉等作赋形剂,降低其吸潮性。要将减少赋形剂用量与提高天然药物固体制剂的 CRH 有机结合起来,才能达到现代天然药物制剂剂量小、质量稳定的目的。黏性低的天然药物提取液,其喷雾干燥产品与赋形剂用量之比为 9∶1 时,用95% 乙醇制粒,颗粒硬而粗,但 CRH 值低,不利于长期保存,需要好的包装材料。

6.4.6　喷雾干燥黏壁现象的处理方法

喷雾干燥过程中,被干燥的物料黏附于干燥塔的内壁上,称之为黏壁。天然药物浸膏喷雾干燥过程中常发生黏壁,出现部分浸膏粉色泽加深或焦化变质,影响产品的质量和得率。黏壁现象大概可分为以下三种类型。

1. 半湿物料黏壁

造成此类黏壁的直接原因是喷出的雾滴在没有达到表面干燥之前就和器壁接触,因而粘在壁上,甚至造成产品焦化。半湿物料黏壁与喷雾干燥塔结构、雾化器的结构以及热风在塔内的运动等因素有关。

2. 低熔点物料的黏壁

颗粒在一定温度(熔点温度)下熔融而发黏,黏附于壁上,这种情况应控制热风在干燥塔内温度分布,限制塔内最高温度分布区不超过物料的熔点。对于熔点很低的物料,可用低温喷雾干燥法。

3. 干粉的表面黏附

这种黏壁不形成坚固层,并且厚度很薄,粉尘很容易用空气吹掉或轻微的敲打而振落。

6.4.7　喷雾干燥法的应用

1. 天然药物的喷雾干燥

喷雾干燥操作简便,速度较快,产品粒度均匀,制剂的崩解时限和溶解度好,容易达到卫生质量标准,与天然药物液体制剂相比,具有体积小,服用方便,又便于贮存和携带等优点。

在样品的选择上充分考虑到样品的代表性,从植物的药用部位方面,选用了根、茎、叶、花、果实;从化学成分方面选择了生物碱、黄酮、蒽醌、内酯、木脂素、皂苷等。喷雾干燥的条件:进风温度 140～150℃,粉区温度 75℃左右,出风温度 60℃左右。对 9 种天然药物水煎液喷雾干燥前后已知主要化学成分进行了含量测定,结果表明:天然药物水煎液经喷雾干燥后其已知主要化学成分与喷雾干燥前相比没有明显变化。

将传统烘房干燥与喷雾干燥进行对比试验,结果为:未干燥前浸膏中黄芩苷含量为 23.06%(以浸膏中干固物量计算);烘房干燥法干浸膏中黄芩苷含量为 12.4%;喷雾干燥法喷雾粉中黄芩苷含量为 22.03%。这是因为黄芩苷为一热敏性很强的物质,烘房干燥法受热时间长,黄芩苷易被破坏,所以含量明显下降;而喷雾干燥法,物质在几秒内完成干燥过程,因此黄芩苷能基本保持干燥前含量水平,这在提高药品的疗效及降低生产成本等方面都很有价值。

对主要含有皂苷类成分的产品采用浸膏浓缩后加水调配至一定相对密度,掺入适量淀粉进行喷雾干燥解决了黏壁的问题。药材经 90%乙醇提取 3 次,减压浓缩至清膏(相对密度约 1.20),常压浓缩成稠膏状(相对密度约 1.35),加蒸馏水调配成相对密度约 1.05,掺入浸膏量 10%淀粉混匀,纱布滤过,喷雾干燥。进风温度 170～180℃,出风湿度 70%～80%;压缩空气压强≥0.06MPa(表压);压料缸压强 0.04～0.05MPa,药液温度 80℃。喷雾干燥完毕,药粉呈浅棕色,色泽均匀,流动性良好,药粉混合过筛、检验即可。

2. 田七粉生产工艺中的喷雾干燥

采用浸膏液喷雾干燥法制备田七浸膏粉。试验采用了 20%浓度的田七浸膏溶液(相对密度 1.08),以 3kg/cm² 压力压缩空气为动力喷入塔内,热空气进风温度为 170℃,进料速度为 30kg/h,出风温度 92℃,风量 1740m³/h,喷头压缩空气量 1.2m²/min,干燥水分 22.5kg/h,干粉生产能力 7.5kg/h,成品含水量低于 5%,喷雾干燥避免了原工艺中熬膏和烘房干燥造成的结焦现象。

3. 喷雾干燥法在传统剂型中的应用

使用喷雾干燥器所得浸膏粉用于片剂、丸剂、颗粒剂的生产,均收到了很好效果。

(1)优化条件:喷雾方法为气流液混合式;加热方法为蒸气加热为主,电加热为辅;干燥塔进风温度 150～180℃;塔底出风温度为 80～95℃;物料含固量为 30%～60%(相对密度 1.1 为 1.2);物料温度为 60～80℃。

(2)工艺流程:将液体物料加热至 60～80℃,打开蒸气加热器,启动风机和电加热器,待进塔风温达到 150～180℃时,将物料液压至喷嘴,进行喷雾干燥,调节喷料雾状大小,使流量与风温相适应。开启自动气刷,吹刷塔壁上的干粉。干粉沉至底部收料桶,净化后的尾气经风机排空。浸出液一般在真空 8kPa、温度 65℃ 左右浓缩至波美度 14°~18°,相对密度约为 1.12 即可喷雾制粉。喷粉时首先调节散热器及通风管道,使塔内保持负压 0.47kPa,塔温 70~80℃,即可将浓缩液注入喷枪进行喷粉,收集药粉后即可装胶囊,也可进一步制粒,制成颗粒剂。

(3) 特点:喷雾干燥速度快,时间短,所得粉末极细(180 目以上),细粉含水量≤5%,各成品的生药含量得到了提高,杂菌总数得到控制。经过对比研究,在片剂、丸剂生产中,经喷雾干燥后,缩短了生产周期。通常用烘箱生产一个周期需 10 天左右,利用喷雾干燥后只需 2~3 天即可。在颗粒剂生产中,生药含量得到了控制,经喷雾干燥后的细粉可根据所需生药量加入辅料制粒,而流浸膏制粒很难控制生药含量。另外,喷雾干燥温度高,污染源少,故含菌量得到了很好控制。因此,在片剂、丸剂、颗粒剂的生产中,应用喷雾干燥法,对制剂的溶出速度、溶散时限、生药含量的控制及杂菌控制等方面均有所提高。

4. 喷雾干燥--一步制粒联合流化制粒技术的应用

在脑康颗粒的制粒方法研究中,以葛根素含量和制粒情况作为评价指标,采用喷雾干燥-一步制粒联合流化制粒技术对制粒条件进行优化。

(1) 喷雾干燥条件:浸膏相对密度为 1.10(60℃);进液物料温度为 50~60℃;进液速度为 50~60ml/min;进风温度为 158~168℃;出风温度为 68~78℃。

(2) 一步制粒的主要技术参数:进液速度为 50~55ml/min;喷雾压强为 0.3MPa;蒸气压为 0.5MPa;物料温度为 55~60℃;进风温度为 78~88℃;出风温度为 40~45℃。

(3) 工艺原理及产品特点:将经提取、浓缩所得浸膏的 2/3 进行喷雾干燥,得干燥粉末,并以此为一步制粒的母核,余下 1/3 量的浸膏作为黏合剂进行一步制粒。当黏合剂均匀喷于悬浮松散的浸膏粉体层时,黏合剂雾滴使接触到的粉末润湿并聚结在自己周围形成粒子核,同时再由继续喷入的液滴落在粒子核表面产生黏合作用,使粒子核与粒子核之间、粒子核与粒子之间相互交联结合,逐渐凝集长大成较大颗粒。干燥后,粉末间的液体变成固体骨架,最终形成多孔性颗粒产品。该法具有速度快、物料受热时间短、生产工序简单、产品质量可控性强、节约辅料用量等优点。

6.5　冷冻干燥技术

冷冻干燥的全称为真空冷冻干燥(vacuum freeze-drying),是将被干燥液体物料冷冻成固体,在低温减压条件下利用冰的升华性能,使物料低温脱水而达到干燥目的的一种方法,因利用升华达到去水的目的,所以又称为升华干燥(sublimation)。在此过程中,水分升华所需的热量主要依靠固体的热传导,因此冷冻干燥属于热传导干燥。冷冻干燥得到的产物称为冻干物(lyophilizer),冷冻干燥的过程称为冻干(lyophilization)。冷冻干燥用于天然药物提取分离的范围正逐步扩大。

6.5.1　冷冻干燥的基本原理

冷冻干燥的原理可以由水的相图来说明,如图 6-10 所示,图中 OA 线是固液平衡曲线;

OC 是液气平衡曲线(表示水在不同温度下的蒸气压曲线);OB 是固气平衡曲线(即冰的升华曲线);O 为三相点。凡是三相点 O 以上的压强和温度下,物质可由固相变为液相,最后变为气相;在三相点 O 以下的压强和温度下,物质可由固相不经过液相直接变成气相,气相遇冷后仍变为固相,这个过程即为升华。例如冰的蒸气压在 $-40℃$ 时为 $13.33Pa$,在 $-60℃$ 时为 $1.33Pa$,若将 $-40℃$ 冰面上的压强降低至 $1.33Pa$,则固态的冰直接变为水蒸气,并在 $-60℃$ 的冷却面上复变为冰。同理,如果将 $-40℃$ 的冰在 $13.33Pa$ 时加热至 $-20℃$,也能发生升华现象,使冰不断变成水蒸气,将水蒸气抽走,最后达到干燥的目的。

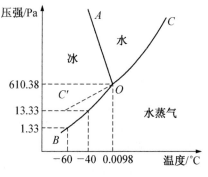

图 6-10　水的三相点相图

6.5.2　冷冻干燥的特点

1. 优点

(1) 物料干燥是在低温下进行的($-40℃$),且处于真空状态,因此特别适用于热敏性高、极易氧化物料的干燥,可避免药品因高温分解变质,如可使蛋白质不发生变性。

(2) 干燥后体积、形状基本不变,所得产品质地疏松,成海绵状,无干缩,故复水性极好,加水后迅速溶解,恢复药液原有特性。

(3) 产品含水量低,一般在 $1\%\sim3\%$,同时,干燥在真空中进行,故不易氧化,有利于药品长期储存。

(4) 产品中的异物比常规方法产生的少,因此污染机会相对减少。临床应用效果好,过敏现象、副作用少。

(5) 产品剂量准确,外观优良。

(6) 在低温干燥过程中,微生物的生长和酶的作用几乎无法进行,能最好地保持被冻干物质的原来性状。

(7) 易于实现无菌操作。

2. 缺点

(1) 溶剂不能随意选择。

(2) 成本高,药品成本相对提高。

6.5.3　冷冻干燥设备及性能选择

1. 冷冻干燥设备

冷冻干燥机(简称冻干机)按系统分:由制冷系统、真空系统、加热系统和控制系统四部分组成;按结构分:由冻干箱(或称干燥箱、物料箱)、冷凝器(或称水气凝集器、冷阱)、真空泵组、制冷机组、加热装置、控制装置等组成,如图 6-11 所示。

产品的冻干在冻干箱内进行,箱内设有若干层搁板,搁板内置有冷冻管和加热管,分别对产品进行冷冻和加热。箱门四周镶嵌密封胶圈,临用前涂以真空脂,以保证箱体的密封。冷凝器内装有螺旋状冷凝蛇管数组,其操作温度应低于干燥箱内产品的温度,工作温度可达 $-60\sim-45℃$,其作用是将来自干燥箱中产品所升华的水蒸气进行冷凝,以保证冻干过程的进行。每批操作完毕后,自冷凝器底部通过加热器吹入热风进行化霜,融化的水自底部排出。真空泵组对系统抽真空,冻干箱中绝对压强应保持在 0.13～13.3Pa。小型冷冻干燥机组通常采用罗茨真空泵或扩散泵加前级泵组成;大型机组可采用多级蒸气喷射泵组成。制冷机组对冻干箱中的搁板及冷凝器中的冷冻盘管降温,冻干箱中的搁板可降至－40～－30℃。实验室冷冻干燥机组可采用一台制冷机供干燥器和冷凝器交替使用。工业用小型冷冻干燥机组对冻干箱和冷凝器应分别设置制冷机,以保证操作的正常进行。常用的冷冻剂有氨、氟利昂、二氧化碳等。加热装置供冻干箱中的产品在升华时升温用,应能保证干燥箱中搁板的温度达到 80～100℃,加热系统可采用电热或循环油间接加热。先进的控制装置是利用计算机输出程序控制整个工作系统正常运转。控制装置先进程度最能体现整机水平。

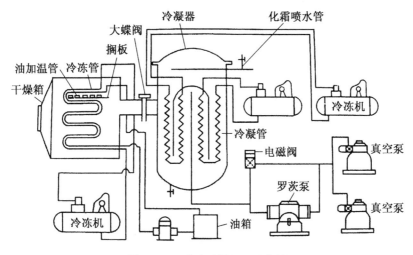

图 6-11 冷冻干燥机组示意图

2. 设备性能选择

(1)冻干机的容量、规格,包括搁板面积、冷凝器的捕水量、搁板尺寸、搁板间距等都应与生产量的大小相匹配。

(2)搁板正反面都要相当平整,板温应均匀,一般板与板之间,板的每个点温差应控制在±1℃以内,才能保证整批产品质量均一。

(3)冷凝器的温度应能在 2.5 小时内降至所需的温度。如果达不到要求,说明冷凝器捕集水蒸气的能力不够。

(4)箱体的真空度,空箱测定应在 30 分钟内达到 2.66Pa,并保证密闭不泄漏。

(5)箱体应采用优质不锈钢材质,设计应合理优美,不仅方便清洗,而且要高度耐腐蚀。

6.5.4 冷冻干燥工艺过程及技术参数的选择

冷冻干燥工艺过程主要包括冻结、升华和再干燥三个阶段。

1. 冻干产品的配方研究

首先应了解待干燥物质的结构与特点,测定其共熔点温度,然后根据共熔点温度判断是否加入添加剂(包括赋形剂、稳定剂等),以及加何种物质及加入量。冻干后,进行外观、水分、熔化性等项目测定,逐渐完善配方,经过重复性试验至接近指标为止。冻干剂配方研究流程如图 6-12 所示。

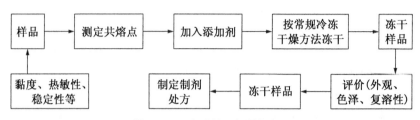

图 6-12　冻干剂配方研究流程

冻干溶液的共熔点是冻干过程控制依据的一个重要参数。不同待干燥物质因其所含成分不同,共熔点相差较大。为保证待干燥物质的冻干能顺利进行,在冻干前还必须先测定其共熔点,然后控制冷冻温度在低共熔点以下。测定低共熔点的方法有热分析法和电阻法。

(1)热分析法:首先配制少量待干燥物质的冻干溶液,量取 25～50ml 置烧杯中;启动冻干机,将搁板温度降至-25℃,并维持该温度,将烧杯置搁板上,插入温度探头以测得冻干溶液温度变化,以温度对时间作图,得该待干燥物质冻干溶液的共熔点,如图 6-13 所示。

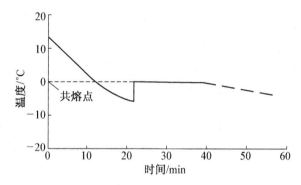

图 6-13　冻干溶液共熔点测定示意图

(2)电阻法:本法是利用电解质溶液在冷却过程中达到低共熔点时的电阻突然增大的原理,由升温时电阻的变化来测定,完全冻结的溶液(此时的电阻值无穷大)在升温时固相熔化,此过程中电阻突然下降的温度即为共熔点。

2. 预冻

在升华干燥前必须把所有产品冻实,即预冻。预冻是恒压降温过程,药液随温度的下降冻结成固体,考虑到冻干产品的质量和生产成本,预冻温度应低于产品共熔点 10～20℃。共熔点是指水溶液随温度下降,冰和溶质同时析出固体结晶时的温度。预冻时间一般在 2～4 小时,装置厚度一般以 10～15mm 为宜,固体物含量 4%～25%,以此克服溶液的过冷现象,使产品完全冻结,即可进行升华。产品预冻的效果与预冻速度、预冻最低温度和预冻时间等三个参数有关。

(1)预冻速度:冷冻对生物细胞会产生一定的破坏作用,这主要来自机械效应和溶质效应。试验证明,缓慢冷冻产生的冰晶较大,快速冷冻产生的冰晶较小,故快速冷冻可减少机械效应的影响;溶质效应在水的冰点和共熔点之间的温度范围内最为明显,若能以较高的冷冻速度超过这一范围,则能削弱溶质效应,因此,在预冻阶段,降温速度越快越好。产品冻干后的外观与预冻的速度有关,慢冻后晶格较大,冰晶呈六角对称形,而速冻则呈树枝不规则形或呈球形,若间隙小,则升华时阻力大。

(2)预冻温度:预冻的最低温度应低于产品共熔点 10～20℃以下为宜,一般产品的共熔

点多在 −25～−15℃ 之间。对无条件检测共熔点的企业,可将最低温度定为 −35℃ 左右。

（3）预冻时间:为防止因抽真空而出现喷瓶,预冻时间应确保抽真空之前所有的产品均已冻实。物体的传热是先表层后内部,冻干箱内的产品难免存在一定的温度梯度,因此适宜的保温时间和改善传热效率可缩小温度差异。将盘装冻干改成抽底盘冻干,让玻璃瓶直接与板层接触,能有效改善传热效率。试验表明,采用抽底盘冻干产品温度下降明显增快,在样品达到预冻最低温度后,保温 1～1.5 小时即可。

3. 升华干燥

升华干燥首先是恒温减压过程,然后是在真空条件下恒压升温使固态冰升华逸去,可以一次升华,也可多次升华。升华干燥是整个工艺过程的关键,升华干燥的时间与产品品种、分装厚度及提供的热量有关,在产品品种及分装厚度确定的情况下,若要缩短时间,保证质量,则需从加速热量传递着手。冻干箱的板层是产品获得热量的来源,而箱体内的压强则是产品获得热量的环境条件。压强既不能过低,也不能过高:若压强过低,虽然有利于产品内冰的升华,但对传热不利,产品不易获得热量,升华速度反而降低;若压强过高,产品内冰的升华速度减慢,产品吸收热量将减少,产品自身的温度上升,当高于共熔点温度时,产品将发生熔化造成冻干失败,真空度一般可控制在 20～40Pa。升华前必须在 30 分钟内使冷凝器温度达到 −40℃ 以下（一般在 −50℃ 最为经济）。第一阶段干燥:开启真空泵,然后将冻干箱与冷凝器之间的大蝶阀缓缓打开,接着开启罗茨泵,待冻干箱内真空度达到 10Pa 左右转入加热升华干燥。开启油加热器,然后开循环油泵,使油液在搁板内循环加热,注意控制好油温。这一阶段要注意:产品冷冻的温度应低于产品共熔点温度,并确保产品冻牢,产品升华干燥的温度必须低于其崩解温度。当全部冰晶排除后,除去全部水分的 90% 左右。第一阶段干燥完成的指示:① 从透视窗可见到升华交界面逐步前进到容器底部并消失;② 冷凝器温度下降至升华前的状态;③ 冻干箱的压力下降到接近冷冻器的压力,且两者之间的压力差维持不变;④ 产品温度上升到接近搁板的温度;⑤ 当关闭干燥箱通往水气凝结器之间的阀门时,箱内压力上升速度与干燥箱的渗漏速度相近;⑥ 当在多歧管上干燥时,容器表面上的冰或水珠消失,其温度达到环境温度。上述现象发生后,至少再延长 0.5～1 小时,以期彻底消除产品中的残留冰晶及各容器干燥速度的不均衡性,即可转入第二阶段升华。

产品的升华干燥过程主要有以下工艺参数:① 产品最高温度;② 产品最低温度;③ 箱内真空度;④ 冷凝器表面温度;⑤ 加热板加热功率（或温度）。其中产品最高温度是由产品自身成分特性及冻干成品质量要求决定的。对于一般产品,在升华干燥阶段,产品最低温度是由对产品所含水分的冻结率的要求所决定的,通常不应高于预冻结要求温度。该温度与箱内真空度有一定的对应关系。由于冻干过程中,真空机组只是抽去不可凝结气体（产品中析出、设备表面析出、泄漏进的空气）和极少量的水蒸气,因此箱内真空度主要由加热板加热功率和冷凝器表面温度共同决定。

4. 解析干燥

升华完成后,温度继续升至 0℃ 或室温,并保持一段时间使已升华的水蒸气或残留的水分被排尽,即解吸干燥过程,再干燥可减少产品冻干后回潮。在解吸阶段,产品内冻结冰已不存在,因而可以将产品温度迅速上升到设定的最高温度,这样既利于降低产品的残余水分,也可缩短解吸干燥的时间。从理论上讲,一旦产品内冻结冰升华完成,产品的干燥便进入了解吸阶段,而在实际操作中,如何界定产品的两个干燥阶段,则很难把握。另外,什么时候迅速提高产品温度,对玻璃瓶的影响最小,也应加以考虑。通常,产品在到达 0℃ 时即已进入解吸干燥阶段,而在 0℃ 以上即使温度迅速上升,对玻璃瓶的影响也相对较小。

干燥完成后,产品残余水分的含量视产品种类的要求而定,一般控制在 1%～5%。测定冻干物料干燥程度的经验方法:冻干后,关闭冻干箱与冷凝器之间的真空阀门,观察在 30～60 秒内冻干箱内压力的回升情况(箱体没有泄漏),如果冻干箱内的压力没有明显升高,则可以结束冻干。一般关闭 1 分钟,压强上升<1Pa,残余水分约在 1%～2% 之间。

5. 冻干曲线

制作冻干曲线主要是为了确定下列参数:① 预冻速度;② 预冻温度;③ 预冻时间;④ 水气凝结器的降温时间和温度;⑤ 升华速度和干燥时间。冻干过程中最重要的参数是冻干温度和干燥箱内压力。冻干曲线就是表示冻干过程中产品温度、压力随时间变化的关系曲线。根据冻干产品的不同性质、冻干机的不同性能,制作出适宜的冻干曲线。它既是手工操作冻干机的依据,也是全自动控制冻干机操作的依据。不同产品应采用不同的冻干曲线,同一产品采用不同冻干曲线时质量也不相同,此外,冻干曲线还与冻干机的性能有关。冷冻干燥过程中,产品和冻干室层板的温度随时间变化的曲线称为冻干曲线;同样地,冷凝器温度随时间变化的曲线也称冻干曲线,如图 6-14 所示。预冻阶段产品温度迅速降低至低共熔点下,保持一段时间后进入升华干燥阶段,搁板温度上升,水分大量升华,为了避免成品产生僵块或外观缺陷,此时搁板温度控制在 ±10℃ 之间,使产品温度不超过低共熔点。冻干曲线是冻干箱板温度与时间之间的关系曲线。一般以温度为纵坐标,时间为横坐标,还可以有产品温度、冷凝器温度、真空度曲线。

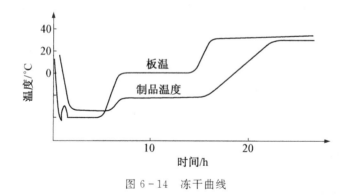

图 6-14 冻干曲线

6. 玻璃化转变温度

有些溶质在冷冻干燥过程中不结晶,而是处于无定形状态,此时不形成共熔相。当温度降低时,冷冻浓缩液变得更黏稠,并伴随冰的结晶生长,这个过程持续到温度变化很小而冷冻浓缩液黏度明显增加,冰的结晶停止。此时物质呈非晶态存在的一种状态,黏度极大,一般为 $10^2 \sim 10^{14} Pa \cdot s$,具有液体的性质,但流动性差,被称为玻璃化(vitrification)。玻璃化作用对冻干药品的质量和稳定性有重要影响。玻璃化转变温度(glass translation temperature,T_g,又称玻璃化温度)是指当溶液浓度达到最大冻结浓缩状态发生玻璃化转变时的温度,它是无定形系统的重要特性。在 T_g 以下冷冻浓缩液以硬的玻璃状态存在,而在 T_g 以上则为黏稠的液体。T_g 与冷冻浓缩液的坍塌温度(collapse temperature)密切相关。在冷冻干燥过程中,如果温度高于药品的 T_g,药品黏度迅速降低,发生流动,表面萎缩,微细结构破坏,发生坍塌现象。

玻璃态药品是在非平衡条件下通过快速冻结形成的,与晶态药品相比则不稳定,当温度变化时有转变为晶态的倾向。药品结构随温度的变化如图 6-15 所示。

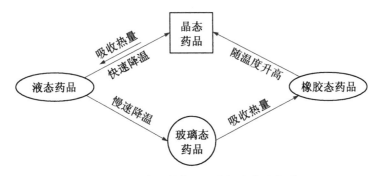

图 6-15　药品结构随温度的变化示意图

对于许多药品来讲,提高其在体内的溶出速度就意味着生物活性和药效的提高,因此溶出特性是药品质量的重要标志之一。冻干的玻璃化药品具有多孔网状结构,与晶态药品相比有较高的溶出速度。在药品冷冻干燥的冻结阶段,T_g 与药品浓度有关;在干燥阶段,T_g 与含水量有关。在冷冻干燥过程中,通过添加 T_g 高的、不同浓度的保护剂,并控制合适的降温速度,可以最大程度地实现药品玻璃化。保护剂除了能提高药品的 T_g 外,还能与药品(如蛋白质、脂质体)表面的极性基团形成氢键,防止药品失水后氢键直接暴露在周围环境中,从而减少蛋白质或脂质体的损伤、变性和凝聚。T_g 是药品冷冻干燥过程中的一个重要参数,药品加热温度的选取必须以 T_g 为参考并且在第一、第二干燥阶段以及储存过程中药品温度均需低于与其浓度变化相应的 T_g,以防止药品出现塌陷、表面萎缩、结块、变硬、变色等不良现象。

7. 其他技术参数

冷冻干燥设备的其他技术参数见表 6-1。

表 6-1　冷冻干燥设备的技术参数

设　备	技术参数	设　备	技术参数
制冷系统	制冷量/J·h^{-1}	加热系统	加热面积/m²
	冷冻面积/m²		额定导热油量/kg
	冷冻温度/℃		加热温度/℃
真空系统	真空泵(型号)	物料干燥箱	干燥面积/m²
	箱内空载真空度/MPa		层数
烘盘	烘盘尺寸/mm	全系统	总功率/kW
	烘盘数量/只		

6.5.5　冷冻干燥中常出现的问题、产生原因及解决办法

1. 产品出箱后出现萎缩、空洞、碎块

这是因为产品干燥不彻底,还有残存冰晶。产品出箱后的温度、压力均处于共熔点以上,冰融化成水,水被其周围的已干物质吸收,而产生空洞、萎缩现象。可采取延长干燥时间、提高

升华温度、降低冻结速度等措施加以解决。

2. 产品出箱时呈间隙很大的骨架结构,甚至是绒毛状物质

这是因为产品配方中所含固体物质太少,冻结时,自由水结成纯冰所占体积大,升华后形成的孔隙也大,使有效成分在升华时随水蒸气一起飞散。形成的绒毛状物质本来是产品的固体组分,一遇空气就会吸收水蒸气熔化而消失。解决的办法是在配方中增加填充剂。

3. 产品出箱时,发现有泡坑、干缩、塌陷、空洞等现象

这是因为:① 冻结温度过高或时间太短,使产品尚未完全冻结;② 第一阶段干燥时温度过高,压力过高,使部分产品熔化所致。因此,操作时应使产品冻牢,升华不能超过产品的共熔点温度,其固体部分不能超过崩解温度。

4. 含水量过高

这是因为:① 第二阶段干燥时间太短,干燥温度太低;② 干燥层和瓶塞的流动阻力太大,水蒸气不易逸出;③ 装量过厚,一般装量厚度应在 10~15mm 以内;④ 产品出箱后、密封前搁置时间太长,或环境湿度太高,使空气中的水汽又返回到干燥产品中;⑤ 储存期间,从瓶塞或包装的不密封处漏入水蒸气。

5. 含水量太低

主要是由于干燥时间过长,或第二阶段干燥温度过高所造成的。

6. 产品在深度方向上颜色和孔隙度不均匀

可能是由于分装后搁置时间太长,溶液中不能溶解的成分产生沉淀。

7. 成品中出现杂质

主要是因为原料、设备、人员及操作等环节控制不严格所造成的。可以通过加强工艺管理,控制环境污染来解决。

8. 生物活性物质失活

主要原因有预冻过程中水结冰所产生的机械效应和溶质效应、冻干过程中温度控制不当、冻干药品中的残余水分过多。可以采取下列措施加以解决:采用速冻法预冻,使其来不及产生机械效应和溶质效应;加入产品保护剂;严格控制再干燥阶段的温度,选用所能允许的最高温度;调整真空度、干燥时间等条件控制成品含水量低于 3% 为宜。

6.5.6 冷冻干燥技术在天然药物生产中的应用

1. 在名贵药材处理中的应用

目前,冷冻干燥技术多用于名贵、滋补类药材的新型加工以及名优天然药物的保活性、保鲜加工工艺,例如人参、血茸、活性枸杞、鲜三七等药材的真空冷冻干燥生产。与传统的加工工艺相比,冷冻干燥技术具有以下特点:① 工序简化,加工过程机械化易于控制,产品质量稳定,生产周期短,同时减轻了工人劳动强度;② 药材中的有效成分几无损失,产品疗效好、品质高;③ 可保持新鲜药材的外观形态饱满美观,香气浓,商品形态好;④ 产品组织结构近似于新鲜药材的状态,不萎缩,而且质地疏松、极易粉碎,便于患者服用和粉碎制药。同时,可以在极短时间内吸水恢复至新鲜状态,有效成分易于浸出。

2. 冷冻干燥法在三七加工中的应用

三七含有 24 种以上的皂苷、17 种以上的氨基酸、17 种以上的微量元素、几十种挥发油以及三七多糖、三七黄酮和人体必需的维生素 B、维生素 E 等多种生理活性物质。三七的真空冷冻干燥包括预冻结、升华干燥及解析干燥三个阶段。

（1）预冻结：预冻结是将三七冷却到共熔点以下，使三七中的水分变成固态冰的过程。预冻结时，三七中冰晶的形态和数量由冷却速度决定，冷却速度越快，过冷温度越低，则形成的冰晶越细小，数量越多，水分重新分布的现象越不显著，三七中组织细胞和有效成分受破坏的程度也就越小。因此，采用合适的冷却速度和冷却温度对三七干后产品品质影响很大。

（2）升华干燥：三七经预冻结后即可进入升华干燥阶段，在此过程中，要求迅速降低真空度，保持升华压力在三相点以下，并对三七供热。三七中的冰晶在一定的真空条件下吸收设备提供的热量而升华为水蒸气。冰晶升华后留下的海绵状孔隙成为后续冰晶升华时所产生水蒸气的逸出通道。因此，预冻结时形成的冰晶越细小，升华后产生的孔隙通道也就越小，使水蒸气逸出困难，干燥速度降低。另外，此时若三七基质温度过高，则干燥层将可能因刚度降低而发生塌缩，封闭蒸气逸出通道，使孔隙内的蒸气压升高。当出现这种状况时，若不迅速减少热量供给，则升华界面的温度也将随之升高。一旦温度超过三七的共熔点，冻结层就会因供热过剩而熔化，使产品报废。因此，升华干燥时，提供给升华界面的热量不能太高，应与冰晶升华所需的潜热基本相当，以使升华界面的温度保持在共熔点以下（低于共熔点温度 2～5℃）。

（3）解析干燥：升华干燥结束后即可进入解析干燥阶段。此时，三七内部的毛细管壁还吸附有一部分残余水分，这些水分或者以无定形的玻璃态形式出现，或者与极性基团相连接形成结合水分，不能流动，也不能被冻结成冰晶。它们的吸附能量很高，必须通过高温气化才能解析出来。但温度过高会使三七中的热敏性成分发生热分解，降低三七品质。因此，可以在升高温度的同时，增大真空度，以使水蒸气在三七内外压力差的推动下而更易逸出。在达到三七的平衡含水率时应该停止加热，降低真空度直至常压，结束干燥过程。

（4）三七真空冷冻干燥的特点

1）真空冷冻干燥有效地避免了三七在传统热力干燥过程中发生的有效成分氧化、挥发油损失和其他热敏性物质被破坏等品质劣变反应；由于低温下化学反应速度的降低及酶的钝化，保证了三七干燥后的药效和品质。

2）三七在升华干燥前的预冻结处理，使其固体框架基本保持不变，故经冷冻干燥后的三七保持了原有形状，具有较好的外观品质；由于在升华干燥过程中形成了海绵状的疏松微孔，干燥三七的复水性极强，加水后可恢复到原有的形状和结构。真空冷冻干燥后的三七片加水复原后即可当作鲜三七片使用，弥补了目前市售鲜三七片保质期短的缺点。

3）由于三七中的水分在预冻结后以冰晶的形态存在于固体骨架之间，原来溶于水中的无机盐等物质也被均匀地分布在其中，升华时析出，这就避免了一般干燥方法因三七内部水分向表面扩散时所携带的无机盐在表面析出而造成三七表面的硬化。

4）经真空冷冻干燥后的三七脱水彻底，保藏性好，其保质期可比传统热力干燥所得产品长许多。

5）经真空冷冻干燥后的三七呈多孔疏松状结构，吸水性极强，暴露在潮湿空气中极易受潮变质，故对包装和贮藏条件有特殊要求。

6）由于真空冷冻干燥是在高真空和低温条件下进行，需要一整套高真空获得设备和制冷设备，故一次性投资大，能耗高。

3. 人参的冷冻干燥法研究

人参的传统加工品有生晒参和红参等,其有效成分含量在加工过程中经过长时间的日晒、水蒸气蒸发、高温干燥等受到影响而降低,外观色泽、成品率等受到影响。为了提高人参的加工质量,采用真空冷冻干燥法加工人参,为商品人参提供了新的加工工艺和品种。

(1) 工艺步骤:① 刷洗整形:将起收后的鲜园参用冷水迅速刷洗干净,分个、整形、称重。冷冻贮存:将称重后的人参置于$-5\sim-3℃$的条件下贮存;② 降温冷冻:将贮存的人参置于真空冷冻干燥机中进行降温冷冻,从20℃降至$-20℃$需2.5~3.5小时;③ 真空干燥:减压至真空度达0.06MPa并以每小时2℃的速度升温,每隔1小时记录一次板温和样品温度,并分别绘制板温和样品温度曲线,在同一坐标上,当两条曲线重叠时再保持3~5小时(温度在45~50℃)取出即为冻干参;④ 包装:将冻干参称重,用蒸馏水将其打潮(使其柔软防断)后包装。

(2) 工艺条件考察:冷冻温度的选择:根据一般冷冻加工原则,选择几个不同的降温冷冻点($-5℃$、$-10℃$、$-20℃$、$-30℃$),观察在不同冷冻温度下加工后的冻干参外形变化。结果其皱缩程度以$-5℃$的较大,$-10℃$的次之,$-20℃$和$-30℃$的最小,符合外观要求,较为美观。测定后两种参的总皂苷含量分别为4.78%、4.89%,与生晒参比较总皂苷含量分别高出约18%和20%。因为两者相差仅2%,考虑大生产时为节省机械成本、水电、工时的消耗,选择降温冷冻点$-20℃$为宜。

4. 在夏季天然药物全浸膏制剂生产中冷冻干燥技术的应用

制备天然药物全浸膏制剂,因夏季气温高、湿度大,在粉碎、制粒、压片和颗粒包装的过程中往往十分困难。浸膏块在粉碎过程中因环境温度高、湿度大,会造成粉碎机粘机。烘干后的颗粒一旦移出烘干器,数分钟内就会出现软化吸潮现象。压片中经常造成搭桥、粘贴冲头。颗粒包装过程中也会因湿度大造成下料不畅,导致无法工作。根据冷冻技术可以使易吸水物质黏度降低、脆度升高的原理,试用于天然药物全浸膏制剂的粉碎、制粒、压片和颗粒包装过程中,取得了满意的效果。具体操作如下:

(1) 粉碎:将烘干的全浸膏块降至室温后敲打成小碎块,添加少许糊精,放入冰柜冷冻至0~5℃左右,再进行粉碎,粉碎后的浸膏粉添加赋形剂,计算含量后及时放入冰柜备用。

(2) 制粒:采用高浓度乙醇少量勤喷、勤翻动,形成小颗粒即可。制成的颗粒烘干时,温度不宜过高,注意通风,烘干中的颗粒要勤翻动。烘干后的颗粒待降低室温后放入冰柜备用。

(3) 压片:需添加的药用辅料应烘干后再行混合,每次添加的料量要少,并采用随压随添加的方式,及时将压好的片剂包装成瓶或用双层塑料袋收集后,迅速分装。

(4) 颗粒剂包装:也应采取类似片剂制备的方式,适当增加润滑剂的用量,及时清扫加热器等处的颗粒粉末,防止粘机。

【思考题】

1. 干燥的基本原理和影响因素有哪些?
2. 真空干燥器由哪几部分组成?使用时需注意哪些问题?
3. 简述沸腾干燥的原理及其分类。
4. 简述喷雾干燥技术在天然药物中的应用。

5. 冷冻干燥的原理是什么？冷冻干燥机组主要由哪几部分组成？
6. 简述冷冻干燥中常出现的问题、产生原因及解决办法。

【参考文献】

[1] 范碧亭.中药药剂学[M].上海：上海科学技术出版社.1997：130
[2] 南京药学院药剂学教研室.药剂学[M].内部资料.183 页
[3] 王捷,马鸣超,宋聚忠.简易冷冻干燥装置的制法[J].临床检验杂志.1996.14(4)：210
[4] 唐晋滨.国际上冷冻干燥工艺及设备的最新发展趋势[J].机电信息.2004(15)：27
[5] 曾军.冷冻干燥的设备性能选择以及配方研究、冻干工艺经验[J].海峡药学.2001.13(1)：99
[6] 江水泉.张海东.刘木华.真空冷冻干燥技术在三七加工中的应用[J].粮食与食品工业.2003.9(1)：36 - 38
[7] 邱学青.侯瑞宏.张红梅.等.胡萝卜冷冻干燥过程的研究[J].食品科学.1996.17(5)：30
[8] 王贵华.真空冷冻干燥法加工人参[J].药学通报.1982.17(9)：5
[9] 刘振魁.冷冻工艺在夏季中药全浸膏制剂中的应用[J].中医药杂志.1997(3)：42
[10] 韩雪飞.申庆红.蝎毒素Ⅳ分离、纯化研究[J].河南医科大学学报.1996.31(3)：1
[11] 芮菁.尾崎幸纮.唐元泰.连翘提取物的抗炎镇痛作用[J].天然药物.1999.30(1)：43
[12] 孟宪贞.陈力强.冷冻干燥法与传统加工法制得的鹿茸化学成分分析及其比较研究[J].中国药房杂志.1997.8(3)：110
[13] 张艳红.张茂森.新型口服速溶制剂——冻干速溶片[J].国外医学·药学分册.1996.23(4)：202
[14] 包春杰.刘磊.在冷冻干燥中制剂瓶破碎的原因及预防[J].中国药业.2001.10(9)：32
[15] 简国明.正确使用医用冷冻干燥机[J].中成药.1994.16(12)：42
[16] 林东海.冷冻干燥技术在药学上的应用[J].药学通报.1985.20(10)：613
[17] [丹麦]K·马斯托恩著.喷雾干燥手册[M].黄照柏.等译.北京：中国建筑工业出版社.1983：1.19.25.29.343
[18] 王士俊.陈美珍.石荣华.等.喷雾干燥在中药生产中的应用[J].中成药研究.1981(5)：38
[19] 单熙滨.制药工程[M].北京：北京医科大学、中国协和医科大学联合出版社.1994：357 - 361.372 -374
[20] 孙维敏.自动间歇喷雾干燥装置[J].中成药.1989.11(4)：37
[21] 刘明乐.曾敬兰.自动喷雾干燥制粒装置[J].中成药.1995.17(9)：41
[22] 张培鸿.部分天然药物喷雾干燥前后化学成分的比较研究[J].天然药物.1981.12(5)：11
[23] 梁燕茹.吴智南.黄芩提取新工艺的研究[J].中药材.1995.18(5)：259
[24] Jhnsor KA.吸入用肽类及蛋白质粉末的制备[J].顾宜节译.国外医学·药学分册.1998.25(3)：160
[25] 武凤兰.乔治清.邪胆子油喷雾干燥乳剂的制备与药效学的研究[J].中国药学杂志.1999.34(2)：101
[26] 陈冲.罗思齐.银杏叶提取物的生产工艺条件研究[J].天然药物.1997.28(7)：402
[27] 林勤保.李汝光.枣粉喷雾干燥的初步研究[J].食品科学.1997.18(9)：37
[28] 刘晓梅.喷雾干燥法生产南瓜粉工艺[J].食品科学.1994.15(4)：45
[29] 汤亚池.苏剑.龟甲胶喷雾干燥条件的研究[J].中成药.1996.18(7)：3
[30] 王士俊.陈美珍.石荣华.等.喷雾干燥在中药生产中的应用[J].中成药研究.1981.3(5)：388
[31] 杨庆隆.沈耀明.喷雾干燥法制备藿香油等挥发油微囊的试验研究[J].中成药.1994.16(8)：2
[32] 张崇璞.环糊精及其包合物在药剂学上的应用[J].药学通报.1987.22(2)：101

[33] 王溶溶,陈丹菲.挥发油 β-CD 包合物在颗粒剂生产工艺中的研究[J].中成药,1996,18(10)：1

[34] 李梅,杨海恩,姚育法.PG-26 型喷雾干燥器在中药片剂、丸剂、冲剂生产中的应用[J].中成药,1995,17(7)：43

[35] 尚艳华,赵素卿,韩锡武.喷雾干燥法制备中药复方制剂与煎剂、蜜丸的对比试验[J].中药通报,1984,9(2)：23

[36] 赵文君,曹育超.冲剂生产中喷雾干燥的应用[J].中成药,1999,21(2)：94

[37] 王岳钧,孙筑平,沈德潮,等.健肝冲剂提取工艺的改进[J].现代应用药学,1996,13(3)：27

[38] 陈忠梁,胡春湘.愈胃灵颗粒剂的工艺研究[J].中成药,1996,18(7)：3

[39] 冉懋雄.流化喷雾干燥制粒法制备低糖型冲剂[J].中国中药杂志,1995,20(5)：289

[40] 刘雪芬,陈茂礼.喷雾制粒制备低糖型慈禧春宝冲剂[J].中成药,1999,21(3)：114

[41] 张燕平,任振学.无糖型花针冲剂的制备[J].中药材,1997,20(11)：578

[42] 管敏文,郭平平.应用喷雾干燥法制备安神宁心冲剂的经验[J].中成药,1994,16(4)：55

[43] 常永敏,马全付.冬凌草片喷雾干燥工艺条件研究[J].中成药,1997,19(4)：51

[44] 陈象清,田莉,陈礼明,等.肠必清制剂提取及喷雾干燥工艺[J].中国药房杂志,1998,9(6)：248

[45] 陈礼明,刘圣,田莉,等.紫外分光光度法测定肠必清处方浸膏粉总蒽醌含量[J].中国药房杂志,1998,9(4)：181

[46] 潘俊芳编译.对用喷雾干燥法制备控释微粒的评价[J].药学进展,1995,19(4)：225

[47] 王秀良,向大雄,赵绪元.影响中药喷雾干燥制备浸膏粉的质量因素[J].中国药师,2002,5(11)：697

[48] 张美善.解决喷雾干燥操作中黏壁现象的措施[J].中成药,1994,16(5)：57

[49] 向大雄,王秀良,赵绪元.喷雾干燥在中药浸膏干燥中的应用体会[J].时珍国药研究,1997,8(2)：173

[50] 杨立民,李焱.中药醇浸膏喷雾干燥工艺改进[J].中成药,1996,18(3)：50

[51] 李昭华.中药喷雾干燥生产经验介绍[J].中成药,2003,25(3)：256

[52] 陈基宏,胡志宇,张慧.附片颗粒剂的喷雾干燥制粒工艺探讨[J].现代中药研究与实践,2003,17(6)：39

[53] 季梅,娄红祥,马斌,等.葛根汤颗粒喷雾干燥工艺条件试验研究[J].山东大学学报(医学版),2003,41(6)：706

[54] 张志欣.喷雾干燥法在制备当归干浸膏中的应用[J].广西中医药,2004,27(4)：57

[55] 李玲,何宇新,付超美,等.喷雾干燥——步制粒联合流化制粒技术在脑康颗粒制备工艺中的应用研究[J].天然产物研究与开发,2004,16(4)：324

[56] 潘强,王世岭,贾立华,等.喷雾干燥制备康复欣胶囊颗粒的影响因素[J].中国药业,2004,16(4)：324

[57] 张俊英,刘显峰,王文瑶.天麻促智颗粒喷雾干燥的工艺研究[J].中国实验方剂学杂志,2002,8(5)：11

[58] 谢秀琼.现代中药制剂新技术[M].北京：化学工业出版社,2004：239-248

第7章

制剂生产环境与设计

→ **本章要点**

  掌握药物洁净室内的人员净化与物料净化的设计所涉及的环境与区域的划分及要求。熟悉生产环境空调系统的设计内容,掌握洁净空调系统的节能措施。了解天然药物提取分离车间的工艺管道设计内容及工艺管道的材质、布局、管道安装验收及常规管理。

  药品是特殊商品,国家为强化对药品生产的监督管理,确保药品安全有效,开办药品生产企业除必须按照国家关于开办生产企业的法律法规规定,履行报批程序外,还必须具备开办药品生产企业的条件。《中华人民共和国药品管理法》在第二章"药品生产企业管理"中规定了开办药品生产企业的基本条件和审批程序,核发《药品生产许可证》应遵循的原则。对企业生产药品以及生产药品所需要原料、辅料的基本要求提出具体规定。这些规定都是为了保证药品质量和人民用药安全有效。

7.1 厂房总体规划设计

  厂区总体设计的内容繁杂,涉及的知识面很广,影响因素很多,矛盾也错综复杂,因此在进行厂区总体设计时,设计人员要善于听取和集中各方面的意见,充分掌握厂址的自然条件、生产工艺特点、运输要求、安全和卫生指标、施工条件以及城镇规划等相关资料,按照厂区总体平面设计的基本原则和要求,对各种方案进行认真的分析和比较,力求获得最佳设计效果。

7.1.1 厂址选择

  厂址选择从整体上看,要有今后的发展余地;从综合方面看,应考虑到地理位置、地质状况、水源及清洁污染情况、周围的大气环境、常年的主导风向、电能的输送、通讯方便与否、交通运输方面等因素。

1. 遵守国家的法律、法规的原则

选择厂址时,贯彻执行国家的方针、政策,遵守国家的法律、法规,要符合国家的长远规划、国土开发整治规划和城镇发展规划等。

2. 对环境因素的特殊性要求的原则

药品是一种特殊的商品,其质量好坏直接关系到人体健康和安全。为保证药品质量,药品生产必须符合《药品生产质量管理规范》的要求,在严格控制的洁净环境中生产。

制药企业厂址选择之所以要重视周围环境,主要是由大气污染对厂房的影响和对空气净化处理系统的管理等各种因素所决定的。生产车间的空气洁净度合格与否与室外环境有着密切的关系。从卫生的角度来认识厂址中环境因素在实施 GMP 中的重要性,可以从防止污染、防止差错的目标要素上来理解。室外大气污染的因素复杂,有的污染发生在自然界,有的是人类活动的产物;有固定污染源,也有流动污染源。若是选址阶段不注重室外环境的污染因素,虽然事后可以依靠洁净室的空调净化系统来处理从室外吸入的空气,但势必会加重过滤装置的负担,并为此而付出额外的设备投资、长期维护管理费用和能源消耗。若是室外环境好,就能相应地减少净化设施的费用,所以一定要在选择厂址中注意环境的情况。

7.1.2　厂区划分

我国《药品生产质量管理规范》第八条规定:"药品生产企业必须有整洁的生产环境;厂区的地面、路面及运输等不应对药品的生产造成污染;生产、行政、生活和辅助区的总体布局应合理,不得互相妨碍。"根据这条规定,药品生产企业应将厂区按建筑物的使用性质进行归类分区布置,即使老厂规划改造时也应这样做。

厂区划分就是根据生产、管理和生活的需要,结合安全、卫生、管线、运输和绿化的特点,将全厂的建(构)筑物划分为若干个联系紧密而性质相近的单元,以便进行总体布置。

厂区划分一般以主体车间为中心,分别对生产、辅助生产、公用系统、行政管理及生活设施进行归类分区,然后进行总体布置。

1. 生产车间

厂内生产成品或半成品的主要工序部门,称为生产车间,如原料药车间、制剂车间等。生产车间可以是多品种共用,也可以为生产某一产品而专门设置。生产车间通常由若干建(构)筑物(厂房)组成,是全厂的主体。根据工厂的生产情况可将其中的 1～2 个主体车间作为厂区布置的中心。

2. 辅助车间及公用系统

协助生产车间正常运转的辅助生产部门,称为辅助车间,如机修、电工、仪表等车间。辅助车间也由若干建(构)筑物(厂房)组成。公用系统包括供水、供电、锅炉、冷冻、空气压缩等车间或设施,其作用是保证生产车间的顺利生产和全厂各部门的正常运转。

3. 行政管理区

由办公室、汽车库、食堂、传达室等建(构)筑物组成。

4. 生活区

由职工宿舍、绿化美化等建(构)筑物和设施组成,是体现企业文化的重要部分。

7.1.3 厂区总体设计

厂区布局方案是否合理直接关系到药厂工程设计的质量和建设投资的效果。总体布置的科学性、规范性、经济合理性,对于药厂工程施工会有很大的影响。科学合理的总体布置可以大大减少建筑工程量,节省建筑投资,加快建设速度,为企业创造良好的生产环境,提供良好的生产组织经营条件。总体设计不协调、不完善,不仅会使药厂工程项目的总体布局紊乱、不合理,建设投资增加,而且项目建成后还会带来生产、生活和管理上的问题,甚至影响产品质量和企业的经营效益。

厂区布局设计不仅要与 GMP 认证结合起来,更主要的是要把"认证通过"与"生产优质高效的药品"的最终目标结合起来。在厂区平面布局设计方面,应该把握住"合理、先进、经济"三原则,也就是设计方案要科学合理,能有效地防止污染和交叉污染;采用的药品生产技术要先进;而投资费用要经济节约,降低生产成本。

制药企业实施 GMP 是一项系统工程,涉及设计、施工、管理、监督等方方面面,对其中的每一个环节,都有法令、法规的约束,必须按律而行。而药厂工程设计作为实施 GMP 的第一步,其重要地位和作用更不容忽视。设计是一门涉及科学、技术、经济和国家方针政策等多方面因素的综合性的应用技术。制药企业厂区平面布局设计要综合工艺、通风、土建、水、电、动力、自动控制、设备等专业的要求,是各专业之间的有机结合,是整个工程的灵魂。设计时应主要围绕药品生产工艺流程,遵守《药品生产质量管理规范》中有关硬件要求的规定。

"药品质量是设计和生产出来的"原则是人们在药品生产实践中总结出来的并深刻认识的客观规律。制药企业应该像对主要物料供应商质量体系评估一样,对医药工程设计单位进行市场调研,选择好医药工程设计单位;并在设计过程中集思广益,把重点放在设计方案的优化、技术先进性的确定、主要设备的选择上。

1. 平面布置设计

平面布置设计是总平面设计的核心内容,其任务是结合生产工艺流程特点和厂址的自然条件,合理确定厂址范围内的建(构)筑物、道路、管线、绿化等设施的平面位置。

2. 立面布置设计

立面布置设计是总平面设计的一个重要组成部分,其任务是结合生产工艺流程特点和厂址的自然条件,合理确定厂址范围内的建(构)筑物、道路、管线、绿化等设施的立面位置。

3. 运输设计

根据生产要求、运输特点和厂内的人流、物流分布情况,合理规划和布置厂区范围内的交通运输路线和设施。

厂区内道路的人流、物流分开对保持厂区清洁卫生关系很大。药品生产所用的原辅料、包装材料、燃料等数量很多,成品、废渣还要运出厂外,运输相当频繁。假如人流、物流不清,灰尘可以通过人流带到车间;物流若不设计在离车间较远的地方,对车间污染就很大。洁净厂房周围道路要宽敞,能通过消防车辆;道路应选用整体性好、发尘少的覆面材料。

4. 管线布置设计

根据生产工艺流程及各类工程管线的特点,确定各类物流、电气仪表、采暖通风等管线的平面和立面位置。

5. 绿化设计

由于药品生产对环境的特殊要求,药厂的绿化设计就显得更为重要。随着制药工业的发展和 GMP 在制药工业中的普遍实施,绿化设计在药厂总平面设计中的重要性越来越显著。

绿化有滞尘、吸收有害气体与抑菌、美化环境三个作用。符合 GMP 要求的制药厂都有比较高的绿化率。绿化设计是总平面设计的一个重要组成部分,应在总平面设计时统一考虑。绿化设计的主要内容包括绿化方式选择、绿化区平面布置设计等。

要保持厂区卫生清洁,首要的一条要求就是生产区内及周围应无露土地面。这可通过草坪绿化及其他一些手段来实现。一般来说,洁净厂房周围均有大片的草坪和常绿树木。有的药厂一进厂门就是绿化区,几十米后才有建筑物,在绿化方面,应以种植草皮为主;选用的树种,宜常绿,不产生花絮、绒毛及粉尘,也不要种植观赏花木、高大乔木,以免花粉对大气造成污染,对个别过敏体质的人导致过敏。

水面也有吸尘作用。水面的存在既能美化环境,还可以起到提供消防水源的作用。有些制药厂选址在湖边或河流边,或者建造人工喷水池,就是这个道理。

没有绿化,或者暂时不能绿化又无水面的地表,一定要采取适当措施来避免地面露土,例如,覆盖人工树皮或鹅卵石等。而道路应尽量采用不易起尘的柏油路面,或者混凝土路面。

6. 土建设计

土建设计的通则,车间底层的室内标高,不论是多层还是单层均应高出室外地坪 0.5～1.5m。如有地下室,可充分利用,将冷热管、动力设备、冷库等优先布置在地下室内。新建厂房的层高一般为 2.8～3.5m,技术夹层净高 1.2～2.2m,仓库层高 4.5～6.0m,一般办公室、值班室高度为 2.6～3.2m。

厂房层数的考虑根据投资较省、工期较快、能耗较少、工艺路线紧凑等要求,以建造单层大框架大面积的厂房为好,其优点是:① 大跨度的厂房,柱子减少,分隔房间灵活、紧凑、节省面积;② 外墙面积较少,能耗少,受外界污染也少;③ 车间布局可按工艺流程布置得合理紧凑,生产过程中交叉污染的机会也少;④ 投资省、上马快,尤其对地质条件较差的地方,可使基础投资减少;⑤ 设备安装方便;⑥ 物料、半成品及成品的输送,有利于采用机械化运输。

多层厂房虽然存在一些不足,如有效面积少(因楼梯、电梯、人员净化设施占去不少面积)、技术夹层复杂、建筑载荷高、造价相对高,但是这种设计安排也不是绝对的,常常有片剂车间设计成二至三层的例子,这主要考虑利用位差解决物料的输送问题,从而可节省运输能耗,并减少粉尘。

土建设计应注意的问题,地面构造重点要解决一个基层防潮的性能问题。地面防潮,对在地下水位较高的地段建造厂房特别重要。地下水的渗透能破坏地面面层材料的黏结。解决隔潮的措施有两种:① 在地面混凝土基层下设置膜式隔气层;② 采用架空地面,这种地面形式对今后车间局部改造(如改动下水管道)较方便。

7. 厂房防虫等设施的设计

我国《药品生产质量管理规范》第十条规定:"厂房应有防止昆虫和其他动物进入的设施。"昆虫及其他动物的侵扰是造成药品生产中污染和交叉污染的一个重要因素。具体的防范措施是:纱门纱窗(与外界大气直接接触的门窗)、门口设置灭虫灯、草坪周围设置灭虫灯、厂房建筑外设置隔离带、入门处外侧设置空气幕等。

（1）灭虫灯：主要为黑光灯，诱虫入网，达到灭虫目的。

（2）隔离带：在建筑物外墙之外约 3m 宽内可铺成水泥路面，并设置几十厘米深与宽的水泥排水沟，内置砂层和卵石层，可适时喷洒药液。

（3）空气幕：在车间入门处外侧安装空气幕，并投入运转，做到"先开空气幕、后开门"和"先关门、后关空气幕"。也可在空气幕下安挂轻柔的条状膜片，随风飘动，防虫效果较好。

此外，也可以建立一个规程，使用经过批准的药物，以达到防止昆虫和其他动物干扰的目的，达到防止污染和交叉污染的目的。

在制药企业所在地区的生态环境中，有哪些可能干扰药厂环境的昆虫及其他动物，可以请教生物学专家及防疫专家；在实践中黑光灯诱杀昆虫的标本，应予记录，并可供研究。仓库等建筑物内可设置"电猫"，以及其他防鼠措施。

7.2　药物洁净室的设计

《药品生产质量管理规范》对制药企业洁净室做出了明确规定，即把需要对尘埃粒子和微生物含量进行控制的房间或区域定义为洁净室或洁净区。

《药品生产质量管理规范》根据对尘埃粒子和微生物的控制情况，把洁净室或洁净区划分为四个级别（表 7-1）。

表 7-1　药品生产洁净室（区）的空气洁净度等级表

洁净度级别	尘粒最大允许数/(个/m³)		微生物最大允许数	
	0.5μm	5μm	浮游菌/(个/m³)	沉降菌/(个/皿)
100	3500	0	5	1
10000	350000	2000	100	3
100000	3500000	20000	500	10
300000	10500000	60000	—	15

7.2.1　洁净区（室）的工艺布局要求

洁净区中人员和物料的出入通道必须分别设置，原辅料和成品的出入口分开。极易造成污染的物料和废弃物，必要时可设置专用出入口，洁净区内的物料传递路线尽量要短；人员和物料进入洁净区要有各自的净化用室和设施。净化用室的设置要求与生产区的洁净级别相适应；生产区域的布局要顺应工艺流程，减少生产流程的迂回、往返；操作区内只允许放置与操作有关的物料，设置必要的工艺设备。用于制造、储存的区域不得用作非区域内工作人员的通道；人员和物料使用的电梯要分开。电梯不宜设在洁净区内，必须设置时，电梯前应设气闸室。

在满足工艺条件的前提下，为提高净化效果，有洁净级别要求的房间宜按下列要求布局：① 洁净级别高的房间或区域宜布置在人员最少到达的地方，并宜靠近空调机房；② 不同洁净级别的房间或区域宜按洁净级别高低由里及外布置；③ 洁净级别相同的房间宜相对集中；④ 不同洁净级别房间之间相互联系要有防止污染措施，如气闸室或传递窗、传递洞、风幕。

原材料、半成品存放区与生产区的距离要尽量缩短，以减少途中污染。原材料、半成品和成品存放区面积要与生产规模相适应。生产辅助用室要求如下：称量室宜靠近原辅料暂存间，其洁净级别同配料室；设备及容器具清洗室要求，十万级区清洗室可放在本区域内，万级区域清洗室可放在十万级区域，百级和无菌万级的清洗室要设在非无菌万级区内，不可设在本区域内；清洁工具洗涤、存放室设在本区域内（清洁工具洗涤、存放室设在它该处的区域内），无菌万级区域只设清洁器具存放室，百级区不设清洁工具室；洁净工作服的洗涤、干燥室的洁净级别可低于生产区一个级别，无菌服的整理、灭菌后存放与生产区相同；维修保养室不宜设在洁净生产区内。

7.2.2 洁净室形式分类

洁净室按气流形式分为层流洁净室和乱流洁净室。层流气流流线平行，流向单一，按其气流方向又可分为垂直层流和水平层流。垂直层流多用于灌封点的局部保护和层流工作台。水平层流多用于洁净室的全面洁净控制；乱流也称紊流，按气流组织形式可有顶送和侧送等。

1. 垂直层流室

这种洁净室天棚上满布高效过滤器。回风可通过侧墙下部回风口或通过整个格栅地板，空气经过操作人员和工作台时，可将污染物带走。由于气流系单一方向垂直平行流，故因操作时产生的污染物不会落到工作台上去。这样，就可以在全部操作位置上保持无菌无尘，达到100级的洁净级别。

2. 水平层流室

室内一面墙上满布高效过滤器，作为送风墙，对面墙上满布回风格栅，作为回风墙。洁净空气沿水平方向均匀地从送风墙流向回风墙。工作位置离高效过滤器越近，能接受到最洁净的空气，可达到100级洁净级别，依次下去的便可能是千级、万级。室内不同地方得到不同等级的洁净度。值得注意的是，在我国医药洁净厂房设计中无千级概念。

3. 局部层流

即在局部区域内提供层流空气。局部层流装置供一些只需在局部洁净环境下操作的工序使用，如洁净工作台、层流罩及带有层流装置的设备，局部层流装置可放在无菌万级环境下使用，使之达到稳定的洁净效果，并能延长高效过滤器的使用寿命。

4. 乱流层流室

乱流洁净室的气流组织方式和一般空调区别不大，即在部分天棚或侧墙上装高效过滤器，作为送风口，气流方向是变动的，存在涡流区，故较层流洁净度低，它可以达到的洁净度是千级至十万级。室内换气次数愈多，所得的洁净度也愈高。工业上采用的洁净室绝大多数是乱流式的。因为具有初投资和运行费用低、改建扩建容易等优点，所以在医药行业得到普遍应用。

7.2.3 人员净化

人员净化用室包括门厅（雨具存放）、换鞋室、存外衣室、盥洗室、洁净工作服室、气闸室或空气吹淋室。厕所、淋浴室、休息室等生活用室可根据需要设置，但不得对洁净区产生不良影响。

门厅：是厂房内人员的入口，门厅外要设刮泥格栅，进门后设更鞋柜，在此将外出鞋换下去。

存外衣室：也是普更室，在此将穿来的外衣换下，穿一般区的普通工作服。此处需根据车间定员设计，每人一柜。

洁净工作服室：进入洁净区必须在洁净区入口设更洁净工作服的地方，进入万级洁净区脱衣和穿洁净工作服要分房间，进无菌室不仅脱与穿要分房间，而且穿无菌内衣和无菌外衣之间要进行手消毒。

淋浴：淋浴由于温湿度，对洁净室易造成污染。所以，洁净厂房内不主张设浴室，如生产特殊产品必须设置时，应将淋浴放到车间存外衣室附近，而且要解决淋浴室排风问题，并使其维持一定的负压。

气闸与风淋：在十几年前的设计中，洁净区入口处一般设风淋室，而在近年的设计中大多采用气闸室。只要在气闸室停滞足够的时间，达到足够的换气次数，完全可以达到净化效果；相反，风淋会将衣物和身体的尘粒吹散无确定去处。

根据不同的洁净级别和所需人员数量，洁净厂房内人员净化用室面积和生活用室面积，一般按平均每人 4～6m² 计算。人员净化用室和生活用室的布置应避免往复交叉。

7.2.4　物料净化

物料净化室包括：物料外包装清洁处理室、气闸室或传递窗（洞），气闸室或传递窗（洞）要设防止同时打开的连锁门或窗。

医药工作洁净厂房应设置供进入洁净区（室）的原辅料、包装材料等清洁用的清洁室；对进入非最终灭菌的无菌药品生产区的原辅料、包装材料和其他物品，还应设置供物料消毒或灭菌用的消毒灭菌室和消毒灭菌设施。

物料清洁室或灭菌室与清洁区（室）之间应设置气闸室或传递窗（洞），用于传递清洁或灭菌后的原辅料、包装材料和其他物品。传递窗（洞）两边的传递门应有防止同时被打开的措施，密封性好并易于清洁。传递窗（洞）的尺寸和结构，应满足传递物品的大小和重量所需要求。传递至无菌洁净室的传递窗（洞）应设置净化设施或其他防污染设施。

生产过程中产生的废弃物的出口不宜与物料进口合用一个气闸室或传送窗（洞），宜单独设置专用传递设施。

7.3　空调系统的设计

制药企业的采暖、通风、空调与净化环境几乎都离不开空调设备所输送的空气流。所输送的空气流若具有不同的特性就能达到不同的目的。例如冬天将空气加热用于厂区采暖，以一定的流量及形式送风则可将厂区内产生的粉尘、有害气体带走以保持符合安全、卫生标准的空气清新程度要求等。洁净厂房对微尘、微生物浓度的要求也是通过对所输送空气进行净化来得到满足的。

7.3.1　空调设计的依据

空调系统主要根据以下几方面来考虑：① 生产工艺对空调工程提出的要求，包括车间各等级洁净区的送暖温度、湿度等参数，各区域的室内压力值，各厂房对空调的特殊要求，如《药品生产质量管理规范》中对空调的要求;② 有关安全、卫生等对空调提出的要求,比如厂房的换风次数,其值的大小取决于易燃易爆气体、粉尘的爆炸极限范围或有害气体在厂房内的许可浓度;③ 采暖、通风、空调与净化的有关设计、施工及验收范围。

7.3.2 空调系统设计的主要内容

根据上述空调系统设计的依据,对空调的设计,通常包括以下几方面内容:① 空调设计时除需考虑工艺、设备、GMP 对温度与湿度的要求外,还要考虑操作者的舒适程度。室内温度与湿度值除与送风的温度、湿度值有关外,还取决于送入的风量,这是因为在生产厂房中物料、设备、操作者都可能释放热、湿、尘,根据物料、热量衡算方程,送风状态、产热产湿量、排风状态及送风量达到一定的平衡状态才确定厂房的实际温度、湿度。② 空调厂房的送风量由于涉及热、湿、物料释(吸)热量的物料、热量衡算、安全、卫生所要求的换风次数等多个因素,应从不同角度求得各自的送风量,然后再调整以满足不同的要求。③ 厂房内不同洁净等级区域对空调的不同要求,主要表现在对空气中微尘、微生物浓度的不同要求上。④ 特殊要求,如 GMP 要求青霉素等高致敏性药品的生产车间"必须使用独立的厂房与设施"、"分装室应保持相对负压"、"排至室外废气应经净化处理并符合要求"等。

1. 空调系统的分类

按照系统的集中程度,空调系统一般有集中式、局部式与混合式之分。集中式空调系统又称中央空调系统,是将空调集中在一台空调机组中进行处理,通过风机及风管系统将调节好的空气送到建筑物的各个房间,此时可以使用不同等级的过滤器使送风达到不同的洁净等级,也可借开关调节各室的送风量。集中空调系统的空气处理量大,冷源与热源相对集中,机组占厂房面积大,须由专人操作,但运行可靠,调节参数稳定,较适合于工厂大面积厂房尤其是洁净厂房的调节要求,是一般药厂首先考虑的方案。局部空调系统则是将空调设备直接或就近安装在需要进行空调的房间内,局部空调机的功率、风量都比较小,安装方便,无需专人操作,使用灵活,作为局部、小面积厂房、实验室使用比较合适,不适于大面积厂房的空调需要。有时候为保持集中空调的长处,又满足一些厂房对空调的特殊需要,可采用混合式空调。

空调系统按是否利用房间排出的空气又可分为直流式和回风式。直流式是指全部使用室外新鲜空气(新风),在房间中使用过的废气经处理后全部排至室外大气。它具有操作简单,能较好保证室内空气中的微生物、微尘等指标,但从能源利用的角度上,较为浪费。回风是指厂房内置换出来的空气被送回空调机组再经喷雾室(一次回风)与新风混合进行空气处理或在喷雾室后面进入(二次回风)与喷雾室出来的空气(大部分为新风)混合的空调流程。它的优点在于节省热(冷)量,但在空调设计计算及操作方面显得复杂些,在 GMP 许可的情况下,应尽量考虑使用回风,往往是厂房的排出空气被抽回作一次、二次回风利用。但某些房间的排出空气经单独的除尘处理后不再利用。因此空调机组的新风吸入口与厂房废气排出口之间的距离以及上下风关系是空调设计师需要考虑的问题之一。

2. 空调机组的负荷设计

空调机组进口端为室外新鲜空气,出口端为一定温度、湿度的经空调处理的空气。对于某些特定产品的生产厂房,后者是不变的。但吸入的新风的温度、湿度等参数受季节、气候、昼夜的影响,几乎时刻在变化,加上厂房对空调负荷的要求也时时变化,因此空调机组的负荷也几乎总是在变化。理论上讲机组的运行参数要经常调整,但是最基本的情况还是分为冬、夏两类。既然空调机组的负荷随时都在变化,在选购空调机组时取什么样的负荷就十分重要,应当考虑空调机组运行时所处的最恶劣外界环境的最大负荷,这就是空调的设计负荷或选购某型号空调机组的依据。空调机组的负荷要用多项指标来表示:①送风量(m^3/h);②喷水室的冷负荷(kW);③空气加热器的热负荷(kW);④各级过滤器的负荷。

7.3.3　空气输导与分布装置的设计

空气输导与分布装置的设计是空调设计的内容之一,主要应从以下三方面加以考虑。

1. 送风机

送风机仍以流量(m^3/h)、风管阻力计算而得的风机风压为主要选择依据。

2. 通风管系统

通风管一般布置在吊顶的上面,对洁净车间又称为技术夹层。风管有金属、硬聚氯乙烯、玻璃钢、砖或混凝土之分;按管道形状则有圆形、矩形之分。矩形管与风机、过滤器的连接比较方便,通常在较多的场合之下使用,具体规格可查阅有关工具书。通风主管与各支管截面积的确定,从原理上讲与复杂管路系统的计算一样,也应考虑最佳气流速度。风阀是启闭或调节风量的控制装置,常见有插板式、蝶式、三通调节风阀、多叶风阀等。

3. 送风口

药厂各处所设置的送风口尺寸、数量、位置等要根据需要来确定。洁净室的气流组织形式一般分为乱流(即涡流)与平行流两种。经过多年的实践,现行的气流均采用顶送侧下回的形式。基本已经抛弃了顶送顶回的形式,现在关键的问题是采取单侧回还是双侧回及送风口的位置与个数。

空气自送风口进入房间后先形成射入气流,流向房间回风口的是平行流气流,而在房间内局部空间内回旋的是涡流气流。一般的空调房间都是为了达到均匀的温湿度而采用紊流度大的气流方式,使射入气流同室内原有空气充分混合并把工作区置于空气得以充分混合的混流区内。而洁净空调为了使工作区获得低而均匀的含尘浓度,则要最大限度地减少涡流,使射入气流经过最短流程尽快覆盖工作区。使气流方向与尘埃的重力沉降方向一致,使平行流气流能有效地将室内灰尘排至室外。实验证明上送下单侧回,会增加乱流洁净室涡流区,增加交叉污染机会。无回风口一侧,由于处于有回风口一侧生产区的上风向将成为后者的污染源。在室宽超过 3m 的空间内宜采用双侧回风。不足 3m 的空间内生产线只能布置一条,采用单侧回风也是可行的。这时只要将回风口布置在操作人员一侧,就能有效地将操作人员发出的尘粒及时地从回风口排出室外。

送风口的设置是同样的道理,送风口的数目过少,也会导致涡流区加大。因此,适当增加送风口的数目,就相当于同样风量条件下增加了送风面积,可以获得最小的气流区污染度。就人员相对停留少的某些房间诸如存放间、缓冲间、内走廊等没有必要增加送风口个数,只需按常规布置即可。而对那些人员流动较大,比较重要的洁净房间诸如干燥间、内包间等则可以适当增加风口个数,对保证洁净度是大有好处的。

7.3.4　洁净空调系统的节能措施

能源问题、环境保护与人口问题并称当今社会"三大难题"。节能是我国可持续发展战略中的重要政策。长期以来,药厂洁净室设计中的节能问题尚未引起高度重视。随着我国医药工业全面实施 GMP，GMP 达标的药厂洁净室建设规模正在迅速发展与扩大。而洁净空调，是一种初投资大、运行费用高、能耗多的工程项目，其与能源、环保等方面的关系尤为突出。尤其在当前，一部分企业只注重眼前利益，相关从业人员缺少节能意识，在工程的设计、施工、运行诸阶段对节能问题缺乏应有的重视，更加重了洁净空调的高运行费用和高能耗的问题。因此，从药厂洁净室设计上采取有力措施降低能耗，节约能源，已经到了刻不容缓的地步。

1. 减少冷热源能耗的措施

采取适宜的措施减少冷热源能耗，可达到节能和降低生产成本的双重目的。具体措施包括确定适宜的室内温湿度、选用必要的最小的新风量和采用热回收装置、利用二次回风节省热能以及加强对工艺热设备、风管、蒸气管、冷热水管及送风口静压箱的绝热等措施。

（1）设计车间型式及工艺设备：现代药厂的洁净厂房以建造单层大框架、正方形大面积厂房最佳。其显著优点之一是外墙面积最小，能耗少，可节约建筑、冷热负荷的投资和设备运转费用。其次是控制和减少窗/墙比，加强门窗构造的气密性要求。此外，在有高温差的洁净室设置隔热层，围护结构应采取隔热性能和气密性好的材料及构造。建筑外墙内侧保温或夹芯保温复合墙板，在湿度控制房间要有良好防潮的密封室。所有这些均能达到节能的目的。

药厂洁净室工艺装备的设计和选型，在满足机械化、自动化、程控化和智能化的同时，必须实现工艺设备的节能化。如在水针剂方面，设计入墙层流式新型针剂灌装设备，机器与无菌室墙壁连接在一起，维修在隔壁非无菌区进行，不影响无菌环境，机器占地面积小，减少了洁净车间中 100 级平行流所需的空间，减少了工程投资费用，减少了人员对环境洁净度的影响，大大节约了能源。同时，采取必要技术措施，减少生产设备的排热量，降低排风量，如将可能采用水冷方式的生产设备尽可能选用水冷设备。加强洁净室内生产设备和管道的隔热保温措施，尽量减少排热量，降低能耗。

（2）确定适宜的室内温湿度：洁净室温湿度的确定，既要满足工艺要求，又要考虑最大程度地节省空调能耗。室内温湿度主要根据工艺要求和人体舒适要求而定。《药品生产质量管理规范》中要求洁净室内温度控制在 18～26℃，湿度控制在 45%～65%。对于制药厂一般无菌室室内温度考虑到抑制细菌生长及生产人员穿无菌服等情况，夏季应取较低温度，为 20～30℃，而一般非无菌室温度为 24～26℃。考虑到室内相对湿度过高易长霉菌，不利洁净环境要求，过低则易产生静电使人体感觉不适等因素；夏季室内相对湿度要求愈低，所需求的冷量能耗愈大，所以设计时，在满足工艺要求的情况下，室内湿度尽量取上限，以便能更多地节省冷量。据测算，当洁净室换气次数为 20/h，室温为 25℃，当室内相对湿度由 55% 提高至 60% 时，系统冷量约可节省 15%。

由于气象条件的多变，室外空气的参数也是多变的，而洁净空调设计时是以"室外计算参数"作为标准及系统处于最不利状况下考虑的，因此，在某些时期必然存在能源上的浪费。对空调系统进行自动控制，其节能效果是显而易见的。洁净空调的自动控制系统主要由温度传感器（新风、回风、送风、冷上水）、湿度传感器（新风、回风、送风、室内）、压力传感器（送风、回风、室内、冷回水、蒸气）、压差开关报警器（过滤器、风机）、阀门驱动器（新风、回风）、水量调节阀、蒸气调节阀（加热、加湿）、流量计（冷水、蒸气）、风机电机变频器等自控元器件组成，以实现温湿度的显示与自控、风量风压的稳定、过滤器及风机前后压差报警、换热器水量控制、新回风量自控等功能。

（3）选用必要的最小的新风量和采用热回收装置以减少新风热湿处理能耗：在洁净室热

负荷中,新风负荷为最大要素。合理确定必要的最小新风量,能大大降低处理新风能耗。一般新风量由下面三项比较后取最大值:① 洁净区内人员卫生要求每人不小于 $40m^3/h$;② 维持洁净区正压条件下漏风量与排风量之和;③ 各种不同洁净等级的最小新风比:10 万级为 30%;1 万级为 20%;百级为 2%~4%。

新风负荷是净化空调系统能耗中的主要组成部分,因此,在满足生产工艺和操作人员需要的情况下以及在《药品生产质量管理规范》允许的范围内,尽可能采用低的新风比。洁净空间内的回风温度、湿度接近送风温湿度要求,而且较新风要洁净。因此,能回风的净化系统,应尽可能多地采用回风以提高系统的回风利用量。不能回风或采取少量回风的系统,在组合式空调机组加装热交换器来回收排风中的有效热能,提高热能利用率,节省新风负荷,这也是一项极为重要的节能措施。特别是对采用直排式空调系统(即全部不回风)或排风量较大剂型如固体制剂,若在空调机组内设置能量回收段是一种较好的、切实可行的节能措施。当然,只有工艺设备处于良好运行状态下、粉尘的散发得到控制的情况下利用回风才有节能效果。如果工艺设备很差,室内大量散发粉尘,还是应该把这些房间的空气经过滤后直接排出。如果区内大部分房间都难以控制粉尘的大量散发,采用回风处理的方式是否经济就成疑问了。因此,还应对工艺及设备的操作和运行情况进行综合考虑,以确定采用回风方案是否经济合理。当采用回风的节能方案后,虽然要增加对回风进行处理的空气过滤器和风机等设备费用,但可以减少冷冻机、水泵、冷却塔、热水制备和水管路系统的配置费用,可以减少设备的投资费。由此看来,在利用回风后,在初投资和运行费上都有不同程度的降低,其经济效益是显而易见的。

能量回收段的实质就是一个热交换器,即在排风的同时,利用热交换原理,把排气的能量回收,进入到新风中,相当于使新风得到了预处理。根据热交换方式的不同,能量回收段分为转轮式、管式两种。

转轮式热交换器,主要构件是由经特殊处理的铝箔、特种纸、非金属膜做成的蜂窝状转轮和驱动转轮的传动装置组成。转轮下半部通过新风,上半部通过室内排风。冬季,排风温湿度高于新风,排风经过转轮时,转芯材质的温度升高,水分含量增多;当转芯经过清洗扇转至与新风接触时,转芯便向新风释放热量与水分,使新风升温、增湿。夏季,过程与此相反。转轮式热交换器又分为吸湿的全热交换方式和不吸湿的全热交换方式两种。热交换效率(即能量回收率)最大可达 80% 以上。由于存在"交叉污染"的可能性,转轮式热交换器排风侧的空气压力必须低于进风侧。目前转轮式热交换器用在净化空调上非常合适,为防止排风中的异味及细菌在换热过程中向新风中转移,在排风侧与送风侧之间设有角度为 100° 的扇形净化器,以防空气污染。

管式热交换器也有两种,一种是热管式,即单根热管(一般为传热好的铜、铝材料)两端密封并抽真空,热管内充填相变工质(如氟利昂或氨)。热管一般为竖直安装,中间分隔,一段起蒸发器,一段起冷凝器的作用。以充填氨的铝热管为例(夏季),上部通过冷的排气,下部通过进气;底部的氨液蒸发,使进风预冷,蒸发的氨气在热管上部被排风冷却成氨液,这样自然循环。另一种是盘管式,两组盘管分离式安装,即空调机组内除了原有的制冷、加热段外,分别在送、排风机组内设置盘管式换热器,之间用管道连接,内部用泵循环乙二醇等载冷剂,以回收排风的部分能量。显热回收率可达 40%~60%。与转轮式相比,盘管式热交换器的优点在于不会产生"交叉污染",新风、排风机组可以不在一处,布置时较方便。

(4) 利用二次回风节省热能:药厂净化空调的特点是净化面积较大,净化级别要求相对较高。在设计中,大多数采用一次回风系统,使之满足用户对室内洁净度、温湿度、风量、风压的要求,而且一次回风系统设计及计算简单,风道布置简单,系统调试也简单。与之相比,二次回风系统要相对复杂得多。但使用一次回风系统,由于全部送风量经过空调机组处理,空调机组型号大,设备和施工费用及运行费用相应提高。而二次回风系统,只有部分风量经空调机组处理,空调机组承担的风量、冷量都少,型号小,初投资及运行费用都相应减少,有较为明显的节能效果。因此,如果在可用二次回风系统的场合使用一次回风,就会造成药厂资金(包括初投资和运行费用)的浪费。在送风量大的净化空调工程中,二次回风系统比一次回风系统节能显著,应优先采用。

(5) 加强对工艺热设备、风管、蒸气管、冷热水管及送风口静压箱的绝热措施:在绝热施工中,要注重施工质量,确保绝热保温达到设计要求,起到节能和提高经济效益的目的。对于风管,常常出现绝热板材表面不平、相互接触间隙过大和不严密、保温钉分布不均匀、外面压板未压紧绝热板、保护层破坏等造成绝热不好等情况。对于水管,主要是管壳绝热层与管子未压紧密、接缝处未闭合、缝隙过大等影响绝热效果。

可用于洁净空调风管及换热段配管的保温材料很多,通常有用于保热的岩棉、硅酸铝、泡沫石棉、超细玻璃棉等,用于保冷的超细玻璃棉、橡胶海绵(NBR-PVC)聚苯乙烯和聚乙烯等。目前,在风管保温中常用的新型保温材料有超细玻璃棉、橡胶海绵。这两种保温材料,除保温效果较好外,还具有良好的不燃或阻燃性能,安装也比较简单。如橡胶海绵,热导率为 $0.037W/(m \cdot K)$,浸没 28 天吸水率<4%,氧指数≥33,燃烧性能达到难燃的 B1 级。橡胶海绵安装也极为简单,风管外壁清洁后涂以专用胶水,再将裁好的橡胶海绵粘平即可,无需防水、防潮层。该保温材料外观效果好,不足之外是价格稍贵。

静压箱风口保温有两种:一种在现场静压箱安装完成后,再在静压箱外进行保温,此种保温效果和质量依现场施工质量而定。另一种为保温消声静压箱风口,一般由外层钢板箱体、保温吸声材料、防尘膜、穿孔钢板内壳组成,整体性强,保温效果好,比较好地解决了箱体的绝热保温。从文献中可知,最小规格高效过滤器送风口静压箱在无保温的情况下,能耗大体占该风口冷热能量的 10.3%,可见静压箱保温很重要。

2. 减少输送动力能耗方面的措施

减少药厂洁净空调的运行费用、能耗问题,不仅可以采取减少适宜的冷热源能耗的措施,还可以采取减少输送动力能耗方面的措施来达到节能和降低生产成本的双重目的。

(1) 减少净化空调系统的送风量:采取适当的措施减少净化空气的送风量,可以减少输送方面的动能损耗,从而达到节能的目的。

1) 合理确定洁净区面积和空气洁净度等级:药厂洁净室设计中对空气洁净度等级标准的确定应在生产合格产品的前提下,综合考虑工艺生产能力情况,设备的大小,操作方式和前后生产工序的连接方式,设备自动化程度,操作人员的多少,设备检修空间以及设备清洗方式等因素,以保证投资最省、运行费用最少、最为节能的总要求。因此,应按不同的空气洁净度等级要求分别集中布置,尽量减少洁净室的面积。从节能的角度出发,洁净度要求高的洁净室尽量靠近空调机房布置,以减少管线长度,减少能量损耗。通常是按生产要求确定净化等级。如对注射剂的稀配为 1 万级,而浓配对环境要求不高,可定为 10 万级。

2) 灵活采用局部净化设施代替全室高净化级别:减少洁净空间体积的实用技术之一是建立洁净隧道或隧道式洁净室来达到满足生产对高洁净度环境要求和节能的双重目的。洁净工艺区空间缩小到最低限度,风量大大减少。还可采用洁净隧道层流罩装置抵抗洁净度低的操作区对洁净度高的工艺区可能存在的干扰与污染,而不是通过提高截面风速或罩子面积提高洁净度。在同样总风量下,可以扩大罩前洁净截面积 5～6 倍。与此同时在工艺生产局部要求洁净级别高的操作部位,可充分利用洁净工作台、自净器、层流罩、洁净隧道以及净化小室等措施,实行局部气流保护来维持该区域的高净化级别要求。此外,还可控制人员发生对洁净区域的影响,如采用带水平气流的胶囊灌装室或粉碎室、带层流的称量工作台以及带层流装置的灌封机等,都可以减轻洁净空调系统负荷,减少该房间维持高净化级别要求的送风量。

　　3) 减少室内粉尘及合理控制室内空气的排放:药品生产中常常会产生大量粉尘,或散发出热湿气体,或释放有机溶媒等有害物质,若不及时排除,可能会污染其他药物,对操作人员也会造成危害。

　　对于固体制剂,发尘量大的设备如粉碎、过筛、称量、混合、制粒、干燥、压片、包衣等设备应采取局部防排尘措施,将其发尘量减少到最低程度。没有必要将这些房间的回风全部排掉,而大大损失能量;或单纯依靠净化空调来维持该室内所需洁净要求,其能耗费用要比维持 100 级费用还要大。为了减少局部除尘排风浪费掉的大量能源,可选择高效性能良好的除尘装置,如美国 DONALDSON 公司生产的除尘器:一种为集中除尘的 DOW NFLO 系列沉流式除尘器,另一种为单机或小型集中除尘的 VS 系列振动式除尘器,其过滤效率可达 99.99%(根据ASHRAE/RP831 测度标准),经该除尘器净化后的空气可作为回风使用。

　　4) 加强密封处理,减少空调系统的漏风量:由于药厂净化空调系统比一般空调系统压头大一倍,故对其严密性有较高要求,否则系统漏风会造成电能、冷热能的大大损失。

　　关于空调机组的漏风量,国家标准规定:用于净化空调系统的机组,内静压应保持1000Pa,洁净度<1000 级时,机组漏风率≤2%,洁净度≥1000 级时,机组漏风率≤1%。但从施工现场空调机组的安装情况来看,有的仍难以满足此要求。因此,需要加强现场安装监督管理,按相关规范标准要求的方法进行现场漏风检测,采取必要措施控制机组的漏风率。

　　目前,国内通风与空调工程风管漏风率比较保守的和公认的数值为 10%～20%。对于风管系统控制漏风的重要环节是施工现场,应从风管的制作、安装及检验上层层把关。主要关键工序是风管的咬合、法兰翻边及法兰之间的密封程度,静压箱与房间吊顶连接处的密封处理,各类阀件与测量孔如蝶阀、多叶阀、防火阀的转轴处的密封,风量测量孔,入孔等周边与风管连接处等。这些部位有的可通过检验,找出缺陷之处,有的无法测出,只能靠严格监督检查,严格要求,才能保证。

　　国内有关规范对于风管系统的漏风检查方法有两种,即漏光法和漏风试验法。漏光法在要求不高的风管系统使用,无法检查出漏风量多少。漏风试验法在要求较高的风管系统使用,可检查出风管系统的漏风量大小。对于药厂净化空调风管一般为中压系统,《通气与空气工程施工及验收规范》(GB50243 - 97)中规定,当中压风管工作压强为 1000～1500Pa 时,系统风管单位面积允许漏风量指标为 $3.14～4.08 m^3/(h \cdot m^2)$。关于洁净房间的漏风问题,GB50243 -97 中规定,装配式洁净室组装完毕后,应做漏风量测试,当室内静压为 100Pa 时,漏风量不大于 $2 m^3/(h \cdot m^2)$。现场洁净室装修时,吊顶或隔墙上开孔,如送风口、回风口、灯具、感烟探头的安装、各类管道的穿孔处以及门窗的缝隙等都存在一定的漏风量,施工安装时,所有缝隙均要采取密封处理,确保洁净室的严密性。

5）在保证洁净效果的前提下采用较低的换气次数：《药品生产质量管理规范》中对各洁净级别的换气次数没有做相应的规定，设计人员不应照搬以前的《规范》或所谓的设计经验，一味地扩大换气次数，而应紧密结合当地的大气含尘情况以及工程的装修效果，合理确定换气次数。在南方等城市，室外大气含尘浓度低或者工程项目的装修标准较高，室内尘粒少、工艺本身又较先进，这类项目的洁净空调可以适当降低换气次数。《洁净厂房设计规范》（GBJ73－84）中关于换气次数的推荐只能作为设计时的参考，而不是必须遵守的规定。

（2）减少空调系统的阻力：减少输送方面的动能损耗，不仅可以通过减少净化空气的送风量，还可以采取适宜措施减小空调系统的阻力来实现。

1）缩小风管半径，使净化风管系统路线最短：在工艺平面布置时，尽量将有净化要求的房间集中布置在一起，避免太分散。另外，应使空调机房紧靠洁净区，尤其使高净化级别区域尽量靠近空调机房。这样，使得送回风管路径最短，管路阻力最小，相应漏风量也最低。

2）采用低阻力的送风口过滤器：对于药厂 30 万级、10 万级的固体制剂及液体制剂车间送风口末端的过滤器，能用低阻力亚高效过滤器满足要求的，就不用阻力较高的高效过滤器，可节省大量的动力损耗。例如采用驻极体作为静电空气过滤器，该滤材料主要通过熔喷聚丙烯纤维生产时，电荷被埋入纤维中形成驻极体。滤材型号为 ECF－1，重量为 $220g/m^2$，厚度为 4mm，滤速范围为 0.2～8m/s，初阻力范围为 18.5～91.2Pa，计数过滤效率：97.01%～87.10%（≥1μm），100%（≥5μm）。其滤速、阻力和价格（≥15 元/m^2）相当于初效过滤器，但其效率已经达到了高中效空气过滤器的要求。该种滤材可大大降低系统中的阻力，从而节省大量的动力能耗，降低运行费用，因此取得很好的经济效益。

3）采用变频控制装置，节省风机功率消耗：目前，电机变频调速广泛使用于净化空调系统中，以保持风量恒定。但系统中各级过滤器随着运行时间的延长，在过滤器上的尘埃量集聚逐渐增多，使其阻力上升，整个送风系统阻力发生变化，从而导致风量的变化。而风机压力往往是按照各级过滤器最终阻力之和，即最大阻力设计的，其运行时间仅仅在有限的一段时间内。空调系统运行初始状态时，由于各级阻力较小，当风机转速不变时，风量将会过大，此时，只能调节送风阀，增加系统阻力，保持风量恒定。对于调节风量采用变频器比手动调节风阀更显示其优越性。国外资料表明，当工作位于最大流量的 80% 时，使用风阀将消耗电机能量的 95%，而变频器消耗 51%，差不多是风阀的一半；当气流量降到 50% 时，变频器只消耗 15%，风阀消耗 73%，风阀消耗的能量几乎是变频器的四倍。在风量调节中，采用变频调速器，虽然增加了投资，但节约了运行费用，减少了风机的运行动力消耗，综合考虑是经济和合理的，而且有利于室内空气参数的调节与控制。

4）选择方便拆卸、易清洗的回风口过滤器：影响室内空气品质的因素很多，系统的优化设计、新风量、设备性能等都能对空气品质产生重要影响，要改善室内空气品质，就要从空气循环经过的每一个环节上进行控制。回风口的过滤作用往往是被忽视的一个重要环节。回风口是空调、净化工程中必备的部件之一，在工程中由于其造价占用比例较小，结构简单，很难引起设计人员及使用者的注意，通常把它作为小产品，只注意它的外观装饰作用而忽略了它的使用功能。其实，回风口的过滤器性能对于保持空调净化环境符合要求是十分重要的。它的材质优劣影响其叶片的变形程度，从而影响回风阻力及美观，表面处理不当易积灰尘且不易清洁，表面氧化不彻底还能不均匀泛黑等等。

在洁净工程中,提高回风口过滤器的效率有助于防止不同车间污染物交叉污染的程度,并延长中、高效过滤器的使用寿命。回风口过滤器应能方便拆卸更换,不影响整个空调系统的运行,便于分散管理和控制。回风口过滤器过滤效率提高将使其阻力增大。国外部分设计通常采用增大回风口面积的方式来减少回风速度,从而抵消对风机压头的要求,在经济上是合理的。目前市场上的过滤材料较多,足以满足过滤效率的要求,但有些风口的结构很难拆卸更换过滤网,使过滤材料的选用受到限制。部分可开式回风口在结构上不合理,密封不严,达不到要求或没有好的连接件,易松弛、锈蚀、阻塞。碰珠式可开风口在开启时用力太大,易损坏装饰面,并使风口变形。

目前,部分厂商生产的组合式风口针对上述问题作了改进,能方便地拆卸过滤器,并增大了回风过滤效率。这种风口由外框、内置风口、连锁件构成,安装时将外框固定在天花板或墙体上,然后将内置风口装在外框中,连锁件自动将内置风口锁紧。它的连锁件是一种迂回止动件,轻推内置风口锁紧,再次轻推内置风口解锁,解锁后可将整个内置风口取下,过滤器则安装于外框喉部,用连锁件与外框锁紧,用同样方式可取下清洗、更换滤材。此过程不需任何工具,也不需专业人员,普通的工作人员即可操作。工程交付使用后,为使用方的维护管理提供了极大的方便。过滤器滤材可根据不同要求选用,洁净空调可根据不同净化要求选用不同的滤材。选用时可将生产工艺及要求提供给生产企业,也可根据生产企业的产品说明书选用。

7.4　工艺管道设计

在药品生产中,各种流体物料以及水、蒸气等载能介质通常采用管道来输送,管道是制药设备中必不可少的重要部分。药厂管道犹如人体内的血管,规格多,数量大,在整个工程投资中占有重要的比例。管道布置是否合理,不仅影响工厂基本建设投资,而且与装置建成后的生产、管理、安全和操作费用密切相关。因此,管道设计在制药设计中占有重要的地位。

工艺管道设计是在车间布置设计完成之后进行的。工艺管道设计的成果是管道平、立面布置图,管架图,楼板和墙的穿孔图,管架预埋件位置图,管道施工说明,管道综合材料表及管道设计概算,其中主要应包括控制点工艺流程图、估算管道设计的投资、管道的热补偿与保温、管道的平、立面位置及施工、安装、验收的基本要求。

7.4.1　工艺管道设计内容

在进行工艺管道设计时,应具有如下基础资料:施工阶段带控制点的工艺流程图;设备一览表;设备的平、立面布置图;设备安装图;物料衡算和能量衡算资料;水、蒸气等总管路的走向、压力等情况;建(构)筑物的平、立面布置图;与管道设计有关的其他资料,如厂址所在地区的地质、气候条件等。管道设计一般包括以下内容。

1. 选择管材

管材根据被输送物料的性质和操作条件来选取。适宜的管材应具有良好的耐腐蚀性能,且价格低廉。

2. 管径计算

根据物料衡算结果以及物料在管内的流动要求，通过计算，合理、经济地确定管径是管道设计的一个重要内容。对于给定的生产任务，流体流量是已知的，选择适宜的流速后即可计算出管径。

3. 管道布置设计

根据施工阶段带控制点的工艺流程图以及车间设备布置图，对管道进行合理布置，并绘出相应的管道布置图是管道设计的又一重要内容。

4. 管道绝热设计

多数情况下，常温以上的管道需要保温，常温以下的管道需要保冷。保温和保冷的热流传递方向不同，但习惯上均称为保温。

管道绝热设计就是为了确定保温层或保冷层的结构、材料和厚度，以减少装置运行时的热量或冷量损失。

5. 管道支架设计

为保证工艺装置的安全运行，应根据管道的自重、承重等情况，确定适宜的管架位置和类型，并编制出管架数据表、材料表和设计说明书。

6. 编写设计说明书

在设计说明书中应列出各种管子、管件及阀门的材料、规格和数量，并说明各种管道的安装要求和注意事项。

7.4.2　公称压力和公称直径

医药化工产品的种类繁多，即使是同一种产品，由于工艺方法的差异，对温度、压力和材料的要求也不相同。在不同温度下，同一种材料的管道所能承受的压力也不一样。为了使装管工程标准化，首先要有压力标准。压力标准是以公称压力为基准的。

公称压力是管子、阀门或管件在规定温度下的最大许用工作压力（表压）。公称压力常用符号 PN 表示，可分为 12 级，如表 7-2 所示。它的温度范围是 $0\sim120℃$，此时工作压力等于公称压力，如超出温度范围，工作压力就应低于公称压力。

表 7-2　公称压力等级

序　号	1	2	3	4	5	6	7	8	9	10	11	12
公称压力/MPa	0.25	0.59	0.98	1.57	2.45	3.92	6.28	9.8	15.7	19.6	24.5	31.4

公称直径是管子、阀门或管件的名义直径，常用符号 DN 表示，如公称直径为 100mm 可表示为 DN100。公称直径并不一定就是实际内径（公称直径是设计内径，实际内径是生产出来的）。一般情况下，公称直径既非外径，亦非内径，而是小于管子外径的并与它相近的整数。管子的公称直径一定，其外径也就确定了，但内径随壁厚而变。无缝钢管的公称直径和外径如表 7-3 所示。某些情况下，内径等于公称直径，如铸铁管。

对法兰或阀门而言，公称直径是指与其相配的管子的公称直径。如 DN100 的管法兰或阀门，指的是连接公称直径为 100mm 的管子用的管法兰或阀门。

表 7 - 3　无缝钢管的公称直径和外径

公称直径/mm	10	15	20	25	32	40	50	65	80	100	125
外径/mm	14	18	25	32	38	45	57	76	89	108	133
壁厚/mm	3	3	3	3.5	3.5	3.5	3.5	4	4	4	4
公称直径/mm	150	175	200	225	250	300	350	400	450	500	
外径/mm	159	194	219	245	273	325	377	426	480	530	
壁厚/mm	4.5	6	6	7	8	8	9	9	9	9	

7.4.3　管道

在管道设计时要根据介质选择不同材质的管道,并由生产任务确定管道的最经济直径,根据工作压力选择壁厚。

1. 选材

制药工业生产用管子、阀门和管件材料的选择主要是依据输送介质的浓度、温度、压力、腐蚀情况、供应来源和价格等因素综合考虑决定。在实际工作中,可查找材料手册或根据实际生产品种来直接选材,可按下列原则来确定:

(1)浓度:参阅临近浓度,如果相邻上下两个浓度的耐腐蚀性相同,那么中间浓度的耐腐蚀性一般也相同。如果上下两个浓度的耐腐蚀性不同,则中间浓度的耐腐蚀性常常介于两者之间。一般情况下,腐蚀性随浓度的增加而增强。

(2)温度:一般情况下温度越高,腐蚀性越大。但若上、下两个温度耐腐蚀性不同,低温耐蚀,高温不耐蚀,温度越高,腐蚀速度越快。

(3)腐蚀介质:可参阅同类介质的数据。有机化合物中各类物质的腐蚀性更为接近。

2. 管径的计算与确定

管径的选择与计算是管道设计中的一项重要内容,因为管径的选择和确定与管道的初始投资费用和动力消耗费用有着直接的联系。管径越大,原始投资费用越大,但动力消耗费用可降低;相反,管径减小,投资费用减少,但动力消耗费用就增加。对于用量大的(如石油输送)管线,它的管道直径必须严格计算。对于制药企业,虽然每个车间管道并不太多,但就整个企业来讲,使用的管道种类繁多,数量也大,就不能不认真考虑了。

3. 管壁厚度

根据管径和各种公称压力范围,查阅有关手册(如化工工艺设计手册等)可得管壁厚度。

4. 常用管

制药工业中常用的管子按材质分有钢管、有色金属管和有机、无机非金属管等。

(1)钢管:钢管包括焊接(有缝)钢管和无缝钢管两大类。

1)焊接(有缝)钢管:焊接钢管通常由碳钢板卷焊而成,以镀锌管较为常见。焊接钢管的强度低,可靠性差,常用作水、压缩空气、蒸气、冷凝水等流体的输送管道。

2)无缝钢管:无缝钢管可由普通碳素钢、优质碳素钢、普通低合金钢、合金钢等的管坯热轧或冷轧(冷拔)而成。无缝钢管品质均匀、强度较高,常用于高温、高压以及易燃、易爆和有毒介质的输送。

（2）有色金属管：在药品生产中，铜管和黄铜管、铅管和铅合金管、铝管和铝合金管都是常用的有色金属管。

（3）非金属管：非金属管包括无机非金属管和有机非金属管两大类。玻璃管、搪玻璃管、陶瓷管等都是常见的无机非金属管，橡胶管、聚丙烯管、硬聚氯乙烯管、聚四氟乙烯管、耐酸酚醛塑料管、玻璃钢管、不透性石墨管等都是常见的有机非金属管。

非金属管通常具有良好的耐腐蚀性能，在药品生产中有着广泛的应用，但在使用中应注意其机械性能和热稳定性。

5. 管道连接

管道连接的基本方法有法兰连接、螺纹连接、承插连接和焊接，此外，还有卡套连接和卡箍连接。

（1）法兰连接：法兰连接常用于大直径、密封性要求高的管道连接。法兰连接的优点是连接强度高，密封性能好，拆装比较方便；缺点是成本较高。

（2）螺纹连接：螺纹连接也是一种常用的管道连接方式，具有连接简单、拆装方便、成本较低等优点，常用于小直径（≤50mm）低压钢管或硬聚氯乙烯管道、管件、阀门之间的连接；缺点是连接的可靠性较差，螺纹连接处易发生渗漏，因而不宜用作易燃、易爆和有毒介质输送管道之间的连接。

（3）承插连接：承插连接常用于埋地或沿墙敷设的给排水管，如铸铁管、陶瓷管、石棉水泥管等与管或管件、阀门之间的连接。连接处可用石棉水泥、水泥砂浆等封口，用于工作压强不高于0.3MPa、介质温度不高于60℃的场合。

（4）焊接：焊接是药品生产中最常用的一种管道连接方法，具有施工方便、连接可靠、成本较低的优点。凡是不需要拆装的地方，应尽可能采用焊接。所有的压力管道，如煤气、蒸气、空气、真空等管道应尽量采用焊接。

（5）卡套连接：卡套连接是小直径（≤40mm）管道、阀门及管件之间的一种常用连接方式，具有连接简单、拆装方便等优点，常用于仪表、控制系统等管道的连接。

（6）卡箍连接：该法是将金属管插入非金属软管，并在插入口外用金属箍箍紧，以防介质外漏。卡箍连接具有拆装灵活、经济耐用等优点，常用于临时装置或洁净物料管道的连接。

6. 管道油漆及颜色

彻底除锈后的管道表层应涂红丹底漆两遍，油漆一遍；需保温的管道应在保温前涂红丹底漆两遍，保温后再在外表面上油漆一遍；敷设于地下的管道应先涂冷底子油一遍，再涂沥青一遍，然后填土；不锈钢或塑料管道不需涂漆。常见管道的油漆颜色如表7-4所示。

表7-4　常见管道的油漆颜色

介　质	颜　色	介　质	颜　色	介　质	颜　色
一次用水	深绿色	冷凝水	白色	真空	黄色
二次用水	浅绿色	软水	翠绿色	物料	深灰色
清下水	淡蓝色	污下水	黑色	排气	黄色
酸性下水	黑色	冷冻下水	银灰色	油管	橙黄色
蒸气	白点红圈色	压缩空气	深蓝色	生活污水	黑色

7. 管道验收

安装完成后的管道需进行强度及气密性试验。对小于 68.7kPa 表压下操作的气体管道进行气压试验时,先将空气升到工作压力,用肥皂水试验气漏,然后升到试验压力维持一定时间而下降值在规定值以下。

在真空下操作的液体和气体管道及 68.7kPa 以下的液体管道,水压试验的压力各为 98.1kPa 和 196.2kPa 表压,要求保持 0.5 小时压力不变。高于 196.2kPa 表压的管道,水压试验的压力为工作压力的 1.5 倍。

7.4.4　阀门

阀门是管路系统的重要组成部件,流体的流量、压力等参数均可用阀门来调节或控制。阀门品种繁多,根据阀体的类别、结构形式、驱动方式、连接方式、密封面或衬里、标准公称压力等,有不同品种和规格的阀门,应结合工艺过程、操作与控制方式选用。

1. 常用阀门

根据结构形式和用途的不同,阀门具有多种品种,常用的阀门有旋塞阀、球阀、闸阀、截止阀、止回阀、疏水阀、减压阀、安全阀等。

(1) 旋塞阀:旋塞阀具有结构简单、启闭方便快捷、流动阻力较小等优点。旋塞阀常用于温度较低、黏度较大的介质以及需要迅速启闭的场合,但一般不适用于蒸气和温度较高的介质。由于旋塞很容易铸上或焊上保温夹套,因此可用于需要保温的场合。此外,旋塞阀配上电动、气动或液压传动机构后,可实现遥控或自控。

(2) 球阀:球阀体内有一可绕自身轴线作 90°旋转的球形阀瓣,阀瓣内设有通道。球阀结构简单,操作方便,旋转 90°即可启闭。球阀的使用压力比旋塞阀高,密封效果较好,且密封面不易擦伤,可用于浆料或黏稠介质。

(3) 闸阀:闸阀体内有一与介质的流动方向相垂直的平板阀心,利用阀心的升起或落下可实现阀门的启闭。闸阀不改变流体的流动方向,因而流动阻力较小。闸阀主要用作切断阀,常用作放空阀或低真空系统阀门。闸阀一般不用于流量调节,也不适用于含固体杂质的介质。闸阀的缺点是密封面易磨损,且不易修理。

(4) 截止阀:截止阀的阀座与流体的流动方向垂直,流体向上流经阀座时要改变流动方向,因而流动阻力较大。截止阀结构简单,调节性能好,常用于流体的流量调节,但不宜用于高黏度或含固体颗粒的介质,也不宜用作放空阀或低真空系统阀门。

(5) 止回阀:止回阀体内有一圆盘或摇板,当介质顺流时,阀盘或摇板升起打开;当介质倒流时,阀盘或摇板自动关闭。因此,止回阀是一种自动启闭的单向阀门,用于防止流体逆向流动的场合,如在离心泵吸入管路的入口处常装有止回阀。止回阀一般不宜用于高黏度或含固体颗粒的介质。

(6) 疏水阀:疏水阀的作用是自动排除设备或管道中的冷凝水、空气及其他不凝性气体,同时又能阻止蒸气的大量逸出。因此,凡需蒸气加热的设备以及蒸气管道等都应安装疏水阀。

(7) 减压阀:减压阀体内设有膜片、弹簧、活塞等敏感元件,利用敏感元件的动作可改变阀瓣与阀座的间隙,从而达到自动减压的目的。

减压阀仅适用于蒸气、空气、氮气、氧气等清净介质的减压,不能用于液体的减压。

此外,在选用减压阀时还应注意其减压范围,不能超范围使用。

（8）安全阀：安全阀内设有自动启闭装置。当设备或管道内的压力超过规定值时阀即自动开启以泄出流体，待压力回复后阀又自动关闭，从而达到保护设备或管道的目的。

2. 阀门选择

阀门的种类很多，结构和特点各异。根据操作工况的不同，可选用不同结构和材质的阀门。一般情况下，阀门可按以下步骤进行选择：

（1）根据被输送流体的性质以及工作温度和工作压力选择阀门材质。阀门的阀体、阀杆、阀座、压盖、阀瓣等部位既可用同一材质制成，也可用不同材质分别制成，以达到经济、耐用的目的。

（2）根据阀门材质、工作温度及工作压力，确定阀门的公称压力。

（3）根据被输送流体的性质以及阀门的公称压力和工作温度，选择密封面材质。密封面材质的最高使用温度应高于工作温度。

（4）确定阀门的公称直径。一般情况下，阀门的公称直径可采用管子的公称直径，但应校核阀门的阻力对管路是否合适。

（5）根据阀门的功能、公称直径及生产工艺要求，选择阀门的连接形式。

（6）根据被输送流体的性质以及阀门的公称直径、公称压力和工作温度等，确定阀门的类别、结构形式和型号。

7.4.5　管件

管件是管与管之间的连接部件，延长管路、连接支管、堵塞管道、改变管道直径或方向等均可通过相应的管件来实现，如利用法兰、活接头、内牙管等管件可延长管路，利用各种弯头可改变管路方向，利用三通或四通可连接支管，利用异径管（大小头）或内外牙（管衬）可改变管径，利用管帽或管堵可堵塞管道等。

7.4.6　管道布置设计

管路的布置设计首先应保证安全、正常生产和便于操作、检修，其次应尽量节约材料及投资，并尽可能做到整齐和美观以创造美好的生产环境。

由于制药厂的产品品种繁多，操作条件不一（如高温、高压、真空及低温等）和输送的介质性质复杂（如易燃、易爆、有毒、有腐蚀性等），因此对管路的布置难以作出统一的规定，须根据具体的生产特点结合设备布置、建筑物和构筑物的情况以及非工艺专业的安排进行综合考虑。

1. 管路布置的一般原则

（1）两点间非直线连接原则：几何学中两点连直线距离最短在配置管路时并不适用，若用此原理拉管线必将车间结成一个钢铁的蜘蛛网了。我们的原则是贴墙、贴顶、贴地，沿 x、y、z 三个坐标配置管线，这样做所用管线材料将大大增加，但不至于影响操作与维修，使车间内变得有序。注意沿地面走的管路只能靠墙，不得成为操作者的事故隐患，实在需要时可在低于地平线的管道沟内穿行。

（2）操作点集中原则：一台设备常常有许多接管口，连接有许多不同的管线，而且它们分布于上下、左右、前后不同层次的空间之中。由于每根管线几乎不可避免地设有控制（开关或调节流量大小）阀门，要对它们进行操作可能令操作者围绕容器上下、左右、前后不断地奔忙，高位的要爬梯子，低位的要弯腰在所难免。合理的配管可以通过管路走向的变化将所有的阀门集中到一两处，并且高度统一适中（约高 1.5m）。如果将一排位于同一轴线的设备的各种管路的操作点统一布置在一个操作平面上,不但布置美观,而且方便操作,避免出错。

（3）总管集中布置原则:总管路尽可能集中布置,并靠近输送负荷比较大的一边。

（4）方便生产原则:除将操作点集中外,管路配置还需考虑正常生产、开停车、维修等因素。例如从总管引出的支管应当有双阀门,以便于维修更换;再如流量计、汽水分离器都应配置侧线以利更换;压力表则设有开关,也是有利于更换;"U"形管的底部应当配置放料阀门,以便停工维修时使用等等。有时候还应配置应急管线,以备紧急情况下使用。

2. 管道布置中的常见技术问题

在进行管路的布置设计时,一些常见的布置技术问题如管道敷设、管道排列、坡度、高度、管道支撑、保温及热补偿等须按一定原则来设计,保证安全、正常生产,便于操作、检修。

（1）管道敷设:管道的敷设方式有明线和暗线两种,一般车间管道多采用明线敷设,以便于安装、操作和检修,且造价也较为便宜。有洁净要求的车间,管道应尽可能采用暗敷。另外,管道在敷设时还必须符合下列技术要求:① 管道既可以明敷,也可以暗敷。一般原料药车间内的管道多采用明敷,以减少投资,并有利于安装、操作和检修。动力室、空调室内的管道可采用明敷,而洁净室内的管道应尽可能采用暗敷。② 应尽量缩短管路的长度,并注意减少拐弯和交叉。多条管路宜集中布置,并平行敷设。③ 明敷的管道可沿墙、柱、设备、操作台、地面或楼面敷设,也可架空敷设。暗敷管道常敷设于地下或技术夹层内。④ 架空敷设的管道在靠近墙的转弯处应设置管架。靠墙敷设的管道,其支架可直接固定于墙上。⑤ 陶瓷管的脆性较大,敷设于地下时,距地面的距离不能小于 0.5m。⑥ 塑料管等热膨胀系数较大的管道不能固定于支架上。输送蒸气或高温介质的管道,其支架宜采用滑动式。

（2）管道排列:管道的排列方式应根据生产工艺要求以及被输送介质的性质等情况进行综合考虑:① 小直径管道可支承在大直径管道的上方或吊在大直径管道的下方。② 输送热介质的管道或保温管道应布置在上层;反之,输送冷介质的管道或不保温管道应布置在下层。③ 输送无腐蚀性介质、气体介质、高压介质的管道以及不需经常检修的管道应布置在上层;反之,输送腐蚀性介质、液体介质、低压介质的管道以及需经常检修的管道应布置在下层。④ 大直径管道、常温管道、支管少的管道、高压管道以及不需经常检修的管道应靠墙布置在内侧;反之,小直径管道、高温管道、支管多的管道、低压管道以及需经常检修的管道应布置在外侧。

（3）管路坡度:管路敷设应有一定的坡度,坡度方向大多与介质的流动方向一致,但也有个别例外。管路坡度与被输送介质的性质有关,常见管路的坡度可参照表 7-5 中的数据选取。

表 7-5　常见管路的坡度

介质名称	蒸　气	压缩空气	冷冻盐水	清净下水	生产废水
管路坡度	0.002～0.005	0.004	0.005	0.005	0.001
介质名称	蒸气冷凝水	真空	低黏度流体	含颗粒液体	高黏度液体
管路坡度	0.003	0.003	0.005	0.01～0.05	0.01～0.05

（4）管路高度:管路距地面或楼面的高度应在 100mm 以上,并满足安装、操作和检修的要求。当管路下面有人行通道时,其最低点距地面或楼面的高度不得小于 2m。当管路下布置机泵时,应不小于 4m;穿越公路时不得小于 4.5m;穿越铁路时不得小于 6m。上下两层管路间的高度差可取 1m、1.2m、1.4m。

（5）安装、操作和检修：管道的布置应不挡门窗、不妨碍操作，并尽量减少埋地或埋墙长度，以减轻日后检修的困难；当管道穿过墙壁或楼层时，在墙或楼板的相应位置应预留管道孔，且穿过墙壁或楼板的一段管道不得有焊缝；管路的间距不宜过大，但要考虑保温层的厚度，并满足施工要求，一般可取 200mm、250mm 或 300mm，也可参照管路间距表中的数据选取。管外壁、法兰外边、保温层外壁等突出部分距墙、柱、管架横梁端部或支柱的距离均不应小于 100mm；在管路的适当位置应配置法兰或活接头。小直径水管可采用丝扣连接，并在适当位置配置活接头；大直径水管可采用焊接并适当配置法兰，法兰之间可采用橡胶垫片；为操作方便，一般阀门的安装高度可取 1.2m，安全阀可取 2.2m，温度计可取 1.5m，压力计可取 1.6m；输送蒸气的管道，应在管路的适当位置设分水器以及时排出冷凝水。

（6）管路安全：管路应避免从电动机、配电盘、仪表盘的上方或附近通过；若被输送介质的温度与环境温度相差较大，则应考虑热应力的影响，必要时可在管路的适当位置设补偿器，以消除或减弱热应力的影响；输送易燃、易爆、有毒及腐蚀性介质的管路不应从生活间、楼梯和通道等处通过；凡属易燃、易爆介质，其贮罐的排空管应设阻火器；室内易燃、易爆、有毒介质的排空管应接至室外，弯头向下。

（7）管道的热补偿：管道的安装都是在常温下进行的，而在实际生产中被输送介质的温度通常不是常温，此时，管道会因温度变化而产生热胀冷缩。当管道不能自由伸缩时，其内部将产生很大的热应力。管道的热应力与管子的材质及温度变化有关。

为减弱或消除热应力对管道的破坏作用，在管道布置时应考虑相应的热补偿措施。一般情况下，管道布置应尽可能利用管道自然弯曲时的弹性来实现热补偿，即采用自然补偿。

实践表明，使用温度低于 100℃ 或公称直径不超过 50mm 的管道一般可不考虑热补偿。表 7-6 给出了可不装补偿器的最大直管长度。

表 7-6　可不装补偿器的最大直管长度

热水/℃	60	70	80	90	95	100	110	120	130
蒸气/kPa							49	98	176.4
管长/m	65	57	50	45	42	40	37	32	30
热水/℃	140	143	151	158	164	170	175	179	183
蒸气/kPa	264.6	294	392	490	588	686	784	882	980
管长/m	27	27	27	25	25	24	24	24	24

当自然补偿不能满足要求时，应考虑采用补偿器补偿。补偿器的种类很多，图 7-1 为常用的"U"形和波形补偿器。

(a)"U"形　　　　　　　　　(b)波形(单波)

图 7-1　常用补偿器

　　"U"形补偿器通常由管子弯制而成,在药品生产中有着广泛的应用。"U"形补偿器具有耐压可靠、补偿能力大、制造方便等优点,缺点是尺寸和流动阻力较大。此外,"U"形补偿器在安装时要预拉伸(补偿热膨胀)或预压缩(补偿冷收缩)。

　　波形补偿器常用 0.5～3mm 的不锈钢薄板制成,其优点是体积小、安装方便;缺点是不耐高压。波形补偿器主要用于大直径低压管道的热补偿。当单波补偿器的补偿量不能满足要求时,可采用多波补偿器。

　　(8) 管道的支承:在进行管道设计时,为使管系具有足够的柔性,除了应注意管系走向和形状外,支架位置和型式的选择与设计也是相当重要的。管道支吊架选型得当,位置布置合理,不仅可使管道整齐美观,而且能改善管系中的应力分布和端点受力(力矩)状况,达到经济合理和运行安全的目的。

　　(9) 管道的保温:管道保温设计就是为了确定保温层的结构、材料和厚度,以减少装置运行时的热量或冷量损失。

【思考题】

1. 简述厂区划分的内容。
2. 简述厂区总体设计内容及原则。
3. 洁净室形式分类有哪些?
4. 简述人员净化与物料净化的区域。
5. 简述制药企业空调工程设计的主要内容。
6. 简述制药企业洁净空调系统的节能意义及措施。
7. 简述制药企业工艺管道设计内容。
8. 简述制药企业工艺管道验收的方法。
9. 简述制药企业常用管路布置的一般原则。

【参考文献】

[1] 王沛.药厂厂房与制药工艺设计[M].长春:吉林科学技术出版社,2000:12
[2] 李钧.药品 GMP 实施与认证[M].北京:中国医药科技出版社,2000:1
[3] 许钟麟.药厂洁净室设计、运行与 GMP 认证[M].上海:同济大学出版社,2002:1
[4] 唐燕辉.药物制剂生产设备及车间工艺设计[M].北京:化学工业出版社,2006
[5] 王红,田小玲,司光喜,等.药厂净化空调系统与节能措施[J].医药工程设计,2001,22(4):17
[6] 中国石化集团上海工程有限公司.化工工艺设计手册(上册)[M].北京:化学工业出版社,2003
[7] 杨艺虹,张珩,张奇,等.药厂洁净室设计的节能问题[J].医药工程设计,2004,25(4):18
[8] 刘金平,李格萍,张益昭,等.二次回风与一次回风在药厂净化空调中的能耗分析[J].医药工程设计,2005,26(5):34
[9] 王沛.制药工程设计[M].北京:人民卫生出版社,2008:7

第8章

糖　　类

➡ **本章要点**

　　掌握糖类化合物的提取分离原理;熟悉香菇多糖、茯苓多糖、透明质酸以及甲壳素的生产工艺流程;了解糖类化合物提取分离的工业化研究进展;提高设计糖类化合物提取分离工艺流程的能力。

8.1　概　　述

　　糖类又称碳水化合物(carbohydrates),与生命功能的维持密切相关,是构成生命的四大基本物质之一。糖类在天然药物中分布十分广泛,常占植物体干重的 $80\% \sim 90\%$。一些具有营养、强壮、滋补的药物,如枸杞子、山药、地黄、何首乌、黄精等皆含有大量糖类。同样在动物、微生物机体内的一些内源性多糖亦被证明具有多种生物活性。研究发现多糖及糖复合物参与和介导了细胞各种生命现象的调节,可作为广谱免疫促进剂,具有免疫调节功能。此外,药理学研究也表明多糖具有抗肿瘤、抗氧化、抗衰老、抗菌、抗病毒、降血糖、降血脂、抗辐射、抗凝血等多种作用,且药物毒性极小。因而多糖的研究已成为天然药物研究的一个热点。

8.1.1　糖类的结构特征

1. 单糖的结构

　　单糖(monosaccharide)是糖及其衍生物的基本组成单元。单糖为多羟基醛或酮类化合物,从三碳糖至八碳糖自然界都有存在。单糖的结构表示方式有三种(Fischer 投影式、Haworth 投影式和优势构象),其中 Fischer 投影式中主碳链呈线性排列,一般氧化程度高的基团排在上方,水平方向的价键及其连接基团指向纸面的前方,主碳链上下两端的价键及其连接基团指向纸面后方。

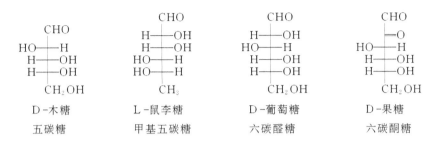

D-木糖　　　　L-鼠李糖　　　D-葡萄糖　　　　D-果糖

五碳糖　　　　甲基五碳糖　　六碳醛糖　　　　六碳酮糖

糖在水溶液中主要以环状半缩醛或半缩酮的形式存在。Haworth 投影式能够反映单糖在水溶液中的真实存在形式,理论上从 Fischer 投影式转换成 Haworth 投影式形成半缩醛或者半缩酮的时候,C_5、C_4、C_3、C_2 的羟基均可与羰基碳发生成环反应。由于五元环、六元环的张力最小,所以自然界中的糖多以五元含氧环或者六元含氧环的形式存在。五元含氧环的糖称为呋喃型糖(furanose),六元含氧环的糖称为吡喃型糖(pyranose)。当糖与糖之间或糖与苷元之间以苷键结合之后,糖的结构就固定不变了。

2. 多糖的结构与分类

单糖常以其半缩醛或酮的形式以端基碳原子的羟基与另一分子糖或非糖物质的—OH、—NH、—SH 或—CH 上的活泼氢脱水缩合形成糖苷键,并以糖苷键线性或分支连接成寡糖或多糖。一般将少于 10 个糖基的糖链称为低聚糖(oligosaccharide),又名寡糖。多于 10 个糖基的糖链称为多聚糖(polysaccharide),简称多糖。实际上多糖常常是由数百个至数千个单糖聚合而成。由单一品种单糖组成的多聚糖为均多糖(homosaccharide),不同种类单糖组成的多聚糖为杂多糖(heterosaccharide),它可由 2~6 种糖组成。

多糖的来源有植物多糖、动物多糖和微生物多糖。常见多糖的组成特点及其性质见表8-1。

表 8-1 多糖的分类及其具体结构特征

分 类	代表成分	结构组成
植物多糖	淀粉	直链淀粉是糖淀粉,由葡萄糖 α1→4 连接而成,聚合度为 300~500 的支链淀粉为胶淀粉,也是 α1→4 连接的葡聚糖,其在 C_6 上有分支糖链,聚合度为 3000,平均支链长 25 个葡萄糖单位
	纤维素	由葡萄糖 β1→4 连接而成的直链葡聚糖,聚合度为 3000~5000,相对分子质量为500000~800000
	半纤维素	是一类不溶于水而能被稀碱溶出的酸性多糖的总称;由木聚糖和甘露聚糖组成;木聚糖由木糖 β1→4 构成主链,C_2 或 C_3 位由阿拉伯糖和葡萄糖醛酸分支糖链构成;甘露聚糖由 D-甘露糖连成主链,C_6 位由末端为半乳糖支链构成
	果聚糖	菊糖是果聚糖的一种,结构是由 35 个 D-果糖 2β→1 连接,末端连接 D-葡萄糖
	树胶	植物伤裂处分泌的胶黏液干涸而成的半透明块状物,主要成分为杂多糖,例如阿拉伯胶、桃胶等
	葡聚糖	植物分泌细胞分泌的黏液质,如人参果胶,实际上是一种酸性杂多糖;此外,植物中还存在一些其他类型的多糖成分,如黄芪多糖、枸杞多糖等

分　类	代表成分	结构组成
动物多糖	糖原	动物贮藏养料的物质,主要存在于动物的肝脏、肌肉中,结构是由葡萄糖 α1→4 连接而成,内含 α1→6 分支链
	甲壳素	存在于虾壳、蟹壳、昆虫外壳、真菌和藻类等细胞壁中,是一种天然高分子的多糖化合物,由 D-N-乙酰氨基葡萄糖通过 β1→4 糖苷键连接而成
	酸性黏多糖	是一大类由糖醛酸和氨基己糖组成的杂多糖,包括:① 肝素,由六糖或八糖重复组成的线性链状分子,三硫酸双糖是其主要的双糖单位;② 透明质酸,由 1β→3N-乙酰-D-葡萄糖胺和 1β→4-D-葡萄糖醛酸交替组合而成的直链分子;③ 硫酸软骨素,由乙酰-D-半乳糖胺 β(1→4) 和 D-葡萄糖醛酸 β(1→3) 相间连接的直链分子;④ 硫酸角质素和硫酸肝素
微生物多糖	真菌多糖	是由 10 个以上的单糖通过糖苷键连接成的高分子多糖

8.1.2　理化性质及检识

1. 理化性质

(1) 单糖:单糖多呈结晶状态,有甜味,易溶于水,可溶于稀醇,难溶于高浓度乙醇,不溶于乙醚、三氯甲烷和苯等亲脂性试剂,多具有旋光性和还原性。

(2) 多糖:大多数多糖为无定形粉末,无甜味,除了由于结构的链端可能有自由还原基而具有微弱的还原能力外,一般不具有还原性。多糖有旋光活性,经某些酶或酸作用,可以水解生成寡糖或单糖,有些还产生各种单糖的衍生物。多糖的相对分子质量常随来源不同而异,其在水中的溶解度通常随相对分子质量的增大而降低,不溶于有机溶剂中。根据提取原料中多糖的组成、性质以及其他成分的特性,要从原料中直接提取糖类成分往往采用水和稀乙醇作为溶剂。根据提取的糖类成分在水和乙醇中的溶解性不同将其分为六类:① 易溶于冷水,而不溶于乙醇:包括果胶和树胶类物质;② 易溶于冷水和温乙醇:包括各种单糖、双糖、三糖和多元醇类;③ 易溶于温水,难溶于冷水,不溶于乙醇:包括木聚糖、菊糖、淀粉和糖原等;④ 难溶于冷水和热水,易溶于稀碱:包括水不溶胶类、半纤维素等,如木聚糖、半乳聚糖和甘露聚糖等;⑤ 不溶于水和乙醇,部分溶于碱液:如氧化纤维素等,可溶于氢氧化铜的氨溶液中;⑥ 在以上溶剂中均不溶:如纤维素等。

2. 糖类成分的理化鉴别

(1) α-萘酚试剂(Molish 试剂):配制 10% 的 α-萘酚的乙醇溶液;样品以稀乙醇或水溶解,加入 α-萘酚试剂数滴,此后再沿试管壁滴加少量浓硫酸,如与浓硫酸的接触面产生紫红色环即有糖或苷类存在。

(2) 蒽酮-硫酸法:将样品以水或稀乙醇为溶剂配成 50mg/ml 的溶液,取试样溶液置于试管中,按照试样液与蒽酮试剂体积比 1:4 的比例,滴加蒽酮试剂,此时样品颜色如果由无色变成绿色,证明样品是糖类化合物。

(3) 费林(Feling)反应:取少量样品溶液,加入等体积的费林(Feling)试剂,在沸水浴中加热数分钟,观察有无红棕色沉淀,如果有沉淀生成,则说明是单糖。若试样中不含还原糖,可将试样液加少量盐酸煮沸约半小时后,加氢氧化钠溶液至碱性,然后再加费林试剂在沸水浴中加热数分钟,如果有红棕色沉淀生成,则说明有可能含有多糖或糖苷类成分。

(4) 糖脎反应:取少量样品溶液加数滴浓盐酸,在沸水浴中加热 30 分钟,将水解后液体分成两份,其中一份用 5％氢氧化钠调至中性,加入等体积的费林试剂,在沸水中加热数分钟,观察有无沉淀生成。如果样品经盐酸水解后能够与费林试剂反应生成棕红色沉淀,则说明样品不是单糖。另一份在试管中加入 15％醋酸钠 0.5ml 和 10％苯肼 0.5ml 置入沸水浴中加热并不断振荡,观察糖脎结晶的生成速度和时间。与醋酸钠和苯肼反应后先出现淡黄色结晶,然后逐步以黄色结晶出现,则说明有糖脎生成,从而再次确定样品是多糖化合物。

8.1.3　糖类的提取方法

天然多糖主要从自然界中的植物、微生物中提取分离得到。常用的提取方法主要有溶剂提取法、酸提取法、碱提取法、酶提取法、超滤法、超声法、微波法、超临界流体萃取法。

1. 溶剂提取法

溶剂提取法是从植物中提取多糖的传统方法,一般遵循相似相溶原则,多糖是极性大分子化合物,采用的溶剂多为冷水、热水以及稀乙醇等极性大的溶剂。以水作为溶剂浸煮提取,其工艺成本低,安全,适合工业化大生产,是一种常用的提取方法;以稀乙醇作为溶剂提取多糖时,温度一般控制在 50～90℃,恒温回流提取,每次 1～4 小时,合并滤液,回收溶剂,蒸干,得到多糖提取物。

2. 酸提取法

含葡萄糖醛酸等酸性基团的多糖适合用稀酸提取,可用醋酸或盐酸配制成酸性水溶液作为浸提溶剂,能得到较高的提取率。具体操作过程是:向原料中加入稀盐酸水溶液或者冰醋酸水溶液使其最终浓度为 0.3mol/L,然后在 90℃回流提取 2～4 小时,过滤,滤渣再用相同酸性溶液反复提取 2～3 次,最后合并滤液,用碱液中和后减压浓缩、醇沉、过滤、洗涤干燥得到多糖提取物。酸提取法应控制酸的用量,避免在酸性条件下操作,引起多糖的糖苷键断裂。

3. 碱提取法

结构中含有糖醛酸的多糖,可利用碱液提取。在碱提取过程中为了防止多糖降解,常通以氮气或加入硼氢化钠或硼氢化钾。具体操作方法是:向原料中加入氢氧化钠水溶液,浓度为0.5mol/L,然后在 90℃回流提取 2～3 次,过滤,合并提取液,用盐酸中和,减压浓缩后用乙醇进行醇沉、过滤、洗涤、干燥,得到多糖提取物。采用碱法提取多糖虽然可提高收率、缩短提取时间,但提取液中含有其他杂质如蛋白质,黏度大,滤过困难,且有些多糖在碱性较强时会被水解。

4. 酶提取法

酶是生物催化剂,可降低化学反应的活化能从而加速反应进程。因而将酶促反应运用到多糖的提取过程中,通过降低体系中的活化能,在比较温和的条件中分解植物组织,可加速多糖的释放或提取。常用的提取酶主要有蛋白酶、纤维素酶、果胶酶等。根据各种酶在提取过程中的机理不同,以及被提取物内部组成的差异,常用的提取方法有单酶法和复合酶法。具体实施过程是按原料:水＝1:(10～20)的比例配成溶液,调节至适宜的 pH 值(3.8～4.5),加入5％～25％蛋白酶或者复合酶,置于适宜温度(38～50℃)水浴中酶解 3～4 小时,然后过滤,浓缩,得到多糖提取液。酶提取法能够简化后续的除杂工艺,缩短提取周期,条件温和,目标产物活性高,产物大多无毒,很大程度提高了多糖的提取率。但该技术也存在着一定的局限性,即酶的活性受温度和 pH 值影响很大,其最佳温度及最佳 pH 值往往在一个很小的范围内。为使酶的活性提高到最大,必须严格控制酶反应时的温度及 pH 值,一旦提取过程中出现轻微的改变或者有酶的抑制剂(如 Cu^{2+}、Al^{3+}、Hg^{2+} 等)存在,都可能大大降低酶的活性,因此对提取设备有较高的要求。此外,工业化生产中应用酶提取法进行天然多糖提取时还需综合考虑酶浓度及用量、底物浓度、多糖提取率和提取成本等因素。

5. 超声波提取法

利用超声波对细胞组织的破碎作用来提高糖类在提取液中的溶解率和浸出率。超声波提取法与常规提取法相比,具有提取时间短、产率高、无需加热等优点。值得注意的是超声提取时间不宜过长,否则提取量反而下降,原因可能是由于超声波处理时间过长,导致多糖结构发生变化,糖链发生断裂,使提取物中多糖含量下降。

8.1.4　糖类的分离纯化方法

1. 利用溶解度不同的分离方法

利用溶解度不同进行分离最常见的方法是水提醇沉法,该方法是常用的多糖提取分离工艺,利用多糖溶于水而不溶于乙醇、丙酮等有机溶剂的特点进行分离。从不同的原料中提取,提取前先将原料进行脱脂和脱色处理,然后用水进行提取,提取液浓缩后即加入等体积或数倍体积的乙醇或丙酮溶液,不断搅拌,析出沉淀,离心,干燥得到粗多糖。该工艺对设备要求不高,但是工艺操作繁琐、劳动强度大、生产效率低,不适宜连续生产。

另一种利用溶解度的不同进行分离的方法就是分步沉淀法,是根据不同的多糖在低级醇或酮(通常是乙醇或丙酮)中具有不同溶解度而进行分离。大多数糖类可溶于水,三糖以下的寡糖还可溶于乙醇,但是随着聚合度的增大,相对分子质量的增加,在乙醇(或丙酮)中的溶解度逐步下降,因此逐步加大乙醇(或丙酮)的浓度可将不同相对分子质量的多糖分别沉淀出来。具体操作过程是:多糖混合物溶液在不断搅拌下缓缓加入乙醇,使乙醇的最终浓度为 25%,然后静置 1 小时,离心,得到上清液和沉淀,该沉淀即为相对分子质量最大的多糖。上清液继续在搅拌下分次加入乙醇,使乙醇浓度逐渐增加至 35%、50%、70%,同上操作,分别取出每个醇浓度下所析出的沉淀。分步沉淀的关键是尽量避免共沉淀发生,因此在分离过程中应避免多糖混合物的浓度过高、乙醇加入速度过快,并且将溶液 pH 调至中性,从而保证多糖的稳定性。应该说多糖浓度越小,共沉淀作用越小,分离效果也越好;但若多糖浓度太稀,会导致多糖的回收率降低,乙醇消耗量过大;通常将多糖混合物的浓度控制在 0.25%~3%。

2. 利用电离性质不同的分离方法

多糖分子中的羟基为可电离基团,不同羟基的 pK_a 值有微小差别。各种多糖中的羟基数量存在差别,这些差别成为多糖分离的重要依据。常用的分离方法有季铵盐沉淀法和金属络合法。

(1) 季铵盐沉淀法:是一种较经典的方法,至今在多糖的纯化中仍在使用,如采用此方法纯化香菇多糖。季铵盐沉淀主要根据长链季铵盐能与酸性多糖或长链高相对分子质量多糖形成络合物,在低离子强度的水溶液中不解离形成沉淀析出,然后增加溶液的离子强度到一定范围,络合物则逐渐解离,最终溶解。这种方法常用于分离酸性多糖及中性高相对分子质量多糖。

常用的季铵盐有十六烷基三甲基铵盐(CTA 盐)及其碱和十六烷基吡啶盐(CP 盐)。操作时首先向多糖溶液中加入十六烷基三甲基铵溴化物(CTAB)等季铵盐沉淀剂,使其与酸性多糖形成沉淀,从水溶液中析出,此时可以通过调节溶液 pH 值增大中性多糖羟基的电离度,使之与季铵盐形成沉淀或者利用硼酸络合物使中性多糖沉淀下来。因此在加入季铵盐沉淀剂的同时,通过调节多糖溶液的 pH 值,就可以使电离度有微弱差别的多糖分别在酸性、中性、弱碱性、强碱性溶液中分步沉淀下来,从而达到分离的目的。在沉淀过程中加入少量(0.02mol/L)硫酸钠具有促进沉淀聚集的作用。

通过加入季铵盐获得多糖沉淀之后,根据多糖的性质,使多糖从沉淀中游离出来的方法主要为:将沉淀物溶解于 3~4mol/L 的 NaCl 或 KCl 溶液中,说明该多糖已经转化成为钠盐或钾盐,然后直接加入 3~5 倍的乙醇使多糖沉淀下来,而季铵氯化物则留在溶液中;也可在 3~4mol/L 的 NaCl 溶液中加入碘化物或硫氰酸盐使季铵盐沉淀出来,而多糖留在溶液中;也可用正丁醇、戊醇或三氯甲烷等有机溶剂萃取季铵阳离子,溶液再经过透析去盐、冷冻干燥等最终得到多糖,成为钠盐的多糖可用盐酸处理,使其恢复游离糖。

将酸性多糖分离后余下的中性多糖,可通过逐渐改变 pH 或加入硼酸缓冲液的方法使其沉淀,从而得到分离。但是中性多糖与硼酸形成络合物的难易程度与溶液的 pH 和二元醇的立体位置密切相关。如有顺邻二羟基的酵母和橡树中的甘露聚糖(顺 C_2,C_3 羟基)可在 pH<8.5 时沉淀,如果改变 pH 值则不得进行络合反应,无法进行分离。

(2)金属络合法:根据不同多糖所含有的羟基及羧基的数目、位置及立体结构的不同,使其与各种铜、钡、钙和铅离子形成络合物的难易程度不同,而达到分离纯化多糖的目的。在多糖的纯化中最常用的是铜盐络合法及氢氧化钡络合法。

1)铜盐络合法:常用的铜盐络合剂有 $CuSO_4$、$CuCl_2$、$Cu(Ac)_2$ 溶液或费林试剂等。通常情况下这些试剂需过量使用以利于多糖的络合沉淀,但费林试剂不能过量,否则产生的沉淀会重新溶解。将得到的沉淀用水洗涤,然后用 5%HCl(W/V)的乙醇液分解此络合物,再用乙醇洗去多余的铜盐。

2)氢氧化钡络合法:常将饱和 $Ba(OH)_2$ 溶液加到多糖溶液中。实验证明,当 $Ba(OH)_2$浓度小于 0.03mol/L 时,葡萄甘露聚糖、半乳甘露聚糖和其他甘露聚糖可全部沉淀;当$Ba(OH)_2$浓度小于 0.15mol/L 时,4-O-甲基葡萄糖醛酸木聚糖可以沉淀下来,部分乙酰化后的木聚糖不能立即沉淀,在去除乙酰基以后即可沉淀,阿拉伯聚糖和半乳聚糖在任何浓度的$Ba(OH)_2$ 溶液中都不沉淀,而水溶性多糖水溶液中加入饱和 $Ba(OH)_2$ 溶液即可产生多糖沉淀,藉此分离这些多糖。然后沉淀用乙酸(2mol/L)分解,上清液加乙醇沉淀即得游离多糖。

3. 柱色谱分离方法

(1)活性炭柱色谱法:活性炭吸附量大、效率高,其柱色谱适宜分离低聚糖混合物。通常用活性炭和硅藻土的等量混合物进行柱色谱分离。硅藻土有利于增加色谱过程中洗脱液的流速,也可直接采用 40~60 目的颗粒状活性炭装柱。

装柱之前,应对活性炭进行预处理。一般选用 0.2mol/L 柠檬酸缓冲溶液或乙酸溶液将活性炭中所含有的 Fe^{2+}、Ca^{2+} 冲洗干净,或者改用 2~3mol/L 的盐酸煮沸,再用去离子水反复洗至中性。一般情况下,先用去离子水洗脱无机盐、单糖等,继而用 5%~7.5%的稀醇洗出双糖,用 10%的稀醇洗出聚合度较高的多糖。逐渐增加乙醇浓度,得到聚合度渐增的多糖。糖类在活性炭上的吸附力有如下渐增的顺序:L-鼠李糖、L-阿拉伯糖、D-果糖、D-木糖、D-葡萄糖、D-半乳糖、D-甘露糖、蔗糖、乳糖、麦芽糖、棉子糖、毛蕊糖等。活性炭的吸附容量不受糖液浓度或无机盐的影响,因此有利于糖类成分的分离。

（2）离子交换树脂色谱法：在柱色谱分离纯化多糖的应用中，离子交换柱色谱是常用方法之一，特别是对于体积较大的多糖溶液，大多数首先采用离子交换柱色谱进行分离。通过柱色谱，多糖溶液得到浓缩及初步纯化（有的多糖通过该步骤即可得到各种均一多糖组分）。常用的阴离子交换树脂（如 Amberlite IR－400）经过 NaOH 处理后，可以选择性吸附还原糖，部分吸附蔗糖，完全不吸附糖醇和苷，可以采用10%的 NaCl 溶液进行洗脱。阳离子交换树脂可以用于酸性多糖和中性多糖的分离。离子交换柱色谱分离的缺点是洗脱溶剂消耗量大，树脂再生处理繁琐。

（3）凝胶色谱法：凝胶柱色谱是根据多糖分子的大小和形状的不同即按分子筛的原理进行分离的。通常在获得粗多糖后，先通过离子交换柱色谱、透析、干燥，溶解后再用凝胶柱色谱进一步分离。常用的凝胶主要有交联葡聚糖凝胶（Sephadex）、琼脂糖凝胶（Sepharose）和聚丙烯酰胺凝胶（Bio-gelP）三大类，以及进行性能改良的新一代凝胶，如 Sephacryl、Superdex 和 Superose 等。展开剂为各种浓度的盐溶液及缓冲液。

（4）纤维素和离子交换纤维素色谱法：色谱柱中的载体是纤维素。先用乙醇液将柱内纤维素平衡好，然后多糖混合物全部沉淀于惰性的纤维素上面。若用不同浓度的乙醇溶液（如80%，60%，40%，20%）梯度洗脱，则不同多糖就依次洗脱出来。先洗脱的是相对分子质量小的多糖，最终洗脱的是相对分子质量大的多糖。在洗脱过程中，由于各种多糖在柱上进行无数次的溶解和沉淀过程，最终将各种多糖彼此分离。这种方法实质上与分步沉淀法相反，可称为"分步溶解法"。其理论塔板数较高，所以流出液的纯度高，但缺点是流速慢，纯化周期长，特别是对于黏度较大的酸性多糖，流速则过慢。

为了更好地分离多糖类成分，将纤维素改性，使离子交换树脂和纤维素结合起来制成一系列离子交换纤维素，用于分离多糖，获得了很好的效果。至今应用最广泛的阳离子交换纤维素有 CM-cellulose、P-cellulose、SE-cellulose；阴离子交换剂有二乙基氨基乙基纤维素（DEAE-cellulose）、DEAE－琼脂糖（DEAE-sepharose）及 DEAE－葡聚糖（DEAE-sephadex）三种，其中以 DEAE-cellulose 应用得最广泛。DEAE-cellulose 具有开放性的骨架，多糖能自由进入载体中并进行迅速扩散。它有较大的表面积，对多糖的吸附量较离子交换树脂大许多。改性后的纤维素上的离子交换基团较少，对大分子的吸附较弱，用一定离子浓度的盐就可将其洗脱下来。阴离子交换柱色谱适用于分离各种酸性、中性多糖及黏多糖。在分离纯化多糖的同时，还可以达到脱色的目的，如弱碱性树脂 DEAE-cellulose 就具有吸附色素的作用。

4. 超滤法

超滤法是一种膜分离技术，根据溶液中多糖分子的大小和形状不同，在一定压力下使其通过超滤膜达到分离效果。超滤膜只允许一定相对分子质量范围的多糖通过，因此超滤法实质上的分离原理也是一种分子筛作用。超滤膜分离多糖具有不损害活性、分离效率高、能耗低、设备简单、无污染等优点，适用于相对分子质量较大、且分布范围较宽，溶液黏度大且不稳定的多糖提取分离。超滤法的应用前提条件是必须了解所要分离多糖的相对分子质量大小，这样才能有效地选取中空纤维超滤柱截留值的大小。理论上认为超滤法可以长期连续使用并保持比较恒定的产量和分离效果，但是近年来有报道大多数超滤膜能吸附多糖，使其收率大大降低，并且导致流速减慢。因此，在选择此方法进行纯化时，应进行先期的实验加以确认。此外，天然药物提取物是复杂的混合体系，在超滤前，必须预处理以除去有机胶体、机械颗粒等杂质，以降低对膜的污染。

5. 去除蛋白质的方法

药材原料中很大一部分组成就是蛋白质,在多糖的提取分离工艺中,脱除蛋白质是一步非常重要的工序。常用的方法有 Sevage 法、三氟三氯乙烷法、三氯乙酸法。若多糖提取液中含有少量蛋白,则选用 Sevage 法去除;多糖中游离的蛋白质或者植物多糖中的蛋白质可以选用三氯乙酸法去除;微生物多糖中的蛋白质则用三氟三氯乙烷法去除。

(1) Sevage 法:用三氯甲烷∶戊醇按照 5∶1 或者 4∶1 的比例配制成二元溶液与多糖溶液混合,剧烈振摇 30 分钟,蛋白质变性成胶状,离心后处于三氯甲烷层与水层之间,从而除去。为了达到更好地去除蛋白质的目的,加速蛋白质变性,将戊醇改成正丁醇,目前有使用三氯甲烷-正丁醇(5∶1)加入糖液中剧烈振摇以去除蛋白质。

(2) 三氟三氯乙烷法:在多糖溶液中缓慢加入三氟三氯乙烷,比例为多糖溶液∶三氟三氯乙烷(1∶1),低温下不断搅拌 10 分钟,离心得到上层水相,继续用上述方法重复处理几次。此法效率高,但是溶剂沸点低,易挥发,不宜大量使用。

(3) 三氯乙酸法:多糖溶液中滴加 3% 的三氯乙酸溶液,直至溶液不再继续变浑浊,在 5～10℃ 放置过夜,离心达到去除蛋白质的目的。

8.2 生产实例

8.2.1 香菇多糖

香菇(*Lentinus edodes*)是担子菌亚门侧耳科(Plearataco)的担子菌。香菇有降低胆固醇、防止血管硬化、增强人体免疫功能和防治癌症的作用。香菇多糖(lentinan,LNT)是香菇的主要有效成分,是一种宿主免疫增强剂(host defense-tiator,HDP),临床与药理研究表明香菇多糖具有抗病毒、抗肿瘤、调节免疫功能和刺激干扰素形成等作用。

1. 香菇多糖的性质

(1) 化学组成:香菇多糖是一种以 β-D(1→3)葡聚糖残基为主链,侧链为(1→6)葡聚糖残基的葡聚糖。

(2) 性质:香菇多糖为灰白色粉末,大多为酸性多糖,溶于水、稀碱,尤其易溶于热水,不溶于乙醇、丙酮、乙酸乙酯、乙醚等有机溶剂,其水溶液呈透明黏稠状。

2. 香菇多糖的提取工艺

香菇多糖的传统提取方法有水提醇沉法、季铵盐沉淀法、酶法等,随着对香菇研究的不断深入,新技术如超滤法及超声波法等均有应用。

(1) 水提醇沉法

【工艺原理】

根据香菇多糖易溶于水,尤其易溶于热水,不溶于乙醇等有机溶剂的性质,采用水提醇沉法作为提取香菇多糖的经典方法。

【操作过程及工艺条件】

1) 干燥:取香菇原料放置在 105℃ 的烘箱中进行干燥,然后粉碎通过 60 目筛。

2) 水提:将处理后的原料采用 20 倍的水溶液加热回流提取 4 小时,或者在 96℃ 浸提

4 小时,过滤得到水提液。

3)醇沉:向水提液中加入乙醇调整乙醇浓度达到 70％,静置析出沉淀,过滤得到沉淀。

4)萃取:将醇沉物溶解于水中,加入等体积三氯甲烷-正丁醇(1∶0.25)的溶剂萃取,充分混匀,分除有机层溶剂,上层减压浓缩,干燥得到香菇多糖。

【生产工艺流程】

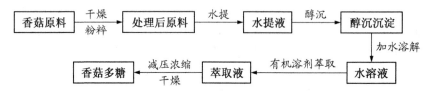

【工艺注释】

1)影响粗多糖纯化最主要的因素是提取时间,其次是样品与三氯甲烷-正丁醇的体积比及三氯甲烷-正丁醇体积比。

2)由实验结果确立三个影响因素参数:萃取时间 30 分钟,样品与三氯甲烷-正丁醇的体积比 1∶1,三氯甲烷与正丁醇的体积比为 1∶0.25,多糖收率 61％。

(2)季铵盐沉淀法

【工艺原理】

根据香菇多糖大多为酸性多糖,能够与季铵氢氧化物形成不溶沉淀,从而与其他物质分离。常用的季铵氢氧化物如氢氧化十六烷基三甲基铵(cetyl trimethylamimonium hydroxide,CTA-OH)和氢氧化十六烷基吡啶鎓(cetylpyridum hydroxide,CP-OH)均可以在酸、中、微碱性和碱性环境下分级沉淀分离多糖。

【操作过程及工艺条件】

1)干燥:取香菇原料置在 105℃的烘箱中进行干燥,然后粉碎通过 60 目筛。

2)水提:将处理后的原料用 20 倍的水溶液加热回流提取 4 小时,或者在 96℃浸提 4 小时,过滤得到水提液。

3)醇沉:向水提液中加入乙醇,调整乙醇浓度达到 70％,静置析出沉淀,过滤得到沉淀。

4)季铵盐沉淀:将醇沉获得的沉淀溶解至 10 倍量水中,滴加 0.2mol/L 氢氧化十六烷基三甲基铵(CTA-OH)至 pH12.8,析出大量沉淀,过滤得到沉淀,并用乙醇进行洗涤干燥。

5)Sevage 法除蛋白:将干燥后的沉淀用水溶解,等体积加入三氯甲烷-异戊醇(3∶1)的溶剂充分振荡过夜,使蛋白质充分沉淀,离心分离,去除蛋白质。

6)正丁醇沉淀:于去除蛋白质的上清液中加入 3 倍正丁醇,混匀,放置,析出沉淀,过滤。

7)有机溶剂洗涤:将获得的沉淀用甲醇、乙醚依次进行洗涤,干燥,得到香菇多糖。

【生产工艺流程】

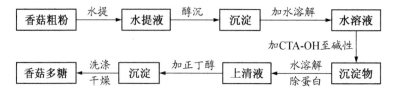

【工艺注释】

1)利用季铵盐沉淀法可以对香菇多糖实现一定的分离。

2）工艺流程图中得到的香菇多糖结构中具有 1→3β-D-葡萄糖缩合糖苷键,是一种直链多糖,具有很好的抗癌活性。

3）工艺流程图中的其他未分离组分仍可以进一步采用季铵盐沉淀或进行离子交换纤维素柱色谱的分离方法分离得到其他的五种香菇多糖。

4）香菇多糖的季铵盐沉淀法生产工艺稳定,但产率较低,生产过程中溶剂消耗量较大。

（3）超滤法

【工艺原理】

超滤膜是一种具有超级“筛分”分离功能的多孔膜,以压力差为推动力进行膜过滤。超滤膜的孔径为 $0.001\sim0.02\mu m$。根据待分离物质的相对分子质量大小选择适宜孔径的超滤膜,将香菇多糖和其他物质分离,从而获得一定相对分子质量范围的多糖。

【操作过程及工艺条件】

1）干燥:取香菇原料放置在 80℃的烘箱中进行干燥,然后粉碎通过 20 目筛。

2）提取:加入 10 倍量的水,于 80℃温浸 2 小时,并不断搅拌,重复提取两次,上清液合并,过滤得到澄清提取液。

3）超滤:以中空纤维超滤器超滤,超滤截留相对分子质量为 2 万～5 万的物质。

4）醇沉:向截留部位中加入 5 倍量乙醇,充分搅拌,放置,过滤,沉淀经乙醇洗涤。

5）干燥:将得到的沉淀在室温下挥去乙醇,在 40℃烘箱中减压干燥得到淡棕色或棕色粉末,得率 1%,多糖含量 70%～80%。

【生产工艺流程】

【工艺注释】

1）超滤操作的温度为室温。

2）pH 应接近香菇浸提介质的 pH 值。

3）临界压强为 0.15～0.18MPa,在膜组件使用前应预压,预处理的较好方法为微滤。

4）利用超滤法提取多糖制品,纯度为 74.4%,多糖回收率为 79.6%,而传统方法提取香菇多糖的纯度和回收率多低于 60%。

8.2.2　茯苓多糖

茯苓(*Poria cocos*)的药用部位是茯苓菌核,茯苓多糖是茯苓的主要有效成分。近代临床及药理研究表明茯苓多糖具有很好的抗肿瘤作用,该糖具有增强巨嗜细胞和 T 淋巴细胞的细胞毒作用,还能增强细胞的免疫反应并激活机体对肿瘤的免疫监视系统,其机制与激活补体有关。

1. 结构与性质

（1）结构组成:茯苓多糖分为水溶性多糖和碱溶性多糖,其结构是 50 个 β-(1→3)结合的葡萄糖单位,每个 β-(1→5)结合的葡萄糖基支链与 1 至 2 个 β-(1→6)结合的葡萄糖基间隔。

（2）溶解性:茯苓多糖易溶于水,不溶于乙醇、丙酮和乙醚等有机溶剂。

2. 茯苓多糖的提取工艺

(1) 水提醇沉法

【工艺原理】

根据茯苓多糖可溶于水,难溶于乙醇的特性,采用水提醇沉的方法,也可经活性炭脱色再醇沉的方法以提高纯度。

【操作过程及工艺条件】

1) 粉碎:取茯苓药材进行粉碎,过 60 目筛,备用。

2) 提取:用 10 倍量的去离子水回流提取 2 次,过滤,合并提取液。

3) 醇沉:在提取液中加入等量的乙醇,搅拌后静置过夜,析出沉淀,过滤。

4) 干燥:将所得沉淀在 40℃下进行减压干燥,得到淡棕色粉末,为茯苓多糖。

【生产工艺流程】

茯苓 —粉碎→ 粉末 —提取→ 水提液 —醇沉/过滤→ 沉淀 —干燥→ 茯苓多糖

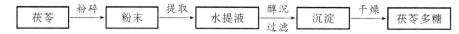

【工艺注释】

1) 水提醇沉是提取多糖的传统工艺,可以进行冷浸和热浸。

2) 传统的水作为溶剂进行提取,多糖收率低,并含有水溶性的杂蛋白等物质。

(2) 稀碱冷浸法

【工艺原理】

茯苓多糖不仅有水溶性多糖,还有碱溶性多糖,采用稀碱液作为溶剂可以同时获得水溶性和碱溶性多糖,从而提高茯苓多糖的得率。

【操作过程及工艺条件】

1) 粉碎:取茯苓药材进行粉碎,过 60 目筛,备用。

2) 提取:用 20 倍量的 0.5mol/L NaOH 水溶液在 5℃搅拌溶解,并在 5℃静置过夜,次日过滤,得滤液。

3) pH 值调节:滤液用 10%乙酸溶液中和至 pH 值在 6～7 之间。

4) 醇沉:在提取液中加入等量的乙醇,搅拌后在 5℃静置过夜,析出沉淀,过滤,沉淀再用乙醇、乙醚进行洗涤。

5) 干燥:将洗涤后沉淀在 40℃下进行减压干燥,得到淡棕色粉末,即为茯苓多糖。

【生产工艺流程】

茯苓 —稀碱冷浸→ 碱提液 —调 pH→ 提取液 —醇沉/过滤→ 沉淀 —干燥→ 茯苓多糖

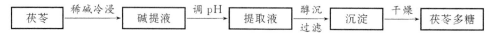

【工艺注释】

1) 稀碱液提取采用冷浸可以避免提取液过于黏稠,难以过滤。

2) 如果采用浓碱液进行提取,也会导致提取液过于黏稠无法过滤,得率降低,生产周期过长等问题。

3) 采用稀碱液进行提取,其得率高于水提法,但是此提取工艺要求在低温下进行,对于生产环境要求高。

(3) 水提醇沉-柱色谱法

【工艺原理】

茯苓经水提醇沉后进一步通过柱色谱的方法进行纯化,主要是利用葡聚糖凝胶的分子筛作用,富集纯化一定相对分子质量范围的茯苓多糖。常用的葡聚糖凝胶为 Sephadex G-15。

【操作流程及工艺条件】

1)粉碎、水提醇沉的初步提取工艺可以参考"水提醇沉"项下工艺条件。

2)溶解:取茯苓多糖沉淀,加 5 倍量水溶解。

3)Sevage 法沉淀去除蛋白质:将 Sevage 试剂等体积加入茯苓多糖溶液中,搅拌,分层,过滤,去除沉淀,得到上层滤液。

4)柱色谱:将所得液体通过 Sephadex G-15 柱色谱纯化。Sephadex G-15 充分溶胀后湿法装柱,氯化钠水溶液进行平衡,上样后,蒸馏水洗脱,分段收集,洗脱液再经不同浓度乙醇进行醇沉,离心,甲醇或乙醚洗涤沉淀,干燥得到茯苓多糖。

【生产工艺流程】

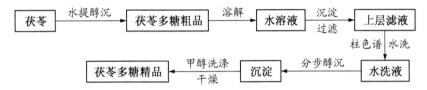

【工艺注释】

1)选用 Sevage 沉淀法脱除蛋白质后,再进行柱色谱分离,避免蛋白质堵塞色谱柱而影响分离效果。

2)柱色谱分离纯化多糖可以去除色素,分离并富集某一段相对分子质量范围的多糖,从而得到高纯度的茯苓多糖。

8.2.3　透明质酸

透明质酸(hyaluronic acid,HA)广泛存在于动物的各种组织中,已从结缔组织、脐带、皮肤、人血清、鸡冠、关节滑液、脑、软骨、眼玻璃体、人尿、鸡胚、兔卵细胞、动脉和静脉壁中分离得到。在哺乳动物体内,以玻璃体、脐带和关节滑液中含量最高,鸡冠的含量与滑液相似。近代临床及药理研究表明透明质酸能够调节蛋白质、水、电解质在皮肤中的扩散和转运,并有促进伤口愈合等特殊的保水作用,因而被称为理想的"天然保湿因子"(natural moiturizing factor,NMF)。

1. 结构

透明质酸是大分子黏多糖,分子结构组成非常规则,是由(1→3)-2-乙酰氨基-2-脱氧-β-D-葡萄糖-(1→4)-O-β-D-葡萄糖醛酸双糖重复单位组成的直链多糖,分子式为$(C_{14}H_{22}NaO_{11})_n$,相对分子质量范围为 $2×10^5 \sim 7×10^{16}$ 之间,其相对分子质量跨度大,分子链的长度及相对分子质量是不均一的,兼具高相对分子质量和大分子体积的特性。由于直链透明质酸分子之间存在氢键作用,因此在空间上呈现刚性的双螺旋柱型。

HA 的亲水性强,理论保水量可达 500ml/g 以上,即可吸收超过自身重量 500 倍的水分,因此透明质酸是一种优良的保湿剂和透皮吸收促进剂,广泛应用于皮肤外用制剂、缓释制剂和靶向制剂以及眼科手术的辅助药物中。此外,研究还发现透明质酸还具有促进血管生成和提高细胞免疫的作用。

2. 理化性质

(1)HA 呈白色,为无定形固体,无臭无味,不溶于有机溶剂。

（2）具有较强的黏度和保水作用：主要由于 HA 具有线性分子链结构的原因。

（3）具有强吸湿性：2％的纯 HA 溶液能将剩余98％的水紧紧吸住，使得其能够像胶状物一样被提起。实际上它还是溶液，可以被继续稀释。

（4）HA 溶液具有独特的黏弹性：溶液的黏弹性随 HA 相对分子质量和浓度的增加而增加。剪切力对其黏度值影响很大，溶液受高剪切力作用时，黏度可在 1/1000 以下。

3. 透明质酸的提取工艺

根据生产透明质酸的原料、生产方式不同分为动物组织提取法、酶聚人工合成法、微生物发酵法三种。

（1）动物组织提取法

【工艺原理】

透明质酸主要存在于动物组织中，因此工业生产通常以鸡冠、脐带和猪皮等动物组织为原料提取 HA。

【操作流程及工艺条件】

1）干燥及粉碎：动物组织原料在 105℃烘箱中干燥，并粉碎过 20 目筛。

2）水提取：10 倍量水溶液浸泡 12 小时，重复提取 2 次，过滤，合并滤液。

3）Sevage 法除蛋白质：利用 Sevage 试剂去除蛋白质，离心，过滤，得到滤液。

4）醇沉：向滤液中加入等体积的乙醇，搅拌后析出沉淀，静置过夜，过滤，滤液依次用乙醇、乙醚洗涤，得到沉淀，50℃减压干燥得到透明质酸。

【生产工艺流程】

【工艺注释】

1）这种提取方法的特点是工艺流程简单，适用于原料来源分散的小规模生产。

2）透明质酸不仅含量低，而且常与硫酸软骨素等黏多糖共存于生物组织中，致使其收率低，提取分离难度增加，生产成本过高，产品质量不稳定。

（2）微生物发酵法

【工艺原理】

利用细菌发酵法可以制备 HA。发酵液中 HA 的分离纯化采用有机溶剂沉淀法-乙醇沉淀法。

【操作流程及工艺条件】

1）在实际生产中需要对 HA 产生的原始菌（野生型的链球菌）进行一定的诱变处理，从而得到适应性更强、生命力旺盛、HA 产率高且不具有溶血性的安全菌株。

2）利用马铃薯淀粉作为培养基，进行大量发酵培养，得到富含透明质酸的发酵液。

3）发酵液中加入 3 倍量的乙醇进行搅拌、醇沉，静置过夜；收集沉淀，依次采用乙醇、乙醚进行洗涤。

4）洗涤后的样品进行 50℃减压干燥得到透明质酸样品。

【生产工艺流程】

【工艺注释】

1）发酵法生产 HA 的质量主要取决于菌种、培养基和分离提纯工艺。

2）发酵液中 HA 的分离纯化方法主要有有机溶剂沉淀法、离子交换法、季铵盐沉淀法等，最常用的仍是乙醇沉淀法。

3）沉淀 HA 的有机溶剂有乙醇、丙酮等。有机溶剂的作用是通过降低水溶液的介电常数从而增加溶质分子异性电荷库仑力的引力达到沉淀的目的。乙醇沉淀法是制备 HA 最常用的一种方法，多采用 3 倍于液体体积的乙醇量进行沉淀。

8.2.4　甲壳素

甲壳是世界上最多的物质，是我国最丰富的有机资源。甲壳素又名甲壳质、几丁质，是一种生物多糖的高分子物质，广泛存在于昆虫、甲壳类动物的外骨骼。其化学名为(1,4)-2-乙酰胺基-2-脱氧-β-D-葡萄糖，为线性生物聚合体。

甲壳素具有口服安全无毒，无皮肤刺激性和眼黏膜刺激性，且与人体有很好的相容性的特点，使其成为了广泛应用的药用辅料。近代临床与药理研究表明，甲壳素用以包裹药物可以减少药物对胃肠道的刺激，还可以控制药物的释放速度，形成的薄膜对药物有良好的透过性，而且在制药过程中可以作为片剂的稀释剂，改善药物的生物利用度及压片的流动性、崩解性和可压性。

1. 甲壳素的理化性质

甲壳素是一种白色无定形粉末或半透明的片状物，不溶于水、稀酸、碱液和乙醇、乙醚等有机溶剂，溶于无水甲酸、浓无机酸中。

2. 甲壳素的提取工艺

甲壳素的提取生产已经有多年的历史，一般都采用蟹壳和虾壳作为主要原料，碱液进行蛋白质脱除，然后利用酸水溶液进行提取。

（1）以蟹壳为原料的提取加工工艺

【工艺原理】

以蟹壳为原料进行提取，根据甲壳素的蟹壳不溶于水、稀酸、碱液和乙醇的溶解性质，利用碱液除去蛋白质，稀酸溶液去除无机盐等杂质，剩余的残渣就是以甲壳素为主要成分的提取物。

【操作流程及工艺条件】

1）挑选、清洗：将蟹壳进行挑选，然后利用清水进行反复冲洗，去除表面残留的蛋白质。

2）脱除蛋白质：使用 2.5mol/L 的氢氧化钠溶液室温浸泡 24 小时，挑出蟹壳，用水清洗至中性。

3）脱盐处理：将蟹壳置于 1mol/L 盐酸溶液中常温浸泡 12 小时，过滤，将蟹壳用水清洗至中性，日光下晒干。

4）将干燥的蟹壳进行粉碎，过 60 目筛。

5）重复上面的脱除蛋白质和脱盐的操作，进一步去除杂质，过滤后，将残渣清洗至中性，进行干燥，得到甲壳素的提取物。

【生产工艺流程】

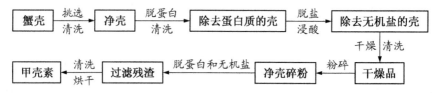

【工艺注释】

1）在传统工艺基础上将碱液煮沸脱去蛋白质和酸水提取两个工序均从煮沸改成了室温浸泡，通过工艺改进使产能提高了10%。

2）本工艺在常温下进行，易于操作，并且使能耗、机械要求强度、劳动保护条件和生产成本均降低到一定程度。

（2）以虾壳为原料的提取加工工艺

【工艺原理】

虾壳中含有透明质酸的同时还含有大量的色素，为了综合利用虾壳资源，在以虾壳为原料加工甲壳素时，应先去除色素，既对甲壳素的提取起到除杂目的，又可以开发利用虾壳中的虾青素资源。而虾壳中甲壳素的提取采用稀碱液去除蛋白质，酸水去除无机盐，最后达到纯化甲壳素的目的。

【操作流程及工艺条件】

1）乙醇提取：选用10倍量的乙醇在50℃减压回流提取虾壳2.5小时，过滤。

2）水洗，稀碱液除杂：先用水清洗去虾壳中残留的乙醇，然后用5倍量0.5mol/L氢氧化钠溶液回流2小时，过滤，留残渣，水洗至中性。

3）进一步去除无机盐杂质：分别用5倍量的高锰酸钾盐溶液和草酸溶液在70℃浸泡3小时，进一步脱除蛋白质和无机盐等杂质，使残渣纯化成晶莹透明的白色片状物。

4）水洗并干燥：再水洗至中性，烘干得到甲壳素。

【生产工艺流程】

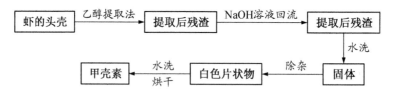

【工艺注释】

1）在生产甲壳素时可以先用乙醇从虾壳中提取色素。

2）碱液回流之后的滤液还可以进一步分离氨基酸。

3）留下的残渣通过后续生产工艺得到甲壳素，其提取率为30%。

【思考题】

1. 糖类化合物的溶解性如何？
2. 如何来鉴别糖类化合物？

3. 糖类化合物的提取方法有哪些?

4. 如何分离纯化糖类化合物?

5. 根据香菇多糖的理化性质,设计季铵盐沉淀法提取分离香菇多糖的工艺?

6. 根据茯苓多糖的理化性质,利用水溶醇沉和柱色谱的方法设计其提取分离工艺。

7. 比较微生物发酵法与动物组织提取法提取透明质酸的区别。

【参考文献】

[1] 徐怀德.天然药物提取工艺学[M].北京:中国轻工业出版社,2008:22-68,151-178

[2] 吴立军.天然药物化学(第5版)[M].北京:人民卫生出版社,2007:18-35

[3] 卢艳花.中药有效成分提取分离技术[M].北京:化学工业出版社,2005:2-8,12-20,24-42

[4] 徐任生,叶阳,赵维民.天然药物化学导论[M].北京:科学出版社,2006:4-24

[5] 吴立军.实用天然有机产物化学[M].北京:人民卫生出版社,2007:6-38

[6] 念保义,陈铭,王铮敏.超滤膜分离香菇多糖的研究[J].化学工业与工程技术,2003,24(4):27-29

[7] 王卫国,赵永亮.香菇多糖分离最佳工艺及最佳工艺原料探讨[J].中草药,2000,31(8):584-585

[8] 白玉静,佟丽华.香菇多糖提取工艺和质量含量测定方法研究[J].黑龙江医药科学,2006,29(1):55-56

[9] 赵声兰,赵荣华,陈东,等.茯苓皮中茯苓多糖的提取工艺优化[J].时珍国医国药,2006,17(9):1730-1732

[10] 常育,王启祥,兰英,等.透明质酸的制备方法[J].美中国际创伤杂志,2005,4(2):60-62

[11] 吴明霞,邓静,吴华昌,等.透明质酸制备的研究进展[J].生物技术通报,2008,2:68-72

[12] 靳凤珍,张为胜,李诗标.甲壳素、壳聚糖在中药制剂中的应用[J].山东医药工业,2002,21(5):21-22

[13] 吴之传,丁纯梅,陶庭先.龙虾虾壳的综合利用——虾壳中氨基酸和甲壳素的提取及壳聚糖的制备[J].化学世界,1995,9:489-491

[14] 屈步华,李德平,吴晴斋,等.甲壳素制备工艺改进——天然甲壳素的提取[J].中国生化药物杂志,1995,16(2):63-65

第9章

苯丙素类化合物

> **本章要点**
>
> 掌握苯丙素类化合物的提取分离原理;熟悉丹参提取物、金银花提取物、补骨脂香豆素、五味子木脂素以及厚朴木脂素的生产工艺流程;了解苯丙素类化合物提取分离的工业化研究进展,提高设计苯丙素类化合物提取分离工艺流程的能力。

苯丙素类(phenylpropanoids)化合物是指基本母核具有一个或几个 C_6—C_3 单元的天然有机化合物类群。此类化合物包括简单苯丙素类(如苯丙烯、苯丙醇、苯丙醛、苯丙酸等)、香豆素类、木脂素、黄酮类和木质素类,涵盖了多数的天然芳香族化合物。通常将苯丙素类化合物分为苯丙酸类(简单苯丙素类)、香豆素类和木脂素类。

9.1 苯丙酸类化合物

9.1.1 概述

苯丙酸类化合物是天然药物中重要的简单苯丙素类化合物,分子中取代基多为羟基、甲氧基和羧基,以苷或酯的形式存在于植物中。近代临床及药学研究表明,许多苯丙酸类成分具有多方面的生物活性,如阿魏酸具有抑制血小板聚集作用;丹参素具有抗心肌缺血、缺氧活性;绿原酸、3,4-二咖啡酰基奎宁酸具有抗菌作用;迷迭香酸具有止泻作用。

9.1.2 结构特征及理化性质

苯丙酸类及其衍生物是植物酸性成分,其基本结构是由酚羟基取代的芳香羧酸,大多具有一定的水溶性。苯丙酸类取代苯环具有紫外吸收,在中性溶液中,它的紫外吸收特征与其酯或苷相似,但加入醋酸钠后,波长发生紫移;加入醋酸钠后,波长发生红移。天然药物中常见的苯丙酸类成分及理化性质见表9-1。

表 9 - 1　常见苯丙酸类成分的结构与理化性质

化合物名称、结构式	理化性质
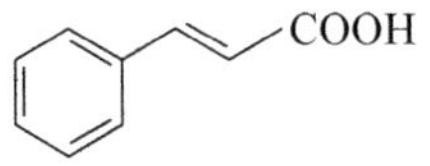 桂皮酸（cinnamic acid）	无色针状晶体或白色结晶粉末，微有桂皮气味，熔点 133℃，沸点 300℃，相对密度 1.25，溶于三氯甲烷、苯、丙酮，微溶于乙醇，不溶于冷水
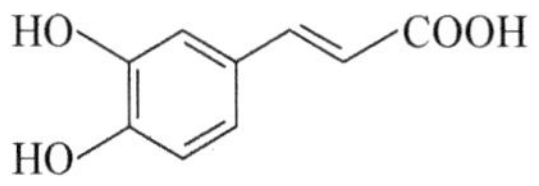 咖啡酸（caffeic acid）	黄色结晶，熔点 211～213℃，溶于热水、乙醇
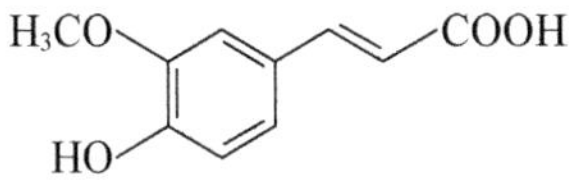 阿魏酸（ferulic acid）	顺式异构体为黄色油状物，反式异构体为斜方针状结晶，熔点 174℃，较易溶于乙醚，溶于热水、乙醇和乙酸乙酯，微溶于苯及石油醚

9.1.3　检识

利用苯丙酸分子结构中酚羟基可与一些酚类试剂如三氯化铁试剂、重氮化试剂具有的颜色反应进行鉴别，见表 9 - 2。

表 9 - 2　苯丙酸类成分的鉴别反应

反　　应	试　　剂
与 $FeCl_3$ 反应	1%～2% $FeCl_3$ 甲醇溶液
与 Pauly 试剂反应	重氮化的磺酸胺
与 Gepfner 试剂反应	1%亚硝酸钠溶液与相同体积 10%的乙酸混合，喷雾后，在空气中干燥，再用 0.5mol/L 氢氧化钠溶液处理
与 Millon 试剂反应	在紫外光下观察，用氨水处理后再同法观察

9.1.4　提取与分离

苯丙酸及其衍生物可用有机酸的常规提取分离方法，如有机溶剂提取法、离子交换树脂法和水蒸气蒸馏法提取分离。但在植物体内，苯丙酸及其衍生物常与其他酚酸、鞣质、黄酮苷伴随，分离困难，一般要经大孔吸附树脂、聚酰胺、硅胶、葡聚糖凝胶以及反相色谱多次分离才能达到纯化的目的。

9.1.5　丹参提取物生产实例

丹参为唇形科植物丹参（*Salvia miltiorrhiza*）的干燥根及根茎，其有效成分有脂溶性和水溶性两大类，脂溶性成分主要为二萜醌类化合物（包括丹参酮、隐丹参酮等）；水溶性成分主要为酚酸类化合物（包括丹参素、原儿茶醛、迷迭香酸、紫草素、丹参酸 B 等）。近代临床及药理研究表明，丹参中总酚酸类成分具有很强的抗脂质过氧化和清除自由基等作用，并有缩小脑梗死面积、减轻脑水肿的功效。在治疗冠心病及心绞痛等方面具有较好的疗效，对肝细胞有一定的保护作用,且具有抑制血小板聚集及降低血液黏稠度等作用。本节中以丹参总酚酸提取物和丹参注射液为实例探讨丹参中水溶性成分的生产工艺。

1. 丹参中主要水溶性成分的结构

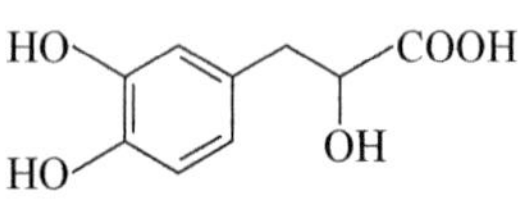

丹参素 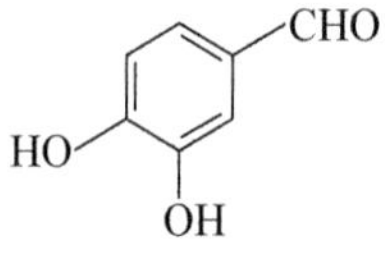　　　　　　原儿茶醛 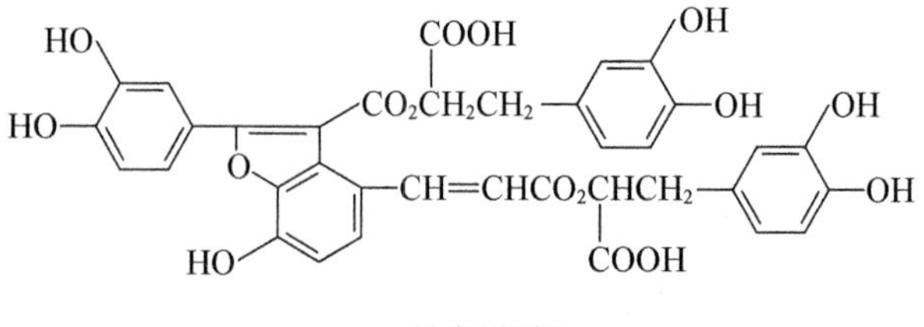　　　　　　　　　　丹参酚酸B

2. 理化性质

丹参总酚酸的理化性质见表9-3。

表9-3　丹参总酚酸类化合物的理化性质

化合物	分子式	相对分子质量	性　状	熔点(℃)	溶解性
丹参酚酸 B	$C_{36}H_{30}O_{16}$	718.61	类白色粉末	199～201	可溶于水、乙醇、甲醇
丹参素	$C_9H_{10}O_5$	162.14	白色长针状结晶	84～86	
原儿茶醛	$C_7H_6O_3$	138.12	灰白色结晶性粉末	143～145	溶于热水、乙醇

3. 丹参总酚酸提取物的生产工艺

【工艺原理】

利用酚酸类成分可溶于水的性质,以水为提取溶剂提取丹参中总酚酸类成分。

【操作过程及工艺条件】

(1) 取丹参,切成小段,加水于80℃提取两次,合并提取液,滤过。

(2) 滤液于60℃减压浓缩至相对密度为1.18～1.22(50℃)的清膏,放冷。

(3) 加乙醇使醇含量达70%,充分搅拌后静置12小时。

(4) 取上清液,减压回收乙醇,并浓缩至稠膏,干燥,即得。

【生产工艺流程】

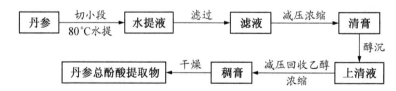

【工艺注释】

(1) 利用丹参中总酚酸既溶于水又溶于乙醇的特点,采用提取率高、成本低、安全的水提法。

(2) 选择合适的乙醇浓度,可沉淀去除大部分可溶于水、不溶于乙醇的蛋白质类和多糖类成分,保留可溶于乙醇的酚酸类成分。

(3) 丹参总酚酸提取物中以丹参酚酸B的含量最高。丹参酚酸B为双酯类成分,性质不稳定,易受热降解,因此对丹参水溶性提取液进行浓缩和干燥时,温度不宜过高,时间不宜过长。

(4) 采用高效液相色谱法测定,按高效液相色谱指纹图谱相似度评价系统,供试品指纹图谱与对照指纹图谱经相似度计算,相似度不得低于 0.90(图 9-1)。按高效液相色谱法测定含迷迭香酸不得少于 0.50%,含丹参酚酸 B 不得少于 5.0%。

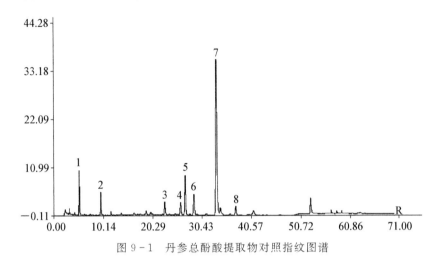

图 9-1　丹参总酚酸提取物对照指纹图谱

8 个共有峰中,峰 2:原儿茶醛,峰 5:迷迭香酸,峰 6:丹参素,峰 7:丹参酚酸 B

4. 丹参注射液生产工艺

【工艺原理】

本品为丹参经加工制成的灭菌水溶液。利用丹参素的溶解性,以水作为提取溶剂,乙醇作为纯化溶剂,采用水提醇沉法提取丹参水溶性成分。另外加碱调节 pH 值,尽可能使药液接近中性,兼有除杂作用。

【操作过程及工艺条件】

(1) 取丹参 1500g,加水煎煮 3 次,第一次 2 小时,第二、三次各 1.5 小时,合并煎液,滤过,滤液减压浓缩至 750ml。

(2) 加乙醇沉淀两次,第一次使含醇量为 75%,第二次使含醇量为 85%,每次均冷藏放置后滤过,滤液回收乙醇,并浓缩至约 250ml。

(3) 加注射用水至 400ml,混匀,冷藏放置,滤过,用 10% 氢氧化钠溶液调节 pH 值至 6.8,煮沸半小时,滤过,加注射用水至 1000ml,灌封,灭菌,即得。

【生产工艺流程】

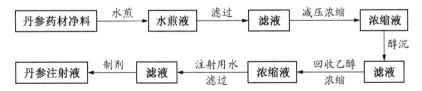

【工艺注释】

(1) 丹参注射液的制备采用溶剂提取法,因此选择适当的溶剂是提取步骤的关键。丹参素的极性大,可用水和乙醇提取。

(2) 水煎法的提取率高,是目前制作注射液及口服液的主要提取方法,不足之处是杂质含量高。

(3) 丹参水提液体积大、杂质多,往往需经反复多次的分离纯化处理才能获得较纯净的样品。

9.1.6　金银花提取物的生产实例

金银花是忍冬属植物忍冬(*Lonicera japonica*)的干燥花蕾,具有多种生物活性,主要含有绿原酸(chlorogenic acid)、异绿原酸、三萜皂苷、木犀草素及肌醇等成分。近代临床及药理研究表明,金银花具有抗菌、抗 HIV 病毒、升高白细胞数量、保肝利胆、抗肿瘤、降血压、降血脂、清除自由基以及显著增加胃肠蠕动和促进胃液分泌等作用。绿原酸是金银花的有效成分之一。

1. 金银花中绿原酸的结构

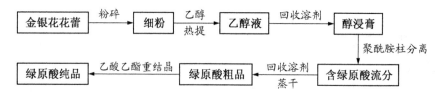

绿原酸

2. 理化性质

绿原酸是含有羟基和羧基的有机酸酯,常温下为淡黄色固体,分子式为 $C_{16}H_{18}O_9$,相对分子质量 345.30,半水合物为针状结晶,110℃变为无水化合物,熔点 208℃。水中溶解度为 4% (25℃),热水中溶解度更大,可溶于乙醇和丙酮,极微溶于乙酸乙酯。

绿原酸为酚酸类化合物,是由咖啡酸与奎尼酸形成的酯,其分子结构中有酯键、不饱和双键及多元酚三个不稳定部分,在强酸及碱性条件下,高温加热易氧化分解。

3. 金银花中绿原酸的生产工艺

【工艺原理】

绿原酸是一种有机酸,易溶于水、乙醇等溶剂中,采用乙醇回流法提取;利用结构中含有酚羟基的性质,以聚酰胺为吸附剂,通过聚酰胺柱色谱对粗提物进行分离纯化;经乙酸乙酯重结晶后,可得到较高纯度绿原酸。

【操作过程及工艺条件】

(1) 乙醇回流提取、浓缩:70%乙醇回流提取金银花花蕾粉末 3 小时,料液比为 1:8,提取 3 次,滤过,滤液浓缩。

(2) 聚酰胺柱分离:上述浓缩液,物料比为 1:5,拌入聚酰胺,真空烘干,研磨,过筛,得绿原酸粗品,经 80～100 目聚酰胺柱色谱分离,10%乙醇洗脱,流速为 2.2ml/min。

(3) 纯化:乙酸乙酯重结晶,制得高纯度绿原酸。

【生产工艺流程】

金银花花蕾 --粉碎--> 细粉 --乙醇热提--> 乙醇液 --回收溶剂--> 醇浸膏 --聚酰胺柱分离--> 含绿原酸流分 --回收溶剂蒸干--> 绿原酸粗品 --乙酸乙酯重结晶--> 绿原酸纯品

【工艺注释】

(1) 绿原酸分子中含有 5 个羟基和 1 个羧基,使其在水中溶解度达 4%,从经济、适用和安全角度出发,金银花中绿原酸的大量提取时多采用水、乙醇为溶剂。

(2) 绿原酸的结构不稳定,在提取时应避免高温、强光及长时间加热,以避免绿原酸的结构被破坏。

（3）本实例采用聚酰胺柱色谱法分离，再用乙酸乙酯重结晶，该方法工艺简单、成本低，适用于工业化生产；且乙醇可以回收后反复使用，大大降低了成本；聚酰胺依次用 5% NaOH、H_2O、10% CH_3COOH 洗脱再生后，可以反复使用。

9.2　香豆素类化合物

9.2.1　概述

香豆素是邻羟基桂皮酸分子内脱水形成的内酯，具有芳香气味。香豆素类成分具有多方面的生物活性，如白芷中的白芷素具有较明显的扩张冠状动脉的作用；蛇床子中的蛇床子素能治疗脚癣、湿疹和阴道滴虫；秦皮中的七叶内酯和七叶苷具有抗炎、镇痛和抗菌活性，是治疗细菌性痢疾的有效成分。

9.2.2　结构特征及理化性质

1. 结构特征

香豆素类成分的母核为苯骈 α-吡喃酮，分子中苯环或吡喃环上常见取代基有羟基、甲氧基、苯基、异戊烯基等，其中绝大多数在 7 位连接含氧官能团。常见香豆素类成分及理化性质见表 9-4。

表 9-4　常见香豆素类成分及理化性质

化合物名称、结构式	理化性质
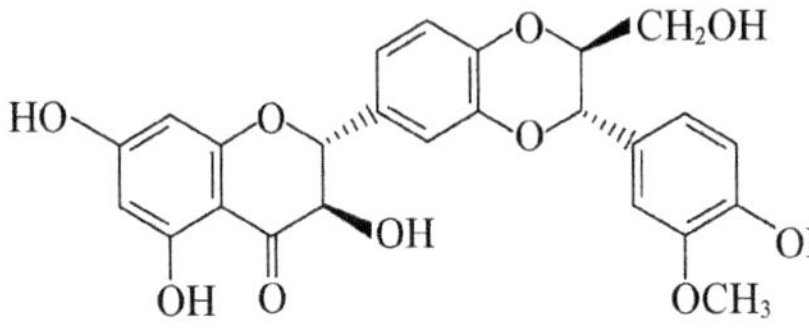 七叶内酯（秦皮乙素，aesculetin）	熔点 268～270℃，易溶于甲醇、乙醇和冰醋酸，可溶于丙酮，不溶于乙醚和水；易溶于稀碱液，并显蓝色荧光
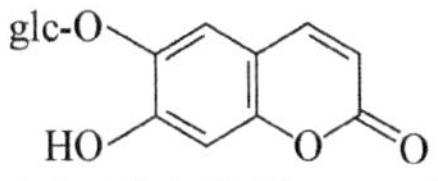 七叶苷（秦皮甲素，aesculin）	熔点 204～206℃，易溶于甲醇、乙醇和乙酸乙酯，可溶于沸水，易溶于稀碱液，并显蓝色荧光
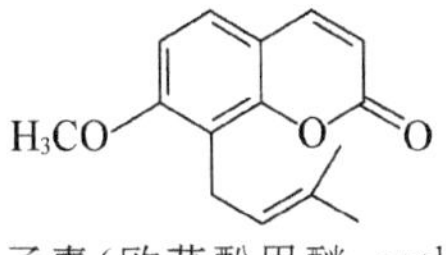 蛇床子素（欧芹酚甲醚，osthole）	熔点 83～84℃，溶于甲醇、乙醇、丙酮、三氯甲烷
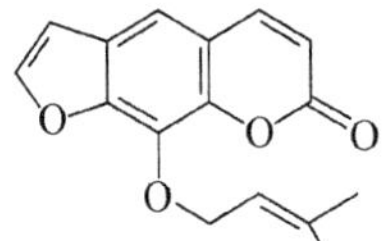 欧前胡素（imperatorin）	熔点 102℃，易溶于三氯甲烷，溶于乙醇、乙醚、苯、石油醚

2. 理化性质

香豆素类化合物的理化性质见表 9 – 5。

表 9 – 5 香豆素类化合物的理化性质

项目		性质
性状	形态	大多为无色结晶
	挥发性	相对分子质量小的具挥发性和升华性
溶解性	游离香豆素	能溶于沸水,易溶于甲醇、乙醇、三氯甲烷和乙醚,难溶于冷水
	香豆素苷	能溶于水、甲醇和乙醇,难溶于乙醚、苯
内酯的碱水解		香豆素内酯环可在稀碱液作用下水解开环
与酸反应		酸性条件下能环合形成含氧杂环结构呋喃环或吡喃环
紫外吸收特征		在紫外光区具有很强的特征吸收,紫外吸收光谱一般在 300nm 左右有最大吸收

9.2.3 检识

1. 化学检识

利用香豆素类成分的酚羟基和内酯结构的特点进行检识(表 9 – 6)。

表 9 – 6 香豆素类成分的鉴别反应

反应	试剂	现象	备注
与异羟肟酸铁反应	盐酸羟胺/OH^-、Fe^{3+}/H^+	红色	内酯环特征反应
酚羟基反应	三氯化铁	绿色	具有酚羟基取代的香豆素类
Gibbs 反应	2,6 –二氯苯醌氯亚胺	蓝色	酚羟基的对位没有取代基
Emerson 反应	4 –氨基安替比林、铁氰化钾	红色	酚羟基的对位没有取代基

2. 荧光法

香豆素在紫外光(365nm)照射下一般显蓝色或紫色的荧光。可直接观察提取液的荧光,也可观察薄层斑点荧光,加碱后荧光增强(表 9 – 7)。

表 9 – 7 香豆素类成分的荧光鉴别

天然药物提取液	荧光颜色
白芷水溶液	蓝色
前胡乙醚溶液	淡天蓝色
蛇床子乙醇溶液	蓝紫色

3. 薄层色谱法

香豆素类成分的薄层色谱检识多以硅胶为吸附剂(表 9 – 8)。

表 9 - 8　香豆素类成分的薄层色谱鉴别

化合物	展开剂	显色方法
游离香豆素类	环己烷(石油醚)-乙酸乙酯(5∶1～1∶1)	UV(365nm),多显蓝色、紫色荧光斑点,不具荧光或荧光强度较弱的香豆素可喷洒碱溶液以增强荧光,或喷洒显色剂
	三氯甲烷-丙酮(9∶1～5∶1)	
香豆素苷类	三氯甲烷-甲醇(不同比例)	

9.2.4　提取分离方法

1. 香豆素类化合物的提取方法

根据香豆素类成分的结构特点和理化性质进行提取(表 9 - 9)。

表 9 - 9　香豆素类化合物的提取方法

方　法	特　点	备　注
水蒸气蒸馏法	小分子的香豆素类成分具有挥发性	提取温度高、受热时间长可能会引起化合物结构的破坏,现在少用
碱溶酸沉法	0.5%氢氧化钠溶液提取,提取液用乙醚除去杂质,加酸调节 pH 值至中性,浓缩,再酸化,则香豆素及其苷类即可析出	不可长时间加热,以免破坏内酯环造成酸化后不能环合的不可逆现象
溶剂提取法	水、甲醇、乙醇为提取溶剂进行提取,回收溶剂得浸膏;再用石油醚、乙醚、乙酸乙酯和正丁醇等有机溶剂依次萃取	系统溶剂提取分离法

2. 香豆素类化合物的分离纯化方法

除溶剂萃取法外,多以色谱法分离(表 9 - 10)。

表 9 - 10　香豆素类化合物的分离纯化方法

方　法	特　点
柱色谱	固定相:硅胶、中性或酸性氧化铝、Sephadex LH - 20 柱色谱与反相硅胶(Rp - 18、Rp - 8)等;洗脱系统:环己烷-乙酸乙酯、石油醚-丙酮、三氯甲烷-丙酮、甲醇-水、三氯甲烷-甲醇
薄层色谱	极性小的香豆素类:环己烷(石油醚)-乙酸乙酯;极性较大的香豆素类:三氯甲烷-甲醇
高效液相色谱	游离香豆素:正相色谱(Si - 60 等)或反相色谱;香豆素苷:反相色谱(Rp - 18、Rp - 8 等)

9.2.5　补骨脂提取物的生产实例

补骨脂别名胡韭子等,为豆科植物补骨脂(*Psoralea corylifolia*)的干燥成熟果实。近代临床及药理研究表明,补骨脂具有舒张支气管平滑肌、抗衰老、扩张冠状动脉、增强皮肤色素等作用,是治疗白癜风的特效药。补骨脂中主要含有呋喃香豆素类化合物、黄酮及查尔酮类化合物,其中补骨脂素(psoralen)和异补骨脂素(isopsoralen)是补骨脂的主要有效成分。

1. 补骨脂素和异补骨脂素的结构

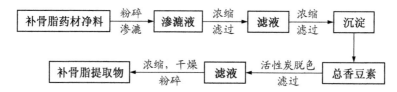

补骨脂素   异补骨脂素

2. 理化性质

补骨脂素和异补骨脂素为无色针状结晶（乙醇），熔点分别为 189～190℃ 和 137～138℃，可溶于乙醇、三氯甲烷，难溶或微溶于水、石油醚。

3. 补骨脂提取物的生产工艺

【工艺原理】

利用补骨脂类化合物可溶于乙醇的性质进行提取，通过改变溶解度并结合活性炭脱色，达到纯化的目的。

【操作过程及工艺条件】

（1）渗漉：将补骨脂药材粗粉碎，装入渗漉罐中，以 80% 乙醇为渗漉溶剂，至渗漉液颜色变淡，收集渗漉液。

（2）浓缩-冷置：将渗漉液减压回收溶剂（温度 80℃，压强 0.08MPa）至无醇味，冷库放置（0～4℃）24 小时，滤出沉淀，母液浓缩至 1/2 体积，冷置 24 小时，滤取沉淀，合并两部分沉淀，用少量水洗去黏稠杂质。

（3）醇溶-脱色：将上述沉淀用 95% 乙醇热溶至澄清，溶液保持 60℃，继续加入活性炭适量，搅拌 2 小时，滤过，收集滤液。

（4）浓缩-干燥：将上项所得滤液浓缩成稠膏，减压干燥，粉碎，即得高含量补骨脂提取物。

【生产工艺流程】

补骨脂药材净料 --粉碎 渗漉--> 渗漉液 --浓缩 滤过--> 滤液 --浓缩 滤过--> 沉淀

补骨脂提取物 <--浓缩，干燥 粉碎-- 滤液 <--活性炭脱色 滤过-- 总香豆素

【工艺注释】

（1）由于补骨脂为种子类药材，因种壳坚硬溶剂不易渗透，所以在提取时将其粉碎成粗粉。但不能粉碎过细，否则会影响渗漉速度，同时极细粉会对过滤产生影响。

（2）补骨脂素和异补骨脂素为游离香豆素类，在有机溶剂中的溶解度较大，但溶剂极性太小又会影响提取率。甲醇和乙醇提取能力相近，但由于甲醇毒性较大，污染环境，故不推荐使用，80% 乙醇为提取补骨脂的最佳溶剂。

（3）渗漉法属于冷提取，可以有效地减少杂质（种子中的黏液质、脂肪类成分）的提出，既提高了产品的纯度又可以降低生产能耗、便于操作，是一种很好的提取方式。

（4）由于香豆素类成分不易溶于水，所以渗漉液浓缩后析出沉淀以香豆素类为主，还有部分黄酮以及色素类极性小的成分。沉淀物易溶于乙醇，因此用乙醇溶解，配制成稀溶液，再用非极性吸附剂——活性炭脱色，可以起到良好的除杂效果。

4. 补骨脂素的生产工艺

无花果(*Ficus carica*)叶的提取物对表皮癌、膀胱癌、肝癌均有显著疗效,其中主要有效成分为补骨脂素和佛手柑内酯。

【工艺原理】

根据补骨脂素的溶解性,以乙醇为溶剂进行提取;采用大孔吸附树脂柱色谱方法进行分离纯化。

【操作过程及工艺条件】

(1) 加热提取:无花果干燥叶片,70%乙醇回流提取 2 次,每次 2 小时。

(2) 浓缩-静置:将上述提取液合并过滤,滤液减压回收乙醇,加水适量,静置,滤过。

(3) 大孔吸附树脂预处理:用乙醇浸泡大孔吸附树脂过夜,乙醇湿法装柱,乙醇洗柱,水洗乙醇至无醇味,备用。

(4) 上柱-洗脱:将上述滤液上柱,预吸附 1 小时,过柱流出液重复吸附 1 次,分别用水、30%乙醇除杂,70%乙醇洗脱,得补骨脂素。

【生产工艺流程】

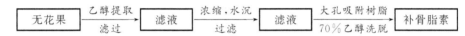

【工艺注释】

(1) 以 70%乙醇提取,提取方法可采用渗漉法、回流提取法、超声波辅助提取法,回收乙醇得浸膏,用适量水稀释。

(2) 通过大孔吸附树脂,先用水和 30%乙醇洗脱糖类等极性较大的成分,再用 70%甲醇洗脱,得补骨脂素。

9.3　木脂素类化合物

9.3.1　概述

木脂素是一类由苯丙素氧化聚合而成的天然化合物,通常是指其二聚物,少数是三聚物和四聚物。天然药物南、北五味子中所含有的木脂素类成分,具有补肾、强壮、安神等作用;厚朴中厚朴酚、和厚朴酚具有特殊而持久的肌肉松弛作用和消炎、止痛作用。

9.3.2　结构特征及理化性质

1. 结构特征

组成木脂素的单体有四种:桂皮酸、桂皮醇、丙烯基酚和烯丙基酚。木脂素可进一步分为木脂素类、新木脂素、降木脂素和杂类木脂素,结构类型较多,结构中除含有两个苯环外,多具有醇羟基、酚羟基、甲氧基、亚甲二氧基、醚环及内酯环等含氧取代基。木脂素的性质主要是由这些功能基引起的,常见木脂素类成分的理化性质见表 9-11。

表 9 - 11　常见木脂素类成分性质

典型化合物	理化性质
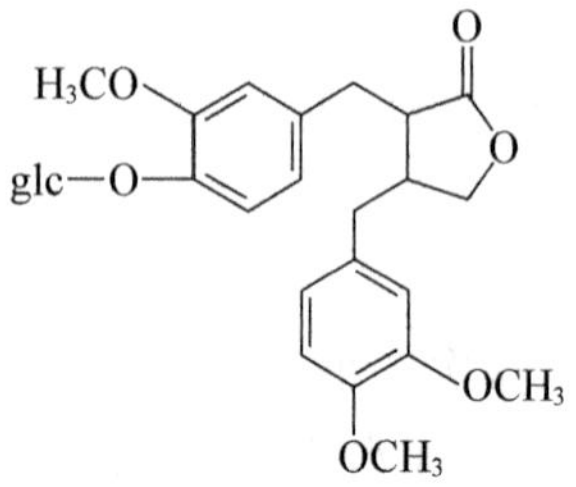 牛蒡子苷（arctiin）	二苄基丁内酯型木脂素，又称木脂素内酯，具有内酯环，无色结晶性粉末，熔点 110～112℃，可溶于水、乙醇等极性溶剂
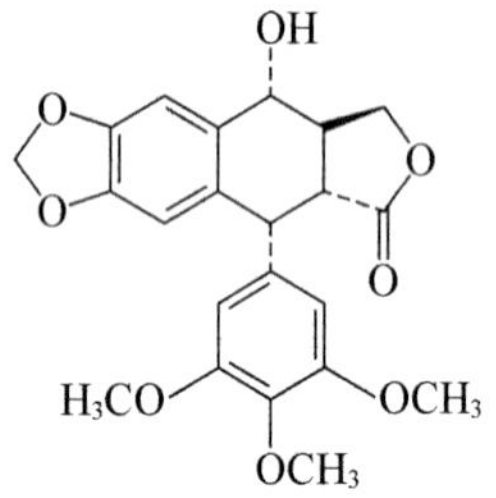 （一）-鬼臼毒素（鬼臼脂素，podophyllotoxin）	芳基萘型木脂素，具有内酯环，白色针状结晶粉末，熔点 182～187℃，溶于甲醇、乙醇，易溶于三氯甲烷、丙酮、乙酸乙酯和苯，几乎不溶于水，微溶于乙醚
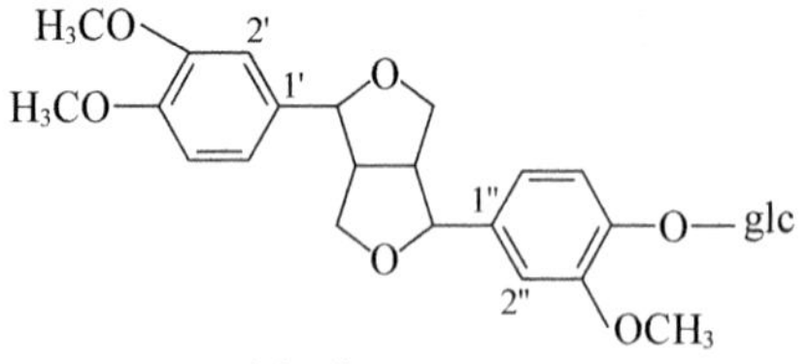 连翘苷（forsythin）	双骈四氢呋喃型木脂素，亦称双环氧木脂素，具有双骈四氢呋喃环，熔点 184～185℃，可溶于水、乙醇等极性溶剂

2. 理化性质

木脂素类成分的理化性质见表 9－12。

表 9 - 12　木脂素类化合物的理化性质

项 目		性 质	备 注
性状	形态	大多为无色结晶或白色粉末	
	挥发性	无挥发性	去甲二氢愈创木酸能升华
	旋光性	具旋光性，有的遇酸易发生异构化	少数去氢化合物除外
溶解性	游离木脂素	易溶于苯、三氯甲烷、乙醚、丙酮、乙醇等，在石油醚中溶解度较小，难溶于水，具有酚羟基的木脂素可溶于苛性碱水溶液	
	结合态木脂素	可溶于甲醇、乙醇	

9.3.3　检识

1. 化学检识

利用木脂素分子结构中的功能基所显示的化学反应进行检识。木脂素结构中的酚羟基可与一些酚类试剂如三氯化铁试剂、重氮化试剂反应；结构中的亚甲二氧基呈现 Labat 反应和 Ecgrine 反应阳性。

2. 紫外检识

木脂素具有苯环的特征吸收，且其两个取代芳环是两个独立的发色团，UV 吸收峰在 250～350nm，吸收强度是两者总和，立体结构对紫外吸收光谱影响小，苯环上取代基可影响峰的位置。

3. 薄层色谱法

木脂素类成分一般具有较强的亲脂性，采用吸附色谱法可获得较好的分离效果，常用硅胶薄层色谱（表 9 - 13）。

表 9 - 13　木脂素类成分的薄层色谱鉴别

固定相	展开剂	显色方法
硅胶	苯 三氯甲烷 三氯甲烷-甲醇（9∶1） 三氯甲烷-二氯甲烷（1∶1） 三氯甲烷-乙酸乙酯（9∶1） 乙酸乙酯-甲醇（95∶5）	① 香草醛试剂和 10％硫酸乙醇溶液； ② 5％或 10％磷钼酸乙醇溶液； ③ 碘蒸气熏； ④ 三氯化锑试剂

9.3.4　提取分离方法

1. 提取方法

游离木脂素提取时常用乙醇或丙酮提取，提取液浓缩成浸膏后再用石油醚、乙醚等分次提取。具有内酯结构的木脂素也可用碱提取，但应注意避免产生异构化而使木脂素类化合物失去生物活性。

2. 分离纯化

吸附色谱是分离木脂素的主要手段，常用吸附剂为硅胶和中性氧化铝，洗脱剂可根据被分离物质的极性，选用石油醚-乙醚、三氯甲烷-甲醇等溶剂洗脱。对于在甲醇中溶解性较好的木脂素类化合物也可以用葡聚糖凝胶 Sephadex LH - 20 柱色谱、反相硅胶（Rp - 18、Rp - 8 等）色谱进行分离和纯化。

9.3.5　五味子中木脂素类成分的生产实例

常用天然药物五味子系木兰科植物五味子（*Schisandra chinensis*）或华中五味子（*Schisandra sphenanthera*）的干燥成熟果实。五味子果实及种子中含多种联苯环辛烯类木脂素成分，如五味子甲素[（＋）- deoxyschizandirn]、五味子乙素（γ - schizandrin）、五味子丙素（wuweizisu C）、五味子醇甲（schizandrin）、五味子醇乙（aomisin）和五味子酚（schisanhenol）

等,以及挥发油、三萜类、甾醇及游离脂肪酸类等成分。近代临床及药理研究表明,五味子具有:① 对中枢神经明显的镇静作用;② 促进肝糖原的合成,使糖代谢加强;③ 对心血管系统有扩血管作用;④抗氧化作用,能清除自由基、抑制过氧化脂质形成;⑤ 抗菌作用;⑥ 对呼吸系统有兴奋呼吸作用;⑦ 代谢及免疫功能对淋巴细胞 DNA 合成有促进作用;⑧ 抗溃疡作用。

1. 五味子中主要木脂素类成分结构式

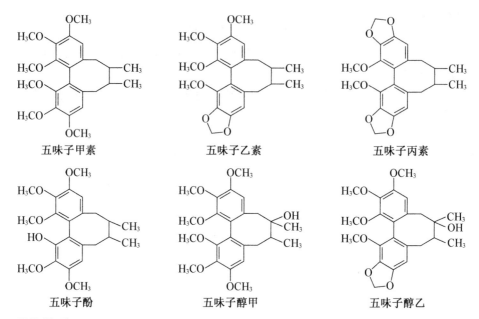

五味子甲素　　　　　　　　　　五味子乙素　　　　　　　　　　五味子丙素

五味子酚　　　　　　　　　　　五味子醇甲　　　　　　　　　　五味子醇乙

2. 理化性质

五味子中木脂素类成分多呈结晶状,亲脂性强。五味子甲素、五味子乙素等溶于石油醚、甲醇、乙醇,易溶于乙醚,极易溶于苯、三氯甲烷,不溶于水。

3. 五味子中木脂素类成分提取工艺

【工艺原理】

利用木脂素类成分易溶于有机溶剂的性质,采用乙醇超声提取,再依次用三氯甲烷、5％碳酸钠溶液萃取,硅胶柱色谱,再用高速逆流法分离纯化。

【操作过程及工艺条件】

(1) 超声提取-浓缩:五味子用乙醇超声提取,提取液浓缩成浸膏。

(2) 溶解-萃取:用三氯甲烷溶解,滤除不溶物,加入 5％碳酸钠溶液萃取 1 次,用水洗涤三氯甲烷层 2 次,三氯甲烷层经无水硫酸钠脱水,回收三氯甲烷得膏状物。

(3) 上柱-洗脱:将此膏状物用石油醚溶解,上硅胶柱色谱,用石油醚-丙酮(10∶1)洗脱,收集洗脱液,减压回收溶剂得木脂素粗品。

(4) 高速逆流色谱分离:正己烷-甲醇-水(7∶6∶1)上相作固定相,下相作流动相。上述木脂素粗品用三元溶剂系统的上相∶下相(5∶6)的混合溶液溶解。将固定相快速注满管柱,800r/min 正转转速启动主机,2.0ml/min 的流速将流动相泵入。当主机出口流出流动相并且固定相体积不再变化时,表明整个体系建立动态平衡。进样阀进样,254nm 检测,收集到的各流分用旋转蒸发仪蒸干。

【生产工艺流程】

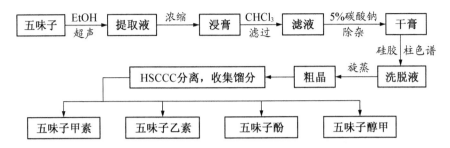

【工艺注释】

（1）五味子中木脂素类成分的提取分离常用的有回流提取、连续回流提取、超声提取等方法。利用木脂素类成分的溶解性质，采用乙醇超声提取，既省时，又可避免长时间加热。

（2）通过溶剂提取法结合硅胶柱色谱得木脂素类成分的粗提物，利用高速逆流色谱的高分离能力，经一次逆流色谱就可以得到高纯度的五味子酚等 4 种活性木脂素类成分，可以在短时间内实现高效分离和制备。

（3）高速逆流色谱（HSCCC）是一种基于液液分配的新型色谱技术，可以在短时间内实现高效分离和制备。其特点：① 与高效液相色谱不同的是，它不使用固相载体作固定相，克服了固相载体带来的样品吸附、损失、污染和峰形拖尾等缺点；② 高速逆流色谱法的应用中，最关键和最难解决的问题是溶剂系统的选择；③ 不同的溶剂系统具有不同的上下相之比，并且黏度、极性及密度等差异均会对相同的成分产生不同的溶解分配能力，形成分配系数的差异，对分离效果产生显著的影响。

9.3.6　厚朴中木脂素类成分的生产实例

厚朴是木兰科木兰属乔木厚朴（*Magnolia officinalis*）和凹叶厚朴（*M. officinalis biloba*）的干燥干皮、根皮及枝皮。近代临床及药理研究表明：和厚朴酚（honokiol）与厚朴酚（magnolol）是厚朴中的主要木脂素类成分，具有抗菌消炎、抗氧化、抗癫痫、抗心率失常和抗血小板的作用，和厚朴酚还具有抗肿瘤作用。

1. 和厚朴酚与厚朴酚的结构

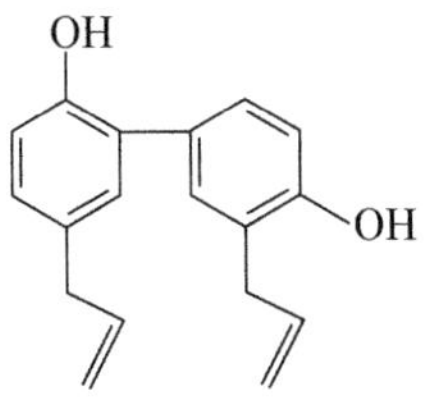

和厚朴酚 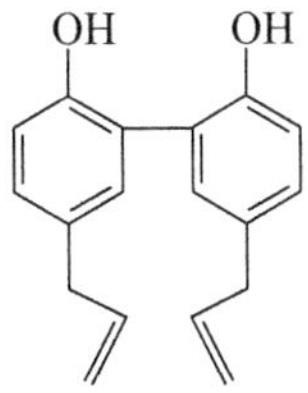　　　　　　　　　　　　　　厚朴酚

2. 理化性质

和厚朴酚与厚朴酚为新木脂素类，具有 2 个酚羟基，两者的熔点分别为 87.5℃ 和 103℃。溶于苯、乙醚、三氯甲烷、丙酮，难溶于水，易溶于稀碱溶液。酚羟基易被氧化，而烯丙基则容易进行加成反应。

3. 和厚朴酚与厚朴酚的生产工艺

【工艺原理】

利用厚朴中厚朴酚类成分可溶于乙醇和乙酸乙酯的性质进行提取分离;和厚朴酚与厚朴酚的进一步分离是在对甲苯磺酸的催化下,用 2,2-二甲氧基丙烷与厚朴酚二羟基反应进行保护,并于正己烷中低温重结晶,获得未反应的和厚朴酚;厚朴酚的缩酮产物在盐酸条件下得到分离。

【操作过程及工艺条件】

(1) 厚朴酚类成分的提取:取干燥的发汗厚朴皮,粉碎,过 60 目筛,以 65% 乙醇(料液比为 1:5)加热回流提取 3 次,每次 2 小时,合并提取液,减压浓缩。

(2) 和厚朴酚与厚朴酚混合物的纯化:取上述浓缩液加入乙酸乙酯,搅拌 5 分钟,滤过,滤渣用乙酸乙酯洗涤,并入滤液,减压浓缩,于石油醚中低温重结晶,滤过,收集固体,真空干燥。

(3) 和厚朴酚的分离:取上述混合物加 2,2-二甲氧基丙烷和对甲苯磺酸,室温下搅拌反应 48 小时,减压回收溶剂,于正己烷中低温析出固体,滤过,滤液备用。用少量正己烷洗涤滤渣,真空干燥,得到和厚朴酚。

(4) 厚朴酚的分离:取上述备用的滤液,减压回收溶剂,残渣加入甲醇、1mol/L 盐酸,回流反应 12 小时;减压蒸去溶剂,加入乙酸乙酯,分别用水、饱和氯化钠洗涤,乙酸乙酯层用无水硫酸镁干燥,滤过,滤液浓缩,在石油醚中低温重结晶,过滤收集固体,真空干燥,得到厚朴酚。

【生产工艺流程】

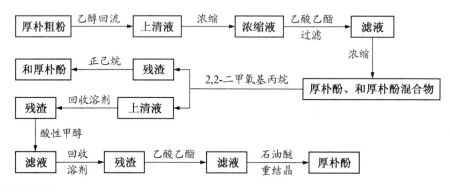

【工艺注释】

(1) 厚朴除含厚朴酚类、挥发油及生物碱类等有效成分外,还含有大量的杂质如树脂类成分。厚朴酚类具有脂溶性、挥发性和氧化性等理化特性,在制剂生产过程中,尤其是在提取、浓缩、精制、干燥过程中,极易引发挥发、氧化等物理和化学变化。

(2) 目前采用的传统工艺,如水提、醇提、碱提及碱提大孔树脂工艺,均难以避免挥发性成分的损失,以及厚朴酚类成分在提取过程中因湿、热而引起物理和化学变化。此外,传统工艺具有提取步骤多、温度高、流程长、生产效率低、杂质较多、产物损失大等缺陷。大孔树脂精制工艺虽可除去大部分的杂质,但厚朴酚类等有效成分损失较多。

(3) 在催化剂作用下,利用厚朴酚二羟基与 2,2-二甲氧基丙烷选择性反应分离纯化厚朴酚及和厚朴酚,方法操作简便,条件温和,溶剂均可回收再利用,成本较低。

【思考题】

1. 苯丙素类化合物包括哪几类?
2. 试设计用回流提取法提取分离丹参中丹参素等水溶性成分的工艺流程。
3. 试设计用乙醇回流提取法提取分离金银花中绿原酸的工艺流程。
4. 香豆素类化合物有哪些常用的提取分离方法?
5. 连翘中主要成分为木脂素类、苯乙醇类和黄酮类等成分,试设计分离工艺。

【参考文献】

[1] 吴立军.天然药物化学(第 5 版)[M].北京:人民卫生出版社,2007:111－142

[2] 国家药典委员会.中华人民共和国药典,2010 年版(一部)[S].北京:中国医药科技出版社,2010:
373－374,381

[3] Limin Zhou,Moses Chow,Zhong Zuo. Improved quality control method for Danshen products-
Consideration of both hydrophilic and lipophilic active components[J]. J Pharm Biomed Anal,2006,
41:744－750

[4] 周侠,胡谨,王宾.丹参素的提取工艺研究[J].化工生产与技术,2003,10(6):4－6

[5] 杨敏丽,郝凤霞.金银花中绿原酸的分离纯化工艺研究[J].食品科学,2007,28(7):255－259

[6] 向智男,宁正祥.金银花中绿原酸的提取及纯化方法比较[J].林产化学与工业,2006,26(1):
116－120

[7] 刘佳佳,赵国玲,章晓骅,等.金银花绿原酸酶法提取新工艺研究[J].中成药,2002,24(6):416－418

[8] 唐霖,周长新,王明谦.补骨脂提取物的含量测定及其生产工艺研究[J].中成药,2008,30(5):671－674

[9] 丛丽娜,袁晓梅,柳全文.无花果叶中补骨脂素的分离纯化工艺研究[J].化学工程师,2007,5:16－
17,23

[10] 王磊,魏芸,袁其朋.高速逆流法分离纯化五味子中的五味子酚[J].北京化工大学学报(自然科学
版),2009,36(2):77－80

[11] 谢达春,陈俐娟,罗有福,等.厚朴粗提物中和厚朴酚与厚朴酚的分离纯化[J].华西药学杂志,2009,
24(3):274－275

第 10 章

醌类化合物

→ **本章要点**

掌握醌类化合物的提取分离原理;熟悉紫草提取物、丹参醌类、大黄总蒽醌、番泻叶提取物以及芦荟提取物的生产工艺流程;了解醌类化合物提取分离的工业化研究进展。提高设计醌类化合物提取分离工艺流程的能力。

10.1 概　　述

醌类化合物是天然药物中一类具有醌式(不饱和环二酮)结构的化学成分,主要分为苯醌、萘醌、菲醌和蒽醌四种类型,在天然药物中以蒽醌及其衍生物尤为重要。

醌类化合物的生物活性是多方面的,如丹参中丹参醌类具有扩张冠状动脉的作用,用于治疗冠心病、心肌梗死等,番泻叶(*Cassia senna*)中的番泻苷类化合物具有较强的致泻作用,大黄中游离的羟基蒽醌类化合物具有抗菌作用,紫草(*Lithospermum erythrorhizon*)中的一些萘醌类色素具有抗菌、抗病毒及止血作用,茜草中的茜草素类成分具有止血作用,还有一些醌类化合物具有驱绦虫、解痉、利尿、利胆、镇咳、平喘等作用。

10.1.1 结构特征

1. 苯醌类

苯醌类(benzoquinones)化合物分为邻苯醌和对苯醌两大类。邻苯醌结构由于两个羰基之间的排斥作用而十分不稳定,故天然存在的苯醌化合物多数为对苯醌的衍生物。苯醌类代表化合物见表 10 - 1。

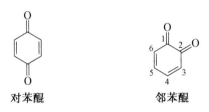

对苯醌　　　　　　　　　　邻苯醌

表 10 - 1　苯醌类代表化合物

名　称	结　构	存在植物及生物活性
2,6 - 二甲氧基苯醌	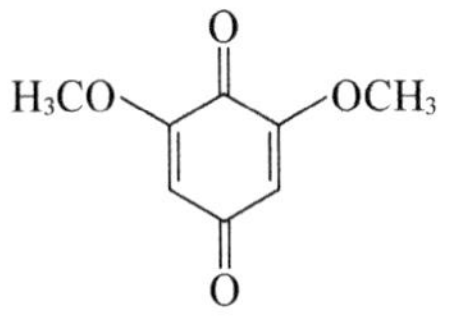	凤眼草(*Ailauthus altissima*)果实中 具有较强抗菌作用
信筒子醌	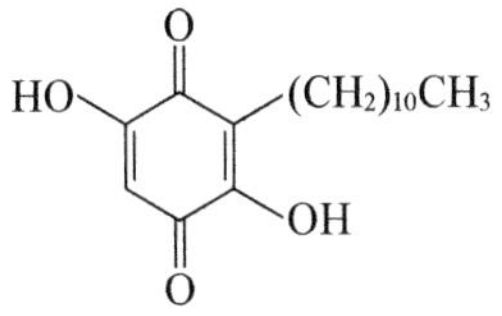	白花酸藤果和木桂花果实中 驱除肠寄生虫(驱绦虫作用)
arnebifuranone	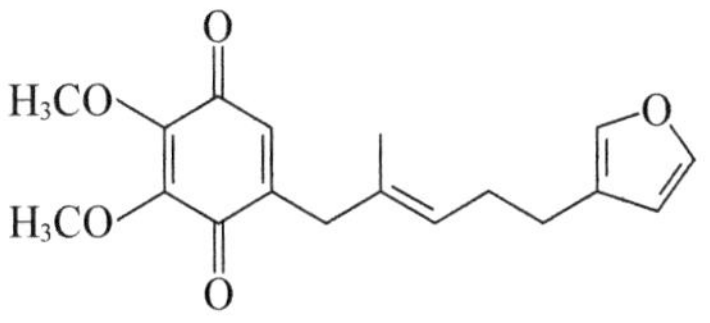	软紫草(*Arnebia euchroma*)根中 对前列腺素 PGE_2 的生物合成有抑制作用

2. 萘醌类

　　萘醌类(naphthoquinones)化合物从结构上考虑可以有 α - (1,4)、β - (1,2)及 amphi - (2,6)三种类型,但实际分离得到的大多为 α - 萘醌类衍生物,萘醌类代表化合物见表 10 - 2。

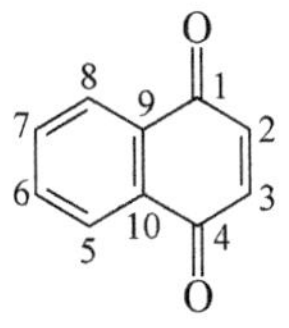

α-(1,4)萘醌 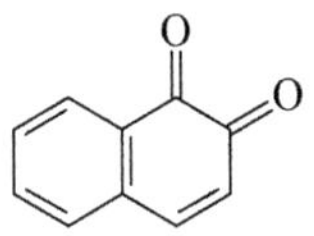　　　　　β-(1,2)萘醌 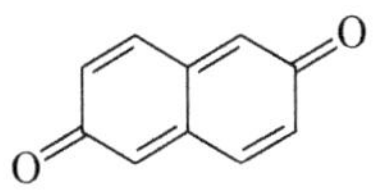　　　　　amphi-(2,6)萘醌

表 10 - 2　萘醌类代表化合物

名　称	结　构	存在植物及生物活性
胡桃醌(juglon)	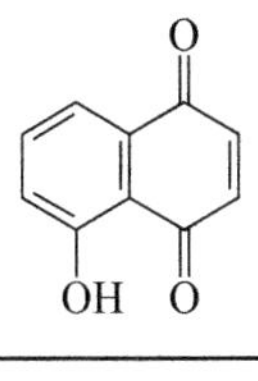	胡桃叶及其未成熟果实中 抗菌、抗癌及中枢神经镇静作用

名　称	结　构	存在植物及生物活性
蓝雪醌(plumbagin)	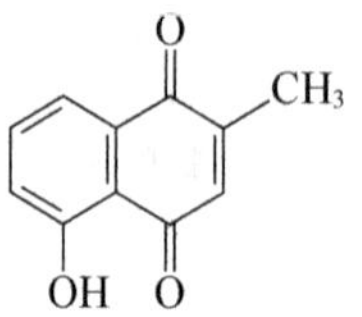	茅膏菜根中 抗菌、止咳及祛痰作用
balsaminolate	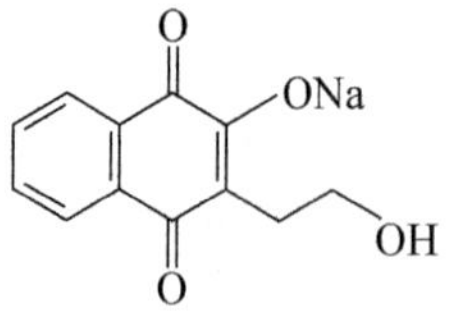	凤仙花中 抑制环氧化酶 COX-2 活性作用

3. 菲醌类

菲醌(phenanthraquinones)衍生物分为邻醌及对醌两
种类型,主要分布在唇形科、兰科、豆科、使君子科、蓼科以
及杉科等高等植物中,如从丹参根中分离得到了多种菲醌
衍生物。

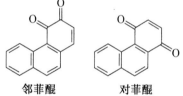

邻菲醌　　　　　对菲醌

4. 蒽醌类

蒽醌类(anthraquinones)成分包括蒽醌衍生物及其不
同程度的还原产物,如蒽酚、蒽酮及二蒽酮等,蒽醌类代表化合物见表 10-3。

(1)单蒽核类

1)蒽醌及其苷类:天然蒽醌以 9,10-蒽醌最为常见,根据羟基在蒽醌母核上的分布情况,
可将羟基蒽醌衍生物分为两种类型。大黄素型蒽醌的羟基取代分布在两侧的苯环上,茜草素
型蒽醌的羟基取代集中在一侧的苯环上。

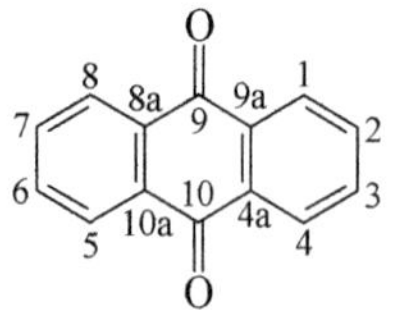

9,10-蒽醌

1.4.5.8 位为 α 位

2.3.6.7 位为 β 位

9.10 位为 meso 位,又叫中位

2)蒽酚或蒽酮衍生物:蒽醌在酸性环境中被还原,可生成蒽酚及其互变异构体蒽酮。蒽
酚(或蒽酮)的羟基衍生物一般存在于新鲜植物中,该类成分可以慢慢被氧化成蒽醌类化合物,
如贮存两年以上的大黄基本检识不到蒽酚。

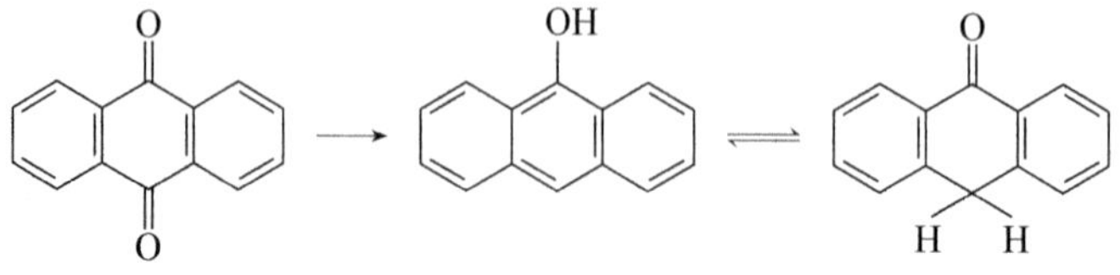

蒽醌　　　　　　　蒽酚　　　　　　　蒽酮

（2）双蒽核类

1）二蒽酮类：可以看成是 2 分子蒽酮脱去 1 分子氢通过碳碳键结合而成的化合物，一般其上、下两环的结构相同且对称，其结合方式多为 10 位碳与 10′位碳（称为中位连接）。大黄及番泻叶中致泻的主要有效成分番泻苷 A、B、C、D 等皆为二蒽酮衍生物。

2）二蒽醌类：蒽醌脱氢缩合或二蒽酮氧化均可形成二蒽醌类，如天精和山扁豆双醌。

3）去氢二蒽酮类：中位二蒽酮再脱去 1 分子氢即进一步氧化，两环之间以双键相连。

4）日照蒽酮类：去氢二蒽酮进一步氧化，α 与 α′位相连组成了一个新的六元环。

5）中位萘骈二蒽酮类：是天然蒽衍生物中具有最高氧化水平的结构形式，也是天然产物中高度稠合的多元环系统之一。

表 10 - 3　蒽醌类代表化合物

名　　称	结　　构	名　　称	结　　构
大黄酚 （chrysophanol）	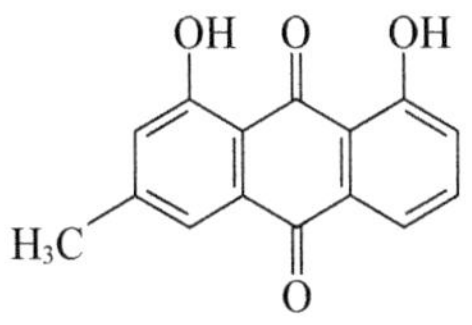	大黄素 （emodin）	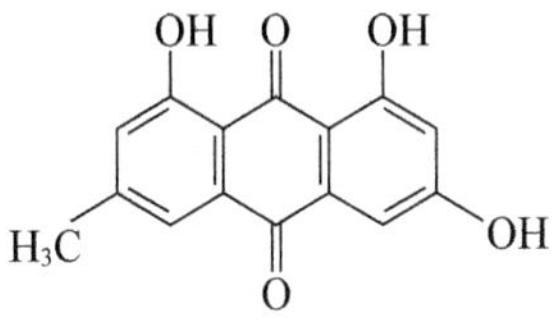
大黄素甲醚 （physcion）	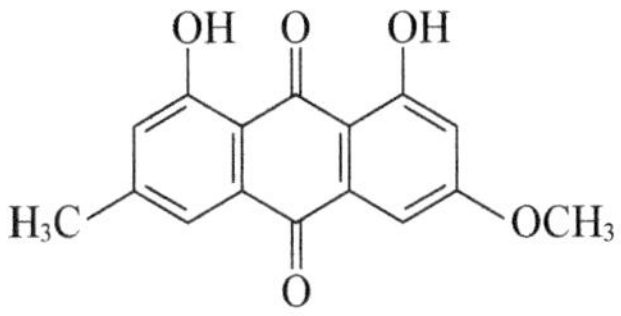	芦荟大黄素 （aloe emodin）	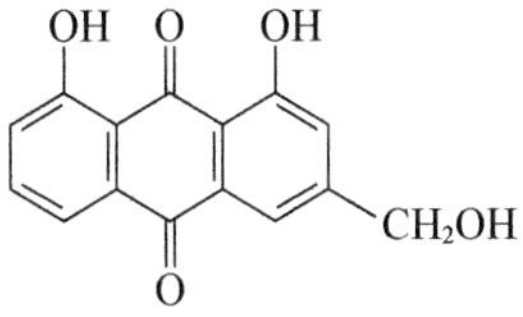
大黄酸 （rhein）	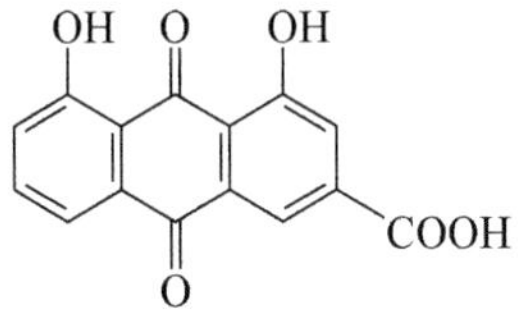	茜草素 （alizarin）	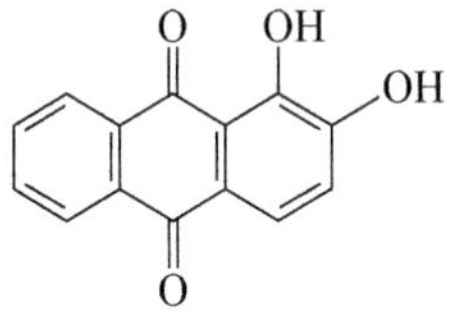
羟基茜草素 （purpurin）	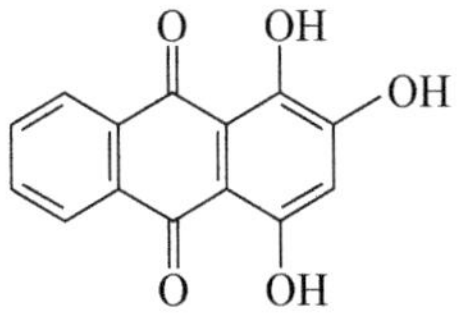	伪羟基茜草素 （pseudopurpurin）	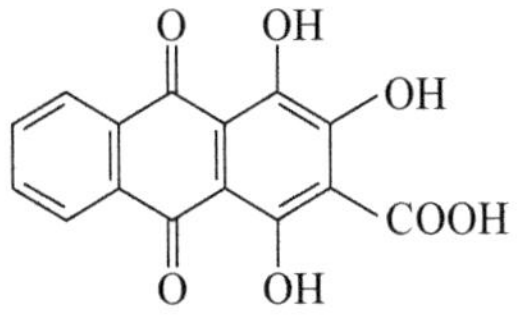
番泻苷 A （sennoside A）	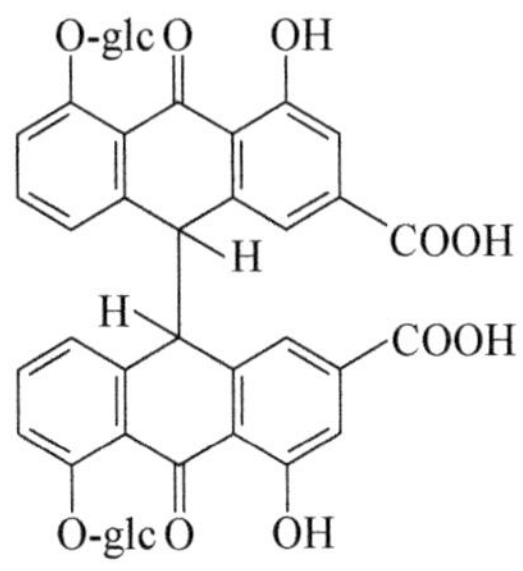	番泻苷 B （sennoside B）	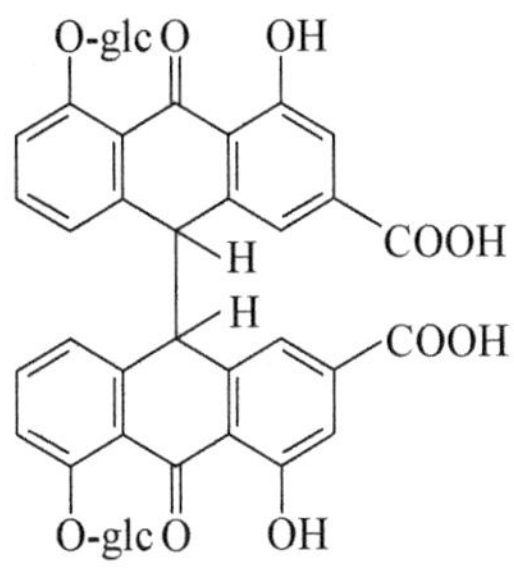

名　　称	结　　构	名　　称	结　　构
番泻苷 C (sennoside C)	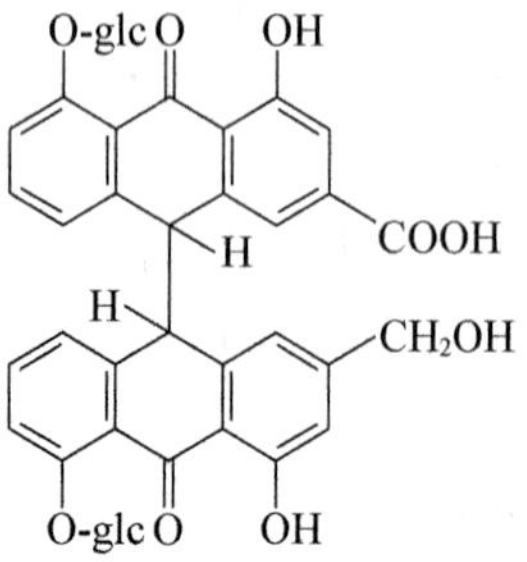	天精 (skyrin)	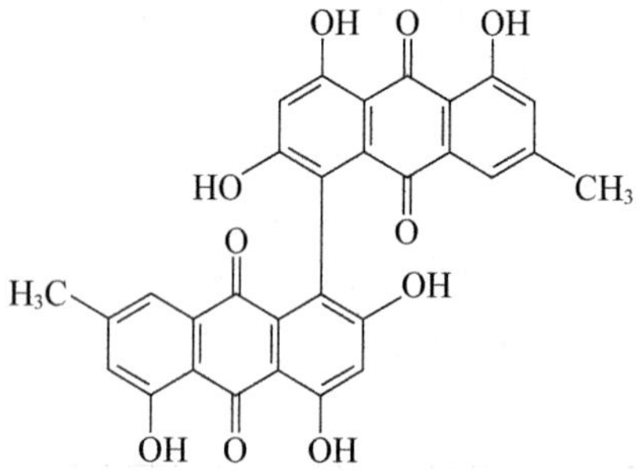
番泻苷 D (sennoside D)	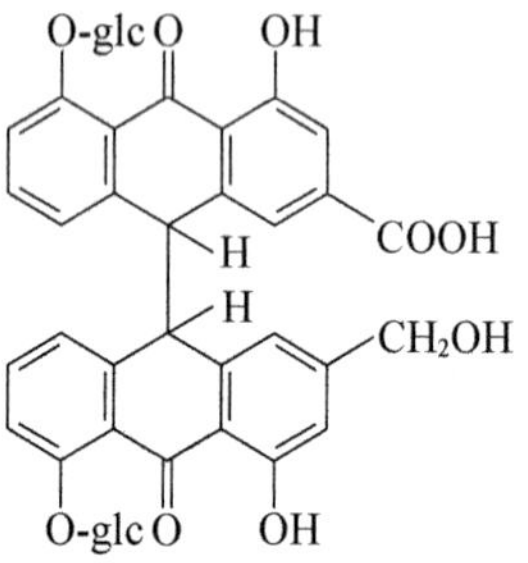	山扁豆双醌 (cassiamine)	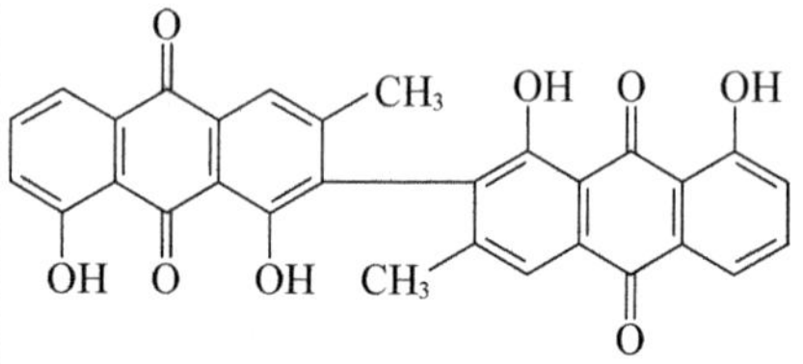

10.1.2　理化性质及检识

1. 物理性质

醌类化合物的物理性质具体见表 10-4。

表 10-4　醌类化合物的物理性质

性　　状	特　　点
颜　色	多为有色结晶
升华性	游离的醌类化合物一般具有升华性
挥发性	小分子的苯醌类及萘醌类有时具有挥发性
溶解性	① 游离醌类一般溶于常见有机溶剂,几乎不溶于水; ② 醌苷一般不溶于小极性的有机溶剂中,可溶于水、甲醇和乙醇; ③ 蒽醌的碳苷一般在水中和在常见有机溶剂中的溶解度都很小,但易溶于吡啶

2. 酸性

蒽醌类化合物的酸性主要取决于分子中的酚羟基或羧基的有无及数量多少,酸性强弱一般规律为:含—COOH>含 2 个或 2 个以上 β-OH>含 1 个 β-OH>含 2 个或 2 个以上 α-OH>含 1 个 α-OH。不同取代的蒽醌类化合物由于酸性不同,可溶于不同碱性的碱水中,具体见表 10-5。

表 10-5　蒽醌类化合物对不同碱性碱水的溶解性规律

游离蒽醌衍生物	5％ NaHCO₃	5％ Na₂CO₃	1％ NaOH	5％ NaOH
含—COOH 者和含两个或两个以上 β-OH	溶	溶	溶	溶
含一个 β-OH	不溶	溶	溶	溶
含两个或两个以上 α-OH	不溶	不溶	溶	溶
含一个 α-OH	不溶	不溶	不溶	溶

3. 碱性

蒽醌母核中羰基氧原子能接受强酸质子生成锌盐,显微弱的碱性,同时伴有颜色变化。

4. 颜色反应

醌类的颜色反应主要基于其氧化还原性质以及分子中的酚羟基性质,具体见表 10-6。

表 10-6　醌类的颜色反应

反应名称	试剂组成	反应现象	应　用
Feigl 反应	25％碳酸钠、4％甲醛、5％邻二硝基苯	紫色	检识醌类化合物
无色亚甲蓝反应	亚甲蓝、冰醋酸和锌粉	蓝色	检识苯醌和萘醌或用于 PC 和 TLC 显色
Bornträger 反应	氢氧化钠或碳酸钠或氨水	红或紫红色	检识具有游离 α-OH 或 β-OH 的蒽醌
Kesting-Craven 反应	活性亚甲基试剂	蓝绿或蓝紫色	检识醌环上有未被取代的苯醌及萘醌类
与金属离子反应	常用乙酸镁试剂	橙、红、紫色等	检识具 α-OH 或邻二酚羟基的蒽醌类
对亚硝基二甲苯胺反应	对亚硝基二甲苯胺	紫、绿、蓝色	检识蒽酮类

10.1.3　常用的提取方法

天然药物中的醌类化合物有些以苷的形式存在,有些以游离形式存在,有些以盐的形式存在,提取时应考察其存在形式,以便根据工作需要选取不同的提取方法,具体见表 10-7。

表 10-7　醌类化合物的常规提取方法

方法名称	溶剂及操作	提取成分类型
醇提取法	甲醇或乙醇回流	苷或苷元
碱提酸沉法	碱水萃取或 pH 梯度萃取法	苷元
水蒸气蒸馏法	水蒸气蒸馏提取	具有挥发性的小分子醌类化合物
二相酸水解法	20％硫酸/三氯甲烷	苷元

10.1.4　分离和纯化方法

1. 蒽醌苷类与游离蒽醌的初步分离

蒽醌苷和游离蒽醌类化合物的极性不同,在有机溶剂和水中的分配系数也不同,因此可用

此性质将它们分离,其流程如下:

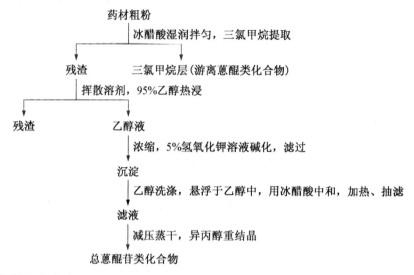

2. 游离蒽醌的分离

游离羟基蒽醌的分离通常采用 pH 梯度萃取法和色谱法。它是将羟基蒽醌类化合物溶于三氯甲烷、乙醚或苯等有机溶剂中,用 pH 值由低到高的碱性水溶液依次萃取,从而使酸性强弱不同的羟基蒽醌类化合物得以分离,其流程如下:

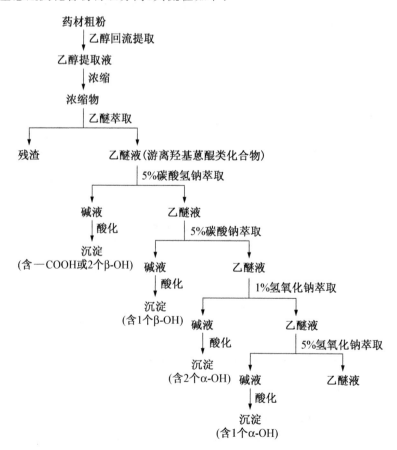

pH 梯度萃取法仅适用于酸性强弱差别较大的游离羟基蒽醌的分离,酸性相近的游离羟基蒽醌需用柱色谱或制备型薄层色谱进行分离,常用的吸附剂有硅胶、磷酸氢钙、聚酰胺等。氧化铝易与蒽醌类化合物的羟基作用生成络合物,吸附强而难以洗脱,故一般不用氧化铝。洗脱剂需根据具体情况选用,如石油醚-乙酸乙酯、三氯甲烷-甲醇、苯-甲醇等溶剂系统,具体见表 10-8。

表 10-8 游离羟基蒽醌的色谱分离

色谱类型	原　理	吸附规律
硅胶柱色谱	物理吸附	依极性由小到大被洗脱下来
聚酰胺柱色谱	氢键吸附	① 化合物中能形成氢键的基团(酚羟基、羧基)多则吸附牢; ② 能形成氢键的基团数目相同,处于邻位的吸附力强于对位和间位; ③ 芳香环和双键多吸附强
凝胶柱色谱	分子筛作用	依分子由大到小被依次洗脱下来

3. 蒽醌苷类的分离

蒽醌苷类化合物的水溶性较强,分离及精制较困难,常用色谱法进行分离。但在进行色谱分离之前,需预先处理提取物,初步纯化后再进行分离。处理提取物最常用的方法是溶剂法,即用极性较大的有机溶剂(如正丁醇、乙酸乙酯等)将蒽醌苷从水提取液中提取出来,再用色谱法作进一步分离。蒽醌苷常用聚酰胺、纤维素、硅胶及葡聚糖凝胶等柱色谱进行分离。

10.2　生产实例

10.2.1　紫草提取物的生产实例

作为紫草入药的有紫草科的多种植物,现行药典收载的品种为紫草科植物新疆紫草(*Arnebia euchroma*)和内蒙紫草(*Arnebia guttata*),药用其根,具有凉血活血、解毒透疹的功效,主治血热毒盛、麻疹不透、湿疹、水火烫伤等。近代临床及药理研究表明紫草具有抗菌、抗炎、抗病毒、抗肿瘤等多种药理活性。紫草素制剂临床应用较广泛,如紫草素注射液主要用于肝胆疾病的辅助治疗等。

1. 紫草素类成分的结构

目前分离得到的紫草素类成分主要有紫草素、乙酰基紫草素、异丁酰基紫草素以及 β,β'-二甲基丙烯酰基紫草素和 β-羟基异戊酰基紫草素等,见表 10-9。

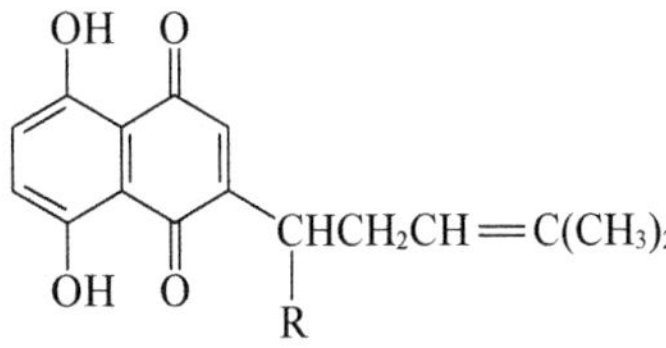

紫草素类

表 10-9 紫草中的萘醌类化合物

名　　称	R
紫草素	—OH
乙酰基紫草素	—OCOCH₃
异丁酰基紫草素	—OCOCH(CH₃)₂
β.β′-二甲基丙烯酰基紫草素	—OCOCH=C(CH₃)₂
β-羟基异戊酰基紫草素	—OCOCH₂—C(CH₃)₂ OH

2. 理化性质

（1）性状：具体见表 10-10。

表 10-10 紫草素类成分的性状

化合物	分子式	相对分子质量	性　状	熔点(℃)
紫草素	$C_{16}H_{16}O_5$	288	淡棕红色棱柱结晶	147～149
乙酰紫草素	$C_{18}H_{18}O_6$	330	红色针状结晶	85～86
β.β′-二甲基丙烯酰基紫草素	$C_{21}H_{22}O_6$	370	栗红色片状结晶	116～117

（2）溶解性：紫草素类成分一般可溶于乙醇、丙酮、正己烷、石油醚等有机溶剂，难溶于水。

3. 紫草提取物生产工艺

【工艺原理】

利用紫草醌类化合物可溶于乙醇的性质进行提取，再利用其酸性，通过碱溶酸沉法进行精制纯化。

【操作过程及工艺条件】

（1）浸渍：将紫草根粗粉碎，用 90% 乙醇浸渍，得乙醇浸出液。

（2）浓缩-碱溶：将浸出液减压浓缩，在浓缩液中加 1/3 量的 2% NaOH 溶液，使溶液由紫红色变为蓝色，产生沉淀。

（3）滤过-酸沉：将上述溶液滤过后，在滤液中加浓盐酸至不再产生沉淀，滤取沉淀。

（4）水洗-干燥：将沉淀水洗至中性，60℃ 以下干燥，即得到紫草醌类提取物。

【生产工艺流程】

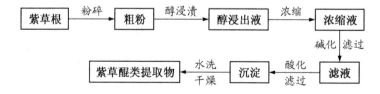

【工艺注释】

（1）紫草中的有效成分主要在紫草根的皮部，紫草的皮部呈条形片状，常 10 余层重叠，溶剂不易渗透，所以在提取时先将其粉碎成粗粉。但也不能粉碎过细，否则杂质较多，同时极细粉会对滤过产生影响。

（2）三氯甲烷及乙酸乙酯对紫草素的提取收率较高，但安全性较差，故选择 90％乙醇作为提取溶剂。

（3）加 1/3 量的 2％ NaOH 使溶液由紫红色变为蓝色是以过量碱尽可能使紫草素类成分溶解完全。

（4）也有报道采用超声法及微波法对紫草素进行提取，具有提取时间短、成本低、提取产率高等特点，但样品处理量相对较小。

10.2.2　丹参提取物的生产实例

丹参为唇形科丹参（*Salvia miltiorrhiza*）的根及根茎，具有活血化瘀、养血安神、调经止痛、凉血消痈等功效。近代临床及药理研究表明，丹参可以改善外周循环、提高机体的耐缺氧能力，能够扩张冠状动脉与外周血管，增加冠脉血流量，改善心肌收缩力，其各种制剂被广泛用于心脑血管疾病的治疗，同时丹参还具有抗菌、抗肿瘤、镇静、镇痛和保肝等作用。

1．丹参醌类成分的结构

丹参的主要化学成分为脂溶性成分和水溶性成分两大类，脂溶性成分为菲醌衍生物，主要有丹参醌Ⅰ、丹参醌ⅡA、丹参醌ⅡB、羟基丹参醌、丹参酸甲酯、隐丹参醌、次甲基丹参醌、二氢丹参醌以及丹参新醌甲、乙、丙、丁等化合物，具体结构见表 10-11。

表 10-11　丹参醌类化合物的结构

结　　构	化合物名称		
	丹参醌ⅡA	$R_1 = CH_3$	$R_2 = H$
	丹参醌ⅡB	$R_1 = CH_2OH$	$R_2 = H$
	羟基丹参醌ⅡA	$R_1 = CH_3$	$R_2 = OH$
	丹参酸甲酯	$R_1 = COOCH_3$	$R_2 = H$
	丹参新醌甲	$R = CH(CH_3)CH_2OH$	
	丹参新醌乙	$R = CH(CH_3)_2$	
	丹参新醌丙	$R = CH_3$	
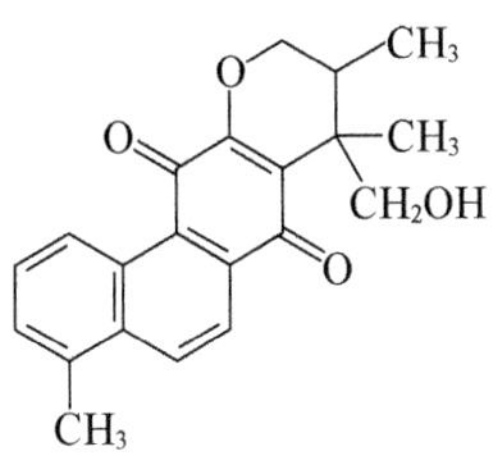	丹参新醌丁		

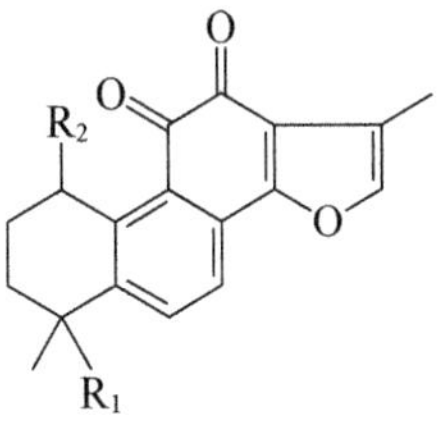

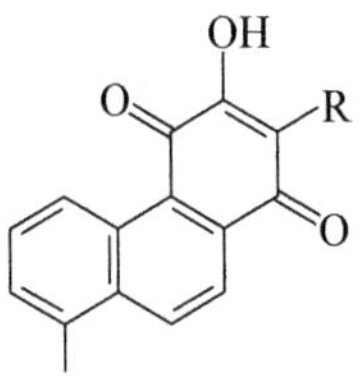

2. 理化性质

(1)性状：具体见表10-12。

表10-12　丹参醌类化合物的性状

化合物	分子式	相对分子质量	性状	熔点(℃)
丹参醌ⅡA	$C_{19}H_{18}O_3$	294	红色小片状结晶	209~210
隐丹参醌	$C_{19}H_{20}O_3$	296	橙色针状结晶	184~185
丹参醌Ⅰ	$C_{18}H_{13}O_3$	277	棕红色结晶	233~234
丹参醌ⅡB	$C_{19}H_{18}O_4$	310	紫色针状结晶	200~204
丹参新醌甲	$C_{18}H_{16}O_4$	296	橙黄色粉末	201~202
丹参新醌乙	$C_{18}H_{16}O_3$	324	橙红色针状结晶	182~184
丹参新醌丙	$C_{16}H_{12}O_3$	296	红色针状结晶	216~218
丹参新醌丁	$C_{21}H_{20}O_4$	336	杏红色棱柱状结晶	178~180

（2）溶解性：丹参醌类化合物一般可溶于三氯甲烷、丙酮等有机溶剂，难溶于水。丹参新醌甲、乙、丙因其醌环上含有羟基，显示较强的酸性，可溶于碳酸氢钠水溶液。

3. 丹参提取物生产工艺

【工艺原理】

利用丹参醌类化合物可溶于乙醚等有机溶剂的性质进行提取，根据提取物极性不同，采用硅胶柱色谱法以达到分离指标成分丹参醌ⅡA的目的。

【操作过程及工艺条件】

（1）冷浸：将丹参根粗粉碎，用乙醚冷浸。

（2）碱液萃取：将上述乙醚液用5%碳酸钠水溶液萃取，保留乙醚溶液。

（3）回收溶剂：将所得乙醚溶液回收溶剂，得乙醚提取物。

（4）柱色谱分离：将乙醚提取物用硅胶柱色谱进行分离，以石油醚-苯(1:1)进行洗脱，TLC检识，合并相同洗脱部分，即得丹参醌ⅡA。

【生产工艺流程】

【工艺注释】

（1）在上述流程中除可用乙醚冷浸外，还可直接用95%的乙醇回流提取，然后回收乙醇，浓缩物用乙醚、三氯甲烷或苯溶解，再用碳酸钠水溶液萃取纯化，进一步用柱色谱分离。

（2）为了提高丹参醌ⅡA的收率，可采用下列方法：加原料5倍量的95%乙醇浸泡1小时，同时通气强化提取10分钟，然后回流30分钟，此法既能提高收率又可缩短提取时间。

（3）采用超临界萃取技术提取丹参醌ⅡA，但还未见其应用于大生产的相关研究报道。

10.2.3　大黄提取物的生产实例

大黄系蓼科多年生草本植物掌叶大黄(*Rheum palmatum*)、唐古特大黄(*R. tanguticum*)或药用大黄(*R. officinale*)的根及根茎，具有化积、致泻、泻火凉血、活血化瘀、利胆退黄等功效。近代临床及药理研究表明,大黄具有泻下作用,有效成分为番泻苷类,还具有抗菌作用,其中以芦荟大黄素、大黄素及大黄酸作用较强,它们对多数革兰阳性菌均有抑制作用,同时还具有抗肿瘤、利胆保肝、利尿、止血等作用。

1. 大黄中游离蒽醌的结构式

大黄中分离得到的化合物至少已有 130 余种,但其主要成分为蒽醌类化合物,总含量约 2%～5%,其中游离的羟基蒽醌类化合物仅占 1/10～1/5,大部分是以苷的形式存在。新鲜大黄中还含有二蒽酮类的番泻苷 A 及番泻苷 B 等,具体结构见表 10－13。

表 10－13　大黄中主要游离蒽醌的结构

母　核	化合物结构		
	大黄酚	$R_1＝CH_3$	$R_2＝H$
	大黄素	$R_1＝CH_3$	$R_2＝OH$
	大黄素甲醚	$R_1＝CH_3$	$R_2＝OCH_3$
	芦荟大黄素	$R_1＝H$	$R_2＝CH_2OH$
	大黄酸	$R_1＝H$	$R_2＝COOH$

2. 理化性质

(1) 性状:具体见表 10－14。

表 10－14　大黄中主要游离蒽醌的性状

化合物	分子式	相对分子质量	性　状	熔点/℃
大黄素	$C_{15}H_{10}O_5$	270	橙色针状结晶(丙酮)	256～257
大黄酸	$C_{15}H_8O_6$	284	棕黄色粉末,黄色针状结晶(升华法)	321～322(330℃ 分解)
大黄酚	$C_{15}H_{10}O_4$	254	六方形结晶(丙酮)或单斜形结晶(乙醇)	196～198
大黄素甲醚	$C_{16}H_{12}O_5$	284	亮黄色针状结晶(三氯甲烷)	209～210
芦荟大黄素	$C_{15}H_{10}O_5$	270	橙色针状结晶(甲苯)	223～224

(2) 溶解性:具体见表 10－15。

表 10－15　大黄中主要游离蒽醌的溶解性

化合物	可溶于	难溶或微溶于
大黄素	乙醇、苛性碱水溶液、氨溶液	不溶于水,微溶于乙醚、三氯甲烷和苯
大黄酸	碱、吡啶	几乎不溶于水,微溶于乙醇、苯、三氯甲烷、乙醚和石油醚
大黄酚	沸乙醇、苯、三氯甲烷、乙醚、丙酮、冰醋酸、氢氧化钠及热碳酸钠溶液	几乎不溶于水,微溶于冷乙醇
大黄素甲醚	苯、三氯甲烷、吡啶、甲苯、乙醇、冰醋酸	不溶于水、甲醇、乙醇、乙醚和丙酮,微溶于乙酸乙酯
芦荟大黄素	热乙醇、苯、乙醚、氨水、硫酸	几乎不溶于水

3. 大黄中大黄酸与大黄素提取生产工艺

【工艺原理】

根据大黄中的蒽醌类多以成苷的形式存在,以二相酸水解法水解药材,得到游离蒽醌的总提取物,再根据两者的酸性不同,以 pH 梯度萃取法进行分离,分别得到大黄酸和大黄素。

【操作过程及工艺条件】

(1) 水解:将大黄粉用 20%硫酸和三氯甲烷(1∶5)的混合液水浴回流提取,分取三氯甲烷层,回收三氯甲烷,得游离蒽醌的总提取物。

(2) 萃取:将上述总提取物以适量乙醚溶解,滤过,乙醚溶液用 5% $NaHCO_3$ 水溶液萃取,分别得碱液层和乙醚层。

(3) 酸沉-结晶:在上述碱液中加入盐酸酸化至 pH 2,抽滤得沉淀,水洗至中性,干燥,得到的成分以大黄酸为主,冰醋酸重结晶,可得大黄酸。

(4) 萃取:将(2)所得的乙醚液继用 5% Na_2CO_3 水溶液萃取,分别得碱液层和乙醚层。

(5) 酸沉:在(4)所得的碱液中加入盐酸酸化至 pH 3,抽滤得沉淀。

(6) 水洗-结晶:将沉淀水洗至中性,丙酮重结晶,得到大黄素。

【生产工艺流程】

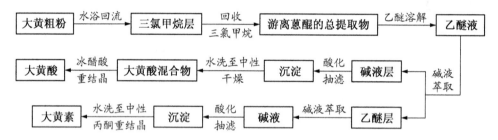

【工艺注释】

(1) 大黄中蒽醌类成分大部分以苷的形式存在,提取分离常用方法是酸水解后有机溶剂提取,但存在时间长、收率不稳定等缺点。改用二相酸水解方法提取,收率明显提高。

(2) 在酸化过程中,会产生大量 CO_2,应小心防止内容物溢出。

(3) 在此工艺的基础上继续以碱液萃取,可得到芦荟大黄素及大黄酚和大黄素甲醚的混合物,大黄酚和大黄素甲醚需依靠色谱法进一步分离。

10.2.4 番泻叶提取物的生产实例

番泻叶是豆科植物狭叶番泻(*Cassia angustifolia*)或尖叶番泻(*Cassia acutifolia*)的干燥小叶,具有泻热导滞、通便利水之功效,用于治疗热结积滞、便秘腹痛、水肿胀满。近代临床及药理研究表明其具有致泻、抗病毒、抑菌、止血、抗氧化等作用,目前临床上用于治疗消化系统、泌尿系统疾病及外科手术前清洁肠道和手术后肠功能恢复等。

1. 番泻苷类成分的结构

化学成分研究表明,番泻叶中主要含有蒽醌、多糖、挥发油、黄酮等类化合物,番泻苷作为蒽醌类化合物中的一类,是番泻叶泻下作用的主要活性部分。

2. 理化性质

(1) 性状:具体见表 10-16。

表 10 - 16　番泻苷类化合物的性状

化合物	分子式	相对分子质量	性　　状	熔点/℃
番泻苷 A	$C_{42}H_{38}O_{20}$	863	黄色片状结晶(稀丙酮)	200～240 分解
蕃泻苷 B	$C_{42}H_{38}O_{20}$	863	亮黄色柱状结晶(稀丙酮),针状结晶(水)	184～186

(2)溶解性:具体见表 10 - 17。

表 10 - 17　番泻苷类化合物的溶解性

化合物	可溶于	难溶或微溶于
番泻苷 A	碳酸氢钠水溶液	难溶于水、苯、乙醚和三氯甲烷;微溶于甲醇、丙酮和二氧六环
番泻苷 B	碳酸氢钠水溶液	难溶于水、苯和三氯甲烷;微溶于甲醇和丙酮

3. 番泻叶提取物生产工艺

【工艺原理】

利用醌类化合物可溶于乙醇等有机溶剂的性质进行提取,根据提取物的溶解性和酸性不同,选用相应的溶剂进行萃取、碱化以达到分离提取物的目的。

【操作过程及工艺条件】

(1)浸渍-渗漉:将番泻叶粗粉用 50%乙醇浸渍 12 小时,再用 10 倍量 50%乙醇渗漉提取,得渗漉液。

(2)浓缩:将上述渗漉液在 60℃以下减压回收部分乙醇,得浓缩液。

(3)萃取:将浓缩液用乙酸乙酯萃取,弃去乙酸乙酯层,得水层。

(4)碱沉-干燥:在上述水层加入适量的石灰水搅拌,滤过,得沉淀,将沉淀用少量乙醚洗涤,低温干燥,得番泻苷钙盐。

【生产工艺流程】

【工艺注释】

(1)从番泻叶中提取番泻总苷亦可采用水煎煮、沸水浸泡、醇回流等方法,但这些方法均存在浸出率低、浸提液体积大、浓缩困难等问题。采用乙醇渗漉提取,番泻苷收率较高。

(2)在渗漉操作前,先将药材进行浸渍,是为了促进番泻苷类成分的溶出,提高提取效率。

(3)提取时间对提取物中总番泻苷含量影响最大,且在浓缩时温度不能过高,因为番泻苷在长时间高温下会逐步分解破坏。

10.2.5　芦荟提取物的生产实例

芦荟是一种较为常见的药用植物,为百合科植物库拉索芦荟(*Aloe barbadensis*)、好望角芦荟(*A. ferox*)或其他同属近缘植物叶的汁液浓缩干燥物,性味苦、寒,入肝、心、脾经,可清热、通便、杀虫,治热结便秘、妇女闭经、癣疮、痔瘘等疾病。近代临床及药理研究表明,芦荟具有抗癌、消炎、杀菌、抗病毒、杀虫解热、保肝及增强免疫等作用。

1. 芦荟中醌类化合物结构

目前,已经发现芦荟的化学成分有 130 多种,其中主要包括蒽醌类、多糖类、有机酸、氨基酸以及维生素、甾体类化合物等。芦荟中的醌类化合物主要有芦荟大黄素、大黄素甲醚、大黄酚、大黄素、大黄酸以及芦荟苷、1,8-二羟基-9,10-蒽醌-3-甲基-(2-羟基)丙酸酯等,具体见表 10-18。

表 10-18 芦荟中部分醌类化合物的结构

名　称	结　构	名　称	结　构
芦荟皂草苷I	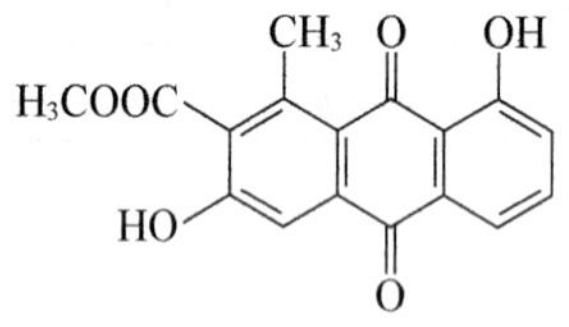	芦荟皂草苷II	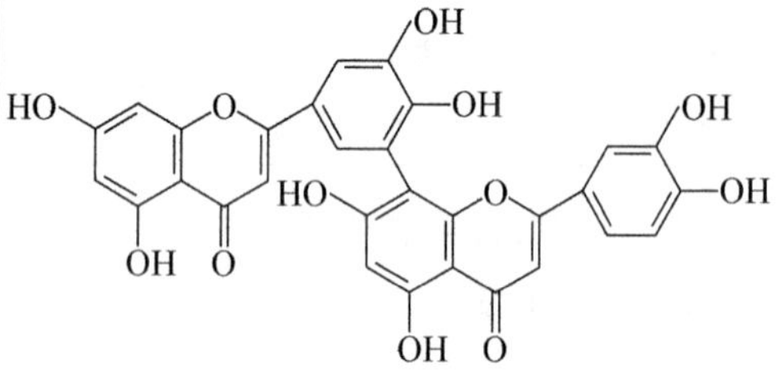
芦荟大黄素	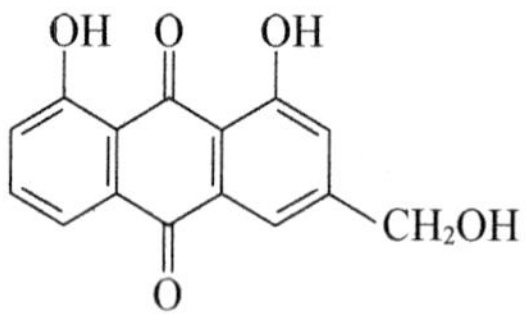	芦荟苷	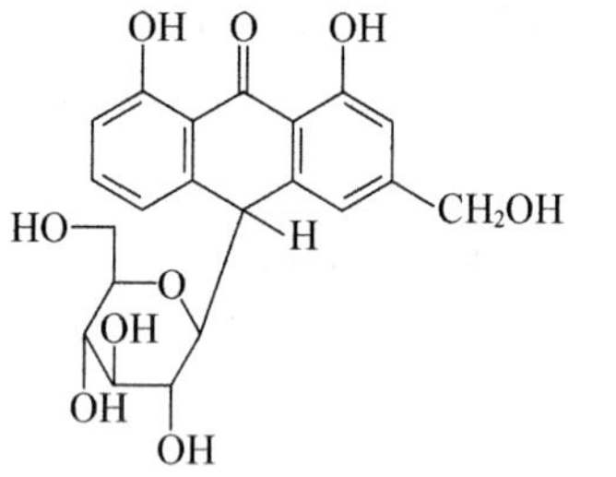
1,4,8-三羟基-2-甲氧基-6-甲基蒽醌	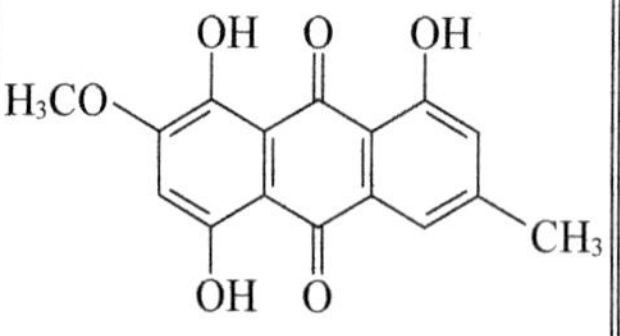	1,8-二羟基-9.10-蒽醌-3-甲基-(2-羟基)丙酸酯	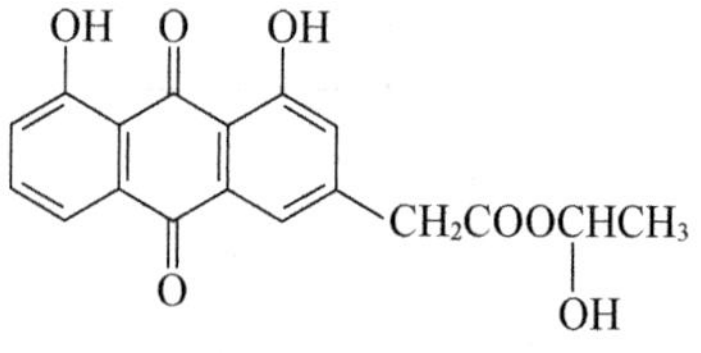

2. 理化性质

(1)性状:具体见表 10-19。

表 10-19 芦荟中部分醌类化合物的性状

化合物	分子式	相对分子质量	性　状	熔点/℃
芦荟大黄素	$C_{15}H_{10}O_5$	270	橙色针状结晶(甲苯)	223~224
芦荟苷	$C_{21}H_{22}O_9$	418	黄色或淡黄色结晶	148~149

(2)溶解性:具体见表 10-20。

表 10 - 20　芦荟中部分醌类化合物的溶解性

化合物	可溶于	难溶或微溶于
芦荟大黄素	热乙醇、苯、乙醚、氨水、硫酸	几乎不溶于水
大黄酚	沸乙醇、苯、三氯甲烷、乙醚、丙酮、冰醋酸、氢氧化钠及热碳酸钠溶液	几乎不溶于水,微溶于冷乙醇,极微溶于石油醚
芦荟苷	水、吡啶、冰醋酸、丙酮、乙酸甲酯、乙醇	微溶于三氯甲烷和乙醚

3. 芦荟提取物生产工艺

【工艺原理】

芦荟中的醌类化合物具有一定的酸性,用乙醇提取后,先用乙醚萃取除去亲水性杂质,继而用碱性溶液进行 pH 梯度萃取,经酸化后即可得游离醌类化合物。

【操作过程及工艺条件】

(1) 醇提-浓缩:将芦荟用 70% 乙醇回流提取,然后将提取液减压浓缩,得乙醇浓缩液。

(2) 乙醚萃取:将上述浓缩液用乙醚萃取,分别得到乙醚层和水层。

(3) 碱液萃取:将上述乙醚液用 5% $NaHCO_3$ 溶液萃取,分别收集碱液层和乙醚层。

(4) 酸沉:在(3)中的碱液加入盐酸酸化,滤过,沉淀主要含芦荟酸和芦荟酯酸等。

(5) 碱液萃取:将(3)中乙醚液继用 5% Na_2CO_3 溶液萃取,分别得碱液层和乙醚层。

(6) 酸沉:在(5)中碱液里加入盐酸酸化,滤过,沉淀主要含虫漆酸 D 甲酯、脱氧赤虫胶等。

(7) 碱液萃取:将(5)中乙醚液用 0.5% NaOH 溶液萃取,分别收集碱液层和乙醚层,乙醚层含有大黄酚等。

(8) 酸沉:在(7)中碱液里加入盐酸酸化,滤过,沉淀主要含芦荟大黄素等。

【生产工艺流程】

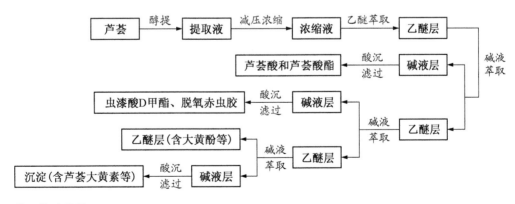

【工艺注释】

(1) 由于提取包括扩散、渗透、溶解等过程,因此芦荟叶碎片越小,这些过程就越快,提取效率就越高,但若过小、表面积太大,吸附作用增强,反而影响扩散速度,故用乙醇提取时,以过 20 目筛为宜。

(2) 芦荟中含有易溶于水的结合态蒽醌苷和易溶于有机溶剂的游离蒽醌,其中蒽醌苷的含量较高。当乙醇浓度超过 70% 时,随着乙醇浓度的增加,易溶于水的蒽醌苷溶解减少,蒽醌收率下降,故选用70%乙醇作为提取溶剂。

(3) 在酸化过程中,会产生大量CO_2,应小心防止内容物溢出。

【思考题】

1. 醌类化合物主要分为哪几种类型? 每种类型各举1个代表性化合物。

2. 蒽醌类化合物的酸性大小与结构中的哪些因素有关,其酸性大小有何规律?

3. 蒽醌类化合物主要存在于哪些科属植物中,代表性中药是什么?

4. 指出丹参中醌类衍生物的主要类型,并各举2例。

5. 写出大黄中大黄酸及大黄素的提取分离工艺流程,并指出操作时需要注意的问题。

【参考文献】

[1] Thomson RH. Naturally occurring anthaquinones(2nd ed). New York: Academic Press Inc: 1971

[2] 肖崇厚.中药化学[M].上海:上海科学技术出版社,1997

[3] 吴立军.实用天然有机产物化学[M].北京:人民卫生出版社,2007

[4] 葛锋,王晓东,王玉春.药用紫草的研究进展[J].天然药物,2003(9):103-107

[5] 乔秀文,李洪玲,但建明,等.紫草素的超声提取[J].包头医学院学报,2004(1):18-19

[6] 兰卫,高晓黎,兰文军,等.紫草素微波提取工艺的研究[J].中成药,2007(6):124-125

[7] 匡海学.中药化学[M].北京:中国中医药出版社,2003

[8] 邹节明,梁芳琳,吴广雄,等.CO_2超临界流体技术应用于中药有效成分萃取的实验研究[J].中国中药杂志.2003(5):33-37

[9] 丁玉玲.大黄蒽醌类的研究概况[J].时珍国医国药,2005,16(11):1160-1162

[10] 张阳,曹蔚,许松林,等.番泻叶中二蒽酮类化合物的提取工艺研究[J].西北药学杂志,2007(6):17-19

[11] 刘环香,徐德芳.热处理对番泻叶的影响[J].中药材.1995,18(4):196-197

[12] 季宇彬.抗癌中药药理作用与应用[M].哈尔滨:黑龙江科学技术出版社,1999:649-652

[13] 王莲,吕方,张荣泉.植物芦荟的化学成分、药理作用及应用的研究进展[J].天津药学.2009.21(2): 63-65

第 11 章

黄酮类化合物

▶ **本章要点**

掌握黄酮类化合物的提取分离原理；熟悉黄芩苷、灯盏花素、芦丁、淫羊藿苷、葛根素、橙皮苷、水飞蓟素以及银杏总黄酮的生产工艺流程；了解黄酮类化合物提取分离的工业化研究进展。提高设计黄酮类化合物提取分离工艺流程的能力。

11.1 概　述

黄酮类化合物广泛分布于植物界中，存在于植物的花、叶、果实、根等组织中。主要存在于高等植物及蕨类植物中，在苔藓类植物中也有分布，而藻类、微生物以及海洋生物中尚未发现。黄酮类化合物是一类重要的天然有机化合物，具有多种多样的生物活性，如保肝、抗炎、抗菌、抗病毒、抗肿瘤、抗氧化以及对心血管的作用和雌激素样作用。有些黄酮类化合物作为药物已应用于临床，如用于治疗心血管疾病的芦丁、灯盏花素、葛根素、橙皮苷，治疗急、慢性肝炎、肝硬化的水飞蓟素，抗肝毒药物（＋）-儿茶素，具有雌性激素样作用的染料木素、大豆素，具有抗菌作用的木犀草素、黄芩苷、黄芩素等。

11.2 黄酮的结构分类

黄酮类化合物(flavonoids)泛指两个具有酚羟基的苯环通过中央三碳原子相互连接而成的一系列化合物。以前特指基本母核为 2 -苯基色原酮(2 - phenylchromone)类化合物。多数黄酮类含有 C_6—C_3—C_6 基本骨架，少数黄酮类为 C_6—C_1—C_6 骨架，如𠮦酮类，也有部分含 C_6—C_4—C_6 骨架，如高黄酮类、高异黄酮类和鱼藤酮类。

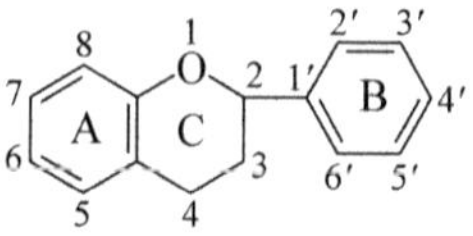

C_6—C_3—C_6 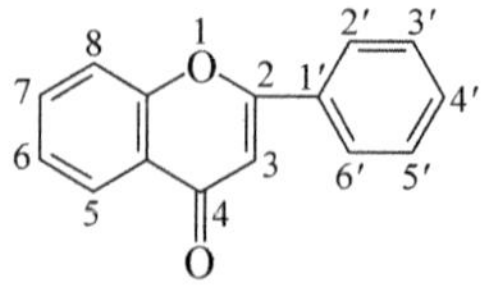　　　　　　　　　　2-苯基色原酮

两个苯环为 A、B 环,中央三碳形成的环为 C 环。根据中央三碳链的氧化程度(2,3 位是否为双键,4 位是否为羰基等)、B 环连接位置(2 或 3 位)以及三碳链是否构成环状等特点,可将主要的天然黄酮类化合物进行亚级分类,如 2,3 位为双键、4 位为羰基者为黄酮类,2,3 位氢化则为二氢黄酮类,4 位羰基还原则为黄烷类,B 环位于 3 位者为异黄酮类(isoflavonoid,鱼藤酮、紫檀素均属于此类),C 环开环者为查耳酮类(见表 11-1)。黄酮类化合物还可由双分子黄酮按 C—C 或 C—O 键方式相连形成双黄酮类化合物(biflavonoids)。此外,黄酮与苯丙素结合形成木脂素黄酮类(lignanflavonoids),如水飞蓟宾(silybin)。

表 11-1　黄酮类化合物的主要结构类型

名　称	结　构	名　称	结　构
黄酮 (flavone)	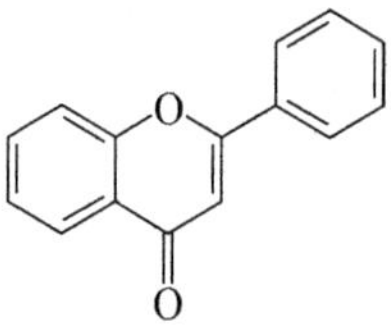	异黄酮 (isoflavone)	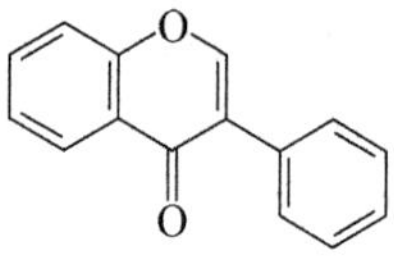
黄酮醇 (flavonol)	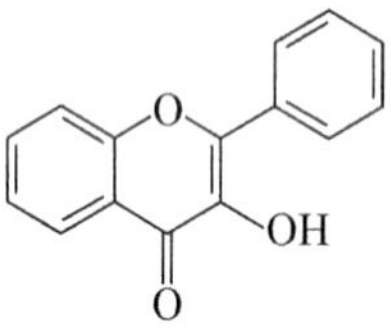	鱼藤酮 (rotenoid)	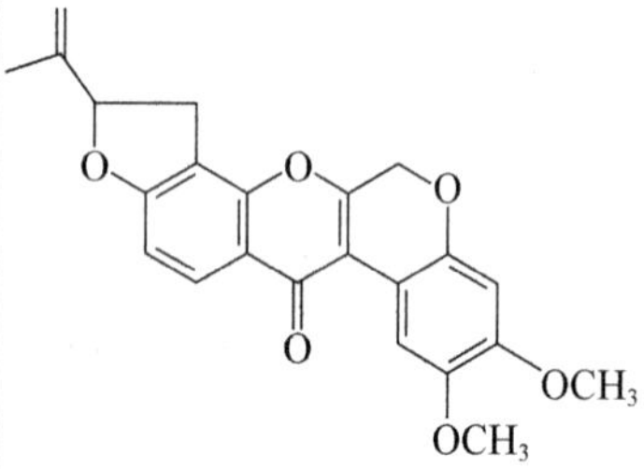
二氢黄酮 (flavanone)	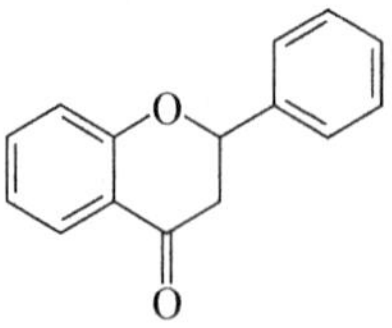	紫檀素 (pterocarpan)	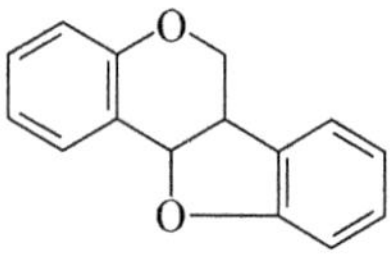
二氢黄酮醇 (flavanonol)	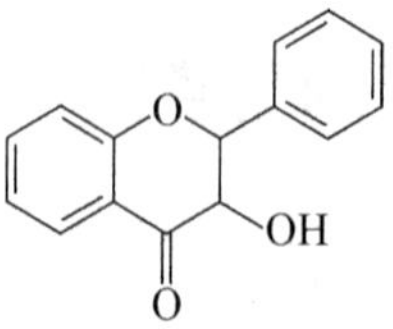	橙酮(噢呿类) (aurone)	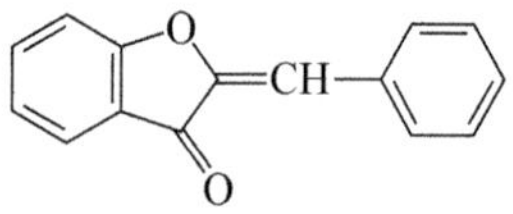
花色素 (anthocyanidin)	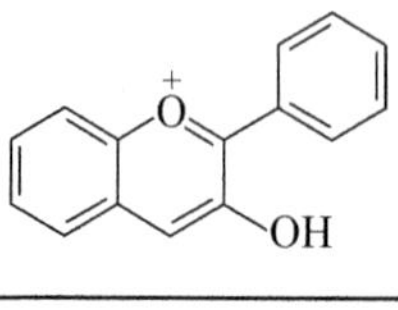	异橙酮 (isoaurone)	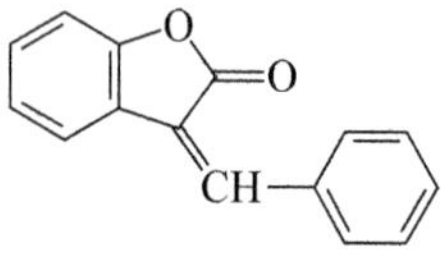

续　表

名　称	结　构	名　称	结　构
黄烷-3-醇 （flavan-3-ol）	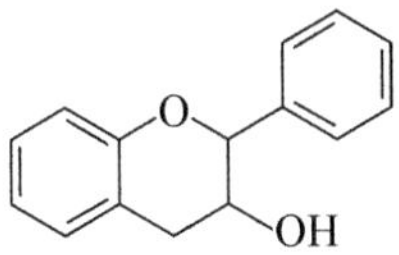	高异黄酮 （homoisoflavone）	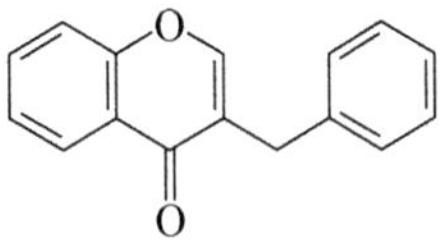
黄烷-3.4-二醇 （flavan-3.4-diol）	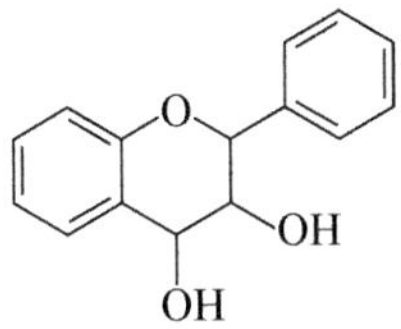	叫酮（双苯吡酮） （xanthone）	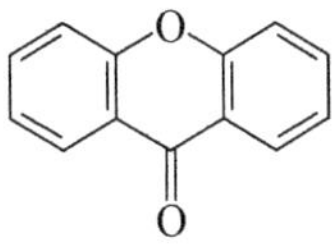
查耳酮 （chalcone）	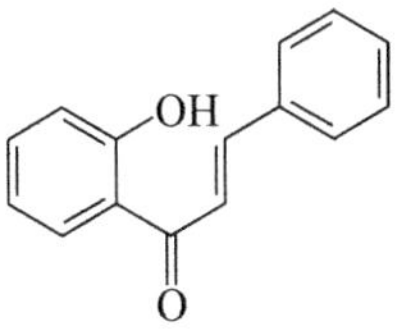	二氢查耳酮 （dihydrochalcone）	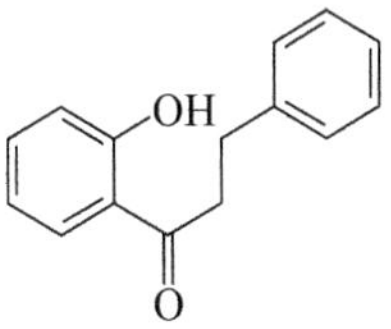

　　黄酮类化合物结构中的官能团以羟基、甲氧基、甲基、异戊烯基为多见,还有亚甲二氧基、苄基、磺酸基等。此外,黄酮类化合物还与糖结合形成 O-苷或 C-苷。天然黄酮类化合物多以苷类形式存在,并且由于糖的种类、数量、连接位置及连接方式不同,可以组成各种各样的黄酮苷类。根据糖的数目,黄酮苷可以分为单糖苷、双糖苷和三糖苷;根据糖链的数目,又可分为单糖链苷、双糖链苷和三糖链苷。糖的连接位置有 3,5,6,7,8,2′,3′,4′位等。单糖链苷以3-、7-,3′-,4′-O-糖苷常见。双糖链苷以 3,7-,3,4′-,7,4′-O-糖苷常见。

11.2.1　二氢黄酮和二氢黄酮醇类

　　二氢黄酮类（flavanone）具有 2-苯基-2,3-二氢色原酮的结构母核,二氢黄酮醇类（flavanonol）则具有 2-苯基-2,3-二氢色原酮-3-醇的结构母核。二氢黄酮有一个不对称碳原子 C-2,多数天然二氢黄酮具有 2S-构型,少数为 2R-构型。二氢黄酮醇类结构中有两个不对称碳原子 C-2 和 C-3,天然二氢黄酮醇类最常见的构型为（2R,3R）,少数为（2S,3S）、（2R,3S）和（2S,3R）,如表 11-2 所示。

表 11-2　二氢黄酮和二氢黄酮醇类分布和实例

类　型	分　布	实　例
二氢黄酮类	蔷薇科、芸香科、菊科、姜科、杜鹃花科、豆科、桑科、桃金娘科、爵床科等	桑白皮中桑根酮醇 A（sanggenol A）、甘草中甘草苷（liquiritin）、陈皮中橙皮苷（hesperidin）、苦参中苦参醇 A（kushenol A）
二氢黄酮醇类	豆科、桑科、蔷薇科等	（2R,3R）-（＋）-花旗松素

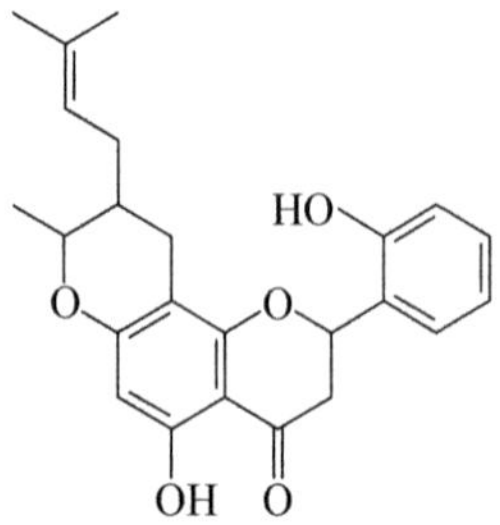

苦参醇A 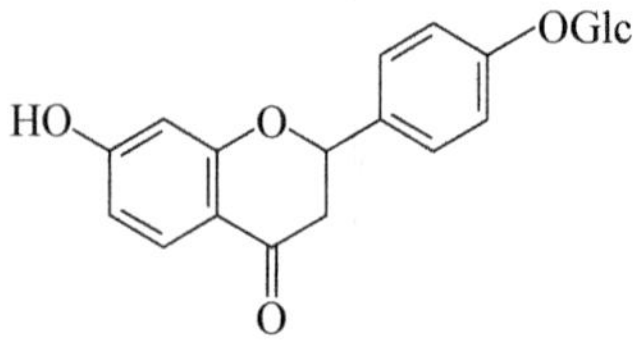   甘草苷 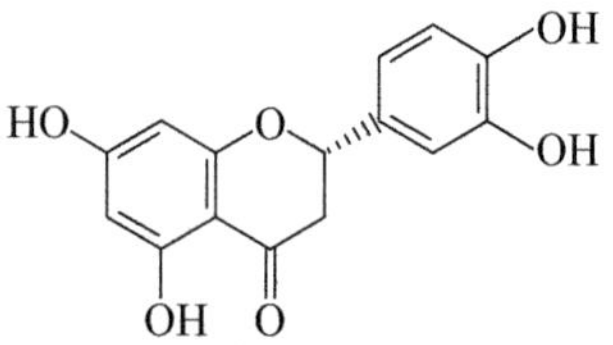   (2R,3R)-(+)-花旗松素

11.2.2 黄酮和黄酮醇类

黄酮类(flavone)为 2-苯基色原酮类化合物,黄酮醇类(flavonol)为 2-苯基色原酮-3-醇的衍生物。至 2003 年,已报道黄酮苷元达 535 个,黄酮苷近 700 个,黄酮醇苷元达 593 个,黄酮醇苷达 1400 个,如表 11-3 所示。

表 11-3 黄酮和黄酮醇类分布和实例

类 型	分 布	实 例
黄酮类	芸香科、菊科、玄参科、唇形科、爵床科、苦苣苔科、豆科、桑科等,存在于植物叶、花、枝、果实、茎皮、心木、根和根皮、根茎等组织中	黄芩中黄芩素(baicalein)、甘草中甘草黄酮(licoflavone)
黄酮醇类	蔷薇科、豆科、桑科、桦木科等双子叶植物	淫羊藿中淫羊藿苷(icariin)、桑白皮中桑根酮醇 B(sanggenol B)、蒲黄中异鼠李素-3-O-葡萄糖苷(isorhamnetin-3-O-glucoside)、沙棘中槲皮素(quercetin)

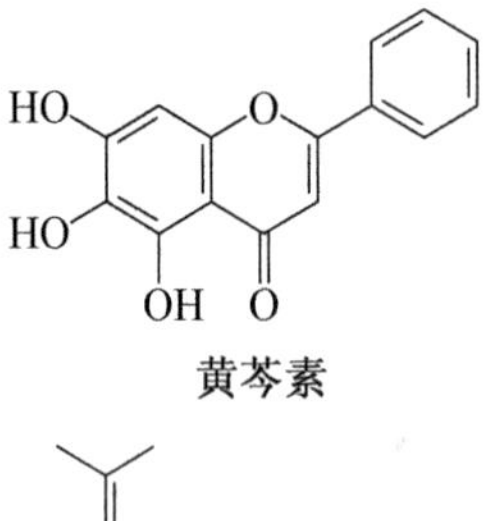

黄芩素 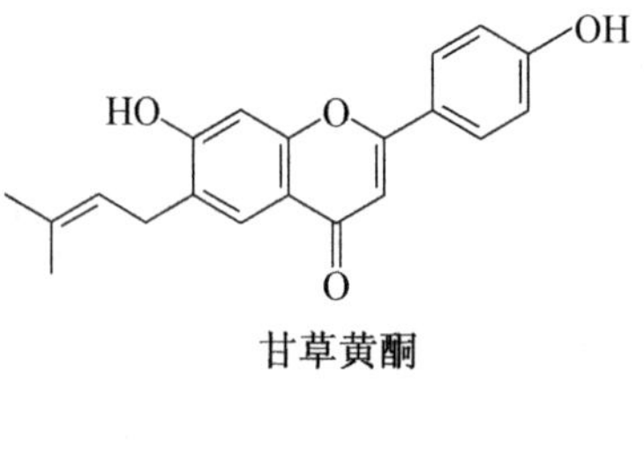   甘草黄酮

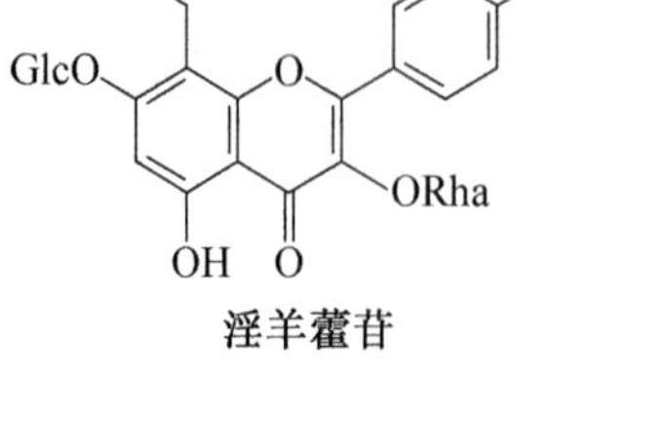

淫羊藿苷 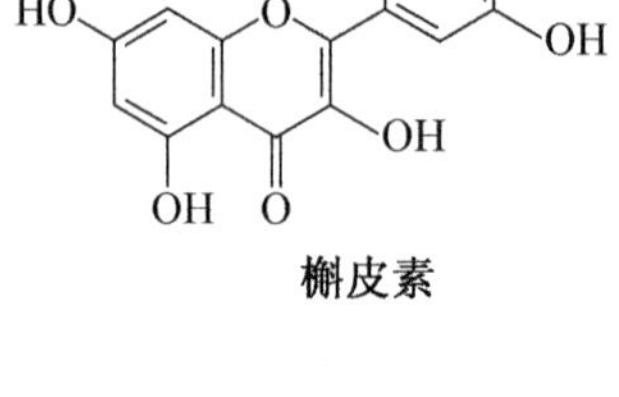   槲皮素

11.2.3　异黄酮类

异黄酮类(isoflavonoid)在黄酮类化合物家族中是十分重要的、非常独特的亚类。虽然异黄酮类的分布很窄，但却拥有非常广泛的结构类型。其主要结构类型有异黄酮类(isoflavonoid，Ⅰ)、二氢异黄酮类(isoflavanone，Ⅱ)、异黄烷类(isoflavans，Ⅲ)、异黄烷醇类(isoflavanols，Ⅳ)、异黄-3-烯类(isoflav-3-enes，Ⅴ)、紫檀烷类(pterocarpans，Ⅵ)、鱼藤酮类(rotenoids，Ⅶ)、3-芳基香豆素类(3-arylcoumarins，Ⅷ)、3-芳基-4-羟基香豆素类(3-aryl-4-hydroxycoumarins，Ⅸ)、香豆烷(coumestans，Ⅹ)、coumaronochromones(Ⅺ)、α-methyldeoxybenzoin(Ⅻ)、3-芳基苯并呋喃类(3-arylbenzofuran，ⅩⅢ)等。异黄酮还可以形成二聚体(bis-isoflavonoids)、醌式异黄酮(isoflavonequinones，ⅩⅣ)和醌式异黄烷类(isoflavanquinones，ⅩⅤ)。

Ⅰ

Ⅱ

Ⅲ

Ⅳ

Ⅴ

Ⅵ

Ⅶ

Ⅷ

Ⅸ

Ⅹ

Ⅺ

Ⅻ

ⅩⅢ

ⅩⅣ

ⅩⅤ

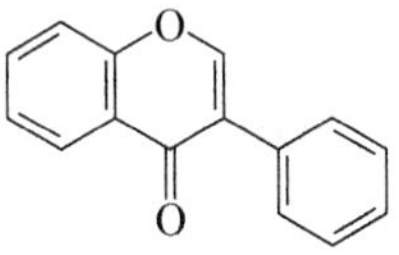

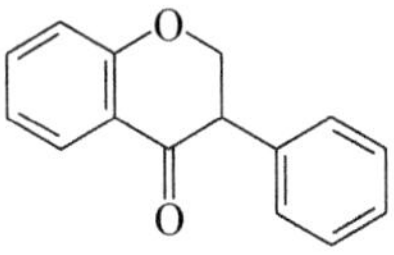

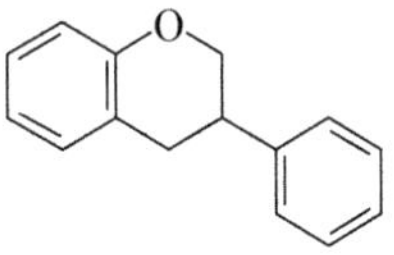

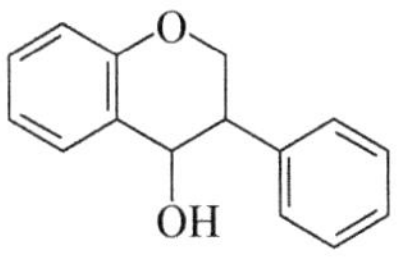

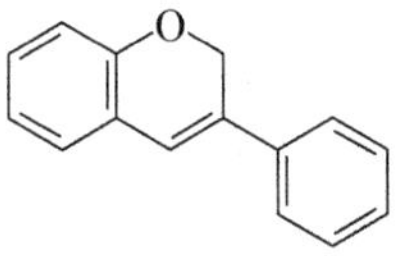

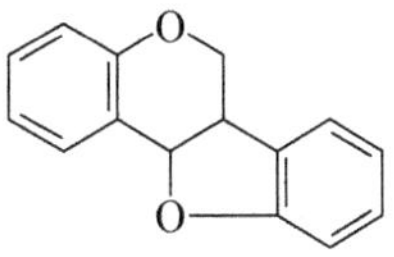

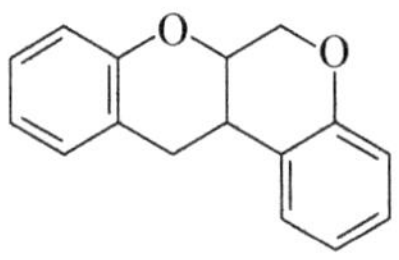

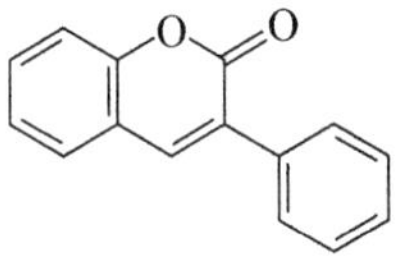

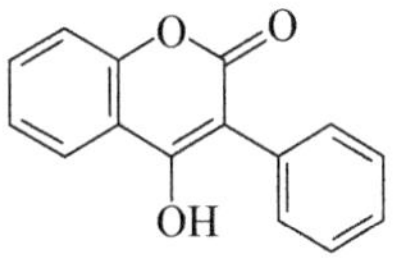

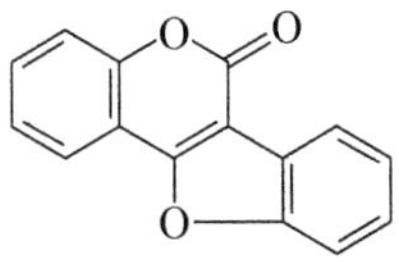

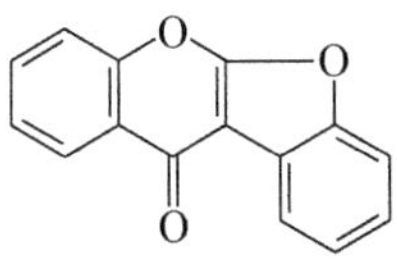

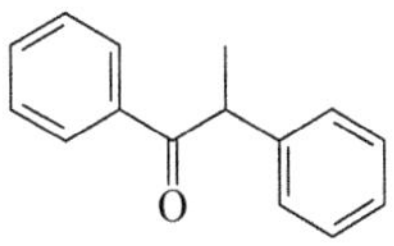

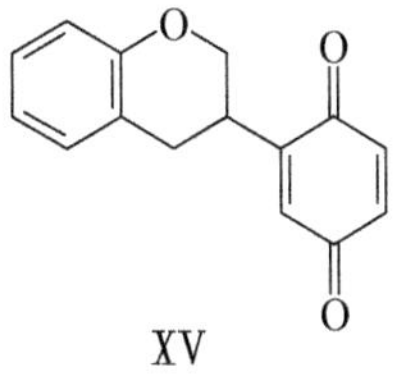

异黄酮类主要分布于豆科的蝶形花亚科，此外在 Caesalpinnideae 和 Mimosoideae 亚科也有分布，在其他双子叶植物中，如苋科、菊科、防己科、藜科、藤黄科、桑科、肉豆蔻科、蔷薇科、玄参科、百部科、卫矛科、大戟科、禾本科、紫茉莉科、金莲木科、蓼科等也有分布。在单子叶植物中主要分布于鸢尾科和姜科。另外，在裸子植物柏科(Cupressaceae)和罗汉松科(Podocarpaceae)以及藓类的真藓科(Bryaceae)植物 *Bryum capillare* 也有分布。如大豆中大

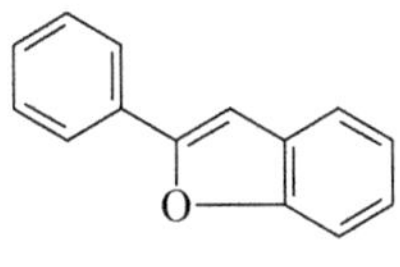

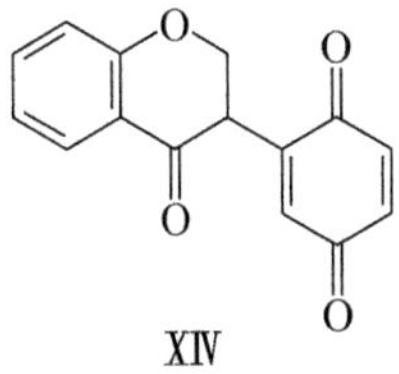

豆苷元（daidzein）、射干中鸢尾苷（iridin）、苦参中山槐素（maackiain）、鱼藤中鱼藤酮（rotenone）均属于异黄酮类化合物。

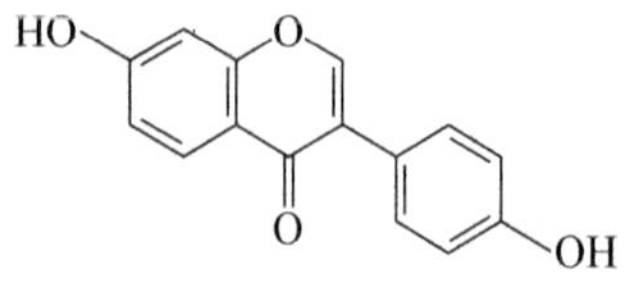

大豆苷元

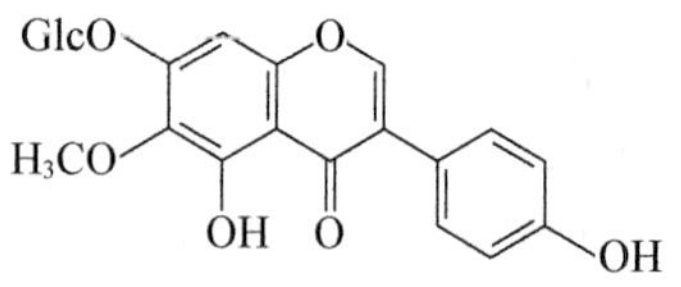

鸢尾苷

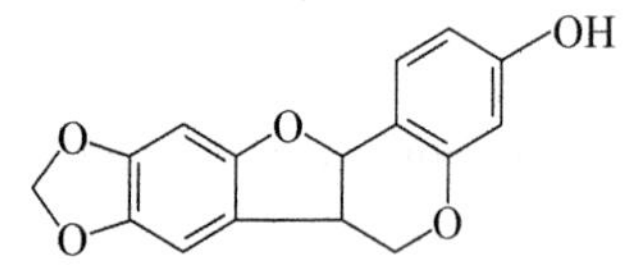

山槐素

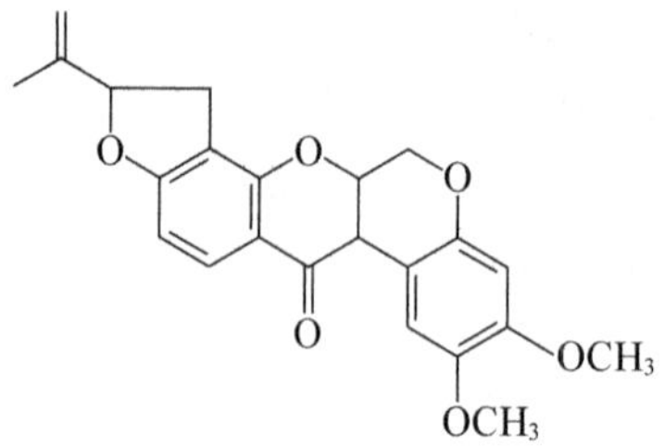

鱼藤酮

11.2.4　黄烷类和原花青素类

天然的黄烷类包括黄烷（flavans）、黄烷-3-醇（flavan-3-ol）、黄烷-3,4-二醇（flavan-3,4-diol）和黄烷-4-醇（flavan-4-ol）。黄烷-3-醇衍生物称为儿茶素类，其中儿茶素[（＋）-catechin]和表儿茶素[（－）-epicatechin]在双子叶植物中分布最广。具有 3′,4′,5′-三羟基取代 B 环的棓儿茶素[（＋）-gallocatechin]和表棓儿茶素[（－）-epigallocatechin]分布也特别广泛。

原花青素类（proanthocyanidins）是由上述单体黄烷衍生物聚合而成的低聚体，如表儿茶素-(4β→8)-儿茶素。原花青素类以二聚体、三聚体为多见，此外还有四、五、六聚体。

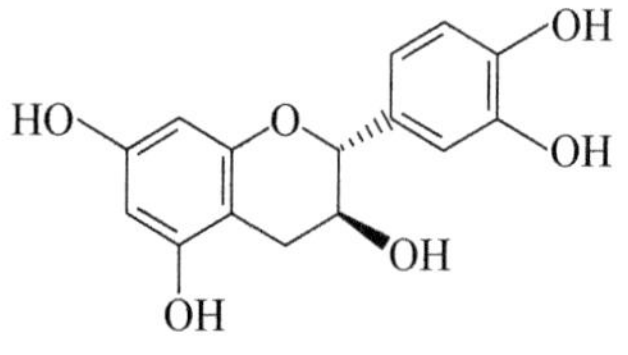

儿茶素

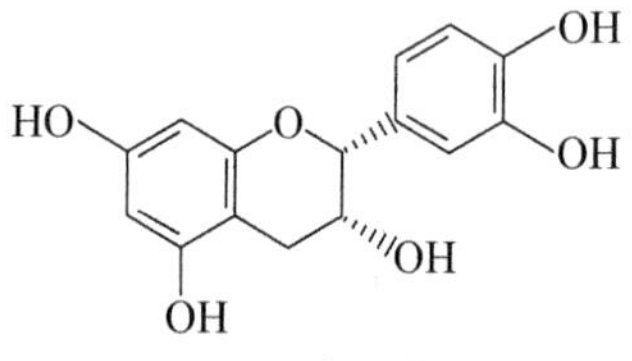

(－)-表儿茶素

11.2.5　花青素和花色苷类

花青素类（anthocyanidins）其结构母核为 2-苯基苯骈吡喃鎓盐（2-phenylbenzopyrylium salts）或黄鎓盐（flavylium salts）。花青素类与糖结合形成花色苷类（anthocyanins）。花青素类和花色苷类由于其离子形式和高度共轭的母核结构而引起广泛的关注。已知的天然花青素有 21 种，常见的花青素有矢车菊素（leucocyanidin）、飞燕草素（leucodelphinidin）、天竺葵素（leucopelargonidin）、锦葵花素（malvidin）、芍药素、3′-甲花翠素等。花色苷类广泛分布于被子植物中，使植物的花、果实、叶等器官呈蓝、紫、红等颜色。据统计至 2002 年天然的花色苷多达 400 种。

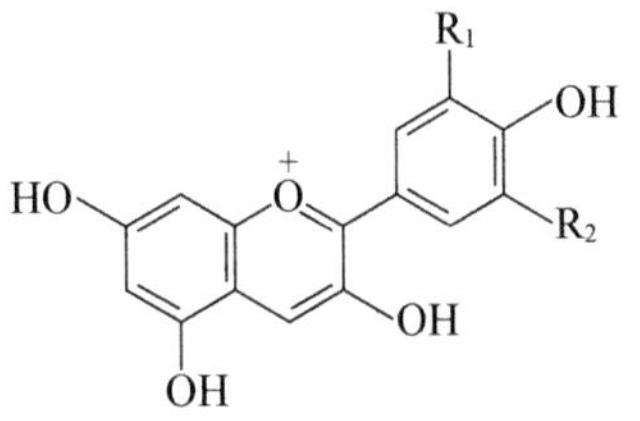

天竺葵素 $R_1 = R_2 = H$
矢车菊素 $R_1 = OH$　$R_2 = H$
飞燕草素 $R_1 = R_2 = OH$
锦葵花素 $R_1 = R_2 = OCH_3$

11.2.6　查耳酮类和二氢查耳酮类

查耳酮类(chalcone)的骨架是黄酮的 C 环开环形成的,其母核的标号与其他类型黄酮不同,A 环碳为 $1'\sim6'$,而 B 环碳为 $1\sim6$。查耳酮类主要分布于菊科、豆科、苦苣苔科等植物中。如甘草中异甘草素(isoliquiritigenin)。

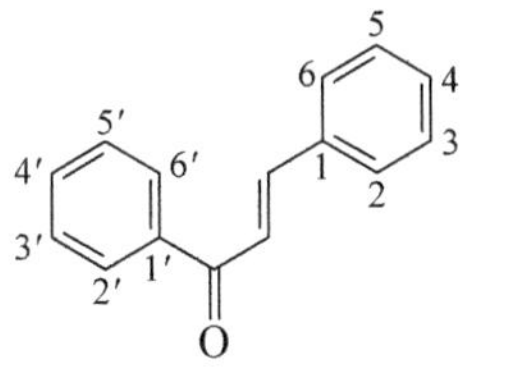

查耳酮母核 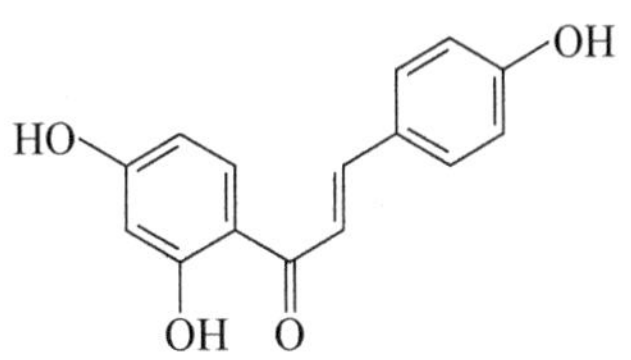　　　　　　　　　　　　　异甘草素

11.2.7　橙酮类

橙酮类(aurone)又称噢呾类,其 C 环为五元氧杂环,母核为 2 -苄亚基香豆酮(2 - benzylidene coumaranone),其标号也与其他类型黄酮不同。橙醇(auronols)为橙酮衍生物,具有 2 -羟基-2 -苄基香豆酮结构。

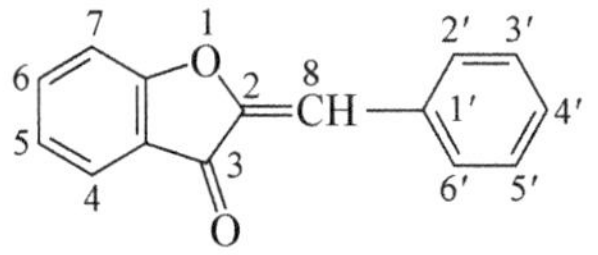

橙酮 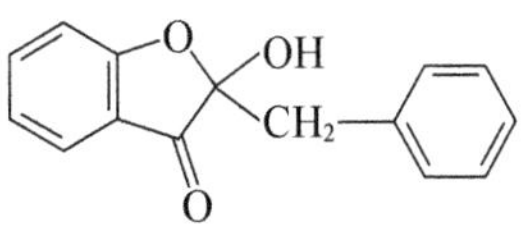　　　　　　　　　　　　　　　　　橙醇

橙酮类在自然界中更为少见,仅见于漆树科、菊科、莎草科、杜鹃花科、苦苣苔科、豆科、酢浆草科、白花丹科、茜草科、玄参科等 10 余科植物中。如橙酮有野漆树中硫黄菊素(sulfuretin)、鬼针草中海生菊素(maritimetin)、大花金鸡菊中来普希丁(leptosidin)等。

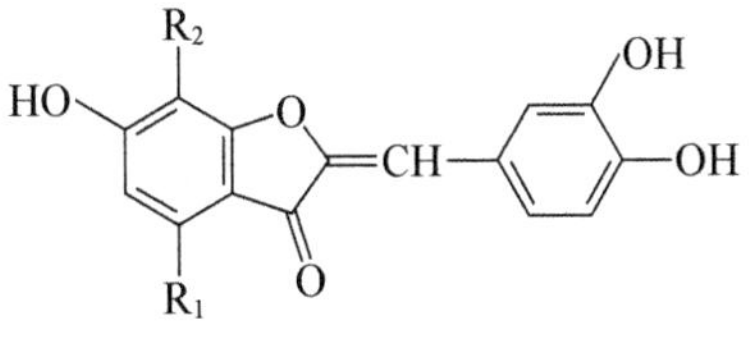

硫黄菊素　　　　$R_1 = R_2 = H$
海生菊素　　　　$R_1 = H$　$R_2 = OH$
来普希丁　　　　$R_1 = H$　$R_2 = OCH_3$

11.2.8 咖酮类

咖酮类(xanthone),即苯骈色原酮类,也称咕吨酮类。天然咖酮主要存在于龙胆科、藤黄科、远志科、桑科、豆科等植物中。主要结构类型有:简单含氧取代咖酮类(simple oxygenated xanthones)、异戊烯基咖酮类(prenylated xanthones)、咖酮苷(xanthone glycosides)、咖酮木脂素类(xanthonolignoids)、双咖酮类等。异戊烯基侧链可以与芳环上的取代基发生环合形成呋喃咖酮(furanoxanthones)、吡喃咖酮(pyranoxanthones)以及笼状咖酮类(caged prenylated xanthones);笼状异戊烯基咖酮类主要存在于藤黄科藤黄属植物中,如藤黄中的藤黄酸(gambogic acid)。咖酮苷分为咖酮-O-苷和咖酮-C-苷,其中芒果苷(mangiferin)广泛分布于被子植物中,蕨类植物中也有报道。咖酮木脂素类如贯叶连翘中的 kielcorin。

咖酮母核

芒果苷

藤黄酸

kielcorin

11.2.9 双黄酮类

双黄酮类(biflavonoids)为双分子黄酮类化合物骨架间通过 C—C 或 C—O—C 键直接相连形成的黄酮二聚体。双黄酮类主要分布于裸子植物中,如柏科、杉科、南洋杉科、松科、罗汉松科、三尖杉科、苏铁科、银杏科等。在蕨类植物 Psilotales 目和 Selaginellales 目维管植物中也普遍存在,如卷柏属植物。此外,在苔藓植物和被子植物中也有分布。

形成双黄酮的两单元组成有 9 种形式:A. 黄酮-黄酮(biflavone);B. 二氢黄酮-黄酮;C. 二氢黄酮-二氢黄酮(biflavanone);D. 查耳酮-查耳酮;E. 二氢查耳酮-查耳酮;F. 二氢查耳酮-二氢查耳酮;G. 二氢黄酮-查耳酮;H. 二氢黄酮-橙酮;I. 咖酮-咖酮。以 A 和 C 型为常见。

两个单元之间的连接方式有:a. C_3—$C_{3''}$;b. C_3—$C_{8''}$;c. C_3—$C_{3''}$;d. C_6—$C_{6''}$;e. C_6—$C_{8''}$;f. C_8—$C_{8''}$;g. $C_{2'}$—$C_{6''}$;h. $C_{3'}$—$C_{6''}$;i. $C_{2'}$—$C_{8''}$;j. $C_{3'}$—$C_{8''}$;k. $C_{3'}$—$C_{3''}$;l. $C_{4'}$—O—$C_{6''}$;m. $C_{4'}$—O—$C_{8''}$;n. C_3—O—$C_{4''}$;o. $C_{3'}$—O—$C_{6''}$;p. $C_{3'}$—O—$C_{8''}$;q. $C_{8'}$—O—$C_{8''}$。

常见的双黄酮有穗花杉黄酮(amentoflavone)、狼毒素(chamaejasmin)和扁柏双黄酮(cupressiflavone)。

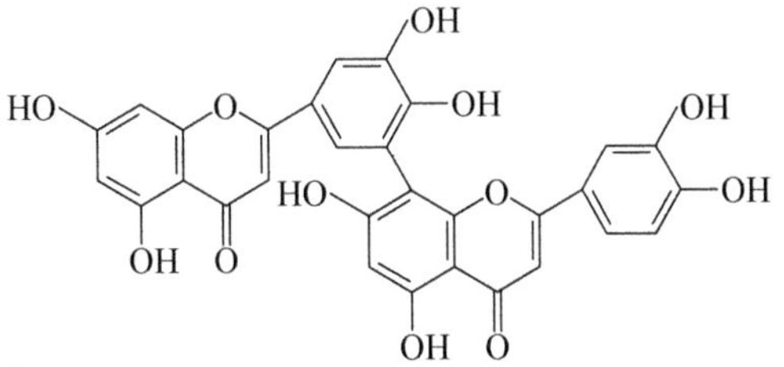

穗花杉双黄酮 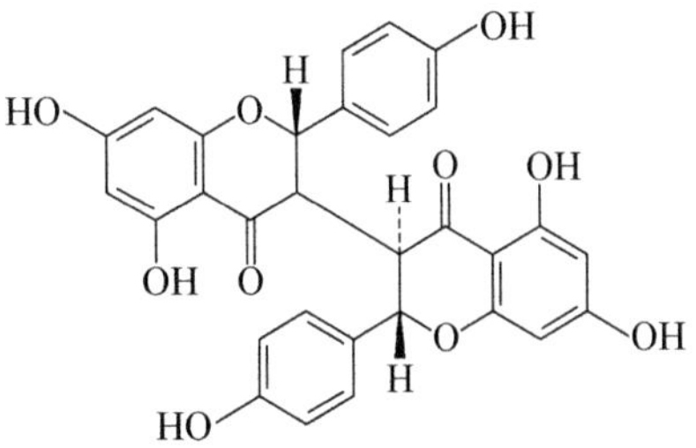　　　　　狼毒素

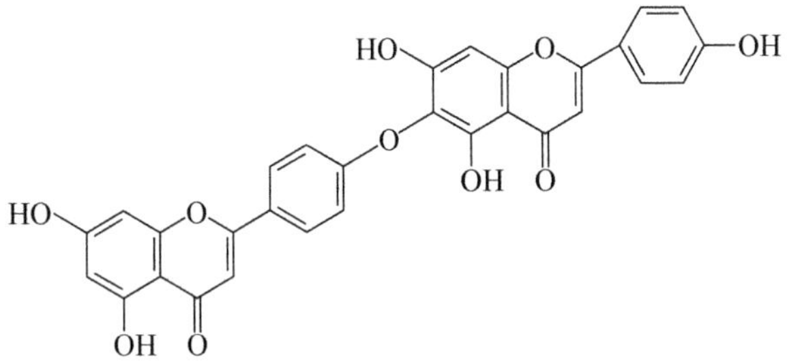

扁柏双黄酮

11.3　黄酮的理化性质

11.3.1　性状

黄酮类化合物多为结晶性固体,少数(如黄酮苷类)为无定形粉末。黄酮类化合物是否有颜色与分子中是否存在交叉共轭体系及助色团(—OH、—OCH₃等)的种类、数目以及取代位置有关。黄酮结构中存在苯甲酰和桂皮酰交叉共轭体系,通过电子转移、重排,使共轭链延长,因而显现出颜色。在黄酮、黄酮醇分子中,尤其在 7 位及 4′位引入—OH 或—OCH₃等助色团后,因其促进电子移位、重排而使化合物的颜色加深。但—OH、—OCH₃引入其他位置则影响较小。二氢黄酮由于 2,3 位氢化,不存在苯甲酰和桂皮酰交叉共轭体系,因而无色。

游离的各种黄酮母核中,二氢黄酮、二氢黄酮醇、黄烷醇、紫檀烷类有旋光性,其余则无光学活性。苷类由于在结构中引入糖的分子,故均有旋光性,且多为左旋,如表 11-4 所示。

表 11-4　黄酮类化合物的性状

化合物类型	颜　色	旋光性
黄酮、黄酮醇及其苷类	灰黄~黄色	无
查耳酮	黄~橙黄色	无
二氢黄酮、二氢黄酮醇、黄烷醇、紫檀烷	白色	有
异黄酮类	微黄色	无
花青素及其苷	红色(pH<7),紫色(pH=8.5),蓝色(pH>8.5)	无

11.3.2 溶解性

一般黄酮类化合物(游离苷元)难溶或不溶于水,易溶于甲醇、乙醇、乙酸乙酯、乙醚等有机溶剂及稀碱水溶液中。黄酮类化合物的水溶性与其平面性和离子性有关。黄酮、黄酮醇、查耳酮、㕆酮等平面性强的分子,因分子与分子间排列紧密,分子间引力较大,故更难溶于水;二氢黄酮及二氢黄酮醇等,因系非平面型分子,故分子与分子间排列不紧密,分子间引力降低,有利于水分子进入,溶解度增大。至于花色素类虽也为平面型结构,但因以离子形式存在,具有盐的通性,故亲水性较强,水溶度较大,如表 11 - 5 所示。

一般黄酮类化合物不溶于石油醚中,故可与脂溶性杂质分开,但黄酮上羟基甲基化后,脂溶性增强而溶于石油醚,如川陈皮素(5,6,7,8,3′,4′-六甲氧基黄酮)可溶于石油醚。

黄酮苷类化合物一般可溶于水、甲醇、乙醇等强极性溶剂中,但难溶或不溶于苯、三氯甲烷等有机溶剂中。糖的结合位置对黄酮苷类化合物的水溶性有一定影响,以棉黄素(3,5,7,8,3′,4′-六羟基黄酮)为例,其 3 - O - 葡萄糖苷的水溶性大于 7 - O - 葡萄糖苷。

表 11 - 5   黄酮类化合物的溶解性

化合物	溶解性	溶　　剂	备　　注
黄酮类化合物 (游离苷元)	易溶于	甲醇、乙醇、乙酸乙酯、乙醚等溶剂及稀碱液	黄酮类苷元分子中引入羟基,将增加在水中的溶解度,而羟基经甲基化后,则增加在有机溶剂中的溶解度
	难溶于	水	
黄酮苷	易溶于	水、甲醇、乙醇等强极性溶剂	糖链越长,则水溶度越大。糖的结合位置不同,对苷的水溶性也有一定影响
	难溶于	苯、三氯甲烷等有机溶剂	
黄酮、黄酮醇、查耳酮、㕆酮	可溶于	有机溶剂	平面型分子
	难溶于	水	
二氢黄酮、二氢黄酮醇	可溶于	有机溶剂	非平面型分子
	难溶于	水	
花色素	易溶于	水	离子形式

11.3.3 酸性和碱性

1. 酸性

黄酮类化合物多具有羟基,故显酸性。其酸性强弱与酚羟基的数目和位置有关。其中 7 位—OH 和 4′位—OH 因处于 C═O 的对位,为插烯酸的结构,受 p - π 共轭效应的影响,酸性较强,可溶于碳酸钠水溶液中。5 位—OH 与 4 位 C═O 形成缔合氢键,表现出更弱的酸性,只有用氢氧化钠水溶液才能溶解。酚羟基数目越多,酸性越强。利用黄酮的酸性,可以采用碱溶酸沉法提取。利用酚羟基的酸性强弱不同,可以采用 pH 梯度萃取法分离黄酮类化合物,如表 11 - 6 所示。

表 11 - 6　黄酮类化合物的酸性

黄酮的羟基取代	酸　性	可溶解的碱溶液
7,4′位二羟基	强	5% NaHCO₃
7 位或 4′位羟基	次强	5% Na₂CO₃
一般酚羟基	较弱	0.2% NaOH
5 位羟基	弱	4% NaOH

2. 碱性

黄酮 γ-吡喃环上的 1 位氧原子,因有未共用电子对,故表现为弱的碱性,可与强无机酸,如浓硫酸、盐酸等生成锌盐,但生成的锌盐极不稳定,加水后即可分解。

由于这种性质,在用酸溶液沉淀黄酮时,用酸调提取液 pH 不能过低,一般 pH4~5。

11.3.4　检识反应

黄酮类化合物的颜色反应主要包括还原反应(盐酸-镁粉、盐酸-锌粉、四氢硼钠)、金属盐类(如铝盐、铅盐、锆盐、镁盐、锶盐、铁盐等)的络合反应、硼酸络合反应、碱性试剂反应等,多与分子中的酚羟基及 γ-吡喃酮环有关(表 11-7)。还原反应机制有的解释为生成花色素,有的解释为生成阳碳离子。络合反应一般是金属离子与黄酮结构中 5 位—OH,4 位 C=O、3 位—OH,4 位 C=O 或邻二酚羟基发生络合,生成有色络合物,如表 11-8 所示。

表 11 - 7　各类黄酮类化合物的显色反应

类　别	黄酮	黄酮醇	二氢黄酮	查耳酮	异黄酮	橙酮
盐酸＋镁粉	黄→红	红→紫红	红、紫、蓝			
盐酸＋锌粉	红	紫红	紫红			
硼氢化钠	—	—	蓝→紫红			
硼酸-柠檬酸	绿黄	绿黄 *	—	黄	—	—
醋酸镁	黄 *	黄 *	蓝 *	黄 *	黄 *	
三氯化铝	黄	黄绿	蓝绿	黄	黄	淡黄
氢氧化钠水溶液	黄	深黄	黄→橙(冷) 深红→紫(热)	橙→红	黄	红→紫红
浓硫酸	黄→橙 *	黄→橙 *	橙→紫	橙、紫	黄	红、洋红
磷钼酸			棕褐色			

* 表示有荧光

表 11-8　鉴别黄酮类化合物官能团的显色反应

显色反应	试 剂	颜 色	官能团	备 注
铅盐反应	1%醋酸铅及碱式醋酸铅水溶液	黄~红色沉淀	邻二酚羟基或兼有 3-OH、4-酮基或 5-OH、4-酮基	
锆-枸橼酸反应	2%二氯氧化锆甲醇溶液	黄色	游离的 3-或 5-OH	加入枸橼酸,只有 5-羟基黄酮褪色,3-羟基黄酮溶液仍呈鲜黄色
氯化锶反应	氨性氯化锶甲醇溶液	绿色~棕色至黑色沉淀	邻二酚羟基	
三氯化铁反应	三氯化铁水溶液或醇溶液	蓝色	酚羟基	含氢键缔合的酚羟基时颜色明显
硼酸显色反应	酸性硼酸溶液	亮黄色	5-羟基黄酮 2'-羟基查耳酮	草酸:黄色并有绿色荧光 枸橼酸:黄色而无荧光
碱性试剂		黄色→深红色→绿棕色沉淀	邻二酚羟基或 3.4'-二羟基	

11.4　常用的提取方法

黄酮类化合物在花、叶、果等组织中多以苷的形式存在,而在木质部坚硬组织中,则多为游离苷元形式存在。依据黄酮类化合物的存在形式、极性、酸性、稳定性等理化性质,可以采用常规溶剂提取法、碱溶酸沉法、超声波提取法、超临界流体萃取法等。

11.4.1　溶剂提取法

大多数黄酮苷元可用三氯甲烷、乙醚、乙酸乙酯等极性小的有机溶剂提取,对多甲氧基黄酮的游离苷元,甚至可用苯提取。黄酮苷类以及极性稍大的苷元(如羟基黄酮、双黄酮、橙酮、查耳酮等)一般可用丙酮、乙酸乙酯、乙醇、甲醇、水或醇水混合溶剂进行提取,一些多糖苷类可以用沸水提取。通常情况下,采用含水醇回流提取,黄酮苷和苷元均可被提取出来。在提取花色素类化合物时,含水醇中可加入少量酸(如 0.1%盐酸)。但提取一般黄酮苷类成分时,则应当慎用酸,以免发生水解反应;为了避免提取过程中发生水解,应先破坏酶的活性。

为了纯化黄酮类化合物,可以利用溶剂萃取法。如醇提取物,加水分散后,可用石油醚处理,除去叶绿素、植物甾醇等脂溶性杂质;用乙醚或三氯甲烷萃取富集极性小的黄酮苷元类成分,用乙酸乙酯萃取富集极性大的黄酮苷元和黄酮苷类成分。有时提取液以石油醚萃取除去脂溶性杂质后,直接以乙酸乙酯萃取制备总黄酮。而某些提取物的水溶液经浓缩后则可加入多倍量浓醇,以沉淀除去蛋白质、多糖类等水溶性杂质。

11.4.2　碱提取酸沉淀法

依据黄酮类化合物的酸性,可用碱性水溶液或碱性稀醇溶液提取。又根据黄酮类在酸水中溶解度小的性质,再将碱水提取液调成酸性,黄酮类化合物即可析出,常用的碱性水溶液有稀 NaOH 水溶液、碳酸钠、石灰水溶液。

氢氧化钠水溶液的浸出能力高,但杂质较多,不利纯化。石灰水的浸出率不如氢氧化钠水溶液高,但可使含多羟基的鞣质以及含羧基的果胶、黏液质等水溶性杂质生成钙盐沉淀,不被溶出,从而有利于黄酮类化合物的纯化处理,故常用于含有大量果胶、黏液质等水溶性杂质的药材(如花、果类药材)的提取。5% NaOH 乙醇液浸出效果好,但浸出液酸化后,黄酮类化合物在稀醇中有一定的溶解度,降低了产品得率。

碱提取酸沉淀提取方法如下:药材适量加水,煮沸,在搅拌下缓缓加入石灰乳调 pH 至 8~9,在此 pH 条件下微沸约 30 分钟,趁热抽滤,残渣再加水煎煮一次,趁热抽滤。合并滤液,在 60~70℃ 的条件下,用浓盐酸将滤液调至 pH 5,搅匀后静置 24 小时,抽滤。水洗沉淀物至中性,得黄酮粗品,经重结晶后可得纯品。

用碱提取酸沉淀法提取黄酮化合物,应当注意控制 pH 值和温度,防止结构变化和收率降低。提取时所用碱液浓度不宜过高,以免在强碱性条件下,尤其在加热时破坏黄酮母核。酸化时,避免酸性过强,以免析出的黄酮化合物生成锌盐重新溶解,降低产品收率。此法简便易行,可用于芦丁、橙皮苷、黄芩苷的提取。

11.4.3　超声波提取法

超声波提取法是应用超声波强化植物有效成分溶出的提取方法。利用超声波产生的机械振动作用和空化作用,破碎植物细胞,加速有效成分的释放与溶出。此法操作简便快速,无需加热,提取效率高,效果好,且结构未被破坏。

该法已应用于银杏黄酮、山楂黄酮、水芹黄酮、杭白菊总黄酮以及黄芩苷、芦丁、槲皮苷、淫羊藿苷、橙皮苷等的提取。

11.4.4　超临界流体萃取法

超临界流体萃取法是近年应用于黄酮类化合物提取的新方法。以超临界 CO_2 作为萃取剂,其优点是在近常温的条件下提取,几乎保留产品中全部有效成分,且无溶剂残留,产品纯度高,收率高,操作简单。但由于所需设备价格昂贵,生产成本高,进行规模化生产的较少。已用于银杏叶、蜂胶黄酮、茶多酚等的提取。黄酮类化合物一般具有酚羟基,有一定的极性,加入夹带剂(如乙醇)可大幅度提高萃取率。

11.5　分离和纯化方法

根据黄酮类化合物的极性、酸性、溶解性、酚羟基数目等差别,可以采用不同的分离方法。例如,根据溶解度的不同,采用重结晶法分离;根据极性大小的不同,采用硅胶色谱法、大孔吸附树脂法、反相色谱法等分离;根据酚羟基数目和位置的不同,采用聚酰胺色谱法、凝胶色谱法分离;根据酸性大小的不同,采用 pH 梯度萃取法分离;有的黄酮化合物还可以根据分配系数的差别,采用逆流色谱法分离,如表 11-9 所示。

表 11-9　黄酮类化合物的分离方法

分离方法	适用对象	洗脱剂或流动相	特　点
硅胶色谱法	极性小或中等的黄酮类	三氯甲烷-丙酮(甲醇),石油醚-乙酸乙酯(丙酮),环己烷-乙酸乙酯等	主要用于检识和分离大多数游离黄酮等极性较小的黄酮类化合物,也可用于黄酮苷
	多羟基黄酮醇及黄酮苷类	三氯甲烷-甲醇-水,二氯甲烷(三氯甲烷)-甲醇,乙酸乙酯-乙醇-水等	
聚酰胺色谱法	黄酮苷及苷元,查耳酮、异黄酮、二氢黄酮类	含水溶剂系统:甲醇-水(4:1)、乙醇-水(2:1)等;非水溶剂系统:三氯甲烷-甲醇(94:6)、苯-甲醇(3:1)或(7:3)等	氢键吸附。① 共轭双键多,易被吸附(出柱顺序一般是异黄酮、二氢黄酮醇、黄酮、黄酮醇)。② 母核上羟基越多,吸附越强。羟基形成分子内氢键缔合则吸附力较未缔合羟基弱。③ 苷元相同,连接糖数目越多,吸附越弱
大孔吸附树脂法	黄酮类化合物富集和总黄酮的制备	一般为甲醇、乙醇、丙酮、乙酸乙酯等,常用乙醇-水或甲醇-水系统进行梯度洗脱。溶剂系统可加酸调 pH 值	兼有吸附性和分子筛作用。吸附容量大,再生简单,效果可靠,适合于大规模生产
葡聚糖凝胶色谱法	黄酮类和黄酮苷类化合物	甲醇,乙醇,丙酮,甲醇-水,三氯甲烷-甲醇,丙酮-甲醇-水(2:1:1)等	分离游离黄酮时,主要靠吸附作用(吸附强度取决于黄酮游离酚羟基数目,即酚羟基越多,吸附力越强);分离黄酮苷时,以分子筛为主,按相对分子质量由大到小的顺序洗脱出柱
反相色谱法	黄酮及其苷类化合物	甲醇-水,乙腈-水,乙腈-水-四氢呋喃,甲醇-0.5%醋酸水	极性大者吸附力弱,先被洗脱下来
高速逆流色谱法	羟基黄酮、异黄酮及其苷、儿茶素类、花色素及其苷等	三氯甲烷-甲醇-水,三氯甲烷-甲醇-正丁醇-水,正己烷-正丁醇-甲醇-水,乙酸乙酯-正丁醇-水,正己烷-三氯甲烷-甲醇-水,乙酸乙酯-乙醇-正丁醇-水,乙酸乙酯-乙醇-水,乙酸乙酯-乙醇-冰醋酸-水等	液-液分配色谱。样品上样量大,可定量回收,操作简单。用于极性物质的制备和分离纯化

　　黄酮化合物的纯化和精制,常采用碱溶酸沉法、重结晶法、大孔吸附树脂法。对于含量较大的黄酮化合物的纯化常采用重结晶法即可得到纯品,含量较低时,可采用溶剂萃取法、大孔吸附树脂法等富集黄酮类成分。实验室分离微量成分常采用硅胶、凝胶、聚酰胺等色谱法。

11.6 生产实例

11.6.1 黄芩苷

黄芩苷(baicalin,结构为 5,6,7-三羟基黄酮 7-O-β-D-葡萄糖醛酸苷)是唇形科植物黄芩(*Scutellaria baicalensis*)根的主要有效成分(含量可达 4% 以上),其苷元为黄芩素(baicalein)。

黄芩苷具有清热解毒、抑菌、抗氧化、清除自由基、抑菌抗炎、抗肿瘤、阻止钙离子通道、抑制醛糖还原酶、抗病毒、抗过敏等作用。对治疗慢性肝炎和降低转氨酶有较好的疗效。黄芩苷对免疫系统、心脑血管系统、消化系统、神经系统等均有保护作用,同时还具有止血、安胎等功效。黄芩素具有一定的抗菌作用。

1. 黄芩苷和黄芩素的化学结构

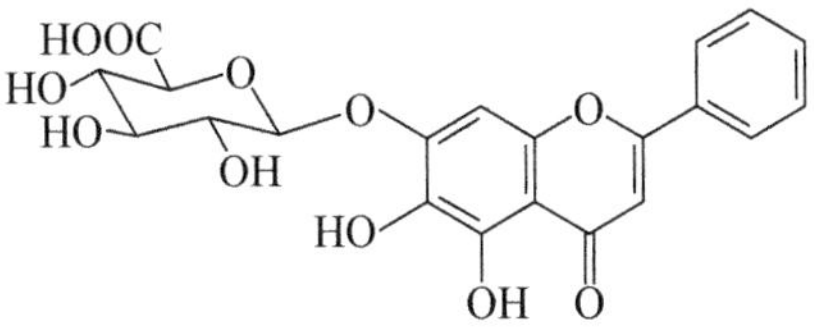

黄芩苷 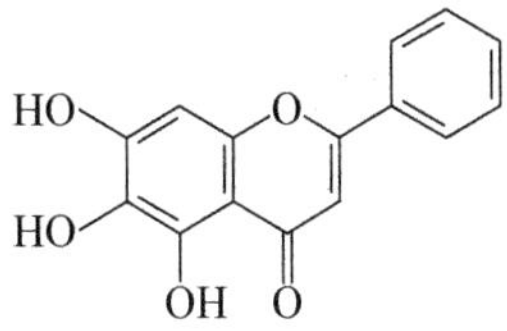　　　　　　　　　　黄芩素

2. 理化性质

(1)性状:如表 11-10 所示。

表 11-10　黄芩苷和黄芩素的性质

化合物	分子式	相对分子质量	性　状	熔点/℃	$[\alpha]_D^{18}$
黄芩苷	$C_{21}H_{18}O_{11}$	446.36	淡黄色细针晶	223~224	$+123°(c\ 0.2, Py-H_2O)$
黄芩素	$C_{15}H_{10}O_5$	270.24	黄色针状结晶	273~275	

(2)溶解性:黄芩苷易溶于 N,N-二甲基甲酰胺、吡啶,微溶于热的冰醋酸,难溶于甲醇、乙醇、丙酮,几乎不溶于水、乙醚、三氯甲烷、苯等溶剂。黄芩素易溶于乙醇、丙酮、乙酸乙酯、热冰醋酸、稀氢氧化钠,微溶于三氯甲烷。

(3)酸碱性:黄芩苷稀溶液在酸性及中性溶液中相对稳定,而在碱性溶液中极不稳定,其原因是由于黄芩苷含有邻二酚羟基。黄芩苷还含有羧基,为一酸性化合物。黄芩苷在强碱性溶液中经水解生成黄芩素,黄芩素分子中有邻三酚羟基,暴露在空气中易被氧化为醌类衍生物而显绿色,黄芩苷变绿后有效成分受到破坏,质量随之降低。

3. 黄芩总黄酮的生产工艺-溶剂浸提法

【工艺原理】

黄芩中黄酮类化合物可溶于乙醇溶液,在 pH3.5 酸性溶液中仍可溶解,在 pH1.5 条件下以沉淀形式析出,从而与水溶性杂质分离,达到精制目的。

【操作过程及工艺条件】

（1）提取：黄芩粗粉，用 10 倍体积 60％乙醇室温浸泡 3 次，每次 1 小时，过滤，取滤液并减压回收溶剂。

（2）酸化：用水将浓缩液定容至药材量的 10 倍，用 6mol/L 浓盐酸调节 pH 至 3.5，静置 60 分钟后过滤，得滤液。

（3）沉淀：滤液升温至 40℃，调 pH 至 1.5，保温 60 分钟，室温静置 24 小时后抽滤，沉淀用去离子水洗至中性，再用少量乙醇洗涤，干燥器内干燥至恒重，即得到黄芩总黄酮。

【生产工艺流程】

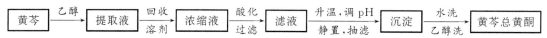

【工艺注释】

（1）对提取液进行第一步酸化的目的是除去在此酸性条件下不溶的杂质，而黄酮类化合物保留在溶液中，故注意控制 pH 不要低于 3.5，以免酸性过强致黄酮析出；

（2）第二步酸化的目的是使黄酮类化合物析出沉淀，过滤除去水溶性杂质；

（3）该工艺产品得率 7.69％，黄芩总黄酮纯度 85.47％，黄芩总黄酮得率 6.57％。

4. 黄芩苷的提取分离

由于黄芩中含有水解酶，提取前须进行杀酶处理，可采用开水烫或乙醇回流方法。黄芩苷的提取方法有煎煮法、回流提取法、超声波提取法、渗漉法和微波提取法。其中超声波提取法所得黄芩苷粗品的纯度和收率均最高，且超声波法提取黄芩苷操作简单、时间短、重现性好，适合工业化生产。下面介绍黄芩苷常采用的制备方法：水提酸沉法、超声-醇提酸沉法。

（1）黄芩苷生产工艺-1（水提酸沉法）

【工艺原理】

黄芩苷在黄芩中以羧酸的镁盐存在，可以被沸水溶出，在 pH1～2 条件下转变成黄芩苷沉淀析出，从而与共存的水溶性杂质分离。进一步提纯是利用其钠盐在 pH 6.5～7 时可溶于 70％乙醇，而与不溶物分离，再调 pH1～2，则黄芩苷从 70％乙醇中沉淀折出。

【操作过程及工艺条件】

1）提取：称取适量黄芩粉末，用一定量的水先浸泡一段时间，然后加热煎沸，维持微沸一定时间，纱布滤过，药渣重复提取 2 次，合并滤液，浓缩至一半体积，用 2mol/L 盐酸调 pH 1～2，70℃保温一段时间，黄芩苷沉淀析出，离心，沉淀物用乙醇洗涤，干燥得粗品。

2）一步精制：取适量黄芩苷粗品于回流提取器内，加 8 倍量的蒸馏水，加热至 70℃时滴加 14.4mmol/L NaOH 溶液，调 pH 至 7，使粗品完全溶解，再用盐酸调 pH 到 6，加乙醇至溶液含醇量约 70％，过滤。滤液再用盐酸调 pH 为 2，冷却静置至黄芩苷完全沉淀，过滤、干燥，即得黄芩苷精制品。

3）再精制：将适量黄芩苷精制品装入滤纸筒中置于连续回流提取器内，加入 60 倍量甲醇，加热回流至提取液颜色很浅为止，趁热抽滤。滤液减压浓缩一半，冷却，结晶析出，静置 30 分钟后过滤，用甲醇洗涤，干燥得黄芩苷再精制品。

4）重结晶：将黄芩苷再精制品用 40 倍量甲醇加热回流溶解，重结晶 1 次，可得淡黄色细针晶黄芩苷纯品。

【生产工艺流程】

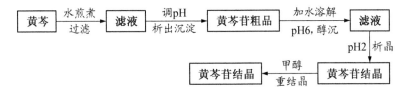

【工艺注释】

1) 在黄芩苷提取工艺中,由于黄芩提取液难以抽滤,因而滤过工艺对黄芩苷提取率有较大影响。黄芩煎出液滤过方式以先纱布过滤、后离心处理为宜,用离心法较过滤法好,具有用时短、收率高的优点。

2) 黄芩苷具有多酚羟基结构,性质不稳定,易被氧化,且在酸性条件下可发生一定程度的水解,因此保温时间不宜太长,且干燥、储存时要注意避免高温和防氧化。

3) 在黄芩提取液的分离过程中,要尽量去除不溶性的大颗粒和水溶性杂质,以提高产品的纯度。

(2) 黄芩苷生产工艺-2(超声-醇提酸沉法)

【工艺原理】

超声波可以破坏黄芩细胞壁结构,使内容物易于溶出,利用超声波法提取效率高的特点,采用乙醇溶液进行提取。利用黄芩苷在碱水中溶解、在酸水中沉淀的性质进行纯化。

【操作过程及工艺条件】

1) 提取:取黄芩饮片适量,于 60℃烘干,粉碎;加入 15 倍量 60%乙醇于超声波振荡器中,振荡提取 2 次,每次 0.5 小时,过滤。

2) 酸化:提取液合并、浓缩,加盐酸酸化至 pH1～2,加热至 80℃,静置过夜,过滤。

3) 碱化:沉淀加 8 倍量水,加 NaOH 调 pH7,再加等量乙醇,过滤。

4) 再酸化沉淀:滤液加盐酸酸化至 pH1～2,加热至 40℃,放置,过滤,所得沉淀用水洗涤,再用乙醇反复洗涤,干燥,即可得到黄芩苷粗品。

5) 重结晶:取黄芩苷粗品装入烧瓶内,按 1:100 的量加入甲醇,加热使其溶解,趁热抽滤。滤液减压浓缩,迅速冷却,结晶,放置约 30 分钟后过滤,用甲醇洗涤,阴干。如此反复结晶两次即可得到淡黄色黄芩苷结晶。

【生产工艺流程】

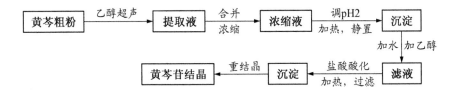

【工艺注释】

黄芩苷提取精制方法很多,其精制工艺是影响黄芩苷得率的主要因素。实验表明,当溶液调 pH 至 1 时,所得产品量少且为棕黑色,可能是强酸使黄芩苷水解所致;当溶液调 pH 至 3 时,溶液为黄色乳浊液,极难过滤,且产品量少,可能是反应不完全所致;当溶液调 pH 至 2 时,所得产品量多且为黄色,符合要求。本工艺,方法简便、实用性强,适用于大生产。

11.6.2　灯盏花素和灯盏乙素

灯盏花,又名灯盏细辛,为菊科飞蓬属植物短葶飞蓬(*Erigeron breviscapus*)的全草,在临床上对心脑血管疾病具有特殊疗效。灯盏花素(breviscapine)是从灯盏花中提取的总黄酮,主要包括灯盏乙素(scutellarin,又名野黄芩苷,4′,5,6-三羟基黄酮-7-葡萄糖醛酸苷)和灯盏甲素(4′,5,6-三羟基黄酮-7-葡萄糖醛酸甲酯苷)。灯盏花素具有扩张毛细血管、疏通微循环、抗血栓形成、保护脑神经、减少脑组织缺血及再灌注损害等功效,同时具有抗脂肪氧化、抗衰老、增强免疫调节、抑菌、抗辐射等广泛生物活性。以灯盏花总黄酮成分制成的片剂和注射液用于治疗脑血栓所致瘫痪,总有效率为95.8%。

1. 灯盏甲素和灯盏乙素的化学结构

灯盏乙素:R=H　　灯盏甲素:R=CH₃

2. 理化性质

(1)性状:如表11-11所示。

表11-11　灯盏甲素和灯盏乙素的性质

化合物	分子式	相对分子质量	性　状	熔　点	$[\alpha]_D^{20}$
灯盏甲素	$C_{22}H_{20}O_{12}$	476.39	黄色粉末	250℃(分解)	
灯盏乙素	$C_{21}H_{18}O_{12}$	462.36	黄色粉末	>300℃	$[\alpha]_D^{18}$ −14°(H_2O) $[\alpha]_D^{25}$ −123°(c 0.5, pyridine)

(2)溶解性:灯盏甲素和灯盏乙素可溶于碱水溶液,难溶于水,不溶于亲脂性有机溶剂。

3. 灯盏花素和灯盏乙素的制备工艺

灯盏花素的提取方法主要有水提法、有机溶剂提取法、微波提取法、超声波提取法等。纯化方法有碱溶酸沉法、聚酰胺吸附法等。

(1)灯盏花素的提取工艺-1(回流提取法)

【工艺原理】

利用灯盏花素可溶于乙醇的性质,采用简单回流提取法从灯盏花中提取总黄酮。

【操作过程及工艺条件】

称取适量药材,加75%乙醇14倍量,浸泡1小时,水浴回流80分钟;第二次回流加75%乙醇8倍量,水浴回流40分钟,收集药液,回收溶剂,得到浸膏。

【生产工艺流程】

灯盏花药材 --粉碎--> 药材粗粉 --乙醇提取--> 提取液 --回收溶剂--> 浸膏

【工艺注释】

通过实验考察提取溶剂乙醇的浓度,在20%、40%、75%、90%四个乙醇浓度中,以75%乙醇提取所得灯盏花素(以灯盏乙素为指标)的得率最高,纯度最大。

（2）灯盏花素的提取工艺-2(超声波提取法)

【工艺原理】

利用灯盏花素可溶于乙醇的性质,以及超声波提取法的强化植物有效成分溶出的作用,提取灯盏花中的灯盏花素总黄酮。

【操作过程及工艺条件】

取灯盏花适量,50～60℃干燥 8 小时,粉碎,称取灯盏花药材,溶于 10 倍量的 70%乙醇溶液中,浸泡 24 小时,然后移至超声波循环提取机中,调节温度为 25℃,1500r/min 搅拌,超声波辅助提取。以 10 倍量的 70%乙醇提取 3 次,每次 60 分钟。过滤,滤液浓缩即得浸膏。

【生产工艺流程】

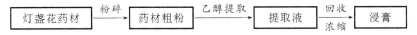

【工艺注释】

1）本工艺所得浸膏中灯盏乙素含量达到 2.15%,灯盏乙素提取率达到 83.39%。

2）超声波提取法得到的浸膏中灯盏乙素含量和提取率均高于回流法、连续回流提取法,超声波提取法是一种快速、简便、高效且稳定可行的灯盏花素提取方法。

（3）灯盏花素的生产工艺-3(碱溶酸沉-聚酰胺法)

【工艺原理】

灯盏花素的主要成分为灯盏乙素、灯盏甲素等,具有酚羟基和/或羧基,在碱水中溶解而在酸水中析出,结合聚酰胺对具有酚羟基化合物的吸附作用,可以有效地提取和纯化灯盏花素。

【操作过程及工艺条件】

1）提取:取灯盏花粗粉 300g,加 0.2%碳酸氢钠溶液渗漉,收集约 10 倍量渗漉液。

2）酸化:渗漉液加稀硫酸调节 pH 值至 2～3,滤过(沉淀备用)。

3）柱色谱富集:滤液通过聚酰胺柱,先用水洗去杂质,继用 90%乙醇洗脱,收集乙醇洗脱液,备用。

4）纯化:将 2)中沉淀用 90%乙醇提取 3 次,滤过,滤液与 3)中乙醇洗脱液合并,回收乙醇,减压浓缩,加稀碱溶液溶解,滤过,喷雾干燥,得黄棕色粉末约 4.5g。

【生产工艺流程】

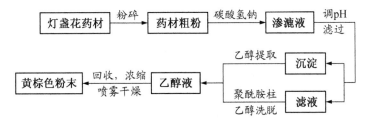

【工艺注释】

采用弱碱渗漉提取,避免在碱性条件下加热提取破坏黄酮类化合物的母核结构。渗漉液酸化后,灯盏花素沉淀不完全,故采用聚酰胺柱富集滤液中残留的黄酮类化合物,提高收率。

（4）灯盏乙素的生产工艺-4(水提醇沉-酸化-重结晶法)

【工艺原理】

利用灯盏花素可溶于热水的性质,采用水煎煮法提取;利用其在酸水中沉淀的性质使其酸化析出,再进一步通过重结晶纯化。

【操作过程及工艺条件】

1) 提取:取灯盏花药材,加 10 倍水,煎煮 3 次,每次 0.5 小时,水煎液浓缩至相对密度为 1.10(50℃),加乙醇使含醇量为 55%,搅拌,放置,滤过,滤液减压回收乙醇至相对密度 1.10(50℃)。

2) 酸化:上述溶液用盐酸调 pH 值至 2,于 55℃保温 6 小时,滤过,重结晶,真空干燥。

【生产工艺流程】

【工艺注释】

1) 灯盏花药材经水煮、醇沉、酸沉处理后灯盏乙素收率达 62%,含量达 70%。

2) 经重结晶,灯盏乙素收率 55%,含量达 90%。

11.6.3 芦丁

芦丁(rutin),又称芸香苷(rutinoside),为槲皮素的 3-芸香糖苷。芦丁广泛存在于自然界,几乎所有的芸香科和石楠科植物中均含有之,尤以豆科植物的槐米、蓼科植物荞麦、芸香科芸香草、金丝桃科红旱莲、鼠李科植物光枝勾儿茶、大蓟科野梧桐叶、桃金娘科桉属植物尤曼桉含量较为丰富,其中槐米和荞麦的含量最高,槐米的含量为 12%~16%,可以作为提取芦丁的原料。

芦丁具有维生素 P 样作用,能降低毛细血管通透性和脆性,促进细胞增生和防止血细胞凝聚,以及抗炎、抗过敏、利尿、解痉、镇咳、降血脂、抗菌和抗放射等方面的作用。临床上芦丁主要用于高血压病的辅助治疗和用于防治因芦丁缺乏所致的其他出血症,如防治脑血管出血、高血压、视网膜出血、紫癜、急性出血性肾炎、慢性气管炎、血液渗透压不正常、恢复毛细血管弹性等症,同时还用于预防和治疗糖尿病及合并高血脂症。芦丁可以单独制剂,也可以制成复方制剂。国外主要用于食品、化妆品的添加剂和着色剂。

1. 芦丁的化学结构

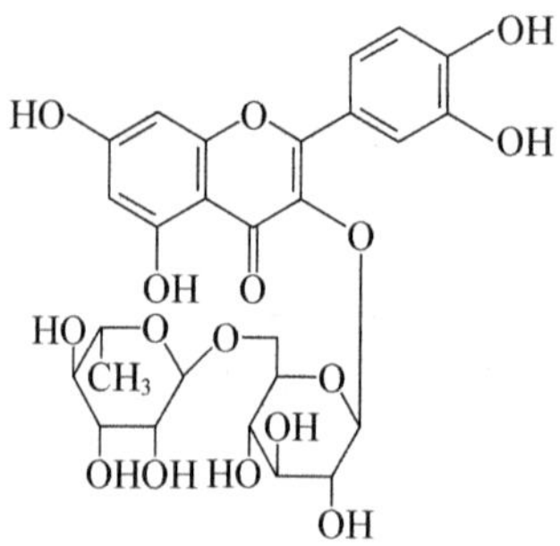

2. 理化性质

(1)性状:如表 11-12 所示。

表 11 – 12 芦丁和槲皮素的性质

化合物	分子式	相对分子质量	性　状	熔点/℃	$[\alpha]_D^{23}$
芦丁	$C_{27}H_{30}O_{16}$	610.51	浅黄色粉末或极细的针状结晶	179.2～180.5 188～190(无水物)	＋13.82（EtOH） －39.43（吡啶）
槲皮素	$C_{15}H_{10}O_7$	302.24	黄色针状结晶	95～97(无水物) 314(分解点)	

（2）溶解性：芦丁溶于稀碱溶液，略溶于热水(1：200)和冷甲醇(1：100)，溶于热甲醇(1：7)、冷甲醇(1：100)、热乙醇(1：60)和冷吡啶(1：12)，微溶于丙酮、乙酸乙酯，难溶于冷水(1：10000)和冷乙醇(1：650)，不溶于苯、乙醚、三氯甲烷、石油醚等。槲皮素溶于冷乙醇(1：290)，易溶于沸乙醇(1：23)，可溶于甲醇、乙酸乙酯、吡啶、冰醋酸、丙酮等，几不溶于水，不溶于苯、乙醚、三氯甲烷、石油醚等。

3. 芦丁的提取分离

芦丁常采用碱水(如石灰水)或水煎煮提取，或无水乙醇回流提取，纯化采用重结晶法，以甲醇、乙醇或水作为重结晶溶剂。在碱性条件下提取芦丁时常加入硼砂。目前，芦丁常用的制备方法有碱提酸沉法、大孔吸附树脂法以及热水提取法、热醇提取法、碱水煮法、冷碱水浸法、连续萃取法等。

（1）芦丁的生产工艺-1（碱提酸沉法）

【工艺原理】

因芦丁的结构中含有酚羟基，与碱成盐后溶于水中，向此盐溶液中加入酸，调节溶液的pH值，则芦丁又重新游离析出，从而获得粗制芦丁。根据芦丁在冷、热水中的溶解度相差悬殊的性质，通过在蒸馏水中重结晶，获得纯品。

【操作过程及工艺条件】

1）提取：槐米粉碎，加入5倍量的水，用石灰乳调节pH值至8～9，在温度为50～60℃下提取20～30分钟，趁热抽滤。反复提取4次。

2）酸化：滤液用盐酸调pH值至3～4，在60～70℃保温10分钟，静置6小时，过滤，滤液用pH值为1～2的盐酸洗涤1次，再用冷水洗涤2～3次，即得粗芦丁，产率为18.4%，含量为96%。

3）重结晶：将粗制芦丁悬浮于蒸馏水中，加热煮沸15分钟，然后趁热过滤，弃去不溶物，充分静置，过滤，收集芦丁结晶，在60～70℃干燥，得精制芦丁，纯度可达98%以上。

【生产工艺流程】

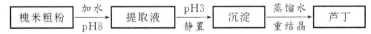

【工艺注释】

1）槐米粉碎要适度，过细将影响过滤。

2）石灰乳不仅用于调节碱度，同时钙离子与槐米中的黏液质、树胶等的酸性基团结合生成水不溶物质使其不易溶出。

3）用石灰乳调节pH值，不要超过pH9，在强碱性条件下，尤其加热时黄酮母核易被破坏。

4）用浓盐酸酸化时，避免酸性过强，以免析出的芦丁生成锌盐而重新溶解，降低产品收率。

（2）芦丁的生产工艺-2（大孔吸附树脂法）

【工艺原理】

利用芦丁易溶于热乙醇的性质进行提取,利用大孔吸附树脂对黄酮苷的选择吸附作用,通过水洗脱除去水溶性杂质,50%乙醇溶液洗脱芦丁,而与脂溶性杂质分离。

【操作过程及工艺条件】

1) 药材预处理:取槐米药材适量,粉碎使通过 3 号筛,置不锈钢托盘中,在密闭环境下通入高压高温蒸汽蒸制 20 分钟。

2) 乙醇提取:取上述处理好的槐米药材约 50g,置 1000ml 圆底烧瓶中,加无水乙醇水浴回流提取 3 次,依次为 400ml、300ml、300ml,每次 1 小时。提取液趁热滤过,滤液合并回收乙醇至干,即得芦丁粗提物。

3) 柱色谱纯化:将粗提物用少量水转移至预处理的 D - 101 型大孔吸附树脂柱中(柱长120cm,内径 15cm),先用水 200ml 洗脱,继用 50%乙醇 800ml 洗脱,收集 50%乙醇洗脱液,置水浴上蒸干。

4) 重结晶:上述残渣依次用 10、8、6 倍量无水乙醇重结晶,即得芦丁纯品。

【生产工艺流程】

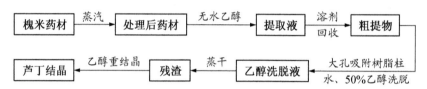

【工艺注释】

1) 槐米中存在芸香酶,为避免提取过程中芦丁被酶降解,通入高压高温蒸汽在提取前将水解酶快速灭活,也可采用紫外灯照射、^{60}Co 照射等"杀酶"方法。

2) 反复重结晶,可使纯度达到 99%。

（3）芦丁的生产工艺 - 3（超声波提取法）

【工艺原理】

利用超声波法提取效率高的特点,能够避免碱性条件下加热提取可能造成黄酮母核的破坏。

【操作过程及工艺条件】

1) 药材预处理:取 2kg 槐米,60℃烘干,粉碎,过 24 目筛,紫外灯下照射 24 小时（灭活芸香酶,粉末不厚于 2.5mm）。

2) 提取:加入 20kg 水,7g 硼砂,一同放入超声波发生器,开动搅拌,用石灰乳溶液调 pH为 8,室温超声处理 30 分钟,过滤,滤渣中加 160kg 水,硼砂 6g,超声 20 分钟,过滤,合并两次滤液。

3) 酸化:上述滤液以盐酸调 pH 至 2~3,放置过夜,使结晶析出,抽滤,得到芦丁粗品。

4) 重结晶:加沸水重结晶后,得淡黄色芦丁,在 80℃以下烘干,保存。

【生产工艺流程】

【工艺注释】

1) 在碱性条件下提取芦丁时常加入硼砂,原因是芦丁分子中含有邻二酚羟基,性质不太稳定,暴露于空气中缓缓氧化变为暗褐色,在碱性条件下更容易被氧化分解。

2）因硼酸盐能与邻二酚羟基结合,故加入适量硼砂能将邻二酚羟基保护起来而有利于芦丁的提取;同时,还可避免生成邻二酚羟基的钙盐沉淀。

3）本工艺重现性好,芦丁收率可达 89.7%,含量为 93.8%。

11.6.4　淫羊藿苷

淫羊藿苷(icariin),又名淫羊藿素,是淫羊藿(*Epimedium brevicornum*)的主要成分。淫羊藿为小檗科(Berberidaceae)多年生草本植物淫羊藿、箭叶淫羊藿(*E. sagittatum*)、柔毛淫羊藿(*E. pubescens*)、巫山淫羊藿(*E. wushanense*)或朝鲜淫羊藿(*E. koreanum*)的干燥地上部分。近年来研究表明,淫羊藿的药理作用主要集中在免疫、生殖系统、核酸代谢、心脑血管系统及抗衰老等方面,同时在抗肿瘤方面的药效研究也取得一定的进展。淫羊藿的主要化学成分为黄酮类化合物,其中以淫羊藿苷为代表成分。淫羊藿总黄酮具有增加脑血流和冠脉流量、抗肿瘤、抗氧化和增强机体免疫力等功效,还具有雄性激素样作用、降压、抗骨质疏松和抗衰老等作用。淫羊藿苷能增加心脑血管血流量、促进造血功能、免疫功能及骨代谢,具有抗菌消炎、镇咳平喘、补肾壮阳、抗衰老、抗肿瘤等功效。

1. 淫羊藿苷的化学结构

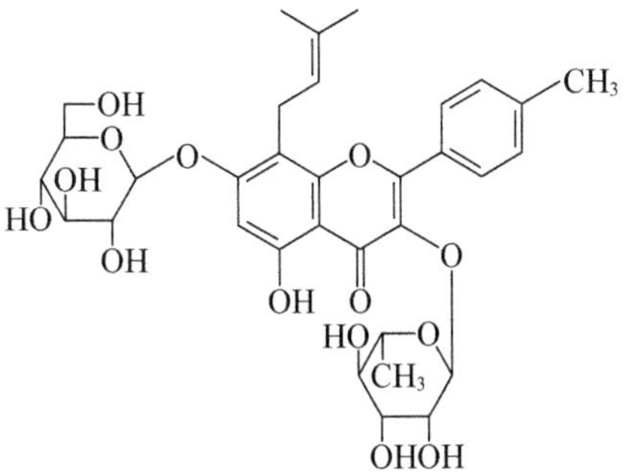

2. 理化性质

(1)性状:淫羊藿苷为淡黄色针状结晶(含水吡啶),熔点 231~232℃,分子式 $C_{33}H_{40}O_{15}$,相对分子质量 676.75,$[\alpha]_D^{22} = -92°$。

(2)溶解性:淫羊藿苷易溶于乙醇、乙酸乙酯,难溶于水,不溶于醚、苯、三氯甲烷。

3. 淫羊藿总黄酮的生产工艺

淫羊藿总黄酮一般用水或含水乙醇提取,可采用煎煮、回流、超声或微波提取法。分离方法中以碱溶酸沉法较为理想,其次为乙酸乙酯萃取法。纯化方法有大孔吸附树脂法、溶剂萃取法等。

【工艺原理】

利用淫羊藿黄酮类化合物溶于乙醇的性质进行提取,通过碱溶酸沉和重结晶的方法纯化产品。

【操作过程及工艺条件】

(1)提取:取干燥药材粗粉,加入 10 倍量 70%乙醇,浸泡 12 小时,回流提取,提取 3 次,每次 1.5 小时。

(2)碱溶酸沉:提取液浓缩至干,用 5%碳酸钠溶液加热反复溶解多次,趁热过滤,滤液加盐酸调 pH2,放冷,滤取析出的沉淀,真空干燥,得总黄酮粗品。

(3) 纯化:黄酮粗品用甲醇回流提取 3 次,每次 20 分钟,浓缩制成干膏,真空干燥,得淫羊藿总黄酮。

【生产工艺流程】

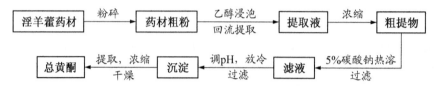

【工艺注释】

(1) 纯化研究结果显示,乙醇和正丁醇提取物中总黄酮含量较高,但收率较低;85%乙醇几乎将总黄酮全部提出,但提取物中总黄酮含量较低;甲醇提取物中总黄酮含量较高,收率也较高,故甲醇可作为理想的纯化溶剂。

(2) 本工艺所得总黄酮含量达 58.61%。

4. 淫羊藿苷的生产工艺-1(大孔吸附树脂法)

【工艺原理】

利用大孔吸附树脂对淫羊藿苷的吸附作用,通过 30%乙醇洗除水溶性杂质,60%乙醇洗脱可解吸附淫羊藿苷,而极性小的黄酮类化合物不能被洗脱下来从而达到分离目的。

【操作过程及工艺条件】

(1) 提取:将淫羊藿地上部分粉碎,用每次 15 倍量的 60%乙醇溶液回流提取两次,过滤,合并滤液,回收溶剂,得浸提物。

(2) 柱色谱分离:将 AB-8 型大孔吸附树脂装入色谱柱(150mm×16mm ID,BV 30ml);浸提物上样量为 10g,以 30%乙醇为溶剂溶解样品并充分洗脱至基线平稳,以 60%乙醇溶液洗脱,收集洗脱峰对应的流出液,可得到淫羊藿苷粗品。粗品经反相色谱和重结晶,得淫羊藿苷纯品。

【生产工艺流程】

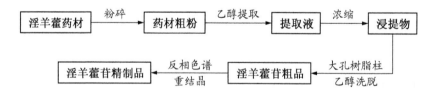

【工艺注释】

(1) 本工艺采用 60%乙醇溶液提取,提取液浓缩后以 30%乙醇溶液溶解样品进料至大孔吸附树脂柱分离,原因是稀醇可提高淫羊藿苷的溶解度,提高进料效率,其次 30%乙醇溶液不能将淫羊藿苷从大孔吸附树脂上洗脱下来。

(2) 有报道,采用水煎煮法提取,提取液浓缩,上清液直接上 DM130 型大孔吸附树脂,依次用水、40%乙醇、60%乙醇、80%乙醇洗脱,60%乙醇洗脱部分经浓缩、重结晶,同样可获得淫羊藿苷结晶。

5. 淫羊藿苷的生产工艺-2(溶剂萃取法)

【工艺原理】

根据淫羊藿苷在热水中具有一定溶解度的性质采用水煎煮提取;利用淫羊藿苷在二氯甲

烷中不溶的性质,通过用二氯甲烷萃取除去脂溶性杂质;利用淫羊藿苷易溶于乙酸乙酯的性质,通过乙酸乙酯萃取富集淫羊藿苷,同时除去水溶性杂质。

【操作过程及工艺条件】

(1) 提取:将箭叶淫羊藿地上部分用水煎煮提取三次,每次 1 小时,过滤,合并提取液,得到水煎液。水煎液浓缩得浸膏,加乙醇回流提取,乙醇提取液浓缩得稀醇浸膏。

(2) 萃取:上述乙醇稀溶液用二氯甲烷萃取至萃取液色浅时,再以三氯甲烷-甲醇(5∶1)萃取,最后以乙酸乙酯萃取多次。对乙酸乙酯液进行部分溶剂回收,放置析晶,过滤,得黄色粉末。

(3) 重结晶:用 60％乙醇重结晶数次,得淫羊藿苷纯品。

【生产工艺流程】

```
┌──────────────────┐  煎煮   ┌────────┐  浓缩   ┌────────┐
│ 箭叶淫羊藿地上部分 │──────→│ 水煎液 │──────→│  浸膏  │
└──────────────────┘        └────────┘        └────────┘
                                                    │ 乙醇提取
                                                    ↓
┌────────┐  二氯甲烷       ┌──────────┐ 回收乙醇 ┌────────────┐
│ 水层   │←──────────────│ 稀醇浸膏 │←────────│ 乙醇提取液 │
└────────┘ 三氯甲烷-甲醇萃取 └──────────┘        └────────────┘
     │ 乙酸乙酯
     ↓
┌────────────┐  浓缩,放置  ┌──────────┐  重结晶  ┌──────────┐
│ 乙酸乙酯液 │──────────→│ 黄色粉末 │────────→│ 淫羊藿苷 │
└────────────┘   过滤      └──────────┘          └──────────┘
```

【工艺注释】

(1) 文献报道提取淫羊藿苷方法多为有机溶剂浸提,如用甲醇或乙醇。由于甲醇毒性大,因此一般采用乙醇作为浸取剂。乙醇作为浸取剂具有选择性高、渗透性强、提取率高等优点,但乙醇具有蒸气压高、易燃易爆的缺点,对设备工艺有特殊的要求,造成生产成本较高。因此考虑用水提取淫羊藿苷,且水是价廉易得、安全无毒、无环境污染的溶剂,能大大降低生产成本。

(2) 水提的缺点是提取率较低。

11.6.5　葛根素

葛根素(puerarin,结构为 7,4′-二羟基异黄酮-8-β-D-吡喃葡萄糖苷),主要存在于葛根中。葛根为豆科植物野葛(*Pueraria lobata*)或甘葛藤(*P. thornsonii*)的干燥根。葛根的主要有效成分为异黄酮类化合物,其中葛根素的含量最高。葛根素具有扩张冠脉和脑血管、改善心肌收缩功能、促进血液循环等作用,可降低心肌耗氧量,改善局部微循环障碍,降低血糖,还有提高视功能等作用。葛根素注射剂已应用于临床,用于治疗冠心病、心绞痛、高血压、心肌梗死、心率失常、高黏血症、β-高敏症、突发性耳聋和视网膜动脉静脉阻塞等疾病。

1. 葛根素的化学结构

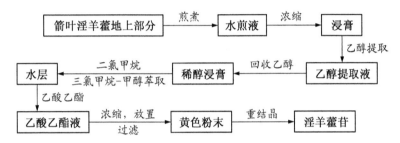

2. 理化性质

(1) 性状:葛根素为白色针状结晶(MeOH－HOAc),熔点 203～205℃(187℃分解)。分

子式 $C_{21}H_{20}O_9$,相对分子质量 416.38,$[\alpha]_D^{20} = +18.14°(MeOH)$。

(2) 溶解性:葛根素可溶于热水、甲醇、乙醇等,难溶或不溶于乙酸乙酯、三氯甲烷、苯等。

3. 葛根素的提取分离

葛根素常用乙醇、甲醇、水或稀乙醇回流或温浸提取,葛根素的纯化方法主要有大孔吸附树脂法、聚酰胺、氧化铝色谱法、盐析法、萃取法、活性炭脱色法等。重结晶溶剂为冰醋酸、甲醇-醋酸(1:1)等。溶剂萃取法除需使用大量的有机溶剂外,且分离效果并不理想,大量使用有机溶剂会造成环境污染。大孔吸附树脂法分离效果较好,且吸附树脂可以反复使用,洗脱剂采用稀乙醇溶液,安全可靠,操作简便,成本低,环保,产品质量稳定,适于工业生产。

(1) 葛根素的生产工艺-溶剂法

【工艺原理】

利用葛根素可溶于乙醇以及伴随杂质在乙醇中溶解度差的性质,通过反复溶解、浓缩、重结晶等达到纯化目的。

【操作过程及工艺条件】

1) 提取:称取葛根粗粉 150g,加 4 倍量乙醇,回流提取 1 小时,倾出上清液,药渣再回流提取一次。合并提取液,减压回收乙醇至原来体积的 1/3,放置过夜,过滤除去沉淀物。将滤液回收乙醇至无醇味,挥干水,搅拌研细,烘烤,得葛根总黄酮提取物。

2) 纯化:加入所得固体 6 倍量的无水乙醇,加热溶解,放冷,滤去沉淀。滤液回收乙醇至 1/3 量,于冰箱内放置过夜,次日过滤除糖。

3) 结晶:向滤液加入等量冰醋酸,放置待结晶完全析出后,过滤,收集葛根素粗品。

4) 混合溶剂结晶:在粗品中加 3~5 倍量无水乙醇,加热溶解,趁热过滤;将滤液回收溶剂至 1/2~1/3 量,加等量冰醋酸,放置析晶;过滤,用少量丙酮-冰醋酸(1:1)混合溶剂洗涤结晶,干燥,得葛根素纯品。

【生产工艺流程】

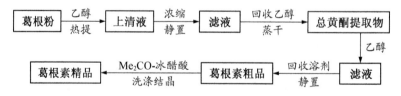

(2) 葛根素的生产工艺——酸水解法

【工艺原理】

葛根中主要异黄酮苷类化合物除葛根素外,还有 $4'-O-D-$葡萄糖葛根素、$6''-O-D-$木糖葛根素、$7-O-D-$木糖葛根素、$8-C-$芹菜糖$(1→6)$葡萄糖大豆苷元、大豆苷、$4',7-$二葡萄糖大豆苷元等;由于葛根素为碳苷化合物,在酸性条件下难以水解,而上述苷类化合物的水解产物主要为葛根素和大豆苷元。葛根素和大豆苷元可以通过乙酸乙酯和水萃取分离,葛根素进入水相,大豆苷元进入乙酸乙酯相。这样既有利于葛根素和大豆苷元的分离,又能够提高产率。

【操作过程及工艺条件】

1) 总黄酮的提取:葛根干粉加入 60% 的乙醇冷浸 12 小时,在 60℃ 下浸提 2 次,每次 6 小时,过滤,滤液减压浓缩得葛根总黄酮。

2）水解：将提取的葛根总黄酮加入 5％盐酸溶液,加热回流 4 小时,水解,水解液趁热过滤。

3）萃取：待滤液冷却至室温,用乙酸乙酯萃取 2 次,萃取后的水相放置 4 天,析出葛根素粗品。

4）重结晶：将葛根素粗品用甲醇-醋酸混合物(1∶1)重结晶两次,得无色针状结晶。

【生产工艺流程】

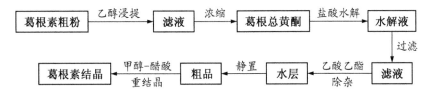

【工艺注释】

1）二次提取液反复套用可以防止过多的多糖杂质浸出。

2）水解后的酸性溶液中,葛根素以𨱏盐的形式存在,通过过滤可以除去其他水不溶性杂质。

3）该法具有操作简便、产品纯度和产率高、成本低的优点,容易实现产业化。

4）该工艺所得葛根素产品产率为 1.36％,含量可达 98.32％。

(3)葛根素的生产工艺——大孔吸附树脂法

吸附色谱法分离葛根素,吸附剂的选择是决定因素。氧化铝吸附量小,洗脱和再生困难;而聚酰胺的吸附量较好,但洗脱和再生也相对困难;大孔吸附树脂(如 D-101 和 AB-8 型)对葛根异黄酮选择性吸附能力强,不仅吸附量较好,而且洗脱和再生容易,性质稳定可反复使用,可用于工业化生产。葛根水提液通过大孔吸附树脂,葛根素被吸附,而大量水溶性杂质随水流出,解决了葛根素和其水溶性杂质不易分离的难题。下面介绍的大孔吸附树脂与酸水解法、活性炭脱色法、溶剂萃取法等联用,可达到较好的分离效果。

1）大孔吸附树脂-酸水解法

【工艺原理】

利用大孔吸附树脂对葛根异黄酮的吸附作用富集葛根总黄酮,通过酸水解将总黄酮水解为以葛根素和大豆苷元为主的产物,利用大孔吸附树脂对葛根素和大豆苷元的吸附作用的不同可将它们有效地分离。

【操作过程及工艺条件】

① 提取：将制葛粉的废渣置于多功能提取罐中以 6 倍量 70％乙醇提取 2 次,每次 1 小时,提取液过滤,浓缩至无酒味;② 大孔树脂富集：浓缩液与制葛粉的废液合并,在一定压力下通过 AB-8 型大孔吸附树脂色谱柱动态吸附,吸附完后用清水冲洗至无色,再用 80％乙醇进行洗脱,洗脱液于多功能提取罐中回收乙醇,得葛根粗黄酮;③ 乙醇处理：乙醇溶解过滤,重复一次,合并滤液,浓缩至干;④ 水解：取葛根黄酮粗品浸膏,加 5％盐酸加热回流水解 5 小时,趁热过滤,浓缩滤液至少量,放置过夜,析出葛根素粗品;⑤ 大孔树脂分离：将粗品上 AB-8 型大孔吸附树脂色谱柱,以 30％、50％、80％乙醇梯度洗脱,TLC 跟踪(展开剂体积比 $CHCl_3$∶CH_3OH∶H_2O=4∶1∶0.05),收集的洗脱液浓缩至干,得白色粉末;⑥ 重结晶：再用甲醇-醋酸(体积比为 1∶1)混合溶剂重结晶,得到无色针状葛根素结晶。

【生产工艺流程】

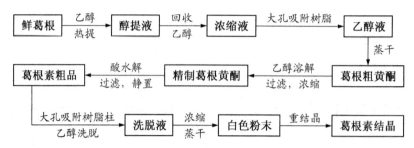

【工艺注释】

① 本工艺综合利用葛根制葛粉的废渣和废液生产葛根总黄酮和葛根素;② 两次采用大孔吸附树脂,第一次是用来富集制葛粉的废液和废渣提取液中的总黄酮,第二次是将水解液中葛根素与其他黄酮类成分分离,后者通过 TLC 跟踪收集含葛根素的洗脱液,确保产品的纯度。

2) 大孔吸附树脂-活性炭法

【工艺原理】

利用葛根素可溶于热乙酸乙酯的性质,通过回流提取法和活性炭脱色达到纯化目的。

【操作过程及工艺条件】

① 提取:葛根粗粉,用 70％乙醇回流提取 3 次,静置后,抽滤,合并滤液,减压浓缩至 1∶2;② 柱色谱分离:浓缩液加盐酸调 pH 值至 1～2,所得溶液过 D-101 型大孔吸附树脂柱,用水洗涤,再以 pH1～2 的 50％乙醇洗脱,用 TLC 检查洗脱液,合并含有葛根素的洗脱液;③ 乙酸乙酯提取:洗脱液用氢氧化钠调 pH5～6,浓缩,加硅藻土拌匀,干燥,研成粉末;粉末在连续回流提取器中用乙酸乙酯提取 8 小时;④ 活性炭脱色:上述所得乙酸乙酯溶液加 2％活性炭,回流 30 分钟脱色,过滤,取滤液,回收部分溶剂,静置析晶,过滤得葛根素结晶。

【生产工艺流程】

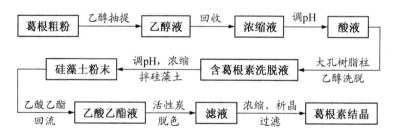

【工艺注释】

① 提取液在进行大孔吸附树脂分离前,调 pH 至 1～2 的目的是提高大孔吸附树脂的吸附作用;② 含有葛根素的洗脱液拌入硅藻土,便于样品的分散,提高乙酸乙酯的提取效率。

3) 大孔吸附树脂-溶剂萃取法

【工艺原理】

利用葛根素在正丁醇中的溶解性,通过萃取纯化葛根素。

【操作过程及工艺条件】

① 提取:葛根粉碎过 10 目筛,用水煎煮提取,得葛根素粗提液,浓缩得粗提浸膏;② 柱色谱分离:粗提物用水溶解后,滤去不溶物,上 D-101 型大孔吸附树脂柱,经吸附饱和后,用蒸

馏水洗涤,至水清,水液弃去,改用 70%乙醇洗脱,收集洗脱液,浓缩回收乙醇至无醇味;③ 萃取:上述洗脱液浓缩至相对密度 $d=1.2$ 时加正丁醇萃取 4 次,合并正丁醇萃取液,回收溶剂至干;④ 重结晶:固体再用适当溶剂反复重结晶,烘干,得葛根素纯品。

【生产工艺流程】

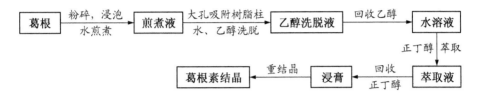

【工艺注释】

① 用水作提取溶剂的提取率虽然较醇类低,但差别不显著,其中甲醇提取率稍高,但由于甲醇有一定的毒性,操作条件要求较高,而乙醇和水的提取率差别不大,用水作提取溶剂,提取率在 85%以上,基本上将大部分葛根素都提取出来;而且用水作提取溶剂安全无毒、操作方便,适合工业化生产。② 取相对于粗提浸膏 7 倍量的大孔吸附树脂,用水洗涤除去糖类、蛋白质、鞣质等水溶性杂质,用 12 倍量的 70%乙醇溶液作洗脱剂洗脱葛根素,葛根素的提取率可达 90%以上。

11.6.6　橙皮苷

橙皮苷(hesperidin),又名陈皮苷、橘皮苷,为橙皮素-7-O-芸香糖苷,广泛存在于豆科、唇形花科、蝶形花科、芸香科柑橘属植物及白桦中。橙皮苷是柑橘果肉和果皮的重要成分,其含量可达柑橘幼果鲜重的 1.4%;橙皮苷是陈皮的主要成分之一,含量约为 3%,可作为橙皮苷的主要原料。橙皮苷具有抗脂质氧化及清除氧自由基作用、抗炎、抗病毒、抗菌、延缓衰老、抗癌作用以及维持血管正常渗透压、增强毛细血管韧性、降血脂、保护心血管作用。橙皮苷大多应用于医药和食品领域,主要作为治疗心血管疾病药物和食品抗氧化剂使用。

1. 橙皮苷的化学结构

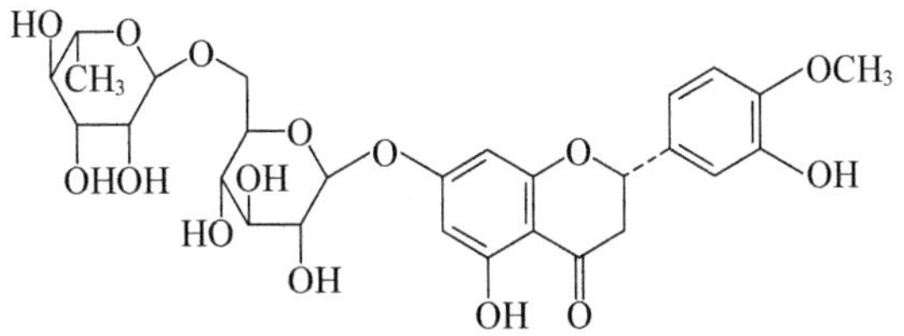

2. 理化性质

(1) 性状:橙皮苷为白色或淡黄色针状结晶,熔点 269~270℃,分子式 $C_{28}H_{34}O_{15}$,相对分子质量 610.57,$[\alpha]_D^{25}=-20.1°(c\ 0.1,pyridine)$。

(2) 溶解性:橙皮苷易溶于碱水和吡啶,在 60℃溶于甲酰胺、二甲酰胺;微溶于甲醇、乙醇、冰醋酸,几乎不溶于丙酮、苯和三氯甲烷。25℃时在水中的溶解度是 20mg/L。

3. 橙皮苷的提取分离

橙皮苷常用乙醇或甲醇热提、水煎煮提取法或碱水提取法,也有采用超声波、微波辅助提取,纯化方法有重结晶法和大孔吸附树脂法。

（1）橙皮苷生产工艺——热水提取法

【工艺原理】

利用橙皮苷在冷热水中溶解度的不同，进行提取、结晶达到纯化目的。

【操作过程及工艺条件】

1）提取：陈皮粗粉，加3～4倍水煮沸30分钟左右后压榨过滤，得到的滤液真空浓缩至原液浓度的3～5倍，在低温（0～3℃）条件下静置，析出类黄酮结晶。

2）结晶纯化：过滤分离得类黄酮粗品，用热水或乙醇重结晶纯化得类黄酮精制品。

【生产工艺流程】

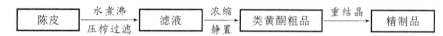

【工艺注释】

该工艺简单，成本低，但产物杂质多，纯度低。

（2）橙皮苷生产工艺——醇提-碱溶酸沉法

【工艺原理】

利用橙皮苷在甲醇中的溶解性进行提取，根据碱溶酸沉的性质纯化。

【操作过程及工艺条件】

1）陈皮预处理：干燥的陈皮粉碎至1～2mm，称取30g，加入0.002mol/L稀盐酸，在室温下搅拌30分钟，重复用0.002mol/L稀盐酸洗涤两次，再用流水洗涤。挥干后，置于20倍量的去离子水中，用盐酸调节pH值为2，在85～90℃下搅拌提取1小时，过滤，滤渣作为提取橙皮苷所用。

2）提取：滤渣烘干，用10倍量95%甲醇在85℃水浴中提取4小时，过滤，除去滤渣，滤液回收甲醇。

3）酸沉淀：上述浓缩液加盐酸调节pH至4，静置过夜，离心分离得到粗橙皮苷。

4）精制橙皮苷：取粗品加入甲醇和0.1%氢氧化钠使其完全溶解，过滤，滤液中加入盐酸调节pH4，再静置过夜，过滤得白色晶体，烘干，即得精制橙皮苷。

【生产工艺流程】

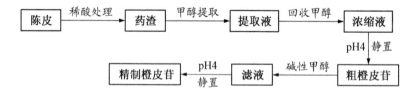

【工艺注释】

1）陈皮中含大量果胶，先用酸除去果胶，再提取橙皮苷效果较好。

2）提取溶剂种类和浓度与橙皮苷的分离纯化有直接关系。用酸水处理时，果胶沉淀较橙皮苷明显；又因为果胶有黏性，少量橙皮苷附着在果胶上不易分离。

3）分别以石油醚和丙酮作为提取溶剂时，因橙皮苷在石油醚和丙酮中溶解度较小，提取量少，乙醇提取率也较低。用甲醇作为提取剂效果最好，但是甲醇浓度过低，陈皮中大量果胶被提取出来，影响橙皮苷的纯度。

4）经实验确定95%的甲醇提取收率最高。该工艺所得橙皮苷的纯度可达94.7%。

（3）橙皮苷生产工艺——碱溶酸沉法

【工艺原理】

利用橙皮苷碱溶酸沉的性质提取分离。

【操作过程及工艺条件】

1）提取：将陈皮粉碎，用石灰水（pH12～13）浸数小时后压榨过滤，盐酸中和，加热至60～70℃，隔夜静置后冷却沉淀，得混悬物，收集黄色沉淀物。

2）纯化：将沉淀溶解过滤后重结晶，离心脱水后在70～80℃温度下干燥并粉碎，得到精制橙皮苷。

【生产工艺流程】

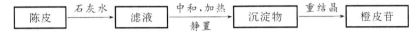

【工艺注释】

1）陈皮中含大量果胶，用石灰水浸提可使果胶沉淀而不被提取出来。

2）该工艺回收率只有 20% 左右。

（4）橙皮苷生产工艺——碱溶酸沉-大孔树脂法

【工艺原理】

利用橙皮苷碱溶酸沉的性质和大孔树脂的选择吸附作用，达到提取分离目的。

【操作过程及工艺条件】

1）碱提取：400g 陈皮粗粉，加水 1200ml 和 10% Na_2SO_3 浸泡 1 小时，加饱和石灰水 3600ml，浸泡 30 小时，加 12.5% $CaCl_2$ 160ml、15% NaOH 340ml 和 10% Na_2SO_3 40ml，浸泡 2 小时，过滤；滤渣加饱和石灰水 3600ml 和 15% NaOH 140ml，浸泡 2 小时，过滤。

2）酸沉淀：合并滤液，浓盐酸调 pH5，水浴加热，不断有沉淀析出，放置过夜，抽滤得灰黄色沉淀。

3）纯化：加入 5% Na_2CO_3，使沉淀溶解，浓盐酸调 pH5 后再次析出。重复操作重结晶 2 次，得粗制橙皮苷。

4）大孔吸附树脂分离：粗制橙皮苷用水加热溶解，上 D－101 型大孔吸附树脂柱，水洗除杂质，再用 50% 乙醇洗脱，洗脱液减压浓缩，真空干燥，得精制橙皮苷。

【生产工艺流程】

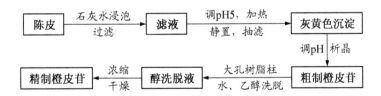

【工艺注释】

1）加入 $CaCl_2$ 的目的是沉淀果胶，Na_2SO_3 作为抗氧化剂保护橙皮苷的结构稳定。

2）该工艺的橙皮苷得率为 4.2%，含量为 96.7%。

（5）橙皮苷生产工艺——超声波提取法

【工艺原理】

利用橙皮苷碱溶酸沉的性质和超声波提取法提取效率高的特点，进行提取分离。

【操作过程及工艺条件】

1) 药材预处理：将陈皮在 55℃ 下干燥后，粉碎过 60 目筛，称取 5g 陈皮粉，用 50ml 水浸 45 分钟，洗涤至无色，滤干药粉。

2) 提取：将药粉浸入石灰水中，10g/L Ca(OH)$_2$ 溶液与陈皮粉质量比为 15∶1，调节 pH11.4，超声时间 30 分钟，过滤前在提取液中加少量 Na$_2$SO$_3$，过滤后用水洗涤滤渣 1 次。

3) 酸化：将提取液用 HCl 酸化至 pH4.5，在 50℃、200r/min 转速下搅拌，水浴加热 45 分钟，静置过夜，过滤，洗涤沉淀，干燥，得橙皮苷。

【生产工艺流程】

陈皮 →（石灰水超声提取，过滤）→ 提取液 →（HCl酸化，静置过夜 过滤，洗涤，干燥）→ 橙皮苷

【工艺注释】

在本工艺条件下，每 5g 陈皮粉可得 0.25g 以上粗橙皮苷，纯度大于 92%。

11.6.7　水飞蓟素和水飞蓟宾

水飞蓟素（或西利马林，silymarin）是菊科水飞蓟（*Silybum rnarianurn*）果实及种子中总黄酮的统称，为天然黄酮木脂素类化合物，淡黄色至棕黄色粉末，其主要成分为水飞蓟宾（silybin）、异水飞蓟宾（isosilybin）、水飞蓟宁（silydianin）、水飞蓟亭（silychristin）和水飞蓟醇（silybonol）。其中，水飞蓟宾为代表性成分，水飞蓟宾是由水飞蓟宾 A 和 B（silybin A、B）组成。水飞蓟素作为抗肝损伤药物，具有稳定细胞膜、改善肝功能的作用，对急慢性肝炎、肝硬变和代谢中毒性肝损伤具有较好的疗效，是一种药效好、副作用低的保肝药物；此外还具有明显的抗脂质过氧化、抗辐射、清除自由基和抗胃溃疡等作用，并已扩展和应用到保健和美容化妆等领域。

1. 水飞蓟宾的化学结构

水飞蓟宾A　　　　　　　　　　　　　水飞蓟宾B

2. 理化性质

(1) 性状：水飞蓟宾为白色结晶，熔点 180℃（一水合物），158℃（无水物，180℃分解），分子式 C$_{25}$H$_{22}$O$_{10}$，相对分子质量 482.43，$[\alpha]_D^{20} = +11°$（c 0.25，丙酮-乙醇）。silybin A：熔点 158～160℃（MeOH - H$_2$O），$[\alpha]_D^{20} = +20°$（c 0.21，丙酮）；silybin B：熔点 162～163℃（MeOH - H$_2$O），$[\alpha]_D^{20} = -1.07°$（c 0.28，丙酮）。

(2) 溶解性：水飞蓟宾可溶于乙醇、甲醇、乙酸乙酯及丙酮等，难溶于三氯甲烷、石油醚，几乎不溶于水。

3. 水飞蓟素和水飞蓟宾的提取分离

水飞蓟素和水飞蓟宾可用常温浸提、回流提取、超声辅助提取等方法，提取溶剂有甲醇、乙醇、丙酮、乙酸乙酯，水飞蓟宾的重结晶溶剂为甲醇、乙酸乙酯、丙酮-石油醚、乙酸乙酯-石油醚等。

（1）水飞蓟素生产工艺

【工艺原理】

利用水飞蓟素易溶于乙醇、乙酸乙酯的性质进行提取和萃取,利用其难溶于石油醚的性质脱除脂溶性杂质。

【操作过程及工艺条件】

1）提取:水飞蓟种子加入 6 倍量稀乙醇,分别加热回流提取两次,提取液回收乙醇至无醇味,得到浓缩液。

2）萃取:浓缩液用乙酸乙酯萃取,乙酸乙酯层减压回收溶剂,得浅黄色松散粉末。

3）纯化:黄色粉末加 3 倍量石油醚浸泡过夜,过滤、干燥得水飞蓟总黄酮(水飞蓟素)。

【生产工艺流程】

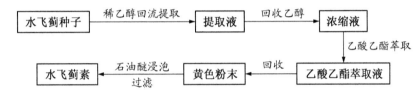

（2）水飞蓟宾生产工艺——乙酸乙酯法

【工艺原理】

利用水飞蓟宾易溶于热乙酸乙酯的性质进行提取,利用其难溶于石油醚的性质去除脂溶性杂质。

【操作过程及工艺条件】

1）提取:去油水飞蓟种子粗粉,用乙酸乙酯回流提取 3 次,每次 3 小时,合并提取液、过滤。滤液减压浓缩,得褐色膏状物。

2）脱脂:提取物用石油醚(60～90℃)研磨浸泡脱脂 4 次,干燥,得黄色粉状物。

3）结晶:加甲醇热回流溶解,室温放置,离心,结晶用甲醇和石油醚各洗涤 3 次,干燥,得类白色结晶粉末,即水飞蓟宾。

【生产工艺流程】

【工艺注释】

1）乙酸乙酯回流工艺在生产中应用较为普遍,但乙酸乙酯在循环使用中,可水解产生乙酸,影响到产品的收率和质量。

2）每 8～10 个生产批次就需要对乙酸乙酯进行脱水、脱酸处理。

3）降低提取温度、缩短提取时间可减少乙酸乙酯的水解,可借助于超声波提取。

（3）水飞蓟宾生产工艺——丙酮法

【工艺原理】

利用水飞蓟宾难溶于石油醚的性质,用石油醚去除原料中和丙酮提取物中脂肪油;利用其易溶于丙酮的性质进行提取,通过活性炭脱色和重结晶方法达到纯化目的。

【操作过程及工艺条件】

1）药材脱脂:取水飞蓟果实粉碎,过 60 目筛,取 400g 粉末置连续回流提取器中,用石油醚(沸程 30～60℃)脱脂 12 小时以上,至脱尽为止。

2)提取:挥尽石油醚的粉末,用丙酮回流提取 32 小时,至提取液不再显黄酮反应(AlCl₃试剂呈黄棕色荧光),回收丙酮,黄色油腻残留物用石油醚再次脱脂。

3)脱色、重结晶:脱脂后残渣用甲醇回流提取 24 小时,提取液用活性炭脱色,滤液于 3～5℃放置过夜析出黄白色结晶,滤过母液浓缩至 1/3 体积。如前放置又析出结晶、滤过,将两次结晶合并溶于热乙酸乙酯中,加活性炭脱色,滤液稍浓缩,加入石油醚,使显轻微混浊,放置过夜,析出白色结晶,抽滤,用石油醚及少许乙酸乙酯洗涤,再用乙酸乙酯重复结晶两次,60℃以下干燥 24 小时,得白色结晶物(水飞蓟宾)。

【生产工艺流程】

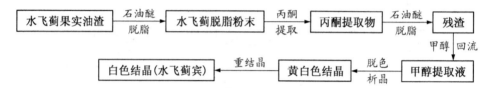

【工艺注释】

1)水飞蓟果实富含脂肪油,先用石油醚脱脂有利于黄酮的提取。

2)为确保提取完全通过显色反应监测提取液是否含有黄酮。

(4)水飞蓟宾生产工艺——硅胶柱色谱法

【工艺原理】

利用硅胶对水飞蓟宾及其他黄酮类成分的吸附作用的差异,使之与其他成分分离。

【操作过程及工艺条件】

1)脱脂:称取经过 60 目筛的水飞蓟油渣粉末 400g,置连续回流提取器中,用石油醚(沸程为 30～60℃)回流脱脂 12 小时以上,至脱尽为止。

2)提取:将脱脂后的药粉挥尽石油醚,再用乙酸乙酯回流提取约 24 小时,至提取液不再显示黄酮反应(AlCl₃试剂呈黄绿色荧光),回收乙酸乙酯,得黄棕色浸膏 28g。

3)硅胶柱色谱分离:将浸膏与 2 倍量硅胶拌匀,研磨均匀后,上硅胶柱(100×6.5cm)色谱,用苯、苯-乙酸乙酯(4∶1,1∶1)依次洗脱,分段收集,共得 34 个流分(每份 100ml)。第 17～28 流分合并,回收溶剂得固体粉末。

4)重结晶:上述固体粉末用热甲醇溶解,放置过夜析出白色粉末状结晶,甲醇重结晶,得黄白色结晶(水飞蓟宾)。

【生产工艺流程】

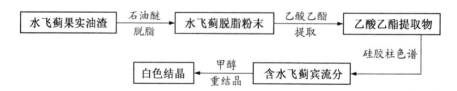

【工艺注释】

用硅胶柱色谱分离水飞蓟宾,采用 TLC 检识合并含有水飞蓟宾的流分。

(5)水飞蓟宾生产工艺——硅胶柱色谱-碱溶酸沉法

【工艺原理】

利用硅胶对水飞蓟宾的吸附作用,通过硅胶柱富集水飞蓟宾。利用水飞蓟宾在碱性条件下成盐溶于碱水溶液、不溶于三氯甲烷的性质,通过三氯甲烷萃取除去脂溶性杂质;又利用其在酸水中游离而溶于三氯甲烷的性质,通过三氯甲烷萃取进入三氯甲烷层,从而除去水溶性杂质。采用混合溶剂(丙酮-石油醚)进行重结晶达到纯化目的。

【操作过程及工艺条件】

1)脱脂:5kg 种子于粉碎机上粉碎,用石油醚(30~60℃)脱脂 24 小时。

2)提取:脱脂后的粉末挥去石油醚,过 60 目筛,然后装入滤纸筒中用丙酮连续回流提取 32 小时。

3)硅胶柱粗分:将丙酮提取液浓缩至一定体积后上硅胶柱,以三氯甲烷-乙醇(95:5)洗脱,并以薄层色谱检识收集流分。将含水飞蓟宾的流分减压浓缩至干,得淡黄色结晶。用少量甲醇洗两次,经干燥即得水飞蓟宾粗结晶(22.5g,得率 0.45%)。

4)洗涤:将粗结晶置于少量丙酮中,用玻璃棒搅拌后静置两天。滤出丙酮液得白色粉末,干燥。

5)萃取:称取白色粉末 0.5g 于烧杯中,加蒸馏水 200ml,用 1mol/L NaOH 调 pH 至 9~10。微微加热使其全部溶解,倒入分液漏斗中,加 500ml 三氯甲烷,振摇,分去三氯甲烷层。水层用 1mol/L 盐酸酸化至 pH 2,得白色沉淀。又加 1000ml 三氯甲烷于分液漏斗中,振摇,分出三氯甲烷层,将该三氯甲烷层溶液减压蒸馏至干,得白色粉末。

6)精制:用丙酮溶解该白色粉末,过滤,将丙酮溶液浓缩至一定体积后加石油醚(60~90℃)使微见浑浊,放置过夜即可得到结晶。照此步骤再用丙酮-石油醚重结晶两次,然后在真空干燥箱内干燥,75℃干燥 8 小时,即得水飞蓟宾纯品。

【生产工艺流程】

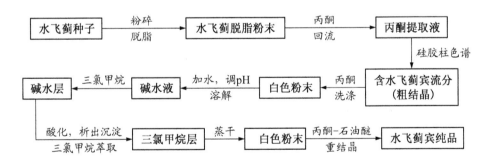

11.6.8　银杏叶总黄酮

银杏叶为银杏科银杏属银杏(_Ginkgo biloba_)的干燥叶,其主要成分为黄酮苷类和银杏萜内酯类。银杏叶黄酮包括山奈酚、槲皮素、芹菜素、木犀草素、杨梅素等黄酮苷元及其单糖苷、双糖苷,以及桂皮酸酯黄酮苷类和双黄酮类。银杏叶提取物临床用于防治心脑血管疾病,如冠心病、心绞痛、高血压、高脂血症、脑出血痉挛、脑外伤后遗症等症;对气喘、老年性痴呆症、老年性大脑紊乱、耳鸣、眩晕综合征等均有显著疗效;可用于预防脑卒中和心肌梗死。

银杏叶总黄酮的提取方法有乙醇提取-大孔吸附树脂分离法、丙酮-铅盐沉淀法、二氧化碳超临界流体萃取法等。其中乙醇提取-大孔吸附树脂分离法国内应用较多。

1. 银杏叶总黄酮生产工艺-1(乙醇提取-大孔吸附树脂法)

【工艺原理】

利用银杏叶黄酮可溶于70%乙醇的性质,以及大孔吸附树脂的吸附作用提取分离获得总黄酮。

【操作过程及工艺条件】

(1) 提取:银杏叶洗净切碎,用70%乙醇回流提取,分取提取液,滤过,减压回收乙醇,高速离心分离去渣。

(2) 柱色谱纯化:提取液加适量纯水稀释,加至D-101型大孔吸附树脂柱,水洗脱至洗脱液清亮色淡,再用70%乙醇洗脱,收集洗脱液,减压浓缩,真空干燥即得。

【生产工艺流程】

银杏叶 —切碎/乙醇提取→ 滤液 —回收/加水→ 水溶液 —大孔树脂柱/水、乙醇洗脱→ 洗脱液 —回收乙醇/浓缩干燥→ 总黄酮

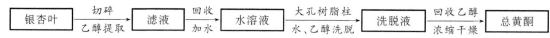

【工艺注释】

(1) 本工艺用70%乙醇回流提取,提取液中含有叶绿素等脂溶性杂质,减压浓缩沉淀去除脂溶性杂质。

(2) 提取液上大孔吸附树脂柱前,加适量水稀释,如有沉淀析出应滤除沉淀后再上样。

2. 银杏叶总黄酮生产工艺-2(沸水提取-大孔吸附树脂法)

【工艺原理】

利用银杏叶黄酮可溶于热水的性质,采用水煎煮法提取,利用大孔吸附树脂的吸附作用富集总黄酮。

【操作过程及工艺条件】

(1) 提取:银杏叶破碎,加6倍量水,煎煮提取3次,滤过,合并滤液。

(2) 柱色谱纯化:滤液通过D-101型大孔吸附树脂柱,水洗脱至无色后,70%乙醇洗脱,收集乙醇洗脱液,回收乙醇,浓缩干燥,得总黄酮产品。

【生产工艺流程】

银杏叶 —破碎/沸水浸提→ 滤液 —大孔树脂柱/乙醇洗脱→ 洗脱液 —回收乙醇/蒸干→ 总黄酮

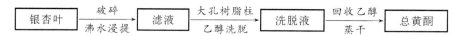

【工艺注释】

(1) 用水煎煮提取可避免叶绿素等脂溶性杂质被提取出来,提取液可直接加入大孔吸附树脂柱。

(2) 水提取液含水溶性杂质多,大孔吸附树脂对其吸附作用差,水洗脱可除去。

【思考题】

1. 黄酮类化合物常用的提取方法有哪些?
2. 列举工业上用于分离纯化黄酮类化合物的方法,并指出其特点。
3. 指出碱提酸沉法提取分离芦丁的原理及注意事项。
4. 说明大孔吸附树脂法分离黄酮类化合物的工艺流程及优点。
5. 用碱水提取芦丁时常加入硼砂的原因是什么?

【参考文献】

[1] 吴立军.天然药物化学(第5版)[M].北京：人民卫生出版社,2007：169

[2] 吴立军.实用天然有机产物化学[M].北京：人民卫生出版社,2007：812

[3] 徐任生.天然药物化学[M].北京：科学出版社,2004：538

[4] 杨云,冯卫生.中药化学成分提取分离手册[M].北京：中国中医药出版社,2001：70,108,173,295, 329,334,360

[5] 卢艳花.中药有效成分提取分离技术[M].北京：化学工业出版社,2005：98

[6] 陈德昌.中药化学对照品工作手册[M].北京：中国医药科技出版社,2000：96,147,152,155, 169,170

[7] 裴月湖.天然药物化学实验指导(第2版)[M].北京：人民卫生出版社,2007：175

[8] 国家药典委员会.中华人民共和国药典(2005年版一部)[M].北京：化学工业出版社,2005：447

[9] 宋小妹,唐志书.中药化学成分提取分离与制备(第2版)[M].北京：人民卫生出版社,2009：175, 298,444,486,503,515,540

[10] 李勇军,何迅.从灯盏花提取野黄芩苷的工艺研究[J].中成药,2004.26(10)：855

[11] 李廷钊,刘文庸.灯盏花提取工艺的研究[J].中国医药工业杂志,2002,33(6)：281

[12] 肖崇厚.中药化学[M].上海：上海科学技术出版社,1997：325

[13] 李秀男,孙海虹,马润宇,等.大孔吸附树脂柱色谱分离淫羊藿苷的研究[J].天然产物研究与开发, 2005,17(12)：138

[14] 黄瑞华,周永传,韩伟,等.微波技术在中药淫羊藿饮片水提取过程中的应用研究[J].中国中药杂 志,2005,30(2)：107

[15] 马慧萍,贾正平,谢景文,等.淫羊藿总黄酮的提取分离工艺研究[J].华西药学杂志,2002,17(1)：1

[16] 向纪明,李金灿,柳林,等.吸附法提取分离葛根素的研究[J].天然产物研究与开发,2003,15(3)：242

[17] 潘娓婕,刘谦光.酸水解法从葛根中提取分离葛根素和大豆苷元[J].天然产物研究与开发,2000, 12(6)：66

[18] 梁开玉,罗启波,喻梅.从陈皮中提取橙皮苷工艺研究[J].重庆工商大学学报(自然科学版),2004, 21(1)：19

[19] 李荣,胡成穆,姜辉,等.橙皮苷的提取及其抗炎活性研究[J].安徽医科大学学报,2007,42(5)：546

[20] 朱思明,于淑娟,杨连生,等.陈皮中橙皮苷的超声法提取与结晶[J].食品工业科技,2005,26(6)：131

[21] David YWL,Yanze Liu. Molecular structure and stereochemistry of silybin A, silybin B, isosilybin A, and isosilybin B, isolated from *Silybum marianum* (Milk Thistle)[J]. J Nat Prod,2003,66(9)： 1171

[22] 张时行,吴知行.水溶性水飞蓟宾及制剂的制备和质量标准[J].药学通报,1984,19(1)：7

[23] 何维明,杨菁,毛根年,等.水飞蓟有效成分的研究——水飞蓟宾的提取分离鉴定[J].畜牧兽医学 报,1996,27(2)：154

[24] 侯团章.天然药物提取物(第一卷)[M].北京：中国医药科技出版社,2004：237

第 12 章

萜类与挥发油

本章要点

掌握萜类与挥发油的提取分离原理;熟悉芍药苷、龙胆苦苷、青蒿素、紫杉醇、穿心莲内酯、莪术油以及薄荷油的生产工艺流程;了解萜类与挥发油提取分离的工业化研究进展。提高设计萜类与挥发油提取分离工艺流程的能力。

12.1 萜类化合物

12.1.1 概述

萜类化合物(terpenoids)是一类由甲戊二羟酸(mevalonic acid,MVA)衍生而成,基本碳架多具有 2 个或 2 个以上异戊二烯单位(C_5 单位)的不同饱和程度的衍生物。该类化合物在自然界分布广泛、种类繁多,许多具有较强生物活性的成分已应用于临床,如:芍药苷具有扩张冠状动脉、镇静、镇痛、抗炎、解热等作用;穿心莲内酯具有抗菌消炎作用;紫杉醇、雷公藤甲素、雷公藤乙素、冬凌草素、欧瑞香素均具有抗癌活性;芫花酯甲具有致流产作用;银杏内酯可治疗心脑血管疾病;丹参酮Ⅰ、丹参酮Ⅱ$_A$、隐丹参酮等有较强的抑菌抗炎、抗凝血作用。

12.1.2 萜类的结构类型及典型化合物

根据萜类化合物的碳原子数进行分类,有半萜、单萜、倍半萜、二萜、二倍半萜、三萜、四萜和多萜等。单萜和倍半萜是构成挥发油的主要组成成分,在唇形科、伞形科、樟科、松科、木兰目、芸香目、山茱萸目及菊目中分布较为集中;二萜是形成树脂的主要物质,分布主要集中在五加科、马兜铃科、菊科、橄榄科、杜鹃花科、大戟科、豆科、唇形科和茜草科;三萜及其皂苷是构成植物皂苷、树脂等的重要物质,多含有一些特殊的生物活性,性质独特;四萜主要是一些脂溶性色素,广泛分布于植物中。

1. 单萜

单萜(monoterpenoids)是由 2 个异戊二烯单位构成的化合物类群,广泛存在于种子植物的腺体、油室和树脂道等分泌组织中,是挥发油的主要组成成分,如斑蝥素(cantharidin)、l-龙脑(l-borneol)、乙酸龙脑酯(bornyl acetate)。

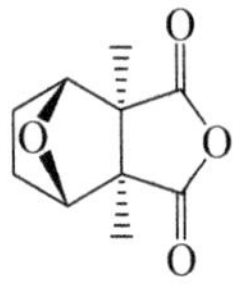

斑蝥素 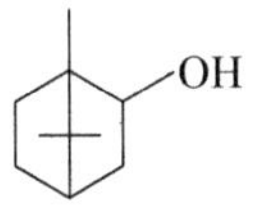   l-龙脑 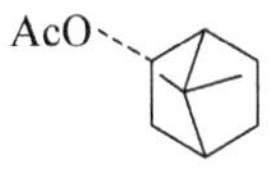   乙酸龙脑酯

2. 环烯醚萜

环烯醚萜类(iridoids)是一类特殊单萜,含有环戊烷结构单元,其环状母核具有烯键和醚键,常与糖结合成苷。根据环戊烷是否裂环及环上 C_4 位取代基的有无,可将环烯醚萜类化合物分为环烯醚萜苷、4-去甲环烯醚萜苷及裂环环烯醚萜苷三大类。环烯醚萜苷存在于栀子、鸡矢藤、马钱子、肉苁蓉、金银花等天然药物中;4-去甲环烯醚萜苷则是地黄、玄参、车前子、车前草、胡黄连等天然药物的主要成分类型;裂环环烯醚萜苷成分是环烯醚萜的开环衍生物,在龙胆科植物中发现最多,如在龙胆、当药、獐牙菜、秦艽中含有此类成分。

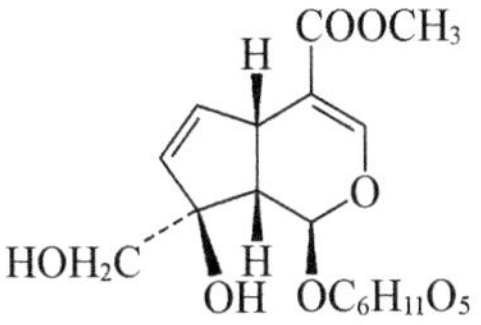

栀子苷(gardenoside) 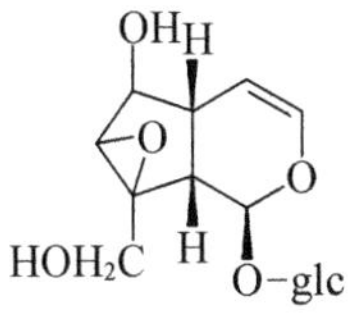   梓醇(catalpol) 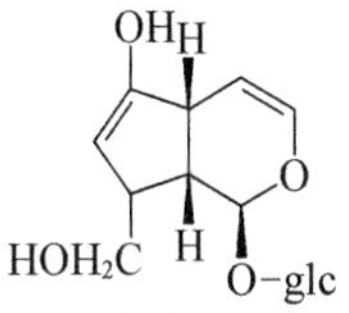   桃叶珊瑚苷(aucubin)

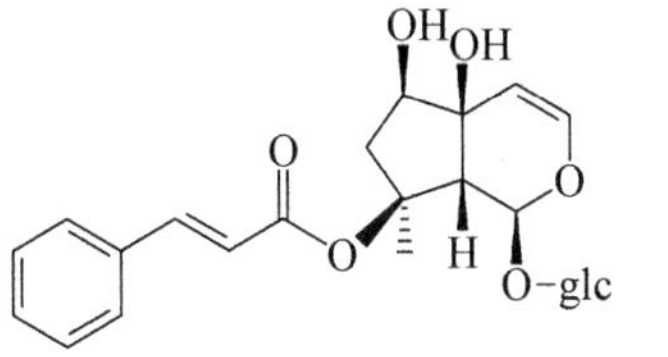

哈巴俄苷(harpagoside) 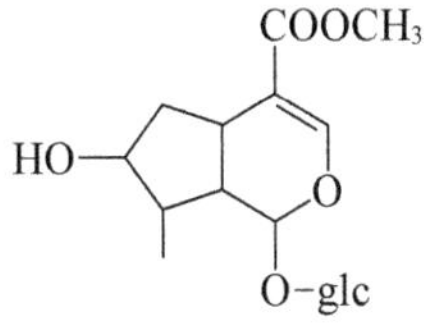   马钱苷(loganin)

3. 倍半萜

倍半萜(sesquiterpenoids)是指骨架由 3 个异戊二烯单位构成,含 15 个碳原子的化合物类群。它们主要来源于植物(如木兰科、芸香科及菊目植物)、真菌、海洋生物(如海藻、海绵及腔肠动物等)和某些昆虫,如 α-山道年(α-santonin)、吉马酮(germacrone)、愈创木醇(guaiol)等。

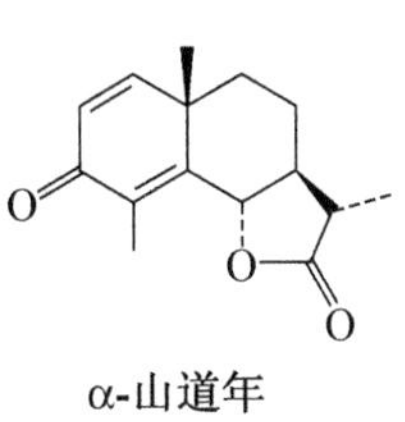

α-山道年 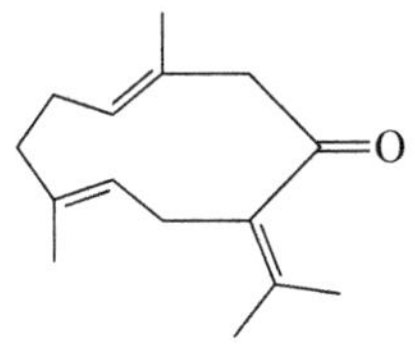   吉马酮 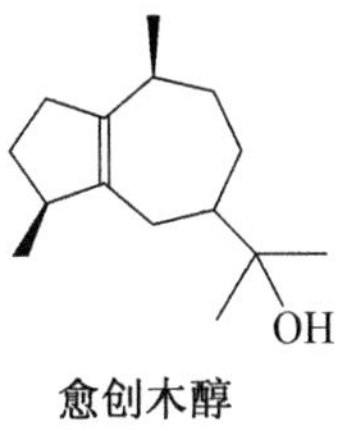   愈创木醇

4. 二萜

二萜(diterpenoids)是指骨架由 4 个异戊二烯单位构成,含 20 个碳原子的化合物类群。二萜相对分子质量大,不具有挥发性,不能随水蒸气蒸馏。这类成分大多以树脂、内酯和苷的形式存在,广泛分布于植物界,在菌类代谢产物中也有发现。

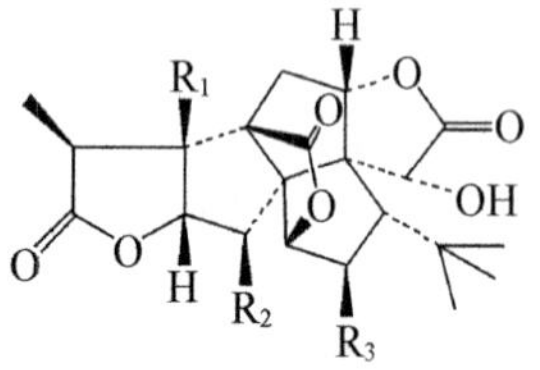

	R₁	R₂	R₃

	R1	R2	R3
银杏内酯 A	OH	H	H
银杏内酯 B	OH	OH	H
银杏内酯 C	OH	OH	OH

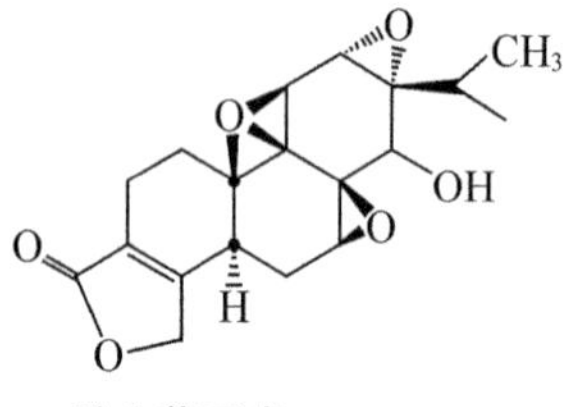

银杏内酯(ginkgolide)

雷公藤甲素(triptolide)

冬凌草甲素(oridonin)

5. 二倍半萜

二倍半萜(sesterterpenoids)是指骨架由 5 个异戊二烯单位构成,含 25 个碳原子的化合物类群。二倍半萜是萜类中发现最晚且数量最少的一类化合物,主要分布在羊齿植物、菌类、地衣类、海洋生物海绵及昆虫分泌物中。

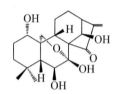

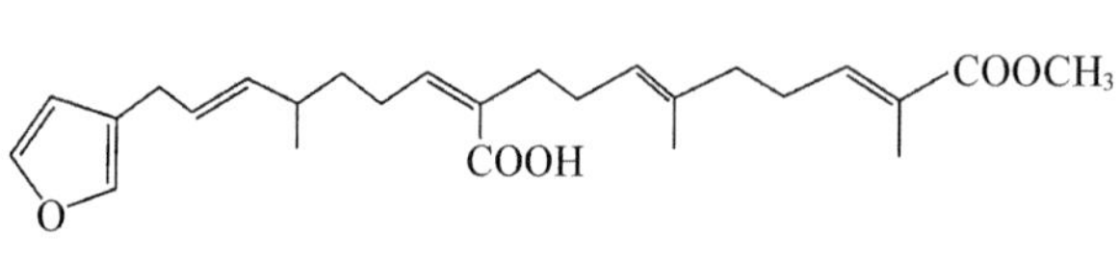

呋喃海绵素-3

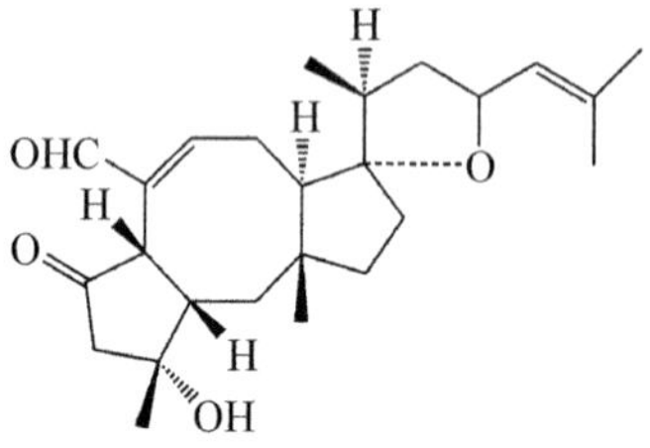

蛇孢假壳素A

12.1.3　萜类化合物的理化性质及检识

1. 理化性质

(1)性状:单萜和倍半萜在常温下多为油状液体,少数为固体结晶,具挥发性及特殊香气。二萜、三萜及萜苷多为固体结晶或粉末,不具挥发性。

(2)旋光和折光性:大多数萜类化合物具有手性碳原子,有光学活性。低分子萜类具有较高的折光率。

(3)溶解性:① 萜类化合物亲脂性强,难溶于水,可溶于甲醇、乙醇,易溶于乙酸乙酯、乙醚、三氯甲烷、苯等亲脂性有机溶剂;② 萜苷类化合物随分子中糖数目的增加,水溶性增强,脂溶性降低,一般能溶于热水,易溶于甲醇及乙醇,不溶或难溶于亲脂性有机溶剂;③ 具有羰基、酚羟基及内酯结构的萜类化合物能溶于碱水,酸化后,又自水中析出或转溶于亲脂性有机溶剂。

（4）稳定性：萜类化合物对高温、光和酸、碱较为敏感，易氧化或重排，可引起结构的改变。

2. 萜类化合物的检识

萜类化合物主要以母核或取代基的化学性质进行鉴别，不同取代基的检识反应见表 12-1。

表 12-1　萜类和挥发油不同功能基的检识反应

取代基	试　剂	颜　色	备　注
酚类	三氯化铁的乙醇溶液	蓝色、蓝紫或绿色	含有酚羟基
羰基	硝酸银的氨溶液	银镜	醛类等还原性化合物存在
	苯肼或苯肼衍生物、氨基脲、羟胺	结晶性的衍生物	羰基化合物存在
	吉拉德试剂		生成水溶性加成物
内酯	亚硝酰铁氰化钠试剂、氢氧化钠溶液	红色并逐渐消失	内酯类可与脂溶性非羰基萜类检识
不饱和化合物	卤化氢、碘、溴、高锰酸钾、亚硝酰氯	褪色、有色产物	含有不饱和化合物
环烯醚萜	酸、碱等试剂	形成有色物质	发生分解、聚合、缩合、氧化等反应
薁类衍生物	溴的三氯甲烷溶液（Sabety 反应）	蓝色、紫色或绿色	首先发生不饱和化合物的反应，红棕色褪去，继续滴加试剂呈阳性，则有薁类化合物存在
	对二甲氨基苯甲醛浓硫酸（Ehrlich 试剂）	紫色或红色	有薁类化合物存在

12.1.4　萜类化合物常用的提取方法

1. 溶剂提取法

非苷形式的萜类化合物具有较强的亲脂性，一般用有机溶剂提取，或用甲醇或乙醇提取后，再用亲脂性有机溶剂萃取。环烯醚萜多以单糖苷的形式存在，可用甲醇或乙醇为溶剂进行提取。

萜类化合物，尤其是倍半萜内酯类化合物容易发生结构的重排，二萜类易聚合而树脂化，引起结构的变化，所以宜选用新鲜药材或迅速晾干的药材，并尽可能避免酸、碱的长时间处理。

2. 碱提取酸沉淀法

倍半萜化合物若含有内酯结构，则在热碱液中开环成盐而溶于水中，酸化后又闭环，析出原内酯化合物。利用此特性可将倍半萜类内酯化合物提取出来。但当用酸、碱长时间处理时，可能会引起构型的改变，在操作过程中应予以注意。

3. 吸附法

萜苷类的水提取液用活性炭或大孔树脂吸附，经水洗除去水溶性杂质后，再选用适当的有机溶剂如稀醇、醇依次洗脱，回收溶剂，可能得到纯品。

挥发油的提取分离方法还有压榨法、水蒸气蒸馏法和 CO_2 超临界流体萃取法。

12.1.5 萜类化合物的分离和纯化

1. 结晶法分离

有些萜类的萃取液回收至小体积时，往往有结晶析出，滤过，结晶再以适量的溶剂重结晶，可得纯的萜类化合物。

2. 柱色谱分离

萜类化合物的柱色谱分离方法及特点见表12-2。

表 12-2　萜类化合物的柱色谱分离

分离方法	洗脱剂或流动相	特　　点
硅胶、氧化铝色谱法	石油醚-乙酸乙酯、苯-乙酸乙酯、苯-三氯甲烷、三氯甲烷-丙酮等	硅胶是分离萜类化合物常用的吸附剂，由于氧化铝可能引起萜类化合物的结构变化，所以一般选用中性氧化铝；联合使用硝酸银-硅胶或硝酸银-氧化铝作吸附剂进行络合吸附，可以提高柱色谱分离效果
	三氯甲烷-甲醇、三氯甲烷-甲醇-水等	
葡聚糖凝胶色谱法	不同浓度的甲醇、乙醇或水	利用分子筛的原理来分离相对分子质量不同的化合物，各成分按相对分子质量递减顺序依次被洗脱下来，即相对分子质量大的苷类成分先被洗脱下来，相对分子质量小的苷和苷元后被洗脱下来
反相色谱法	甲醇-水、乙腈-水	以反相键合相硅胶 Rp-18、Rp-8 或 Rp-2 为填充剂，极性大者吸附力弱，先被洗脱下来

3. 利用特殊官能团分离

常见的官能团为双键、羰基、内酯环、羧基、碱性氮原子(萜类生物碱)及羟基等。如不饱和双键、羰基等可用加成的方法制备衍生物加以分离；倍半萜内酯可在碱性条件下开环，加酸后又环合，借此可与非内酯类化合物分离；萜类生物碱也可用酸碱法分离。

12.2 生产实例

12.2.1 芍药苷

芍药苷(paeoniflorin)是从毛茛科植物芍药(*Paeonia Lactiflora*)和川赤芍(*Paeonia veitchii*)等植物中获得的蒎烷单萜苷。近代临床及药理研究表明，芍药苷具有扩张冠状动脉、增加冠脉流量、对抗急性心肌缺血、抑制血小板凝聚、降低血压及防治老年痴呆等药理作用。

1. 芍药苷的化学结构

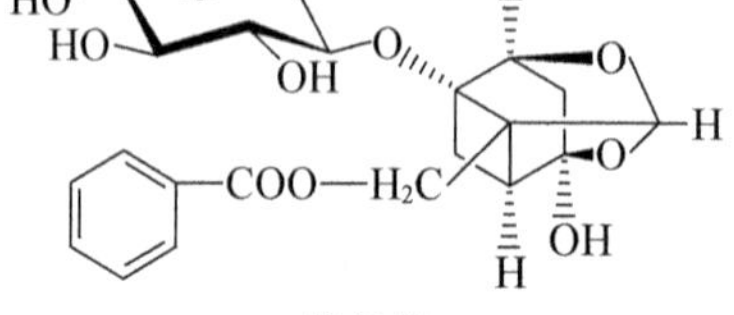

芍药苷

2. 理化性质

芍药苷为类白色粉末,其乙酸酯为无色针状结晶,熔点 $196℃$,$[\alpha]_D^{16} = -12.8°(c\ 4.6$,甲醇)。芍药苷溶于水、甲醇、乙醇。在酸性环境下芍药苷稳定($pH2\sim6$),在碱性环境下不稳定。

3. 赤芍干浸膏生产工艺(水提-大孔吸附树脂法)

【工艺原理】

利用赤芍中芍药苷等单萜类化合物良好的水溶性和大孔树脂的吸附作用,达到提取分离赤芍水提取物的目的。

【操作过程及工艺条件】

(1) 提取:赤芍药材,分别加 10 倍水和 8 倍水,煎煮 2 次,每次煎煮 2 小时。水煎液浓缩至约 1∶0.5(V/W),再加 2 倍 80%乙醇,搅拌,过夜,抽滤,滤液减压回收乙醇。

(2) 大孔吸附树脂分离:将浓缩液上 D-101 型大孔吸附树脂柱(树脂∶生药=1∶1),2 倍水洗除杂质,再用 4 倍 70%乙醇洗脱,洗脱液减压浓缩,真空干燥,得赤芍干浸膏。

【生产工艺流程】

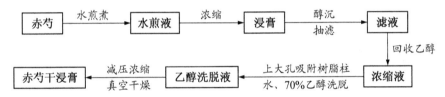

【工艺注释】

(1) 赤芍属根茎类药材,水提取液中糊化淀粉粒较多,过滤较困难,易导致有效成分的吸附损失。制剂工艺中采用 80%乙醇沉降除去杂质,是因为一般情况下含醇量达到 $50\%\sim60\%$ 时即可除去淀粉等杂质。

(2) 应用水提醇沉和大孔吸附树脂分离的方法,既保证了目标成分芍药苷的转移率,又降低出膏率,提取物的纯度高。

(3) 该工艺对上柱后的乙醇洗脱量进行了考察,最终确定为 4 倍量,可使有效成分最大限度地洗脱下来。

4. 赤芍中芍药苷提取工艺(回流提取-硅胶柱色谱法)

【工艺原理】

利用芍药苷在水、乙醇中的溶解性,通过液液分配萃取除去提取液中糖类、脂类等杂质,再用硅胶柱色谱纯化即得。

【操作过程及工艺条件】

(1) 回流提取-减压浓缩:赤芍饮片分别用 6 倍量、5 倍量、5 倍量 70%乙醇回流提取 3 次,提取时间分别为 2、1.5、1.5 小时。合并提取液,滤过,滤液在 60℃ 以下真空浓缩至糖浆状的浸膏。

(2) 有机溶剂萃取除杂:浸膏加水分散,分别用 1 倍量石油醚萃取 2 次,弃去石油醚层,分取水层,再分别用 2 倍量、1 倍量乙酸乙酯萃取 2 次,乙酸乙酯层备用,分取水层,加 1 倍量水饱和正丁醇萃取 3 次,合并正丁醇液,60℃ 以下真空浓缩得膏状物。

(3) 硅胶柱色谱:硅胶用三氯甲烷充分浸泡,脱气后,湿法装柱。将上述膏状物用洗脱液溶解(1∶10/g∶ml)后上柱,硅胶柱负载量 20.7mg/g 硅胶,用三氯甲烷-甲醇(8∶1)洗脱,收集洗脱液,减压浓缩,真空干燥,即得。

【生产工艺流程】

【工艺注释】

(1) 芍药苷的提取可选用水提,亦可选择不同浓度的醇溶液进行提取,由于醇提可减少提取液中糊化淀粉等杂质,因此选用70%的乙醇作为芍药苷的提取溶剂。

(2) 乙醇回流提取的工艺操作简单,步骤少,易于实现产业化。

(3) 液液萃取的目的是将浸膏中的杂质(糖类、脂类等)除去,以利于下一步硅胶柱色谱分离。

(4) 在工业生产中利用二次(或多次)柱色谱和增加负载量等措施,有可能进一步降低硅胶柱色谱的成本,并且通过多次柱色谱可制备纯度大于99.0%的芍药苷产品。

12.2.2 龙胆苦苷

龙胆苦苷(gentiopicroside,gentiopicrin)为裂环环烯醚萜苷,在龙胆科的龙胆属及獐芽菜属植物,如条叶龙胆(*Gentiana manshurica*)、三花龙胆(*G. triflora*)、坚龙胆(*G. rigescens*)、龙胆(*G. scabra*)、秦艽(*G. macrophylla*)、当药(*Swertia pseudochinensis*)及獐芽菜(*S. mlleensis*)等植物中普遍分布。近代临床及药理研究表明,龙胆苦苷具有抗菌、清除自由基、促进胆汁分泌、保护肝脏、抗炎的生物活性。龙胆苦苷是天然药物中的苦味成分,将其稀释至1:12000的水溶液,仍有显著苦味。

1. 龙胆苦苷的化学结构

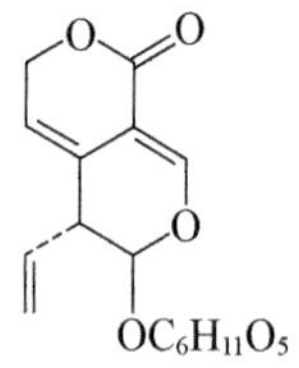

龙胆苦苷

2. 理化性质

龙胆苦苷为淡黄色结晶,分子式为$C_{16}H_{20}O_9$,相对分子质量356,熔点121℃(半水合物)、191℃(无水物),$[\alpha]_D = -196.3°$(H_2O)。UV $\lambda_{max} = 270nm$(MeOH)。龙胆苦苷溶于水、甲醇,微溶于乙醇,不溶于乙醚,对光不稳定易变色。

3. 龙胆提取物制备工艺(水提-大孔吸附树脂法)

【工艺原理】

利用龙胆苦苷等裂环环烯醚萜苷类化合物的溶解性质,通过水煎煮法结合大孔吸附树脂富集法制备龙胆提取物。

【操作过程及工艺条件】

（1）水煎煮提取：取药材粗粉，加 10 倍量水煎煮 3 次，每次 1 小时，滤过，浓缩。

（2）大孔吸附树脂分离：将上述浓缩液调 pH 至 4，上 XDA－1 型大孔吸附树脂柱，先用水洗除去杂质，再用 20％乙醇洗脱，收集洗脱液，浓缩，水浴蒸干，真空干燥 12 小时，制得龙胆提取物。

【生产工艺流程】

【工艺注释】

（1）以水为溶剂提取天然药物中龙胆苦苷时不宜采用冷浸方式，防止有效成分在酶的作用下被破坏和分解，采用热提方式，可以破坏天然药物中酶的活性。

（2）龙胆苦苷、当药苦苷等裂环环烯醚萜苷类化合物在龙胆药材中含量较高，用水煎煮可将龙胆苦苷等有效成分提取完全。

（3）水煎煮提取可避免脂溶性杂质被提取出来，提取液经浓缩后可直接上大孔吸附树脂柱。

（4）随着上柱液 pH 值的增大，龙胆苦苷在大孔吸附树脂上的吸附量急剧下降，这主要是因为龙胆苦苷在碱性条件下不稳定，极易分解，影响吸附量，故调节其 pH 至 3.5～5。

（5）水提取液含水溶性杂质多，大孔吸附树脂对其吸附作用差，水洗脱可除去。

（6）大孔吸附树脂对龙胆苦苷具有很好的吸附能力，且解吸附快、洗脱率高，工艺稳定可行。

4. 龙胆总苷提取工艺（乙醇渗漉法）

【工艺原理】

龙胆中主要含有龙胆苦苷、当药苦苷、当药苷等环烯醚萜类成分，对热不稳定，采用乙醇渗漉法，可避免加热使苷的结构变化，并有利于龙胆苦苷提取完全。

【操作过程及工艺条件】

（1）醇提：取龙胆粗粉，加入 85％乙醇 8 倍量，湿润 6 小时，置渗漉筒中，渗漉，收集渗漉液。

（2）浓缩：将上述渗漉液于 50℃ 以下回收溶剂，制得龙胆总苷浸膏。

【生产工艺流程】

【工艺注释】

（1）加工炮制龙胆时的净洗过程宜迅速，不宜用水长时间浸泡，以免龙胆苦苷类成分在水中溶解而损失，造成龙胆药材质量的下降。

（2）由于药材中活性酶的存在，净洗后的干燥过程也应尽量缩短。

（3）乙醇渗漉法既可避免加热使苷水解，又可将龙胆苦苷等有效成分提取完全。

（4）由于乙醇不是龙胆苦苷最适宜的提取溶剂，因此乙醇浓度对提取效率有一定的影响，60％乙醇对龙胆中大多数成分的溶解性较好，可能由于共溶现象的存在，其提取效率优于乙醇和水。

12.2.3 青蒿素

青蒿素(arteannuin,artemisinin)是从菊科艾属植物青蒿(又称黄花蒿,*Artemisia annua*)中提取出来的用于防治疟疾的有效成分。黄花蒿在世界上被广泛种植,但国外黄花蒿中青蒿素的含量多低于 0.1%,甚至微量。我国是生产青蒿素的主要国家,黄花蒿主要分布在我国的广西、云南、四川、贵州及重庆等地。青蒿素不仅是一种世界卫生组织推荐的治疗疟疾的首选药物,在其他疾病的治疗中,也有潜在的应用前景。青蒿素能显著提高淋巴细胞转化率,增强抗体的免疫功能和抗流感功能。

1. 青蒿素的化学结构

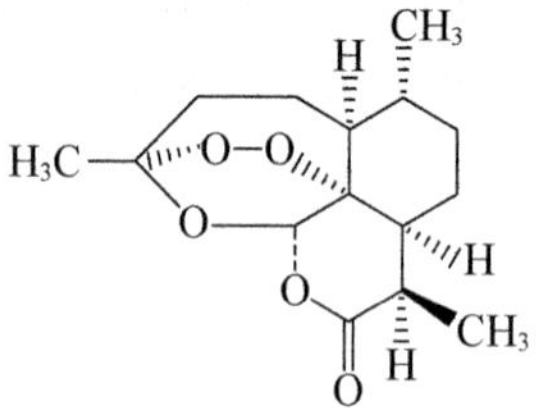

青蒿素

青蒿素分子式为 $C_{15}H_{22}O_5$,相对分子质量 282.34。青蒿素是一种新型倍半萜内酯,具有过氧键和 δ-内酯环,有一个包括过氧化物在内的 1,2,4-三噁烷结构单元。

2. 理化性质

青蒿素为无色针状结晶,味苦;熔点为 150～153℃;比旋度为 +75°～+78°(10mg/ml 无水乙醇)。青蒿素在丙酮、乙酸乙酯、三氯甲烷中易溶,在甲醇、乙醇、稀乙醇、乙醚及石油醚中溶解,在水中几乎不溶;在冰醋酸中易溶。青蒿素具有特殊的过氧基团,对热不稳定,易受热、湿和还原性物质的影响而分解。

3. 青蒿素的生产工艺——CO_2 超临界流体萃取法

【工艺原理】

利用 CO_2 超临界流体的可调溶解性能,选择性地提取青蒿素。通过硅胶柱色谱,进一步提高青蒿素的收率。

【操作过程及工艺条件】

(1) 粉碎-装料:将青蒿粉碎成中粉,装入料筒中,再整体装入萃取釜中。

(2) CO_2 超临界流体萃取:CO_2 经换热器冷却进入贮罐;冷 CO_2 经压缩机压缩至 20MPa,再经换热器加热至 50℃进入萃取釜中;两萃取釜间歇、交替工作,每个萃取釜萃取 4 小时后切换,保证萃取液连续从萃取釜中抽出;萃取液先通过过滤器除去可能夹带出的固体颗粒,然后经换热器加热至 60℃进入一级分离釜,萃取液析出部分杂质后进入另一换热器,调节温度至所需值,再进入二级分离釜析出青蒿素等溶质。分离釜采用两组并联,当一组解析溶质时,另一组放空取出提取物。

(3) 硅胶柱净化:从二级分离釜出来的 CO_2 带有少量的溶质和水分,经换热器将温度调节至预设值后进入硅胶柱。硅胶柱采用两柱并联操作,一个硅胶柱进行吸附操作时,另一个硅胶柱进行再生。净化后的 CO_2 经换热器进入贮罐,完成一次循环操作。

(4) 补充新鲜 CO_2:由于萃取釜卸料、分离釜放料以及硅胶柱再生等过程都需要放空,

CO_2 不可避免地会损失,故需要不断从贮罐中补充新鲜 CO_2。

【生产工艺流程】

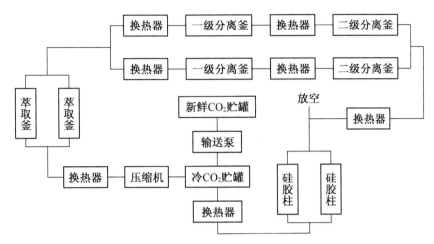

【工艺注释】

(1) 原料青蒿需要晒干、粉碎,青蒿粉末颗粒度控制在 $60 \sim 80$ 目。研究认为,不同的干燥方法对青蒿素的产量有一定影响,比较自然晒干、室内阴干、$60℃$烘干和冷冻干燥四种方法,以晒干的效果最好。如用微波辅助提取青蒿药材 2 分钟,则有 50% 青蒿素被微波破坏。

(2) 青蒿素主要存在于植物细胞的腺体中,属于胞内次级代谢产物,原料颗粒大小对提取效率存在影响。不同粒度对提取结果影响的研究表明,粒度超过 60 目以后,粒度影响逐渐不明显,而且原料过细不仅增加原料预处理成本,还会给后续的分离带来困难,因此操作过程中选 60 目为宜。

(3) 采用 $2 \sim 3$ 个萃取釜并联,使得萃取为拟连续操作过程。为减少辅助时间,原料黄花蒿先装入料筒,再吊入萃取釜中。通过降压法使溶质与 CO_2 超临界流体分离。为使整个过程连续化,采用两路分离釜并联的方式,其中一路进行分离的同时,另外一路分离釜进行放料。分离釜内的萃取物可以通过釜内高压 CO_2 直接压出收集,也可以将分离釜先放空再用乙醇溶解收集。

(4) 青蒿素显弱极性,能与极性的硅胶相互作用,在现有的青蒿素纯化工艺中,硅胶柱色谱是有效的方法。

(5) 从分离釜 Ⅱ 排出的 CO_2($5.0MPa,60℃$)含有少量的溶质及水分,先经过一个硅胶柱净化处理后再冷却、压缩循环使用,硅胶柱也可采用两个并联使用。

4. 青蒿素的生产工艺——大孔吸附树脂法

【工艺原理】

青蒿素在大孔吸附树脂的表面吸附和氢键吸附作用下,吸附量大,易解析,可用于黄花蒿中青蒿素的工业化生产。

【操作过程及工艺条件】

(1) 渗漉提取:黄花蒿粗粉加 60% 乙醇室温浸泡 6 小时,渗漉,收集渗漉液。

(2) 大孔吸附树脂分离:渗漉液经活性炭脱色,抽滤,滤液上 ADS-17 树脂柱,水洗后用 90% 乙醇洗脱,收集洗脱液。

（3）回收溶剂-重结晶：将洗脱液于60℃减压浓缩，回收乙醇，静置得青蒿素粗品，再经70％乙醇重结晶，制得青蒿素。

【生产工艺流程】

【工艺注释】

（1）渗漉法属于冷法，可保护青蒿素结构中过氧基团的稳定性，同时引入杂质较少。

（2）ADS-17二乙烯苯氢键型吸附树脂对青蒿素具有很好的吸附和分离性能，可用于工业化生产，水洗除水溶性杂质，继用90％乙醇作洗脱剂，青蒿素得率和提取率分别达到0.3％和75％以上，其含量大于99％。

5. 青蒿素的生产工艺——超声提取-膜过滤-超临界流体萃取联合技术

【工艺原理】

利用青蒿素的溶解性质，结合超声波辅助提取法、膜过滤和 CO_2 超临界流体萃取法提取青蒿中青蒿素，工艺简单，提取效率高。

【操作过程及工艺条件】

（1）超声提取：青蒿晒干粉碎成粗粉，60℃恒温系统，加10倍量50％乙醇超声处理（功率400W，频率26kHz）45分钟，回收溶剂，得提取液。

（2）膜过滤：将上述提取液滤过，滤液再上膜过滤，一级膜（MF膜）浸提液温度40～50℃、工作压强0.5MPa、浸提液流速70L/h；二级膜（8kUF膜）温度40～50℃、工作压强0.1MPa、浸提液流速20L/h。

（3）CO_2 超临界流体萃取：将膜滤液减压浓缩，进行 CO_2 超临界流体萃取，萃取压强20MPa，萃取温度50℃，CO_2 流量 $1kg/(h \cdot kg)$（原料），萃取时间2小时，制得青蒿素粗品。

【生产工艺流程】

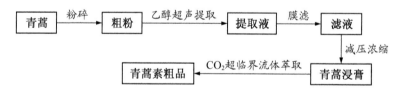

【工艺注释】

（1）用清洁型50％乙醇代替传统工艺中危险等级较高的石油醚、乙醚、丙酮等试剂，可降低实际操作危险等级，有益于工人健康，且便于膜滤工艺的运行，产品成本降低。

（2）本工艺中，利用一级膜可以除去大分子杂质（如淀粉、果胶、鞣质、蛋白质等），青蒿素存在于滤液中，可直接减蒸得粗品，但其中仍含有较多杂质，有必要进行二度除杂。二级膜的孔径较小，膜滤后可以除去小分子的杂质和水，青蒿素存在于浓缩液中，减压浓缩可得到较纯的青蒿素。膜经常规冲洗后进行低浓度的 $NaOH+NaClO$ 清洗可恢复通量。

（3）原料中存在一定比例的水起到夹带剂的作用，对萃取有利，扩散系数随压力和温度升高而增大。CO_2 超临界流体萃取纯化替代了传统工艺中"试剂溶解＋碱液洗涤"的重复、繁琐工序，青蒿素损失较少，收率、纯度都有较大提高。

12.2.4　紫杉醇

紫杉醇(paclitaxel,商品名：taxol)是首先从太平洋西岸原始森林中红豆杉树皮中分离纯化得到的一种二萜类化合物。紫杉醇是红豆杉属植物中的一种复杂的次生代谢产物,近代临床及药理研究表明,紫杉醇具有促进细胞微管蛋白聚合并防止其解聚的独特作用,1992 年被美国食品药品管理局(FDA)批准用于晚期乳腺癌的治疗。

紫杉醇分子中有 11 个手性中心和 1 个 16 碳的四环骨架,结构非常复杂,全合成和半合成的难度大。目前市场上的紫杉醇制剂为天然提取或半合成制备,而从天然红豆杉属植物中提取紫杉醇的难度也非常大,主要是因为：紫杉醇在植物体内含量很低,最高含量不过万分之二;与紫杉醇共存的类似物较多,这些类似物的化学结构和性质与紫杉醇相近,分离十分困难。

目前从红豆杉属植物中分离紫杉醇及半合成前体的工艺一般是用甲醇或乙醇浸提,经己烷脱脂,二氯甲烷或三氯甲烷萃取制得粗提物,经多次硅胶柱色谱后再用制备型高效液相色谱、高速逆流色谱等手段纯化后,重结晶制得紫杉醇。

1. 化学结构

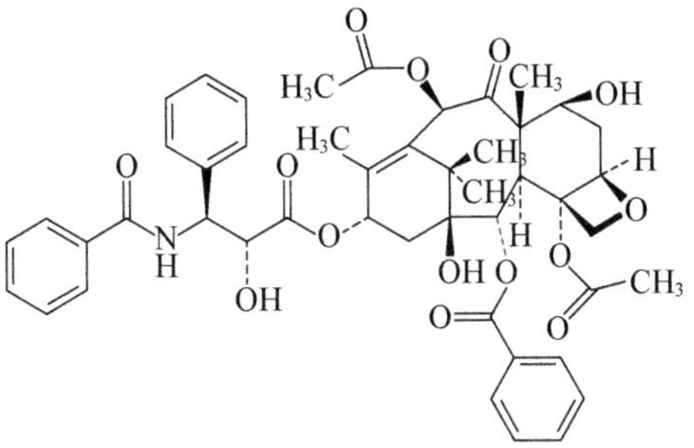

紫杉醇

紫杉醇分子式为 $C_{47}H_{51}NO_{14}$,相对分子质量 853.91。

2. 理化性质

紫杉醇为白色或类白色结晶性粉末,比旋度为 $-49.0°\sim55.0°$(10mg/ml,MeOH)。在甲醇、乙醇或三氯甲烷中溶解,在乙醚中微溶,在水中几乎不溶。

3. 紫杉醇的生产工艺

【工艺原理】

利用紫杉醇的溶解性质,采用乙醇提取,经三氯甲烷液液分配萃取后上硅胶柱色谱进行分离制得紫杉醇粗品。

【操作过程及工艺条件】

(1) 粉碎-乙醇浸提：云南红豆杉树皮经粉碎后,分别加入 5 倍、3 倍、3 倍量的乙醇浸提 3 次,每次 24 小时,浸提液在 45℃ 以下减压浓缩至糖浆状的浸膏。

(2) 液液萃取：取上述醇浸膏加入 2～3 倍量水,再依次加入 1 倍、0.4 倍、0.3 倍、0.2 倍量的三氯甲烷萃取,每次搅拌时间 30 分钟,静止 2 小时。三氯甲烷萃取液在 40℃ 以下减压浓缩。

(3) 上样样品的处理：按固体量：硅胶(60～100 目)为 1∶3 的比例拌样、蒸干溶剂,得上样样品。

（4）硅胶柱色谱：样品经干法上柱、三氯甲烷-甲醇梯度洗脱，经 3 次柱色谱，得紫杉醇流分浓缩物。

（5）活性炭柱色谱：上述浓缩物溶于甲醇中（1∶60/g∶ml），上柱、水洗、甲醇洗，进行活性炭脱色。

（6）重结晶：收集上述脱色流出液，加水至溶液显混浊，静置过夜，得白色棉花状结晶。滤过，用甲醇-水重结晶两次，减压干燥，制得白色针状结晶物。

【生产工艺流程】

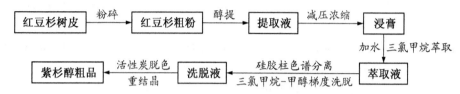

【工艺注释】

（1）紫杉醇具有热敏性，粉碎时温度一般不能超过 60℃，应采用功率和容量较大的粉碎机。

（2）乙醇浸提液浓缩至糖浆状的浸膏，加水溶解再用三氯甲烷萃取时，乳化现象严重。加水过多会出现严重乳化，加水少会使萃取过程分层困难。液液分配的关键是水相中乙醇的浓度，操作时应根据具体情况调节乙醇的含量，一般控制在 10%～15%。

（3）硅胶柱色谱是生产工艺的关键，装柱的质量影响分离效果。可在柱底部抽真空，用木榔头连续敲击柱子四周，改善色谱柱的分离效率。

（4）由于紫杉醇不溶于水，因此可通过向脱色流出液中加水的方法析出紫杉醇，加水量随溶液中产物的浓度不同而变化，应控制在溶液微显混浊时停止加入，静置过夜后可得白色棉花状结晶。结晶产物经过滤后用甲醇-水重结晶两次，最后经真空干燥后得到白色针状结晶物。

12.2.5　穿心莲内酯

穿心莲（Andrographis herba）为爵床科穿心莲属植物（*Andrographis paniculata*），其地上部分主要含有穿心莲内酯（andrographolide，1.5% 以上）、去氧穿心莲内酯（deoxyandrographolide，0.1% 以上）、新穿心莲内酯（neoandrographolide，0.2% 以上）及脱水穿心莲内酯（deoxydidehydroandrographolide）等二萜内酯类化合物。穿心莲内酯是穿心莲中主要有效成分之一。近代临床及药理研究表明，穿心莲内酯具有抗菌消炎、抗病毒感染、抗心血管疾病、抗肿瘤、免疫刺激、保肝利胆等多种功能，临床中应用的抗病毒药注射用穿琥宁是采用穿心莲内酯，经酯化、脱水、成盐、结晶制成穿琥宁原料，再经配料、冻干等工艺过程制成。

穿心莲内酯的提取方法主要有水提法、醇提法、碱提酸沉法、大孔吸附树脂法、CO_2 超临界流体萃取法、微波辅助提取法和超声波辅助提取法等。因穿心莲内酯难溶于水，水提法的提取效率较低，并且可将多糖等水溶性杂质提取出来；醇提法可引入叶绿素等脂溶性杂质；在碱性条件下，穿心莲内酯的内酯环开环，调节 pH 至中性时内酯环可重新环合为原来的内酯，碱提酸沉法提取穿心莲内酯对 pH 值的要求严格，若 pH 值控制不当有可能造成内酯的水解。现以穿心莲片为例，介绍穿心莲内酯的提取方法。

1. 化学结构

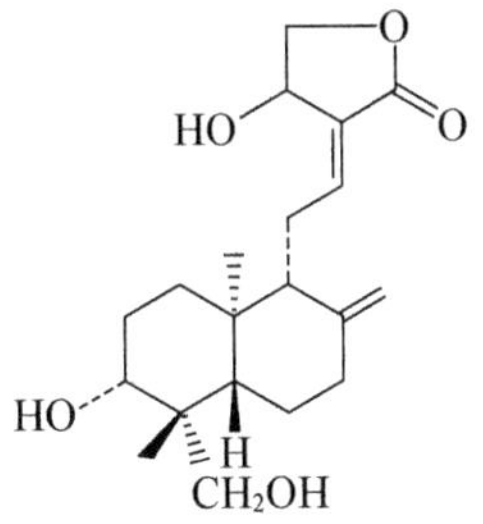

穿心莲内酯

穿心莲内酯分子式为 $C_{20}H_{30}O_5$,相对分子质量 350.45。

2. 理化性质

穿心莲内酯的熔点为 224~230℃,熔融的同时分解;$UV\lambda_{max}^{EtOH} nm(\varepsilon)$:223(12300)。穿心莲内酯在沸乙醇中溶解,在甲醇或乙醇中略溶,在三氯甲烷中极微溶,在水中几乎不溶。

3. 穿心莲浸膏的生产工艺

【工艺原理】

利用穿心莲内酯在沸乙醇中的溶解性进行提取,乙醇热浸提法制成穿心莲浸膏。

【操作过程及工艺条件】

(1) 醇提:取穿心莲,用 85% 乙醇热浸提取两次,每次 2 小时,合并提取液。

(2) 过滤-浓缩:将上述提取液滤过,滤液回收乙醇,浓缩至浸膏。

【生产工艺流程】

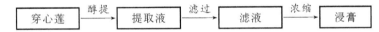

【工艺注释】

(1) 穿心莲总内酯的水溶性差,且遇热不稳定,采用醇提工艺提取穿心莲内酯的含量高。

(2) 提取温度不宜过高,以防内酯成分损失,且叶绿素、胶质等杂质少,可避免生产过程中出现抓锅、结块等现象。

12.3 挥发油

挥发油(volatile oils)又称精油(essential oils),是一类具有芳香气味的易流动的油状液体的总称。在常温下能挥发,可随水蒸气蒸馏出来。挥发油是一类具有较强生物活性的成分,在临床上具有多方面的治疗作用,例如止咳、平喘、镇痛、抗菌等作用。不仅如此,挥发油在日用食品工业及化学工业上也是重要的原料,如表 12-3 所示。

表 12-3 含挥发油成分的常见天然药物

天然药物	挥发油中主要成分	天然药物	挥发油中主要成分
小茴香	茴香脑、月桂醛、肉豆蔻酸、棕榈酸、十八烯-10-酸	砂仁	乙酸龙脑酯、樟脑、柠檬烯、β-蒎烯、α-蒎烯
肉桂	桂皮醛、桂皮酸	苍术	苍术醇、茅术醇、苍术酮、苍术素

续　表

天然药物	挥发油中主要成分	天然药物	挥发油中主要成分
川芎	藁本内酯、香桧烯	白术	苍术酮、苍术醇、白术内酯
广藿香	广藿香醇、丁香酚、桂皮醛	紫苏	紫苏醛、柠檬烯、α-蒎烯
薄荷	薄荷脑、薄荷酮、乙酸薄荷酯	木香	木香烃内酯、去氢木香内酯
当归	棕榈酸、当归酮、藁本内酯、香荆芥酚、正丁烯酞内酯	丁香	丁香酚、水杨酸甲酯、α-丁香烯、β-丁香烯、乙酰丁香酚
细辛	细辛醚、α-蒎烯、β-蒎烯	防风	辛醛、壬醛、β-没药烯

12.3.1　挥发油的组成和分类

挥发油中所含化学成分比较复杂，一种挥发油常含有几十种到一二百种成分，但其中往往以某种或数种成分占较大的比例。如阳春砂仁中乙酸龙脑酯的含量占挥发油总量的 85% 左右，海南砂仁中乙酸龙脑酯约占 61%；白豆蔻中 1,8-桉叶素占 91%，草果中 1,8-桉叶素占 55% 左右。挥发油中成分按化学结构分类，可分为以下三大类：

(1) 萜类化合物：单萜、倍半萜及含氧衍生物是组成挥发油的主要成分，大多生理活性较强，如松节油中的蒎烯，薄荷油中的薄荷醇，山苍子油中含有的柠檬醛，樟脑油中的樟脑等。

(2) 芳香族化合物：芳香族成分如苯丙烷类衍生物，多具有 C_6—C_3 骨架，多为有一个丙基的苯酚化合物或其酯类，如桂皮醛、茴香醚、丁香酚、α-细辛醚等；还有些具有 C_6—C_2 或 C_6—C_1 骨架的化合物，如苯乙烯、苯乙醇、水杨酸甲酯、水杨酸、丹皮酚等。另外还有萜源衍生物，如百里香草酚、孜然芹烯、α-姜黄烯等成分。

(3) 脂肪族化合物：脂肪族化合物如正癸烷、辛烯、甲戊酮、乙酸乙酯、乙酸戊酯等。如鱼腥草、黄柏果实及芸香挥发油中的甲基正壬酮，松节油中正庚烷、薄荷中异戊醇等。

除上述三类化合物外，有些天然药物经水蒸气蒸馏能分解出挥发性成分，这些成分在植物体内多以苷形式存在，经酶解后的苷元随水蒸气一同馏出而成油，如藁苯内酯(ligustilide)、洋川芎内酯 A(senkyunolide A)、原白头翁素(protoanemonin)、芥子油(mustard oil)和大蒜油(garlic oil)等。

12.3.2　挥发油的理化性质及检识

1. 理化性质

(1) 性状：挥发油在通常情况下大多为无色或微黄色透明油状液体，有些含有薁类或其他色素而呈特别的颜色，具有特殊而浓烈气味。挥发油在常温下可自行挥发而不留任何痕迹，这是挥发油与脂肪油的本质区别。

(2) 物理常数：挥发油多数相对密度小于 1，一般在 0.85~1.065 之间；沸点在 70~300℃ 之间；且具有强烈的折光性，折光率在 1.43~1.61 之间。挥发油几乎均有光学活性，比旋度在 +97°~+177° 范围内。

(3) 溶解性：挥发油不溶于水，易溶于大多数有机溶剂中，如石油醚、正己烷、乙醚、乙酸乙酯等。在高浓度的乙醇中能全部溶解，而在低浓度乙醇中只能部分溶解。

（4）稳定性：挥发油若长时间与空气、光线接触会逐渐氧化变质，使相对密度增加，黏度增大，颜色变深，并能形成树脂样物质，不再随水蒸气而蒸馏。

2. 检识

（1）物理常数的测定：沸点、相对密度、凝点、旋光度和折光率等物理常数的测定可以作为定性鉴别的一种手段。

（2）化学常数的测定：指示挥发油质量的重要化学指标有酸值、酯值、皂化值以及碘值等。

（3）功能基的检识：挥发油中含有不同类别成分，均因所含官能团不同表现出不同的化学特征。

12.3.3　挥发油的提取方法

1. 水蒸气蒸馏法

天然药物经粉碎、加水浸泡后，直接蒸馏或用水蒸气蒸馏法将挥发油蒸馏出来。馏出液水油共存，可采用盐析法促使挥发油自水中析出，然后用低沸点有机溶剂萃取即得挥发油。

2. 溶剂提取法

对不适宜用水蒸气蒸馏法提取的挥发油原料，可采用有机溶剂提取法。

（1）油脂吸收法：该方法是利用油脂能够吸收挥发油的性质对挥发油进行提取的方法，一般用来提取贵重的挥发油。

（2）溶剂萃取法：用石油醚（30～60℃）、二硫化碳、四氯化碳等有机溶剂采用回流浸出法或冷浸法进行浸提，减压蒸去溶剂得浸膏，浸膏再采用热乙醇溶解，冷却滤过，回收乙醇后得"净油"。

（3）CO_2 超临界流体萃取法：CO_2 超临界流体能选择性地提取非极性或弱极性物质，对挥发油中主要组成物质如单萜和倍半萜具有良好的溶解能力。该方法具有防止氧化、热解及提高品质的突出优点；但工艺技术要求高、设备费用投资大。

3. 压榨法

此法适用于新鲜原料，且含挥发油较多的原料，是将原料撕裂、捣碎冷压后静置分层，或用离心机分出油层的方法。该方法可保持挥发油的原有新鲜香味，但可能溶出原料中的不挥发性物质。

12.3.4　挥发油的分离与纯化

从含挥发油原料中提取得到挥发油的混合物，还需进一步分离才能得到单一成分，目前常用的分离方法有冷冻法、分馏法、化学分离法和色谱法。

1. 冷冻析晶法

将挥发油 0℃ 以下放置使析出结晶，若无结晶析出可将温度降至 −20℃，再经重结晶可得单晶。本法操作虽简单，但分离不完全。

2. 分馏法

分馏法是利用不同挥发油的沸点的差异进行分离的方法，由于挥发油的组成成分多对热及空气中的氧较敏感，因此分馏时宜在减压下进行。在单萜中，一般沸点随着双键的减少而降低；在含氧单萜中，沸点随着官能团极性的增加而升高；酯比相应的醇沸点高；含氧倍半萜的沸点更高。

对于未知成分则要预先测试沸程再进行分馏，各馏分还需结合薄层色谱法及气相色谱法检查其纯度，以确定进一步纯化方法。

3. 化学分离法

化学分离法是根据挥发油中各组成成分的结构或官能团的不同用化学方法处理，使各组分得到分离的方法。如利用酸、碱性质不同进行分离；利用官能团特性制备成相应的衍生物的方法进行分离等。

4. 色谱法

由于挥发油的组成成分相当复杂，故一般先用分馏法或化学分离法将挥发油作适当分离，然后再用色谱法分离，有助于提高分离效果。此外，对一些挥发性较大的成分或色谱中有大致相同 R_f 值的同一类型化合物，有时要通过先制备衍生物再进行色谱分离或选用特殊的吸附剂。

（1）吸附柱色谱：常用的色谱法有硅胶吸附色谱或氧化铝色谱，常用洗脱剂为己烷或石油醚，混以不同比例的乙酸乙酯组成。

（2）硝酸银络合色谱：萜类成分的异构体较多，很多仅为双键数目和位置的不同，这类化合物还可采用硝酸银-硅胶或硝酸银-氧化铝柱色谱进行分离。其原理是根据挥发油成分中双键的多少和位置不同，与硝酸银形成 π 络合物难易程度和稳定性的差别而达到分离。一般硝酸银浓度达到 $2\%\sim2.5\%$ 较为适宜。

近几年，气相色谱和气-质联用技术及制备性气-液色谱多应用于挥发油组成的分离。

化学分离流程图如下：

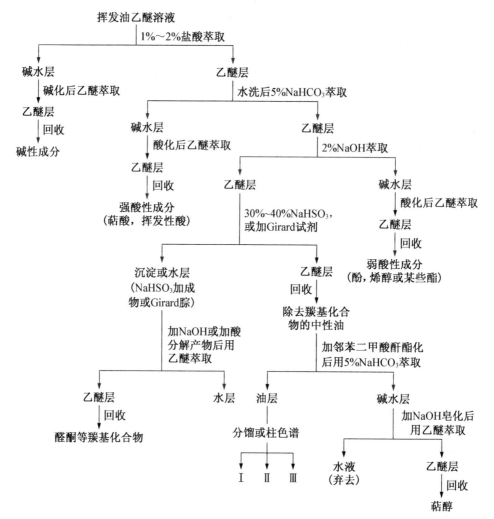

12.4 生产实例

12.4.1 莪术油

莪术(curcumae rhizoma)为姜科植物蓬莪术(*Curcuma phaeocaulis*)(莪术)、广西莪术(*C. Kwangsiensis*)(桂莪术)或温郁金(*C. wenyujin*)(温莪术)的干燥根茎。莪术油中以莪术醇(curcumol)和莪术烯酮(curzerenon)为主要成分,尚有莪术二酮(curdione)、姜黄酮(curzerenone)、姜黄烯(curcumene)、樟脑(camphor)、异呋吉马酮(isofuranogermaerone)、蜕牛儿酮(germacrone)和 β-榄香烯(β-elemene)等数十种挥发油类化合物。不同品种的莪术中莪术醇、异莪术烯醇、莪二酮和吉马酮含量差异较大,其中,莪术中几乎不含莪术醇或含量极低,桂莪术和温莪术中含量较高。以温莪术制备莪术油,其中莪术醇含量较高。近代临床及药理研究表明,莪术油有一定的抗菌、抗癌活性,在临床应用中是安全可靠的抗肿瘤药物。

1. 莪术油中主要成分的化学结构

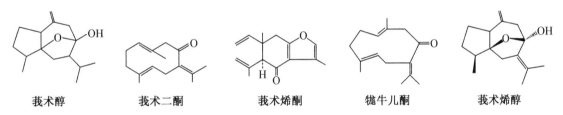

莪术醇　　　莪术二酮　　　莪术烯酮　　　蜕牛儿酮　　　莪术烯醇

2. 莪术油的性状及理化性质

本品为淡棕色或深棕色的澄清油状液体;气特异,味微苦细辛;相对密度为 0.970~0.990;加乙醇制成每 1ml 中含 50mg 的溶液,比旋度应为 +20°~+25°;折光率为 1.500~1.510。

3. 莪术油的生产工艺(水蒸气蒸馏法)

【工艺原理】

采用挥发油最常用的提取方法——水蒸气蒸馏法,提取莪术中挥发油,方法简便,成本低,工业生产中应用较普及。

【操作过程及工艺条件】

(1)粉碎:莪术干燥,粉碎成粗粉,备用。

(2)水蒸气蒸馏:将莪术粗粉置挥发油提取器中,加适量水浸泡湿润后,加热蒸馏提取 8 小时,制得莪术油。

【生产工艺流程】

莪术　——干燥,粉碎——→　粗粉　——水蒸气蒸馏提取——→　莪术油

【工艺注释】

(1)水蒸气蒸馏法是挥发油提取的常用方法。研究表明,莪术药材粉碎粒度为 10~20 目,加 8 倍量水,蒸馏时间为 8 小时的提取工艺最佳。

(2)莪术中由于含有较多的杂质,在长时间的加热蒸馏过程中易与水蒸气、挥发油一起被蒸馏出,造成提取的莪术挥发油中含有大量的泡沫,油水易形成乳浊液,难于分层,给下一步莪术挥发油的精制带来不便。

（3）为了进一步精制莪术挥发油，减少有机溶剂的使用，尽量保证莪术挥发油有效成分的完整性，可运用 CO_2 超临界萃取技术（SFE）提取莪术挥发油。实验表明，SFE 法与 SD 法制得的挥发油化学成分差别较大且出油率较高，这是由于 SFE 法提取出来的挥发油中除了含有水蒸气蒸馏法所得的一些挥发性成分外，还含有相当数量的脂溶性化合物。SD 法制得的挥发油中莪术醇的含量较高，而 SFE 法制得的挥发油中莪术二酮、异莪术醇含量高。体外抗肿瘤活性研究表明，SFE 法制得的挥发油具有显著的抗肿瘤活性，而 SD 法莪术挥发油在高浓度下表现出较弱的抗肿瘤活性。

12.4.2 薄荷素油和薄荷脑

薄荷素油（peppermint oil）为唇形科植物薄荷（*Mentha haplocalyx*）的新鲜茎和叶经水蒸气蒸馏、冷冻、部分脱脑加工提取的挥发油，习称薄荷油。薄荷素油和薄荷脑为芳香药、祛风药和调味品，广泛用于制药、食品工业和日用化工。近代临床及药理研究结果表明，薄荷脑具有弱的镇痛、止痒和局麻作用，亦用于防腐、杀菌和清凉作用。

薄荷脑（l-menthol）为薄荷的新鲜茎和叶经水蒸气蒸馏、冷冻、重结晶得到的一种饱和的环状醇，又称 l-薄荷醇。薄荷脑是薄荷挥发油中的主要成分，一般占薄荷油的 50% 以上，最高可达 85%。

1. 薄荷脑的化学结构

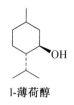

l-薄荷醇

2. 薄荷素油和薄荷脑的理化性质

（1）性状：薄荷素油为无色或淡黄色的澄清液体，相对密度为 0.888～0.908，$[\alpha]_D = -24°\sim-17°$，折光率为 1.456～1.466；薄荷脑为无色针状或棱柱状结晶或白色结晶性粉末，分子式为 $C_{10}H_{20}O$，相对分子质量为 156.27，熔点为 42～44℃，$[\alpha]_D = -50°\sim-49°$（0.1g/ml EtOH）。

（2）溶解性：薄荷素油与乙醇、三氯甲烷或乙醚能任意混溶。薄荷脑在乙醇、三氯甲烷、乙醚、液状石蜡或挥发油中极易溶解，在水中极微溶解。

3. 薄荷素油与薄荷脑的生产工艺（水蒸气蒸馏-冷冻分离法）

【工艺原理】

采用水蒸气蒸馏法从薄荷中提取薄荷素油和薄荷脑，利用冷冻分离法进行分离精制。

【操作过程及工艺条件】

（1）水蒸气蒸馏-冷冻分离：薄荷全草水蒸气蒸馏，-10℃冷冻 12 小时，制得粗脑和油。

（2）薄荷素油：上述油经常压蒸馏除水，-20℃冷冻 24 小时，制得粗脑和油。油经减压蒸馏制得薄荷素油。

（3）薄荷脑：合并上述粗脑，0℃冷冻析晶，经乙醇重结晶，制得薄荷脑。

【生产工艺流程】

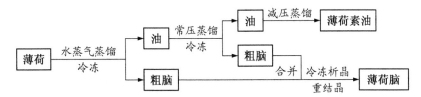

【工艺注释】

(1) 现代工业生产中薄荷素油和薄荷脑多采用水蒸气蒸馏法,此法操作简便,生产成本低。薄荷经水蒸气蒸馏、两步冷冻,再经乙醇重结晶制得薄荷脑,脱脑制得薄荷素油。

(2) 有研究报道,冷浸法和超声提取法提取薄荷油的出油率和薄荷醇含量均比水蒸气蒸馏法高,但这两种使用有机溶剂的方法,容易造成溶剂残留,影响挥发油的品质。

(3) CO_2 超临界流体萃取薄荷油出油率比前三者高,但是薄荷醇相对含量低,且其化学成分组成与水蒸气蒸馏法制得的薄荷油不同。

【思考题】

1. 天然药物中萜类化合物常用的提取方法有哪些?

2. 列举工业上用于分离纯化萜类化合物的方法,并指出其特点。

3. 天然药物中挥发油常用的提取方法有哪些? 各有何优缺点?

4. 说明大孔吸附树脂法分离萜类化合物的工艺流程及优点。

5. 提取环烯醚萜苷类成分应注意哪些问题?

6. 现欲改进黄花蒿中青蒿素溶剂提取法的提取工艺,试设计工艺改进试验方案。

7. 目前常用的青蒿素提取技术有哪些? CO_2 超临界流体萃取法提取青蒿素有何特点?

8. 目前紫杉醇制备有哪些方法? 试设计应用正相色谱法分离纯化红豆杉中紫杉醇的工艺流程。

【参考文献】

[1] 吴立军. 实用天然有机产物化学[M]. 北京:人民卫生出版社,2007:984,1024

[2] 吴立军. 天然药物化学(第 5 版)[M]. 北京:人民卫生出版社,2007:215 - 263

[3] 刘虹,王萌,郝彧,等. 大孔树脂纯化赤芍提取物的工艺考察[J]. 天津中医药大学学报,2009,28(3):142 - 145

[4] 潘浪胜,吕秀阳,吴平东. 赤芍中芍药苷提取工艺的优化[J]. 天然产物研究与开发,2006,18:105 -107

[5] 鲁艳柳,王长虹,王峥涛. 龙胆标准提取物制备及质量标准研究[J]. 中国药学杂志,2008,43(24):1090 - 1913

[6] 赵勇,张儒,孙文基. 大孔吸附树脂富集秦艽叶中龙胆苦苷的工艺研究[J]. 中药材,2007,30(12):1583 - 1586

[7] 王长虹,王峥涛. 均匀设计法考察影响龙胆苦苷煎出率的因素[J]. 中医药学报,2005,33(1):9 -11

[8] 杨书彬,陶永梅,姚丽. 优化提取工艺对龙胆中两种苦苷提取率的影响[J]. 哈尔滨商业大学学报(自然科学版),2007,23(4):390-392

[9] 国家药典委员会. 中华人民共和国药典(2010年版,二部)[S]. 北京:中国医药科技出版社,2010:388,395,420,619,964-965,1007-1008

[10] Patrick S. Covello. Making artemisinin[J]. Phytochemistry,2008,69:2881-2885

[11] 葛发欢,张镜澄,陈列,等. 黄花蒿中青蒿素的超临界CO_2流体提取工艺研究[J]. 中国医药工业杂志,2000,31(6):250-253

[12] 钱国平,杨亦文,吴彩娟,等. 超临界CO_2从黄花蒿中提取青蒿素的研究[J]. 化工进展,2005,24(3):286-290,302

[13] 胡淼,钱国平,杨亦文,等. 超临界CO_2提取青蒿素的工艺[J]. 江南大学学报(自然科学版),2006,5(1):100-103

[14] 韦国锋,黄祖良,何有成. 大孔吸附树脂提取青蒿素的研究[J]. 离子交换与吸附,2007,23(4):373-377

[15] 徐朝辉,童晋荣,万端极. 超声提取-膜过滤-超临界萃取联合技术提取青蒿素[J]. 化工进展,2006,25(12):1447-1450

[16] 赵凯,周东坡. 抗癌药物紫杉醇的提取与分离纯化技术[J]. 生物技术通讯,2004,15(3):309-312

[17] 吕秀阳,杨亦文,任其龙,等. 紫杉醇提取工艺的放大与优化[J]. 农业工程学报,2001,17(4):119-122

[18] 范云鸽,张秀莉,史作清,等. 大孔吸附树脂提取穿心莲总内酯的研究[J]. 离子交换与吸附,2002,18(1):30-35

[19] 尹秀莲,游庆红,王振安. 穿心莲中穿心莲内酯的提取工艺研究[J]. 安徽农业科学,2009,37(15):6988-6989

[20] 聂凌云,罗兴平. 穿心莲提取工艺的研究及热稳定性考察[J]. 解放军药学学报,2005,21(1):32-34

[21] 张春滨,王昆,顾文涛. 穿心莲内酯工艺改进探讨[J]. 中国医药信息,2002,19(3):50-51

第 13 章

三萜及其苷类

> **本章要点**
>
> 　　掌握三萜类化合物的提取分离原理;熟悉人参皂苷、黄芪皂苷、甘草皂苷以及齐墩果酸的生产工艺流程;了解三萜类化合物提取分离的工业化研究进展。提高设计三萜类化合物提取分离工艺流程的能力。

13.1　概　　述

　　多数三萜类(triterpenoids)化合物是由 30 个碳原子组成的萜类化合物,根据"异戊二烯定则",多数三萜类化合物被认为是六个异戊二烯单位缩合而成。这类化合物广泛存在于自然界,在菌类、蕨类、单子叶和双子叶植物、动物及海洋生物中都有分布,尤其是在双子叶植物中分布最多。三萜类化合物在自然界以游离形式或与糖结合成苷或酯的形式存在。由于三萜苷类化合物多数可溶于水,其水溶液振摇后多能产生大量持久性似肥皂样泡沫,所以被称为三萜皂苷。

　　通过生物活性研究表明,三萜类化合物具有溶血、抗癌、抗炎、抗菌、抗病毒、降低胆固醇、抗生育等活性。近年来,由于天然药物成分的分离手段、结构测定以及生物活性测定等技术的迅速发展,大大加快了游离三萜类化合物和三萜皂苷的研究进展,许多新骨架或具有一定生物活性的三萜类化合物不断地被发现,尤其是对海洋生物中三萜类化合物的研究取得了较大的成果,显示出广泛的应用前景,所以三萜类化合物已成为天然药物研究领域中的一个重要部分。

13.1.1　结构特征

　　三萜类化合物结构类型很多,多数为四环三萜和五环三萜,少数为链状、单环、双环和三环三萜。近几十年还发现了许多由于氧化、环裂解、甲基转位、重排及降解等而产生的结构复杂的新骨架类型的三萜类化合物。

常见的三萜皂苷元有四环三萜皂苷元和五环三萜皂苷元。

1. 四环三萜

四环三萜的结构和甾醇很相似,大多具有环戊烷骈多氢菲的基本母核,在母核 17 位上有 8 个碳原子的侧链,母核上一般有 5 个甲基。存在于自然界较多的四环三萜或皂苷元主要有羊毛脂甾烷型(lanostane)、达玛烷型(dammarane)等三萜类(表 13-1)。达玛烷型和羊毛脂甾烷型在骨架上的差别是甲基的位置不同,羊毛脂甾烷中 C_{13} 上的甲基移到 C_8 位就是达玛烷型结构。

表 13-1 四环三萜皂苷元的主要结构类型及其结构特征

类型	结构特征	结构母核	典型化合物
羊毛脂甾烷型(羊毛脂烷型)	A/B 环、B/C 环和 C/D 环都为反式,C_{20} 为 R 构型,侧链的构型分别为 10β、13β、14α、17β	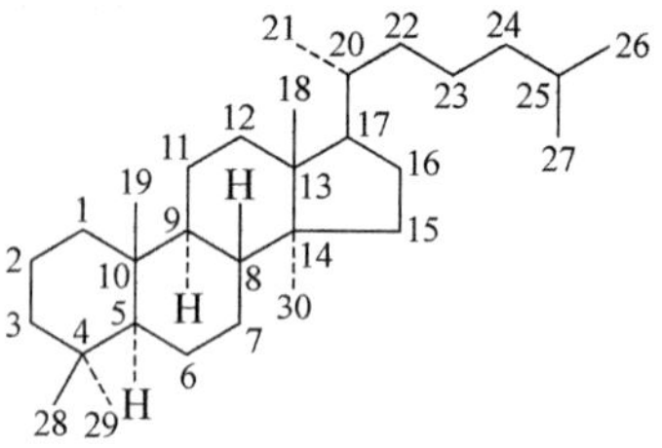 羊毛脂甾烷	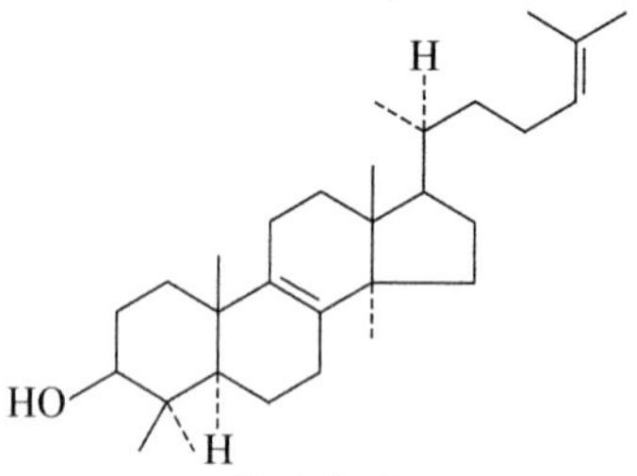 羊毛脂醇
达玛烷型	8 位和 10 位有 β-构型的角甲基,13 位有 β-H,17 位的侧链为 β-构型,C_{20} 构型为 R 或 S	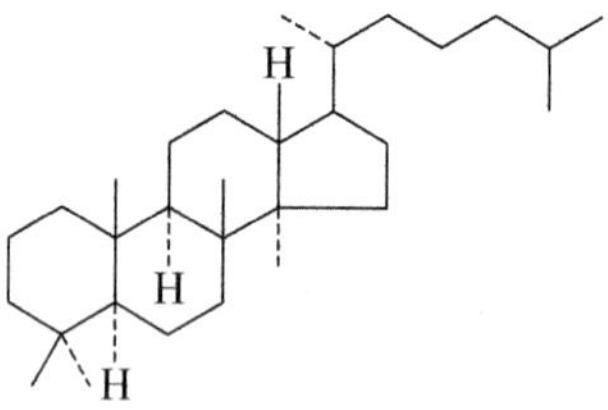 达玛烷	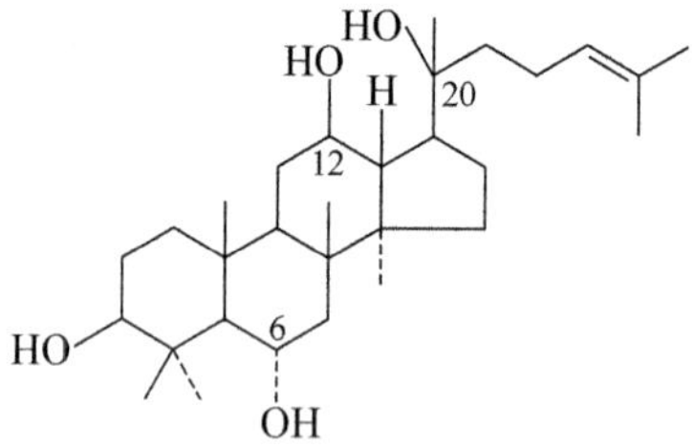 20(S)-原人参三醇

2. 五环三萜

五环三萜的类型较多,其 C_3—OH 常与糖结合成苷,苷元中常含有羧基,故又称酸性皂苷。五环三萜主要的结构类型有齐墩果烷型(oleanane)、乌苏烷型(ursane)、羽扇豆烷型(lupane)等(表 13-2)。

表 13-2 五环三萜皂苷元的主要结构类型及其结构特征

类型	结构特征	结构母核	典型化合物
齐墩果烷型(β-香树脂烷型)	五环母核的基本碳架中,A/B 环、B/C 环、C/D 环均为反式,而 D/E 环多为顺式。母核上有 8 个甲基,多含有 C_3-β-OH。C_{19} 位上无甲基,C_{20} 位上有两个甲基	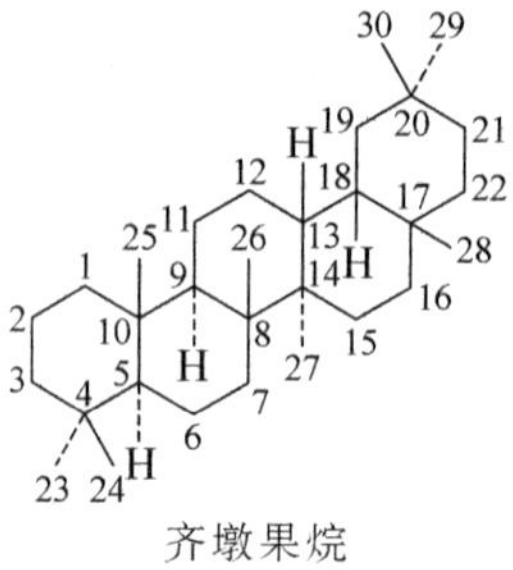 齐墩果烷	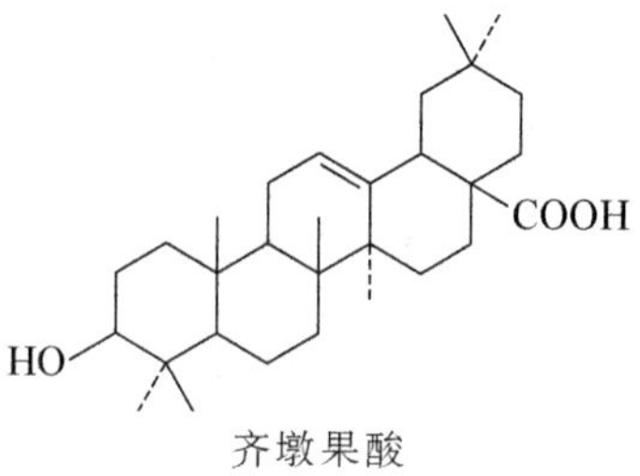 齐墩果酸

续　表

类型	结构特征	结构母核	典型化合物
乌苏烷型（α-香树脂烷型）（熊果烷型）	与齐墩果烷型不同之处是 E 环上两个甲基位置不同,是在 C_{19} 位和 C_{20} 位上分别各有一个甲基	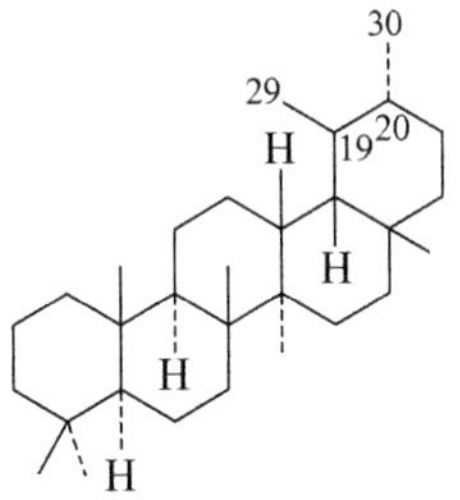 乌苏烷	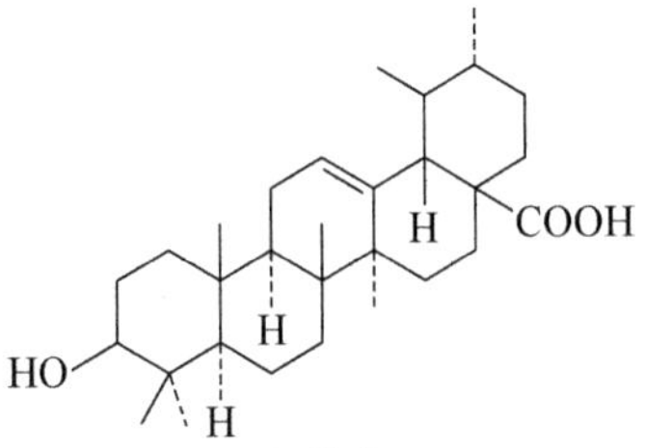 乌苏酸
羽扇豆烷型	与齐墩果烷型不同点是 C_{21} 与 C_{19} 连成五元环 E 环,并在 E 环的 19 位有 α-构型的异丙基取代,D/E 环为反式	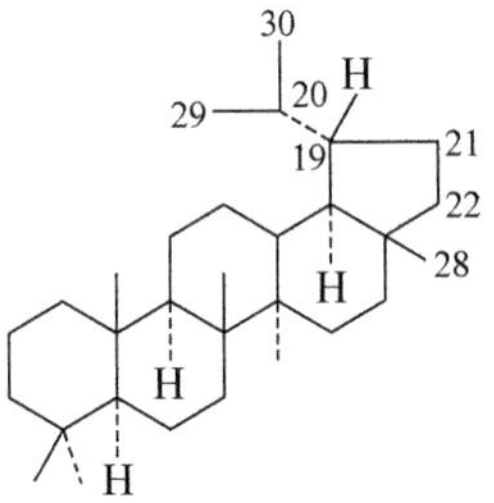 羽扇豆烷	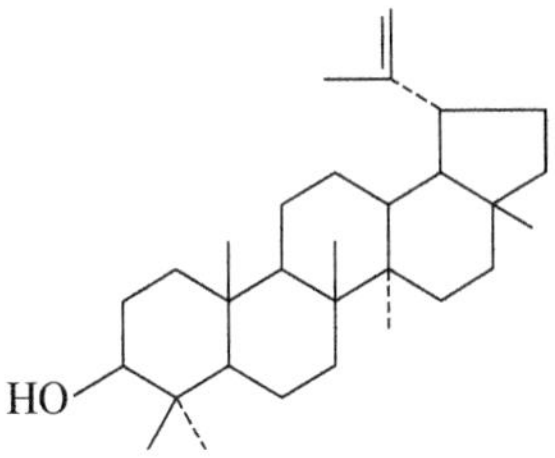 羽扇豆醇

13.1.2　理化性质及检识

1. 理化性质

三萜及其苷类化合物的理化性质见表 13-3。

表 13-3　三萜及其苷类化合物的理化性质

项　目	性　质
性状	游离三萜类结晶性能较好,多有完好的结晶
	三萜皂苷多为无色或白色无定形粉末,仅少数为晶体
吸湿性等	三萜皂苷常具有吸湿性,多有苦味和辛辣味
溶解性	游离三萜类能溶于石油醚、乙醚、三氯甲烷、乙醇、甲醇等有机溶剂,而不溶于水
	三萜皂苷可溶于水,易溶于热水、稀醇、热甲醇和热乙醇,在含水丁醇或戊醇中溶解度较好,几乎不溶或难溶于丙酮、乙醚以及石油醚等亲脂性有机溶剂
与胆甾醇形成分子复合物	三萜皂苷可与胆甾醇生成难溶性的分子复合物,但三萜皂苷与胆甾醇形成的复合物不如甾体皂苷与胆甾醇形成的复合物稳定
溶血作用	多数三萜皂苷能与胆甾醇结合生成难溶性的分子复合物,从而破坏血红细胞的正常渗透性,所以三萜皂苷的水溶液大多能破坏红细胞而产生溶血作用
表面活性作用（发泡性）	由于三萜皂苷能降低水溶液表面张力,所以三萜皂苷水溶液经强烈振摇后能产生持久性的泡沫,而且不因加热而消失

续　表

项　目	性　质
显色反应	醋酐-浓硫酸反应（Liebermann-Burchard 反应）：产生黄→红→紫→蓝等颜色变化，最后褪色
	三氯乙酸反应（Rosen-Heimer 反应）：加热至 100℃，呈红色，渐变为紫色
	五氯化锑反应（Kahlenberg 反应）：60～70℃加热，显蓝色、灰蓝色等颜色
	三氯甲烷-浓硫酸反应（Salkowski 反应）：硫酸层红或蓝色，三氯甲烷层有绿色荧光

2. 检识

通过 Liebermann-Burchard 等颜色反应和 Molish 反应，可初步推测化合物是否为三萜或三萜苷类化合物。利用试剂检识虽然比较灵敏，但其专属性较差，所以可进一步用 TLC、PC 和 HPLC 等进行检识。三萜皂苷还可通过泡沫试验、溶血试验进行鉴别。

13.1.3　常用的提取方法

一般可根据三萜类化合物的溶解性采用不同溶剂进行提取，如游离三萜类化合物可用极性小的溶剂如乙醚、三氯甲烷等提取，而三萜皂苷则用极性较大的溶剂如乙醇、甲醇等进行提取，三萜酸类可用碱溶酸沉法提取，植物中以皂苷形式存在的三萜可先水解，再用合适的有机溶剂萃取。具体特点见表 13-4。

表 13-4　三萜类化合物的常用提取方法及其特点

方　法	特　点
醇类溶剂提取法	本法为目前提取皂苷的常用方法。醇提浓缩物加水后，分别用石油醚、三氯甲烷或乙醚、水饱和正丁醇萃取，三氯甲烷或乙醚萃取液中有游离三萜类化合物，正丁醇萃取液回收溶剂并蒸干后得到总皂苷
碱水提取法	本法适用于含有羧基的三萜皂苷元
酸水解有机溶剂萃取法	① 直接在植物原料中加酸性溶液加热水解，然后用三氯甲烷等亲脂性有机溶剂自药渣中提取出皂苷元，工业生产中常用这种方法 ② 先提取粗皂苷，然后将粗皂苷加酸加热水解，再用三氯甲烷等亲脂性有机溶剂自水解液中提取出三萜皂苷元

13.1.4　分离和纯化方法

由于天然药物中的三萜类成分常与其他极性相近的杂质共存，且有些三萜类化合物间结构差别不大，因此色谱法是目前分离三萜类化合物常用的方法，而且常常需要将多种色谱方法结合使用。具体方法及其特点见表 13-5。

表 13 - 5　三萜类化合物的常用分离方法及其特点

类　　型	方法及特点
游离三萜化合物	硅胶吸附柱色谱、中低压硅胶柱色谱
三萜皂苷	分段沉淀法：采用丙酮、乙醚-丙酮(1∶1)的混合溶剂、乙醚使极性不同的皂苷分段沉淀出来
	大孔树脂柱色谱：极性大的皂苷,可被 10% ~30% 的乙醇或甲醇洗脱下来,极性小的皂苷,则被 50% 以上的乙醇或甲醇洗脱下来
	色谱法：常采用分配柱色谱要比吸附柱色谱效果好,常用硅胶为支持剂。反相色谱中通常以反相键合相 Rp - 18、Rp - 8 或 Rp - 2 为填充剂

13.2　生产实例

13.2.1　人参皂苷

人参为五加科植物人参(*Panax ginseng*)的干燥根及根茎。近代临床及药理研究表明,人参皂苷为人参的主要有效成分,具有人参的主要生理活性。人参的根、茎、叶、花及果实中均含有多种人参皂苷(ginsenosides)。人参根中总皂苷的含量约 5%,根须中人参皂苷的含量比主根高。目前,已分离并鉴定结构的人参皂苷有 40 多种,各人参皂苷的药理作用不尽相同,例如,人参皂苷 Rb_1 和 Rb_2 具有中枢抑制作用和抗氧化作用;人参皂苷 Rg_1 具有中枢兴奋作用,并能促进蛋白质、脂质、DNA 和 RNA 的生物合成;人参皂苷 Ro 具有抗炎、解毒和抗血栓作用;人参皂苷 Rd、人参皂苷 Re、人参皂苷 Rf、人参皂苷 Rg_1 具有抗疲劳作用。

1. 人参皂苷的结构

根据人参皂苷元的结构不同可分为人参二醇型(A 型)、人参三醇型(B 型)和齐墩果酸型(C 型)三种。

(1) 人参二醇型(A 型)

	R_1	R_2
20(S)-原人参二醇	H	H
人参皂苷 Rb_1	glc(2→1)glc	glc(6→1)glc
人参皂苷 Rb_2	glc(2→1)glc	glc(6→1)ara(p)
人参皂苷 Rc	glc(2→1)glc	glc(6→1)ara(f)
人参皂苷 Rd	glc(2→1)glc	glc

人参二醇型(A 型)

(2) 人参三醇型(B 型)

	R_1	R_2
20(S)-原人参三醇	H	H
人参皂苷 Re	glc(2→1)rha	glc
人参皂苷 Rf	glc(2→1)glc	H
人参皂苷 Rg_1	glc	glc

人参三醇型（B 型）

（3）齐墩果酸型（C 型）

	R
人参皂苷 Ro	glc(2→1)glc

齐墩果酸型（C 型）

2. 人参皂苷的性质

人参总皂苷多为白色无定形粉末，有吸湿性，部分人参皂苷的物理性质详见表 13-6。人参总皂苷易溶于水、甲醇、乙醇，可溶于正丁醇、醋酸、乙酸乙酯，不溶于乙醚、苯。水溶液振摇后能产生大量泡沫。人参总皂苷没有溶血现象，但经分离后，B 型和 C 型人参皂苷具有显著的溶血作用，而 A 型人参皂苷却有抗溶血作用。

表 13-6 人参单体皂苷的物理性质

化合物	分子式	相对分子质量	性　　状	熔点（℃）
人参皂苷 Rb_1	$C_{54}H_{92}O_{23}$	1109.26	白色粉末（乙醇-丁醇）	197~198
人参皂苷 Rb_2	$C_{53}H_{90}O_{23}$	1079.24	白色粉末（甲醇-丁醇）	200~203
人参皂苷 Rc	$C_{53}H_{90}O_{22}$	1079.24	白色粉末（乙醇-丁醇）	199~201
人参皂苷 Rd	$C_{48}H_{82}O_{18}$	947.12	白色粉末（乙醇-乙酸乙酯）	206~209
人参皂苷 Re	$C_{48}H_{82}O_{18}$	947.12	无色针状结晶（50％乙醇）	201~203
人参皂苷 Rf	$C_{42}H_{72}O_{14}$	801.00	白色粉末（丙酮）	197~198
人参皂苷 Rg_1	$C_{42}H_{72}O_{14} \cdot 2H_2O$	830.03	无色半结晶物（正丁醇-甲基乙基酮）	194~196.5

A 型和 B 型人参皂苷在酸水解时，从水解产物中得不到真正的皂苷元，这是由于这些皂苷元的性质不太稳定，水解时结构发生变化。A 型、B 型人参皂苷的真正皂苷元是 20(S)-原人参二醇、20(S)-原人参三醇。

3. 人参总皂苷生产工艺 1

【工艺原理】

利用人参总皂苷易溶于乙醇的性质进行提取；利用人参总皂苷的亲水性、难溶于乙醚等亲脂性有机溶剂的性质除去脂溶性成分;根据人参总皂苷在正丁醇、丙酮中的溶解性,采用水饱和的正丁醇萃取并结合丙酮沉淀,以达到纯化的目的。

【操作过程及工艺条件】

(1)浸泡-回流:将人参粗粉碎,以乙醇室温浸泡 3 次,浸泡后的药渣再用乙醇加热回流提取 6 次,每次 1 小时,合并乙醇浸泡液和乙醇回流提取液。

(2)浓缩-乙醚萃取:将乙醇提取液减压回收乙醇至无醇味,冷却后加适量水,再用乙醚萃取 1～2 次,乙醚液中即欲除去的脂溶性成分。

(3)正丁醇萃取-浓缩:将上述水层用等量水饱和正丁醇萃取 6 次,合并正丁醇萃取液,减压回收正丁醇至干,得到的抽松物即人参皂苷粗品。

(4)醇溶-丙酮沉淀:将人参总皂苷粗品用适量乙醇溶解,在搅拌下倾入一定量的丙酮中,放置,滤过,将收集的沉淀用少量丙酮洗涤 2 次,减压抽干后 70℃恒温真空干燥 4 小时,得白色或淡黄色粉末(人参总皂苷)。

【生产工艺流程】

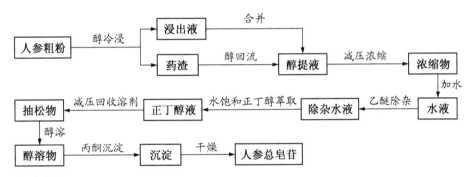

【工艺注释】

(1)人参皂苷为三萜皂苷类化合物,偏于亲水性。人参总皂苷在甲醇、乙醇中溶解度较大,但由于甲醇毒性较大,对环境不利,所以选择乙醇提取。为了提取完全,将药材先用乙醇冷浸后,再用乙醇加热回流提取。

(2)由于采用乙醇提取,乙醇提取液中脂溶性成分较多,所以醇提浓缩物加水后用乙醚萃取 1～2 次,以除去其中的脂溶性成分。

(3)在正丁醇萃取工艺中,为了除去水溶性杂质,提高人参总皂苷的纯度,也可将正丁醇总萃取液用蒸馏水萃取 1 次,得到的水液再用等量水饱和的正丁醇萃取 1 次,并且将此正丁醇萃取液合并于正丁醇总萃取液中。

4. 人参总皂苷生产工艺 2

【工艺原理】

利用人参总皂苷易溶于乙醇的性质进行提取;利用醇提水沉的方法除去脂溶性成分;由于水溶性杂质和皂苷的极性不同,在大孔吸附树脂上的吸附能力不同,所以采用大孔吸附树脂色谱法除去水溶性杂质,以达到纯化的目的。

【操作过程及工艺条件】

(1)回流:将人参粗粉碎,以 70%乙醇加热回流提取。

(2)浓缩-冷置:将乙醇提取液减压回收乙醇至无醇味,冷却后加适量水分散,放入冰箱冷置 24 小时,抽滤,弃去沉淀。

（3）上柱-洗脱：将上述抽滤后所得的滤液上 D101 大孔吸附树脂柱吸附后，先用水洗脱，再用 50％乙醇洗脱，合并 50％乙醇洗脱液。

（4）浓缩-干燥：将 50％乙醇洗脱液减压回收乙醇至干，并在 70℃恒温真空干燥，即得人参总皂苷。

【生产工艺流程】

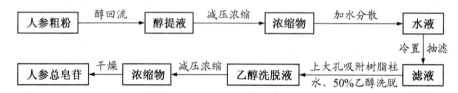

【工艺注释】

（1）目前，三萜皂苷是使用大孔吸附树脂色谱法分离纯化的比较广泛的一类成分，这类成分水溶性大，不易自水中萃取出来，常规法是用水饱和的正丁醇萃取，正丁醇沸点较高，回收溶剂困难，而大孔吸附树脂对皂苷有很好的吸附作用，不仅吸附容量大，而且易被解吸附，洗脱下来的成分纯度好，所以大孔吸附树脂法已广泛应用于皂苷的提取分离，为此本工艺中采用大孔吸附树脂色谱法进行纯化。

（2）利用大孔吸附树脂进行纯化时，上样溶液预先需要进行沉淀除杂等步骤。上样溶液澄清度较好时，不仅能提高人参总皂苷的纯化率，而且还能提高大孔吸附树脂的使用寿命。所以该工艺中采用醇提水沉的方法除去杂质。

（3）试验中对 D101、AB－8、HPD－100、DX－5、D3520、H103、NKA－9 七种大孔吸附树脂进行了实验，分别先用水洗脱，再用 70％乙醇洗脱，用分光光度法进行含量测定，结果总皂苷含量 D101＞HPD－100＞AB－8＞D3520＞DX－5＞NKA－9＞H103，收率为 D101＞AB－8＞HPD－100＞D3520＞DX－5＞NKA－9＞H103，其中效果较好的是 D101、AB－8、HPD－100，总皂苷含量可达 75％，收率也在 1.8％以上。

（4）实验室研究结果表明，纯化前总固体物中人参总皂苷含量为 14.9％，纯化后总固体物中人参总皂苷含量为 60.1％，精制度达 403.3％，而且洗脱率达 90％以上，所以从精制程度和解吸度方面分析，大孔吸附树脂适于人参总皂苷的分离纯化，并通过中试研究证实了该技术放大生产是可行的。

5. 人参茎叶总皂苷生产工艺

【工艺原理】

利用人参茎叶总皂苷可溶于水的性质进行提取；水提醇沉的方法除去糖类等水溶性杂质；根据人参茎叶总皂苷的溶解性，采用水饱和正丁醇萃取并结合活性炭吸附、氧化铝吸附杂质以及轻汽油沉淀，以达到纯化的目的。

【操作过程及工艺条件】

（1）浸提-浓缩：将人参茎叶粗粉装入逆流浸提罐组中，先以沸水浸提，浸提液的出液系数控制在 5 以下，然后将浸提液泵入到薄膜蒸发罐中，减压浓缩至浓缩液的体积和原料的质量比为 1∶1。

（2）醇沉-浓缩-正丁醇萃取：在上述浓缩液中慢慢加入乙醇（同时不断搅拌），使乙醇含量达 70％后，有大量沉淀析出，静置、过滤，将沉淀物用 70％乙醇洗涤两次，合并滤液和洗涤液，减压回收乙醇并浓缩到相当于原料质量的 1/2 后,以水饱和正丁醇用塔式逆流连续萃取器进行逆流萃取,合并正丁醇萃取液后,用水洗涤两次,以除去水溶性杂质。

(3) 柱色谱-浓缩:将上述水洗涤过的正丁醇萃取液通过活性炭柱(活性炭的量约为正丁醇质量的 0.5%)后,再通过氧化铝柱(中性氧化铝的量约为正丁醇质量的 3%~6%),两柱属于串联通过。再将通过两柱的正丁醇液泵入减压浓缩罐中,减压回收正丁醇至一定体积。

(4) 轻汽油沉淀-干燥:在正丁醇浓缩液中慢慢加入轻汽油(同时不断搅拌),沉淀完全后静置、过滤,所得沉淀真空干燥,即得人参茎叶总皂苷。

【生产工艺流程】

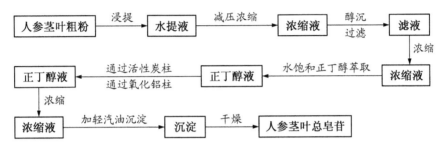

【工艺注释】

(1) 从人参茎叶中提取人参茎叶总皂苷,作为提取物应用是扩大人参药源的一种途径。近几十年,人们分别对人参茎叶、人参花蕾、人参果实等部位进行了研究,结果发现除了人参根之外,人参植株其他部位也含有人参总皂苷,而人参茎叶中含量更高。目前提取人参皂苷的方法有很多种,多采用不同浓度的乙醇作为提取溶剂,但人参茎叶中含较多的叶绿素,而乙醇对叶绿素的溶解度较大,不易除去,从而影响总皂苷质量,所以本工艺利用人参茎叶总皂苷易溶于水、而叶绿素不易溶于水的性质,采用水为提取溶剂,以减少后继工作的负担,简化了工艺。

(2) 该工艺中采用沸水浸提,一方面既可将人参茎叶总皂苷溶解出来,同时也可使药材中的酶失活,另一方面提取液中共存的杂质以多糖等水溶性成分较多,所以进一步采用醇沉的方法纯化,但醇沉前需将水浸提液减压浓缩至浓缩液的体积和原料的质量比为 1∶1,目的是为了增加杂质的浓度,使进一步醇沉时减少乙醇用量,提高醇沉效果。如果这一步浓缩完成时有沉淀,则应将沉淀过滤除去。

13.2.2　黄芪皂苷

黄芪为豆科植物蒙古黄芪(*Astragalus membranaceus* var. *mongholicus*)或膜荚黄芪(*A. membranaceus*)的干燥根及根茎。黄芪皂苷有黄芪苷Ⅰ、Ⅳ、Ⅴ (astragaloside Ⅰ、Ⅳ、Ⅴ)等,其中黄芪苷Ⅳ又名黄芪甲苷,是黄芪中的主要有效成分之一,所以通常作为检查黄芪是否存在的指标成分。近代临床及药理研究表明,黄芪苷Ⅳ在心血管、免疫和内分泌系统等都具有广泛的药理作用,具有强心、抗炎、抗病毒、舒张血管、保护血管内皮细胞等作用。黄芪苷Ⅰ具有降压、抗炎、镇静和调节代谢作用。

1. 黄芪皂苷及皂苷元的结构

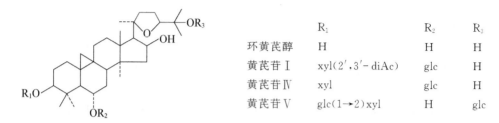

	R_1	R_2	R_3
环黄芪醇	H	H	H
黄芪苷 I	xyl(2′,3′-diAc)	glc	H
黄芪苷 IV	xyl	glc	H
黄芪苷 V	glc(1→2)xyl	H	glc

2. 黄芪皂苷的性质

黄芪苷 IV 为无色针晶(甲醇),分子式 $C_{41}H_{68}O_{14}$,相对分子质量 784.98,熔点 299～301℃。黄芪苷 I、IV、V 的皂苷元均为环黄芪醇,由于环黄芪醇结构中的环丙烷环容易在酸水解时开裂,所以要得到黄芪苷真正的皂苷元,一般采用两相酸水解或酶水解。

3. 黄芪总皂苷生产工艺 1

【工艺原理】

利用黄芪总皂苷可溶于乙醇的性质进行提取;根据黄芪总皂苷在正丁醇中的溶解性,采用水饱和的正丁醇萃取,达到纯化的目的。

【操作过程及工艺条件】

(1) 回流-浓缩:将黄芪粗粉碎,以 60%乙醇加热回流提取 2 次,合并乙醇提取液后减压回收乙醇至干。

(2) 水溶-正丁醇萃取:乙醇浓缩物加水溶解,过滤,滤液用水饱和正丁醇萃取多次,合并正丁醇萃取液。

(3) 浓缩-干燥:将正丁醇萃取液减压回收正丁醇至干,并在 60℃恒温真空干燥,即得黄芪总皂苷。

【生产工艺流程】

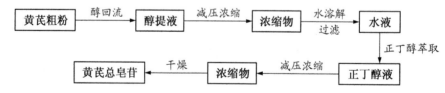

【工艺注释】

(1) 黄芪中含多糖、皂苷、黄酮、氨基酸等多种有效成分,黄芪皂苷类化合物的提取分离常先用醇类溶剂(如乙醇等)提取。

(2) 醇提浓缩物加水溶解过滤后再用水饱和的正丁醇萃取,此为通法。

4. 黄芪总皂苷生产工艺 2

【工艺原理】

利用黄芪总皂苷可溶于乙醇的性质进行提取;适度浓缩后静置析胶除去脂溶性成分;由于皂苷和杂质的极性不同,在大孔吸附树脂上的吸附能力不同,所以采用大孔吸附树脂色谱法进行纯化。

【操作过程及工艺条件】

(1) 回流-静置:将黄芪粗粉碎,以 60%乙醇加热回流提取,将乙醇提取液静置 12 小时,过滤,弃去沉淀物。

（2）浓缩:将上述过滤后的滤液减压回收乙醇至干,得乙醇提取浓缩物。

（3）上柱-洗脱:乙醇提取浓缩物用 4 倍量水溶解,过滤,滤液上 AB-8 大孔吸附树脂柱吸附后,用乙醇洗脱,合并乙醇洗脱液。

（4）浓缩-干燥:将乙醇洗脱液减压回收乙醇至干,并在 60℃ 恒温真空干燥,即得黄芪总皂苷。

【生产工艺流程】

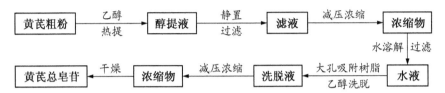

【工艺注释】

实验室研究结果表明,AB-8 大孔树脂吸附纯化方法与正丁醇萃取纯化方法所得的黄芪总皂苷得率相近,而高于 D101、D140、D605 等大孔树脂吸附纯化所得的黄芪总皂苷得率。

5. 黄芪苷Ⅳ生产工艺

【工艺原理】

利用黄芪苷Ⅳ可溶于乙醇、甲醇的性质进行提取并纯化;根据黄芪苷Ⅳ难溶于石油醚的性质,用石油醚萃取除去脂溶性杂质;利用黄芪苷Ⅳ在正丁醇中的溶解性,采用水饱和的正丁醇萃取,以达到纯化的目的。

【操作过程及工艺条件】

（1）回流-浓缩:将黄芪粗粉碎,以 10 倍量 70％乙醇加热回流提取 90 分钟,再以 8 倍量 70％乙醇加热回流提取 60 分钟,合并乙醇提取液后减压浓缩至相对密度为 1.15～1.20,并喷雾干燥成细粉。

（2）甲醇溶解-石油醚萃取:将上述细粉用甲醇超声处理 30 分钟,过滤,滤液回收溶剂至干后,加水分散,再用石油醚萃取,即除去脂溶性成分。

（3）正丁醇萃取:取石油醚萃取后的水层,挥发至无石油醚味,然后用水饱和正丁醇萃取多次,合并正丁醇萃取液后,用氨试液萃取 2 次,弃去氨试液萃取液。

（4）浓缩-干燥:将正丁醇萃取液减压回收正丁醇至干后真空干燥,即得黄芪苷Ⅳ。

【生产工艺流程】

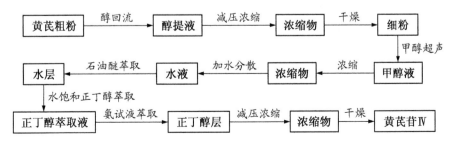

【工艺注释】

（1）实验室研究结果表明,采用乙醇回流提取法的黄芪苷Ⅳ提取率明显高于乙醇渗漉法,而且 70％乙醇的提取得率优于乙醇、50％乙醇提取。

（2）正丁醇萃取液用氨试液萃取的目的是除去其中的酸性物质,经过氨试液萃取过的正丁醇萃取液可用正丁醇饱和的水洗涤 2~3 次,以除去水溶性杂质和氨试液萃取时带入的氨。

13.2.3 甘草皂苷

甘草为豆科植物甘草（*Glycyrrhiza uralensis*）、胀果甘草（*G. inflata*）或光果甘草（*G. glabra*）的干燥根及根茎。甘草的主要成分是甘草皂苷（glycyrrhizin）,甘草皂苷又称甘草酸（glycyrrhizic acid）,由于有甜味,又称为甘草甜素,甘草皂苷的苷元是甘草次酸。近代临床及药理研究表明,甘草皂苷具有促肾上腺皮质激素（ACTH）样的生物活性,还具有抗炎抗变态反应、增强非特异性免疫的作用,临床上作为抗炎药,并用于胃溃疡病的治疗,临床上使用的还有甘草酸铵盐等。甘草皂苷不仅有很高的药用价值,而且也是很好的甜味添加剂。甘草次酸也具有促肾上腺皮质激素样的生物活性,其中 18β－H 型的甘草次酸有 ACTH 样的生物活性,而 18α－H 型的甘草次酸没有这种作用。

1. 甘草皂苷和甘草次酸的结构

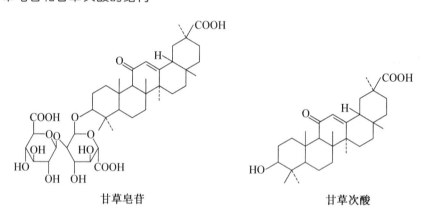

甘草皂苷   甘草次酸

2. 甘草皂苷和甘草次酸的性质

甘草皂苷为无色柱状结晶（冰醋酸）,分子式 $C_{42}H_{62}O_{16}$,相对分子质量 822.92,熔点 220℃（分解）,易溶于热水和热稀乙醇,几乎不溶于无水乙醇或乙醚。其水溶液有微弱的起泡性及溶血性。甘草皂苷可以钾盐或钙盐形式存在于甘草中,其盐易溶于水,于水溶液中加稀酸即可析出游离的甘草酸。这种沉淀又极易溶于稀氨水中,可作为甘草皂苷的提取制备方法。

甘草次酸为针状结晶（醋酸-乙醚-石油醚）,分子式 $C_{30}H_{46}O_4$,相对分子质量 470.64,熔点 297~298℃,易溶于乙醇或三氯甲烷。

3. 甘草皂苷生产工艺 1

【工艺原理】

利用甘草皂苷常以钾盐或钙盐的形式存在于甘草中,其盐易溶于水以及在水提液中加稀酸即可析出游离甘草皂苷的性质进行提取;根据水溶性杂质和甘草皂苷的极性不同、在大孔吸附树脂上的吸附能力不同,所以采用大孔吸附树脂色谱法除去水溶性杂质,以达到进一步纯化的目的。

【操作过程及工艺条件】

（1）浸泡-酸沉:将甘草粗粉碎,以一定量水室温浸泡 2 次,每次 20 小时,合并水浸液,过滤,滤液用硫酸调 pH1.9,冷置,待沉淀完全后过滤,收集沉淀,用适量水洗涤后在 60℃ 以下低温干燥,得甘草皂苷粗品。

(2) 醇提-碱化-浓缩:甘草皂苷粗品以 6～8 倍量乙醇回流提取 2 次,每次 1 小时,合并提取液,冷却至室温,在搅拌下加入浓氨溶液调 pH7.5～8,回收溶剂得糖浆物。

(3) 上柱-洗脱:将糖浆物溶于适量水中,调节 pH6～6.5,通过 Amberlite XAD-8 大孔吸附树脂柱,弃去流出液,树脂柱依次用水、10%乙醇洗脱,合并 10%乙醇洗脱液。

(4) 浓缩-干燥:采用薄膜法将 10%乙醇洗脱液浓缩至干,并经真空干燥后得含量较高的甘草皂苷。

【生产工艺流程】

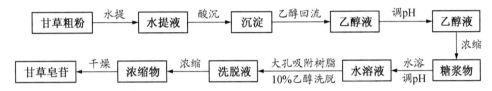

【工艺注释】

(1) 目前,甘草皂苷的生产工艺方法主要有水煎煮提取、水浸渍提取和氨水渗漉提取,提取液再加酸沉淀,得甘草皂苷粗品。水煎煮法工艺虽较为简单,但因提取时温度高,一方面易破坏有效成分,另一方面该法获得的产品杂质较多,需进一步纯化。水浸渍法克服了煎煮法的加热过程,产品纯度大有提高,但提取效率低,而且浸泡期间甘草皂苷因酶水解而有损失。氨水渗漉法提取杂质较煎煮法少,但工业上所需要的设备要求比煎煮法、浸渍法高。

(2) 为充分利用资源,降低成本,Amberlite XAD-8 大孔吸附树脂柱用 10%乙醇洗脱后,可再采用 60%乙醇洗脱,用以提取甘草黄酮苷。最后树脂柱用乙醇再生后可重复使用。

(3) 实验研究表明,大孔吸附树脂 AB-8 用于纯化甘草皂苷同样具有较好的效果。具体操作时,将甘草皂苷粗品溶于适量水中,调节 pH6.4～7.4,通过 AB-8 大孔吸附树脂柱,弃去流出液,树脂柱依次用水、10%乙醇洗脱,收集 10%乙醇洗脱液,经浓缩、干燥后得含量较高的甘草皂苷。

4. 甘草皂苷生产工艺 2

【工艺原理】

利用甘草皂苷的铵盐(即甘草酸铵盐)易溶于水的性质以及水提取液中加稀酸可析出游离甘草皂苷的性质进行提取。

【操作过程及工艺条件】

(1) 渗漉:将甘草粗粉碎,装入逆流渗漉浸提器中,先加稀氨水浸湿,再以水进行逆流渗漉浸提,收集浸提液。

(2) 酸沉:在上述浸提液中,加入硫酸酸化(同时搅拌)至 pH3,产生大量沉淀,静置,待沉淀完全后,过滤滤取沉淀物;收集滤液减压浓缩,再冷却析出沉淀物,过滤滤取沉淀物,合并沉淀物,水洗涤。

(3) 干燥:将水洗涤过的沉淀物用框式离心机甩干后,真空干燥得甘草皂苷粗品。

【生产工艺流程】

【工艺注释】

（1）工艺中，先加稀氨水浸湿的目的是使甘草药材中的甘草皂苷转变为铵盐，从而能被水提取出来。这是由于甘草皂苷结构中含有羧基，具有酸性，在稀氨水浸湿后能转变为铵盐。

（2）通过此工艺所得的甘草皂苷粗品，可进一步通过 Amberlite XAD - 8 或 AB - 8 大孔吸附树脂柱进行纯化。

5. 甘草酸单铵盐生产工艺

【工艺原理】

利用游离的甘草酸易溶于稀氨水的性质进行提取制备。

【操作过程及工艺条件】

（1）甘草酸粗品的制备：按甘草皂苷生产工艺 2 制备。

（2）醇提-碱化：甘草酸粗品以 6～8 倍量乙醇回流提取 2 次，每次 1 小时，合并提取液，冷却至室温，在搅拌下加入浓氨溶液调 pH7.5～8，静置，滤取沉淀，沉淀用少量乙醇洗涤后室温干燥，得甘草酸三铵盐。

（3）冰醋酸溶解-结晶-干燥：取甘草酸三铵盐，趁热加入适量冰醋酸使溶解，投入甘草酸单铵盐晶种，静置，待结晶完全后，抽滤，结晶以冰醋酸洗涤并抽干后，再用冰醋酸同样方法重结晶一次，所得结晶真空干燥得甘草酸单铵盐。

【生产工艺流程】

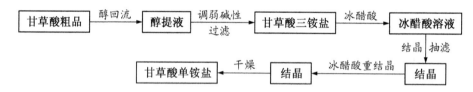

【工艺注释】

（1）为提高甘草酸单铵盐纯度，可在醇提-碱化的工艺中进行活性炭脱色。

（2）可在碱化之前，于乙醇提取液中加入 1/40 的活性炭回流脱色 30 分钟。

（3）冷却后过滤，滤液再在搅拌下加入浓氨溶液调 pH7.5～8。

13.2.4　齐墩果酸

齐墩果酸（oleanolic acid）异名土当归酸，植物来源有木犀科植物女贞（*Ligustrum lucidum*）的干燥成熟果实和五加科植物楤木（*Aralia chinensis*）的根皮和茎皮等。近代临床及药理研究表明，齐墩果酸具有降低转氨酶作用，对四氯化碳引起的大鼠急性肝损伤有明显的保护作用，临床上已用于治疗急性黄疸型肝炎，对慢性肝炎也有一定疗效。

1. 齐墩果酸的结构和性质

齐墩果酸的结构式见表 13 - 2。齐墩果酸为白色针状结晶（乙醇），分子式 $C_{30}H_{48}O_3$，相对分子质量 456.71，熔点 308～310℃，不溶于水，可溶于甲醇、乙醇、丙酮、乙醚和三氯甲烷。

2. 女贞子中齐墩果酸生产工艺

【工艺原理】

利用齐墩果酸易溶于乙醇的性质进行提取；根据齐墩果酸及杂质的极性不同、在大孔吸附树脂上的吸附能力不同，采用大孔吸附树脂色谱法并结合活性炭脱色和结晶法，以达到纯化的目的。

【操作过程及工艺条件】

(1) 浸泡-渗漉：将女贞子粗粉碎,装入渗漉浸提器中,先加稀醇浸泡 3 小时后,开始渗漉,收集渗漉液。

(2) 上柱-洗脱：将渗漉液上 AB-8 大孔树脂柱吸附,吸附流速为 2BV/h,然后以乙醇洗脱,解吸流速也为 2BV/h,收集洗脱液。

(3) 浓缩-析晶：上述洗脱液浓缩后放置,析出粗晶,过滤,得齐墩果酸粗品。

(4) 脱色-析晶-干燥：取齐墩果酸粗品用乙醇水浴加热使其溶解,加适量活性炭脱色,过滤,滤液放置过夜,析出结晶,过滤后所得结晶再以真空干燥,即得白色结晶齐墩果酸。

【生产工艺流程】

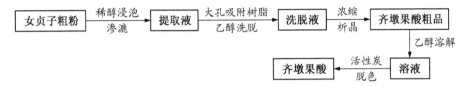

【工艺注释】

(1) 利用大孔吸附树脂纯化齐墩果酸的试验,对 ADS-7、ADS-17、AB-8、D201 四种大孔吸附树脂进行了实验,结果是 AB-8 对齐墩果酸的吸附量最高,而且被 AB-8 吸附的齐墩果酸也容易被 95% 乙醇洗脱。

(2) 通过 HPLC 测定,由该工艺得到的齐墩果酸产品纯度达到 98%。

3. 楤木中齐墩果酸生产工艺 1

【工艺原理】

利用齐墩果酸以及苷元为齐墩果酸的皂苷类化合物易溶于热乙醇的性质进行提取;根据苷的酸水解性质,采用硫酸水解得到齐墩果酸;由于齐墩果酸结构中有羧基,所以采用碱化成盐、酸沉并结合活性炭脱色进行分离纯化。

【操作过程及工艺条件】

(1) 回流-浓缩：将楤木切成小块或小丝,用 5 倍量 70% 乙醇回流提取 2 次,每次 3 小时,合并醇提液,回收乙醇到一定程度。

(2) 酸水解：在上述浓缩物中加入硫酸至浓度为 15%,回流水解 2 小时,放冷后过滤,滤饼用水洗涤 3 次。

(3) 碱化成盐-脱色：上述滤饼用 3% 氢氧化钠溶液煮沸 2 次,再用水煮沸 1 次,每次沸腾后过滤,合并不溶物,即得类白色的齐墩果酸钠盐粗品。在此粗品中,加 8 倍量 85% 乙醇和 0.5% 活性炭,回流 40 分钟,过滤。

(4) 酸沉-干燥：取上述滤液,用盐酸调 pH3~4,静置过夜,过滤,沉淀以蒸馏水洗涤至无氯离子反应后真空干燥,即得纯度较高的齐墩果酸。

【生产工艺流程】

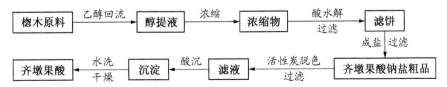

【工艺注释】

（1）工艺中，采用乙醇作溶媒热提取，能减少黏液质、淀粉、蛋白质等水溶性杂质的溶出，减轻杂质对后续纯化步骤的干扰，但乙醇作溶媒成本比用水成本高。

（2）除了五加科植物楤木外，还有太白楤木（*Aralia taibaiensis*）、云南楤木（*A. thomsonin*）等五加科植物也是高含量的齐墩果酸资源植物，可合理充分利用。

4. 楤木中齐墩果酸生产工艺 2

【工艺原理】

利用苷元为齐墩果酸的皂苷类化合物易溶于水的性质进行提取；根据苷的酸水解性质，采用硫酸水解得到齐墩果酸；因为齐墩果酸结构中有羧基，所以采用碱化成盐、酸沉并结合活性炭脱色进行分离纯化。

【操作过程及工艺条件】

（1）煎煮-浓缩：将楤木粗粉碎，用水煎煮 3 次，每次 1 小时，合并水煎液，浓缩得到膏状物。

（2）酸水解：在上述膏状物中加入硫酸至浓度为 20%，加热水解 1 小时，放冷后加水稀释，过滤，所得滤饼水洗涤 3 次。

（3）碱化成盐-脱色：步骤同楤木中齐墩果酸生产工艺 1【操作过程及工艺条件】（3）。

（4）酸沉-干燥：步骤同楤木中齐墩果酸生产工艺 1【操作过程及工艺条件】（4）。

【生产工艺流程】

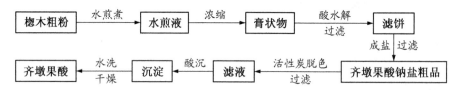

【工艺注释】

（1）楤木中齐墩果酸虽然不易溶于水，水煎煮难以提取完全，但楤木中一些苷元为齐墩果酸的皂苷类化合物易溶于水。

（2）该工艺中采用水煎煮的方法，虽然提取得率不如醇提的得率，但成本较低。

【思考题】

1. 皂苷按皂苷元结构不同可分为哪两类皂苷？这两类皂苷在结构上有什么异同点？如何用化学方法鉴别这两类皂苷？

2. 为什么以皂苷为主要成分的天然药物一般不宜制成注射剂？

3. 三萜皂苷一般如何提取？常用的分离方法有哪些？

4. 如何提取分离含羧基的三萜皂苷元？

5. 某植物中含有油脂、黏液质、三萜皂苷和三萜皂苷元，试设计提取分离工艺流程。

6. 从甘草酸如何制备甘草次酸？

【参考文献】

[1] 吴立军. 天然药物化学(第 5 版)[M]. 北京：人民卫生出版社. 2007：266 - 309

[2] 匡海学. 中药化学[M]. 北京：中国中医药出版社. 2003：226 - 261

[3] 南京中医药大学. 中药大辞典(下册)(第 2 版)[M]. 上海：上海科学技术出版社. 2006：3447 - 3449

[4] 王峥涛. 梁光义. 中药化学[M]. 上海：上海科学技术出版社. 2009：235 - 260

[5] 宋立人. 洪恂. 丁绪亮. 等. 现代中药学大辞典(下册)[M]. 北京：人民卫生出版社. 2001：2215 - 2216

[6] 徐怀德. 天然药物提取工艺学[M]. 北京：中国轻工业出版社. 2008：360 - 385

[7] 国家医药管理局天然药物情报中心站. 植物药有效成分手册[M]. 北京：人民卫生出版社. 1986：
503 - 510. 520 - 522. 786 - 787

[8] 宋小妹. 唐志书. 中药化学成分提取分离与制备[M]. 北京：人民卫生出版社. 2007：33 - 46. 101 -
103. 151 - 155. 444 - 448. 548 - 553

[9] 刘斌. 倪健. 中药有效部位及成分提取工艺和检测方法[M]. 北京：中国中医药出版社. 2007：3 - 9.
62 - 67. 121 - 126. 435 - 441

[10] 孙文基. 天然药物成分提取分离与制备(第 3 版)[M]. 北京：中国医药科技出版社. 2006：175 -
176. 178 - 180. 280 - 281

[11] 李作平. 霍长虹. 大孔吸附树脂在水溶性天然药物化学成分提取分离中的应用[J]. 河北医科大学学
报. 2002. 23(2)：121 - 123

[12] 张黎黎. 王栋. 水提取人参茎叶皂苷最佳工艺的研究[J]. 云南中医中药杂志. 2008. 29(3)：48 - 49

[13] 朱燕辉. 严奉祥. 黄芪甲苷及其生物学活性[J]. 现代生物医学进展. 2008. 8(4)：781 - 783. 774

[14] 石海莲. 吴大正. 胡之璧. 黄芪皂苷甲的研究进展[J]. 中国药学杂志. 2008. 43(8)：565 - 567

[15] 贾晓斌. 陈彦. 蔡宝昌. 等. 黄芪皂苷纯化工艺研究[J]. 中成药. 2003. 25(11)：866 - 868

[16] 苏瑞强. 俞仁昌. 辛建玲. 等. 正交试验法优选黄芪甲苷提取工艺的研究[J]. 中成药. 1998. 20(12)：
40 - 41

[17] 潘国石. 叶文才. 甘草酸(GA)生产工艺[J]. 基层中药杂志. 2000. 14(5)：8 - 9

[18] 苑可武. 白芳. 杨波. 等. 甘草酸的提取和精制法概述[J]. 中国医药工业杂志. 2002. 33(7)：
362 - 364

[19] 王萍. 田龙. 单银花. 等. 女贞子中齐墩果酸的提取工艺及测定方法研究进展[J]. 化工时刊. 2008.
22(6)：51 - 54

[20] 韦国锋. 程金生. 黄祖良. 等. 大孔吸附树脂纯化女贞子中齐墩果酸的研究[J]. 中国现代应用药学
杂志. 2008. 25(2)：90 - 92

[21] 王忠壮. 叶光明. 朱全刚. 等. 从太白楤木根皮中获取齐墩果酸的生产工艺研究[J]. 中国药学杂志.
2000. 35(12)：806 - 808

第 14 章

甾体类化合物

➜ **本章要点**

　　掌握甾体类化合物的提取分离原理；熟悉毛花洋地黄叶中强心苷、黄花夹竹桃果仁中强心苷、薤白中甾体皂苷以及穿龙薯蓣中薯蓣皂苷和皂苷元的生产工艺流程；了解甾体类化合物提取分离的工业化研究进展。提高设计甾体类化合物提取分离工艺流程的能力。

14.1 概　　述

　　甾体类化合物是广泛存在于自然界的一类具有环戊烷骈多氢菲结构的天然化学成分。基本碳环为四环型，A、B、C 环为六元环，D 环为五元环，有不同的稠合方式，甾核 C_3 位有羟基取代，可与糖结合成苷，甾核的 C_{10} 和 C_{13} 位有角甲基，C_{17} 位有侧链，如图所示。根据甾体类化合物侧链取代基的不同，分为强心苷、甾体皂苷、C_{21} 甾类、植物甾醇、胆汁酸、昆虫变态激素等结构类型，见表 14 - 1。

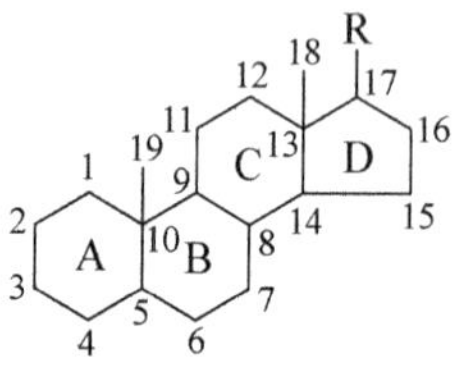

甾体母核

表 14 - 1　天然甾体类化合物的分类及甾核的稠合方式

类　　型	A/B	B/C	C/D	C_{17} 位取代基
强心苷	顺或反	反	顺	不饱和内酯环
甾体皂苷	顺或反	反	反	含氧螺杂环
C_{21} 甾醇	反	反	顺	甲羰基衍生物
植物甾醇	顺或反	反	反	8～10 个碳的脂肪烃
胆汁酸	顺	反	反	戊酸
昆虫变态激素	顺	反	反	8～10 个碳的脂肪烃

　　甾体类化合物具有甾体母核结构,因此在无水条件下,用酸处理后,经脱水、缩合、氧化等反应过程,生成有色化合物,从而产生各种颜色,具体见表 14 - 2。

表 14 - 2　甾体类化合物的显色反应

反应名称	试　　剂	反应现象
醋酐-浓硫酸反应	浓硫酸-醋酸酐(1∶20)	红→紫→蓝→绿→污绿,最后褪色
三氯甲烷-浓硫酸反应	三氯甲烷、浓硫酸	三氯甲烷层显血红色或蓝色;硫酸层显绿色荧光
冰醋酸-乙酰氯反应	冰醋酸、氯化锌、乙酰氯	共热后显紫红→蓝→绿
三氯乙酸反应	25%三氯乙酸乙醇溶液和 3%氯胺 T 水溶液	加热至 60℃,呈红色或紫红色;紫外下显黄绿色、蓝色、灰蓝色荧光
五氯化锑反应	20%五氯化锑三氯甲烷溶液或三氯化锑三氯甲烷溶液	滴于滤纸上喷显色剂后加热至 60～70℃呈现黄、灰蓝、灰紫色

　　甾体类化合物中以强心苷和甾体皂苷在自然界中分布广,临床上应用多,疗效显著,因此,本章重点介绍这两种类型。

14.2　强心苷类化合物

　　强心苷是存在于植物中对心脏具有显著生物活性的甾体苷类化合物。在临床上主要用以治疗充血性心力衰竭及节律障碍等心脏疾患,如毛花苷 C、地高辛、毛地黄毒苷等。强心苷存在于许多有毒的植物中,以玄参科、夹竹桃科植物最普遍,其他如百合科、萝藦科、十字花科、卫矛科、豆科、桑科、毛茛科、梧桐科、大戟科等亦存在。主要存在于植物的果、叶或根中。

14.2.1　强心苷类化合物的结构分类

1. 强心苷元分类及代表化合物
（1）甲型强心苷元:强心甾烯类(C$_{17}$-五元不饱和内酯环)
（2）乙型强心苷元:海葱甾二烯类或蟾蜍甾二烯类(C$_{17}$-六元不饱和内酯环)

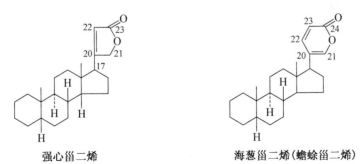

强心甾二烯　　　　　　　　　海葱甾二烯(蟾蜍甾二烯)

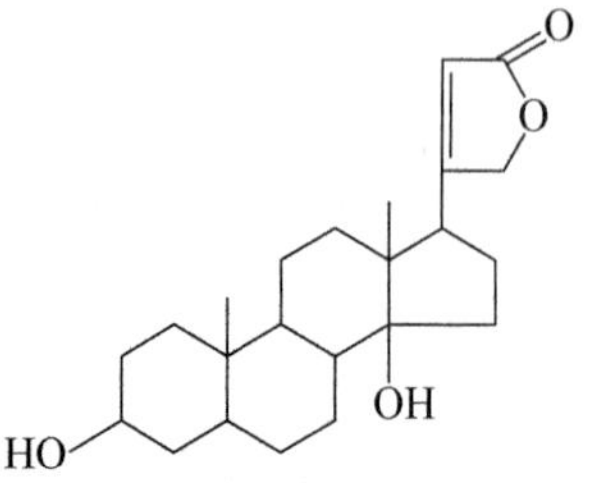

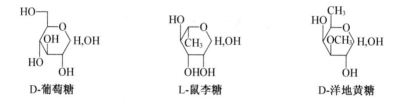

3β,14β-二羟基强心甾-20(22)-烯 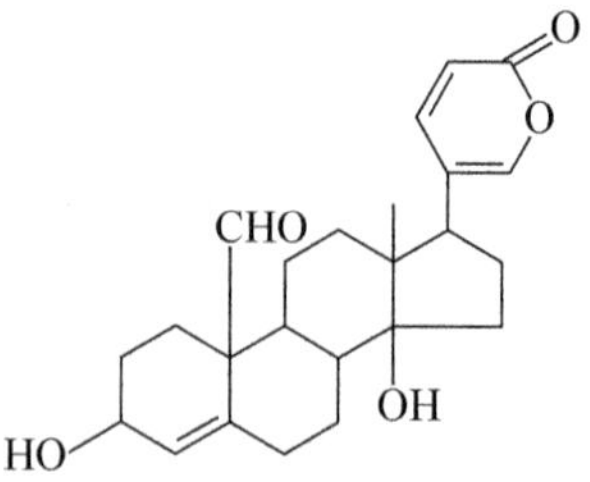   3β,14β-二羟基-10-醛基海葱甾-4,20,22-三烯

2. 强心苷元和糖的连接方式

糖多结合在 C_3—OH 上,有些多达 5 个糖单元,以直链连接。

Ⅰ型:苷元-(2,6-二去氧糖)$_x$-(D-葡萄糖)$_y$,如紫花洋地黄苷 A。

Ⅱ型:苷元-(6-去氧糖)$_x$-(D-葡萄糖)$_y$,如黄花夹竹桃苷甲。

Ⅲ型:苷元-(D-葡萄糖)$_y$,如绿海葱苷。

3. 部分糖的结构

(1) 2-羟基糖:多为六碳醛糖、6-去氧糖和 6-去氧糖甲醚等。

D-葡萄糖   L-鼠李糖   D-洋地黄糖

(2) 2-去氧糖:如 2,6-二去氧糖、2,6-二去氧糖甲醚等。

2,6-二去氧糖(D-洋地黄毒糖)   2,6-二去氧糖甲醚糖(D-加拿大麻糖)

14.2.2 强心苷类化合物的理化性质

1. 性状

强心苷多为无色结晶或无定形粉末,具有旋光性,多具苦味,对黏膜有刺激性。

2. 溶解性

强心苷类化合物的溶解性具体见表 14-3。

表 14 - 3　强心苷类化合物的溶解性

结构类型	溶解性能	溶　　剂
强心苷	可溶于	水、醇、丙酮等极性溶剂
	微溶于	乙酸乙酯、含醇三氯甲烷
	几乎不溶于	乙醚、苯、石油醚等极性小的溶剂
强心苷元	可溶于	有机溶剂
	难溶于	水

其溶解性与糖的种类、数目以及苷元所含的羟基数目及位置有关。

例：比较洋地黄毒苷和乌本苷的结构、溶解性(表 14 - 4)。

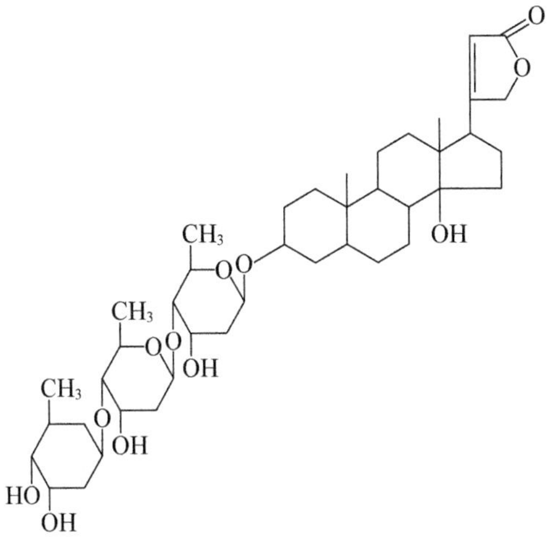

洋地黄毒苷 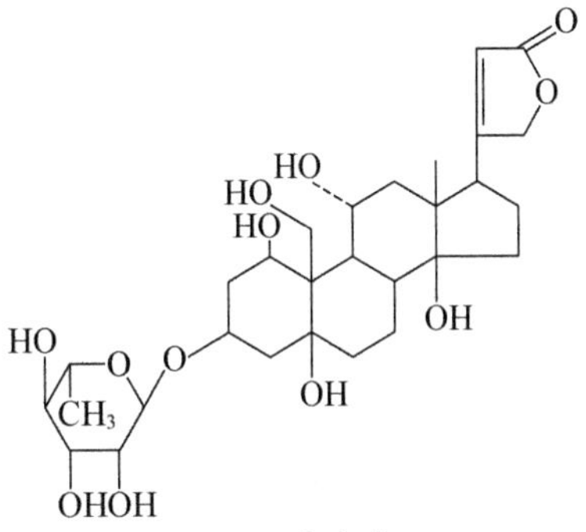　　　　　　　　　　　　　　　　　乌本苷

表 14 - 4　洋地黄毒苷和乌本苷结构特征与溶解性的比较

化合物	糖的数量	糖的种类	羟基数	水	三氯甲烷
洋地黄毒苷	3	2-去氧糖	5	1∶100000	1∶40
乌本苷	1	2-羟基糖	8	1∶75	难溶

3. 强心苷类化合物的脱水反应

强心苷类化合物脱水反应的条件为无机强酸(例如 $3\% \sim 5\%$ HCl)，加热加压；C_5、C_{14} 位上的 β 羟基均系叔羟基，最易发生脱水。

例：羟基洋地黄毒苷的脱水反应。

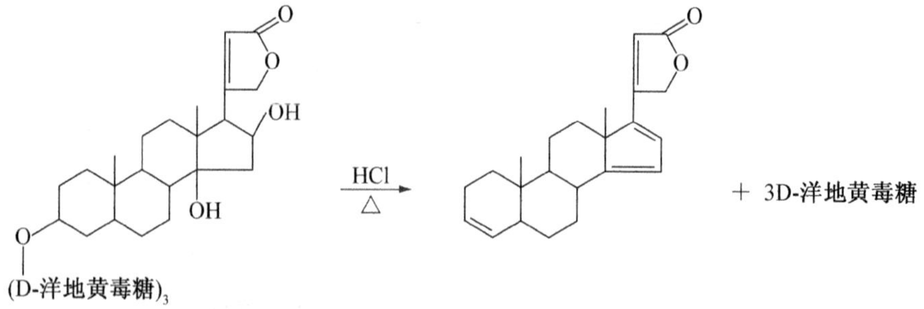

（D-洋地黄毒糖）₃
羟基洋地黄毒苷　　　　　　　　　　　**双脱水羟基洋地黄毒苷元**

4. 强心苷类化合物的水解反应

（1）酸水解：具体酸水解条件和特点如表 14-5 所示。

表 14-5　强心苷类化合物的酸水解

方　　法	试　　剂	裂解部位	特点及注意事项
温和酸水解	$0.02 \sim 0.05 \text{mol/L}$ 盐酸或硫酸	苷元和 2-去氧糖之间及 2-去氧糖与 2-去氧糖之间的苷键	① 2-去氧糖与 2-羟基去氧糖、2-羟基糖之间的苷键不易断裂；② 条件温和，对结构影响小；③ 适合于 I 型强心苷水解；④ 不宜用于 16 位有甲酰基的洋地黄强心苷类的水解
强烈酸水解	$3\% \sim 5\%$ 的盐酸或硫酸	所有苷键	① 适合于 I 型、II 型、III 型强心苷水解；② 常引起苷元结构改变，失去水形成脱水苷元
盐酸丙酮法	1% 氯化氢的丙酮溶液	II 型强心苷的苷键	① 适合于多数 II 型强心苷的水解；② 水解后得原生苷元和糖的丙酮化物

（2）酶水解：强心苷类化合物酶水解具有以下特点：① 反应专属性强；② 多具有水解葡萄糖的酶，而无水解 2-去氧糖的酶；③ 其他水解酶亦能使某些强心苷水解，如蜗牛酶；④ 乙型强心苷比甲型强心苷较易酶水解；⑤ 强心苷的糖基上若含有乙酰基，对酶水解作用阻力较大。

例：甲型强心苷的酸水解及酶水解。

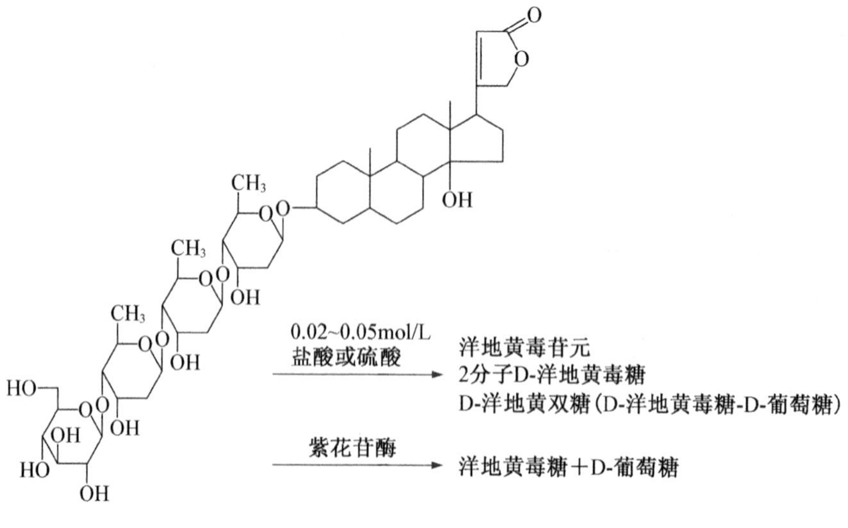

$\xrightarrow[\text{盐酸或硫酸}]{0.02\sim0.05\text{mol/L}}$ 洋地黄毒苷元
2 分子 D-洋地黄毒糖
D-洋地黄双糖（D-洋地黄毒糖-D-葡萄糖）

$\xrightarrow{\text{紫花苷酶}}$ 洋地黄毒糖＋D-葡萄糖

（3）碱水解：具体碱水解的试剂和裂解部位如表 14 - 6 所示。

表 14 - 6　强心苷类化合物的碱水解

试　剂	裂解部位
碳酸氢钾或碳酸氢钠	2 -去氧糖上酰基水解
氢氧化钙或氢氧化钡	2 -去氧糖、羟基糖、苷元上酰基水解
氢氧化钾或氢氧化钠水溶液	所有酰基水解,不饱和内酯环可逆性开裂(加酸后可再环合)
氢氧化钾或氢氧化钠醇溶液	所有酰基水解,不饱和内酯环不可逆性开裂和异构化(加酸后可再环合)

5. 强心苷类化合物的氧化反应

具体氧化反应见表 14 - 7。

表 14 - 7　强心苷类化合物的氧化反应

试　剂	裂解部位	产　物
臭氧-碳酸氢钾-过碘酸	内酯环上双键	17 -羰基化合物
高锰酸钾-丙酮	内酯环	17 -羰基化合物

6. 强心苷类化合物的颜色反应

（1）甾体母核的颜色反应：详见本章 14.1。

（2）C_{17} 位五元不饱和内酯环的颜色反应：具体反应见表 14 - 8。

表 14 - 8　C_{17} 位不饱和内酯环的颜色反应

化学反应	试　剂	反应现象
Legal 反应	亚硝酰铁氰化钠、氢氧化钠	深红或蓝并渐渐褪去
Kedde 反应	3,5 -二硝基苯甲酸、氢氧化钾	红色或紫红色
Raymond 反应	间二硝基苯、氢氧化钠	紫红色或蓝色
Baljet 反应	苦味酸、氢氧化钠	橙色或橙红色

（3）2 -去氧糖的颜色反应：具体反应见表 14 - 9。

表 14 - 9　2 -去氧糖的颜色反应

反　应	试　剂	反应现象	备　注
Keller - Killani (K - K) 反应	冰醋酸、三氯化铁、浓硫酸	乙酸层显蓝色或蓝绿色,界面呈色随苷元羟基、双键位置和数目不同而异	游离 2 -去氧糖或 2 -去氧糖与苷元连接的苷呈阳性
呫吨氢醇反应	冰醋酸、呫吨氢醇、浓硫酸	红色	用于定性、定量分析
对二甲氨基苯甲醛反应	对二甲氨基苯甲醛试剂	灰红色	纸斑、TLC、PC,90℃ 加热显色
过碘酸-对硝基苯胺反应	过碘酸钠、对硝基苯胺、浓盐酸	在灰黄色背景下显深黄色,棕色背景显黄色荧光	用于薄层色谱及纸色谱的显色

14.2.3　强心苷类化合物的提取分离

1. 强心苷类化合物的提取

一般常用甲醇或 70%～80%乙醇作溶剂,提取效率高,且能使共存酶失去活性。

2. 强心苷类化合物的分离

强心苷类化合物的分离方法及特点具体见表 14 - 10。

表 14 - 10　强心苷类化合物的分离方法及特点

方　　　法	特　　　　点
两相溶剂萃取法	利用强心苷在两相溶剂中分配系数的不同而达到分离目的
逆流分溶法	同上
结晶法	含量较高的组分,可用适当的溶剂,反复结晶得到单体
吸附色谱法	① 分离亲脂性单糖苷、次生苷和苷元;② 吸附剂:中性氧化铝或硅胶;③ 洗脱剂:正己烷-乙酸乙酯、苯、丙酮、三氯甲烷-甲醇、乙酸乙酯-甲醇
分配色谱法	① 分离弱亲脂性的成分宜选用分配色谱;② 支持剂:硅胶、硅藻土、纤维素;③ 洗脱剂:乙酸乙酯-甲醇-水、三氯甲烷-甲醇-水

14.2.4　强心苷类化合物的检识

利用强心苷的检识反应实现快速检测,可以指导提取分离工作。

1. 理化检识

利用强心苷分子结构中甾体母核、不饱和内酯环、2-去氧糖及 2-羟基糖的颜色反应。

2. 色谱检识

色谱检识具体见表 14 - 11。

表 14 - 11　强心苷类化合物的色谱检识

方　　　法		固定相	展开剂	适用对象	显色剂
纸色谱	反相	甲酰胺 丙二醇	苯或甲苯、二甲苯-丁酮	亲脂性较强的强心苷及苷元	① Kedde 试剂 ② Baljet 试剂 ③ 三氯化锑的三氯甲烷溶液 ④ 10% 硫酸溶液
	正相	水	水饱和丁酮 乙醇-甲苯-水 三氯甲烷-甲醇-水	极性较强的强心苷	
薄层色谱	吸附 TLC	硅胶 氧化铝	三氯甲烷-甲醇-冰醋酸 二氯甲烷-甲醇-甲酰胺等	中等极性或弱极性强心苷、苷元	
		反相硅胶	甲醇-水 三氯甲烷-甲醇-水		
	分配 TLC	甲酰胺 二甲基甲酰胺	三氯甲烷-丙酮 三氯甲烷-正丁醇	极性较强的强心苷	

14.2.5　生产实例

1. 毛花洋地黄叶中强心苷的生产工艺

毛花洋地黄为玄参科植物毛花洋地黄（*Digitalis lanata*）的干燥叶,在临床应用已有百年历史。近代临床及药理研究表明,毛花洋地黄中的强心苷类成分是治疗心力衰竭的有效成分。由毛花洋地黄叶中分离出 30 余种强心苷,多为次生苷,属于原生苷的有毛花洋地黄苷 A、B、C、D、E(lanatoside A、B、C、D、E),以苷 A 和苷 C 的含量较高,苷 C 亲水性强,临床适于制成注射剂。从毛花洋地黄中分离的次生苷——去乙酰毛花洋地黄苷 C(商品名:西地兰 cedilanid - D)和异羟基洋地黄毒苷(商品名:地高辛 digoxin)不适于口服,可制成注射剂,为治疗心力衰竭的速效强心剂。

（1）去乙酰毛花洋地黄苷 C 和异羟基洋地黄毒苷的结构式

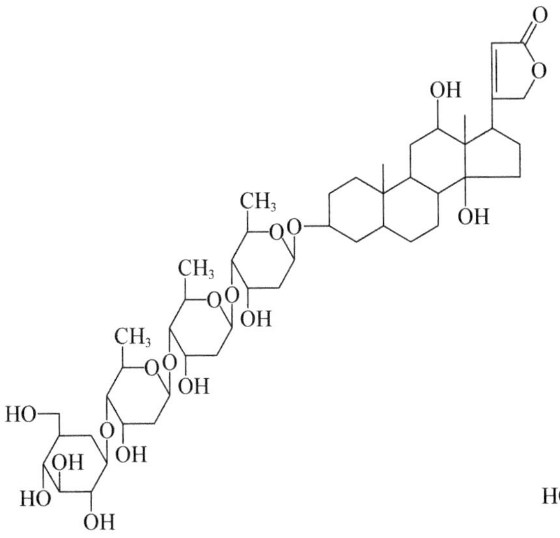

去乙酰毛花洋地黄苷C 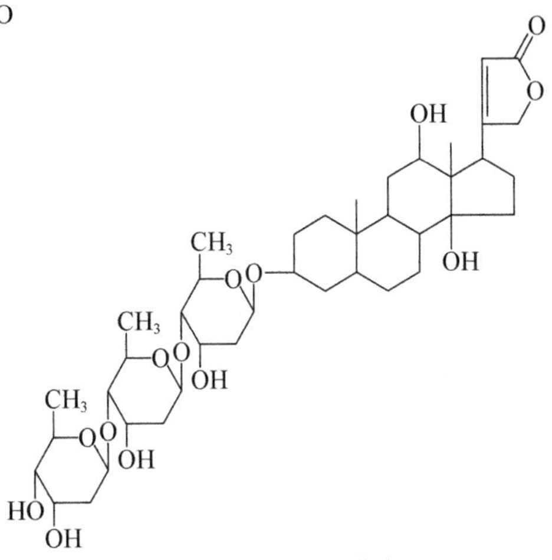　　　　　　　　　　异羟基洋地黄毒苷

（2）理化性质

1）性状:去乙酰毛花洋地黄苷 C 为无色晶体,分子式 $C_{47}H_{74}O_{19}$,相对分子质量 942,熔点 256～268℃(分解),$[\alpha]_D^{20} = +12.2°$(75%乙醇)。异羟基洋地黄毒苷为白色结晶,分子式 $C_{41}H_{64}O_{14}$,相对分子质量 780.95,熔点 260～265℃(有不明显的分解)。

2）溶解性:去乙酰毛花洋地黄苷 C 能溶于水(1:500)、甲醇(1:200)或乙醇(1:2500),微溶于三氯甲烷,几不溶于乙醚。异羟基洋地黄毒苷易溶于吡啶,微溶于稀醇,极微溶于三氯甲烷,不溶于水或乙醚。

（3）毛花洋地黄叶中去乙酰毛花洋地黄苷 C 的生产工艺

【工艺原理】

利用毛花洋地黄总苷的溶解性,采用甲醇或 70%～80%的乙醇作为溶剂进行提取,再根据毛花洋地黄苷 A、B、C 的极性和溶解度差别,分离毛花洋地黄苷 C。采用氢氧化钙去除毛花洋地黄苷 C 结构中的乙酰基,即得去乙酰毛花洋地黄苷 C。

【操作过程及工艺条件】

工艺总路线:

1) 总苷的提取：① 醇提：取毛花洋地黄叶粗粉，加 5 倍量 70％热乙醇，于 60℃浸渍 2 小时后渗漉，收集渗漉液，接近终点时再加 2 倍量 70％冷乙醇进行二次渗漉，合并渗漉液；② 析胶：渗漉液用碳酸钠调 pH 至中性，在 60℃以下减压回收乙醇至含醇量为 10％～20％，15℃以下放置过夜，静置析胶；③ 浓缩-除杂：次日吸取上清液，减压回收乙醇，用 0.4 倍量三氯甲烷萃取除去树脂、色素、脂溶性杂质等；④ 进一步除杂：水液加乙醇至含醇量为 22％，再用 0.3 倍三氯甲烷萃取 2 次，除去糖及水溶性杂质；⑤ 抽滤-醇溶：回收有机溶剂，抽滤，加适量甲醇，加热至完全溶解；⑥ 浓缩-析晶：回收甲醇至剩余量为抽松物的 0.3～0.4 倍，再加入抽松物重量的 0.04 倍蒸馏水及少量晶种，摇匀，静置，析晶，滤取结晶；⑦ 重结晶：于析出结晶的浓缩液中加入适量的乙醚-丙酮（2∶1）混合溶剂，搅拌成浆状，静置过夜，抽滤，合并两次所得结晶，以适量乙醚-丙酮（1∶1）混合溶剂洗涤，挥去溶剂，烘干，得总苷（主要含毛花洋地黄苷 A、B、C）。

2) 苷 C 的分离：① 第一次分离：采用总苷-甲醇-三氯甲烷-水（1∶100∶500∶500）的混合溶剂系统进行分离。先将总苷溶于甲醇，过滤，再向甲醇液中加三氯甲烷和水振摇萃取，分取甲醇层，减压浓缩至小体积，抽滤，得粗结晶；② 第二次分离：按粗结晶-甲醇-三氯甲烷-水（1∶100∶500∶500）的混合溶剂系统进行二次分离，可将苷 C 从总苷中分离出来。

3) 苷 C 去乙酰基：① 去乙酰基：按苷 C-甲醇-氢氧化钙-水〔1g∶33ml∶（50～70）mg∶33ml〕先将苷 C 溶于甲醇中，氢氧化钙溶于水中，分别过滤，混合均匀，静置过夜，混合液调 pH7，过滤，滤液减压浓缩至约 1/5 的体积，放置过夜，抽滤，得结晶；② 重结晶：将结晶溶于热甲醇中，趁热抽滤，滤液放置析晶，抽滤，得去乙酰毛花洋地黄苷 C（西地兰）纯品。

【生产工艺流程】

1) 总苷的提取：

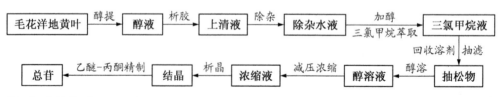

2) 苷 C 的分离：

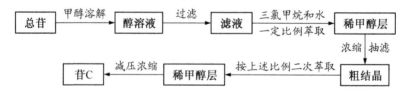

3) 苷 C 去乙酰基：

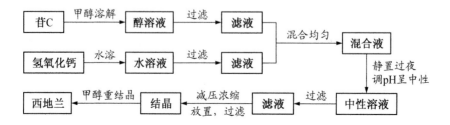

【工艺注释】

1）总苷的提取：① 总苷的提取采用高浓度乙醇温浸，目的是使毛花苷酶失去活性，将亲水性较强的原生苷提取出来。温浸后采用渗漉法提取两次，可保证提取完全。② 毛花洋地黄叶中含有大量的叶绿素、树脂等脂溶性杂质，采用碳酸钠调 pH 至中性，在 60℃ 以下减压回收乙醇至含醇量为 10%～20%，于 15℃ 以下静置可析出大量的胶体，必要时可进行二次析胶以保证析胶完全。③ 在 20% 乙醇溶液中加入三氯甲烷，可进一步纯化总苷。

2）苷 C 的分离：① 总苷中苷 A 及苷 C 的含量较高，约为 47% 及 37%，而苷 B 的含量较低，故分离苷 C 的关键是将苷 C 与苷 A 分离完全。根据苷 C 在三氯甲烷中的溶解度比苷 A 小，在甲醇和水中的溶解度与苷 A 相近的性质，采用总苷-甲醇-三氯甲烷-水（1∶100∶500∶500）的比例进行分离，苷 A 在极性小（含醇的三氯甲烷）的溶剂中含量较多，苷 C 在极性大（含甲醇的水）的溶剂中含量较多。② 在实验中，应严格按给出的溶剂配比进行萃取。

3）苷 C 去乙酰基：① 按苷 C-甲醇-氢氧化钙-水［1g∶33ml∶（50～70）mg∶33ml］进行配比，可有效去除乙酰基、保护 C_{17} 位内酯环不被破坏；② 混合液应呈中性，若出现偏酸性或偏碱性，则应以 $Ca(OH)_2$ 或 HCl 调节 pH 值。

（4）毛花洋地黄叶中异羟基洋地黄毒苷的生产工艺

【工艺原理】

利用毛花洋地黄叶中自身存在的酶进行发酵酶解，除去一分子糖，再根据次生苷的溶解性，用乙醇进行提取，加入碱液去除乙酰基和除杂，活性炭脱色，采用三氯甲烷、丙酮或乙醇进行分离纯化，即得。

【操作过程及工艺条件】

1）酶解：取毛花洋地黄叶粗粉，加等量水，拌匀，在 40～50℃ 酶解 20 小时，过滤，得酶解后药渣。

2）醇提-浓缩：取酶解后药渣加 80% 乙醇回流提取，提取液减压浓缩至含醇量为 20%，静置，析胶。

3）过滤-萃取：过滤浓缩液，除去胶状物，浓缩液用三氯甲烷萃取 3 次，合并三氯甲烷溶液。

4）碱洗-去乙酰基及除杂：三氯甲烷溶液用 10% NaOH 水溶液反复萃取，达到脱乙酰基及除杂质的目的。

5）浓缩-析晶：回收有机溶剂，加入少量丙酮，放置，析晶。

6）重结晶：取结晶，加入 80% 乙醇使溶解，趁热过滤，滤液放置，析晶，得异羟基洋地黄毒苷（地高辛）纯品。

【生产工艺流程】

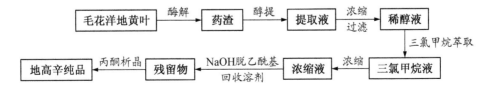

【工艺注释】

1）酶解条件：加等量水，温度 40℃，酶解 20 小时，在酶解过程中要不断地搅拌。

2）醇沉浓度为 20％，可使析胶完全，胶状物为叶绿素、树脂等杂质。

3）用 10％ NaOH 溶液萃取洗涤，可达到碱水解去除 2-去氧糖上乙酰基的目的，同时去除酸性杂质及脂溶性杂质。

2. 黄花夹竹桃果仁中的强心苷

黄花夹竹桃为夹竹桃科植物黄花夹竹桃（*Thevetia peruviana*）的果仁。近代临床及药理研究表明，黄花夹竹桃次苷 A 和 B 具有强心作用，能增加心脏收缩幅度，对心功能衰竭具有一定作用，可代替洋地黄类强心药治疗心力衰竭；次苷 A 能增加冠脉、股动脉及全身血管的外周阻力，增加血管收缩。此外，黄花夹竹桃苷能通过抑制肿瘤细胞的 Na^+、K^+-ATP 酶活性，提高胞内 cATP 含量而抑制肿瘤细胞的增殖并使其向正常细胞转化。

黄花夹竹桃的主要有效成分是强心苷，果仁中含量最丰富，脱脂果仁中达 8％～10％，树皮、叶含量较少。已分离出的原生苷有黄花夹竹桃苷 A（thevetin A）和黄花夹竹桃苷 B（thevetin B），还有水解产生的次生苷：黄花夹竹桃次苷 A（peruvoside）、次苷 B（neriifolin）、次苷 C（ruvoside）、次苷 D（perusitin）及单乙酰黄花夹竹桃次苷 B（cerberin）。国内临床应用的黄花夹竹桃苷（商品名：强心灵 neriperside）为从黄花夹竹桃中得到的次生苷的混合物，主要是黄花夹竹桃次苷 A、黄花夹竹桃次苷 B 和单乙酰基黄花夹竹桃次苷 B 及 1～3 种极少量的其他强心苷，其强心效价比原生苷高 5 倍左右。

（1）黄花夹竹桃苷的结构式

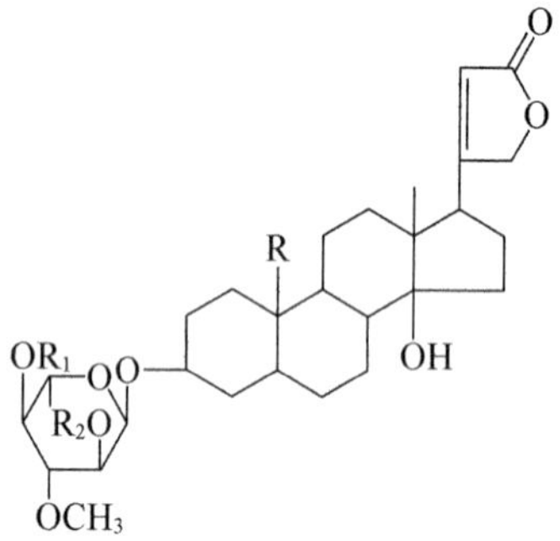

	R	R₁	R₂
黄花夹竹桃苷 A	CHO	H	β-D-葡萄糖-O-β-D-葡萄糖
黄花夹竹桃苷 B	CH₃	H	β-D-葡萄糖-O-β-D-葡萄糖
黄花夹竹桃次苷 A	CHO	H	H
黄花夹竹桃次苷 B	CH₃	H	H
黄花夹竹桃次苷 C	CH₂OH	H	H
黄花夹竹桃次苷 D	COOH	H	H
单乙酰黄花夹竹桃次苷 B	CH₃	COCH₃	H

（2）理化性质

1）性状：具体见表 14-12。

表 14 - 12　黄花夹竹桃苷类的性状等

成　　分	分子式	相对分子质量	性　　状	熔点/℃	旋光度(溶剂)
黄花夹竹桃苷 A	$C_{42}H_{64}O_{19}$	872.97	无色针状结晶	208~210	-72°(MeOH)
黄花夹竹桃苷 B	$C_{42}H_{66}O_{18}$	858.98	针状结晶	197~210	-61.4°(MeOH)
黄花夹竹桃次苷 A	$C_{30}H_{44}O_9$	548.68	矛状结晶	161~164	-71.7°(MeOH)
黄花夹竹桃次苷 B	$C_{30}H_{46}O_8$	534.70	正交形片状结晶	218~225	-50.2°(MeOH)
黄花夹竹桃次苷 C	$C_{30}H_{46}O_9$	550.70	白色棱柱状结晶	239~240	-55.5°(MeOH)
黄花夹竹桃次苷 D	$C_{30}H_{44}O_{10}$	564.68	白色结晶	168~170	-50.2°(MeOH)
单乙酰黄花夹竹桃次苷 B	$C_{32}H_{48}O_9$	576.73	粗棱柱结晶	212~215	-82°($CHCl_3$)

2) 溶解性：黄花夹竹桃苷 A 和黄花夹竹桃苷 B 为极性较大的苷,可溶于甲醇、乙醇,易溶于水,微溶于乙酸乙酯、含醇三氯甲烷溶液,几乎不溶于乙醚、苯、石油醚等。而黄花夹竹桃次苷 A、B、C、D 及单乙酰黄花夹竹桃次苷 B 属于亲脂性苷,可溶于甲醇、乙醇,易溶于含醇三氯甲烷溶液、三氯甲烷、乙醚等,难溶或几乎不溶于水。如黄花夹竹桃次苷 A 在水中溶解度为 1g：2500ml,易溶于三氯甲烷和丙酮,微溶于甲醇和乙醇。

(3) 黄花夹竹桃果仁中黄花夹竹桃苷 A、B 的生产工艺

【工艺原理】

黄花夹竹桃多以果仁入药,富含脂溶性杂质,在提取强心苷时先用石油醚或汽油脱脂,再根据溶解性采用醇提法,黄花夹竹桃混合苷的分离常采用逆流分溶法。

【操作过程及工艺条件】

1) 脱脂-醇提：取黄花夹竹桃果仁粉以石油醚脱脂后,取脱脂后的粉末 500mg 用甲醇浸泡提取 4 次,合并浸提液。

2) 浓缩-过滤：在 60℃ 以下减压回收甲醇至 250ml,放置,析出沉淀,过滤,得沉淀和滤液两部分。

3) 柱分离：滤液上中性氧化铝柱,用水洗脱,收集洗脱液。

4) 浓缩-放置：洗脱液于 60℃ 以下减压浓缩至小体积,放置,又析出沉淀。

5) 重结晶：合并沉淀,以 85% 异丙醇重结晶,得黄花夹竹桃苷结晶,熔点 196~198℃,纸色谱鉴定为黄花夹竹桃苷 A 及 B。

6) 逆流分溶法分离：将此结晶用逆流分溶法分离,即取 9 个分液漏斗(编号 0~8),每个漏斗中各加 150ml 水[用三氯甲烷-乙醇(2：1)预饱和],在"0"号漏斗中加入 1g 结晶和 750ml 三氯甲烷-乙醇(2：1,用水预饱和),振摇 5 分钟,放置分层。"0"号漏斗中的有机溶剂层放入"1"号漏斗中,而在"0"漏斗中加入新的 750ml 三氯甲烷-乙醇(2：1,用水预饱和)。同上振摇,分层,如此进行逆流分布,最后得 9 个有机溶剂相和 9 个水相。

7) 重结晶：将 2~5 号的水相合并蒸干,加水溶解,趁热过滤,滤液静置析晶,得黄花夹竹桃苷 A。将 6~7 号有机溶剂相合并回收有机溶剂,用甲醇与乙醚的混合溶剂进行重结晶,得黄花夹竹桃苷 B。

【生产工艺流程】

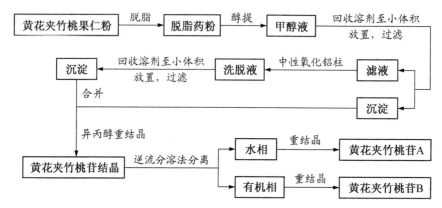

【工艺注释】

1）采用醇类溶剂提取，由于其穿透力强、提取率高，同时还能使伴随的酶失活。

2）黄花夹竹桃苷A，B的分离常采用逆流分溶（CCD）法，即利用强心苷在两相溶剂中分配系数的差异，在两相溶剂中作逆流移动，不断重新分配并达到分离的目的，是一种多次、连续的液-液萃取分离过程，特别适合中等极性且结构不稳定物质的分离。

3）以三氯甲烷-乙醇（2：1）混合液 750ml 与水 150ml 为两相溶剂，其中，三氯甲烷为移动相，水为固定相。

（4）黄花夹竹桃果仁中单糖苷的生产工艺

【工艺原理】

提取黄花夹竹桃中的亲脂性单糖苷、次生苷及苷元时，常利用酶的活性，在适宜的条件下，使原生苷水解为次生苷。利用其溶解性及极性大小，采用醇类溶剂提取法与色谱分离相结合的方法进行提取和分离。

【操作过程及工艺条件】

1）发酵：取脱脂的黄花夹竹桃果仁粉末，加 5 倍量水及少量甲苯，强烈振摇后于 37℃放置发酵 4 天。

2）醇提：取发酵后药渣，加入等体积乙醇，振摇，室温放置过夜，过滤。药渣用乙醇冷浸 1次，再用热乙醇提取 1 次，合并醇提取液。

3）浓缩-析晶：取醇提取液在 60℃减压回收乙醇至 1/5 体积，放冷析晶，得总强心苷。

4）色谱分离：将此结晶用Ⅲ级中性氧化铝柱色谱分离，用苯-三氯甲烷（1：1、1：3、1：4）、三氯甲烷、三氯甲烷-甲醇（99.5：0.5、99：1、98：2、95：5、9：1、1：1）、甲醇依次洗脱，合并相同组分。

5）重结晶：将合并后的相同组分分别用甲醇重结晶，依次得单乙酰黄花夹竹桃次苷 B、黄花夹竹桃次苷 B、黄花夹竹桃次苷 A、黄花夹竹桃次苷 C、黄花夹竹桃次苷 D。

【生产工艺流程】

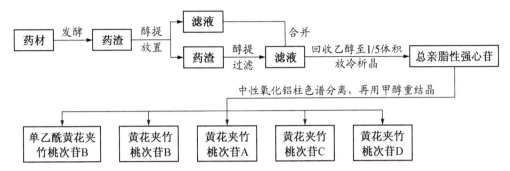

【工艺注释】

1）发酵时,除了加入 5 倍量水,还应加入少量甲苯,有助于提高酶解的效率。

2）减压回收溶剂时应控制温度在 60℃以下,温度过高可使有效成分受到破坏。

3）发酵后的次生苷,极性下降,多采用中性氧化铝为吸附剂进行柱色谱分离。

（5）黄花夹竹桃果仁中强心灵的生产工艺

【工艺原理】

强心灵主要为单乙酰黄花夹竹桃次苷 B、黄花夹竹桃次苷 B 和黄花夹竹桃次苷 A 的混合物,是果仁中的原生苷经酶解后产生的次生苷,利用其溶解性,可采用醇提水沉法提取;利用次生苷极性下降,微溶于水的性质进行分离纯化。

【操作过程及工艺条件】

1）脱脂-酶解:取黄花夹竹桃果仁粉末,经石油醚脱脂后,加入 4 倍量的水及 2.5％甲苯,加塞于 35～40℃的恒温箱中酶解 24 小时。

2）醇提:取发酵后的粉末,加乙醇 15 倍量,浸泡 12 小时,渗漉,再加乙醇 10 倍量继续渗漉,合并渗漉液。

3）浓缩-水沉:将渗漉液减压回收乙醇至体积为 1∶2.5(生药∶浓缩液),加相当于脱脂粉末 12.5 倍量水,放置,使沉淀完全,过滤,得粗品。

4）醇溶-脱色:粗品用 40 倍量乙醇加热溶解,加适量活性炭,煮沸,趁热过滤。

5）浓缩-水沉:滤液减压浓缩至粗品 5 倍量的体积,加入 3 倍量水,放置,过滤。

6）洗涤-干燥:结晶以乙醚洗涤,70℃干燥,得强心灵。

【生产工艺流程】

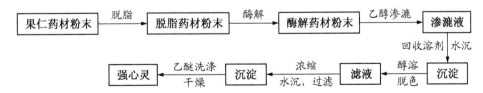

【工艺注释】

1）强心灵的化学结构属于次生苷,其强心效价比原生苷提高 5 倍左右,故进行部分的苷键裂解,酶解比酸水解温和,能够保证苷元结构不被破坏。

2）在醇提液的水沉操作中,加入相当于脱脂粉末 12.5 倍量水,恰好使极性大的杂质溶解于水中,而有效成分次生强心苷基本不损失,达到去除水溶性杂质的目的。

3）加活性炭脱色，主要是去除脂溶性杂质。

4）经此工艺得到的强心苷含量可达 95％以上。

14.3　甾体皂苷

14.3.1　概述

甾体皂苷（steroidal saponins）是一类由螺甾烷（spirostane）类化合物与糖结合的寡糖苷，广泛分布于植物界，至今已发现达 1 万种以上，如薯蓣科、百合科、玄参科、菝葜科、龙舌兰科等植物。甾体皂苷元多作为合成甾体避孕药和激素类药物的原料。近代临床及药理研究表明，甾体皂苷类化合物具有广泛的生物活性，在防治心脑血管疾病、抗肿瘤、降血糖和免疫调节等方面发挥着重要的作用。含甾体皂苷类成分的常见药物如表 14－13 所示。

表 14－13　含甾体皂苷类成分的常见药物

药物及前药	植物来源	主要化学成分	功　　效
地奥心血康胶囊	黄山药 （*Dioscorea panthaica*）	含 8 种甾体皂苷含量在 90％以上	对冠心病、心绞痛发作疗效显著，总有效率为 91％
心脑舒通	蒺藜 （*Tribulus terrestris*）	总皂苷	用于心脑血管病的防治，具有扩冠、改善冠脉循环作用，对缓解心绞痛、改善心肌缺血有较好疗效。
前体药物	云南白药重楼 （*Paris polyphylla*）	甾体皂苷Ⅰ和Ⅵ	对 P388、L1210 和 KB 细胞均有显著的抑制作用
前体药物	薤白 （*Allium macrostemon* Bunge）	薤白皂苷	体外试验显示具有较强的抑制 ADP 诱导的家兔血小板聚集作用

14.3.2　结构与分类

甾体皂苷的基本骨架属于螺甾烷的衍生物，按照螺甾烷结构中 $C_{25}-CH_3$ 的取向和 F 环的环合状态，可将甾体皂苷元分为四种类型：① 螺甾烷醇类（spirostanols）；② 异螺甾烷醇类（isospirostanols）；③ 呋甾烷醇类（furostanols）；④ 变形螺甾烷醇类（pseudo-spirostanols）。

1. 结构分类及代表化合物

甾体皂苷的结构分类具体见表 14－14。

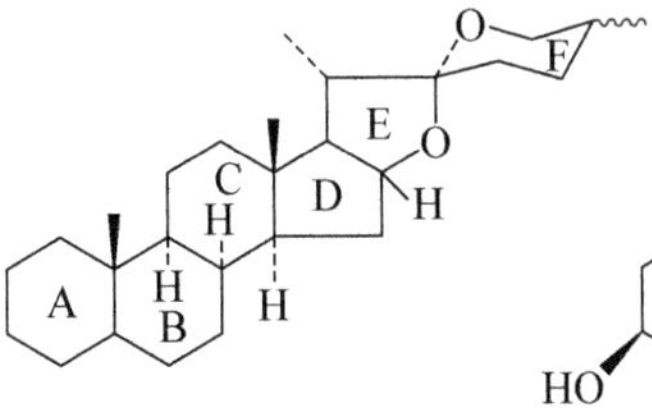

螺甾烷 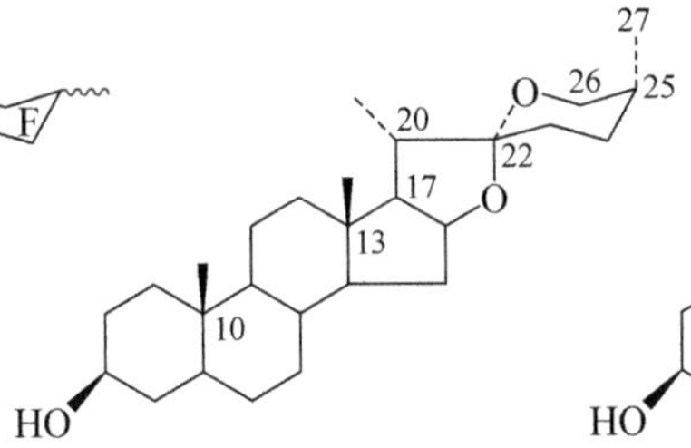   螺甾烷醇 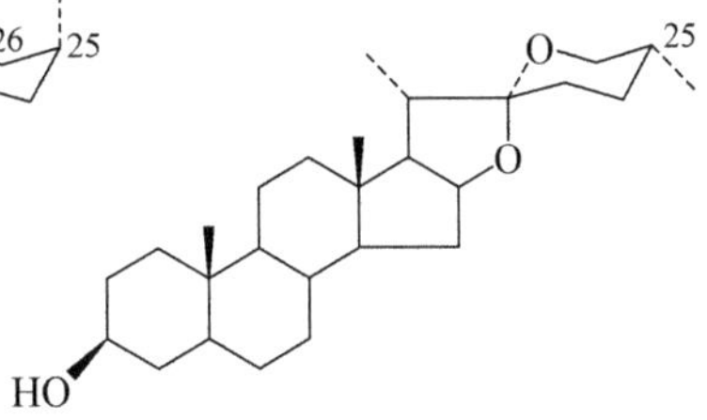   异螺甾烷醇

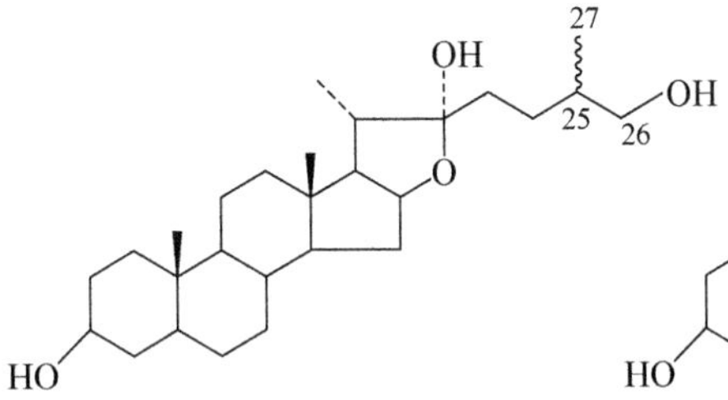

呋甾烷醇 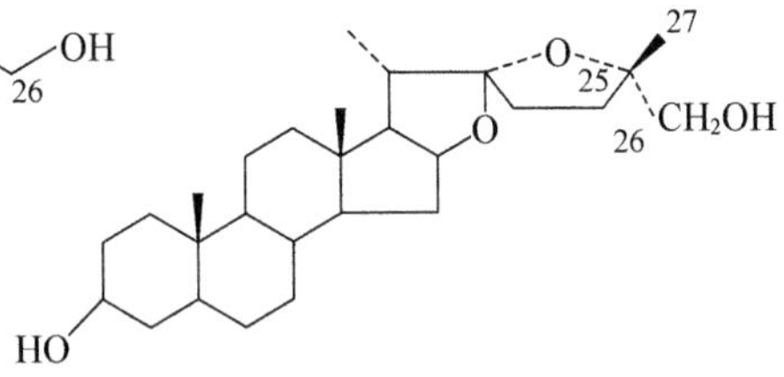   变形螺甾烷醇

表 14-14   甾体皂苷的结构分类

类型	特　　征	典型化合物	注　　释
螺甾烷醇类	C_{25}-CH_3 S 构型	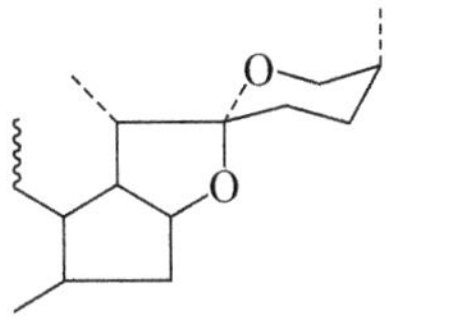 菝葜皂苷	菝葜皂苷具有抗霉菌活性,也有一定程度的抗细菌作用
异螺甾烷醇类	C_{25}-CH_3 R 构型	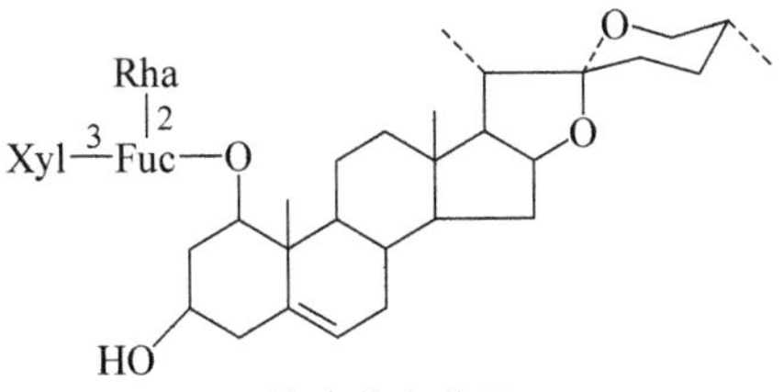 沿阶草皂苷 D	皂苷的成苷位置多在C_3-OH 上,而沿阶草皂苷 D 的糖和皂苷元 C_1-OH 相连
呋甾烷醇类	F 环为开链衍生物	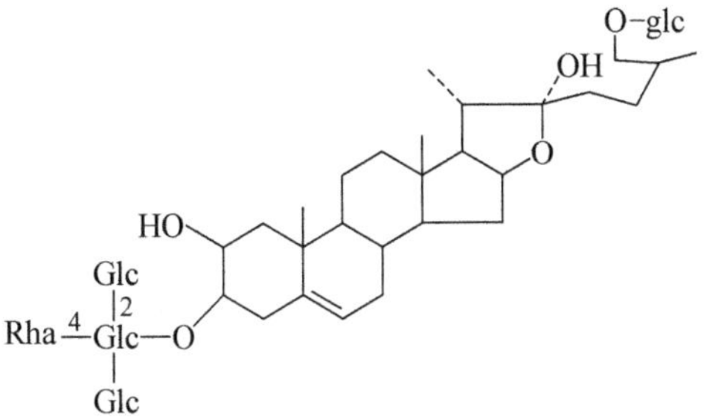 原菝葜皂苷	原菝葜皂苷没有皂苷的抗菌活性和溶血作用,不能与胆甾醇结合生成不溶性的复合物

类型	特　征	典型化合物	注　释
变形螺甾烷醇类	F 环为五元四氢呋喃环	 RO $R = Rha \xrightarrow{\ 4\ } Glc—(\beta - chacotriose)—aculeatiside\ A$ $\quad\quad\ \ \ \|$ $\quad\quad\ \ \ 2$ $\quad\quad\ \ \ Rha$	纽替皂苷元的 F 环上羟甲基与葡萄糖结合成苷，C_3 - OH 连有马铃薯三糖

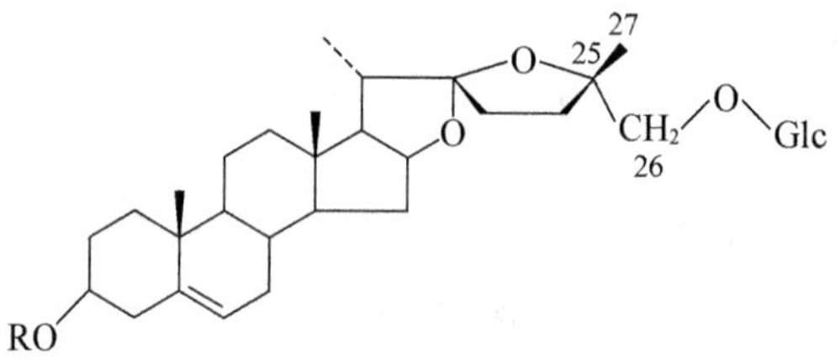

14.3.3　理化性质及检识

甾体皂苷的理化性质及检识具体见表 14 - 15。

表 14 - 15　甾体皂苷的理化性质及检识

项　　目		理化性质
性状	形态	甾体皂苷大多为白色无定形粉末，甾体皂苷元多有较好结晶态
	熔点	苷元的熔点常随着羟基数目的增加而升高；单羟基物都在 208℃ 以下，三羟基物都在 242℃ 以上，多数双羟基或单羟基酮类介于两者之间
	旋光性	甾体皂苷和苷元均具有旋光性，且多为左旋
溶解性	甾体皂苷	可溶于水，易溶于热水、稀醇，难溶于石油醚、苯、乙醚、丙酮等
	甾体皂苷元	难溶于水，易溶于甲醇、乙醇、三氯甲烷、乙醚等亲脂性溶剂
沉淀反应	胆甾醇沉淀	甾体皂苷可与甾醇（常用胆甾醇）或其他含有 C_3 位 β-OH 的甾醇（如 β-谷甾醇、豆甾醇、麦角甾醇等）生成沉淀（难溶性分子复合物）
	金属离子沉淀	可与碱式醋酸铅或氢氧化钡等碱性盐类生成沉淀
	溶血作用	甾体皂苷的水溶液大多能破坏红细胞而有溶血作用
表面活性作用		甾体皂苷可降低水溶液表面张力，其水溶液经强烈振摇能产生大量的、持久性的泡沫，且不因加热而消失
显色反应	醋酐-硫酸反应	出现一系列颜色：黄→红→紫→蓝→绿→污绿
	三氯乙酸反应	加热至 60℃，即发生颜色变化，呈红色

14.3.4　提取与分离

1. 提取方法

（1）甾体皂苷的提取：包括甲醇、乙醇提取法和水提取法。

（2）甾体皂苷元的提取：酸水解法最为常用，包括：① 加酸性溶液加热水解，再用亲脂性有机溶剂提取皂苷元；② 先提取粗皂苷，将粗皂苷加热加酸水解，然后用苯、三氯甲烷等有机溶剂自水解液中提取皂苷元。

2. 分离方法

（1）甾体皂苷或部分苷元的分离方法：溶剂（乙醚、丙酮）沉淀法；胆甾醇沉淀法；衍生物制备法；大孔吸附树脂柱色谱；葡聚糖凝胶柱色谱法；液滴逆流色谱法（DCCC）；硅胶柱色谱法（$CHCl_3$－MeOH－H_2O 系统洗脱）；中低压 Lobar（Rp－8）柱色谱法；高效液相制备法；吸附柱色谱法。

（2）甾体皂苷元（含有羰基）的分离方法：可用季铵盐型氨基乙酰肼类试剂（吉拉尔 T 或吉拉尔 P）进行分离。

14.3.5　生产实例

1. 薤白中的甾体皂苷

薤白为百合科植物小根蒜（*Allium macrostemon*）的干燥鳞茎。近代临床及药理研究表明，薤白中含有的甲基烯丙基二硫、二甲基三硫及薤白苷 E、F 等成分具有强烈的抑制血小板聚集作用，薤白提取物能显著抑制动脉粥样硬化的形成，对血清总脂、β－脂蛋白和总胆固醇都有较明显的降低作用，具有抗氧化、抗菌、镇痛、抗癌等作用。临床用于治疗心绞痛、高血脂、心脏病性哮喘、冠心病引发的呼吸困难、腹痛，以及食欲不振等病症。

薤白的主要化学成分为甾体皂苷，如薤白苷 A、D、E、F、J、K、L（macrostemonside A、D、E、F、J、K、L）等，其皂苷元有替告皂苷元（tigogenin）、异菝葜皂苷元（smilagenin）、沙漠皂苷元（samogcnin）等。

（1）薤白苷的结构式

$$R$$

薤白苷 A：$-\beta-Gal \xrightarrow{4} \beta-Glc \begin{cases} 3 & \beta-Glc \\ 2 & \beta-Glc \end{cases}$

薤白苷 D：$-\beta-Gal \xrightarrow{4} \beta-Glc \begin{cases} 3 & \beta-Glc \\ 6| & 2 & \beta-Glc \\ Ac \end{cases}$

	R_1	R_2
薤白苷 E：	H	$-\beta-Gal \xrightarrow{4} \beta-Glc \begin{cases} 3 \ \beta-Glc \\ 2 \ \beta-Glc \end{cases}$
薤白苷 F：	H	$-\beta-Gal \xrightarrow{2} \beta-Glc$
薤白苷 L：	OH	$-\beta-Gal \xrightarrow{2} \beta-Glc$

	R_1	R_2
薤白苷 J：	$-\beta-Gal \xrightarrow{2} \beta-Glc$	H
薤白苷 K：	$-\beta-Gal \xrightarrow{2} \beta-Glc$	CH_3

（2）理化性质

1）性状：薤白苷 A、D、E、F、J、K、L 等化学成分为白色粉末或白色无定形粉末。

2）溶解性：薤白苷 A、D、E、F、J、K、L 等均可溶于甲醇、乙醇、吡啶等溶剂，难溶于亲脂性有机溶剂。

（3）薤白中薤白苷 J 的生产工艺

【工艺原理】

根据薤白中甾体皂苷的溶解性，以甲醇或乙醇为溶剂，提取甾体皂苷及皂苷元；利用其在不同溶剂中的溶解度不同进行初步分离，然后运用大孔吸附树脂柱色谱、硅胶柱色谱方法分离，进一步用反相中低压 Lobar 柱色谱、制备 HPLC 等分离手段达到分离的目的。

【操作过程及工艺条件】

1）醇提-浓缩：薤白鳞茎 36kg，加 75％乙醇回流提取，回收溶剂，得浸膏。

2）液-液萃取：加水分散，依次用三氯甲烷、乙酸乙酯和水饱和的正丁醇萃取，取正丁醇萃取液，回收溶剂，得正丁醇提取物。

3）大孔吸附树脂纯化：取正丁醇提取物，加水分散，通过大孔吸附树脂柱，先用水洗除去糖类成分，再用甲醇洗脱得总皂苷。

4）硅胶柱色谱分离：总皂苷经硅胶柱色谱，以不同比例的三氯甲烷-甲醇作洗脱剂进行梯度洗脱，分段收集，合并相同组分，得 5 个组分（Ⅰ～Ⅴ）。

5）大孔吸附树脂分离：取组分Ⅲ，再经大孔吸附树脂柱，依次以水和 20％甲醇洗脱，回收溶剂，得 20％甲醇洗脱物。

6）硅胶柱色谱分离：20％甲醇洗脱物再经硅胶柱色谱，以三氯甲烷-甲醇-水（80：20：5）下层洗脱得极性较大部位。

7）中压柱色谱分离：取极性较大部位，再经中低压 Lobar 柱（Rp-8）反复柱色谱分离，流动相为甲醇-水（7：3），分离后用 Rp-18 柱纯化，收集极性较大部位。

8）大孔吸附树脂-制备 HPLC 分离：极性较大部分再经大孔吸附树脂柱色谱，以 40％～80％甲醇洗脱，采用制备 HPLC 分离，得薤白苷 J（10mg）。

【生产工艺流程】

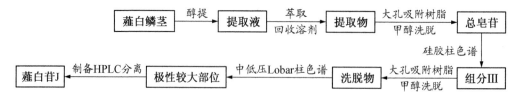

【工艺注释】

1）以 75％乙醇提取，提取方法可采用渗漉法、回流提取法和超声波提取法，回收乙醇得浸膏。

2）醇浸膏用适量水稀释后依次用三氯甲烷、乙酸乙酯和水饱和正丁醇萃取，使不同极性的化合物彼此分离，萃取时应遵循少量多次原则，使萃取完全。

3）采用中低压 Lobar 柱色谱、制备 HPLC 等分离方法分离正丁醇萃取部分极性较大的皂苷类成分。

（4）薤白中皂苷元的生产工艺

【工艺原理】

皂苷可溶于水和醇类有机溶剂，难溶于丙酮和亲脂性有机溶剂；皂苷元可溶于有机溶剂，难溶于水，依据两者性质异同，用醇类溶剂进行提取，液-液萃取分离。

【操作过程及工艺条件】

1）醇提：取新鲜的长梗薤白鳞茎 8kg 粉碎后，以 90% 乙醇回流提取，提取液减压回收溶剂得总提取物。

2）水溶-过滤：取总提取物加水溶解，过滤，得水不溶物（63.8g）和水溶液。

3）硅胶柱色谱分离：取水不溶物 60g 经硅胶柱色谱，以溶剂系统 A、B、C、D 梯度洗脱，共分得 5 个组分（Ⅰ～Ⅴ）。对组分 Ⅰ、Ⅲ、Ⅳ 再分别进行反复硅胶柱色谱，得提果皂苷元和吉托皂苷元。

【生产工艺流程】

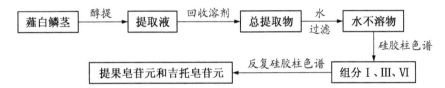

【工艺注释】

1）采用乙醇为提取溶剂，可同时提取皂苷和皂苷元，利用两者在水中溶解度的差异，使之分离。

2）过滤后的水溶液经水饱和正丁醇萃取得正丁醇萃取物，经硅胶柱色谱，以溶剂系统 H、I、甲醇梯度洗脱，共分得 6 个组分（Ⅰ'～Ⅵ'），组分Ⅲ'经甲醇重结晶得甾体皂苷。

3）溶剂系统：A：三氯甲烷-甲醇-水（10∶1∶0.1）下层；B：三氯甲烷-甲醇-水（6∶1∶0.1）下层；C：三氯甲烷-甲醇-水（5∶1∶0.1）；D：三氯甲烷-甲醇-水（3∶2∶0.1）；H：乙酸乙酯-甲醇-水（5∶1∶0.5）；I：乙酸乙酯-甲醇-水（4∶1∶0.8）。

2. 穿龙薯蓣中的甾体皂苷

穿龙薯蓣为薯蓣科薯蓣属植物穿龙薯蓣（*Dioscorea nipponica*）的根茎。近代临床及药理研究表明，穿龙薯蓣总皂苷能显著降低家兔血胆固醇含量，改善冠状循环，其水解产物薯蓣皂苷元对高岭土引起的足肿胀有抑制作用，也是近代制药工业中合成甾体激素和甾体避孕药的重要原料。穿龙薯蓣水溶液具有镇咳、祛痰、平喘作用，此外，还有明显的抗流感病毒作用，对金黄色葡萄球菌、八叠球菌、大肠杆菌、卡他球菌、脑膜炎双球菌及甲型链球菌等均有较明显的抑制作用。

主要成分为薯蓣皂苷（dioscin）、纤细薯蓣皂苷（gracillin）和穿龙薯蓣皂苷 Dc。总皂苷水解产生薯蓣皂苷元（diosgenin），平均含量约为 0.93%～2.26%。此外，还含有对羟苄基酒石酸（piscidic acid），尚含少量的 25 - D -螺甾- 3,5 -二烯（25 - D - spirosta - 3,5 - diene）。

（1）穿龙薯蓣中不同薯蓣皂苷和薯蓣皂苷元的结构式

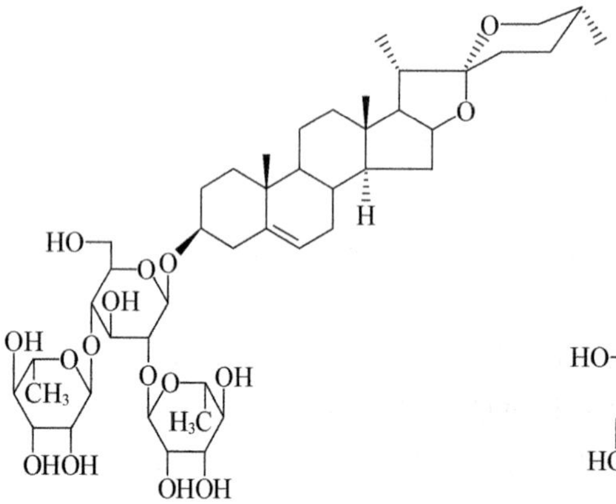

薯蓣皂苷

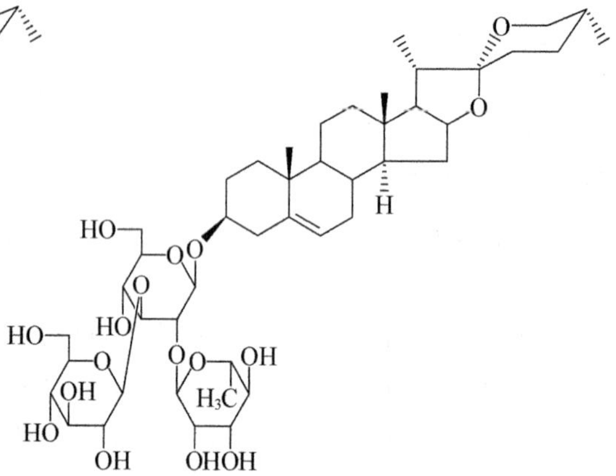

纤细薯蓣皂苷

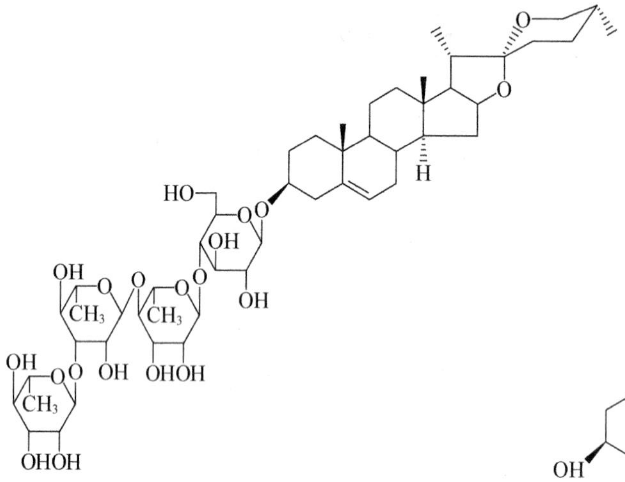

穿龙薯蓣皂苷Dc

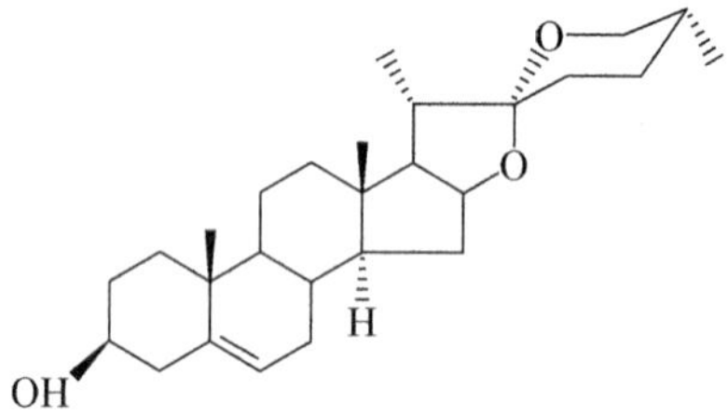

薯蓣皂苷元

（2）理化性质

1）性状：薯蓣皂苷为无定形粉末或白色针状结晶，熔点 275～277℃（分解）；纤细薯蓣皂苷为无色菱形结晶（甲醇），熔点 287～289℃（分解），$[\alpha]_D^{20}=-86.2°$（二甲基甲酰胺）；穿龙薯蓣皂苷 Dc 为无色针状结晶，熔点 216～218℃（分解），$[\alpha]_D^{20}=-96.2°$（吡啶）；薯蓣皂苷元为白色结晶（乙醇），熔点 204～207℃，$[\alpha]_D^{25}=-129.3°$（CHCl$_3$）。

2）溶解性：薯蓣皂苷不溶于水，可溶于乙醇、甲醇，微溶于丙酮、戊醇，难溶于乙醚、苯等弱极性有机溶剂；纤细薯蓣皂苷可溶于甲醇；穿龙薯蓣皂苷 Dc 易溶于吡啶，可溶于甲醇、乙醇和水；薯蓣皂苷元可溶于常用的有机溶剂如甲醇、乙醇、乙醚、石油醚及醋酸中，不溶于水。

（3）薯蓣皂苷的生产工艺

【工艺原理】

利用薯蓣皂苷的溶解性，采用溶剂法进行提取，多以甲醇或乙醇作为提取溶剂，提取方法可采用浸提、回流或超声等方法。利用皂苷可溶于乙醇、难溶于丙酮的性质进行醇提-丙酮沉淀处理；利用皂苷对正丁醇和大孔吸附树脂的特殊选择性进一步分离纯化，得到粗皂苷。分离薯蓣皂苷亦采用硅胶柱色谱、制备 HPLC、TLC 法等分离方法。

1）乙醇浸提-有机溶剂萃取法

【操作过程及工艺条件】

① 粉碎-过筛：取穿龙薯蓣的干燥根茎，粉碎，过 20 目筛；② 脱脂-醇提：取过筛粉末装入逆流渗滤浸提器中，先以轻汽油浸提脂溶性物质，然后再以乙醇逆流浸提总皂苷，浸提液控制出液系数在 5 以下；③ 析晶-过滤：将乙醇浸提液泵入减压蒸馏罐中，回收乙醇至小体积，冷却后析出部分皂苷，过滤并收集该部分皂苷；④ 浓缩-水溶：滤液回收乙醇至干，残渣加水分散；⑤ 萃取-浓缩：用水饱和正丁醇溶液逆流萃取含皂苷的水溶液，分取正丁醇萃取液，回收溶剂至小体积；⑥ 析晶-过滤：加轻汽油调节正丁醇溶液的极性，放置，析出皂苷，过滤；⑦ 合并-干燥：合并所得各部分皂苷，低温干燥得薯蓣总皂苷。

【生产工艺流程】

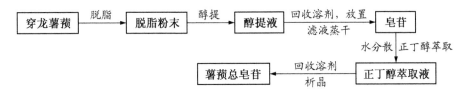

【工艺注释】

① 逆流渗滤法是药材与溶剂在浸出容器中，沿相反方向运动，连续而充分地进行提取的一种方法，具有溶剂利用率高、有效成分浸出完全等特点，控制溶剂流速与药材逆向流动速度，可得到所需浓度的浸提液。本工艺中浸提液控制出液系数应在 5 以下，可充分浸出有效成分。② 通过二次回收乙醇操作可获得较高纯度和收率的皂苷。③ 利用正丁醇对甾体皂苷的特殊溶解性进行分离纯化。

2）乙醇超声提取-逆流分溶法

【操作过程及工艺条件】

① 乙醇超声提取：取药材粉末约 5kg，加入 10 倍量 35% 乙醇，超声处理 30 分钟，过滤；② 浓缩：减压回收溶剂得乙醇提取物；③ 逆流分溶法除杂：取乙醇提取物，加水分散，以乙酸乙酯逆流分溶；④ 逆流分溶法分离：除杂水溶液以水饱和的正丁醇逆流分溶；⑤ 回收溶剂：收集正丁醇层，回收溶剂，得薯蓣总皂苷。

【生产工艺流程】

【工艺注释】

① 根据薯蓣皂苷的溶解性，选用低浓度的乙醇作为提取溶剂；② 采用超声波辅助提取法可促使溶剂深入植物细胞，加速植物体中皂苷的溶出，从而提高收率；③ 利用 DCC 法分离纯化薯蓣皂苷时，应遵循少量多次的原则，使提取完全；④ 该方法操作简单，缩短了提取时间，所得的薯蓣皂苷纯度较高。

3）溶剂提取-沉降剂-大孔吸附树脂法

【操作过程及工艺条件】

① 水浸-磨碎-过筛：取穿龙薯蓣饮片，加水并用 NaOH 调 pH10，浸泡 12 小时，将植物体

带水于球磨机中磨碎,过 40 目筛,得筛上物和滤液;② 水洗-过滤:用蒸馏水多次洗涤筛上物,过滤,得滤渣和滤液,合并滤液,静置 4 小时,得上清液和沉淀物;③ 浓缩-澄清:上清液经减压浓缩后,加 ZTC-Ⅱ型澄清剂得到澄清液;④ 大孔吸附树脂纯化:澄清液再经大孔吸附树脂富集纯化得水溶性甾体皂苷;⑤ 醇提:将过滤后的粗滤渣用 75％乙醇(料液比1:10),55℃回流提取 2 小时,重复 2 次后收集醇提取液,同时将上述沉淀物以 75％乙醇洗涤多次至醇提取液无色,合并上述乙醇提取液;⑥ 浓缩-纯化:醇提取液减压回收乙醇,经澄清剂澄清后制得水不溶性甾体皂苷。

【生产工艺流程】

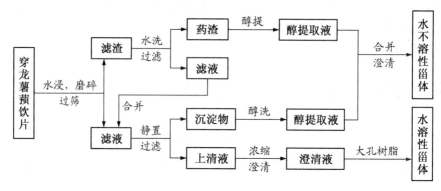

【工艺注释】

① 加蒸馏水,调 pH10,浸泡 12 小时,将植物体带水于球磨机中磨碎,不能过细,否则滤液中有纤维残渣;② 工艺采用静置 4 小时后过滤,使滤液中的上清液和沉淀物分开,还可以采用离心等方法进行固-液分离;③ 加入 ZTC-Ⅱ型澄清剂,利用其絮凝、吸附等特性,可除去药液中粒度较大及有沉淀趋势的悬浮颗粒,有效地去除杂质,药液澄清效果好。

4) 液液萃取-硅胶柱色谱-制备 HPLC 及制备 TLC 法

【操作过程及工艺条件】

① 水分散:取穿龙薯蓣总皂苷约 30g,加水使之溶散;② 萃取-浓缩:水溶液加 NaCl 饱和后,用 5％HCl 调 pH 值至 5 左右,再用水饱和的正丁醇萃取多次,合并萃取液,减压回收溶剂;③ 析晶-重结晶:浓缩液加丙酮,析出沉淀,过滤,沉淀经甲醇-丙酮重结晶,得淡黄色粉末约 10g;④ 硅胶干柱色谱分离:取上述淡黄色粉末约 10g,用 400g 硅胶干柱色谱,用 CHCl$_3$ - MeOH - H$_2$O(7:3:0.5)展开,切割成 3 份,得 3 种混合皂苷 A、B 和 C,其中皂苷 C 为极性大的皂苷;⑤ 制备 TLC 分离:取混合皂苷 C 0.5g,制成 5％的乙醇溶液,用 10μL 微量点样管在 HSG 薄层板上点成线条状,以 CHCl$_3$ - MeOH - H$_2$O(65:35:10 下层)为展开剂二次展开,取出,晾干,置碘缸中显色,可见两条主色带,刮板;⑥ 重结晶:两条主色带分别经无水乙醇重结晶后得皂苷Ⅰ和Ⅱ各 100mg;⑦ 制备 HPLC 分离:取皂苷Ⅱ,经 HPLC 分离纯化,得穿龙薯蓣皂苷 Dc(15mg)。

【生产工艺流程】

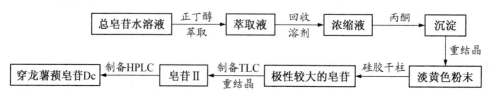

【工艺注释】

① 通过上述工艺得到一个水溶性甾体皂苷：薯蓣皂苷元-3-O-[α-L-鼠李糖(1→3)-α-L-鼠李糖(1→4)-α-L-鼠李糖(1→3)]-β-D-葡萄糖苷，命名为穿龙薯蓣皂苷 Dc；② 在正丁醇萃取之前加入 NaCl，通过盐析作用使皂苷尽可能完全地转溶于正丁醇中，利用甲醇-丙酮沉淀法，进行皂苷的纯化。

（4）薯蓣皂苷元的生产工艺

薯蓣皂苷元是异螺甾烷的衍生物，一般以苷的形式存在于薯蓣属植物中，即在 C_3 和 C_{26} 通过苷键与糖链相连进而与植物细胞壁紧密相连。目前常用的薯蓣皂苷元的提取方法主要有酸水解法、两相溶剂水解法、酶解提取法和超临界流体萃取法等。薯蓣皂苷元的分离纯化一般采用硅胶柱色谱法、甲醇或丙酮重结晶法。

1）酸水解-有机溶剂提取法

【工艺原理】

利用薯蓣皂苷元不溶于水，易溶于有机溶剂的性质进行提取分离，穿龙薯蓣中含有薯蓣皂苷，薯蓣皂苷是由薯蓣皂苷元和糖组成的，故可利用苷键裂解的方式获得薯蓣皂苷元。

【操作过程及工艺条件】

① 酸水解：取穿龙薯蓣饮片或干燥根粗粉，加水浸透后，加 3.5 倍量水，加浓硫酸使浓度达 3%，通水蒸气加压水解 8 小时；② 水洗-干燥-粉碎：水解后的原料用水洗去酸液，干燥后粗粉碎，干燥粉末含水量不超过 6%；③ 提取：取干燥粉末，加活性炭，然后加 6 倍量汽油，连续回流；④ 浓缩-析晶：提取液回收溶剂，室温放置，使结晶完全析出，离心，得粗制薯蓣皂苷元；⑤ 重结晶：将粗制品溶于乙醇或丙酮，趁热过滤，放置析晶，即得薯蓣皂苷元纯品。

【生产工艺流程】

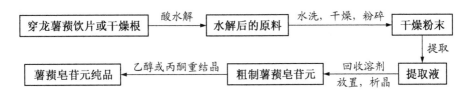

【工艺注释】

① 原料经酸水解后应充分洗涤，使原料呈中性，以免在烘干时炭化；② 干燥水解原料时，应使含水量不超过 6%，如果含水量过高，则不利于汽油提取；③ 连续回流提取过程中，应注意温度的控制，保持汽油微沸即可，温度不宜过高；④ 此法在工业上已应用多年，缺点是收率较低，且因使用汽油，易发生危险，此外，穿龙薯蓣中的淀粉和纤维素等在相同的条件下被酸水解；⑤ 本工艺对原料直接进行酸水解，比提取总皂苷后再进行酸水解的工艺路线短、经济；⑥ 如果在酸水解前先发酵处理，不但能缩短酸水解时间，而且能提高薯蓣皂苷元得率。

2）酶预处理法

【工艺原理】

酶预处理法与自然发酵法类似，即在酸水解前进行酶解淀粉、纤维素的处理工序。

【操作过程及工艺条件】

① 酶解：取药材饮片先用 5 倍量水浸泡，用硫酸调 pH5，以每克生药 10U 的量加入纤维素酶，充分搅拌，置于 40℃恒温水浴 90 分钟，适时搅拌；② 酸水解：酶处理后，加水 500ml，浓

硫酸 30ml,回流提取 3 小时,过滤;③ 水洗-干燥:滤渣水洗至中性,减压干燥;④ 提取-浓缩:用石油醚回流提取 8 小时,提取液回收溶剂至 60ml,放置,过滤,烘干;⑤ 提取-脱色:干燥物加丙酮 150ml、活性炭 0.5g,回流提取 0.5 小时,趁热过滤,滤液静置;⑥ 析晶-抽滤-干燥:滤液静置至结晶完全析出,抽滤,取滤饼于 105℃ 以下干燥,即得薯蓣皂苷元结晶。

【生产工艺流程】

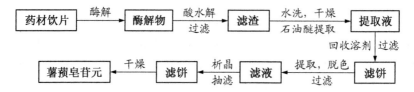

【工艺注释】

① 滤渣采用减压干燥,可防止温度过高,滤渣炭化,有效成分被破坏;② 另有研究表明用糖化酶或液体曲发酵盾叶薯蓣根茎,一般可以提高薯蓣皂苷元的产率,如用黑曲霉菌株对盾叶薯蓣根茎发酵,产率远高于直接酸水解法和其他发酵法,此方法的优点是操作简单,皂苷元收率高,反应条件也比较温和,保持了有效成分的理化性质。

3) CO_2 超临界流体萃取法

【工艺原理】

利用 CO_2 超临界流体处于临界点附近时对溶质具有独特的溶解性,进行有效成分的分离。

【操作过程及工艺条件】

① 浸泡:将穿龙薯蓣根茎先浸泡 6 小时,可提高薯蓣皂苷元收率;② CO_2 超临界流体萃取:在萃取压强 35.0MPa,萃取温度 45℃,以乙醇为夹带剂,含量为 3%,萃取时间 3 小时,CO_2 流速 2L/min 的萃取条件下进行等温动态萃取,溶有薯蓣皂苷元的 CO_2 经减压阀降压后进入分离器中,实现薯蓣皂苷元的分离。萃取物每隔 1 小时采样一次,直至萃取完全。

【生产工艺流程】

【工艺注释】

① 由于皂苷的极性较大,在萃取时一般加入夹带剂,以适当改变流体的极性,乙醇是最常用的夹带剂;② 该方法安全、省时、提取率高、无毒、无环境污染,是提取薯蓣皂苷元生产工艺的发展方向,但存在设备一次性投资过大的缺点;③ 该方法不仅对溶质有较高的溶解能力,而且还可通过改变压力和温度来改变溶解度;④ 研究证明,利用 CO_2 超临界流体技术从穿龙薯蓣中提取薯蓣皂苷元,其收率比石油醚提取法提高 33%。

4) 醇提-有机溶剂萃取-硅胶柱色谱分离法

【工艺原理】

根据薯蓣皂苷元易溶于有机溶剂的性质,采用醇提法提取,根据其极性大小,采用不同极性的溶剂进行萃取,然后用硅胶柱色谱法进行分离。

【操作过程及工艺条件】

① 醇提:取穿龙薯蓣地上部分 5kg,用 70% 乙醇回流提取;② 浓缩-过滤:醇提液减压回

收溶剂至相对密度 1.12,过滤;③ 萃取:滤液用石油醚萃取,减压回收溶剂,得到石油醚提取物;④ 硅胶干柱色谱分离:取石油醚提取物 50g,用 1500g 硅胶干柱色谱,经石油醚-乙酸乙酯(30:1～30)洗脱得薯蓣皂苷元。

【生产工艺流程】

【工艺注释】

① 采用 70%乙醇回流提取,回收乙醇在同品种再利用时非常方便;② 提取液减压回收至相对密度 1.12,可除去醇不溶物。

【思考题】

1. 强心苷的酸水解类型有哪几种? 简述其特点及应用。
2. 与强心苷共存的水溶液杂质有哪些? 提取强心苷时如何除去这些杂质?
3. 毛花洋地黄苷甲、乙、丙三者溶解度为什么有差异?
4. 比较毛花洋地黄苷丙与西地兰在薄层色谱中其 R_f 值大小,试解释原因。
5. 毛花洋地黄苷丙去乙酰基常采用氢氧化钙或碳酸钾,为什么不采用氢氧化钠?
6. 甾体皂苷的提取分离方法有哪些?
7. 甾体皂苷元的提取分离方法有哪些?
8. 甾体皂苷与强心苷在结构上有何区别? 如何用化学方法区别两者?
9. 设计用溶剂法分离毛花洋地黄苷甲、乙、丙的工艺流程。
10. 设计从某中药中分离甾体皂苷、叶绿素、树脂、蛋白质的工艺流程。

【参考文献】

[1] 吴立军. 天然药物化学(第 5 版)[M]. 北京:人民卫生出版社,2007:310 - 349

[2] 匡海学. 中药化学[M]. 北京:中国中医药出版社,2003:262 - 312

[3] 匡海学. 中药化学图表解[M]. 北京:人民卫生出版社,2008:191 - 231

[4] 刘桂芳,刘大有,王栋,等. 中药化学实验及技术[M]. 沈阳:辽宁大学出版社,1995:243 - 255

[5] 徐怀德. 天然药物提取工艺学[M]. 北京:中国轻工业出版社,2008:48 - 51.360 - 379

[6] 周家驹,谢桂荣,严新建. 中药原植物化学成分手册[M]. 北京:化学工业出版社,2004:1170.1180. 1189.1204

[7] 常新全,丁丽霞. 中药有效成分分析手册(上、下册)[M]. 北京:学苑出版社,2002:1537.1579, 2059.2353

[8] 吴立军. 实用天然有机产物化学[M]. 北京:人民卫生出版社,2007:1116 - 1178

[9] 杨云,张晶,陈玉婷. 天然药物化学提取分离手册(修订版)[M]. 北京:中国中医药出版社,2003: 131.579.682

[10] 孙文基. 天然药物成分提取分离与制备[M]. 北京:中国医药科技出版社,1999:135 - 137.138 - 141.418 - 422

[11] 方起程. 天然药物化学研究[M]. 北京:中国协和医科大学出版社,2006:570 - 602

[12] 陈海峰,王乃利,戴毅,等. HPLC 测定薤白提取物中呋甾皂苷Ⅰ的含量[J]. 中国中药杂志,2006,
     31(12):990

[13] 唐丽,匡海学,庞满坤,等. 长梗薤白鳞茎的化学成分研究[J]. 中医药学报,2003,31(1):22

[14] 谢辉,陆兔林,毛春芹. 正交法优化薤白提取工艺研究[J]. 中成药,2004,26(9):附1

[15] 袁毅,张黎明,王亮亮,等. 穿龙薯蓣皂苷的提取及其副产物的分离[J]. 天津科技大学学报,2007,
     22(3):1

[16] 都述虎,刘文英,付铁军,等. 穿龙薯蓣总皂苷中甾体皂苷的分离与鉴定[J]. 药学学报,2002,
     37(4):267-270

[17] 张黎明,袁毅. 大孔吸附树脂富集穿龙薯蓣水溶性皂苷工艺研究[J]. 天然产物研究与开发,2007,
     19:862-865

[18] 张彩霞,佟少山,王育红,等. 纤维素酶在穿山龙提取中的应用[J]. 基层中药杂志,2000,14(2):32

[19] 王昌利,张振光,杨景亮,等. 超声提高薯蓣皂苷得率的实验研究[J]. 中成药,1994,16(4):7

第 15 章

生物碱类

📍 本章要点

　　掌握生物碱类化合物的提取分离原理；熟悉麻黄碱、苦参碱、小檗碱、利血平、石杉碱甲、秋水仙碱以及咖啡碱的生产工艺流程；了解生物碱类化合物提取分离的工业化研究进展。提高设计生物碱类化合物提取分离工艺流程的能力。

15.1　概　　述

　　生物碱(alkaloids)是一类广泛存在于天然药物中的重要化学成分。生物碱类化合物经典的定义是指来源于生物界(主要是植物界)的一类含氮有机化合物，大多有较复杂氮杂环结构，多具显著生理活性和碱性；新的概念认为，植物体内的生物碱是氨基酸次生代谢产物。

　　生物碱成分所界定的化合物类型与其研究的历史起源有密切的关系，其重要性主要基于以下几点：① 发现早：1803 年 Derosne 就从鸦片中得到那可汀(narcotine)，1806 年德国科学家 F. W. Sertürner 又从中提出吗啡(morphine)，1817—1820 年相继分离出了士的宁(strychnine)、吐根碱(emetine)、马钱子碱(brucine)、胡椒碱(piperine)、咖啡碱(caffeine)、奎宁(quinine)和秋水仙碱(colchicine)等；② 数量多：目前从自然界获得的生物碱已达 10000 多种；③ 生物活性多样，作用显著，如从鸦片中分得的吗啡、延胡索乙素具有强烈的镇痛作用；罂粟碱(papaverine)具有松弛平滑肌作用；麻黄中的麻黄碱(ephedrine)能够平喘；黄连、黄柏中的小檗碱(berberine)可以抗菌消炎；利血平有降血压作用；奎宁有抗疟作用；曼陀罗、天仙子、颠茄中的莨菪碱(hyoscyanine)具有解痉和解有机磷中毒的作用；紫杉醇(taxol)、长春新碱(vincristine)、三尖杉酯碱(harringtonine)等具有良好的抗癌作用。

　　通过对生物碱化学结构与药理作用的研究，人工合成了大量的化合物，研制出了许多新药，例如根据吗啡的结构，合成了哌替啶(杜冷丁)；奎宁化学结构的确定，促进人们合成氯喹等新抗疟疾药物；古柯碱化学的研究促使了局部麻醉药普鲁卡因等的合成。因此生物碱的研究对天然药物研究有着重要的促进作用。

　　生物碱在植物界分布较广,主要存在于高等植物的双子叶植物中,如毛茛科黄连、乌头、附子,罂粟科罂粟、延胡索,茄科洋金花、颠茄、莨菪,防己科汉防己等;单子叶植物分布较少,多见于石蒜科、百合科、兰科等;裸子植物更少。低等植物中的地衣和苔藓类未发现生物碱,而蕨类及菌类只有极个别植物存在。类型越是特殊的生物碱,其分布的植物类群就越窄,如莲花氏烷(hasubanane)型异喹啉生物碱类仅分布在毛茛科千金藤属(*Stephania*)植物中。

　　在植物体内,生物碱一般较为集中地贮存于某一或某些器官中,如金鸡纳生物碱主要分布在金鸡纳树皮中,奎宁含量高达 15% 以上;麻黄生物碱主要存在于麻黄髓部;抗癌有效成分三尖杉酯碱则分布于三尖杉植物的枝、叶、根、种子中,但以叶和种子中的含量较高。黄连中小檗碱含量为 9%,而长春花中长春新碱仅为百万分之一左右。一般来说,生物碱在天然药物中含量大多低于 1%。

　　生物碱在植物体内,根据分子中氮原子所处的状态主要分为游离碱、盐类、酰胺类、N-氧化物、氮杂缩醛类及亚胺、烯胺等。多数是以有机酸盐形式存在,如柠檬酸盐、草酸盐、酒石酸盐、琥珀酸盐等;少数碱性极弱的生物碱以游离态存在,如酰胺类生物碱秋水仙碱、喜树碱等;也有少数生物碱以无机酸盐或酯等形式存在;已发现的生物碱中 N-氧化物逾 120 种。

15.2　生物碱的结构与分类

　　生物碱结构分类按不同观点,从不同角度进行分类,主要有三种分类方法:① 按植物来源分类,根据分离得到生物碱的植物属名或种名分类,如黄连生物碱、苦参生物碱、乌头生物碱等。同一植物来源的生物碱通常是具有相似化学结构的一系列生物碱,不同化合物之间仅是结构中某些取代基不同。② 按化学结构分类,根据生物碱具有的化学结构母核分类,如托品烷生物碱、异喹啉生物碱等。将具有同样骨架的生物碱归在一起,有利于结构分析与研究。③ 生源途径结合化学结构,如来源于鸟氨酸的吡咯生物碱等,这种分类方法最能反映生物碱的生源和化学本质及其相互关系,已经成为普遍采用的分类法。按照该法对生物碱的分类见表15-1。

表 15-1　生物碱结构分类和代表化合物

生源途径	结构类型	代表化合物
1. 氨基酸途径		
1.1 鸟氨酸	吡咯类	水苏碱、红古豆碱
	托品烷类	莨菪碱、东莨菪碱
	吡咯里西啶类	阔叶千里光碱
1.2 赖氨酸	哌啶类	胡椒碱、槟榔碱
	喹诺里西啶类	金雀儿碱、苦参碱
	吲哚里西啶类	一叶萩碱

续　表

生源途径	结构类型	代表化合物
1.3 苯丙氨酸/酪氨酸	苯丙胺类	麻黄碱
	异喹啉类	延胡索乙素、小檗碱、罂粟碱、吗啡、去甲乌药碱、汉防己甲素、可待因
	苄基苯乙胺类	石蒜碱、加兰他敏
1.4 色氨酸	简单吲哚类	芦竹碱
	β-卡波林碱类	吴茱萸碱
	半萜吲哚类	麦角新碱
	单萜吲哚类	士的宁、利血平、长春碱、长春新碱
1.5 邻氨基苯甲酸	喹啉类、吖啶酮类	白鲜碱、茵芋碱、山油柑碱
1.6 组氨酸	咪唑类	毛果芸香碱
2. 甲戊二羟酸途径	孕甾烷类、环孕甾烷类、胆甾烷类、异胆甾烷类	丝胶树碱、环常绿黄杨碱 D、澳洲茄胺、藜芦胺碱
2.1 萜类	单萜类、倍半萜类、二萜类、三萜类	猕猴桃碱、龙胆碱石斛、碱乌头碱、紫杉醇、交让木碱
2.2 甾体	孕甾烷类、环孕甾烷类、胆甾烷类、异胆甾烷类	丝胶树碱、环常绿黄杨碱 D、澳洲茄胺、藜芦胺碱

15.2.1　鸟氨酸系生物碱

鸟氨酸系生物碱主要包括吡咯烷类、莨菪烷类和吡咯里西啶类。

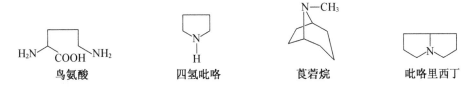

| 鸟氨酸 | 四氢吡咯 | 莨菪烷 | 吡咯里西丁 |

1. 吡咯类(pyrrolidines)生物碱

该类生物碱结构简单,数量较少,如水苏碱(stachydrine)、红古豆碱(cuscohygrine)等,其生物合成的关键中间体是 N-甲基吡咯亚胺盐及其衍生物。

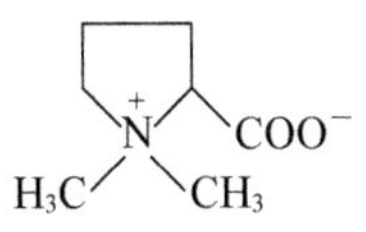

水苏碱 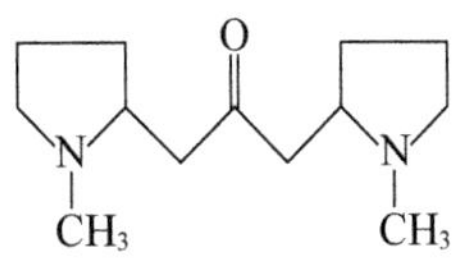　　　　　　　　　　　　　红古豆碱

2. 托品烷类(tropanes)生物碱

该类生物碱多见于茄科颠茄属、天仙子属、莨菪属等植物中。有代表性的托品烷类生物碱有莨菪碱(hyoscyamine)、东莨菪碱(scopolamine)、樟柳碱(anisodine)、山莨菪碱(anisodamine)和可卡因(cocaine)等。从结构上分析,该类生物碱多数是由托品烷衍生的氨基醇和不同有机酸缩合而

成的酯,因此在碱性条件下易水解。生源上关键中间体也是 N -甲基吡咯亚胺盐及其衍生物。

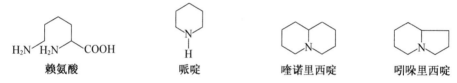

莨菪碱   阔叶千里光碱

3. 吡咯里西啶类(pyrrolizidines)生物碱

吡咯里西啶是两个吡咯烷共用一个氮原子的稠环化合物,该类生物碱在植物体中多以酯的形式存在,常形成十一或十二元双内酯,少数是单酯。代表化合物如阔叶千里光碱(platyphylline)、野百合碱(monocrotaline)等,该类生物碱主要分布于菊科千里光属(*Senecio*)植物中。

15.2.2 赖氨酸系生物碱

赖氨酸系生物碱主要包括哌啶类、喹诺里西啶类和吲哚里西啶类。

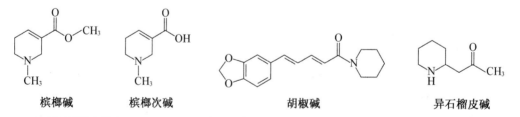

赖氨酸   哌啶   喹诺里西啶   吲哚里西啶

1. 哌啶类(piperidines)生物碱

该类生物碱结构较简单,分布广泛,有的呈液体状态。代表化合物有槟榔碱(arecoline)、槟榔次碱(arecaidine)、胡椒碱(piperine)和异石榴皮碱(isopelletierine)等。生源上最关键的前体物是哌啶亚胺盐类。

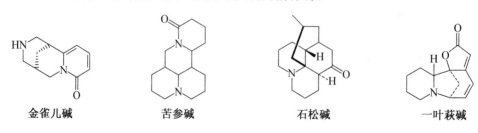

槟榔碱   槟榔次碱   胡椒碱   异石榴皮碱

2. 喹诺里西啶类(quinolizidines)生物碱

该类生物碱是由两个哌啶共用一个氮原子的稠环衍生物。主要存在于豆科和千屈菜科,石松科亦有分布。代表化合物有金雀儿碱(cytisine)、苦参碱(matrine)和石松碱(lycopodine)等。生源关系中,由赖氨酸衍生的戊二胺为最关键的前体物。

金雀儿碱   苦参碱   石松碱   一叶萩碱

3. 吲哚里西啶类(indolizidines)生物碱

该类生物碱属于吡咯和哌啶共用一个氮原子的稠环衍生物,化合物数目虽少,但有较强的生物活性。如大戟科植物一叶萩(*Securinega suffruticosa*)中的一叶萩碱(securinine)对中枢神经系统有兴奋作用,临床用于治疗面神经麻痹。

15.2.3　苯丙氨酸和酪氨酸系生物碱

来源于苯丙氨酸和酪氨酸的生物碱数量庞大(约 1000 多种)、分布广泛、活性多样。许多人们熟知的重要化合物归属该类,如抗菌消炎成分小檗碱(berberine)、强力镇痛药吗啡(morphine)和镇咳药可待因(codeine)等。下面主要介绍苯丙胺类、异喹啉类以及苄基苯乙胺类等三类。

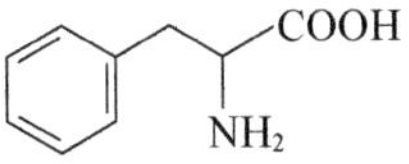

苯丙氨酸 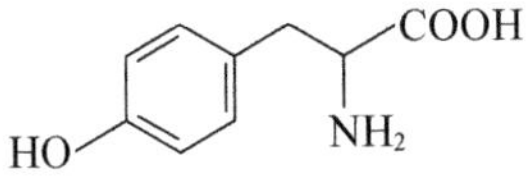　　　　　　　酪氨酸 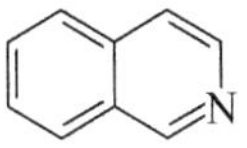　　　　　　　异喹啉

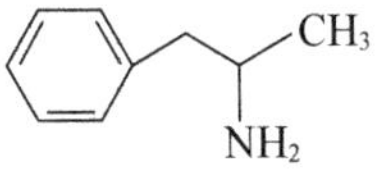

苯丙胺 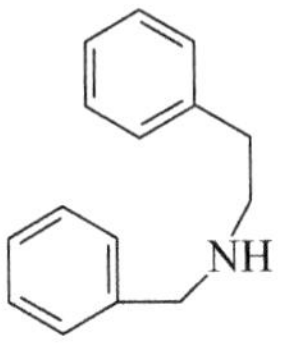　　　　　　　苄基苯乙胺 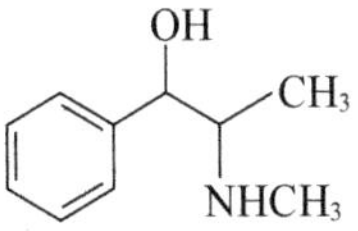　　　　　　　麻黄碱

1. 苯丙胺类(phenylalkylamines)生物碱

该类生物碱的氮原子不在环状结构内。代表化合物有麻黄中的麻黄碱(ephedrine)、伪麻黄碱(pseudoephedrine)等。

2. 异喹啉类(isoquinolines)生物碱

该类生物碱结构的共同特征是具有异喹啉母核,该母核可以呈不同的饱和状态,也可以连接苄基或苯乙基,还有的通过醚键形成双分子结构,从而构成了多种不同结构类型。主要分布于木兰科、防己科、大戟科、樟科、马前科、小檗科等植物中。

(1) 小檗碱类和原小檗碱类:这两类生物碱的结构可看成由两个异喹啉环稠合而成,并共用一个氮原子。从生源上看是由苄基异喹啉获得一个碳原子(8 位)形成。依据 C 环氧化程度划分小檗碱类和原小檗碱类,前者多为季铵碱,如黄连、黄柏、三颗针中的小檗碱;后者多为叔胺碱,如延胡索(*Rhizoma corydalis*)中的延胡索乙素(dl-tetrahydropalmatine)。

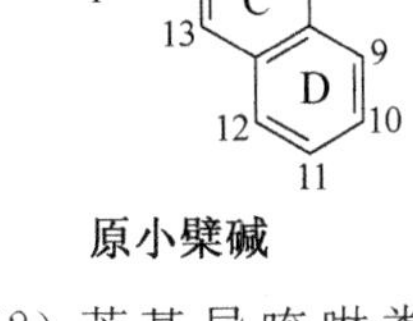

原小檗碱 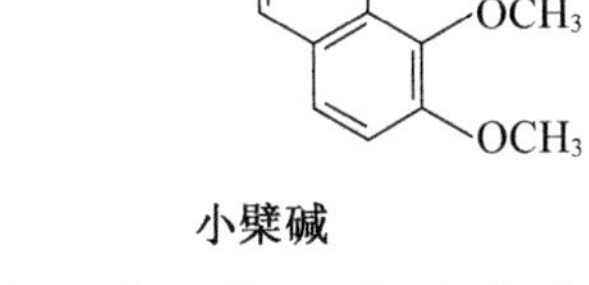　　　　　　　小檗碱 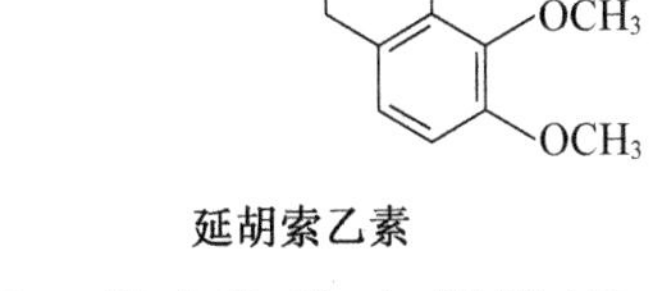　　　　　　　延胡索乙素

(2) 苄基异喹啉类:为异喹啉母核 1 位连有苄基的一类生物碱,如罂粟(*Papaver somniferm*)中的罂粟碱(papaverine)、乌头(*Radix aconiti*)中的强心成分去甲乌药碱(demetyhlcoclaurine)等。

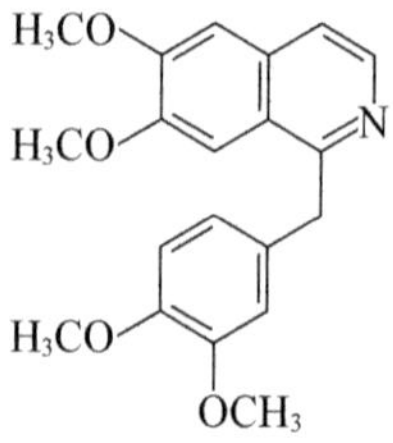

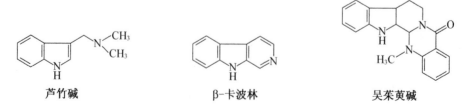

罂粟碱 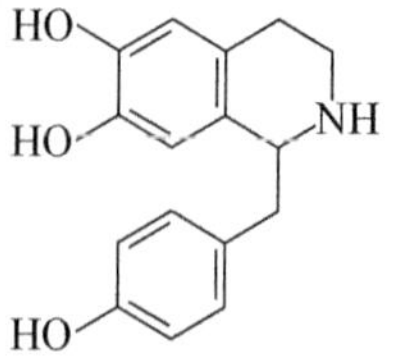　　　　　　　去甲乌药碱 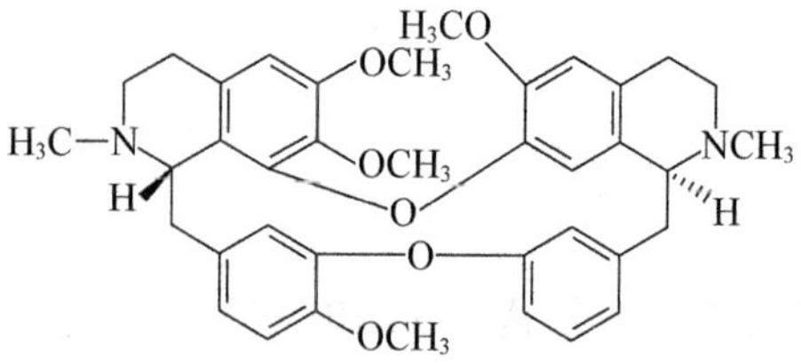　　　　　　　　汉防己甲素

（3）双苄基异喹啉类：由两分子苄基异喹啉通过 1～3 个醚键连接而成的一类生物碱，如汉防己甲素（tetrandrine）等。

（4）吗啡烷类：该类生物碱具有部分饱和的菲核。代表化合物有罂粟（*Papaver somniferum*）中的吗啡（morphine）和可待因（coderine）。

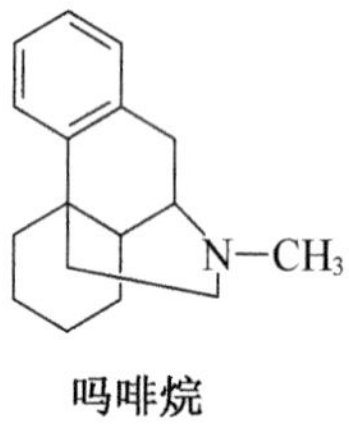

吗啡烷 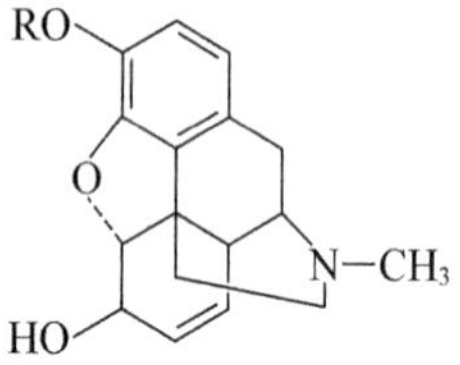　　　　吗啡 R＝H　　　　　　石蒜碱 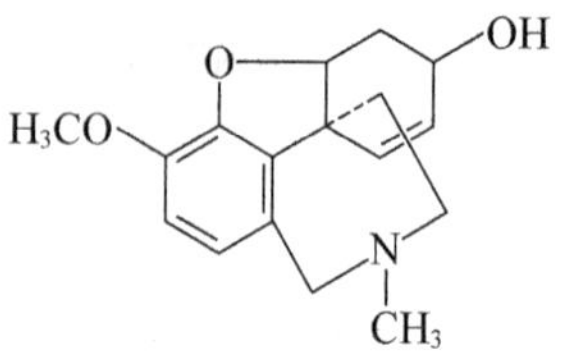　　　　　　加兰他敏
　　　　　　可待因 R＝CH₃

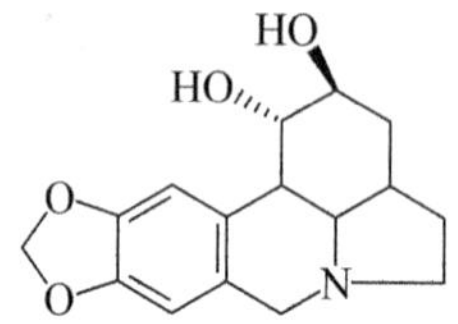

3. 苄基苯乙胺类（benzylphenethylamines）生物碱

主要分布于石蒜科的石蒜属、水仙属以及网球花属植物中。代表化合物有石蒜碱（lycorine）、加兰他敏（galanthamine）。

15.2.4　色氨酸系生物碱

该类生物碱也称吲哚类生物碱，数目最多、结构复杂，约占生物碱的 1/4。这类生物碱的结构、化学反应、立体化学及合成研究极大地吸引了有机化学家与药物学家的研究积极性。主要存在于夹竹桃科、马钱科和茜草科中，芸香科、苦木科以及海洋生物中亦有分布。

1. 简单吲哚类（simple indoles）生物碱

结构中除吲哚核外，别无杂环。如芦竹（*Arundo donax*）中的芦竹碱（gramine）。主要分布于禾木科和豆科植物中。

芦竹碱　　　　　　　β-卡波林　　　　　　　　吴茱萸碱

2. β-卡波林碱类（β-carbolines）生物碱

代表化合物有吴茱萸（*Evodia rutaecarpa*）中的吴茱萸碱（evodiamine）。

3. 半萜吲哚类（semiterpenoid indoles）生物碱

半萜吲哚类生物碱又称麦角碱类生物碱，是由色胺构成的吲哚衍生物上连接一个异戊二烯单位后形成。集中分布于麦角菌类,如麦角新碱(ergometrine)。

4. 单萜吲哚类(monoterpenoid indoles)生物碱

分子中具有一个吲哚母核和一个 C_9 或 C_{10} 的裂环番木鳖萜及其衍生物的结构单元。如萝芙木(*Rauvolfia veticillata*)中的利血平(reserpine)、番木鳖中的士的宁(strychnine)等。

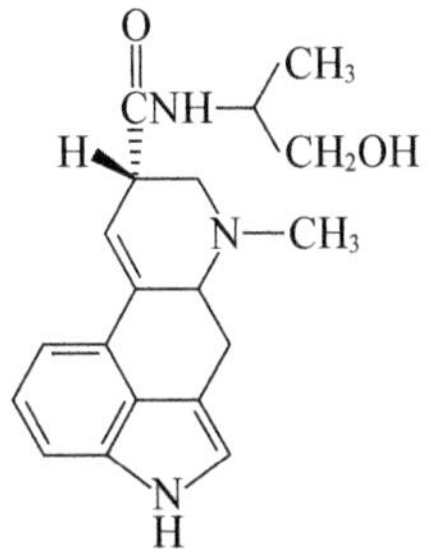

麦角新碱 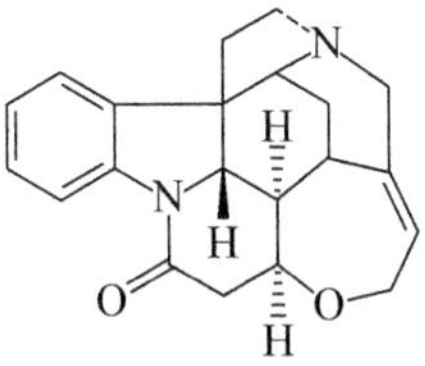   士的宁 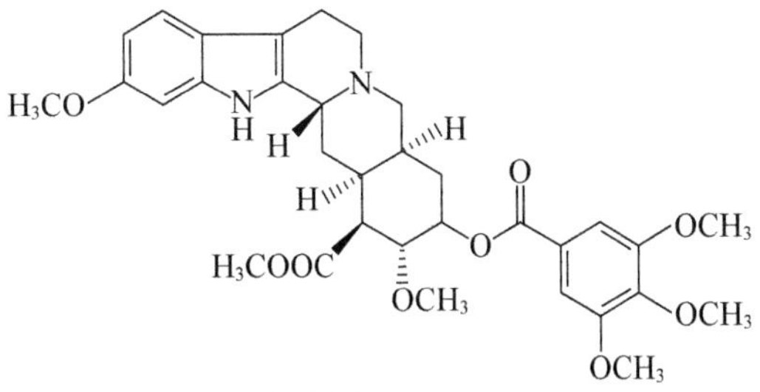   利血平

另外,还有一些生物碱因为含有喹啉母核,传统化学分类属于喹啉类生物碱,但与单萜吲哚碱却有共同的生源关系。如珙桐科植物喜树(*Camptotheca acuminata*)中的抗癌成分喜树碱(camptothecine)、10-羟基喜树碱(10 - hydroxy camptothecine)以及金鸡纳(*Cinchona ledgeriana*)树皮中的抗疟成分奎宁(quinine)等。

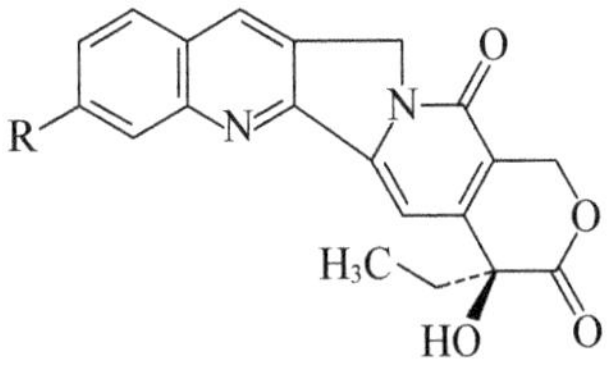

喜树碱   R=H   奎宁   长春碱   R=CH₃
10-羟基喜树碱   R=OH   长春新碱   R=CHO

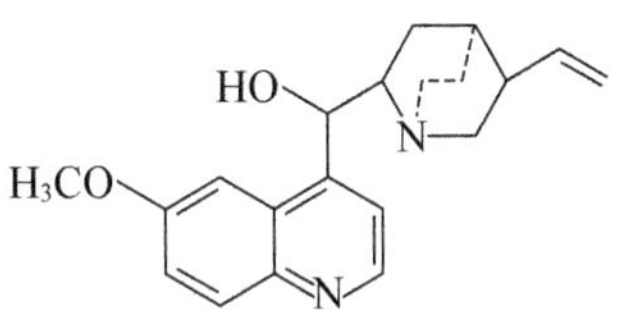

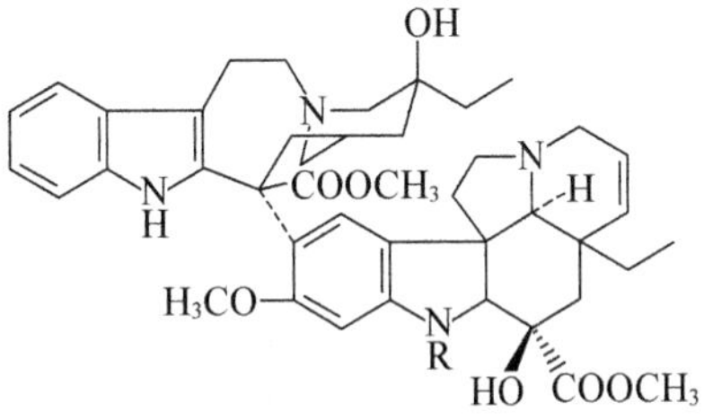

双聚吲哚类(bisindoles)生物碱,由不同单萜吲哚类生物碱经分子间缩合而成。如长春花(*Catharanthus roseus*)中抗癌成分长春碱(vinblastine,VLB)、长春新碱(vincristine,VCR)。

15.2.5 邻氨基苯甲酸系生物碱

该类生物碱包括的结构类型主要有喹啉类和吖啶酮类。喹啉类代表化合物有白鲜碱(dictamnine)、茵芋碱(skimmianine),两者均具有呋喃喹啉结构。而具有显著抗癌活性的山油柑碱(acronycine)具有吡喃吖啶酮母核。主要分布于芸香科植物中。

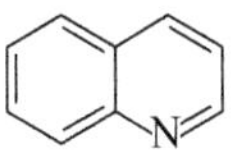

喹啉 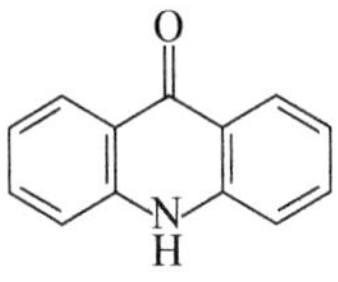   吖啶酮 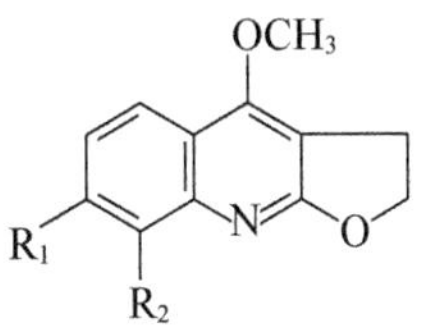   白鲜碱   R₁=R₂=H   山油柑碱
                                      茵芋碱   R₁=R₂=OCH₃

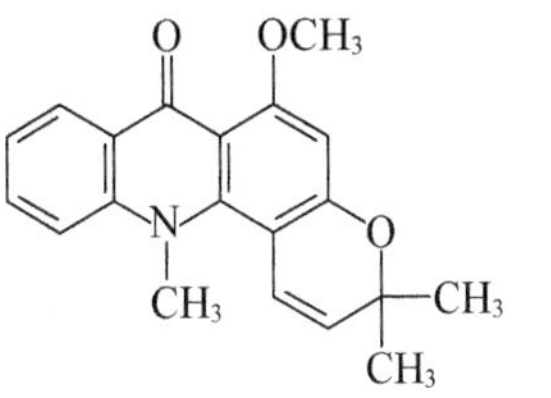

15.2.6 组氨酸系生物碱

主要为咪唑类生物碱,数目较少,如临床用于治疗青光眼的毛果芸香碱(pilocarpine)。

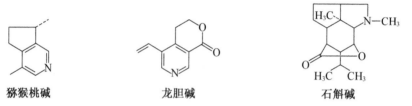

咪唑 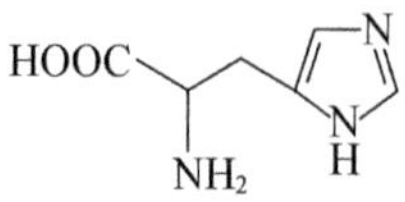   组氨酸 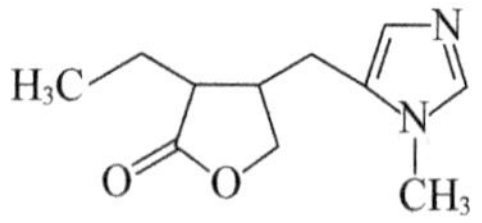   毛果芸香碱

15.2.7 萜类生物碱

该类生物碱基本符合异戊二烯法则,属于非氨基酸类生物碱,故又称为伪生物碱,其氮原子来源于萜的氨基化。按照基本骨架可以将该类生物碱分为单萜、倍半萜、二萜和三萜类生物碱等类型。

1. 单萜类(monoterpenoid)生物碱

本类生物碱主要由环烯醚萜衍生,多分布于龙胆科。代表化合物有猕猴桃碱(actinidine)、龙胆碱(gentianine)。

猕猴桃碱   龙胆碱   石斛碱

2. 倍半萜类(sesquiterpenoid)生物碱

主要分布于兰科石斛属植物,睡莲科萍蓬草属植物亦有发现。代表化合物有石斛碱(dendrobine)。

3. 二萜类(diterpenoid)生物碱

较集中分布于毛茛科乌头属,其次为翠雀属和飞燕草属。代表化合物有乌头碱(aconitine)、紫杉醇(taxol)。

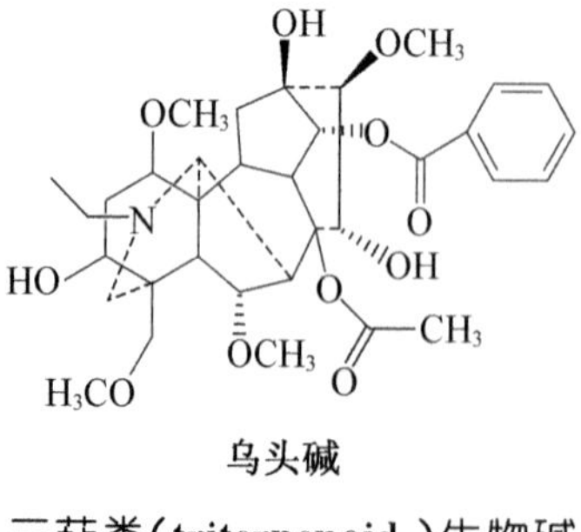

乌头碱 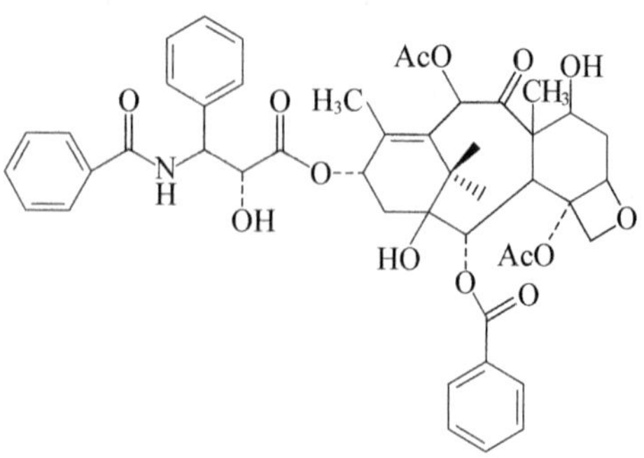   紫杉醇

4. 三萜类(triterpenoid)生物碱

这类生物碱数目较少,主要分布于交让木科交让木属植物。代表化合物有交让木碱(daphniphylline)。

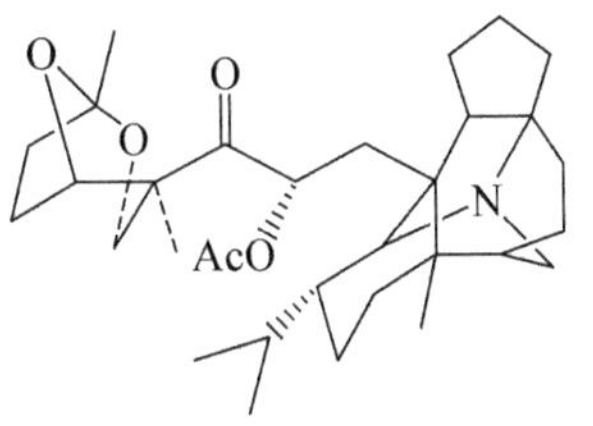

交让木碱

15.2.8　甾体类生物碱

该类生物碱属于含氮的天然甾体,但氮原子均不在甾体母核内。根据甾核骨架又可分为环孕甾烷类、孕甾烷类、胆甾烷及异胆甾烷类。如存在于黄杨科黄杨属植物中的环常绿黄杨碱 D(cyclovirobuxine D)属环孕甾烷类;夹竹桃科阔叶丝胶树(*Funtumia latifolia*)中的丝胶树碱(funtumine)属孕甾烷类;胆甾烷类生物碱主要分布于茄科茄属植物,如澳洲茄(*Solanum aviculare*)中的澳洲茄胺(solasodine);藜芦中的藜芦胺碱(veratramine)属异甾体类。

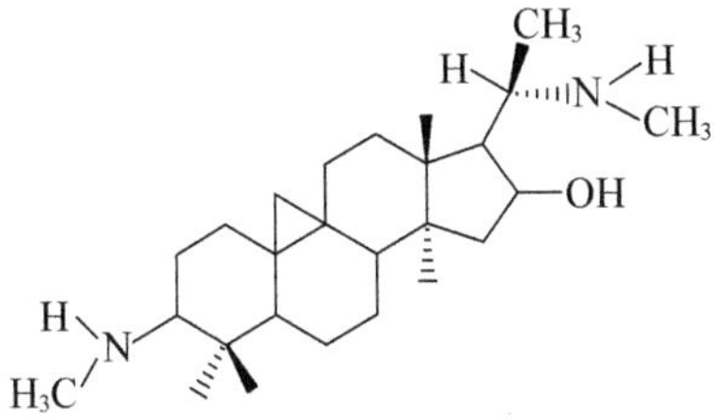

环常绿黄杨碱D

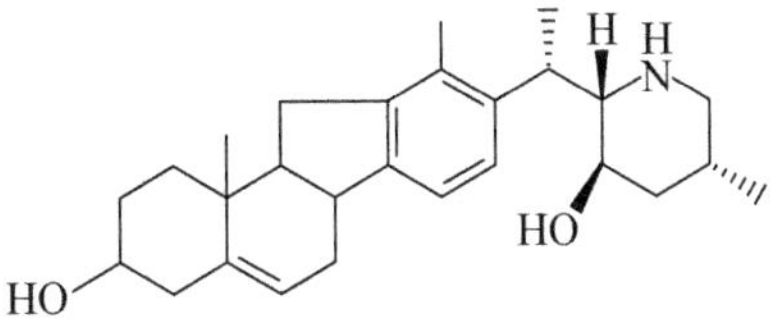

藜芦胺碱

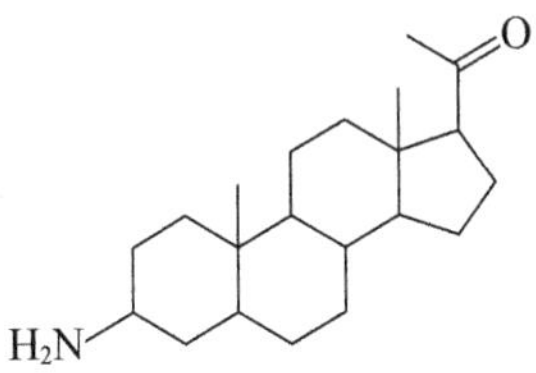

丝胶树碱

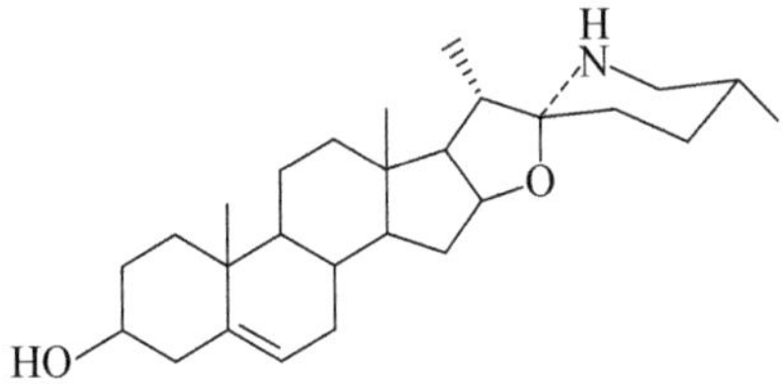

澳洲茄胺

15.3　生物碱的理化性质

15.3.1　物理性质

1. 性状

生物碱多为结晶形固体,少数为非晶形粉末;个别生物碱为液体,分子中多无氧原子,或与氧原子结合为酯键,如毒藜碱(anabasine)、槟榔碱(arecoline)等。少数液体状生物碱及个别小分子固体生物碱具有挥发性,可随水蒸气蒸馏,如麻黄碱(ephederine)、烟碱(nicotine)等。也有的生物碱具有升华性,如咖啡因(caffeine)等。

生物碱多数呈无色或白色,仅少数具有高度共轭体系并有助色团的生物碱会产生不同的颜色,如小檗碱(berberine)和蛇根碱(serpentine)显黄色,小檗红碱(berberubine)显红色。大多数生物碱具有苦味,有些味极苦而辛辣,还有些刺激唇舌的焦灼感,少数有其他味道,如甜菜碱(betaine)为甜味。

2. 旋光性

大多数生物碱分子中因含有手性碳原子或本身为手性分子而具有光学活性,仅少数生物碱如存在于延胡索、白屈菜中的原托品碱(protopine)因无不对称中心而无旋光性。

同一生物碱因测定溶剂及 pH、浓度的不同而旋光性也不同。如麻黄碱在三氯甲烷溶液中呈左旋光性,在水中则呈右旋光性;又如北美黄连碱(hydrastine)、烟碱(nicotine)在中性条件下呈左旋光性,而在酸性条件下呈右旋光性。

生物碱的生理活性与其旋光性密切相关。一般而言,左旋体的生理活性较显著,而右旋体很弱甚至无生理活性,如 l-莨菪碱的散瞳作用比 d-莨菪碱大 100 倍,去甲乌药碱仅左旋体具有强心作用。但仍有个别例外,如 d-古柯碱(d-cocaine)的局部麻醉作用大于 l-古柯碱(l-cocaine)。

3. 溶解性

生物碱及其盐类种类繁多、结构多样,溶解性差异显著。结构中氮原子的存在形式、极性基团的有无及数目、溶剂种类等是影响其溶解性的主要因素。生物碱的溶解性是提取分离的主要依据,具有重要的意义。

(1) 亲水性生物碱:亲水性生物碱数目较少。主要是季铵碱和某些具有半极性 N→O 配位键结构的生物碱,前者如小檗碱,后者如氧化苦参碱,这类生物碱易溶于水,也可溶于甲醇、乙醇、正丁醇等极性有机溶剂,难溶或不溶于亲脂性有机溶剂。某些生物碱如麻黄碱、东莨菪碱、烟碱等既可溶于水、甲醇、乙醇,也可溶于三氯甲烷等亲脂性有机溶剂,其结构特点往往是分子较小,或具有醚键、配位键。

(2) 亲脂性生物碱:亲脂性生物碱数目较多,绝大多数叔胺碱和仲胺碱归属于此类,一般可溶于甲醇、乙醇、丙酮、乙酸乙酯、乙醚、苯、卤代烷类(二氯甲烷、三氯甲烷、四氯化碳)等有机溶剂中,尤其易溶于三氯甲烷;溶于酸水,不溶或难溶于水和碱水。

(3) 具特殊基团的生物碱:具有酚羟基、羧基、内酯或内酰胺结构的生物碱,其溶解性与特殊官能团相关。含有酚羟基或羧基的生物碱(又称为两性生物碱,具有酚羟基者常称为酚性生物碱),如吗啡、青藤碱等,这些生物碱既具有一般生物碱的溶解性,可溶于酸水,也由于含酸性官能团而溶于苛性碱溶液,含羧基的生物碱甚至可溶于碳酸氢钠。具有内酯或内酰胺结构的脂溶性生物碱,在碱水中因内酯或内酰胺结构开环形成羧酸盐而溶于水中,加酸后又还原。

(4) 生物碱盐:生物碱盐一般易溶于水,难溶于亲脂性有机溶剂,但在甲醇、乙醇中有较好溶解性。大多数生物碱能与酸结合成盐而溶于酸水中,其盐的水溶液加碱至碱性又析出游离生物碱。碱性极弱的生物碱和酸生成的盐不稳定,其酸性水溶液用三氯甲烷提取时,生物碱可转溶于三氯甲烷而被分离。生物碱盐在水中的溶解度与成盐的酸种类有关:① 通常生物碱的无机酸盐在水中的溶解性大于有机酸盐;② 无机酸盐中含氧酸(硫酸、磷酸)盐的水溶性大于卤代酸盐;③ 有机酸盐中,小分子有机酸(如乙酸)或多羟基酸(如酒石酸)与生物碱生成的盐在水中的溶解度较大,而生物碱的大分子有机酸盐在水中的溶解度则较小,有些甚至难溶于水,如苦味酸盐、鞣酸盐等。

(5) 特殊溶解性:除生物碱溶解性的一般规律外,仍有例外,如伪石蒜碱(pseudolycorine)

不溶于有机溶剂,而溶于水;酚性生物碱吗啡难溶于乙醚、三氯甲烷,可溶于碱水;高石蒜碱(homolycorine)的盐酸盐不溶于水而可溶于三氯甲烷;盐酸小檗碱、草酸麻黄碱皆难溶于水。

15.3.2　化学性质

绝大多数生物碱由 C、H、O、N 元素组成,极少数分子含有 Cl、S 等元素。在对生物碱研究时,发现了许多生物碱的化学性质,这些性质与其组成、结构密切相关。生物碱的化学性质,在进行生物碱的结构测定、结构修饰、化学转化、合成等的研究中发挥了重要的作用。

1. 碱性

(1) 碱性及强度表示方法:绝大多数生物碱都具有碱性,是由于其结构中含有氮原子,而氮原子上的孤电子对能接受质子或给出电子显示碱性。生物碱的碱性强弱统一用其共轭酸的酸式解离常数 pK_a 表示,pK_a 越大,碱性越强。

$$B + H_2O \rightleftharpoons BH^+ + OH^-$$
碱　　　酸　　　共轭酸　　　共轭碱

$$pK_a = pK_w - pK_b = 14 - pK_b$$

其中,pK_w 为水的解离常数。

表 15-2　生物碱的碱性分类

pK_a 范围	碱　性	碱性基团
<2	极弱碱	酰胺,吡咯
2~7	弱碱	芳香胺,芳氮杂环(吡啶)
7~11	中强碱	脂氮杂环,脂肪胺
>11	强碱	胍基,季铵碱

(2) 生物碱碱性与分子结构的关系:生物碱的碱性强弱与氮原子的杂化方式、电子云密度、空间效应及分子内氢键形成等有关。

1) 氮原子的杂化方式:在生物碱分子中,氮原子的孤电子对以 sp^3、sp^2、sp 三种不等性杂化形式存在,其碱性随杂化程度的升高而增强,即 $sp^3 > sp^2 > sp$。在杂化轨道中,p 电子比例越大,越易提供电子(或吸引质子),故碱性越强,反之碱性越弱。如四氢异喹啉为 sp^3 杂化,异喹啉为 sp^2 杂化,前者碱性大于后者;氰基为 sp 杂化,呈中性。季铵碱如小檗碱因羟基以负离子形式存在而显强碱性。

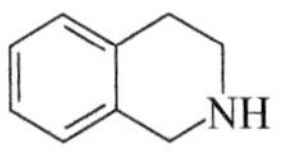

四氢异喹啉(pK_a9.5)　　　异喹啉(pK_a5.4)　　　小檗碱(pK_a11.5)

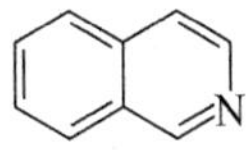

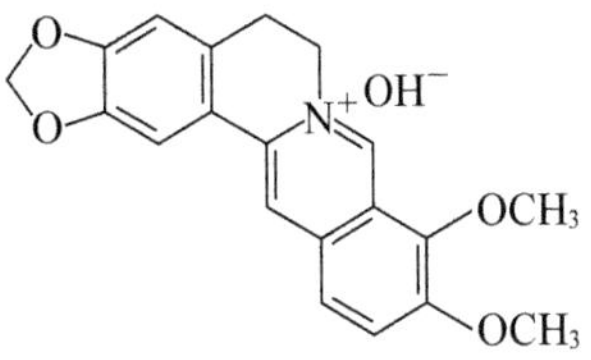

2) 诱导效应:生物碱分子中,氮原子上孤电子对的电子云密度受氮原子附近取代基性质的影响,吸电子基(如芳环、酰基、醚氧、双键、羟基等)使氮原子电子云密度降低,碱性减弱;而供电子基(如烷基)使氮原子电子云密度增加,碱性增强。如二甲胺(pK_a10.70)、甲胺(pK_a

10.64)和氨(pK_a9.75)的碱性依次递减,即是甲基供电子诱导作用,电子云密度增加的结果。又如托哌古柯碱(tropococaine)的碱性强于古柯碱,是由于古柯碱氮原子β位上有一个竖键酯基,由于其吸电子诱导效应使碱性减弱。

托哌古柯碱(pK_a9.88)   古柯碱(pK_a8.31)

羟基和双键的吸电子诱导效应将使生物碱的碱性降低,但在环叔胺分子中,氮原子的邻位如有α、β双键或α-羟基,若立体条件许可,氮原子上的未共用电子对与双键的π电子或C—O单键的σ电子发生转位异构成季铵碱,使其碱性增强。如醇胺型小檗碱可异构化为季铵型小檗碱而呈强碱性。

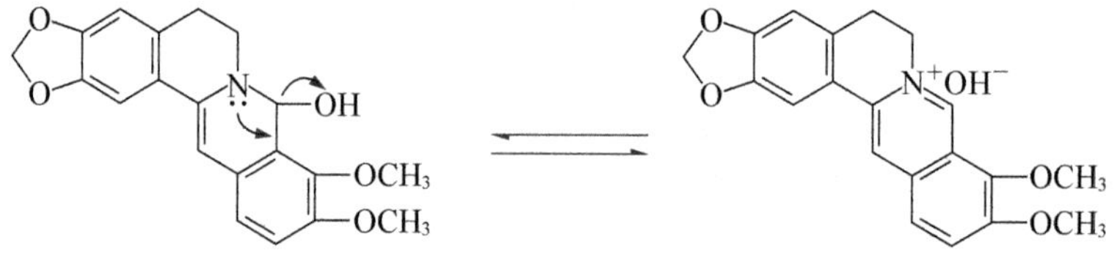

醇胺型小檗碱   季铵型小檗碱

有些氮原子处于稠环"桥头"的生物碱,虽然氮原子邻位有α、β双键或α-羟基,由于分子刚性而不能使环叔胺氮异构成季铵碱,相反地却因双键和羟基的诱导作用使碱性降低。如新番木鳖碱的氮原子附近虽有α、β双键,伪番木鳖碱(pseudostrychine)有α-羟胺结构,但由于分子刚性,其氮原子都不能转化为季铵型,受双键或羟基的吸电子作用,使得它们的碱性都小于番木鳖碱。

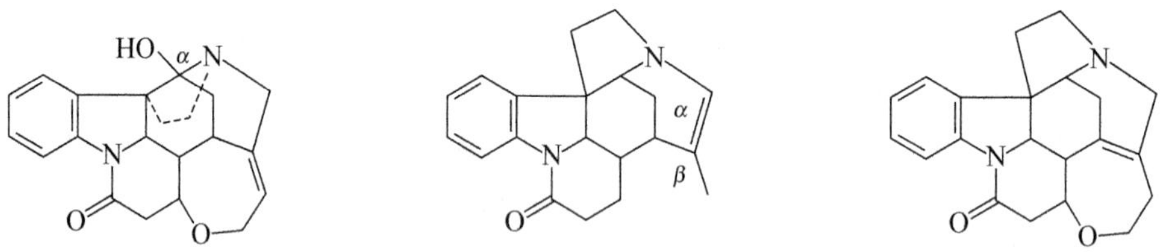

伪番木鳖碱(pK_a5.60)   新番木鳖碱(pK_a3.80)   番木鳖碱(pK_a8.20)

3)诱导-场效应:当生物碱分子含有两个或两个以上氮原子时,即使化学环境和杂化方式完全相同,碱度也会有差异。当其中一个氮原子质子化后,就产生一个强的吸电基团—N$^+$HR$_2$,对另一氮原子产生两种碱性降低的效应,即诱导效应和静电场效应。诱导效应通过碳链传递,随碳链增长而降低;静电场效应通过空间直接作用,故又称为直接效应,两者统称为诱导-场效应。如无叶豆碱(sparteine)中两个氮原子的碱性相差悬殊,ΔpK$_a$为8.1,原因是两个氮原子相隔仅三个碳原子,且空间上很接近,存在着显著的诱导-场效应。吐根碱分子中两个氮原子均在脂杂环体系中,中间相隔五个碳原子,空间上相距较远,彼此受诱导-场效应的影响较小,ΔpK$_a$仅为0.89。

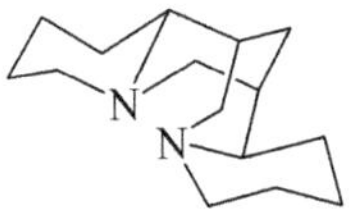

无叶豆碱 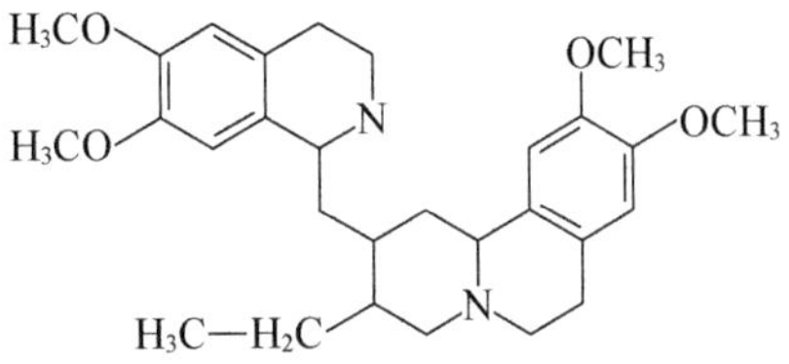　　　　　　　　　　　　　　　　　　　　　**吐根碱**

4）共轭效应：在生物碱分子结构中，当氮原子孤电子对处于 p-π 共轭体系时，一般碱性较弱，且这种效应不受碳链长短影响。常见的有酰胺和苯胺两种类型。

在酰胺结构中，氮原子孤电子对与羰基的 π 电子形成 p-π 共轭，碱性极弱。如秋水仙碱 $pK_a 1.84$，胡椒碱 $pK_a 1.42$，咖啡碱中虽有多个氮原子，其 $pK_a 1.22$，几乎不显碱性。

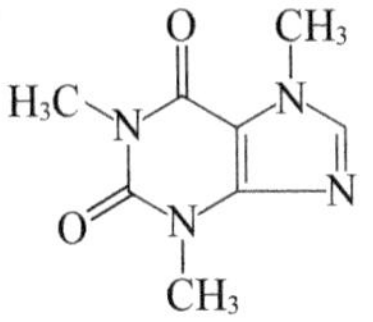

咖啡碱($pK_a 1.22$) 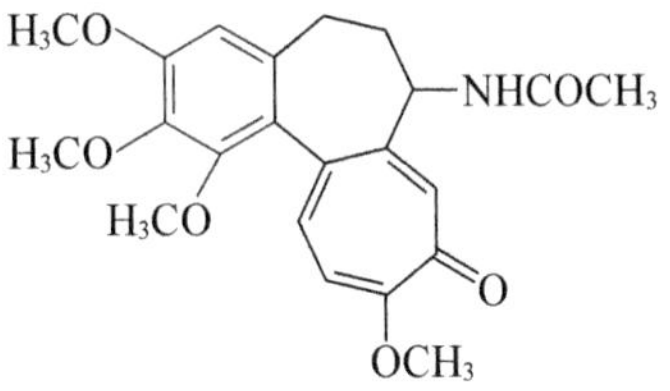　　　　　　　　　　　　　**秋水仙碱($pK_a 1.84$)**

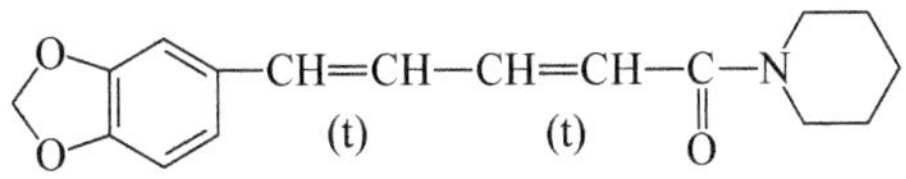

胡椒碱($pK_a 1.42$)

在苯胺型生物碱中，氮原子孤电子对与苯环上 π 电子形成 p-π 共轭，碱性降低。如苯胺 $pK_a 4.58$，而环己胺 $pK_a 10.14$，碱性降低是由共轭效应所导致。毒扁豆碱(physostigmine)结构中有两个杂环氮原子，N_1 的 $pK_a 7.88$，N_2 的 $pK_a 1.76$，碱性相差悬殊，其原因也是 N_2 处于 p-π 共轭体系中。

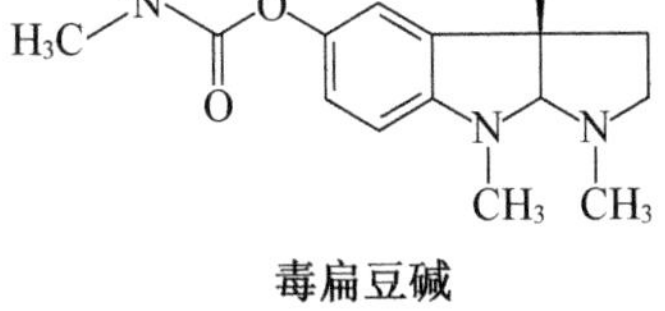

毒扁豆碱

但不是所有的 p-π 共轭效应都使碱性降低，当氮原子上未共用电子对与供电子基共轭时，生物碱的碱性增强。如含胍基的生物碱大多呈强碱性，原因是胍基接受质子后形成季铵离子，呈现更强的 p-π 共轭效应，且具有高度共振稳定性。

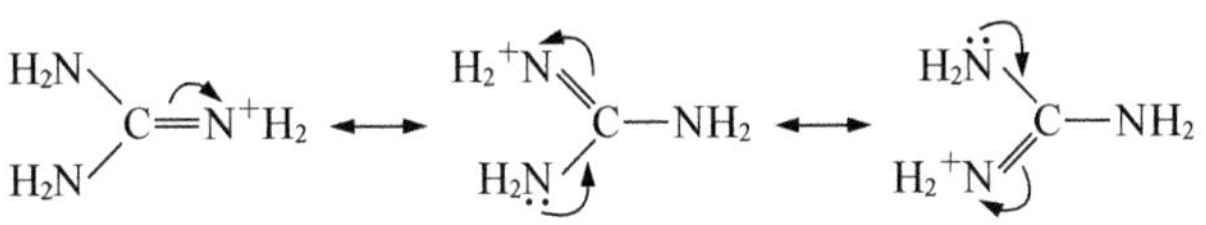

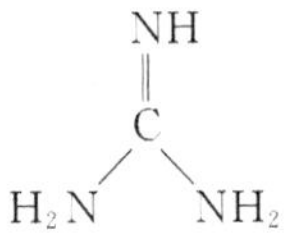

胍($pK_a 13.6$)

需要指出的是，氮原子孤电子对的轴与共轭体系中 π 电子轴共平面是产生 p-π 共轭效应的必要条件，任何使之扭转离开平面的作用，都将导致共轭效应减弱，碱性发生变化。如在邻甲基 N,N-二甲基苯胺中,邻甲基的存在使氮上孤电子对与苯环不在同一平面,p-π 共轭效应减弱,碱性强于 N,N-二甲基苯胺。

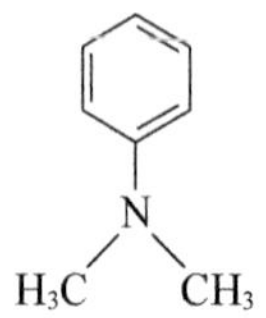

N,N-二甲基苯胺
($pK_a 4.39$)

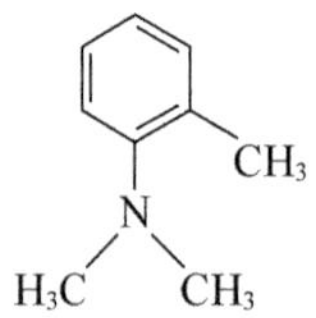

邻甲基 N,N-二甲基苯胺
($pK_a 5.15$)

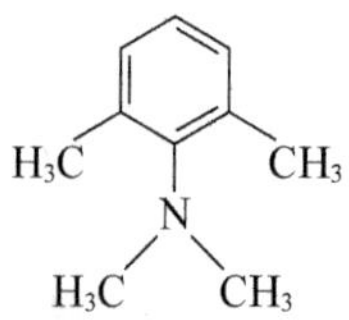

2,6-二甲基 N,N-二甲基苯胺
($pK_a 4.81$)

5) 空间效应:生物碱氮原子质子化时,如果分子的构象或氮原子附近取代基的立体结构影响质子靠近氮原子,则碱性降低。如麻黄碱 $pK_a 9.56$,甲基麻黄碱 $pK_a 9.30$,后者氮原子上虽然增加了一个供电子基的甲基,但由于甲基的空间位阻使碱性降低,又如 2,6-二甲基 N,N-二甲基苯胺的碱性弱于邻甲基 N,N-二甲基苯胺,也是受甲基的空间位阻的影响。

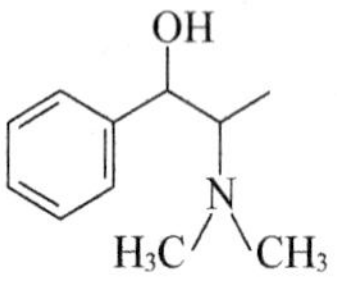

甲基麻黄碱($pK_a 9.30$)

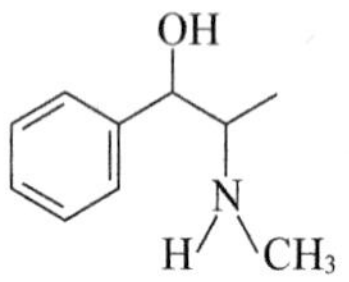

麻黄碱($pK_a 9.56$)

6) 氢键效应:生物碱成盐后如能形成稳定的分子内氢键,则碱性增强。如和钩藤碱(rhynchophylline)的共轭酸质子可与酰胺羰基形成分子内氢键,碱性较强,而异和钩藤碱(isorhynchophylline)因空间条件不利于形成类似氢键,碱性较弱。又如 10-羟基二氢去氧可待因,有顺、反两种异构体,其中反式($pK_a 7.71$)的碱性小于顺式($pK_a 9.41$)。

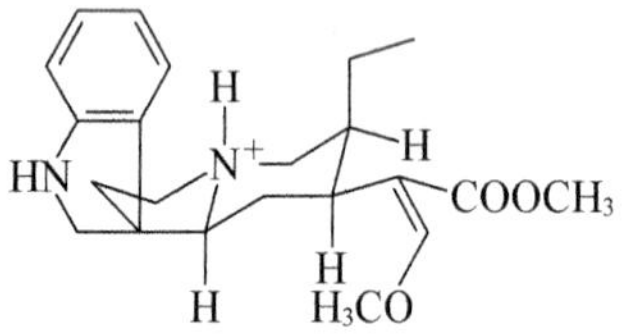

异和钩藤碱($pK_a 5.20$)

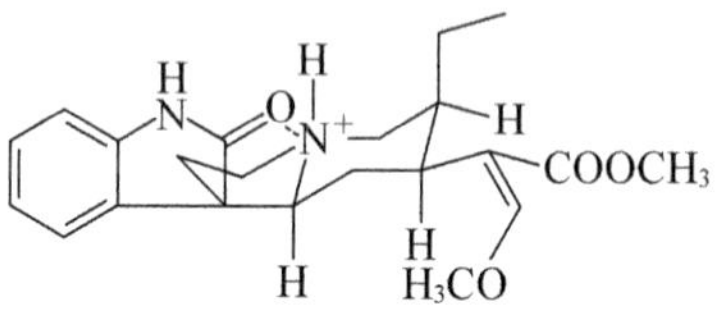

和钩藤碱($pK_a 6.32$)

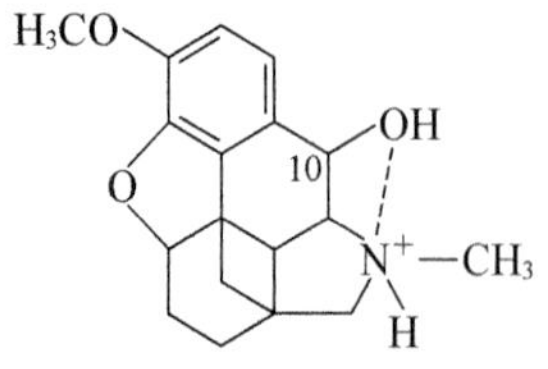

顺式($pK_a 9.41$)

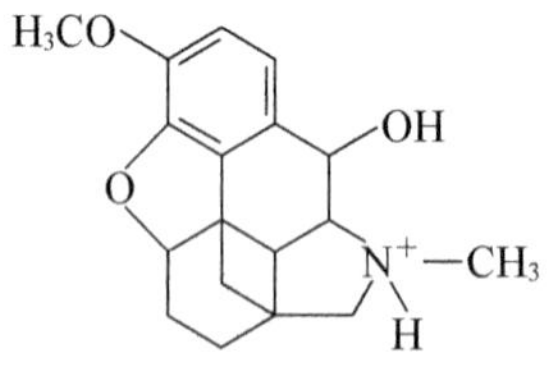

反式($pK_a 7.71$)

10-羟基二氢去氧可待因

生物碱结构复杂,影响其碱性的因素较多,在分析碱性时需综合考虑。一般而言,诱导效应与共轭效应共存时,共轭效应居主导地位,空间效应与诱导效应共存时,则空间效应的影响大。

2. 沉淀反应

生物碱或生物碱盐类的水溶液,在酸性条件下或稀醇中与某些试剂生成难溶于水的复盐或分子络合物,这类反应称为生物碱的沉淀反应,所用试剂称为生物碱沉淀试剂。作为一种简便的检识方法,沉淀反应常用于判断生物碱的有无,指示提取分离终点,沉淀试剂可用于试管定性反应和作为平面色谱的显色剂,个别沉淀试剂还可用于生物碱的分离纯化。

生物碱沉淀试剂种类繁多,绝大多数为相对分子质量较大的碘化物复盐,重金属盐及大分子酸类等。常用的生物碱沉淀试剂见表 15-3。

表 15-3　常用生物碱沉淀试剂

试剂类型	试剂名称	组　　成	反应条件	反应特征
碘化物复盐类	碘-碘化钾试剂（Wagner 试剂）	$KI - I_2$	酸性	红棕色沉淀
	碘化汞钾试剂（Mayer 试剂）	K_2HgI_4	酸性	类白色沉淀
	碘化铋钾试剂（Dragendorff 试剂）	$KBiI_4$	酸性	黄至橘红色沉淀
重金属盐类	硅钨酸试剂（Bertrand 试剂）	$SiO_2 \cdot 12WO_3 \cdot nH_2O$	酸性	淡黄或灰白色沉淀
	磷钼酸试剂（Sonnenschein 试剂）	$H_3PO_4 \cdot 12MoO_3 \cdot 2H_2O$	中性或酸性	白色或黄褐色沉淀
大分子酸类	苦味酸试剂（Hager 试剂）	2,4,6-三硝基苯酚	中性	黄色结晶
其他	雷氏铵盐试剂	$NH_4[Cr(NH_3)_2(SCN)_4]$	酸性	红色沉淀或结晶

应用生物碱沉淀反应时应注意以下几个方面:① 反应条件:沉淀反应须在酸性条件下进行,如在酸水或酸性稀醇中进行;在碱性条件或脂溶性溶剂中,试剂本身将产生沉淀。② 假阴性反应:少数生物碱与某些沉淀试剂不发生反应,如麻黄碱、咖啡碱与碘化铋钾试剂不产生沉淀。③ 假阳性反应:若水提液中含有鞣质、蛋白质、多肽等,这些成分也能与生物碱沉淀试剂产生阳性反应。因此,应将上述干扰成分去除,方法是将酸性水提液碱化,用三氯甲烷萃取,三氯甲烷层再用酸水萃取,取酸水层进行沉淀反应。④ 需使用三种以上沉淀试剂分别进行实验,均阳性或均阴性方有可信性。

3. 显色反应

生物碱与一些试剂反应,呈现各种颜色,可用于鉴别生物碱。对于大多数生物碱来说,最常用的显色剂是改良碘化铋钾,该试剂多用于薄层色谱中生物碱斑点的检出。此外,某些生物碱单体还能与一些以浓无机酸为主的试剂反应,生成不同的颜色,可用于个别生物碱的检识。

(1) Mandelin 试剂(矾酸铵-浓硫酸溶液,1%矾酸铵的浓硫酸溶液)如遇阿托品、东莨菪碱显红色,可待因显蓝色,士的宁显紫色到红色。

(2) Fröhde 试剂(钼酸铵-浓硫酸溶液,1%钼酸钠或钼酸铵的浓硫酸溶液)如遇乌头碱显黄棕色,小檗碱显棕绿色,阿托品不显色。

(3) Marquis 试剂(甲醛-浓硫酸试剂,30%甲醛溶液 0.2ml 与 10ml 浓硫酸的混合溶液)如遇吗啡显橙色至紫色,可待因显红色至黄棕色。

(4) 浓硫酸如遇乌头碱显紫色、小檗碱显绿色,阿托品不显色。浓硝酸如遇小檗碱显棕红色,秋水仙碱显蓝色,咖啡碱不显色。

显色反应受生物碱纯度的影响很大,生物碱愈纯,颜色愈明显。生物碱的显色反应原理,一般认为是氧化反应、脱水反应、缩合反应或氧化、脱水与缩合的共同反应。

15.4　生物碱的提取方法

生物碱的提取方法有多种,主要根据其理化性质和存在状态进行选择。具有挥发性的生物碱可采用水蒸气蒸馏法提取,如麻黄碱、伪麻黄碱等,个别具有升华性的生物碱用升华法提取,如咖啡因。绝大多数生物碱的经典提取方法是溶剂法,即根据生物碱的溶解性,选择适宜的溶剂,采用煎煮、浸渍、渗漉、回流或连续回流的方式进行提取。随着现代科学技术的发展,CO_2超临界流体萃取、超声波和微波辅助提取等新技术也逐渐得到研究和应用。

15.4.1　总生物碱的提取

1. 水或酸水提取法

生物碱在植物体内多数以盐的状态存在,利用盐类易溶于水,难溶于有机溶剂;其游离碱易溶于有机溶剂,难溶于水。选用水或酸水作为提取溶剂,为增加溶解度,常用无机酸水提取,以使生物碱有机酸盐置换成无机酸盐。

酸水提取法常用 $0.1\%\sim1\%$ 的盐酸、硫酸、醋酸或酒石酸作为溶剂,采用浸渍或渗漉法提取,个别含淀粉少者可以用煎煮法。该法价廉、安全、简便易行,但提取液体积较大、浓缩困难,溶出的水溶性杂质(如蛋白质、多肽、鞣质、糖类、皂苷及水溶性色素等)较多,故用酸水提取后需进行富集和纯化,一般可采用下列方法。

(1)离子交换树脂法:利用生物碱盐在水中能解离出生物碱阳离子并能与阳离子交换树脂发生可逆交换的性质富集生物碱。可将酸水提取液通过阳离子交换树脂柱,生物碱被树脂吸附,非生物碱成分随溶液流出,交换过的树脂柱用水及乙醇先后洗涤,除尽杂质,然后用含氨水的乙醇溶液冲洗,浓缩流出液可得到游离的总生物碱。除用上述氨醇洗脱以外,还可以用酸水或酸性醇洗脱得到生物碱盐,或将树脂从柱子中倾出,用氨水碱化,再用三氯甲烷或乙醚回流提取,得到游离总生物碱。许多药用生物碱如奎宁、东莨菪碱、咖啡因等均采用此法生产。

离子交换树脂法分离流程如下图:

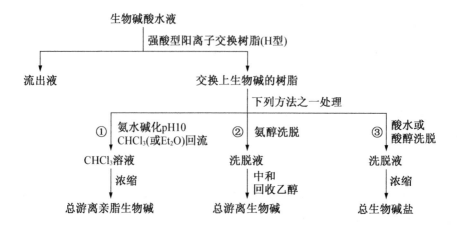

　　（2）有机溶剂萃取法：利用亲脂性生物碱易溶于亲脂性有机溶剂，而其盐易溶于水的性质，在酸水液中加碱使生物碱游离，再用三氯甲烷或苯等溶剂萃取，回收溶剂，即得总生物碱，如碱化液中有沉淀出现，则滤集沉淀，用三氯甲烷溶解。常用的碱有氨水、石灰乳或石灰水。

　　（3）沉淀法：利用多数游离生物碱难溶于水的性质进行分离，在酸水提取液中加碱（如碳酸钠等）进行碱化，则水不溶或难溶性生物碱即沉淀析出，可与水溶性生物碱及杂质分离。此法一般用于生物碱含量较高的原料药材。如加盐酸于三颗针的1％硫酸水提液中，盐酸小檗碱即沉淀析出。

2. 醇类溶剂提取法

　　利用生物碱及其盐类易溶于甲醇或乙醇。甲醇和乙醇皆为亲水性有机溶剂，分子较小，容易透入植物组织，游离生物碱及其盐一般均可溶解，因此，用甲醇或乙醇作为生物碱的提取溶剂较为普遍。甲醇极性大于乙醇，沸点及溶解性能也优于乙醇，但较大的视神经毒性使其多在实验室使用。工业生产中则常用乙醇或酸性乙醇作溶剂。

　　工业生产中用乙醇或酸性乙醇作溶剂操作时，可采用加热回流或渗漉法室温提取，浓缩提取液或渗漉液，即得含生物碱的浸膏，乙醇用量为提取原料量的7～10倍。醇类溶剂提取法流程如下图：

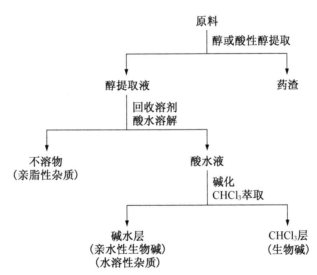

　　醇类溶剂提取法的优点是对不同的生物碱或盐均适用，提取成分全面，所含的水溶性杂质比酸水提取法少，缺点是有较多的脂溶性杂质，尤其是树脂类物质。因此，回收醇后必须加足量水稀释（中性醇提取时，应加适量酸水，使生物碱成盐溶于水），以析出树脂类杂质，将水溶液碱化，再以三氯甲烷提取出总生物碱（但水溶性季铵碱留于碱水液中）。

3. 亲脂性有机溶剂提取法

　　利用游离生物碱的亲脂性，选用三氯甲烷、乙醚、苯或二氯甲烷为溶剂，采取回流、连续回流或浸渍法提取，回收溶剂，即得亲脂性总生物碱。提取前应先将提取原料粉末加碱水湿润（常用石灰乳、10％氨水或碳酸钠的水溶液），使生物碱游离。对于某些弱碱性生物碱，因不易与酸结合成性质稳定的盐，在植物中常以游离状态存在，提取前只需用少量水湿润原料粉末，使植物细胞膨胀，再用有机溶剂提取。该法的优点是溶剂选择作用强，水溶性杂质少,所得生物碱较为纯净,缺点是溶剂成本高,提取时间较长,使用有机溶剂安全性差,对设备要求高。

4. CO₂ 超临界流体萃取法

CO_2 超临界流体萃取,在天然药物的生物碱提取中得到了广泛的应用(表 15-4)。

表 15-4　CO_2 超临界流体在天然药物生物碱提取中的应用

名　称	有效成分	CO_2 超临界流体萃取
洋金花	东莨菪碱	40℃,34.9MPa,0.1ml 氨水,0.2ml 甲醇作夹带剂,萃取 5 分钟,杂质含量少
荜茇	胡椒碱	70℃,38.5MPa,时间 5 分钟,收率可达 2.92%
光菇子	秋水仙碱	45℃,10MPa 时,76% 乙醇作夹带剂,收率为溶剂法的 1.25 倍,比传统法减少萃取时间 55%
马钱子	士的宁	110℃,34.47MPa 时,0.1ml 氨水,0.2ml 氨水作碱性剂,0.5ml 丙酮作夹带剂,萃取 5 分钟,其收率与溶剂法基本一致
益母草	益母草碱和水苏碱等	70℃,30MPa,提取率为 6.5%
延胡素	延胡素乙素	苯作夹带剂,Ca(OH)₂ 作碱性剂,萃取时间 20 分钟

CO_2 超临界流体萃取工艺流程,按操作方式可分为间歇式和连续并流(或逆流)萃取流程,对于固体物料采用前者,对于液体物料采用连续进料的逆流流程。工艺参数包括萃取压力、温度、萃取时间、溶剂、物料流量比,以及分离温度、压强、相分离、溶剂回收和处理等。超临界流体萃取天然药物的温度一般选择 30～70℃ 之间,压强在 30MPa 左右。在提取过程中,对设备部件、管道的表面光滑、耐腐性等有较高的要求。关于超临界萃取装置,实验室小量试验装置萃取釜容积在 500ml 以下,中试装置萃取釜容积在 1～20L 之间,工业生产设备萃取釜容积在 50L 至几立方米。

5. 超声波辅助提取法

超声波是一种高频率的机械波,主要通过超声空化向体系提供能量。在超声场中,物料吸收声能温度升高,有效成分的溶解加速,超声空化产生的瞬间高压造成生物细胞壁及整个生物体破裂,同时超声波产生的振动作用加强了胞内物质的释放、扩散及溶解,被浸提的物质生物活性保持不变。

利用超声技术可以缩短提取时间、提高提取率,并且无需加热,提高了热敏性生物碱的提取率,且对其生理活性基本没有影响,溶剂使用量相对较少,可以降低成本。采取超声技术提取苦参、蛇足石杉、延胡索、益母草等天然药物中的生物碱取得了较好的提取效率。如蛇足石杉中含有石杉碱甲和石杉碱乙生物碱,被国际上列为第二代乙酰胆碱酯酶抑制剂之一,可治疗老年性痴呆症,改善老年性记忆衰退,采用超声提取与传统回流提取法相比,提取时间从 2 小时缩短为 15 分钟,石杉碱甲和石杉碱乙的回收率提高了 10% 以上。

超声提取技术为生物碱提取分离新技术,其作用是无选择性,当超声参数选择不适,可能会破坏提取物的分子结构,影响所提到的化学成分,在运用超声提取时要注意以下几个问题:① 超声参数的选择,必须针对药材品种及所提成分进行筛选,选择适宜的超声频率和强度;② 提取时间和次数是提取的主要影响因素之一,要以所需成分完全提取出来为标准,以含量为条件,得到提取的最佳时间;③ 溶剂的选择和浓度、用量要依据药材对溶剂吸收量的大小、提取成分的性质确定;④ 提取原料的前处理及酶影响等也会影响超声提取的效果。

6. 微波萃取法

微波萃取比浸渍、超声辅助提取等更为有效,微波提取法作为一种新的天然药物有效成分的提取方法,具有良好的重复性和较好的精密度和准确度,有着广泛的发展前景。

微波萃取设备一般要求带有功率、温度、压力、时间等控制附件的微波制样设备,一般由聚四氟乙烯材料制成专用密封容器作为萃取罐,不仅能够使微波自由通过,而且具有耐高温及不与溶剂反应的优点。

相对于传统提取方法,微波萃取质量稳定、选择性高、节省时间且溶剂用量少、能耗较低。微波萃取受萃取溶剂、萃取时间、萃取温度和压力的影响,选择不同的参数条件,往往得到不同的提取效果。

15.4.2　总生物碱的纯化

采用上述提取方法所得到的总生物碱含有较多杂质,在分离前应先纯化总碱。

总生物碱的纯化流程如下:

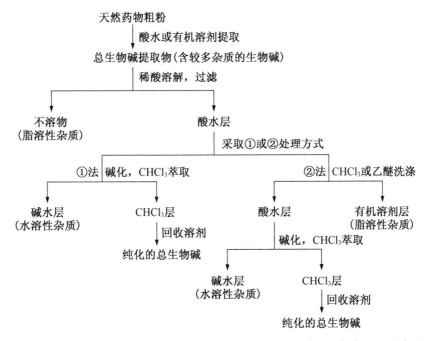

除水溶性生物碱外,一般的纯化方法是先将生物碱粗品溶于稀酸,必要时过滤,除去脂溶性杂质,滤液碱化,用有机溶剂如三氯甲烷提取,亲水性杂质仍留在水溶液中,三氯甲烷层再用稀酸萃取,如此反复数次,可以达到纯化的目的。或者将生物碱粗品的稀酸水溶液,先加三氯甲烷或乙醚振摇洗涤,以除去油脂、树脂和其他非生物碱类的亲脂性杂质,生物碱因与酸结合成盐而溶于水溶液中,然后碱化水溶液,再用三氯甲烷萃取游离生物碱,也可以达到同样目的。

15.5　生物碱的分离方法

天然药物中所含的生物碱往往是多种生物碱的混合物,而且结构相似,采用水或酸水提取法、醇类有机溶剂提取法等所提取的多是生物碱的混合物,需进一步分离。分离程序有系统分离(初步分离)与特定分离(单体分离),前者带有基础研究性质,后者侧重于生产实际,具有应用开发价值。

15.5.1　生物碱的初步分离

根据生物碱的碱性强弱、酚性有无以及是否溶解于水的性质,利用其在酸性或碱性溶液中被有机溶剂(主要指三氯甲烷)的提取程度不同将总生物碱初步分离。一般分离流程如下:

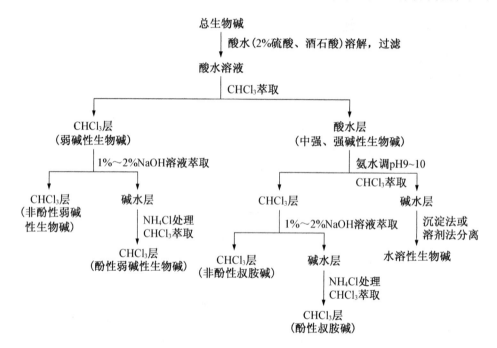

15.5.2　生物碱的单体分离

利用天然药物总生物碱的碱性差异、极性差异、游离碱或其不同盐类的溶解度差异以及官能团性质差异进行分离和纯化。

1. 利用生物碱的碱性差异进行分离

利用生物碱的碱性不同采用 pH 梯度萃取法进行分离,具体方法有两种:① 分步成盐法,将混合生物碱溶于酸水中,逐步加碱使 pH 由低到高,每调节一次 pH,用三氯甲烷等有机溶剂萃取一次,使碱度较弱的生物碱先游离出来转溶于三氯甲烷中而分离;② 分步游离法,将混合生物碱溶于三氯甲烷等有机溶剂,用 pH 由高到低的酸性缓冲溶液顺次萃取,生物碱可按碱性强弱先后成盐转入酸水层而分离。

例如,自催吐萝芙木根中分离生物碱,就是利用其中生物碱的碱性差异。首先将总生物碱溶于 1mol/L HCl 溶液中,用三氯甲烷萃取,弱碱性生物碱如利血平、利血胺(rescinnamine)等虽在盐酸溶液中,但碱性较弱,仍以游离状态存在,可以被三氯甲烷萃取,回收三氯甲烷,得到弱碱性的生物碱;酸水液加氨水中和至 pH8,再加三氯甲烷提取,此时中等碱性生物碱如阿马林碱(ajmaline)等可被三氯甲烷提出;强碱性生物碱仍与盐酸结合而留在水溶液中,需再加氨水中和至 pH9,用三氯甲烷提取,方能得到强碱性生物碱。另外,也可将总生物碱溶于有机溶剂(如三氯甲烷)中,利用分步游离法进行分离。

催吐萝芙木根中生物碱分离流程如下:

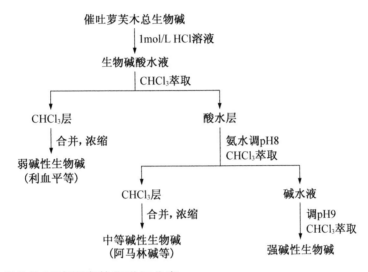

2. 利用游离生物碱溶解度差异进行分离

有些生物碱之间的碱性相差不明显,但由于结构的差异而导致极性不同,对特定有机溶剂的溶解度可能有差异,可以利用这种差异来分离生物碱。例如汉防己中的主要生物碱汉防己甲素(tetrandrine)和汉防己乙素(fangchineline)都是双苄基异喹啉生物碱,两者的碱性差别很小,但汉防己乙素结构中比汉防己甲素多一个隐性酚羟基,因此极性大于汉防己甲素,故在冷苯中的溶解度小于汉防己甲素,可用冷苯法将两者分离。

如果在混合生物碱中某一生物碱含量较多,可以选择合适的溶剂进行重结晶或多次重结晶也能达到分离的目的。含量多的成分应先结晶出来,其他生物碱在溶剂中溶解度较大仍留在溶液中。例如,农吉利总生物碱用乙醇重结晶,可得到抗癌有效成分野百合碱(monocrotaline)。

3. 利用生物碱盐溶解度差异进行分离

不同生物碱与不同酸甚至是相同酸生成的盐溶解性也可能不同,依此可达到分离目的。如麻黄碱与伪麻黄碱的分离就利用了两者草酸盐的水溶性不同,草酸麻黄碱在水中的溶解度小于草酸伪麻黄碱,能够先结晶析出,草酸伪麻黄碱则留在母液中。士的宁和马钱子碱的分离也采用了类似的方法,士的宁的盐酸盐在水中的溶解度较盐酸马钱子碱小,可以先结晶出来,与留在母液中的盐酸马钱子碱分离;而士的宁的硫酸盐在水中的溶解度则较硫酸马钱子碱大,如将它们的硫酸盐加水重结晶,硫酸马钱子碱能结晶出来而与母液中的硫酸士的宁分离。

4. 利用生物碱特殊官能团进行分离

有些生物碱的结构中除含有碱性基团外,还含有酚羟基或羧基,也有少数含内酰胺或内酯结构,这些基团或结构能发生可逆性化学反应,故可用于分离。① 酚性生物碱能溶于氢氧化钠水溶液中而与其他非酚性生物碱分离;② 含有羧基的生物碱可用碳酸氢钠的水溶液萃取出来;③ 具有内酯或内酰胺结构的生物碱则可加碱加热使其开环,生成溶于水的羧盐而与其他生物碱分离,再加酸环合成原生物碱而沉淀析出。分离流程如下:

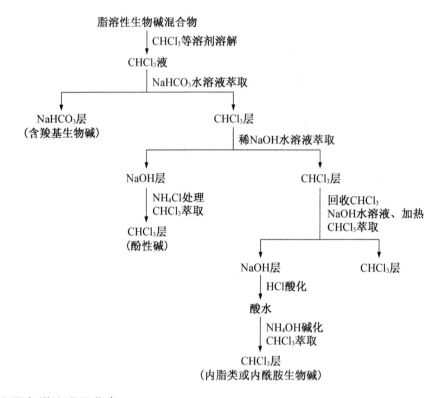

5. 利用色谱法进行分离

天然药物中所含的生物碱比较复杂,而且结构相近,用前述四种方法常常不能分离完全,此时需采用色谱法,常用的色谱法有以下几种:

(1) 吸附柱色谱法:以氧化铝、硅胶、聚酰胺和活性炭作为吸附剂,以苯、三氯甲烷、乙醚等亲脂性有机溶剂或以其为主的混合溶剂系统作洗脱剂。用硅胶作吸附剂时,若被分离生物碱有一定碱性,流动相中需加一定量的碱性溶剂,如二乙胺、浓氨水等,才能使之很好分离。如汉防己中汉防己甲、乙素的分离就可利用氧化铝柱色谱法进行分离,采用三氯甲烷、甲醇依次洗脱,可使其完全分离。

(2) 分配柱色谱法:分配柱色谱法的固定相为液态,利用被分离组分在固定相与流动相中溶解度的差别使混合成分相互分离。大多数混合生物碱能用吸附柱色谱法分离,但是对于极性较大的生物碱或极性差异很小的生物碱混合物的分离则可用分配色谱法。固定相常用一定 pH 值的缓冲溶液,流动相则用经固定相饱和的三氯甲烷等有机溶剂。如用硅胶(100～160目)为支持剂,以 pH5 的缓冲液为固定相,以缓冲液饱和的三氯甲烷为洗脱剂分离高三尖杉酯碱和三尖杉酯碱,前者比后者多一个 CH_2,亲脂性稍大,先被洗脱,三尖杉酯碱后被洗脱下来。

(3) 大孔吸附树脂技术:是目前应用较广的一种分离技术,在生物碱的富集和纯化中得到了广泛的应用。如黄连、三颗针中小檗碱的富集,川乌、草乌中乌头类总生物碱的提取分离以及荷叶生物碱、苦豆子总碱、延胡索乙素的制备等都采用了此技术。

（4）高效液相色谱法：具有快速、高效、灵敏度高的优点，在分离生物碱时，既可用正相色谱，以硅胶为吸附剂，以加适量二乙胺等有机碱的亲脂性有机溶剂为移动相，也可以采用反相色谱，以非极性化学键合相作为固定相，以水-甲醇、水-乙腈并加适量酸或有机碱为流动相。但由于高效液相色谱分离量少，不适用于生物碱的大量制备。

（5）高速逆流色谱技术：是一种连续高效的液-液分配分离技术，与其他分离手段相比，该技术具有产品损失少、溶剂用量少、分离效果好、速度快、应用范围广等优点。采用该项技术对生物碱分离的研究报道最多，如喜树碱、巴马亭、茶碱、苦参碱、胡椒碱等。

总之，生物碱的分离方法很多，用一种方法很难使多种生物碱的混合物在一次分离中逐一分离，常需要将上述方法配合运用才能达到目的。

15.5.3　水溶性生物碱的分离

水溶性生物碱主要指季铵碱，当药材用亲脂性有机溶剂提取时，该类成分留在原料渣中；可用水、酸水或醇类等溶剂提取出来，经过浓缩-酸溶-滤过-碱化-有机溶剂萃取后留在碱水中，欲将其从碱水中分出，可采用沉淀法或溶剂法。

1. 沉淀法

将碱水液用酸调 pH 到弱酸性，加入生物碱沉淀试剂，使水溶性生物碱与沉淀试剂生成不溶于水的复合物或盐而析出，滤取沉淀，净化，分解，得水溶性生物碱。

实验室常用雷氏铵盐沉淀法。操作时将碱水液加盐酸调 pH 至 2～3，加入新鲜配制的雷氏铵盐饱和水溶液至不再生成沉淀为止，滤集沉淀，用少量水洗涤 1～2 次，抽干，将沉淀溶于丙酮（或乙醇），滤除不溶物；向丙酮溶液中加入硫酸银饱和水溶液，使生物碱雷氏复盐分解，生成生物碱硫酸盐和雷氏银盐沉淀；过滤后再向滤液中加入计算量氯化钡溶液，生成生物碱盐酸盐和硫酸钡沉淀，过滤，滤液蒸干即得水溶性生物碱盐酸盐。生物碱雷氏复盐的丙酮液也可以先通过氧化铝柱净化，再用硫酸银分解。流程图如下：

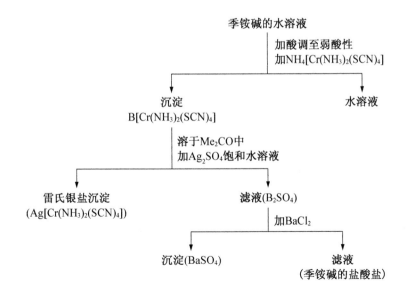

2. 溶剂法

水溶性生物碱一般能溶于与水不相混溶的极性有机溶剂中,如正丁醇、异戊醇等,用这类溶剂对含水溶性生物碱的碱水液反复萃取,使水溶性生物碱与强亲水性杂质分离。

总体来说,在生物碱的工业生产分离方法中,绝大多数生物碱的分离主要是基于生物碱盐类溶解度的差异。对于欲分离的生物碱,若在原料中含量较高或为主要成分,则分离的难度降低;若含量很低,分离操作将非常繁杂。同时,分离时组分的相对含量对操作亦有影响,需根据组分含量多少确定分离的先后顺序,含量多者优先成盐结晶分出。

15.6 生产实例

天然药物成分复杂,为提高疗效、减小剂量、便于制剂,一般需经过提取、分离、纯化处理,这些工艺步骤的合理与正确运用直接关系到有效成分的充分利用和制剂疗效的发挥。提取、分离、纯化的工艺路线是天然药物生产工艺科学性、合理性和可行性的基础和核心,在保证安全性和有效性的前提下,设计提取分离工艺路线要充分考虑工艺的科学性和先进性。天然药物的提取分离指标主要是得率、纯度,此外还要考虑主要成分组成的基本稳定。综合利用是药用生物碱工业生产中的重要任务,通常采用一物多用,分出相关生物碱,再转化成药用生物碱的方式。

目前,已分离 10000 余种生物碱,其中 80 余种已用于临床,如小檗碱用于抗菌消炎,麻黄碱用于平喘,利血平用于降压,喜树碱用于抗肿瘤。现以麻黄碱、苦参碱、盐酸小檗碱、咖啡因、秋水仙碱、利血平等为例,介绍这些生物碱的化学结构、理化性质,以及提取分离纯化工艺。

15.6.1 麻黄碱

麻黄碱(ephedrine)系由麻黄科植物草麻黄(*Ephedra sinica*)、木贼麻黄(*E. equisetina*)和中麻黄(*E. intermedia*)的干燥茎与枝经过提取分离精制而得,也可以由合成法制得。现代临床及药理证明,麻黄碱有收缩血管、兴奋中枢及类肾上腺素样作用,能兴奋大脑、中脑、延脑和呼吸循环中枢,增加汗腺、唾液腺分泌以及缓解平滑肌痉挛。伪麻黄碱有升压、利尿作用;甲基麻黄碱有舒张支气管平滑肌作用等。

1. 化学结构

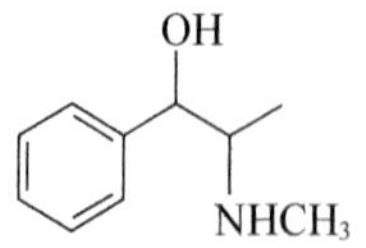

l-麻黄碱(1R,2S)
d-伪麻黄碱(1S,2S)　　　　l-麻黄碱 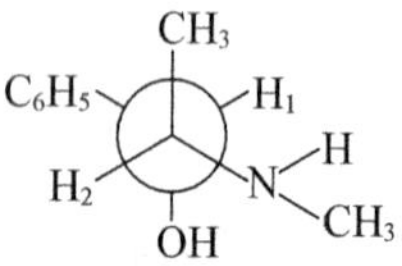　　　　d-伪麻黄碱

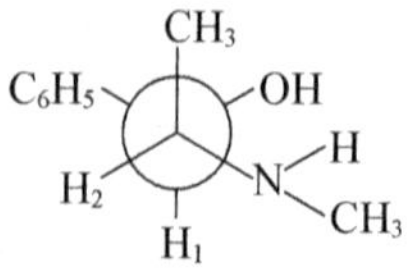

麻黄碱约占麻黄中总生物碱含量的 40%～90%,属于芳烃仲胺类生物碱,分子中的氮原子位于侧链上,具有 1R,2S 构型,与伪麻黄碱互为立体异构体,它们结构间的区别在于 C_1 的构型不同,麻黄碱的 C_1 位 H 和 C_2 位 H 为顺式,伪麻黄碱则为反式。

2. 麻黄生物碱的理化性质

表 15－5　麻黄碱和伪麻黄碱的理化性质

成分	性状	溶解性	碱性	性质
麻黄碱	无色结晶	游离麻黄碱可溶于水,也能溶于三氯甲烷、乙醚、苯及醇类溶剂,草酸麻黄碱难溶于水	pK_a9.58	挥发性
伪麻黄碱	无色结晶	游离伪麻黄碱在水中的溶解度较小;草酸伪麻黄碱则易溶于水	pK_a9.74	挥发性

麻黄碱和伪麻黄碱的分离及定量,用异丙醇-正丁醇-氨水溶剂系统在硅胶 G 板上展开,碘蒸气显色,双波长反射法锯齿形扫描可得满意结果。麻黄中有 3 对立体异构生物碱,即左旋麻黄碱、右旋伪麻黄碱,左旋去甲基麻黄碱、右旋去甲基伪麻黄碱,左旋甲基麻黄碱和右旋甲基伪麻黄碱。它们结构相似而生理活性有所不同,通过 HPLC 就能实现成功分离及定量。

3. 麻黄碱和伪麻黄碱的提取工艺

麻黄碱和伪麻黄碱的提取方法主要有溶剂法、水蒸气蒸馏法、离子交换树脂法。另外,一些新型的提取分离手段也开始用于麻黄碱的生产,如胶体磨超微提取法、高速逆流色谱法及膜分离法等。

（1）溶剂-草酸盐法

【工艺原理】

利用麻黄碱和伪麻黄碱均可溶于水和甲苯的性质进行提取和纯化,利用麻黄碱和伪麻黄碱的草酸盐的溶解度不同将两者进行分离。

【操作过程及工艺条件】

1）水浸提:将麻黄草剪碎,加 8 倍量水浸泡 30 分钟,加热煎煮 2～3 次,过滤得水煎液。

2）甲苯分离:将水煎液用 NaOH 碱化至 pH11～12,进入萃取塔用 1:1 甲苯在 60℃萃取,即可除去亲水性杂质。

3）精制:从萃取塔出来的甲苯溶液经 2% 草酸溶液吸收两次,形成草酸盐,利用麻黄碱和伪麻黄碱草酸盐溶解度的不同,减压浓缩得到结晶及母液。冷却过滤得到的结晶（草酸麻黄碱）用水煮沸后,用饱和的 $CaCl_2$ 溶液除去过量的草酸,加 Na_2S 以除去 Fe 离子,滤液加 HCl 调 pH6.5～7,减压浓缩过滤得粗结晶。

4）脱色结晶:将粗结晶加水溶解,HCl 调 pH 5.6～6,活性炭脱色,放置,过滤,即得盐酸麻黄碱。

【生产工艺流程】

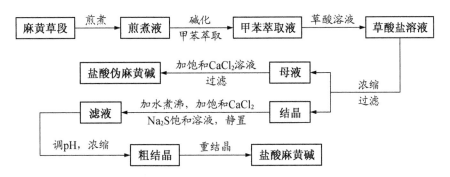

【工艺注释】

1) 麻黄碱生产原料为麻黄科植物草麻黄、木贼麻黄和中麻黄的干燥茎与枝,为充分提取麻黄碱,提取时将其切段碾压,但不宜过碎,以避免造成过滤速度过慢。

2) 为分离麻黄碱与伪麻黄碱,生产中使用了有机溶剂甲苯,甲苯为高度可疑致癌物,使用中要求设备密封性能好,防止挥发造成环境污染与人身伤害,同时可回收利用。

3) 将麻黄碱和伪麻黄碱转变为草酸盐,利用麻黄碱草酸盐在水中溶解度小于伪麻黄碱草酸盐的性质,经冷却结晶将两者分离。生产中要控制好冷却结晶的降温过程,以保证后续固液分离过程的效率。采用溶剂法制得麻黄碱,以水为溶剂,经过高温浸煮,杂质较多,需利用活性炭脱色精制。

4) 溶剂法是麻黄碱的传统提取方法,提取工艺成熟、稳定,但工艺路线长,产品收率低,特别是以甲苯为溶剂,不符合环保要求,已逐步被安全环保的提取分离方法所取代。

(2) 水蒸气蒸馏-草酸盐法

【工艺原理】

麻黄碱和伪麻黄碱在游离状态时具有挥发性,能随水蒸气蒸馏,将蒸馏液吸收于草酸溶液中,再利用两者草酸盐在水中溶解度不同进行分离,然后再用盐酸转化即可得到精制的盐酸麻黄碱和盐酸伪麻黄碱。

【操作过程及工艺条件】

1) 提取:将麻黄草段碾碎,加0.1%稀盐酸渗漉或温浸提取2~3次,得酸水提取液。

2) 蒸馏:酸水提取液减压浓缩至1/4,加石灰碱化,水蒸气蒸馏,收集馏出液于2%草酸溶液中,调pH6.5~7,得草酸盐溶液。

3) 精制:将草酸溶液浓缩过滤,以结晶析出的麻黄碱草酸盐溶于热水,加氯化钙水溶液除去过量的草酸,滤去沉淀草酸钙,滤液用活性炭脱色、浓缩、冷却,即得盐酸麻黄碱。

【生产工艺流程】

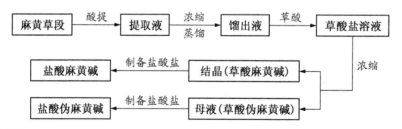

【工艺注释】

1) 麻黄碱和伪麻黄碱属于小分子生物碱,具有挥发性,当温度接近100℃时液体沸腾,水蒸气将挥发性的麻黄碱与伪麻黄碱一并带出。为提高收率,要保证持续提供水蒸气,且采取保温措施使导气过程不发生冷凝,保证蒸馏顺利进行。

2) 水蒸气蒸馏法提取麻黄碱和伪麻黄碱,不用有机溶剂,操作方便安全,设备简单,但提取时由于温度较高,部分麻黄碱被分解产生胺和甲胺,影响产品的质量和得率。

(3) 渗漉-离子交换树脂法

【工艺原理】

麻黄碱和伪麻黄碱与酸结合生成盐,可与强酸型阳离子交换树脂进行交换,由于麻黄碱和伪麻黄碱的碱性不同,与阳离子交换树脂交换的稳定性不同,用酸水液或碱性乙醇洗脱时,可被先后洗脱下来,从而将两者分离。

【操作过程及工艺条件】

1）渗漉:将麻黄草进行粉碎得粗粉,用 0.1%~0.5%HCl 进行渗漉,控制渗漉流速,得到渗漉液。

2）离子交换:将渗漉液流经强酸型阳离子交换树脂,用水洗去残留的渗漉液等未交换的物质。可用两种方种对树脂进行洗脱。

3）洗脱精制:方法一:采用 4mol/L HCl 洗脱（控制洗脱量）,收集洗脱液减压浓缩,冷却后过滤得到盐酸麻黄碱结晶粗品,进一步精制得盐酸麻黄碱。方法二:用 5%氨水乙醇液洗脱,洗脱液加 NaCl 饱和溶液,用 CHCl₃ 萃取。CHCl₃ 液层用 1%HCl 萃取后,酸水液减压浓缩,冷却过滤得盐酸麻黄碱粗品,进一步精制得盐酸麻黄碱。

【生产工艺流程】

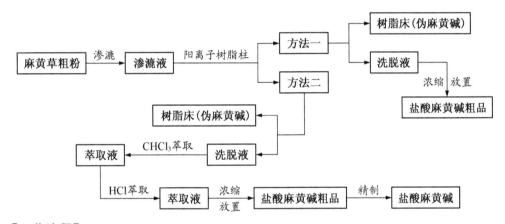

【工艺注释】

1）采用酸水渗漉法,可使麻黄总碱形成盐酸盐,在室温下提取,防止有效成分被破坏。

2）离子交换树脂类型、上样溶剂 pH 值、洗脱剂的性质是此工艺的控制关键所在。

3）利用高分子交换树脂对麻黄总生物碱进行分离,由于伪麻黄碱的碱性略强于麻黄碱,因此与阳离子交换树脂交换稳定,后被洗脱出柱,达到两者分离的目的。

（4）超微-溶剂提取法

【工艺原理】

采用超微粉碎技术对麻黄碱进行破壁处理,使有效成分直接溶出,提高溶出速度和溶出率。

【操作过程及工艺条件】

1）麻黄超微粉的制备:将麻黄药材粉碎成 80 目粉末,加 3.5 倍量水,胶体磨研磨 3 次,得超微浆体。碱化使 pH12.5,50℃水浴温浸 30 分钟,得麻黄浆体。

2）有机溶剂浸提:麻黄浆体加入二甲苯-正辛醇溶液提取 3 次,提取液用 2%草酸溶液萃取,使生物碱转溶于酸水层,草酸萃取液经减压浓缩、冷却,析出左旋草酸麻黄碱结晶。母液加蒸馏水稀释并用 NaOH 碱化,伪麻黄碱以沉淀析出。

3）精制:同溶剂法。

【生产工艺流程】

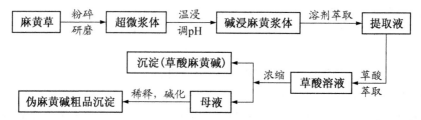

【工艺注释】

1) 超微粉体具有独特的物理化学性能,如良好的吸收性、吸附性、溶解性、化学活性、生物活性等。麻黄经胶体磨粉碎后,超微胶体在溶剂存在的情况下,有效成分不需要通过以往的透壁(膜)阶段而能直接被提取出来。

2) 采用超微粉碎技术对麻黄进行破壁处理,再用水浸法提取麻黄碱,90℃条件下浸提 1 小时,结果,麻黄药材经过超微粉碎破壁处理的麻黄碱提取收率是未经破壁直接浸取麻黄碱收率的 3 倍多。对破壁麻黄微粉进行麻黄碱提取工艺的进一步优化,在 100℃浸提 3 次,每次 80 分钟,麻黄碱提取收率为 1.01%,与工业常用四级逆流工艺相比,提取量提高了 29.44%,总浸提时间缩短一半。

3) 胶体磨超微提取麻黄碱,经超微粉碎后,在较低的温度下浸提,有效成分的损耗较少,克服了溶剂法工艺中麻黄碱的高温挥发、分解所带来的损失,提高了原料的利用率,降低了生产成本,减少了环境污染。

(5) 醇提-高速逆流色谱法

【工艺原理】

利用麻黄总生物碱在乙醇和酸性乙醇中的溶解性,提取并制备麻黄总生物碱的盐酸盐。通过高速逆流色谱仪,实现连续逆流萃取分离物质的目的。

【操作过程及工艺条件】

1) 麻黄碱盐酸盐的制备:麻黄草用 10 倍量乙醇浸渍,浓缩提取液,得麻黄总生物碱。加盐酸乙醇溶液使溶解,蒸去溶剂,干燥,得到麻黄总生物碱盐酸盐。

2) 高速逆流色谱分离:选用三氯甲烷-甲醇-0.2mol/L 盐酸(4∶3∶1)作为分离用溶剂体系,先用固定相(上相)注满螺旋管,然后进样,开动主机待转速达到 800r/min,稳定后,用计量泵将流动相(下相)以 2ml/min 的流速输入主机(HSCCC 仪)进行连续逆流萃取,合并在 254nm 有强吸收的流分,减压浓缩,重结晶,得盐酸麻黄碱白色针状结晶。

【生产工艺流程】

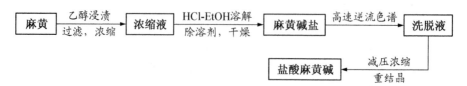

【工艺注释】

1) 研究表明,高速逆流色谱法获得理想分离效果的核心问题是溶剂体系的选择,一般用于生物碱分离的溶剂体系主要是三氯甲烷-水体系。根据生物碱碱性的不同,在水层中加入一定浓度的酸以调节其 pH 值,或在两相溶剂中添加一定量的甲醇或乙醇来改变被分离组分的分配系数。

2）采用高速逆流色谱法分离麻黄生物碱类成分时，溶剂体系的最佳分配系数在 0.5～2 之间，仪器分离条件为：流动相流速 2ml/min，转速 850r/min，检测器波长为 254nm。

（6）膜分离技术

【工艺原理】

利用膜分离技术对麻黄碱提取液进行固-液分离，实现温和条件下的除杂和浓缩。

【操作过程及工艺条件】

1）提取：将麻黄草剪成段并碾压，加 8 倍量水浸泡，煎煮 2～3 次，过滤得提取液。

2）过滤：一级膜为微滤膜，杂质被截留，进口压强为 0.26MPa，出口压强为 0.14MPa，操作温度为 60℃；二级膜为纳滤膜，进口压强为 2.9MPa，出口压强为 2.8MPa，操作温度为 65℃，滤液浓缩。

3）精制：浓缩液用 NaOH 碱化，经二甲苯萃取，得精制麻黄碱。

【生产工艺流程】

【工艺注释】

1）膜的分离能力、透过能力、理化性能是影响膜分离效果的主要因素。研究表明，上述工艺一级膜为微滤膜，麻黄碱透过率高达 98.56%，杂质截留率达 27.95%；二级膜为纳滤膜，麻黄碱截留率高达 100%，滤液可直接回提取工序，经两级膜处理后提取液体积减少到原来的 9.2%，废水量减少 85%。

2）麻黄碱传统提取工艺是采用苯提法，需经过脱色、提纯及浓缩三个过程，工艺路线比较复杂，而且使用大量甲苯作提取剂，毒性大，如采用超滤设备处理麻黄碱提取液，具有能耗低、成本低、单级效率高、装置简单、操作方便、不污染环境等优点。

15.6.2　苦参碱

苦参碱（matrine）存在于豆科槐属植物苦参（*Sophora flavescens*）的根中。在同属的其他植物如越南槐（*S. tonkinensis*）、砂生槐（*S. moorcroftiane*）、苦豆子（*S. alopecuroides*）等也含有该成分。现代临床及药理研究表明，苦参碱具有抗肿瘤、升白细胞、平喘祛痰以及抗过敏等多方面的作用。苦参中除苦参碱外，还含有氧化苦参碱（oxymatrine）、去氢苦参碱（sophocarpine，异名苦参烯碱、槐果碱）等，氧化苦参碱有抗癌、抗衰老等作用，苦参总碱和鞣酸反应可生成苦参碱鞣酸盐，临床常用于治疗菌痢、肠炎。

1. 化学结构

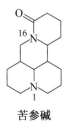

苦参碱

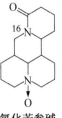

氧化苦参碱

苦参碱，属于喹喏里西啶类生物碱，有 α、β、γ、δ 4 种异构体，常见为 α-苦参碱，其基本骨架由两个喹喏里西啶环骈合而成，结构中有两个氮原子。

2. 理化性质

(1) 性状：见表 15-6。

表 15-6　苦参碱与氧化苦参碱的性质

化合物	分子式	相对分子质量	性　状	熔点(℃)
苦参碱	$C_{15}H_{24}N_2O$	248.36	白色针状或棱柱状结晶，易吸湿	76
氧化苦参碱	$C_{15}H_{24}N_2O_2$	264.36	无色骰子状结晶(丙酮)，易吸湿	207(无水物)

注：为 α-苦参碱与 α-氧化苦参碱性状数据

(2) 溶解性：见表 15-7。

表 15-7　苦参碱与氧化苦参碱的溶解性

化合物	可溶于	难溶或微溶于
苦参碱	可溶于水，能溶于三氯甲烷、乙醚、苯和二硫化碳	微溶于石油醚、正己烷
氧化苦参碱	易溶于水，可溶于三氯甲烷	难溶于乙醚、甲醚、石油醚

3. 苦参碱的提取分离

苦参碱的提取方法主要是传统的离子交换树脂法，也有乙醇提取还原转化法。现代技术如超临界流体萃取法、超声波提取法、微波辅助提取及乙醇提取高速逆流分离纯化方法等虽有文献报道，但多为实验室工艺。

(1) 离子交换树脂法

【工艺原理】

苦参碱具有较强的碱性，可溶于酸水，利用此性质采用酸水法提取，将酸水液通过阳离子交换树脂柱，生物碱阳离子被交换到柱上，与非离子成分分离。将树脂碱化，使生物碱游离，再用三氯甲烷提取总生物碱。然后利用总碱中各成分的极性差异采用溶剂法和色谱法进行分离。

【操作过程及工艺条件】

1) 提取：苦参根粗粉，加 0.1% 盐酸，混匀，使提取原料充分膨胀，装入渗漉桶中，以 4~5ml/min 速度渗漉，收集渗漉液。

2) 总生物碱的提取与纯化(酸水提取-阳离子交换树脂纯化)：渗漉液通过强酸型阳离子交换树脂，直至流出液无生物碱反应。将树脂用蒸馏水充分洗涤除去杂质，晾干后加 10% 氨水碱化，搅匀，使树脂充分膨胀。树脂装入连续回流提取器中，加三氯甲烷连续回流至提尽生物碱。回收溶剂，得棕黄色黏稠物(粗生物碱)，加丙酮溶解，降温，结晶过滤，得苦参总生物碱。

3) 总生物碱的分离：苦参总生物碱加少量三氯甲烷溶解，再加入 10 倍量的乙醚，沉淀部分加丙酮重结晶，得到氧化苦参碱；醚溶部分流经氧化铝色谱柱，用苯洗脱得去氢苦参碱；用乙醚-甲醇(19∶1)洗脱，收集洗脱液，回收溶剂，余下的物质加丙酮溶解，结晶得到苦参碱。

【生产工艺流程】

1) 苦参总生物碱的提取：

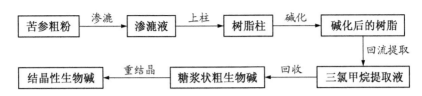

2）苦参总生物碱的分离：

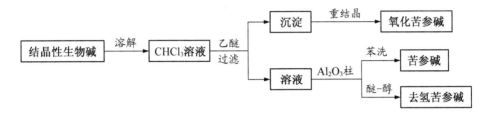

【工艺注释】

1）氧化苦参碱是苦参碱的 N-氧化物，极性稍大，难溶于乙醚。当将苦参总生物碱溶于少量三氯甲烷，加入约 10 倍量乙醚时，氧化苦参碱沉淀析出，其他生物碱如苦参碱、去氢苦参碱等仍留于溶液中。

2）离子交换法分离纯化苦参总碱，选用聚苯乙烯磺酸型阳离子交换树脂（交联度 1×7，即7％），由于市售的阳离子交换树脂为钠型，含水量不足，使用前需进行转型，去杂质和吸水膨胀处理。用蒸馏水洗至水的颜色较浅为止，室温下再加蒸馏水浸泡一天；或于 80℃水浴上加热 1小时，使树脂充分膨胀；然后倾去水，减压抽干后，加入 2mol/L 盐酸不断搅拌，浸泡 1 小时，倾去酸水液，再加 2mol/L 盐酸 400ml 浸泡过夜。将树脂装入色谱柱中，再将浸泡用的盐酸全部通过树脂柱（4～5ml/min），用蒸馏水洗至 pH4～5 后备用。

3）使用过的树脂再生后仍可重复使用，处理方法是将用过的树脂用蒸馏水洗去杂质，抽干，加 2mol/L 盐酸浸泡后装在色谱柱中，使酸液通过树脂柱，再用水洗去酸液，然后用 2mol/L 氢氧化钠溶液浸泡后装在色谱柱中，使碱液通过树脂柱，再用水洗去碱液，然后再次用 2mol/L 盐酸浸泡，使酸液通过树脂柱，用水洗去酸液即可。

4）三氯甲烷连续回流提尽生物碱检查方法为：取提取器中部提取筒中的三氯甲烷液滴在滤纸上，喷以改良碘化铋钾试剂，观察斑点颜色是否呈生物碱阴性反应。

（2）乙醇提取还原转化法

【工艺原理】

利用还原剂在活性炭的催化下，将氧化苦参碱和与苦参碱结构相似的槐果碱以及部分槐定碱还原成苦参碱来制备苦参碱的方法。

【操作过程及工艺条件】

1）苦参生物总碱的提取：将原料干燥粉碎成粗粉，用 50％～80％乙醇将原料粗粉浸透，置于回流提取器中，在 60～80℃温度下，用 50％～80％乙醇回流提取 2～4 次，合并提取液，料渣弃去。

2）苦参碱的还原：按提苦参生物总碱 2％～7％的比例向提取液中加入颗粒状活性炭，并在 35～55℃温度下，按提苦参生物总碱 3％～10％的比例向提取液中缓慢加入 80％水合肼进行还原反应，用薄层色谱检查反应液中的氧化苦参碱和槐果碱斑点消失时，反应停止。

3）苦参总生物碱的纯化：将反应液浓缩成浸膏，用 0.5％～2％稀酸将浸膏溶解，溶液过强酸型阳离子交换树脂，并控制流速为 10～50ml/min，然后用蒸馏水洗树脂，直至水洗液为中性，树脂中再加入碱水碱化后，乙醇洗脱，得乙醇洗脱液。

4）分离苦参碱：乙醇洗脱液减压浓缩成浸膏，用 15％～25％酸液将浸膏溶解后，加入碱液碱化至 pH9～11，溶液分层，下层水弃去，上层放置结晶，过滤，得苦参碱粗品；母液减压浓缩，丙酮溶解，溶液过氧化铝柱色谱，丙酮洗脱，洗脱液减压回收丙酮，得苦参碱粗品。

5）苦参碱的纯化：合并以上步骤所得的苦参碱粗品，丙酮反复重结晶，得苦参碱纯品。

【生产工艺流程】

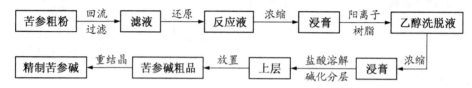

【工艺注释】

乙醇提取还原转化法是在传统的乙醇作为提取溶媒的基础上，提取液在活性炭的催化下与 80％水合肼进行强烈还原反应，将氧化苦参碱和与苦参碱结构相似的槐果碱以及部分槐定碱还原成苦参碱，从而制得大量的苦参碱。

（3）大孔吸附树脂法

【工艺原理】

苦参总生物碱中除苦参碱外，还含有氧化苦参碱、槐果碱等，在不同的树脂上有不同的吸附性能，从而可用大孔吸附树脂法进行分离。

【操作过程及工艺条件】

1）将苦参粗粉用 pH3.0 的稀盐酸水溶液在 0.08MPa 真空度下常温减压浸取 5 次，第 1 次 4 小时，其余 4 次每次浸提 2 小时，收集浸提液。

2）浸提液用 NaOH 碱化后，通过 SP825 型非极性大孔吸附树脂，极性较大的氧化型生物碱如氧化苦参碱等不被吸附，进入流出液中，分别采用水和浓度递增的乙醇洗脱，苦参碱存在于 50％～65％乙醇洗脱液中。

3）再用真空液相色谱和重结晶方法获得苦参碱。

【生产工艺流程】

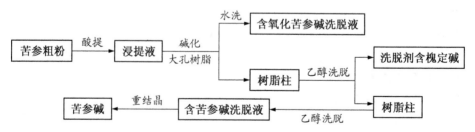

【工艺注释】

1）采用大孔吸附树脂法提取分离苦参碱，研究表明，不同树脂表现的吸附性能不同，在静态下考察了 7 种大孔吸附树脂 SP825、D4020、D301R、D512、D201、AB-8 和 NKA-9 的吸附性能，采用紫外可见分光光度法，其中 SP825 吸附量最大，为 706.19mg/g，进行洗脱实验由脱附曲线可知乙醇洗脱效果最佳，洗脱条件为：用 4BV 的 50％乙醇进行洗脱，解吸率为 81.64％，对苦参碱粗品进行提纯，收率达到 27.59％，SP825 型大孔吸附树脂综合性能最好，适合于苦参碱的分离纯化。

2）另一研究选择了 5 种大孔吸附树脂，对苦参水提液中氧化苦参碱的分离效果进行了研究，采用 HPLC 定量分析法，结果表明，大孔吸附树脂 LSA - 21 和 LSA - 30 的分离效果明显优于 LSA - 40、HP - 10 和 AB - 8，LSA - 21 在 pH10.0 和 pH0 时吸附效果最好，其动态饱和吸附率为 14.52mg/ml，静态饱和吸附率为 6.88mg/ml，最适洗脱剂为体积分数 30％乙醇，解吸率可达 90％以上。静态饱和吸附率随温度的升高而降低，其中在较低温度范围（0～10℃）内影响显著，静态吸附速度随时间的延长而变小，在吸附的前 2 小时内，吸附速度很大且基本恒定，2 小时之后吸附速度变得非常小。

3）大孔吸附树脂法具有物理化学稳定性高、吸附选择性独特、不受无机物存在的影响、再生简便、解吸条件温和、使用周期长、宜于构成闭路循环、节省费用等诸多优点。因此，它被广泛应用于天然药物有效成分的提取分离中，在应用于苦参碱的分离中显示出极好的发展前景。

15.6.3　小檗碱

小檗碱（berberine）存在于小檗科小檗属植物毛叶小檗（*Berberis brachypoda*）、细叶小檗（*B. poiretii*）等多种同属植物的根或根皮中。近代临床及药理研究表明，小檗碱有明显的抗菌、抗病毒作用，对溶血性链球菌、金黄色葡萄球菌、淋球菌和弗氏、志贺氏痢疾杆菌均有抗菌作用，并有增强白血球吞噬作用。小檗碱的盐酸盐（俗称盐酸黄连素）已广泛用于治疗胃肠炎、细菌性痢疾等，对肺结核、高血压、急性扁桃腺炎等炎症也有一定疗效。

1. 化学结构

小檗碱是一种异喹啉生物碱，通过酸碱处理，可得到季铵式、醛式和醇式三种不同形式的小檗碱，其中以季铵式最稳定。

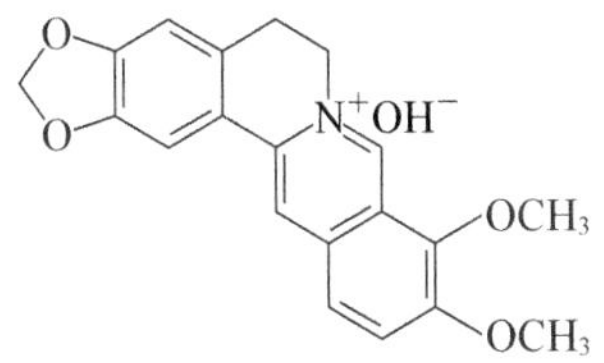

季铵式(红棕色) 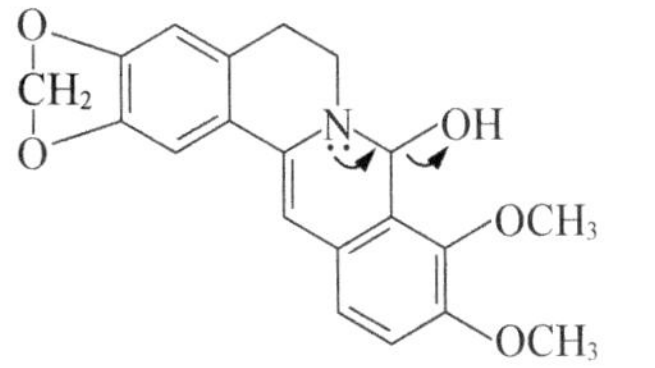　　　醇式(黄色) 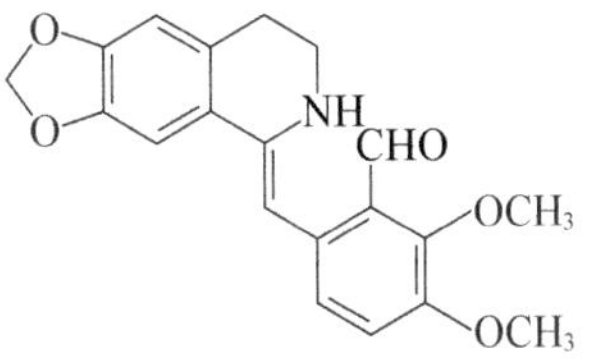　　　醛式(黄色)

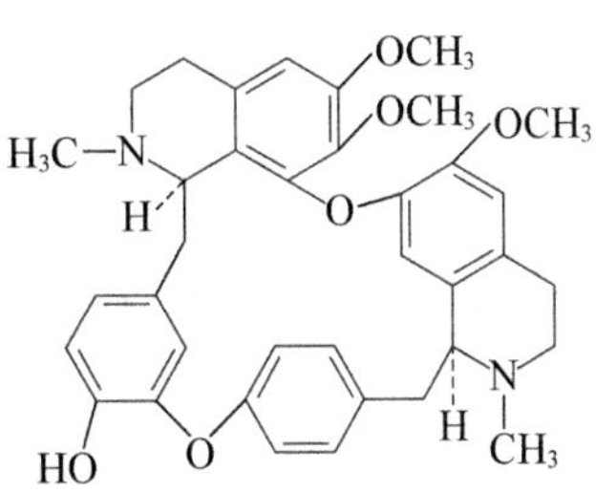

小檗胺

2. 理化性质

（1）性状：见表 15 - 8。

表 15 - 8　小檗碱和盐酸小檗碱的性状

化合物	分子式	相对分子质量	性　　状	熔点/℃
小檗碱	$[C_{20}H_{18}NO_4]^+$	336.37	黄色针状结晶(水、稀乙醇)	145
盐酸小檗碱	$C_{20}H_{18}ClNO_4 \cdot 2H_2O$	407.85	黄色结晶性粉末,无臭,味极苦	205

（2）溶解性：见表 15 - 9。

表 15 - 9　小檗碱和盐酸小檗碱的溶解性

化合物	可溶于	难溶或微溶于
小檗碱	可缓缓溶于冷水(1：20),易溶于热水、热乙醇	在冷乙醇中溶解度较小(1：100),难溶于苯、三氯甲烷、丙酮、乙醚等有机溶剂
盐酸小檗碱	易溶于沸水	微溶于水或乙醇,极微溶于三氯甲烷,不溶于乙醚

3. 小檗碱的提取分离工艺

黄连中小檗碱含量较高(约 $5\% \sim 8\%$),但黄连的生长周期长,资源有限,且价格较高,难以满足临床需求。目前常用黄连、黄柏和三颗针为原料提取小檗碱。小檗碱的提取方法主要有酸水法、石灰乳法和乙醇法。前两种方法目前广泛用于小檗碱的工业化生产。

（1）酸水法

【工艺原理】

利用小檗碱硫酸盐在水中的溶解度较大,盐酸盐几乎不溶于水的性质,首先将原料中的小檗碱转变为硫酸盐,然后再使其转化为盐酸盐降低在水中的溶解度,结合盐析法,可制得盐酸小檗碱。

【操作过程及工艺条件】

1）冷浸：取三颗针粗粉,用 $0.5\% H_2SO_4$ 冷浸,滤取浸出液。

2）盐酸精制：用石灰乳调 pH 至中性,滤除沉淀。滤液浓缩,用盐酸酸化至 pH2～3,加入药液量 $4\% \sim 5\%$NaCl 搅拌使其溶解,放置过夜,滤取沉淀,即得小檗碱粗品。母液用氨水碱化后析出小檗胺。

3）纯化：将小檗碱粗品溶于适量热水,加石灰水碱化至 pH8.5～9,趁热过滤。取滤液,加盐酸调 pH2～3,放置结晶,析出盐酸小檗碱结晶。

【生产工艺流程】

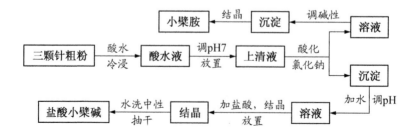

【工艺注释】

1）三颗针资源丰富,其所含化学成分与黄连、黄柏相似,小檗碱的含量最高可达 1% 以上,随产地和品种不同,含量差异较大。其所含的生物碱还有小檗胺(berbamine)、巴马丁(palmatine)、药根碱(jatrorrhizine)等,小檗胺能促进造血功能,增加末梢白细胞、降压、抗心律失常、抗心肌缺血以及防治动物实验性矽肺等作用。

2)据文献报道,以产于青海等地的三颗针为原料,采用正交实验法,用酸水法提取盐酸小檗碱的生产工艺研究结果表明,盐酸用量达到 pH1,浸提剂量应在浸透材料量之上超出 2 倍,食盐用量应使提取液浓度达到 5%～7%,浸提总时间应达到 12～24 小时,浸提剂温度控制在80℃至沸点之间,浸提剂浓度(即硫酸浓度)为 0.5%～0.7%最佳。本工艺亦采用正交实验研究盐酸小檗碱的提取条件,选定浸泡时溶剂的用量、稀硫酸浓度和石灰乳沉淀的 pH 值等因素,确定最佳工艺溶剂的量是原料的 16 倍,稀硫酸浓度为 0.2%,加石灰乳沉淀杂质时的 pH值为 9,精制时调酸的温度是 60℃。

3)以三颗针为原料提取小檗碱,除上述工艺外,还可采用大孔吸附树脂分离纯化小檗碱,用 10%硫酸渗漉,渗漉液中和,滤除沉淀物后,再用大孔吸附树脂分离纯化。

4)酸法提取工艺存在较严重的环境污染问题,需要进行改进。

（2）石灰乳法

【工艺原理】

石灰乳法也是当前工业生产上常用的方法,利用游离小檗碱在水中具有较大溶解度的特点,直接用石灰乳碱化药材,使小檗碱游离后进行提取。

【操作过程及工艺条件】

1)渗漉:将黄柏粗粉与石灰乳搅拌均匀,用水浸渍 12 小时以上,渗漉。

2)盐析-沉淀:渗漉液中加入渗漉液体积 7%NaCl,搅拌使其溶解,静置过夜,过滤。

3)纯化:沉淀溶于 20～30 倍热水,趁热过滤。取滤液,加浓盐酸调 pH2～3,放置结晶,过滤;沉淀水洗至中性,抽干,30℃以下干燥,得盐酸小檗碱粗品。

4)精制:粗品加入沸水溶解,趁热过滤,滤液加热到澄清,加浓盐酸调 pH2～3,放冷,抽滤,沉淀用蒸馏水少许洗去多余的酸,抽干,80℃干燥,得盐酸小檗碱纯品。

【生产工艺流程】

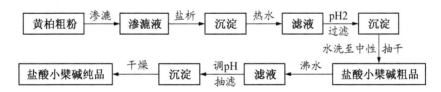

【工艺注释】

黄柏中含有大量的黏液质,故采用石灰乳法提取,使黏液质与氢氧化钙生成不溶于水的钙盐,而小檗碱以游离状态溶于水被提取出来,此法克服了因黏液质存在引起的过滤困难。

（3）乙醇法

【工艺原理】

利用小檗碱易溶于热乙醇的性质,用乙醇回流或连续回流提取,滤液浓缩后加盐酸使生物碱形成盐酸盐,溶解度小的盐酸小檗碱即自溶液中析出。

【操作过程及工艺条件】

1)提取:以黄柏丝为原料,用 75%乙醇提取(冷渗或热回流),至提取液近无色,过滤。

2）酸析：滤液回收乙醇至糖浆状，然后向浓缩液中加入与原料等量的沸水搅拌过滤，滤液加10%盐酸至pH1～2，放置10小时以上过滤，得沉淀。

3）精制：将沉淀用蒸馏水少许洗去多余的酸，抽干，80℃干燥，得到盐酸小檗碱。

【生产工艺流程】

黄柏丝 —乙醇提取/过滤→ 滤液 —回收乙醇/沸水搅拌→ 滤液 —加酸/过滤→ 滤液 —洗涤/干燥→ 盐酸小檗碱

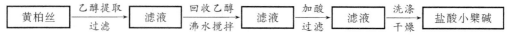

【工艺注释】

除上述常用方法外，一些新方法、新技术，如酶法、超声波提取法、微波辅助萃取和超临界流体萃取等在小檗碱的提取方面也进行了尝试，但目前尚未见成熟的工业化生产工艺报道。经典的酸水法和石灰乳法，虽然存在着有效成分损失大、周期长、工序多等不足，但由于成本较低，设备要求简单，所以仍是目前工业化生产的常用方法。

15.6.4 利血平

利血平(reserpine)是一种从夹竹桃科萝芙木属植物中提取的药用生物碱。主要存在于中国萝芙木(*Rauvolfia verticillata*)、云南萝芙木(*R. yunnanensis*)、催吐萝芙木(*R. vomitoria*)、蛇根木(*R. serpentina*)等中。其中催吐萝芙木根中利血平含量较高，是生产利血平的原料药材。近代临床及药理研究表明，利血平能降低血压和减慢心率，作用缓慢、温和而持久，对中枢神经系统有持久的安定作用，是一种很好的镇静药。其制剂有利血平片和利血平注射液，是临床上常用的抗高血压药物。

1. 化学结构

利血平为单萜吲哚类生物碱，分子中含有两个氮原子及两个酯键。

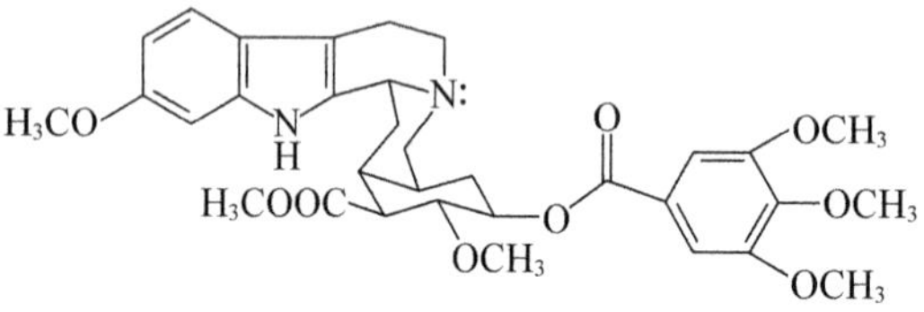

利血平

2. 理化性质

（1）性状：利血平为白色至淡黄褐色的结晶或结晶性粉末，分子式 $C_{33}H_{40}N_2O_9$，相对分子质量608.69，熔点264～265℃（分解）。

（2）溶解性：利血平易溶于三氯甲烷、二氯甲烷和冰醋酸，溶于苯和乙酸乙酯，略溶于丙酮、甲醇、乙醇和乙醚。

3. 利血平生产工艺

萝芙木根含利血平、蛇根次碱、育亨宾等多种生物碱，工业生产采用苯提取法和酸性醇提取法制备利血平，也有酸性醇提取与大孔吸附树脂相结合的新工艺。

（1）苯提取法

【工艺原理】

利血平是弱碱性生物碱，属于脂溶性生物碱，可溶于有机溶剂，如甲醇、丙酮和苯，采用有机溶剂提取法进行提取；利用生物碱盐的溶解度不同进行分离与纯化。

【操作过程及工艺条件】

1）提取：取萝芙木根粉加水润湿,加苯回流提取 2～3 次,每次 4 小时,合并苯提取液,减压回收苯,得棕色胶状物。

2）酸溶：将提取物溶于 8 倍量甲醇、1.5 倍量的冰醋酸中,再缓缓加入 6 倍量的水,搅拌均匀,过滤,滤液中加适量硫氰酸钾结晶,室温(20℃左右)放置 24～36 小时,过滤析出的结晶,以少量甲醇洗涤、干燥,得利血平硫氰酸盐结晶。

3）碱析：每 1g 利血平硫氰酸盐中,加 20ml 甲醇,5％氨水 7.5ml,于水浴 73～75℃下加热 15～20 分钟,搅拌,放冷,至利血平结晶完全,滤集结晶,干燥,得利血平粗品。

4）精制：利血平粗品每 1g 加丙酮 100ml 使完全溶解,过滤,回收丙酮至最小体积,加入等体积甲醇,放冷,析出结晶,过滤,甲醇洗涤,真空干燥,得精制利血平。

【生产工艺流程】

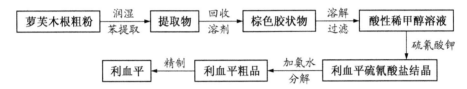

【工艺注释】

1）传统的利血平提取方法,以干燥的萝芙木根为原料：① 原料药材经水润湿后可用苯直接提取,或用三氯甲烷从药材酸性水提取液中萃取,达到与共存的强碱性生物碱初步分离的目的；② 利血平硫氰酸盐难溶于甲醇,易于结晶,借以和碱性类似的生物碱分离,最后采用丙酮-甲醇重结晶获得利血平纯品；③ 该工艺主要的缺点是有毒溶剂苯的用量大,需用有毒的硫氰酸钾,环境污染十分严重,苯回流提取对设备要求较高,利血平转化为硫氰酸盐的操作较难控制,产率较低,仅为 0.025％。

（2）酸性醇提取法

【工艺原理】

原料药材用酸性乙醇直接提取,用三氯甲烷从药材酸性醇提取液中萃取,可达到与共存的强碱性生物碱初步分离的目的。利血平硫氰酸盐难溶于甲醇,易于结晶,借以和碱性类似生物碱分离,最后采用丙酮-甲醇重结晶获得利血平纯品。

【操作过程及工艺条件】

1）提取：取萝芙木粗粉,用含 0.1％盐酸的 85％乙醇渗漉,渗漉液减压浓缩至糖浆状,冷却,析出的胶质加乙醇、冰醋酸及水,加热溶解,溶液用三氯甲烷萃取 4 次,合并三氯甲烷溶液,稀氨水洗涤后浓缩,得胶状浓缩液。

2）盐析：浓缩液加甲醇、冰醋酸及少量水,加热溶解,过滤,除去胶状物质。脱胶滤液加硫氰酸钠适量,搅匀后放置,利血平成盐析出。滤饼用甲醇、蒸馏水依次洗涤,60℃干燥。

3）氨解-重结晶：取利血平硫氰酸盐,加丙酮、5％氨水加热回流使硫氰酸盐分解,趁热过滤,滤液回收部分丙酮,并在搅拌下分次加入甲醇至溶液呈混浊状为止,静置,析晶,滤取结晶,用活性炭脱色并用丙酮-甲醇重结晶,得利血平精制品。

【生产工艺流程】

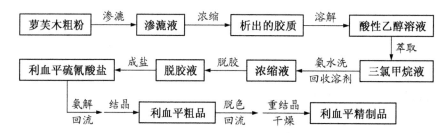

【工艺注释】

酸性醇提取法制备利血平,省去了有毒性的苯溶剂,但需用硫氰酸盐,同样存在利血平转化为硫氰酸盐的操作较难控制的问题。

（3）酸性醇-大孔吸附树脂法

【工艺原理】

利用利血平在酸性醇中的溶解性进行提取;选择非极性大孔吸附树脂进行分离,通过碱化沉淀生物碱、去除胶质和重结晶过程等,制得利血平纯品。

【操作过程及工艺条件】

1）酸性醇提取:取干燥催吐萝芙木根粉,用 50% 乙醇(含 $0.05\text{mol/L}\ H_2SO_4$)浸提 3 次,第 3 次浸提后的液体留在下一批实验中套用,用在下一批的第 1 次浸提中,第 1,2 次的浸提液分别减压、浓缩。

2）大孔吸附树脂吸附:用 HZ-818 大孔吸附树脂吸附,先将第 2 次浸提的浓缩液通入树脂柱,再将第 1 次浸提的浓缩液通入,然后用水洗涤树脂,用 80% 乙醇(含 1% HCl)解吸,收集、测定解吸液中的利血平含量,合并利血平含量大于 0.4g/L 的解吸液,作为总解吸液,其余利血平含量低的解吸液用于下一批实验的树脂解吸。

3）除杂质:总解吸液减压浓缩至原体积的 1/3,加水至原体积,用 NaOH 调节 pH 值,离心后,用丙酮洗涤,蒸馏合并所得固体生物碱沉淀,加丙酮溶解,再加入三氯甲烷-石油醚(1∶1.5)沉淀出胶质弃去。上清液减压浓缩至无有机溶剂蒸出,加入乙酸乙酯,再加 2.5 倍体积的甲醇,于 4℃放置 20 小时,抽滤,得粗结晶。

4）精制:粗结晶加入三氯甲烷-丙酮(1∶1)使溶解,加甲醇,于 4℃放置,抽滤,得利血平。

【生产工艺流程】

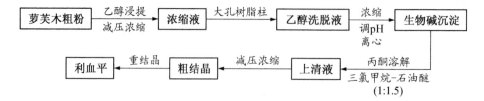

【工艺注释】

1）酸性醇-大孔吸附树脂法从萝芙木中提取利血平的方法,所用的有机溶剂量较少,毒性小,污染小,所需设备简单。利用该工艺从催吐萝芙木中提取利血平进行中试生产,连续 6 批实验的平均提取率为 0.035%,最高一批的提取率达 0.043%,远远高于苯提取工艺的 0.025%。

2）从萝芙木中提取利血平的生产工艺,提取、纯化、浓缩、干燥等工艺及基础设施、环保设施,需按照药品 GMP 认证标准建设。

3）由于利血平见光或受热易分解,而 CO_2 超临界流体萃取可实现低温操作,且整个提取分离过程在暗场中进行,能够使其活性不被破坏,比传统的提取工艺更优越,引起了广泛的关注。研究表明,将 CO_2 超临界流体萃取技术与柱色谱分离技术结合,从海南催吐萝芙木中提取分离利血平生物碱,最佳工艺条件为：萃取压强为 35MPa,萃取温度为 60℃,夹带剂为每 100g 样品用 25ml 乙醇,萃取时间 2 小时。CO_2 超临界流体萃取虽然能在一定程度上将萃取所得产物中的有效成分分离出来,但所含杂质仍然较多,通过进一步的柱色谱分离,可将不同成分依次分离出来,并可制备出质量分数为 99.8% 的利血平结晶,测试结果与对照品一致。

15.6.5　石杉碱甲

石杉碱甲(huperzine A,Hup‑A)是从石杉科植物蛇足石杉中提取的一种石松生物碱,是一种强效的胆碱酯酶可逆性抑制剂,在治疗阿尔茨海默病(Alzeheimer's disease,AD)、增强学习记忆、改善空间记忆障碍等方面有明显的效果。

1. 化学结构

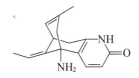

石杉碱甲

2. 理化性质

(1)性状：石杉碱甲为无臭、味微苦、白色或类白色精细粉末,分子式 $C_{15}H_{18}N_2O$,相对分子质量 242.32,熔点 224～229℃。

(2)溶解性：石杉碱甲易溶于甲醇,溶于乙醇等有机溶剂,难溶于水。

3. 石杉碱甲生产工艺

【工艺原理】

石杉碱甲具有中等强度的碱性,可与酸结合成盐,本工艺通过有机酸浸提、三氯甲烷萃取来制取、纯化石杉碱甲。用柱色谱、制备 HPLC 分离精制石杉碱甲。

【操作过程及工艺条件】

(1)浸渍：将原料千层塔超微粉碎后在罐中用有机酸动态循环浸泡 38～60 小时,放液3～6 次,得渗漉液。

(2)浓缩：将渗漉液放入真空浓缩罐,50～65℃下,真空减压浓缩至原体积的 1%～10%。

(3)萃取：将浓缩液用氢氧化钠或氢氧化钾调 pH 值至 8～9.5,三氯甲烷萃取 4～6 次,合并三氯甲烷萃取液,减压浓缩,真空度 600～750mmHg,三氯甲烷蒸气用－0.3～10℃冷盐水冷却,将冷却的三氯甲烷液流入贮罐,回收至浸膏。

(4)柱色谱：将浸膏烘干处理后拌入硅胶,湿法装柱,避免出现气泡,用配制的三氯甲烷‑甲醇洗脱液进行梯度洗脱,用薄层色谱法检查各流分,收集含量高的部分。

(5)结晶：高组分洗脱液冷静置 10～20 天,温度－0.3～－15℃,沉淀析出后,吸出上清液,抽滤,减压干燥得粗品。

(6)分离精制:结晶粗品用制备型高效液相色谱仪进行分离提纯,采用150mm硅胶柱,用洗脱剂洗脱,收集石杉碱甲段;将石杉碱甲液用旋转式薄膜蒸发器浓缩至原体积的20%～50%,将浓缩液送至真空冷冻机中冷冻干燥,得石杉碱甲成品。

【生产工艺流程】

```
千层塔粉末 ──有机酸──▶ 渗漉液 ──浓缩──▶ 浓缩液 ──调碱性萃取──▶ 三氯甲烷液
                                                            │
                                                     硅胶柱色谱  洗脱
                                                            ▼
石杉碱甲成品 ◀──HPLC── 粗品 ◀──静置抽滤── 含石杉碱甲流分
```

【工艺注释】

(1)原料采用超微粉料,可提高渗漉的效率;用三氯甲烷分离石松碱甲,可去掉大量极性杂质;硅胶柱色谱柱后可进行结晶处理。

(2)利用制备型高效液相色谱仪进行分离提纯,提高了收率和纯度,生产可达到产业化规模。

15.6.6　秋水仙碱

秋水仙碱(colchicine)主要存在于百合科秋水仙属、山慈菇属、百合属植物中。在丽江山慈菇(*Iphigenia indica*)、山慈菇(*Tulipa edulis*)的鳞茎,秋水仙(*Colchicine autumnale*)、美丽秋水仙(*C. speciosum*)的球茎,中药百合(*Lilium brownii*)、小萱草(*Hemerocallis minor*)以及天南星科弯曲天南星(*Arisaema curvatum*)等中也含有。

1. 化学结构

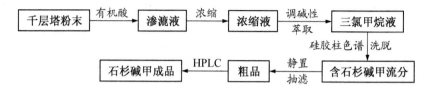

秋水仙碱

秋水仙碱是环庚三烯酮醇的衍生物,分子中有两个骈合的七碳环,氮原子在侧链上呈酰胺状态。

2. 理化性质

(1)性状:秋水仙碱为淡黄色结晶性粉末,无臭,遇光颜色加深,分子式$C_{22}H_{25}NO_6$,相对分子质量399.44,熔点157℃。

(2)溶解性:秋水仙碱易溶于乙醇、三氯甲烷,可溶于水,极微溶于乙醚,几乎不溶于石油醚。

3. 秋水仙碱提取分离生产工艺

秋水仙碱的传统提取方法是以丽江慈菇为原料,采用溶剂法,根据秋水仙碱在不同溶剂中溶解度的差别,按一定步骤的方法进行分离,此法的优点是仪器与材料简单易得,方法比较简单,但试剂消耗大。百合中含有微量的秋水仙碱,采用CO_2超临界流体萃取百合中的秋水仙碱,在实验室研究已取得很好的效果,为实现工业化生产奠定了基础。

（1）有机溶剂法

【工艺原理】

秋水仙碱可溶于乙醇和水,因此采用乙醇回流提取,回收乙醇,加水稀释使脂溶性杂质析出,再利用秋水仙碱在酸性水溶液中可被三氯甲烷萃取的特性,将其与水溶性杂质分离,最后用乙酸乙酯、三氯甲烷反复精制得到纯品。

【操作过程及工艺条件】

1）提取：40～80 目的山慈菇粉末,用 80%～90% 乙醇回流提取,得乙醇提取液减压浓缩回收乙醇。

2）稀释-过滤：蒸馏残渣加 3～5 倍水稀释,布袋过滤,收集滤液。

3）萃取：滤液用 10% 硫酸调至 pH2,用三氯甲烷萃取至提取液无色,合并三氯甲烷提取液,用无水硫酸钠脱水,回收三氯甲烷至干,得胶状物。

4）结晶：将胶状物加 5 倍量乙酸乙酯,加热溶解过滤,放冷,结晶抽滤,在低于 60℃ 下干燥,得秋水仙碱粗品。

5）精制：秋水仙碱粗品加 2 倍三氯甲烷,加热溶解过滤,放冷,结晶抽滤,得秋水仙碱晶体。再加 5 倍乙酸乙酯,加热溶解过滤,放冷,结晶抽滤,在低于 60℃ 下干燥,得秋水仙碱。

【生产工艺流程】

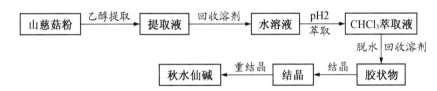

【工艺注释】

1）以山慈菇为原料,有机溶剂提取秋水仙碱,常使用与水能混溶的有机溶剂提取,如用乙醇、甲醇、丙酮等直接从植物中提出秋水仙碱,再回收溶剂,得到浓缩液,其中乙醇应用最为普遍。

2）有时用与水不混溶的有机溶剂提取,常先将原料粉末加适量稀碳酸钠溶液或稀氨水搅拌湿润,使秋水仙碱游离,阴干后再用乙醚、二氯甲烷、三氯甲烷、苯或甲苯等有机溶剂提取,此法的优点是比较容易得到纯品,提取出的杂质比较少,其缺点是在工业生产上不安全,溶剂毒性大,价格昂贵,不易提尽原料中的秋水仙碱。

（2）CO_2 超临界流体萃取法

【工艺原理】

超临界流体萃取过程是利用处于临界压力和临界温度以上的流体具有特异增加的溶解能力而发展起来的现代分离新技术。实验室以百合粉为原料,采用 CO_2 超临界流体萃取法提取秋水仙碱,取得了很好的效果,为工业化生产提供了有力的支持。

【操作过程及工艺条件】

1）碱化：以百合粉为原料,加氨水碱化。

2）CO_2 超临界流体萃取：将碱化后的百合粉装入萃取釜中,在萃取温度为 40℃ ,萃取压强 18MPa,乙醇为夹带剂的条件下进行萃取,每小时接收萃取物,直至萃取完全。

【生产工艺流程】

百合粉 ──碱化 / CO_2 超临界流体萃取──→ 萃取物

【工艺注释】

1) 百合中生物碱总含量在 0.1% 左右,其中秋水仙碱占 0.05% 左右。百合已在湖南龙山等地区大规模种植,资源丰富,为秋水仙碱的提取提供了丰富的原料。研究表明,CO_2 超临界流体萃取法提取秋水仙碱效果优于有机溶剂法。CO_2 超临界流体萃取法提取秋水仙碱,影响提取效率的因素为:萃取温度>萃取时间>萃取压力>夹带剂用量。采用此法,秋水仙碱浓度可达 6.38%,远高于有机溶剂提取法。

2) 研究用 CO_2 超临界流体萃取法从光菇中提取秋水仙碱,用 76% 乙醇作夹带剂,提取率为回流提取法的 1.25 倍,减少提取时间 45%。

3) 总体来说,CO_2 超临界流体萃取法提取秋水仙碱步骤简单、条件温和、萃取效率高、环境污染少,而且超临界萃取物中杂质成分较少。一般超临界萃取设备均可达到这些条件,易于实现工业化。

15.6.7　咖啡碱

咖啡碱,又称咖啡因(caffeine),属于甲基黄嘌呤的生物碱。咖啡碱主要存在于咖啡树、茶树、巴拉圭冬青及瓜拿纳的果实及叶片里,少量的咖啡碱也存在于可可树、可乐果及代茶冬青树。近代临床及药理研究表明,咖啡碱具有刺激心脏,兴奋大脑神经和利尿等作用。

1. 咖啡碱的结构式

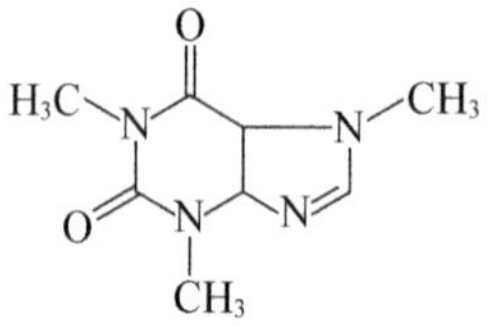

咖啡碱

2. 理化性质

(1) 性状:咖啡碱为白色粉末或六角棱柱状结晶,分子式 $C_8H_{10}N_4O_2$,相对分子质量194.19,熔点 238℃。

(2) 溶解性:咖啡碱可溶于热水或三氯甲烷,略溶于水、乙醇或丙酮中,极微溶于乙醚中。

3. 咖啡碱提取生产工艺

茶叶中含咖啡碱、茶碱和可可碱等生物碱。我国是产茶大国,资源丰富,从茶叶中提取天然咖啡碱,主要方法有溶剂萃取法和升华法两大类。

(1) 溶剂萃取法

【工艺原理】

溶剂萃取法是利用咖啡碱易溶于水、乙醇、三氯甲烷等溶剂的性质,将其从茶叶中分离出来。

【操作过程及工艺条件】

1) 水温浸:将茶叶末用石灰乳碱化后,用水温浸,得水浸液。

2) 浓缩-精制:水浸液浓缩后,冷却结晶,过滤,得到咖啡碱粗品。用水、高锰酸钾精制,得到咖啡碱成品。

【生产工艺流程】

【工艺注释】

上述提取方法，采用高锰酸钾除去杂质，咖啡碱的纯度相对较低。

（2）升华法

【工艺原理】

咖啡碱在常压情况下加热能升华而不分解，所以由茶叶中提取咖啡碱可以采用升华法，将之从茶叶或茶叶浸出物中分离出来。升华法大多是在溶剂萃取法中加入升华过程，与溶剂浸提法联合使用，即浸提→去杂→升华→无水咖啡碱。

方法 1：【操作过程及工艺条件】

1）水浸提：将茶叶末用水浸，得水浸液。浓缩后得糖浆状物，加入氧化钙，搅匀烘干粉碎，得茶"砂"。

2）乙醇浸提：用乙醇回流温浸提茶"砂"，醇浸液浓缩后，冷却结晶，过滤，得到咖啡碱粗品。

3）精制：用活性炭脱色，升华法重结晶，得到咖啡碱成品。

方法 1：【生产工艺流程】

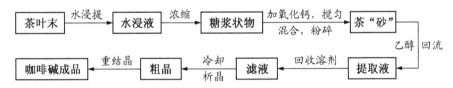

方法 2：【操作过程及工艺条件】

1）水提：蒸煮茶叶，过滤或离心脱液，得茶液。

2）浓缩萃取：将所获茶液进一步浓缩至 $40\%\sim60\%$，并按 $3:1$ 至 $6:1$ 的比例加入有机溶剂，放入萃取塔中萃取，再将萃取液放入低温静置器中静置，其温度为 $0\sim4℃$，时间为 $30\sim60$ 分钟，将所获的含咖啡碱的溶剂放入蒸馏器中蒸馏，一方面，使蒸气进入冷凝水箱进行有机溶剂的回收，另一方面将蒸馏后的咖啡碱粗品放入罐形容器中。

3）精制：以小于等于 $100℃$ 的温度恒温 $50\sim70$ 分钟，进行加温粉碎，同时去除杂质，然后再放入隔绝空气的升华罐中进行升华，得咖啡碱纯品。

方法 2：【生产工艺流程】

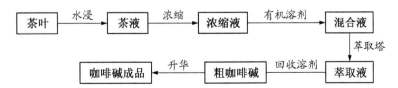

【工艺注释】

1）采用升华制备咖啡碱，升华过程是关键的工艺控制点。逐渐升温，尽可能使升华速度慢一些，提高结晶纯度。有时为提高纯度，可进行二次升华。如采取直接升华法制备咖啡碱，可将茶叶烘干,磨成粉末,且平底锅内均匀摊成约 2 寸厚的茶层,锅上加帽形的木制锅盖,盖上有一小孔,于锅下用直火均匀地加热,起初是茶叶中的挥发性成分和有机物因破坏而生成的焦油蒸出,随后咖啡碱缓缓升华,至升华完毕后(可用一纸条放入木盖的孔中,借以观察生成的焦油,至油稀少时,咖啡碱升华也已完毕),停止加热,冷却,去盖,冷凝在茶叶末表面约 1cm 厚的白色针状结晶体,即为精制咖啡碱。取出晶体,再经脱色和重结晶可得纯品。表面一层茶叶末可能仍含有少量咖啡碱,可供第二次再升华用。

2)升华装置是升华法制备咖啡碱的主要装置。某专利发明的提取咖啡碱的升华装置主要包括一个具有进料口、排料机构和搅拌器的原料加热箱,一个具有进气阀、排气口、筛网及框架的结晶箱,两箱间具有一个通道,还具有热电偶及数字显示双温控制器。原料在加热箱中加热保温,其中的咖啡碱可充分地气化升华,咖啡碱气体进入结晶箱,可在定温下迅速冷凝结晶。

3)一种从茶叶中提取天然咖啡碱的一步升华装置,其特点是:由管道和截止阀使循环式萃取塔、加热式贮液进料器、冷凝器、单向压力泵、辅料贮液器、多功能升华器、减速器、废料接收器、单向压量泵、循环加热器、升华制品接收器、真空泵、冷凝物回收传递器、冷凝物回收容器相互连接并构成一个全封闭的自动整体循环系统。

(3)CO$_2$ 超临界流体萃取法

【工艺原理】

咖啡碱易于升华,运用 CO$_2$ 超临界流体萃取技术提取咖啡豆中咖啡碱,具有无溶剂残留、质量稳定、流程简单、效率高、能耗低等特点,是咖啡碱的高效提取分离新技术。

【操作过程及工艺条件】

1)CO$_2$ 超临界流体萃取法:含水分的生咖啡豆加到咖啡萃取塔中,用 CO$_2$ 超临界流体萃取进行脱咖啡碱。

2)水溶:带有咖啡碱的 CO$_2$ 流体从萃取塔上部离开,进入水喷淋塔的底部,并将水从塔的上部喷淋而下吸收咖啡碱。

3)分离:从塔底部流出富含咖啡碱的水进入反渗透装置,浓缩后的水溶液从反渗透装置排出。从反渗透装置分离出的水与新鲜补充水合并,重新回到水喷淋塔的上部。

4)回收:从水喷淋塔的顶部排出的 CO$_2$ 含咖啡碱很少,与 CO$_2$ 气源出来的 CO$_2$ 合并通过管线循环进入咖啡萃取塔。

【生产工艺流程】

【工艺注释】

1)Maxwell House 工艺提取咖啡碱,1kg 咖啡需要约 150kg 的超临界 CO$_2$ 才能达到 95% 的脱咖啡率。这一工艺把技术、经济和环境保护问题都结合在一起考虑,是一个先进工艺。

2)在此流程中,固体物料是间歇地进入萃取塔,与连续的气体流相接触。在水喷淋塔内液体和超临界流体是逆流连续接触。所谓半连续过程,指的是咖啡豆间歇地加到萃取塔中,但在加料中循环 CO$_2$ 并不断流,加料在有压力负载的条件下进行,咖啡碱的提取是在连续不断的条件下得以实现。

【思考题】

1. 简述生物碱的溶解性规律。

2. 大多数生物碱为何有碱性？其碱性强弱与哪些因素有关？

3. 生物碱沉淀反应在天然药物化学成分研究中有何作用？若用生物碱沉淀试剂检识提取液为阳性反应,能否说明一定含有生物碱？

4. 某天然药物中含有下列 5 种类型的生物碱：A. 非酚性叔胺碱；B. 水溶性生物碱；C. 酚性叔胺碱；D. 酚性弱碱性生物碱；E. 非酚性弱碱性生物碱。试写出提取分离工艺路线。

5. 如何分离下列各组化合物：① 苦参碱和氧化苦参碱；② 麻黄碱和伪麻黄碱；③ 汉防己甲素和汉防己乙素。

6. 以麻黄草提取分离麻黄碱为例,讨论离子交换树脂法分离生物碱的原理与步骤。

7. 以从三颗针中提取小檗碱为例,说明主要步骤的原理及目的。

8. 以 CO_2 超临界流体萃取技术提取咖啡豆中咖啡碱为例,说明 CO_2 超临界流体萃取技术的原理与特点。

【参考文献】

[1] 吴立军. 天然药物化学(第 5 版)[M]. 北京：人民卫生出版社,2008：350 - 369

[2] 郭孝武. 超声提取分离[M]. 北京：化学工业出版社,2008：1640

[3] 郭玫. 中药成分分析[M]. 北京：中国中医药出版社,2006：133 - 149

[4] 卢艳花. 中药有效成分提取分离技术[M]. 北京：化学工业出版社,2005

[5] 冯年平,郁威. 中药提取分离技术原理与应用[M]. 北京：中国医药科技出版社,2005：137

[6] 刘小平,李湘南,徐海星. 中药分离工程[M]. 北京：化学工业出版社,2005：20 - 22

[7] 元英进,刘明言,董岸杰. 中药现代化生产关键技术[M]. 北京：化学工业出版社,2004：18 - 19

[8] 匡海学. 中药化学[M]. 北京：中国中医药出版社,2003：347 - 356

[9] 陈德昌. 中药化学对照品工作手册[M]. 北京：中国医药科技出版社,2000：112 - 143

[10] 徐任生,陈仲良. 天然药物有效成分提取与分离[M]. 上海：上海科学技术出版社,1983

[11] 高岐,刘宏文. 微波法提取益母草中总生物碱含量的研究. 安徽农业科学,2009,37(2)：646 -646

[12] 李永春,叶新红,舒翔,等. 微波法提取苦豆子生物碱的研究[J]. 中国食品添加剂,2008(5)：73 -76

[13] 李楠,孙晶晶,杨静,等. 微波提取茶叶中咖啡因工艺的研究[J]. 食品研究与开发,2007,28(10)：27 -29

[14] 台海川,卯明霞,彭霞,等. RP - HPLC 法测定秋水仙碱[J]. 药物分析杂志,2006,26(7)：1014 - 1016

[15] 刘建廷,黎艳,严伟. 石杉碱甲提取工艺研究[J]. 天然产物研究与开发,2006,18(2)：298 - 301

[16] 刘覃,陈晓青,蒋新宇,等. 微波辅助提取龙葵中总生物碱的研究[J]. 天然产物研究与开发,2005(1)：65 - 69

[17] 蒋珍藕. 苦参碱的提取工艺及测定方法的研究进展[J]. 中医药导报,2005,11(8)：93

[18] 杨跃辉,邓意辉,菅凌燕. 反相高效液相色谱法测定苦参碱脂质体含量[J]. 中国医院药学杂志,2004,24(4)：250 - 251

[19] 姚志伟,赵毅民,栾新慧,等. HPLC 法制备石杉碱甲[J]. 解放军药学学报,2003(5)：352 - 354

[20] 孙建绪,翁骏,高永良. 高效液相色谱法测定石杉碱甲片的含量[J]. 解放军药学学报,2002(4)：231 -233

[21] 杨云,冯卫生. 中药化学成分提取分离手册[M]. 北京：中国医药科技出版社,1998：312

附　录

一、英文名及化学成分索引

A

B

C

D

M

N

O

P

二、植物拉丁名索引

图书在版编目（CIP）数据

天然药物提取分离工艺学 / 金利泰主编. —杭州：
浙江大学出版社，2011.10（2025.8 重印）
ISBN 978-7-308-08814-5

Ⅰ.①天… Ⅱ.①金… Ⅲ.①植物药－提取－教材
②植物药－分离－教材 Ⅳ.①TQ460.6

中国版本图书馆 CIP 数据核字（2011）第 127861 号

天然药物提取分离工艺学

金利泰　主编

丛书策划	阮海潮　樊晓燕	
责任编辑	阮海潮（ruanhc@zju.edu.cn）	
封面设计	联合视务	
出版发行	浙江大学出版社	
	（杭州市天目山路 148 号　邮政编码 310007）	
	（网址：http://www.zjupress.com）	
排　　版	杭州大漠照排印刷有限公司	
印　　刷	浙江新华数码印务有限公司	
开　　本	787mm×1092mm　1/16	
印　　张	25	
字　　数	640 千	
版 印 次	2011 年 10 月第 1 版　2025 年 8 月第 9 次印刷	
书　　号	ISBN 978-7-308-08814-5	
定　　价	65.00 元	

版权所有　侵权必究　印装差错　负责调换

浙江大学出版社市场运营中心联系方式：0571－88925591；http://zjdxcbs.tmall.com